"十二五"普通高等教育本科国家级规划教材
"十三五"国家重点出版物出版规划项目
卓越工程能力培养与工程教育专业认证系列规划教材（电气工程及其自动化、自动化专业）

新能源发电与控制技术

第4版

主　编　颜文旭　惠　晶

副主编　樊启高　朱一昕

参　编　毕恺韬　黄文涛　王文渊

U0255767

机械工业出版社

本书为"十三五"国家重点出版物出版规划项目、卓越工程能力培养与工程教育专业认证系列规划教材（电气工程及其自动化、自动化专业）、"十二五"普通高等教育本科国家级规划教材。

本书共8章，主要内容包括：新能源发电与控制技术导论；电力变换与控制技术基础知识；风能、风力发电与控制技术；太阳能、光伏发电与控制技术；氢能及燃料电池发电与控制技术；其他形式新能源的发电技术；分布式能源与储能技术；新能源应用技术。

本书可作为电气工程及其自动化、新能源科学与工程、自动化、能源动力等专业的本科生教材。对相关学科的研究生和从事新能源利用与发电的广大工程技术人员也是一本较为系统、完整的参考书。

图书在版编目（CIP）数据

新能源发电与控制技术/颜文旭，惠晶主编. —4版. —北京：机械工业出版社，2023.11（2024.8重印）

"十二五"普通高等教育本科国家级规划教材 "十三五"国家重点出版物出版规划项目 卓越工程能力培养与工程教育专业认证系列规划教材（电气工程及其自动化、自动化专业）

ISBN 978-7-111-74844-1

Ⅰ.①新…　Ⅱ.①颜…②惠…　Ⅲ.①新能源-发电-高等学校-教材　Ⅳ.①TM61

中国国家版本馆 CIP 数据核字（2024）第 006516 号

机械工业出版社（北京市百万庄大街22号　邮政编码100037）
策划编辑：聂文君　　　　　　　　　　　　　　　责任编辑：聂文君
责任校对：张婉茹　孙明慧　张慧敏　李杉　　　封面设计：王　旭
责任印制：郜　敏
三河市国英印务有限公司印刷
2024 年 8 月第 4 版第 2 次印刷
184mm×260mm·25.75 印张·640 千字
标准书号：ISBN 978-7-111-74844-1
定价：79.80 元

电话服务　　　　　　　　　网络服务
客服电话：010-88361066　　机　工　官　网：www.cmpbook.com
　　　　　010-88379833　　机　工　官　博：weibo.com/cmp1952
　　　　　010-68326294　　金　书　网：www.golden-book.com
封底无防伪标均为盗版　机工教育服务网：www.cmpedu.com

序

应对气候变化是 21 世纪人类面临的共同挑战，新能源是人类解决能源与环境问题的钥匙。当前实现"双碳"目标已成为我国国家战略，发展新能源发电技术是达成"双碳"战略目标的重要途径。我国已形成了较大规模的风力发电、光伏发电产业，风电、光电装机容量居世界前列。为了进一步推动新能源技术和产业的发展，促进新能源相关人才的培养，越来越多高校开设新能源发电等相关课程。

新能源技术是一个涉及电气、动力、机械、材料、控制、电子、计算机、信息与网络等多个学科的交叉高新技术。惠晶和颜文旭教授较早在江南大学进行新能源发电与控制技术课程的尝试，编写了《新能源发电与控制技术》一书，该书自 2008 年出版以来，得到了大量读者的好评，已被国内 130 多所学校采用。编者在总结教学和科研实践的基础上，多次对该书进行修改、补充、完善，本次出版的是其第 4 版。

《新能源发电与控制技术》第 4 版的特色是将能源变换、电力电子技术和控制技术有机结合，从系统的角度加以阐述。介绍了新能源的形式、电力电子变换技术、新能源发电及其控制技术，包括风力发电、光伏发电、氢能及氢燃料电池发电、生物质发电、核能发电、海洋能发电、分布式能源与储能技术，以及新能源应用技术等知识。《新能源发电与控制技术》第 4 版面向具有电气工程或自动化方面基础知识的读者，是一本系统了解新能源发电技术的基础入门书。

感谢《新能源发电与控制技术》（第 4 版）一书全体编者付出的辛勤劳动，能够面向我国新能源产业发展的需求，不断总结教学与科研经验，不断完善著作内容，克服编写过程中由于涉及多学科交叉所遇到的困难，为大家奉献了一本很好的书籍。

浙江大学

前　　言

本书第 1 版于 2008 年 2 月出版，第 2 版于 2012 年 9 月出版，第 3 版于 2018 年出版。第 3 版传承了前两版的体系和特色，将新能源发电与控制技术有机地结合起来，增加了"分布式电源与微电网组网技术"的相关内容，减少了水力发电的相关内容，并对各章中使用的技术、经济数据进行了更新，重点介绍了以可再生能源为主的各类新能源的表现形式、主要利用方式及其发电原理、电源变换与控制技术。

发展新能源发电技术是实现我国"双碳"战略目标的重要途径。当前我国已形成了较大规模的风力发电、光伏发电产业，风电、光电装机居世界前列，氢能及氢燃料电池发电、分布式能源与储能技术以及新能源应用技术，如电动汽车、空铁技术、多电飞机技术等也如雨后春笋；同时对新能源领域所涉及的控制技术也提出了许多新策略与新方法。基于以上技术发展与知识更新的需求，对第 3 版的结构进行了调整。鉴于当前新能源发电的技术经济分析已经相对成熟，删去了原有各章相应的技术经济评价，适当增加了风力发电、光伏发电及电力变换控制新技术与新能源应用范例，并在各章节末尾增加习题与思考题，方便读者复习与总结，修订后的第 4 版力求编排更加合理、内容更具科学性和新颖性，有利于教学安排。

本书第 4 版保持了前 3 版的体系与特色，共 8 章。

第 1 章新能源发电与控制技术导论，由于本章内容涉及大量国内外新能源发展状况的技术和经济数据，有较强的时效性，在修编时更新了过期的技术与经济数据，使本章具有科学性和时效性；对新能源发电与储能技术及新能源发电的控制技术增补了相关内容。

为方便非电气工程类专业的学生和广大专业爱好者阅读本书，保留第 2 章电力变换与控制技术基础知识，介绍电力电子器件及其使用、电力变换电路基础、电力变换调制技术，新增新能源电力变换常用拓扑、电力变换常用控制技术，作为预备知识在教学中选用。

按可再生能源开发利用的成熟度、重要性和发展应用前景，第 3 章~第 8 章的内容按风力发电、光伏发电、氢能及燃料电池发电、其他形式新能源发电、分布式能源与储能、新能源应用技术的顺序编排。

第 3 章风能、风力发电与控制技术，重点介绍了风的特性，风力发电及其工作原理，风力机的调节与控制，风力发电机组的控制、并网与安全运行，风力发电机组监控与运维系统。

第 4 章太阳能、光伏发电与控制技术，主要介绍了太阳的辐射及太阳能利用，光伏发电原理与太阳能电池，光伏发电系统的控制技术，光伏发电系统的结构及原理，光伏发电组网技术，以及光伏发电的其他技术问题。

第 5 章氢能及燃料电池发电与控制技术，介绍了氢能，氢燃料电池，氢燃料电池发电系统，以及氢能发电控制技术。

考虑到生物质能发电、核能发电、水能及水力发电、海洋能发电、地热能发电等所占新能源发电的比例还较低，技术更新度不高，将这些新能源发电全部合并到第 6 章"其他形式新能源的发电技术"。该章介绍了生物质能发电与控制技术、核能及其应用技术、水能与水力发电技术、海洋能利用与发电、地热能发电与应用。

考虑到分布式电源及微电网技术与储能技术的结合度高，修订并增补为第7章"分布式能源与储能技术"。储能技术作为新能源发电的重要环节之一，是当前的研究热点之一。该章在原有的分布式电源与微电网组网技术的基础上，修订并增补内容为分布式能源的特征及其应用、储能技术种类及其应用、微电网与储能系统混合组网技术、微网中的储能系统控制技术、分布式能源及储能技术的综合利用。

电动汽车技术、多电飞机、新能源空铁、新能源船舶等为新能源的重要应用，新增了相关内容为第8章"新能源应用技术"。该章介绍了电动汽车技术、多电飞机、新能源空铁技术、新能源船舶技术，是新能源的拓展，使全书内容更为丰富与全面。

为便于部分读者的学习，本书前两章介绍了新能源发电与控制技术导论、电力变换与控制技术基础知识；并在各章首先简介相关新能源的表现形式、理化特性和利用方式，这些内容可以在课堂教学中根据不同对象取舍；分布式能源与储能技术是新能源技术的热门内容和重要组成部分，可以作为教学的重点；新能源应用技术也是新能源技术的重要组成，可以作为知识的拓展。本书对于先修"电力电子技术"课程的电气工程及其自动化、自动化等专业的本科生，建议32学时，对于能源动力工程等其他专业的学生可适当放宽学时。

本书可作为高等院校电气信息类电力工程专业、电气工程及其自动化专业、自动化专业等"新能源发电与控制技术"选修课程及相近课程的教材或参考书。同时，本书也可作为从事新能源发电、电力工程及运行维护的专业技术和管理人员获得所需专业知识的读物。

本书由颜文旭担任第一主编，编写第1章和第6章，并负责全书的校对与审核；惠晶担任第二主编，负责全书的统稿工作；樊启高担任第一副主编，编写第3章；朱一昕担任第二副主编，编写第2章；毕恺韬编写第7章；王文渊编写第4章及第8章后半章；黄文涛编写第5章及第8章前半章。本书是在前3版的基础上进行的修订，在此对前3版的所有参编人员和审稿专家表示衷心感谢。同时，还要向书中所附参考文献的作者致以衷心感谢。

最后，特别感谢浙江大学徐德鸿教授在本书编写过程中提出的宝贵意见，徐教授还在百忙之中为本书审稿和作序，在此谨致深切的感谢！

由于时间仓促及水平有限，编者虽在修订过程中花了不少精力，但仍难免存在疏漏及错误，殷切期望广大读者批评指正。

编　者

本书常用变量及符号说明

P　有功功率，微分算子，发电机输出功率

Q　无功功率，存储于蓄电池内的电荷量，流量

S　视在功率，基本建设投资，截面积，叶片面积

H　谐波产生的功率，波高，水头

U　电压有效值

I　电流有效值

φ　功率因数角

p　瞬时有功分量，极对数

q　瞬时无功分量，电子电荷

p_o　瞬时零序功率

θ　同步旋转角

u_a，u_b，u_c　三相电压瞬时值

i_a，i_b，i_c　三相电流瞬时值

i_{La}，i_{Lb}，i_{Lc}　三相负载电流

i_{Sa}，i_{Sb}，i_{Sc}　三相电源电流

i_{Ca}，i_{Cb}，i_{Cc}　三相补偿电流

$\bar{v}_N$　N 级风的平均风速

N　风的级数，氢的原子数

v　风速

v_0　高度为 h_0 处的风速

k　修正指数

α　地面粗糙度，攻角，迎角，蓄电池的充电电流接收比，触发延迟角

E　风能密度，扣除厂用电后的净发电量

ρ　空气质量密度，海水密度

C　空气动力系数，核电成本

C_L　翼型的升力，旁路电容

C_D　翼型的阻力系数

ω_a　叶尖速度

B　摩擦转矩系数

J　电磁转矩，系统转动惯量

T_e　电磁转矩

P_{Cu}　定子铜耗

I_f　励磁电流

u　叶片线速度

ω　叶片角速度

r_i　叶片计算速度点到转动中心的距离

n　叶片转速

P_a　风力机的机械输出功率

A　风力机的扫风面积

C_P　风力机的利用系数

r　风轮半径

λ_m　叶尖速比

n_1　同步转速

s　转差率

P_{em}　电磁功率

T_a　风力机的机械转矩

β　桨距角

R_{bar}　旁路电阻

I_{PEK}　电源最大峰值电流

P_{drive}　电源平均功率

$t_{d(on)}$　导通延迟时间

$t_{d(off)}$　关断延迟时间

t_r　电流上升时间

t_f　电流下降时间

I_{pk}　峰值输出电流

f_{max}　最高工作频率

C_H　自举电容

L_m　直流母线的线路电感，互感

R_S　限流电阻，发电机的定子电阻

U_{cesp}　集射极间峰值电压

P_{LM}　分布电感储能

P_{Cs}　缓冲电路吸收的能量

P_{Rs}　限流电阻功耗

U_i　Buck 变换器输入电压

U_o　Buck 变换器输出电压

t_{off}　关断时间

D_y　PWM 的占空比

PWM　脉冲宽度调制

SPWM　正弦波脉宽调制

CCM　输出电流保持连续，电流连续模式

Z_L　感性负载

$\Delta\Phi$　磁通增量

DCM　电流断续模式

VD　整流二极管

I_p　一次电流

I_s　二次电流

Inverter　逆变器

R　气体常数，电路的等效输入阻抗，负载

C_1　滤波电容

U_d　逆变器输入电压

C_d　直流母线电容

ZCS　零电流关断

ZVS　零电压导通

ω_0　谐振频率

U_c　谐振电容 C 上电压

VT　主开关器件

T_s　变换器的开关工作周期

I_d　负载电流幅值，逆变器输入电流

R_o　谐振负载等效为电阻

Z　阻抗

DG　分布式发电

MU　管理和利用

SOFC　固体氧化物燃料电池

PAFC　磷酸型燃料电池

SMES　超导磁储能系统

SC　超级电容器

DLC　双电层电容器

MEMS　微网能量管理系统

SCADA　数据采集与监视控制

FOR　强迫停运率

EENS　电量不足期望值

SAIFI　系统平均停电频率指标

CAIFI　用户平均停电频率指标

PV　太阳能光伏发电

PCC　公共连接点

APFC　有源功率因数校正器

PPF　无源电力滤波器

HAPF　混合型有源电力滤波器

SVG　静止无功发生器

I_{rms}　输入电流有效值

γ　输入电流失真系数

PF　功率因数

T　热力学温度，交流信号波形的周期，年利用小时数

a_0　氧化体的活性

E_0　a_0、a_R 为 1 时的标准平衡电压

V_1，V_2　并联电压源幅值

i_1，i_2　流过模块 1 与模块 2 的电流

NI　核岛

RRA　余热排出系统

I&C　核电站监控系统

O　运行维修费

P_u　风力机输出功率

$C_T(\lambda,\beta)$　优化转矩系数

T_n　转矩观测值

u_{d1}，u_{q1}，u_{d2}，u_{q2}　定、转子上 d、q 轴的电压分量

R_1　定子电阻

Ψ_{d1}，Ψ_{q1}，Ψ_{d2}，Ψ_{q2}　定、转子上 d、q 轴的磁链分量

ω_1　同步角速度

L_1　定子自感

u_1　定子电压

θ_s　定子磁链矢量位置

L_s　发电机的定子电感

P_s　发电机输出的有功功率

P_{Cu}　定子铜耗

$\dot{i}_{rot}$　转子侧相电流

$\dot{i}_{cov}$　变流器支路相电流

$\dot{U}_{cov}$　变流器端电压

I_c　项目所属行业的基准收益率

m　太阳辐射穿过地球大气的路径与太阳在天顶方向垂直入射时的路径之比

U_D　等效二极管的端电压

k　玻尔兹曼常量

A　PN 结的曲线常数

i_o　负载电流

δ_c　相角差

g　重力加速度

$\overline{P}$　平均出力

X''_d　待并网同步发电机的纵轴次暂态电抗

I_0　光伏电池内部等效二极管 PN 结的反向饱和电流

X''_q　待并网同步发电机的交轴次暂态电抗

APF　有源电力滤波器

SSPC　无触点固态功率控制器

CSCF　恒速恒频

VSCF　变速恒频

PFC　功率因数校正

TRU　变压整流器单元

DVR　动态电压恢复器

STATCOM　静止无功补偿器

UPQC　统一电能质量管理器

FFT　快速傅里叶变换

NFT　中点形成变压器

THD　总谐波含量

LVRT　低电压穿越

FIRR　财务内部收益率

FNPV　财务净现值

P_t　投资回收期

K_{iy}　变压器 i、y 次绕组的匝比

T_{on}　开关器件 VT 的导通时间

U_{RBO}　反向击穿电压

$I_{F(AV)}$　正向平均电流

U_F　正向通态压降

I_F　正向通态电流

I_{RP}　反向恢复电流

t_{rr}　反向恢复时间

U_{TO}　阈值电压

di_F/dt　电流下降率

I_H　维持电流

U_T　晶闸管额定电压

U_{DRM}　正向重复峰值电压

U_{RRM}　反向重复峰值电压

U_{DSM}　正向不重复峰值电压

U_{RSM}　反向不重复峰值电压

U_{bo}　转折电压

$I_{T(AV)}$　通态平均电流

U_{GS}　栅源电压

I_D　漏极电流

U_{DS}　漏源极电压

I_{DM}　漏极脉冲电流峰值

$R_{DS(on)}$　漏源通态电阻

C_{iss}　漏源极短路输入电容

C_{oss}　共源极输出电容

C_{rss}　反向转移电容

C_{GS}　栅源极电容

C_{GD}　漏源极电容

C_{DS}　栅漏极电容

MOSFET　电力场效应晶体管

IGBT　绝缘栅双极型晶体管

GTR　大功率晶体管

I_c　集电极电流

U_{GE}　发射极正向控制电压

U_{CE}　集射极间电压

I_{CM}　最大集电极电流

P_{CM}　最大集电极功耗

$U_{CE(sat)}$　集射极间饱和压降

SIT　静电感应晶体管

SCR　半控型电流触发晶闸管

I_G　正向脉冲电流

C_{ie}　动态有效输入电容

Q_G　栅极总电荷

ΔU_{CE}　正负偏置电压的差值

f　工作频率，开关频率

δ_i i 个脉冲宽度

θ_i 中心位置相位角

$\boldsymbol{\Psi}_s$ 三相交流电动机的定子磁链

U_u 三相逆变器输出 u 相电压矢量

U_v 三相逆变器输出 v 相电压矢量

U_w 三相逆变器输出 w 相电压矢量

U_{out} 输出端的空间电压合成矢量

i_a^* 电流控制器给定电流

i_a 电流控制器实际输出电流

h 滞环比较器环宽，太阳高度角

N_3 复位绕组

U_{tg} 栅极驱动信号

U_1 变压器一次电压

U_2 变压器二次电压

N_2 二次绕组

U_s 电网正弦电压

i_i i 相正弦输入电流

VVVF 变压变频器

i 输入电流

L_d 平波电抗器

N_1 一次绕组

SVPWM 空间矢量脉宽调制

CHBPWM 电流滞环跟踪 PWM

HBC 滞环比较器

SMR 开关模式整流器

VSR 电压源整流器

DC Chopper 直流斩波器

DC-DC Converter 直流—直流变换器

Flyback Converter 单端反激式变换器

Forward Converter 单端正激式变换器

DER 分布式能源

EUE 电能有效利用

MCFC 熔融碳酸盐燃料电池

PEMFC 质子膜燃料电池

AFC 碱性燃料电池

BESS 蓄电池储能系统

EC 电化学电容器

MPPT 最大功率跟踪

CHP 热电联供系统

MGCC 微网中央控制器

LOLP 电力不足概率

SAIDI 系统平均停电持续时间指标

CAIDI 用户平均停电持续时间指标

WTG 风力发电机

FMEA 故障模式与影响分析法

SVC 静止无功补偿器

I_1 输入基波电流有效值

$\cos\Phi$ 相移因数

F 法拉第常数，核燃料费

a_r 还原体的活性

Z_1，Z_2 线路阻抗

V_{dc} 模块连接处的母线电压

CI 常规岛系统，现金流入量

RCV 化学和容积控制系统

BOP 电厂辅助设施

f_1 电网频率，定子电流频率

f_2 转子电流频率

K_{opt} 具有最佳 C_p 值的比例系数

i_{d1}，i_{q1}，i_{d2}，i_{q2} 定、转子上 d、q 轴的电流分量

R_2 转子电阻

ω_s 转差角速度，同步电角速度

L_2 转子自感

θ_u 定子电压矢量位置给定

u_{sd}，u_{sq}，i_{sd}，i_{sq} d、q 轴定子电压、电流分量

ψ 转子永磁体磁链

P_e 电磁功率

δ 同步发电机的功率角

$\dot{I}_{bar}$ 旁路支路相电流

$\dot{U}_{bar}$ 旁路线电压

R_{bar} 旁路电阻

CO 现金流出量

U_{DC} 直流电源电压

I_{SC} 短路电流

T 绝对温度

i_L 电感上的电流

D 开关的占空比

IX

I_0　蓄电池可接收的初始充电电流

I_{dis}　放电电流

Q_S　蓄电池释放出的全部电量

U_{dc}　光伏阵列将太阳能转换后产生的直流电压源

R_L　负载阻抗

I_S　总的可接收充电电流

α_s　总充电电流接收比

P_W　正弦波单位波峰宽度的波浪功率

η　效率

I_{0max}　并网时冲击电流最大值

目　　录

第1章

新能源发电与控制技术导论

可再生能源是重要的新能源组成形式，是自然界中可以不断再生、永续利用、取之不尽、用之不竭的初级资源，是新能源的重要构成。科学、高效地利用可再生能源，提高能源的综合利用效率，是保障人类社会可持续发展的可靠途径。新能源发电以可再生能源发电为主体，主要有风能、太阳能、生物质能、水能、海洋能、地热能、氢能、核能等的转换及其发电技术，同时还包括高效利用能源、资源综合利用、替代能源、节能等新技术。新能源发电与控制技术涉及：①利用可再生能源和清洁能源发电，以便持续获得二次清洁、高效电能的技术；②对电能通过变换与控制，满足高质量的终端能源消费需求和高品质电能供应的高效管理与控制的技术。

本章从能源储备与可持续发展战略角度讨论我国的能源结构与储备，介绍能源的分类与基本特征、新能源发电的现状、分布式能源及主要特征、储能技术、新能源发电的主要控制技术及新能源技术的主要应用等内容。

1.1 能源储备与可持续发展战略

1.1.1 我国的能源结构与储备

近二三百年，由于人类对化石能源的过度依赖，致使化石类能源面临日益枯竭的危机。为保证未来能源可持续供应，必须进入利用新能源和节约能源的时代。我国是一个拥有14.1亿人口的国家（截至2021年），世界第二大经济体，但人均各种资源的占有率都远低于世界平均水平。随着我国经济的高速发展和对外开放的进一步深入，在政治和经济社会各个领域的发展与变化都会成为全世界关注的焦点。自20世纪90年代以来，我国的能源改革与发展，特别是能源的可持续供应问题，能源对环境的影响，以及可能给世界能源形势带来的影响，一直是世界各国关注的议题。深入研究和解决利用新能源带来的一系列科学技术问题，已成为我国当前能源储备与可持续发展战略的当务之急。

1. 我国的能源结构

我国是一个能源大国，在能源结构中煤炭储量最为丰富，已探明的煤炭保有储量超过

1 万亿 t，可采储量在 1800 亿 t 以上，仅次于美国、俄罗斯和澳大利亚，位居世界第四。再加上地下 1500m 以内的深层资源，总量估计可达 5 万亿 t。因此，煤炭是我国分布最广、最为丰富的矿物资源。但是，我国又是一个能源贫国，我国的人均能源资源占有量为全世界人均水平的 1/2，仅为美国人均水平的 1/10。而且，在总能源结构的组成中 75% 以上是煤，在常规化石能源中煤炭资源占 90% 以上。

从传统的一次能源消费与开采情况看，我国是世界上最大的煤炭生产和消费国，2020 年占世界煤炭产量的 50.7%、世界煤炭消费量的 54.4%（《BP 世界能源统计年鉴》2021）。2020 年我国一次能源生产总量为 40.8 亿 t 标准煤，是 2015 年 36.2 亿 t 标准煤的 1.13 倍；同期一次能源消费总量从 43.4 亿 t 标准煤增加到 49.8 亿 t 标准煤，年均增长 2.7%（《中国统计年鉴》2021）。2015—2020 年，虽然我国能源生产持续增长，且其增长速度大于能源消费的增长速度，但仍存在能源缺口。

我国是世界上少数几个以煤为主的能源消费国。2020 年，在我国一次能源构成中，煤炭消费量占能源消费总量的 56.8%，比 2015 年下降 7 个百分点；石油占 18.9%，比 2015 年上升 0.5 个百分点；天然气占 8.4%，比 2015 年上升 2.6 个百分点；非化石能源消费比重达到 15.9%，比 2015 年上升 3.9 个百分点。

从常规能源消费来看，我国的人均消费水平也逐年增长。2020 年我国人均消费 2.41t 油当量，构成情况分别为：石油 0.47t、天然气 0.20t、煤炭 1.36t、核能 0.05t、水电 0.20t、可再生能源 0.13t 油当量。由此可见，我国人均煤炭消费显著偏高，是世界平均水平的 2.94 倍、经合组织的 2.84 倍、非经合组织的 2.97 倍、欧盟的 4.31 倍。

从以上数据可以看出，我国的能源结构仍是以煤为主，煤多，油、气少是我国能源储存结构的基本特点，这种结构到今后 20 年，甚至到 21 世纪中叶，我国以煤为主的能源结构将不会改变，煤炭仍将是当前和今后我国能源供给及消费的最重要组成部分。

另一方面，由于传统的燃煤方式和煤炭加工过程不可避免地会产生大量的污染物，必将导致严重的大气污染、酸雨和雾霾，还会直接破坏生态环境与自然植被。此外，以煤为主要能源的动力燃料的消耗，仅火力发电与其他工业耗煤就占煤炭总消耗量的 2/3 左右，而用于居民生活仅占 1/60 左右，用于城市供热的煤炭不足 1/11。因此，长期以来，我国在能源生产与消费中以煤炭为主要能源且直接进行燃烧，因燃烧不充分、燃烧工艺落后，造成环境污染严重、效率低下、浪费惊人。

随着非化石能源在一次能源消费占比的增加，我国的能源结构在不断优化。截至 2020 年底，我国可再生能源发电装机总规模达到 9.3 亿 kW，占总装机的比重达到 42.4%，较 2012 年增长 14.6 个百分点。其中，水电装机 3.7 亿 kW、风电装机 2.8 亿 kW、光伏发电装机 2.5 亿 kW、生物质发电装机 2952 万 kW，分别连续 16 年、11 年、6 年和 3 年稳居全球首位。

2. 我国的资源和能源储备

我国是世界人口较多的国家，人口密度高于世界平均水平。但与新加坡、日本、德国、英国、法国、韩国等先进工业化国家相比，我国的人口密度并不算高。无论是国土面积、土地资源、林木资源、水力资源，还是矿藏资源，我国的资源基础储量都比较丰富，但如果按人均占有量计算，我国大多数资源都低于世界平均水平。而如果从国土面积的资源禀赋量来看，我国各种资源丰度不等。我国人口约占世界总人口的 18%，国土面积占世界 7.1%，耕地占世界 7.1%，草地占世界 12%，水资源占世界 6%，森林面积占世界 5.5%，石油占世界 1.5%，天然气占世界 4.5%，煤炭占世界煤炭总量的 13.3%。

实际上，我国对能源的开发利用已达到相当高的强度，与能源高强度开发和大规模消费相对应的则是能源利用效率的低下。目前，我国能源利用效率仅为 30% 左右，比发达国家低近 10 个百分点。我国主要用能产品的单位产值能耗比发达国家高 25%～90%，加权平均高 40% 左右。以电力为例（我国电力供应主要依靠燃煤火电），我国火电厂供电煤耗为每千瓦时用 404g 标准煤，国际先进水平为 317g 标准煤，我国多耗煤 27.4%。2020 年，我国一次能源消费全球占比 26.1%，位居世界第一。依靠大量消费能源，推动了我国经济的高速增长，但也使我国经济增长越来越接近资源和环境条件的约束边界，煤电油供需矛盾相当突出。

随着国际石油紧缺状况的影响和我国能源资源约束的日益突出，能源资源情况不容乐观。2021 年，全国能源净进口总量 11.2 亿 t 标准煤，比 2012 年增长 83.2%，年均增长 7.0%。原煤净进口自 2016 年连续 6 年稳步上升，2021 年净进口 3.2 亿 t，创近年来新高，比 2012 年增长 14.9%，年均增长 1.6%。原油净进口自 2019 年突破 5 亿 t 后持续保持高位，2021 年达到 5.1 亿 t，比 2012 年增长 90.0%，年均增长 7.4%。天然气净进口高速增长，2021 年达到 1620 亿 m^3，比 2012 年增长 3.1 倍，年均增长 17.1%。与世界发达国家相比，我国的能源储备体系建设还相对滞后。以石油储备为例，为了应对石油供应危机，美国 1975 年 12 月开始建立战略石油储备，其存储上限为 7.27 亿桶。截至 2016 年年中，我国建成 9 个国家石油储备基地，储备原油 3325 万 t，约 2.5 亿桶，可供消费约 21 天。而目前日本石油储备规模约 6.36 亿桶，相当于 120 天全国消费量；德国石油储备规模为 2.65 亿桶，相当于 100 天全国消费量；法国石油储备规模为 1.84 亿桶，相当于 85 天全国消费量。故相比于西方工业国家，我国的战略石油储备仍然十分有限。

综上所述，我国能源结构的核心问题表现在：一是能源结构以煤为主，在我国一次能源生产构成中，煤炭比例约为 2/3（2020 年，原煤占 67.6%，原油占 6.8%，天然气占 6.0%，一次电力及其他能源占 19.6%），在一次能源消费构成中，煤炭比例约为 3/5（2020 年，煤炭占 56.8%，石油占 18.9%，天然气占 8.4%，一次电力及其他能源占 15.9%）；二是石油安全问题日趋显著，我国石油探明储量只占世界 0.1%，且截至 2019 年，我国石油对外依存度不断增加，能源安全尤其是石油安全问题越来越突出；三是煤烟型污染已经给生态环境造成严重污染，而电力、建材、冶金、化工等能源消费密集的行业又是我国的支柱产业，它们占大气污染的 70% 以上。随着经济发展水平的不断提高，社会对于资源和环境的关注越来越强，标准越来越高，继续大量耗费资源和污染环境，走粗放式工业增长的道路，已经不可能支撑我国工业的持续发展。我国已出台一系列开发应用新能源的鼓励政策，积极发展煤制油产业，使我国油品供应和价格稳定建立在主要依靠国内生产的基础之上；此外，高度重视、加快推广煤炭深加工技术、煤炭高效燃烧及先进火力发电技术、煤炭燃烧污染控制与废弃物处理等洁净煤先进技术。建立高度节约型的循环经济体制，深入研究、大力开发和利用新能源，是我国实现和平崛起的唯一选择。

1.1.2　我国能源的可持续发展战略

在能源供求关系深刻变化、能源资源约束日益加剧、生态环境问题突出情况下，能源发展面临一系列新问题新挑战。《能源发展战略行动计划（2014—2020年）》明确指出，应以开源、节流、减排为重点，调整优化能源结构，着力提高能源效率，推进能源绿色发展。在这期间，我国GDP由64.36万亿元增加到101.60万亿元，对应一次能源消费总量由42.83亿t标准煤增加到49.80亿t标准煤，低于同期经济增长速度的1/3，能源发展取得巨大成就。

2020年9月，我国在第75届联合国大会上提出二氧化碳排放力争于2030年前达到峰值，努力争取2060年前实现碳中和目标。2021年10月，中共中央、国务院印发《关于完整准确全面贯彻新发展理念做好碳达峰碳中和工作的意见》（以下简称《意见》），要求大力发展风能、太阳能、生物质能、海洋能、地热能等，不断提高非化石能源消费比重。坚持集中式与分布式并举，优先推动风能、太阳能就地就近开发利用；因地制宜开发水能；积极安全有序发展核电；合理利用生物质能；加快推进抽水蓄能和新型储能规模化应用；统筹推进氢能"制储输用"全链条发展；构建以新能源为主体的新型电力系统，提高电网对高比例可再生能源的消纳和调控能力。该《意见》的主要目标包含：到2025年，非化石能源消费比重达到20%左右；到2030年，非化石能源消费比重达到25%左右，风电、太阳能发电总装机容量达到12亿kW以上；到2060年，非化石能源消费比重达到80%以上。

根据国家能源局公布的2021年能源成绩单，我国非化石能源发展迈上新台阶，全国可再生能源发电装机规模历史性突破10亿kW，水电、风电装机均超3亿kW，海上风电装机规模跃居世界第一，新能源年发电量首次突破1万亿kW·h大关，继续保持领先优势。清洁能源消纳取得新进展，风电、光伏和水能利用率分别达到96.9%、97.9%和97.8%，核电年均利用小时数超过7700h。新型电力系统建设跨出新步伐，全国抽水蓄能电站累计装机规模达到3479万kW，新型储能累计装机超过400万kW，新增电能替代电量大约1700亿kW·h，电动汽车充电设施250万台左右。

另外，在碳达峰碳中和"1+N"政策体系下，《2030年前碳达峰行动方案》《关于完善能源绿色低碳转型体制机制和政策措施的意见》等政策文件陆续发布，合力推进能源向绿色低碳转型。同时，国家发展改革委等九部门为贯彻"四个革命、一个合作"能源安全新战略，落实碳达峰、碳中和目标，推动可再生能源产业高质量发展，根据《中华人民共和国国民经济和社会发展第十四个五年规划和2035年远景目标纲要》和《"十四五"现代能源体系规划》有关要求，组织编制并印发了《"十四五"可再生能源发展规划》，给出了坚持创新驱动、坚持多元迭代、坚持系统观念、坚持市场主导、坚持生态优先、坚持协同融合等基本原则；并提出了2035年远景发展目标，展望2035年，我国将基本实现社会主义现代化，碳排放达峰后稳中有降，在2030年非化石能源消费占比达到25%左右和风电、太阳能发电总装机容量达到12亿kW以上的基础上，上述指标均进一步提高。可再生能源加速替代化石能源，新型电力系统取得实质性成效，可再生能源产业竞争力进一步巩固提升，基本建成清洁低碳、安全高效的能源体系。"十四五"可再生能源发展锚定碳达峰、碳中和与2035年远景目标，按照2025年非化石能源消费占比20%左右任务要求，大力推动可再生能源发电开发利用，积极扩大可再生能源发电利用规模。2025年，可再生能源消费总量达到10亿t标准煤左右。"十四五"期间，可再生能源在一次能源消费增量中占比超过50%；可再生能源年发电量达到3.3万亿kW·h；"十四五"期间，可再生能源发电量增量在全社会用电量增量中的占比超过50%，风电和太阳能发电量实现翻倍；全国可再生能源电力总量消纳责任权重达到 33%，可再生能源电力非水电消纳责任权重达到 18%，可再生能源利用率保持在合理水平；地热能供暖、生物质供热、生物质燃料、太阳能热利用等非电利用规模达到 6000 万 t 标准煤。

1.2　能源的分类与基本特征

1.2.1　能源的分类

能源是可以直接或通过转换提供给人类所需的有用能的资源。人类利用自己体力以外的能源是从用火开始的。世界上一切形式的能源的初始来源是核聚变、核裂变、放射线源以及太阳系行星的运行。太阳的热核反应释放出极其巨大的能量，射到地球大气层的辐射能量为 174000TW/年，这种辐射实际上为地球和太空提供了用之不竭的能源；太阳的热效应产生风能、水能和海洋能；煤炭、石油、天然气等化石燃料，也是间接来自太阳能；生物质能是植物通过光合作用吸收的太阳能；太阳系行星的运行产生潮汐能。

能源一般是按其形态、特性或转换和利用的层次进行分类，并给予每种或每类能源以专门名称。世界能源理事会（World Energy Council，WEC）推荐的能源分类为：固体燃料、液体燃料、气体燃料、水力、核能、电能、太阳能、生物质能、风能、海洋能、地热能、核聚变能。能源还可分为一次能源、二次能源和终端能源，可再生能源和非可再生能源，新能源和常规能源，商品能源和非商品能源等。

1.2.2　能源的基本特征

一次能源是指直接取自自然界未经加工转换的各种能量和资源，它包括原煤、原油、天然气、油页岩、核能、太阳能、水力、风力、波浪能、潮汐能、地热、生物质能和海洋温差能等。一次能源又可以进一步分为可再生能源和非可再生能源两大类。可再生能源首先应是清洁能源或绿色能源，它包括太阳能、水力、风力、生物质能、海洋能（波浪能、潮汐能、水下洋流能、海洋温差能）等，它们在自然界中是可以循环再生、取之不完、用之不尽的初级资源，它们对环境无害或危害甚微，且资源分布广泛，适宜就地开发利用，一旦建成不必再有原料的投入。有了可再生能源，人类的文明才有可能世世代代永续传承。非可再生能源包括原煤、原油、天然气、油页岩、核能等，它们是不可再生的，用掉一点就少一点。

二次能源是由一次能源经过加工转换以后得到的能源产品，例如，电力、蒸汽、煤气、汽油、柴油、重油、液化石油气、酒精、沼气、氢气和焦炭等。二次能源是联系一次能源和能源终端用户的中间纽带。根据能量的表现形式划分，能源又可分为"过程性能源"和"含能体能源"。过程性能源是指能量比较集中的物质在运动过程或流动过程中产生的能量（或称能量过程），如流水、海流、潮汐、风、地震、直接的太阳辐射、电能等；含能体能源是指包含能量的物质，如化石燃料、草木燃料、核燃料等。含能体可以直接储存与运送，而过程性能源是通过物质运动才能释放的能量。当今电能是应用最为广泛的"过程性能源"，柴油、汽油则是应用最广的"含能体能源"。过程性能源和含能体能源是不能互相替代的，各有自己的应用范围。作为二次能源的电能，可从各种一次能源中生产出来，例如，煤炭、石油、天然气、太阳能、风能、水力、潮汐能、地热能、核燃料等均可直接生产电能;而作为二次能源的汽油和柴油等则不然,生产它们几乎完全依靠化石燃料能源。随着化石燃料能源耗量的日益增加,其储量日益减少,终有一天这些资源将要枯竭,这就迫切需要寻找一种不依赖化石燃料的、储量丰富的新的含能体能源。

随着技术进步和经济发展,氢能有可能成为替代柴油、汽油的理想新含能体能源。因为,氢能是取之不尽用之不竭的高密度能源,而氢的最大来源是水,氢燃料电池产生的排出物也是水,江河湖海就是最大的氢矿,氢能源的可再生性为人类提供了取之不尽用之不竭的完美能源。氢能的储运性能好,使用也方便,可转化性优于其他各类能源,安全性也与汽油相当。此外,氢能的获取渠道广泛,太阳能、风能、地热、核能、电能等均可转化成氢加以储存、运输或直接应用,氢是一种理想的载能体——含能体能源。随着科技进步,氢能的开发与利用具有巨大潜力与实际意义。

终端能源指供给社会生产、非生产和生活中直接用于消费的各种能源。终端能源消费量指一定时期内社会生产、非生产和生活消费的各种能源,在扣除了用于加工转换成二次能源的损耗及损失量以后的数量。而能源消费总量包括终端能源消费量、能源加工转换过程的损耗和损失量三部分。

常规能源又称传统能源。已经大规模开采和广泛利用的煤炭、石油、天然气、水能等能源属于常规能源。商品能源是作为商品经流通环节大量消费的能源。目前,商品能源主要有煤炭、石油、天然气、电能与核能等五类。非商品能源主要指枯柴、秸秆等农业废料、人畜粪便等可就地利用的能源。非商品能源在发展中国家的农村地区能源供应中占有很大比重。2003 年中国农村居民生活用能源中有 56% 是非商品能源,到 2010 年这一数据下降至 35%。

1.2.3 新能源及主要特征

新能源是指技术上可行,经济上合理,环境和社会可以接受,能确保供应和替代常规化石能源的可持续发展的能源体系。广义化的新能源包含两个方面:①新能源体系,包括可再生能源(风能、太阳能、生物质能、水能、海洋能)和地热能、氢能、核能;②新能源利用技术,包括高效利用能源、资源综合利用、替代能源、节能等新技术。自 20 世纪 90 年代以来,由能源紧张带来的"新能源"讨论,早已超出了技术范畴,上升为社会与经济命题。

对于"新能源"的定义长期以来存在着误区,人们对于"新能源"的认识有过于狭义化的趋势。所谓"新能源"包涵着狭义和广义的两层定义,关键是对"新"字的界定对象和理解。"新"与传统的"旧"能源利用方式和能源系统相对立,"新"不仅区别于工业化时代以化石燃料为主的传统能源利用形态,而且区别于传统的只强调转换端效率,不注重能源需求侧的综合利用效率;只强调经济效益,不注重资源、环境代价的传统能源利用理念。

目前对于新能源的狭义化定义,主要是将新能源局限在可再生能源技术之中。客观地说,仅仅谈可再生能源,而不强调"新"与"旧"的本质区别,会在新能源开发与利用中具有很大局限性。严格地讲,可再生能源不是新的能源体系和能源利用形式,在人类还没有大规模利用化石能源的工业革命以前,我们的祖先在大约一万年前的旧石器时代就学会火的使用并发明了钻木取火,人类后来又学会利用自然能(风能、太阳能、水能、地热能)征服和改造世界,是可再生能源一直支撑着人类的文明进程。因此,可再生能源是最古老的能源利用方式，只是今天当人类无法承受化石能源所带来的环境和资源的巨额代价时，才重新赋予可再生能源以"新"的含义，它的新不在于它的形式，而在于它在今天对于环境和资源利用的新的意义。显然，对赋予环境和资源新的意义的能源利用方式，不应该仅仅局限于可再生能源利用。

18 世纪 60 年代，随着蒸汽机的发明和应用，人类第一次产业革命从英国开始蔓延到世界各国，促使世界能源结构发生第一次大转变，即从薪柴转向以煤炭为主。从 20 世纪 20 年代开始，世界能源结构发生了第二次大转变，即从煤炭转向石油和天然气。然而，传统规模化的能源生产利用形态带来了一系列的问题：①人类面临严峻的化石能源短缺，支撑能源生产规模效益的代价是对高密度化石燃料能源的大规模开采，导致化石类燃料资源日益枯竭，国际石油价格不断升高；②终端能源利用效率无法提高，转换成本加大，输送能源的电网、热网、铁路、管网等都要加大，中间损失自然会增加；③必须大规模利用资源，一方面造成小规模的资源被忽略或浪费，另一方面被资源的规模所局限，造成利用资源供应瓶颈；④由于效率无法提高，导致环境污染加剧，特别是集中排放二氧化硫造成酸雨问题和大量排放温室气体导致全球变暖，造成极端气候变化频发，不是酷暑就是严寒，又进一步加大了能源的消耗，使整个能源系统和生态系统同时陷入恶性循环。因此，人类需要在能源问题上寻找到一条新的出路，需要有多种新的能源转换利用形态，建立多个新的能源供应系统，来解决人类文明的可持续发展。这就是广义化的"新能源"。

新的技术必然要替代落后的生产方式，这是不以人们意志为转移的。蒸汽机动力代替牲畜，内燃机代替蒸汽机，新的能源体系和由新技术支撑的能源利用方式，以及新的能源利用理念最终会代替传统的能源利用方式。所以，新能源的关键是针对传统能源利用方式的先进性和替代性。由此分析，广义化的新能源体系主要包涵以下几个方面：①高效利用能源；②资源综合利用；③可再生能源；④清洁替代能源；⑤节能。

1.3　新能源发电与储能及应用技术

1.3.1　我国新能源发电的现状

进入 21 世纪以来，我国新能源产业发展十分迅速。光伏产业在 2005 年之后进入高速发展阶段，目前已实现全产业链自主可控，具有较强的国际竞争力。自从 2007 年开始，我国光伏电池的产量已连续多年稳居世界首位。2010 年，我国光伏电池产量超过了全球总产量的 50%。截至 2018 年底，我国光伏组件的累计产量占全球光伏组件总产量的 2/3 以上。2020 年，我国光伏发电的新增装机容量达到了 48.2GW，已连续 8 年位居全球第一；截至 2020 年底，我国光伏发电的累计并网装机容量达到了 253GW，已连续 6 年位居全球首位。此外，2020 年，我国光伏发电量达 2605 亿 kW·h，同比增长 16.2%，占我国全年总发电量的 3.5%。目前，隆基绿能科技股份有限公司、天津中环半导体股份有限公司和晶科能源控股有限公司这 3 大企业的硅片新增产能已超过全球硅片新增产能的 70%。技术方面，近几年量产太阳能电池的光电转换效率以每年 0.5% 的速度增长。随着《国家能源局综合司关于报送整县（市、区）屋顶分布式光伏开发试点方案的通知》等政策的不断出台，未来我国光伏发电的市场规模将保持平稳且较快地增长，并呈现出集中式光伏电站与分布式光伏电站"协调并跑"的发展态势。然而，光伏制造业中废硅料的回收再利用工艺大多停留在研发阶段，实际工业应用匮乏；废弃光伏组件的高价值回收还处于起步阶段；干旱多尘环境下的除尘需求还未得到满足。

20 世纪 80 年代中后期以来，我国联网风电场建设迅速发展。经历十余年的发展，我国已成为全球最大的风电市场。根据 CWEA 与 GWEC 统计，2009—2020 年，我国每年新增风电装机容量连续 12 年居全球首位。2020 年，我国新增装机容量 52000MW，同比增长 94.14%，占全球当年新增装机容量的 55.91%，全球排名第一。2020 年我国累计风电装机总容量 288320MW，占全球累计风电装机容量的 37.06%，位居全球第一。截至 2021 年 11 月 14 日，我国风电并网装机容量达到 300150MW。近 15 年我国风电场建设发生了重大战略转变，实现了从新疆、内蒙古为主的内陆过渡到沿海大型风电场的建设并逐渐走向远海。2021 年底，国内多个海上风电项目正式全容量并网发电，包括国内首个百万千瓦级海上风电项目——广东阳江沙扒海上风电项目和亚洲首个采用柔性直流输电技术的海上风电项目——江苏如东海上风电项目等。目前，我国海上风电装机规模居世界首位。根据沿海各省的规划，到 2030 年广东海上风电装机规模预计达到 3000 万 kW，江苏 1500 万 kW，浙江 650 万 kW，福建 500 万 kW，山东 300 万 kW，辽宁 200 万 kW。预计"十五五"时期我国近海风电将形成一定的规模，海上组网和远海开发将成为新的挑战。

我国地热能以供暖为主，发电装机容量较小、发展较缓。地热发电主要位于西南地区，目前西藏在役地热发电站装机容量 42.18MW，其中羊八井地热电站 26.18MW，羊易地热电站 16MW，那曲、郎久地热电站已退役。2021 年 3 月，山西投产 300kW 和 280kW 的两台地热发电机组。中低温小型试验地热电站较多。2018 年 1 月，全国首个集装箱式地热发电站——地美特瑞丽地热发电站在云南瑞丽发电试验成功，装机容量 10MW。

我国地源热泵工程应用扩展面积越来越大，应用地域已从北京、沈阳等试点城市扩大到天津、河北、辽宁、江苏、上海等众多省或城市。截至 2017 年底，我国地源热泵装机容量达 2 万 MW，年利用浅层地热能折合 1900 多万吨标准煤，实现供暖（制冷）建筑面积超过 5 亿 m^2。

据联合国教科文组织的数据显示，我国沿岸和近海及毗邻海域的潮汐能资源理论总储量约为 $1.10×10^8 kW$，技术可利用量约为 $2.179×10^7 kW$。但潮汐电站由于投资成本高、潮汐能变化大、运行技术不成熟、上网电价高等原因发展暂时受阻。目前仅有江厦潮汐电站在运行发电，年发电量最高可达 646 万 kW·h，浙江海山潮汐电站在升级改造。

包括农林生物质发电、沼气发电和垃圾焚烧发电的生物质发电在"十四五"时期进入发展新阶段。截至 2021 年 7 月底，全国生物质发电装机 3409 万 kW，同比增长 31.2%；截至 2021 年 10 月底，我国生物质发电装机容量连续四年位居世界第一。2021 年前 11 个月，全国生物质发电量达 1480 亿 kW·h，同比增长 23.4%。根据《2021 年生物质发电项目建设工作方案》，安排新增生物质发电中央补贴资金总额为 25 亿元，有助于生物质发电行业持续健康发展。

自 20 世纪 90 年代中期以来，我国在燃料电池研究方面取得了较大的进展。燃料电池技术列入了国家应用研究与发展重大项目计划，其研究目标直指国际水平。2004 年"第二届国际氢能论坛"在北京召开，世界各大汽车公司、氢能源开发企业和研究机构 500 多位专家与会，共同探讨氢能及燃料电池技术的发展战略和市场化前景。国家在"十三五"初期提升了对燃料电池的补贴，并持续到 2020 年不进行退坡，相比锂电池电动车面临 20% 的退坡，显示出发展燃料电池车的决心，在《中国制造 2025》中明确了支持燃料电池汽车发展，推动自主品牌节能与新能源汽车与国际先进水平接轨的发展战略，提出三个发展阶段：第一是在关键材料零部件方面逐步实现国产化；第二是燃料电池和电堆整车性能逐步提升；第三是要实现 2020 年燃料电池车的运行规模扩大到 1000 辆，到 2025 年制氢、加氢等配套基础设施基本完善。2020 年 9 月，《关于开展燃料电池汽车示范应用的通知》印发，决定将燃料电池汽车的购置补贴政策调整为燃料电池汽车示范应用支持政策，争取用 4 年左右时间，构建完整的燃料电池汽车产业链。2020 年 11 月，燃料电池质子交换膜在山东淄博实现量产。2022 年北京冬奥期间，有 200 辆搭载"氢腾"燃料电池系统的氢能客车为延庆赛区提供交通接驳保障服务，该燃料电池系统由国家电投氢能公司自主研发。

　　由于小水电站（装机容量 5 万 kW 以下）投资小、风险低、效益稳、运营成本比较低，为解决农村无电缺电问题、更大程度开发利用水资源，在国家各种惠农政策和优先水力设施建设的鼓励下，全国掀起一股投资建设小水电站的热潮。截至 2015 年，全国建成农村小水电站 4.7 万座，总装机超过 7500 万 kW，相当于 3 个三峡电站的装机容量。尽管早在 2006 年就有《关于有序开发小水电切实保护生态环境的通知》，且"十三五"期间要求加快推进绿色水电建设，仍存在大量违规小水电站，对生态环境造成破坏，如河段减脱水、水土破坏、鱼类受害等。"十三五"时期，农村水电增效扩容改造任务全面完成。2018 年底至 2021 年 3 月，长江经济带小水电全面完成清理整改，共退出电站 3500 多座，完成整改 2 万多座，消除减脱水河段 9 万余千米。目前，黄河流域小水电清理整改工作正在实施。

　　21 世纪前 50 年，核能开发技术和开发时序预期为：2000—2020 年重点开发先进核反应堆技术；2020—2030 年重点开发快中子堆技术；2030—2040 年重点开发加速器驱动亚临界系统；2040—2050 年重点开发受控核聚变技术。截至 2021 年 12 月 31 日，我国运行核电机组共 53 台（不含台湾地区），额定装机容量为 54646.95MW，全国运行核电机组累计发电量为 4071.41 亿 kW·h，同比增长 11.17%；累计上网电量为 3820.84 亿 kW·h，同比增长 11.44%。《中国核能发展报告 2021》指出，到 2025 年，我国核电在运装机 7000 万 kW 左右；到 2030 年，核电在运装机容量达 1.2 亿 kW，核电发电量约占全国发电量的 8%。积极安全有序发展核电的方针被列入国家中长期发展规划，我国自主建造的首台核电机组秦山核电站已安全运行 30 年，获准再运行 20 年。无论核电站发生什么事故都不会对站外公众造成损害，是第四代先进核能系统的核心指标之一。华能石岛湾高温气冷堆核电站示范工程首次并网成功，标志着我国成为世界少数几个掌握第四代核能技术的国家之一。

1.3.2　分布式能源及主要特征

1. 分布式能源

　　国际分布式能源联盟（World Alliance for Decentralized Energy，WADE）对"分布式能源"给出的定义是，由下列发电系统组成，这些系统能够在消费地点或很近的地方发电，并具有：①高效地利用发电产生的废能生产热和电；②现场端的可再生能源系统；③包括利用现场废气、废热以及多余压差来发电的能源循环利用系统。这些系统就称为分布式能源系统，而不考虑这些项目的规模、燃料或技术，以及该系统是否连接电网等条件。

换言之，分布式能源是一种建在用户端的能源供应方式，既可独立运行，也可并网运行，而无论规模大小、使用什么燃料或应用何种技术。分布式能源高效、节能、环保，目前许多发达国家已可以将分布式能源综合利用效率提高到 90% 以上，大大超过传统能源利用方式的效率。因此，今后新能源利用技术的重要表现形式是分布式能源利用技术。首先，分布式能源技术对能源的利用方式与传统的能源利用方式存在很大的区别，它不再追求规模效益，而是更加注重资源的合理配置，追求能源利用效率最大化和效能的最优化，充分利用各种资源，就近供电供热，将中间输送损耗降至最低。由于小型化和微型化，使能源需求者可以根据自己对于多种能源的不同需求，设置自己的能源系统，调动了终端能源用户参与提高能源利用效率的积极性。此外，分布式能源可以和终端能源用户的能源需求系统进行协同优化，通过信息技术将供需系统有效衔接，进行多元化的优化整合，在燃气管网、低压电网、热力管网和冷源管网上，以及信息互联网络上实现联机协作，互相支持平衡，构成一个基于物联网技术的多元化智能微电网系统，使电力供应与用户实际需求柔性匹配。许多发达国家认为，分布式能源是信息能源系统的核心环节，并称之为第二代能源系统。

目前所谓的分布式能源系统通常由新能源发电、电能存储与传输三部分组成。其发电形式并非指采用柴油发电机组的紧急备用电源或燃煤的自备小火力发电厂等，而是指以天然气、煤层气或沼气等清洁能源为燃料的燃气轮机、内燃机、微型燃气轮机发电，太阳能光伏发电，以氢气为燃料的燃料电池发电，生物质能发电，小型风力发电等多种形式的供电，并与储能相结合，为现场用户提供灵活、稳定、安全的电能。由于其在效率、能源多样化、环保、节能等多方面的优越性，再加上电力市场化的快速发展进程，已使分布式发电技术获得广泛关注，并在某些方面获得巨大进展（内燃机、微型燃气轮机发电，屋顶光伏发电，沼气发电，燃料电池发电等）。随着分布式能源水平的提高，各种分布式电源设备性能不断改进和效率不断提高，分布式发电的成本也在不断降低，分布式能源的应用范围将不断扩大，可以覆盖到包括办公楼、宾馆、商店、饭店、住宅、学校、医院、福利院、疗养院、大学、体育场馆等多种场所。

目前，国际公认的两个具有发展前途、重要的分布式能源利用形式：一个是微型燃气发电机组，这是实现热电联产、高效利用能源和节能的最主要形式；另一个是燃料电池技术，这也是未来最主要的分布式能源利用技术方向之一。

微型燃气发电机组是理想的能源转换载体，它的优点是靠近需求侧，将输送损耗降至最低，并能充分利用低品位的热能，将燃料燃烧温度的利用空间进一步扩大，有效实现了"分配得当，各得其所，温度对口，梯级利用"。氢的提取与来源极其广泛，氢燃料电池的能源利用效率更高，污染更小（可以在能源转换现场实现零排放）。理论上，燃料电池使用的是氢能，属于可再生能源，但自然界中可以直接利用的氢并不存在，氢能属于二次能源，制氢需要其他外部能量实现。利用太阳能和风能制氢，或者利用生物细菌制氢，还仅仅停留在理论或试验阶段，缺乏广泛的经济性和可操作性。现实的技术方向还是如何利用天然气、煤气化、甲醇、乙醇等能源，特别有前途的是利用废弃的地下煤炭资源进行地下可控气化再制氢技术。燃料电池不仅可以解决人类发展的电力难题，同时也可以解决对石油的替代难题。虽然大多数燃料电池并不依赖可再生能源，但就燃料电池技术而言属于新能源。此类例子非常之多，它们都是立足于新技术、新工艺，或者新理念构架的新型的能源利用技术，虽然不是可再生能源，但是针对传统的大规模集中生产的能源系统而言，分布式能源可以显著提高能源的综合利用效率，有效减少污染的排放。

2. 分布式能源主要特征

分布式能源可使用天然气、煤层气等清洁燃料，也可以利用沼气、焦炉煤气等废弃资源，甚至利用风能、太阳能、水能等可再生能源。由于目前的分布式能源项目多建在城市，所以大部分分布式能源系统的燃料多为天然气或柴油。分布式能源的主要特征有：

（1）高效性　由于分布式能源可用发电后工质的余热来制热、制冷，因此能源得以合理的梯级利用，可根据自己所需向电网输电和用电，从而可提高能源的综合利用效率（可达 60%~90%）；由于其投资回报的周期较短，因此投资回报率高，可降低一次性的投资和成本费用；靠近用户侧的安装可就近供电，因此可降低网损（包括输电和配电网络的损耗）。

（2）环保性　采用天然气做燃料或以氢气、太阳能、风能为能源，可减少有害物的排放总量，减轻环保的压力；就近供电减少了大容量远距离高电压输电线的建设，由此减少了高压输电线的电磁污染，也减少了高压输电线的线路走廊和相应的征地面积，减少了对线路下树木的砍伐。分布式能源系统由于实现了优质能源梯级合理利用，能效可达 80% 以上，超过燃煤火力发电机组一倍，SO_2 和固体废弃物排放几乎为零，温室气体（CO_2）减少 50% 以上，NO_x 减少 80%，总悬浮颗粒物（TSP）减少 95%，占地面积与耗水量减少 60% 以上。

（3）能源利用的多样性　由于分布式能源可利用多种能源，如洁净能源（天然气）、新能源（氢）和可再生能源（生物质能、风能和太阳能等），并同时为用户提供电、热、冷等多种能源应用方式，因此是节约能源、解决能源短缺、能源互补和能源安全问题的好途径。

（4）调峰作用　夏季和冬季往往是电力负荷的高峰时期，此时如采用以天然气为燃料的燃气轮机等热、冷、电三联供系统，不但可解决冬季的供热与夏季的制冷的需要，同时也提供一部分电力，由此可降低电力峰荷，起到电力调峰的作用。此外，由于将天然气作为一种恒定的燃料源用于发电，部分解决了天然气供应周期每日、不同季节峰谷差过大的问题，发挥了天然气与电力的互补作用。

（5）安全性和可靠性　当大电网出现大面积停电事故时，采用特殊设计的分布式发电系统仍能保持正常运行。虽然有些分布式发电系统由于燃料供应问题或辅机的供电问题，在大电网故障时也会暂时停止运行，但由于其系统比较简单，易于再启动，有利于大电力系统在崩溃后的再启动，由此可提高供电的安全性和可靠性。

（6）减少国家输配电投资　采用就地组合协同供应的模式，可以节省电网投资、降低运行费和线路损耗。

（7）解决边远地区供电　由于我国许多边远及农村地区远离大电网，因此难以从大电网向其供电，采用太阳能光伏发电、小型风力发电和生物质能发电的独立发电系统不失为一种优选的方法。

1.3.3 　储能技术及其主要形式

近年来，为减轻传统火电机组的负担、减少碳排放量、解决煤炭等化石能源的有限性，新能源发电装机容量大幅增长，分布式发电并网需求大大增加。由于新能源的随机性和波动性，整个电力系统的稳定性有所降低。为了在灵活调节电能的基础上，使分布式发电对电力系统具有容量支持、调峰调频、提高供电质量、提供安全保障等功能，储能系统不断研发、示范并投入商业化使用，而储能技术成为了能源革命的支撑技术之一。

储能技术可分为物理储能、电化学储能、电磁储能和混合储能。物理储能包括抽水蓄能、飞轮储能和压缩空气储能。电化学储能包括各类电池储能。电磁储能包括超级电容器储能和超导储能。混合储能有氢热储能、水蓄热储能、熔融盐储能、相变储能、电转气地质储能等。按应用场景可分为电源侧储能、电网侧储能和用户侧储能。

抽水蓄能是最传统最成熟的储能技术，其在电力负荷低谷时向上抽水至上水库，在电力负荷高峰时向下放水至下水库，将水位下降时释放的势能转化为电能使用。2020 年我国已投运储能累计装机中，抽水蓄能占比高达 90.3%，且发展势头不减。《抽水蓄能中长期发展规划（2021—2035 年）》指出，到 2025 年，抽水蓄能投产总规模较"十三五"翻一番，达到 6200 万 kW 以上；到 2030 年，抽水蓄能投产总规模较"十四五"再翻一番，达到 1.2 亿 kW；到 2035 年，形成满足新能源高比例大规模发展需求的、技术先进、管理优质、国际竞争力强的抽水蓄能现代化产业，培育形成一批抽水蓄能大型骨干企业。冬奥绿电工程配建了世界上最大的抽水蓄能电站——丰宁抽水蓄能电站，首次实现抽水蓄能电站接入柔性直流电网，首次系统性攻克了复杂地质条件下超大型地下洞室群建造的关键技术，为今后抽水蓄能电站大规模开发建设提供了技术保障和工程示范。该电站总装机规模 360 万 kW，一次蓄满可储存新能源电量近 4000 万 kW·h。尽管抽水蓄能电站储存容量很大，但该储能电站的建设对环境依赖性大，需要发展除抽水蓄能外的新型储能技术。

飞轮储能指将电能转换为飞轮高速旋转的动能储存，在需要时利用飞轮带动发电机发电。由于空载时飞轮动能损失较大，飞轮储能更适合 UPS、轨道交通等领域的短期储能，在电力系统领域应用较少，一般在风力发电场合与蓄电池等进行混合储能。

压缩空气储能通过废弃的洞穴（如盐穴）或大容量的存储罐，利用压缩机将弃光、弃风、低谷电等电能转换为压力势能或热能储存，在需要用电时通过膨胀机释放给发电机组。该储能技术包括传统压缩空气储能、先进绝热压缩空气储能、蓄热式压缩空气储能、等温压缩空气储能、液态空气储能、超临界压缩空气储能、水下压缩空气储能、外部热源系统耦合的压缩空气储能等。基于其在长时性、大规模性、安全性、稳定可靠性、经济性上表现良好，压缩空气储能具有大规模应用的优势。另外，压缩空气可以与煤电机组、火电机组、抽水蓄能、热化学等进行耦合，构成新型的储能系统。

电池储能包括锂离子电池、铅酸电池、钠硫电池和液流电池，在新能源（如光伏）并网上提供了帮助。超级电容器充放电速度快、循环寿命长，在交通车辆上应用广泛，如 2016 年国内首套拥有自主知识产权的 1500V 地铁列车用超级电容器储能装置在广州地铁 6 号线正式挂网。但其存储容量小、端电压不稳定、能量密度低，在新能源发电领域应用较少。超导储能存储时间长、效率高、响应快速，但由于高温超导材料在技术上的限制性，该储能方法难以广泛应用。

2021 年，《关于加快推动新型储能发展的指导意见》发布，要求大力推进电源侧储能项目建设，积极推动电网侧储能合理化布局，积极支持用户侧储能多元化发展。江苏省《2022 年度省碳达峰碳中和科技创新专项资金项目指南》里新型储能技术的研究内容为：半固态电池、全固态电池、钠离子电池、固体氧化物燃料电池等中长时间储能技术；压缩空气、固态储热、熔盐储能等超长时间储能技术；混合电池电容、超级电容器、液流电池、飞轮电池等高效长寿命低成本高功率储能技术；高性能快速充换电系统、超大规模储能、分布式储能等系统集成技术。

1.3.4　新能源发电技术应用

1. 风力发电

风力发电经历了从独立发电系统到并网系统的发展过程，大规模风力发电系统的建设已成为发达国家风电发展的主要形式。2020 年，我国 4MW 陆上风电和 10MW 海上风电成功并网发电，均创国内风电单机之最。同年，欧洲新装陆上机组的单机平均功率为 3.3MW、新装海上机组的单机平均功率为 8.2MW。风力涡轮机的功率仍以极快的速度变大。2022 年，我国东方电气集团自主研制的 13MW 抗台风型海上风电机组正式下线；西门子海上风电机组的单机功率已达 14MW，计划 2024 年实现商业化量产；丹麦维斯塔斯（Vestas）也将推出 15MW 的海上风机；中国明阳智慧能源集团公司最近宣布了一项更强大的 16MW 海上风机设备生产计划。目前研发重点主要集中在：提高大型风力发电场与现有电网联网的安全性；继续开发可靠的风力预报方法；开展与风能开发相配套的生态影响研究；大力发展海上风力发电等。目前，风力发电建设投资已低于核电投资，建设周期短，其成本与煤电成本接近，因而具有很大的竞争潜力。

2. 太阳能发电

太阳能光伏发电最早用于缺电地区，20 世纪 80 年代开始研究联网问题。目前，在世界范围内已建成多个 MW 级的联网光伏电站。2004 年 9 月，总功率为 5MW 的世界最大的太阳能发电站在德国莱比锡附近落成，2009 年 8 月，总功率为 80.7MW 的世界最大的太阳能发电站德国利伯罗瑟太阳能发电站落成，2016 年 2 月全球规划装机容量最大的太阳能发电站——摩洛哥瓦尔扎扎特—努尔 580MW 太阳能发电站首期工程在瓦尔扎扎特正式投入使用。2020 年，全球光伏市场强劲增长，新增装机容量高达 126.7GW，同比增长 29.42%，累计光伏容量高达 707.5GW。传统市场，如日本、美国、欧洲的新增装机容量分别达到 67GW、73.8GW 和 167.8GW，依然保持强劲发展势头。新兴市场不断涌现，光伏应用在东南亚、拉丁美洲诸国的发展迅猛，印度、泰国、智利、墨西哥等国装机规模快速提升，如印度在 2020 年达到 39GW。

3. 燃料电池发电

美国每年投资数亿元开发燃料电池，掌握了许多独创和先进技术。日本也大力开展燃料电池及发电技术的研究，加拿大、韩国以及欧洲许多国家也在燃料电池的研究与应用上取得了很大进展。目前，全球燃料电池市场由北美和韩国主导，其次是欧洲和日本。我国的燃料电池研究始于 1958 年，20 世纪 70 年代在航天事业的推动下，燃料电池的研究曾呈现出第一次高潮，研制成功的碱性石棉膜型氢氧燃料电池系统通过了航天环境模拟试验。我国燃料电池领域经过几十年的积累和发展，已初步形成了一支学科专业较为齐全的研究与开发队伍，研究条件明显改善。

4. 生物质发电

巴西作为开发生物质能源的强国，2004 年以甘蔗为原料生产的酒精出口量已达 20 亿 L；并于 2004 年 11 月批准在石油、柴油中添加 2% 的生物柴油，此比例数年内提高到 5%；优先在最贫困的东北部地区种植蓖麻原料，生产生物柴油，以实现保障能源供给和农民脱贫的双重目的。截至 2005 年，它的生物质能源比例已占全部能源的 29%，而同期世界的生物质能源应用比例仅为 11%。2018 年全球生物质及垃圾发电累计装机容量达 117.8GW，与 2017 年相比增长 5.46%，其中巴西、中国及美洲其他地区是增长的主要驱动力。欧洲仍是全球最大的生物质及垃圾发电市场，2014 年累计装机容量达 27.6GW。2018 年，巴西、中国和美国生物质及垃圾发电累计装机容量分别为 14.78GW、13.23GW 及 12.71GW，分列前三。

5. 核能发电

根据世界核协会（WNA）2022 年更新的数据，全球 32 个国家或地区在运行核电站，全球 10% 的电力由大约 440 座核反应堆发出，其中，我国在运反应堆 53 座，次于美国 93 座、法国 56 座，位列第三。目前全世界共有 60 多个国家考虑发展核能发电，孟加拉国、白俄罗斯、土耳其和阿拉伯联合酋长国都在建造国家首个核电站，预计到 2030 年将有 10~25 个国家首建核电站。欧盟委员会交通和能源部门 2004 年起草的一份报告称，如果不修建新的核电站，欧盟将不能实现《京都议定书》规定的温室气体减排目标。报告认为，在今后 25 年内，欧盟需增加 100GW 核电，才能实现减少温室气体排放目标，这意味着需修建 70 多座新的核电站。

6. 燃气发电

根据用户能源使用性质、资源配置等不同情况，由燃气管网将天然气、煤层气、地下气化气、生物沼气等一切可以利用的资源就近送达用户。由小型燃机、微型燃机、内燃机、外燃机等各种传统的和新型发电装置组成热电联产或分布式能源供给系统。丹麦、荷兰、德国、美国、英国等国家已推广应用。根据 IEA 发布的 2014 年全球能源展望报告：2014—2035 年间燃气发电新增装机容量预计在 1270GW，到 2035 年燃气发电总装机容量将达到 2450GW，年发电能力达到 8300TW·h。

7. 氢能发电

氢能发电，指利用氢气和氧气燃烧，组成氢氧发电机组。这种机组是火箭型内燃发动机配以发电机，它不需要复杂的蒸汽锅炉系统，因此结构简单，维修方便，起动迅速，要开即开，欲停即停。在电网低负荷时，还可吸收多余的电来进行电解水，生产氢和氧，以备高峰时发电用。这种调节作用对于电网运行是有利的。另外，氢和氧还可直接改变常规火力发电机组的运行状况，提高电站的发电能力。例如，氢氧燃烧组成磁流体发电，利用液氢冷却发电装置，进而提高机组功率等。大型电站，无论是水电、火电或核电，都是把发出的电送往电网，由电网输送给用户。但是各种用电户的负荷不同，电网有时是高峰，有时是低谷。为了调节峰荷，电网中常需要起动快和比较灵活的发电站，氢能发电就最适合担任这个角色。

更新的氢能发电方式是氢燃料电池。这是利用氢和氧（或空气）直接经过电化学反应而产生电能的装置。换言之，也是水电解槽产生氢和氧的逆反应。燃料电池是将燃料的化学能直接转换为电能，不需要进行燃烧，能源转换效率可达 60%~80%，而且污染少，噪声小，装置可大可小，非常灵活。最早，这种发电装置很小，造价很高，主要用于宇航作电源。现在已大幅度降价，逐步转向地面应用。

其他还有小水力发电、地热能发电、海洋能发电等新能源转换利用。

在新能源应用技术领域，当前主要集中于电动汽车技术、多电飞机技术、新能源空铁和新能源船舶等，新能源在这些领域的成功应用极大地助力了电力行业碳中和目标的实现。

1.4　新能源发电的主要控制技术

1.4.1　电能变换常用的控制方法

在实际的生产生活中，仅靠拓扑结构的改进无法保证在各种恶劣负载下提供优质稳定的三相电压，输出电压质量的好坏更多取决于控制系统的设计，如果处于不同的应用场景时，则需要选择特定的控制方法或几种控制方法相结合的形式，从而满足逆变系统对输出电能质量的要求，目前国内外研究较多的控制方法有以下几种。

1. PI 控制器

传统的 PI 控制是逆变器控制中最为普遍的线性控制方法之一，既有电压单闭环结构，也有电压外环电流内环的双闭环结构。此方法具有参数设计简洁、电路结构简单等优点，常被用于实现无静差跟踪直流分量，具有良好的系统稳定性，但 PI 控制的缺陷在于无法准确跟踪交流信号，需要进行坐标变换来防止对其跟踪时产生误差，且电路模型在旋转坐标系下会存在耦合问题，而且系统整体性能会受到参数摄动和负荷变化的影响，尽管采用正负序分离的方法能够改善性能，但是大大增加了计算负担。

2. 比例谐振控制器

比例谐振（Proportional Resonant，PR）控制由比例和谐振两个环节所构成，PR 控制的实现主要基于内模控制原理，通过在开环控制系统中加入交流信号模型，使 PR 控制器在谐振频率处获得无穷大增益，进而实现对给定交流信号的无静差跟踪，且其算法简洁易实现，负载电流能够在所有情况下跟踪给定参考信号，具有良好的瞬态响应能力。但由于 PR 控制器的带宽窄，一旦电网频率受扰动发生偏移时，不仅会导致系统振荡，而且会大幅度削弱对给定交流信号的跟踪能力，从而影响逆变器的性能。

3. 重复控制

1981 年日本 Inoue 教授首次提出重复控制这一概念，其基本思想同样基于内模控制原理，起初常被用于控制重复性的机械运动，目前研究人员将重复控制广泛应用于逆变器的数字控制中。内模原理是在稳定的闭环控制系统中加入对外部系统起作用的信号模型，从而实现对参考信号的准确跟踪。当输入信号（给定电压和参考电压之差）为周期性存在且不为零时，利用重复控制器可有效降低输出电压的波形畸变率，同时能够改善系统稳定性。但输入信号以非周期形式存在时，采用重复控制器跟踪参考信号时存在稳态误差，且由于延迟环节的存在导致系统的动态性能较差，需要搭配其他控制方法形成复合的控制策略从而满足逆变系统的控制要求。

4. 无差拍控制

Kalman 教授在 1951 年首次提出无差拍（Dead Beat，DB）控制，伴随着数字信号处理技术的不断发展和对无差拍控制理论的深入研究，使得逆变电源中的无差拍控制技术逐步趋于成熟。实现 DB 控制的首要条件是确定研究对象的数学模型，并求解系统的状态方程，根据逆变系统交流侧输出量的反馈值得到下一个周期的控制量，无差拍控制对逆变器系统的建模精确度具有很高的依赖性，当逆变器输出端接三相平衡负载时，通过改变下一周期的脉冲信号宽度，输出信号能够准确无误差跟踪参考信号，具有良好的动态响应特性，但由于参数波动、负载变化等不确定因素的影响，令实际数学模型与理想数学模型差异较大，导致系统具有较差的动态性能，容易引起系统的振荡；当输出端接非线性负载时，三相输出电压THD 含量较高，无法取得预期的控制效果。

5. 滑模变结构控制

滑模变结构控制（Sliding Mode Control，SMC）理论由苏联学者 Utkin 和 Emelyanov 于20 世纪 50 年代首次提出，此时该控制理论主要被应用在二阶系统中，随着控制理论的发展与不断完善，其控制对象逐渐变为高阶系统，且滑模控制在理论上已经形成完整的分析方法，包括滑模面的选择、到达条件的判断以及对系统稳定性的分析等。早期的滑模控制并没有在实际工程中得到广泛运用，大部分仍处于理论分析阶段，主要有以下三个原因：①滑模控制理论相比于当时热门的线性控制理论还不够成熟；②滑模控制对系统的切换要求较高，应用于模拟电路时存在控制电路设计复杂、控制效果差等问题；③滑模控制的运用会伴随抖振现象的产生从而影响控制系统的稳定性。但随着滑模控制系统知识范畴的增加和数字信号处理器的出现，上述问题得到一定的改善，采用数字电路实现的滑模控制具有简单易操作的特点，现已成为控制工程领域被广泛使用的设计方法。

滑模控制方法具有瞬态性能好、受系统参数摄动和干扰影响小、物理实现容易和对系统无在线辨识要求的特点，因此无论是在连续和离散时间系统，还是在多输入多输出控制系统，滑模控制理论均展现了自身鲜明的优点，成为控制工程领域里的重要控制方法之一。此外，滑模控制中可引入智能算法形成复合控制策略，从而解决不同的实际工程问题，因此在诸多领域中得到了成功的运用，例如，电机和机器人控制、飞机与电力系统控制、伺服机构和变速器控制等。

6. 神经网络控制

神经网络控制来源于近些年神经网络学科的发展，随着机器学习技术的提升，通过计算机系统，模仿人脑来实现系统运行，这种智能控制方式也可以运用在电网中。传统的控制方法各有优劣，有的适用于线性系统，有的适用于非线性系统，因为实际运行中，线性和非线性或多或少都会存在，所以神经网络这种既能适应线性也能适应非线性的控制方法受到了广泛欢迎。由于目前社会上控制系统硬件的限制，神经网络控制还不能完全实现在线的波形控制，但是可以通过离线的学习不断增强对系统的控制能力和对环境的反应能力，线下学习的素材来自于各种线性负载条件或非线性负载条件试验和仿真的各种素材，通过离线的学习，系统能够不断地熟悉控制环境和控制规律，优化控制算法，并投入到实际系统运行中，最终实现在线的控制。这种控制方式的鲁棒性非常强，适合多种不同情况的负载情况。

7. 模糊控制

模糊控制的原理是将输入的精确量经过模糊控制系统的处理，输出为模糊量。模糊的过程是模仿人对信息的处理方式，结合专家的专业意见和经验总结，在一定的语言规则下进行模糊推理，模糊推理的方式结合了归纳、推理、判断等多种逻辑策略，最终实现的结果是，模糊控制能够根据实际情况对控制器参数进行变动，甚至可以任意逼近几乎所有非线性函数。

1.4.2　新能源发电控制技术概要

利用电力电子技术可以将不同形式的新能源转换为电能，四个基础变换电路为交流—直流（AC—DC）变换电路、直流—直流（DC—DC）变换电路、直流—交流（DC—AC）变换电路和交流—交流（AC—AC）变换电路。电路中涉及不可控、半控型、全控型电力电子器件。对于可控的电力电子器件，常用脉宽调制技术施加触发信号，使输出电压或电流接近期望波形，包括直流 PWM 控制技术、正弦波脉宽调制（SPWM）控制技术、空间电压矢量（SVPWM）控制技术和电流滞环跟踪（CHBPWM）控制技术。另外，还需要对功率器件施加保护。

为了提高新能源发电效率，发电站的输出功率通常为有功功率模式，能够稳定输出有功功率。由于无功负荷的存在及无功功率较差的自主调节性，当无功功率下降时电力系统的电压会降低，进而导致无功功率输出降低，循环往复会导致电力系统崩溃。因此，引入静止无功补偿器来调节发电站输出的无功功率，能够有效减小低频振荡带来的阻力，抑制次同步振荡，提高电力系统静态稳定性。静止无功补偿器通常用于输入交流电网的不稳定新能源发电，广泛应用于风电场。

1. 风力发电的控制技术

风力发电时，风能先通过风力机转换为机械能，再通过发电机转换为电能。风力机的控制技术有四种：变桨距控制技术、定桨距失速控制技术、变速控制技术和主动失速/混合失速发电技术。变桨距控制时，若输出功率小于额定功率，桨距角维持零度不变；当输出功率到达额定功率后，通过调节桨距角的大小，使输出功率维持在额定功率。定桨距控制时，风力机的迎风角不变，利用桨叶本身的气动特性，在风速超过额定值时，桨叶失速，从而限制功率。变速控制时，桨叶的旋转速度随着风速的变化而变化，使叶尖速比总处于最佳状态，使风能得以充分利用。主动失速/混合失速控制是将变桨距控制技术和定桨距失速控制技术相结合，在风速较低时，采用变桨距控制使气动效率提高；当风力机达到额定功率时，按照变桨距调节时风机调节桨距相反方向调节桨距。另外，应用风力机主动偏航系统能提高风能利用率、保障机组安全运行，目前大多处于研究阶段且主要用于控制单风力机的偏航角。

对于风力发电机组，采用恒速恒频控制或变速恒频控制。恒速恒频控制指发电机发电时，保持转速不变进而得到恒定的输出频率。变速恒频控制指当风速低于额定值时，跟踪最大风能利用系数，保持近乎恒定的叶尖速比，追求最大的风能转换效率；当风速高于额定值时，跟踪最大功率，保持输出功率稳定。目前，变速恒频控制在大型风电场和联网风电场中应用广泛。

不同类型的风力发电机组采用不同的并网技术。同步风力发电机组并网时，各相对应电压瞬时值需完全一致，分为自动准同步并网和自同步并网，前者在并网前已满足并网条件，只需在并网后通过自整步作用牵入同步，而后者用于电网故障、无法满足并网条件的情况。普通交流异步风力发电机组的并网方式包括直接并网、准同期并网、降压并网和通过晶闸管软并网；双馈异步风力发电机组的并网方式包括空载并网技术、独立负载并网技术、孤岛并网方式和"电动式"并网方式。

2. 光伏发电的控制技术

在光伏发电控制技术中应用最广的是最大功率点跟踪 MPPT 控制技术，目的是实时追踪并输出光伏电池的最大输出功率，常用 MPPT 控制算法有：恒定电压法、扰动观察法、电导增量法、变步长电导增量法、变步长扰动观测法、神经网络控制法、模糊逻辑控制法、最优梯度法以及群体智能优化算法（如粒子群寻优算法）。

光伏发电系统通过光伏阵列或储能电池输出直流电并入交流电网，故并网逆变器不可或缺。并网逆变器输出信号的频率和相位必须与交流电网相同，才不会干扰电网正常运行。光伏并网逆变器可以通过数字化控制锁相环实现对频率和相位的跟踪。

3. 生物质发电的控制技术

生物质发电控制包括沼气发电控制、垃圾焚烧发电控制、生物质燃料电池、生物质直接液化制燃料油等。有机物质厌氧发酵后产生以甲烷和二氧化碳为主的沼气，沼气燃烧产生的热能转换为机械能带动发电机发电，这一过程称为沼气发电。对沼气发电的控制包含净化提纯沼气和沼气燃料电池发电两方面，具体包括储气、脱水、脱硫、稳压、阻火和燃料电池控制器。垃圾焚烧发电是利用垃圾在高温焚烧炉中充分燃烧产生的热能加热锅炉，使锅炉产生大量蒸汽驱动发电机发电，故其控制技术包括对焚烧炉的控制和对蒸汽轮机的控制。生物质发酵后的产物可以作为燃料电池的燃料，目前研究热点为氢燃料电池，尤其是质子交换膜燃料电池。氢燃料电池在起用时应及时获得足够多的反应气体，在停用时应清扫未反应完全的气体和产生的水以免造成化学腐蚀，故其控制需要维持燃料（氢气和空气）供应流的均匀性、稳定性、热能与水平衡。

1.4.3　分布式能源控制策略概要

分布式能源系统是指，可再生能源与化石能源通过小规模、小容量、模块化、分散式的方式安置于需求侧，在发电、供热和制冷环节上互补输出，建立在能量梯级利用基础上，相对于传统集中式供电的能源综合利用系统。作为主体的可再生能源可以是风能、太阳能、氢能、天然气等，主要控制技术包括电能有效利用、智能通信技术、智能模块、主动网络管理等。研究主要进展包括分布式能源系统先进热力循环、分布式能源系统能量的高效存储、多能互补系统能势匹配与能量梯级利用以及多能互补分布式能源系统多目标优化与运行控制。

燃气轮机创新发展是落实能源技术革命的重要任务，其控制技术以电源变换为主，包括整流器控制、逆变器控制和功率匹配控制。燃气—蒸汽联合循环机组还涉及协调控制技术。氢燃料电池的输出为直流电，在并入交流电网前，通常经过一级 DC—DC 变换器和逆变器，并在 DC—DC 变换器输出端并联一个电能缓冲装置来适应电网负载的波动。

分布式发电系统主要由输入侧、电力电子装置和输出侧三部分组成。输入侧为新能源发电装置，主要包括太阳电池板、风力发电机、蓄电池及其他类型的新能源发电装置，电网是分布式发电系统的输出侧，两者通过电力电子装置连接，电力电子的控制系统通过检测两侧的状态，控制开关管的通断，将输入侧的电能调制变换为符合标准的电能并入电网。电力电子控制系统主要由输入侧控制、输出侧控制和开关管驱动控制组成。在不同类型的新能源发电系统中，输入侧的控制所起作用不尽相同，例如，在风力发电系统中其主要作用为通过控制风机转速来控制功率，而在太阳能光伏发电系统中，其主要作用为追踪最大功率。电网侧控制的主要作用是通过控制分布式发电系统的电压、电流波形，达到控制其输入到电网的有功和无功功率的目的。开关管驱动控制决定了新能源发电能否实现高电能质量和高效率并网的目标，其中所包含的逆变器控制技术更是控制功率转换的关键，而且在微网逆变器的孤岛和并网两种运行模式的切换中也发挥着重要的作用。

新能源发电的推广促进了新能源发电行业技术、标准等各个层次的快速发展，也使得新能源在能源领域的角色和功能发生了巨大变化，由特殊能源转变为普通能源，从无法接收系统调度到能够自动参与电网调节等，这一系列变化得以实现的一个重要原因就是逆变器及其控制技术的日益成熟。

分布式发电系统中的逆变器控制技术对微网系统的动静态性能和稳定性至关重要。目前，逆变器的控制策略包括恒压频控制、恒功率控制、下垂控制和虚拟同步机控制策略。

1. 恒压频控制策略

恒压频控制策略又称为 VF 控制策略，该控制策略的主要作用是保证逆变器输出电压的幅值和频率保持恒定，输出电流能够根据有功负载和无功负载进行自动匹配，主要应用在微网的孤岛运行状态下。

在恒压频控制策略中，系统初始状态稳定运行于 A 点，系统输出电压的幅值和频率分别为 U_0 和 f_0，此时系统对应的有功负载和无功负载分别为 P_0 和 Q_0，当系统负载发生变化时，逆变器控制系统通过对自身的有功—频率特性和无功—电压特性进行调节，即向上下平移特性曲线，改变系统工作状态，以保持输出电压幅值和频率稳定。当系统负载变小时，逆变器向下平移特性曲线，最终系统将稳定于 B 点；当系统负载变大时，逆变器向上平移特性曲线，最终系统将运行于 C 点，电压幅值和相位保持恒定不变。

2. 恒功率控制策略

恒功率控制策略又称 PQ 控制策略，此控制策略的主要作用是通过给定逆变器有功功率参考值和无功功率参考值向电网输入给定的功率，主要应用在逆变器的并网运行模式下。但是在并网运行模式下，微网逆变器输出电压被电网电压钳位，此时微网系统相当于一个电流源，无法参与电网的调频调压。

在恒功率控制策略中，系统初始状态稳定工作于 A 点，系统向电网输送功率 P_0、Q_0。微网输出电压的幅值、频率被电网电压钳位。当电网电压的幅值或频率发生变化时，微网系统输出电压随之变化，而输出功率能够保持不变。若电压幅值、频率变化过大，超出一定范围时，将造成微网系统脱网。

恒功率控制常用于微网逆变器的并网运行，若出现频率波动、负荷扰动及电网电压波动时，系统的功率变化由大电网承担，各微电源不参与电网的调频调压功能。其控制方式又分为两类：

基于电流的 P/Q 控制，其主要通过给定的有功和无功以及电网电压获得电流指令参考值，在控制器的作用下注入电网电流，从而控制系统输出的有功和无功功率，由于该控制方法缺少稳压环，系统将无法维持自身频率和电压稳定，因此不能够用于离网模式。

基于电压的 P/Q 控制，该控制方法是将逆变器等效成电压源，其控制环路由功率外环和电压内环组成，根据功频控制器输出的频率偏差和无功—电压控制器输出的电压偏差加上网侧的频率和电压幅值，得到参考值，再将其合成参考电压，该控制方法可适用多模式运行。

3. 下垂控制策略

下垂控制又称 Droop 控制，此控制策略模拟了同步发电机的一次调压调频特性，此控制策略既可以应用在逆变器的孤岛运行模式，又能运行于并网运行模式，在两种模式的切换过程中，无须切换控制策略，具有即插即用的特点。Droop 控制策略对逆变器输出的有功功率、无功功率进行负反馈控制，使系统能够根据输出功率变化改变其输出电压的幅值和频率。

逆变器的 Droop 特性与其等效输出阻抗和线路阻抗的性质密切相关，当两个阻抗之和呈现为感性时，Droop 特性表现为 $P\text{-}f$ 和 $Q\text{-}U$ 特性；当其呈现为阻性时，Droop 特性表现为 $P\text{-}U$ 和 $Q\text{-}f$ 特性，也称其为反 Droop 特性。

在下垂控制策略中，系统初始状态工作于 A 点，系统输出电压的幅值和频率分别为 U_0 和 f_0，输出功率为 P_0、Q_0。当运行点变化至 B 点时，系统输出的功率将增大至 P_1、Q_1，输出电压幅值和频率将随之下降至 U_1 和 f_1。Droop 控制能够实现有差调节，但是由于缺少惯量支撑，将无法抑制负载波动带来的影响，导致系统稳定性差。随着分布式发电渗透率的不断提高，微网系统由于缺乏惯性和阻尼，导致系统运行稳定性较差。

4. 虚拟同步机控制策略

传统同步发电机对整个电力系统的电压和频率稳定性起着重要作用，但是随着分布式能源渗透率的增加，惯性和阻尼的不足，严重威胁着电网的安全。因此，很多学者通过借鉴传统同步发电机的调速器和励磁控制器，从而将逆变器设计成虚拟同步机（Virtual Synchronous Generator，VSG），使其具备与同步发电机相类似的特性，能更好地兼容大电网。

目前，针对虚拟同步机的研究分为两类：

电流源型虚拟同步发电机（Current-sourced VSG，CVSG），该控制基于电流控制，根据同步发电机特性控制系统输出的功率和电流，通过采用转子运动方程来设计功频控制器，但系统中没有励磁调节控制，不能模拟传统同步发电机的励磁调节机理，无法反映同步发电机的真实工作机理，且由于其输出特性为电流源，不能在弱电网和离网运行环境中工作。

电压源型虚拟同步发电机（Voltage-sourced VSG，VVSG），该控制策略是通过传统同步发电机的数学模型设计出控制器，从而控制逆变器的输出频率和电压，其适用于多模式运行。

CVSG 控制适用于强电网下的并网运行，VVSG 控制可用于微电网逆变器的并网和离网运行，解决了不同模式之间的切换问题，在弱电网条件下提供了频率和电压支撑。

1.4.4　储能控制技术概要

随着我国能源转型的不断深入、可再生能源消费占比的不断增加，分布式发电不断渗透入电网而降低电网的稳定性。灵活可靠的储能打破了原电力系统发电、输电、变电、配电必须实时保持平衡的局面，成为能源转化、连接、存储的关键。

储能主要包括热能、动能、电能、电磁能、化学能等能量的存储。储能技术的研究、开发与应用主要是以储存热能、电能为主，广泛应用于太阳能利用、电力的"移峰填谷"、废热和余热的回收以及工业与民用建筑和空调的节能等领域。

工业上已应用的电能存储技术主要有三种，分别为水力储能技术、压缩空气储能技术、飞轮储能发电技术。水力储能技术是最古老的、技术最成熟的、设备容量最大的商业化技术，全世界已有约 500 座水力储能电站，其中容量超过 1000MW 的有 35 座。水力储能系统一般有两个大的储水库，一个处于较低位置，另外一个则位于较高的提升位置。在用电低峰期，将水从位置较低的水库送到位置高的储水库中去储存起来。当需要电能时，可以借助高位水库水流的势能推动水能机发电。

压缩空气储能是在用电低峰期将空气加压输送到地下盐矿、废弃的石矿、地下储水层等。当用电负荷较大时，压缩空气就可与燃料燃烧，产生高温、高压燃气，驱动燃气轮机做功产生电能。应用的机组设备容量已达到几百 MW。

飞轮储能发电技术是一种新型技术，它与电力网连接实现电能的转换。飞轮储能发电系统主要由电机、飞轮、电力电子变换器等设备组成。飞轮储能的基本原理就是在电力富裕条件下，将电力系统中的电能转换成飞轮运动的动能。而当电力系统电能不足时，再将飞轮运动的动能转换成电能，供电力用户使用。与其他储能技术相比，飞轮储能技术具有效率高（80%～90%）、成本低、无污染、储能迅速、技术可靠等优点。

大容量储能电站能够提供有功服务辅助电网调峰调频，如协助电网进行一次调频；能够提供黑启动功能，如辅助重型燃气轮机黑启动；小容量分布式储能系统能够发挥调节的灵活性进行辅助调压，实现电压越限的快速恢复控制。链式混合储能系统下，尤其是故障时，可以控制各个系统间的能量保持均衡；源于可控负荷能量调节的虚拟储能能够在混合储能中平抑直流电压波动，改善直流微电网需求侧运行的稳定性。另外，在风力、光伏等输出波动较大的发电机组处，储能系统能平滑其功率输出，增强发电的稳定性和可靠性。

针对不同的储能介质，储能系统涉及的控制技术包括超级电容器及超导储能控制技术、飞轮储能并网控制技术、风力发电光伏发电储能一体化控制技术、混合储能控制技术、分布式储能协调控制技术，以及孤岛控制策略、低电压穿越技术等。

1.5　新能源技术的主要应用概要

新能源技术在发展过程中，除了能源转换及发电技术为人类生产生活提供了重大的变化及影响外，在技术应用上也取得了大量的成果和新形式，极大地提升了人们的生活品质，甚至将成为一种影响世界格局与人类社会发展的新生力量。新能源技术在汽车、铁路和船舶方面的应用，为解决可持续交通的挑战及解决能源使用的环保问题发挥着重大的作用。

新能源汽车是新能源技术的典型应用，从油—电混合动力汽车到纯电动汽车、燃料电池电动汽车，产生了一系列的新产品与新技术，包括有电动汽车用动力电池、电动汽车用电动机、纯电动汽车、混合动力电动汽车和燃料电池电动汽车的结构、原理及设计方法，同时非电动型新能源汽车如天然气汽车、液化石油气汽车、甲醇燃料汽车、乙醇燃料汽车、二甲醚燃料汽车、氢燃料汽车等燃料型汽车技术，极大地丰富了新能源技术的范畴。

新能源技术应用于航空领域，使电力化水平也成为评价飞机先进程度的重要标准。无人机是其典型的代表，21 世纪诞生的几种飞机在不同程度上突出了电能管理，如第四代多用途战术攻击机 F-35 实现电气负载的自动管理和故障隔离；宽体客机波音 787 梦想飞机率先应用电动环境控制系统，减少燃油消耗及废气排放的同时降低了运营成本；双层四发动机巨型客机 A380 采用电动静液作动器及区域电子液压发生系统等新技术，以电动伺服系统取代传统液压伺服系统，使液压能与电力能高效结合，实现高冗余度的 2H/2E 双体系飞控系统，是新能源技术在航空领域的典型应用拓展。

新能源空铁是一种新型的城市轨道交通工具，采用新能源、新材料、新设计，可以利用太阳能、风能等新能源自主发电作为驱动电能的补充，有效节约了运行过程中的电能消耗，同时具有能量反馈回收系统，通过回收制动能量作为驱动电能的补充，扩充了单次运行的有效距离，降低了能源消耗，具有稳定性、舒适性、安全性高、节能环保、低噪声、适应性强、工期短、难度低、自然美观、前瞻性等优点，是在新能源技术的推动下在城市公共交通领域的一类重要应用。

新能源船舶是船舶领域的一种发展趋势，新能源及其复合型新能源的推广应用，既能够降低船舶制造成本，能够保证船舶供电的安全性，同时为船舶提供更优良的环保性能，还可以提高船舶供电系统的可靠性与更高的利用效率。新能源技术的应用，使船舶照明和应急系统供电形式产生转变从而降低船舶系统的能耗，以新能源代替传统船舶供电设备，能够有效降低船舶的自身重量等，并实现生产成本的总体降低。新型船舶的新能源供电系统充分利用风能和太阳能，能够有效地保证供电机组的持续运作，结合先进的存储技术，保证供电的持续性和对新能源的有效利用。

新能源技术应用的另一个方面是能源互联网，以电能为核心，利用可再生能源发电技术、信息技术，融合电力网络、天然气网络、供热/冷网络等多能源网以及电气交通网形成的异质能源互联共享网络，促进可再生能源消纳、提高能源使用效率，是实现中国"双碳"目标的重要途径。包括可再生合成燃料的新能源燃料技术、新能源材料技术、新能源为主体的新型电力系统等方面，使中国能源结构不断改善、环境保护成效不断突显、电力系统总体供需平衡、能源转型顺利平稳过渡，并促进全社会生产方式和生活方式产生重大转变。

本 章 小 结

本章介绍了我国的能源结构，在能源供应上，煤炭储量丰富，而石油、天然气相对短缺；在能源消费上，以煤炭消费为主，石油、天然气占比较小，非化石能源，如核能、水电、可再生能源消费占比逐年增长。我国既是能源大国，又是人均能源资国，能源利用效率还不够高，且石油对外依存度较高。因此，我国推出一系列可持续发展战略来推动能源技术革命：2014 年发布的《能源发展战略行动计划（2014—2020 年）》指出应优化能源结构、提高能源效率、推进绿色发展；2020 年明确"碳达峰、碳中和"目标等。而新能源的发电与控制技术是推进能源向绿色低碳转型的关键技术之一。

本章从能源的分类与基本特征出发，引出对新能源的广义化与狭义化的两种定义，指出新能源的"新"不只表示区别于以化石燃料为主的传统能源利用形态，还包含以下五个方面：高效利用能源，资源综合利用，可再生能源，清洁替代能源以及节能。

本章还介绍我国新能源发电的现状，分布式能源的主要特征，以及储能技术及其存在的主要形式。新能源发电技术包括了风力发电、光伏发电、生物质发电、燃气发电等新能源发电的形式，以及新能源发电的应用技术。概述了新能源中的主要控制技术，包括：新能源发电控制技术、分布式能源控制技术、储能控制技术以及新能源技术的主要应用。

习题与思考题

1.1　简要说明我国的能源结构。

1.2　说明我国能源的可持续发展战略，简要解释"双碳目标"是什么？

1.3　简述能源的基本特征以及新能源的主要特征。

1.4　说明分布式能源的主要特征。

1.5　简述储能技术及其主要形式有哪些。

1.6　试说明新能源发电中常用的控制方法有哪些？

1.7　试说明分布式能源控制中常用的控制策略有哪些？

第 **2** 章

电力变换与控制技术基础知识

　　电源变换与控制技术在新能源发电及电力系统中起着举足轻重的作用。由新能源转换得到的电能通常不能直接供用户使用，必须通过适当的变换和控制才能成为终端消费电能。电力电子器件就是实现电源变换与控制的基础器件，正是由于现代社会对电源变换及控制技术的需求日益扩大和应用水平的不断提高，促进了电力电子器件日新月异的发展，同时电力电子器件水平的提高又推动了电源变换技术的应用与普及，两者起着相互促进的作用。本章为非电类专业的读者弥补电力电子技术的必备知识，整理归纳了电源变换中常用的电力电子器件及典型应用电路，重点介绍了四种基础的电源变换拓扑结构，即直流—直流（DC—DC）变换、直流—交流（DC—AC）变换、交流—直流（AC—DC）变换、交流—交流（AC—AC）变换，电力电子器件的驱动与保护电路和常用脉宽调制（PWM）技术以及常用控制技术。

2.1　电力电子器件

2.1.1　电力电子器件概述

　　电力电子器件被广泛用于电力变换装置的主电路中，是实现电能的传输、转换或控制的电子器件。电力电子器件所具有的主要特征为：①电力电子器件处理的电功率的大小，是其主要的特征参数，它处理电功率的能力小至几毫瓦（mW），大至兆瓦（MW），一般远大于处理信息电路信号的电子器件功率等级；②由于电力电子器件处理的功率级别大，为减少自身的损耗，电力电子器件一般工作在开关状态；③在实际应用中，一般由信息电子来控制电力电子器件，由于电力电子器件所处理的电功率较大，因此需要驱动电路对控制信号进行放大和隔离。电力电子器件可以按可控性或驱动信号的类型来分类。

1. 按可控性分类

　　根据驱动（触发）电路输出的控制信号对器件的控制程度，可将电力电子器件分为不可控型、半控型和全控型 3 大类。

　　（1）不可控型器件　　不可控型器件是指不能用控制信号控制其导通和关断的电力电子

器件。如功率二极管，这类器件不需要驱动电路，其特性与信息电子电路中的二极管一样，器件的导通和关断完全由器件所承受的电压极性或电流大小决定。对功率二极管来说，在阳极（A）—阴极（K）之间施加足够的正向电压，可使其导通；施加反向电压或减小通态电流使其关断。

（2）半控型器件　半控型器件是指可以通过控制极（门极）控制器件的导通，但不能控制其关断的电力电子器件。这类器件主要有晶闸管（Thyristor）及其派生器件（GTO、MCT 等复合器件除外），其关断一般依靠在电路中承受反向电压或减小通态电流使其恢复阻断。

（3）全控型器件　全控型器件是指通过器件的控制极既可以控制其导通，又可控制其关断的器件。现代常用的全控型器件主要有功率晶体管（Giant Transistor，GTR）、绝缘栅双极型晶体管（Insulated Gate Bipolar Transistor，IGBT）、门极可关断晶闸管（Gate TURN-Off Thyristor，GTO）和电力场效应晶体管（Power MOSFET，P-MOS）等。由于这类器件既可通过控制极控制其导通又可控制其关断，故又称为自关断器件。

2. 按驱动信号类型分类

根据电力电子器件控制极对驱动信号的不同要求，又可将电力电子器件分为电流驱动型和电压驱动型两种。

（1）电流驱动型　通过对控制极注入或抽出电流，驱动其导通或关断的电力电子器件称为电流驱动型器件，如晶闸管（Thyristor）、功率晶体管（GTR）、可关断晶闸管（GTO）等。

（2）电压驱动型　通过对控制极和另一主电极之间施加控制电压信号，驱动其导通或关断的电力电子器件称为电压驱动型器件，如电力 MOSFET、绝缘栅双极型晶体管（IGBT）等。

2.1.2　不可控型器件——电力二极管

1. 电力二极管的基本特性

电力二极管（Power Diode）不同于信息电子中使用的普通二极管，它承受的反向电压耐力与阳极通流能力均比普通二极管大得多，但它的工作原理和伏安（V-A）特性与普通二极管基本相同，都具有正向导电性和反向阻断性。电力二极管只有两个电极，分别叫阳极（A）和阴极（K），它是电力电子器件家族中最简单、又十分重要的器件，常用于整流、续流和反向隔离，在各类电源变换器中应用非常广泛。

电力二极管的电路图形符号和伏安（V-A）特性如图 2-1 所示，当二极管 A—K 间承受的正向电压 U 大于阈值电压 U_{TO} 时，二极管导通，正向电流 I 的大小由外电路负载决定，与 I_F 相对应的 A—K 端电压 U_F 称为二极管的正向通态压降。当二极管承受反向电压时，只有少数载流子产生的反向微小漏电流，其数值基本上不随电压而变化。当反向电压超过一定数值（U_{RBO}）后，二极管的反向电流迅速增大，产生雪崩击穿，U_{RBO} 称为反向击穿电

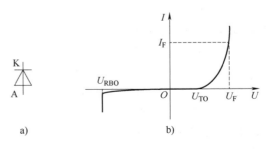

图 2-1　电力二极管的电路图形符号和
伏安（V-A）特性

a）电路图形符号　b）伏安（V-A）特性

压或雪崩击穿电压。

2. 电力二极管的主要参数

（1）正向平均电流 $I_{F(AV)}$　是指电力二极管在连续运行条件下，器件在额定结温和规定的散热条件下，允许流过的最大工频正弦半波电流的平均值。该参数是二极管电流定额中最为重要的参数，出厂和设计时都作为电力二极管的额定电流。

（2）反向重复峰值电压 U_{RRM}　是指对电力二极管所能重复施加的反向最高峰值电压，通常是雪崩击穿电压 U_{RBO} 的 2/3。

（3）正向通态压降 U_F　是指在额定结温下，电力二极管在导通状态流过某一稳态正向电流（I_F）所对应的正向压降。正向压降越低，表明其导通损耗越小。

（4）阈值电压 U_{TO}　是指使二极管正向临界导通的电压值，当二极管的 A—K 端电压高于 U_{TO} 使其导通，低于阈值就会关断。

（5）反向恢复电流 I_{RP} 及反向恢复时间 t_{rr}　受二极管 PN 结中空间电荷区存储电荷的影响，对正向导通的二极管施加反向电压时，二极管并不能立即转为截止状态，只有当存储电荷完全复合后，二极管才呈现高阻（关断）状态。从对二极管施加反压到其恢复阻断，这一过程称为二极管的反向恢复过程。反向恢复时间 t_{rr} 通常定义为从正向电流 I_F 下降到零开始至反向电流衰减至反向恢复电流峰值 I_{RP} 的 25% 所对应的时间。反向恢复电流 I_{RP} 及恢复时间 t_{rr} 与正向导通时的正向电流 I_F 及电流下降率 di_F/dt 密切相关。

3. 现代整流二极管

整流二极管分 PN 结型、肖特基势垒型以及结合二者所长的复合型。下面重点介绍普通肖特基势垒二极管、结势垒肖特基二极管、调制 PN 结肖特基二极管和 MOS-肖特基势垒复合二极管。

（1）普通肖特基势垒二极管（Schottky Barrier Diode，SBD）

SBD 属于无额外载流子参与电流输运的单极器件，所有跟额外载流子的注入、存储、抽取和复合等相关的器件问题，都不存在于这种器件的开通与关断过程之中，其开关过程的时间常数只受金属—半导体接触处空间电荷区充放电时间常数的限制，而这个时间常数大约是 10^{-13} s 量级，因而在高频应用中极具优势。

功率 SBD 通常用功函数较大的金属与轻掺杂 N⁻ 外延层直接接触而成，为保持低功耗，需使用重掺杂的 N⁺ 衬底。N⁻ 外延层是该器件的漂移区，其长度和电阻率既决定着 SBD 通态比电阻的大小，也决定着 SBD 的反向阻断特性。由于高压设计需要提高材料的电阻率并增加漂移区的长度，使其比电阻 R_{d0} 增大，这不但会使正向压降升高，也会因 RC 时间常数正比于 $R_{d0}^{1/2}$ 而使开关特性变坏。因此其正向压降低、工作频率高的优势只存在于低压器件中。不过，即便是低压 SBD，由于正向导通时缺乏额外载流子的电导调制，电流密度增高时，其正向压降会迅速升高，如图 2-2 所示。图中两条实线所代表的功率 SBD 和 PIN 二极管具有相同击穿电压。

（2）结势垒肖特基二极管（Junction Barrier SBD，JBS）

JBS 是一种利用反偏 PN 结的空间电荷区为 SBD 承受较高反向偏压，从而可使其适当降低肖特基势垒

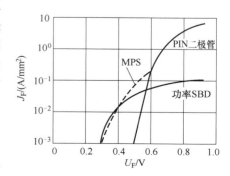

图 2-2　不同整流二极管正向特性的比较

以保持较低正向压降的复合结构型器件，其结构剖面如图 2-3 所示。该复合结构的设计保证了相邻 PN 结的空间电荷区在反偏压下能够很快接通，从而在阴极和阳极之间形成比肖特基势垒更高更宽的 PN 结势垒。这样，当 SBD 正向偏置时，PN 结也进入正偏状态，但 SBD 的阈值电压比 PN 结低，正向电流将通过肖特基势垒接触走 PN 结之间的 SBD 通道，因而正向压降较低，尤其是在有意识地削减了肖特基势垒高度之后。当 SBD 反向偏置时，PN 结也进入反偏状态，其空间电荷区的横向扩展迅速将阴、阳极间的电流通道夹断。如果反向电压继续升高，所加电压都将降落在空间电荷区上，并使其在 N⁻ 漂移区中向 N⁺ 衬底扩展。因此，PN 结空间电荷区屏蔽了外加反向电压对肖特基势垒的影响，即使是为了降低正向压降而有意识地削减肖特基势垒，其反向漏电流也不会明显升高，而会像 PN 结二极管那样在雪崩击穿之前基本保持不变。JBS 的反向阻断电压较低，适用于低压整流。

（3）调制 PN 结肖特基二极管（Merged PN Junction SBD，MPS）

MPS 的结构类似于图 2-3 所示的 JBS 复合结构，但其设计目标和设计方法都与 JBS 不同。MPS 的创意在于引进 PN 结的电导调制作用降低 SBD 在高密度正向电流下的压降。这主要是针对耐压较高的 SBD，因为高耐压 SBD 的漂移区较宽，且电阻率较高，以至电流稍一增大其压降就会升高很多。另一方面，MPS 创意也只能针对高耐压 SBD，因为只有电阻率较高的漂移区才能在电流密度较高时使 PN 结上的电压超过其阈值电压，PN 结进入导通状态后才能向高阻漂移区注入额外空穴，产生电导调制。因此，

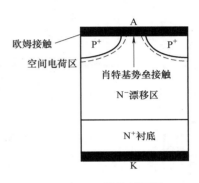

图 2-3　JBS 结构剖面图

MPS 正向导通时，其低电流密度下的伏安特性仍保持 SBD 的低压降特征，而高电流密度下则具有类似于 PIN 结的伏安特性，其正向压降在电流密度升高时增量不大，如图 2-2 中的虚线所示。

（4）MOS-肖特基势垒复合二极管

将 MOS 结构结合到 SBD 之中，利用 MOS 结构在适当偏压下的载流子耗尽作用，也可像 JBS 那样在肖特基势垒区之下再形成一个空间电荷区，使低势垒 SBD 的反向漏电流大幅度降低。这种器件名叫 TMBS（Trench MOS-Barrier SBD），其结构如图 2-4 所示。

TMBS 是一种在表面层中用干法腐蚀工艺制作有沟槽网格的 SBD，在其沟槽侧壁与底部表面都生长有氧化层。槽内淀积金属为栅（G），并与形成肖特基势垒接触的阳极（A）短接。当 TMBS 反向偏置时，栅压为负，MOS 结构进入耗尽状态，产生空间电荷区。当两个相邻 MOS 结构的空间电荷区随着偏压的升高而扩展相连时，即像 JBS 一样形成比肖特基势垒更高更宽的势垒，帮助肖特基势垒阻挡从阳极发射向半导体的电子。由于这些电子的发射产生 TMBS 的反向漏电流，因而其漏电流很小，即使为了降低正向压降而有意识地降低了肖特基势垒，其漏电流也不会随着反向电压的升高而明显增大，直至雪崩击穿。

（5）改进的 PIN 二极管

不借助于其他器件元素，也不必缩短额外载流子寿命（这会影响其他特性），功率 PIN 二极管的反向恢复特性可以通过 PN 结自身的结构变化得到明显改善。这就是图 2-5 所示的 SSD（Static Screened Diode）。这种结构与常规 PIN 二极管的不同之处仅在于其 P 层不具有

均匀的厚度和杂质浓度，而是在较低浓度的浅结 P 型薄层中镶嵌了均匀分布的高浓度深结 P⁺微区。由于 PIN 结的额外空穴注入比跟 P 层的掺杂浓度有关，因而 SSD 相当于两种注入比不同的微型 PIN 二极管的镶嵌并联。这样，由注入比高的 P⁺N 结注入漂移区的高浓度空穴也会像 MPS 中的注入空穴那样向四周迅速扩散，使额外载流子的存储效应减弱。

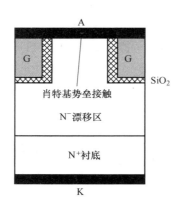

图 2-4 TMBS 结构示意图

图 2-5 SSD 结构示意图

2.1.3 半控型器件——晶闸管

晶闸管（Thyristor）是晶体闸流管的简称，早期曾称其为可控硅整流器（Silicon Controlled Rectifier，SCR），并简称可控硅。晶闸管可以承受的电压、电流在功率半导体器件家族中均为最高，具有相对价格便宜、可靠性高的优点，尽管其开关频率较低、触发较困难、不可控制关断，但在大功率、中低频电力电子装置中仍占据主导地位。晶闸管有许多派生器件，通常所称的晶闸管是普通型晶闸管，它有 3 个电极：门极 G、阳极 A 和阴极 K，晶闸管的电路图形符号及伏安（V-A）特性如图 2-6 所示。

1. 晶闸管的基本特性

（1）电流触发特性 当晶闸管 A—K 极间承受正向电压，如果 G—K 极间流过正向触发电流 IG 时，就会使晶闸管导通。

（2）单向导电特性 晶闸管与电力二极管一样具有反向阻断特性，当 A—K 极间承受反向电压或正向电压小于阈值时，此时无论门极有无触发电流，晶闸管都不会导通。

（3）半控型特性 晶闸管一旦导通，门极就失去控制作用；此时，不论门极触发电流是否存在、电流极性如何，晶闸管都会维持导通，其具有明显的闸流特性。要使导通的晶闸管恢复关断，可对其 A—K 极间施加反向电压或使通态电流小于维持电流（I_H）。

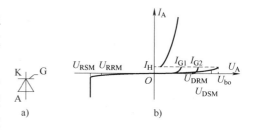

图 2-6 晶闸管的电路图形符号及
伏安（V-A）特性
a）电路图形符号 b）伏安（V-A）特性

2. 晶闸管的主要参数

（1）额定电压 U_T 晶闸管在额定结温、门极开路时，允许重复施加的正、反向阻断状

态重复峰值电压 U_{DRM} 和 U_{RRM} 中较小的一个电压值称为晶闸管的额定电压。

（2）正、反向阻断状态重复峰值电压 U_{DRM}、U_{RRM}　是指晶闸管门极开路（$I_g = 0$）、器件在额定结温时，允许重复施加在器件上的正、反向峰值电压。一般分别取正、反向阻断状态不重复峰值电压（U_{DSM}、U_{RSM}）的 90%，如图 2-6 所示。正向阻断状态不重复峰值电压应小于转折电压（U_{bo}）。

（3）通态平均电流 $I_{T(AV)}$　是指在环境温度为 40℃ 和规定的散热条件下、稳定结温不超过额定结温时，晶闸管允许流过的最大工频正弦半波电流的平均值。这也是晶闸管额定电流的参数。

（4）维持电流 I_H　是指维持晶闸管导通所必需的最小电流，一般为几十到几百 mA。

（5）转折电压 U_{bo}　是指晶闸管门极开路（$I_g = 0$）时、维持其阻断所能承受的最大正向电压，当大于 U_{bo} 时，晶闸管被击穿导通，处于失控状态。

2.1.4　全控型器件——功率 MOS

功率 MOS 指电流路径垂直于芯片表面的 MOSFET，其源、漏电极分处芯片两面而栅、源共面，让漏极独占全部下表面（衬底背面），因而其导电沟道短、截面积大，具有较高的通流能力和耐压能力。同时，作为一种场控型单极型开关器件，它还具有工作频率高、驱动功率小、无热电二次击穿以及跨导线性度高等令双极型功率器件难以相比的优点，因而在电力电子技术中的地位上升很快，应用很广。特别是由于它的驱动功率低、制造工艺又与微电子工艺兼容，因而不但以分立器件的形式应用于各种电子装置，也作为主要功率开关应用于各种功率集成电路。

1. 功率 MOS 的基本结构与工作原理

功率 MOS 主要有两种基本结构，一种是表面不开槽的，因采用扩散工艺而称为 DMOS；另一种是表面开槽的，因槽的截面形状而简称为 UMOS。由于不同结构功率 MOS 的基本工作原理大同小异，以下以基本结构 DMOS 为例进行讨论。由图 2-7 可见，虽然源、漏极间有两个 PN 结，但是由 N^+ 源区与 P 阱形成的第一个 PN 结（PN^+ 结）已被源电极永久短接，源、漏两电极间只在 P 阱与 N^- 漂移区间的第二个 PN 结（PN^- 结）被反向偏置且导电沟道尚未形成之前才会处于关断状态。所以，源负漏正，是作为开关器件使用的 N 沟功率 MOS 的正常接法，此时的漏-源电压 $U_{DS} > 0$。不过，正的 U_{DS} 对 PN^- 结却是一个反向偏置电压，在

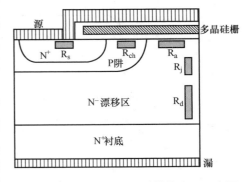

图 2-7　通态功率 MOS 的等效电阻示意图

栅——源短接时必将引起结两侧空间电荷区的扩展。由于 P 阱的掺杂浓度远高于漂移区的掺杂浓度，空间电荷区主要在漂移区扩展，是 U_{DS} 的主要降落区。因此，漂移区的宽度及其掺杂浓度要符合阻断电压的需要，以保证器件在导电沟道形成之前一直处于关断状态。然而导电沟道一旦形成，漏极正电压即驱动电子绕开 PN^- 结，从源区经过沟道和漂移区向漏极运动，形成电流。电流的大小取决于 U_{DS} 以及沟道的开通程度，而后者是栅压 U_G 的函数，因而栅极不但控制功率 MOS 的开关状态，也控制确定 U_{DS} 下漏极电流 I_D 的大小。

在功率 MOS 的单元结构中由于源电极与 P 阱短接而形成的纵向 PN 结,犹如一个集成在功率 MOS 之中的反并联二极管,它可以让与 I_D 大小相同方向相反的电流通过。因此,在感性负载的逆变电路中,该二极管可自然代替一般情况下必须在外电路中设置的续流二极管,对功率 MOS 起非常有效的过电压保护作用。同时,由于 N^+ 源区与 P 阱的掺杂浓度都比较高,对应的 PN^+ 结在源—漏极间出现负电压时很容易被击穿,该反并联二极管可保护其不被击穿。

要关断功率 MOS,只需将其栅—源短接。短接后栅压复零,则导电沟道消失,功率 MOS 迅速从通态恢复到断态,其间不会出现双极型器件因储存电荷的抽取和复合而出现的开关延迟。其关断时间仅由栅电容的放电时间决定,一般不到 100ns。

2. 功率 MOS 的基本特性

与双极型器件相比,功率 MOS 的优势特性主要是基本不存在由热电正反馈引起的二次击穿(热奔),输入阻抗高,跨导的线性度高以及工作频率高等。图 2-8 所示为一个典型功率 MOS 和一个典型功率 BJT 的输出特性曲线。这两组曲线的基本特征相近,但也不难看出有一些明显的差别。就相似之处而言,这两组曲线都具有明显的转折特征,即器件在输出电压的低值区和高值区具有相差悬殊的等效电阻,而实现这一悬殊变化的电压过渡区很窄。通常将输出电流随电压线性改变的低电压区叫作阻性导电区。这时,确定栅压(对 BJT 为确定基极电流)下的等效电阻为常值。当等效电阻随着输出电流的增大而突然变得很大之后,输出电流趋于饱和。这时,功率 MOS 和功率 BJT 的特性曲线有所不同,功率 MOS 在确定栅压下的输出电流基本上为一常量,而功率 BJT 在确定基极电流下的输出电流还会随着电压的上升而增大,并未完全饱和,特别是在基极电流较大的时候。

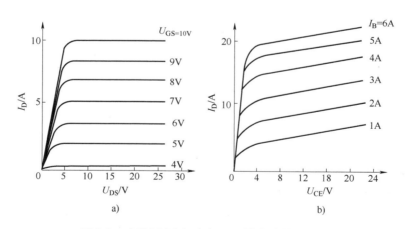

图 2-8　功率 MOS 与功率 BJT 输出特性的比较

a)功率 MOS 输出特性曲线　b)功率 BJT 输出特性曲线

第二个差异是输出特性曲线在饱和区的间隔均匀性不同。对于饱和区中的某个确定输出电压,功率 MOS 的输出电流随栅压 U_{GS} 的变化在 $U_{GS} \geq 4V$ 时几乎是等比例的,即与 U_{GS} 等步长改变相对应的输出特性曲线是等间隔的;而功率 BJT 的输出特性曲线却不是这样。这就是说,就反映输出电流随控制信号变化关系的转移特性而言(BJT 的增益特性也可称为转移特性),功率 MOS 比功率 BJT 有更好的线性度,更接近于理想状态。因此,功率 MOS 作为放大器使用时失真很小。

当功率 MOS 用作电子开关时，它必须工作在阻性导电区而非饱和区，否则其通态压降太大。这不但是降低功耗的需要，也便于通过负载确定电流的大小。因此，通态电阻 R_{DS} 对开关应用来说是一个很重要的器件参数，其值可以直接从输出特性曲线求出，即阻性导电区的曲线斜率。栅压越高，其值越小。

3. 功率 MOS 的主要参数

1）漏源极间电压 U_{DS}：功率 MOS 的电压定额参数，为漏源极间的最大反向承受电压。

2）漏极直流电流额定值 I_D 和漏极脉冲电流峰值 I_{DM}：功率 MOS 的电流定额参数。

3）漏源极间通态电阻 $R_{DS(on)}$：在栅源间施加一定电压（10~15V），漏源间的导通电阻。

4）栅源极间电压 U_{GS}：栅源极之间的绝缘层很薄，一般当 $|U_{GS}|>20V$ 时将导致绝缘层击穿。因此在焊接、驱动等方面必须注意，防止静电损坏或误导通。

5）极间电容：功率 MOS 的 3 个电极之间分别存在极间电容 C_{GS}、C_{GD} 和 C_{DS}。一般生产厂商提供的是漏源极短路时的输入电容 C_{iss}、共源极输出电容 C_{oss} 和反向转移电容 C_{rss}。它们之间的关系为

$$C_{iss} = C_{GS} + C_{GD} \tag{2-1}$$

$$C_{rss} = C_{GD} \tag{2-2}$$

$$C_{oss} = C_{DS} + C_{GD} \tag{2-3}$$

尽管功率 MOS 是用栅源极间电压驱功的、输入阻抗很高，但由于存在输入电容 C_{iss}，开关过程中驱动电路要对输入电容充放电。这样，用作高频开关时，驱动电路必须具有很低的内阻抗及一定的驱动电流能力。

2.1.5 全控型器件——绝缘栅双极型晶体管（IGBT）

功率 MOS 具有驱动方便、开关速度快等优点，但导通后呈现电阻性质，在电流较大时管压降较高，而且器件的功率容量较小，一般仅适用于小功率装置。大功率晶体管（Giant Transistor，GTR）的饱和压降低、容量大，但属于电流驱动型，需要较大的驱动功率。此外，GTR 器件又是双极型器件，导致其开关速度降低。而绝缘栅双极型晶体管（IGBT）是 MOSFET 和 GTR 的复合器件，因此 IGBT 兼有两者的优点。

1. IGBT 的基本结构和工作原理

一种由 N 沟功率 MOS（DMOS）与 PNP 型双极型晶体管组合而成的 IGBT 的基本结构如图 2-9 所示。如果把这个结构剖面图与反映 DMOS 基本结构的图对照一下，不难看出这两种器件的上半部分基本上完全相同，只是下半部分有明显差别，即 IGBT 比 DMOS 多了一个 P$^+$ 层，从而多了一个大面积的 PN 结。仔细观察 IGBT 的器件单元，不难发现这个 P$^+$ 层的加入，使 DMOS 中的反并联集成二极管变成了 PNP 型双极型晶体管，寄生 NPN 型晶体管变成了寄生晶闸管。DMOS 的 N$^-$ 漂移区即寄生晶闸管的 N 基区（长基区），P 阱扩散区即寄生晶闸管的 P 基区（短基区）。这样，DMOS 的源极和栅极分别原封不动

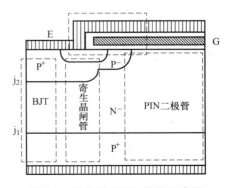

图 2-9 N 沟道 IGBT 结构示意图

地变成了 IGBT 的发射极 E 和栅极 G，而 DMOS 的 N$^+$ 衬底换成 P$^+$ 衬底后，相应的电极即成为 IGBT 的集电极 C。

参照图 2-9 可知，当 IGBT 的集电极相对于发射极加负电压，即集射极电压 $U_{CE}<0$ 时，靠近集电极的 P$^+$N$^-$ 结（j_1 结）将处于反偏状态，因而不管 DMOS 的沟道体区中有没有形成 N 型导电沟道，电流都不能在集—射极间通过。由此可见，IGBT 由于比 DMOS 多了一个 j_1 结而首先获得了反向电压阻断能力，反向阻断电压的高低决定于 j_1 结的雪崩击穿电压。当 IGBT 的栅极与发射极短接（栅压 $U_G=0$）时，若对集电极相对于发射极加正电压，则靠近发射极的 P$^+$N$^-$ 结（j_2 结）就被此电压反偏置，IGBT 处于正向阻断状态，其阻断电压主要由 j_2 结的雪崩击穿电压决定。由于 j_1 结和 j_2 结被反偏置时的空间电荷区都主要在 N$^-$ 漂移区展开，因而其正、反向最高阻断电压近似相等，称为集电极—发射极击穿电压，记为 BU_{CEO}，如图 2-10 曲线①所示。

当 IGBT 处于正向阻断状态时，若对栅极加足够高的正电压，将栅极下面的 P 基区（沟道体区）表面反型形成导电沟道，使 N$^+$ 发射区的电子可经此沟道进入 N 基区，形成 PNP 型晶体管的基极电流，则 IGBT 即进入正向导通状态。这时，由于 j_1 结处于正偏状态，P$^+$ 集电区将向 N 基区注入空穴，对其产生电导调制作用。注入空穴的密度随着正偏压的升高而指数上升，在 N 基区的大部分区域超过其热平衡多数流子密度。按照这种工作方式，只要栅压足够高，能使导电沟道开得足够大，则 IGBT 的通态伏—安特性就跟 PIN 二极管类似，如图 2-10 曲线②所示。因此，即便是额定阻断电压很高（>2500V）的 IGBT，其电流容量也能达到 1000A 以上的很高水平。但是，若栅压高得不充分，导电沟道虽可形成但电导率较低，则 U_{CE} 就会在沟道区有显著降落。由于正向 U_{CE} 使 j_2 结反偏，当此压降同栅压与开启电压之差（$U_{GE}-U_T$）可相比拟时，导电沟道就会被此压降在其 j_2 结一端产生的空间电荷区夹断，但 PNP 型晶体管仍处于导通状态，只是电子电流会趋于饱和。由于这限制了晶体管的基极电流，集电极电流（空穴电流）也会受到限制，IGBT 此时的伏—安特性跟传统 MOSFET 一样呈现饱和特征，如图 2-10 曲线族③所示。处于饱和状态的 IGBT 的正向集电极电流 I_C 主要由 U_G 决定而与 U_{CE} 无关。栅压越高，饱和电流也越大。

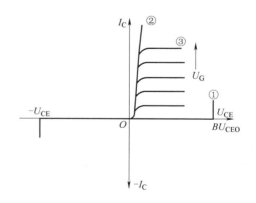

图 2-10　IGBT 在不同栅压状态下的伏—安特性曲线

对于已经正向导通的 IGBT，若想令其转入关断状态，只需令 $U_G=0$。这可以通过将栅极与发射极短路来实现。这时，P 基区表面正对栅极处不再能维持反型状态，因而导电沟道消失，切断了 N$^+$ 发射区对 N 基区的电子供给，关断过程开始。由于 IGBT 导通时有 P 发射区向 N 基区注入额外载流子空穴，这些额外载流子在向 j_2 结方向扩散的同时在 N 基区靠近 j_1 结的一定范围内存储起来，像任何一种双极型器件的正向导通过程那样建立了一定的密度梯度，关断时需要一定的时间通过复合而消失，因而集电极电流随时间逐渐衰减，衰减过程的时间常数与 N 基区中空穴的寿命有关。

2. IGBT 的工作特性

由于 IGBT 是用 MOS 栅控制双极电流，对其工作特性的分析方法与对其他电力电子器件的分析方法有所不同。这里着重从应用角度对其静态特性做简单分析。

为了分析 IGBT 在稳定导通状态下的伏—安特性，有必要建立一个合理的等效电路模型。参照图 2-9，对寄生晶闸管作用已经得到有效抑制的 IGBT 进行静态伏—安特性分析时，可采用图 2-11 所示两种等效电路中的任一种。其中，图 2-11a 所示等效电路将 IGBT 看成是由一个 PIN 二极管和一个 MOS 晶体管串联而成的复合器件，图 2-11b 则将其视为一个用 MOS 管驱动的长基区 PNP 型晶体管。虽然后一种模型比前一种模型对 IGBT 的特性描述更完整，但从使用器件的角度考虑，前一种模型较为简单，且足以用来对多种情况下的 IGBT 静态特性进行定量分析。因此，这里只讨论图 2-11a 所示的 PIN/MOS 等效电路模型。

使用 PIN/MOS 等效电路分析 IGBT 的通态特性时，将器件单元分成两个略有重叠的部分，一部分是 N 沟 MOS，另一部分是 PIN 二极管，如图 2-9 所示。因为是串联，这两个器件的正向电流相等，且压降之和即为 IGBT 正向导通时的 U_{CE}。因此，利用这些条件，由 PIN 二极管和 MOSFET 的电流方程即可得到 IGBT 的电流方程。

3. IGBT 的主要参数

1）最大集射极间电压 BU_{CES}：决定了器件的最高工作电压，这是由内部 PNP 晶体管所能承受的击穿电压确定的。

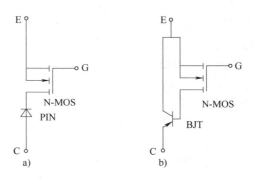

图 2-11　分析 IGBT 通态特性的等效电路
a）PIN/MOS 等效电路　b）BJT/MOS 等效电路

2）最大集电极电流 I_{CM}：包括在一定壳温下的额定直流电流 I_C 和 1ms 脉宽时的最大脉冲电流 I_{CP}。不同生产厂商产品的标称电流 I_C 通常为壳温在 25℃ 或 80℃ 条件下的额定直流电流。

3）最大集电极功耗 P_{CM}：在正常工作温度下允许的最大耗散功率。

4）集射极间饱和压降 $U_{CE(sat)}$：对栅极与发射极（G—E）间施加一定的正向电压，在一定的结温及集电极电流条件下，集射极（C—E）间的饱和通态压降。此压降在集电极电流较小时，呈负温度系数，在电流较大时，为正温度系数，这一特性使 IGBT 并联扩流运行较为方便。

2.1.6　新型器件——宽禁带半导体

从晶闸管问世到 IGBT 普遍应用，电力电子器件近 40 年的长足发展，基本上都是器件原理和结构上的改进和创新，无论是功率 MOS 还是 IGBT，它们跟晶闸管和整流二极管一样都是硅器件。但是，随着硅材料和硅工艺的日趋完善，各种硅器件的性能逐渐趋近其理论极限，而电力电子技术的发展却不断对器件的性能提出更高的要求，尤其希望器件的功率和频率能够得到更高程度的兼顾。因此，硅是不是最适合于制造电力电子器件的材料，具备怎样一些特性的半导体材料更适合于制造电力电子器件的问题，就在 20 世纪的最后 10 年提到了议事日程上来。

1. 电力电子器件的材料优选

任何一种半导体器件，其工作特性既决定于所用材料的性质，也与器件的结构和制造工艺有关。但是，结构参数和工艺参数往往也是材料参数的函数，因此一般情况下较难准确估计器件特性与材料特性之间的定量关系。只有完全用材料参数把器件特性，特别是若干重要特性之间的制约关系表示出来，而不涉及器件本身的任何结构参数和工艺参数，器件对材料的依赖关系才是明确的。这样，也就回答了某种类型的器件究竟用何种材料来制造更为适合的问题。这就是对器件制造材料的优选。为此，需要建立只用材料特性参数表示的器件特征函数，并由此演绎出由材料的一个或几个基本属性参数唯一决定的所谓材料优选因子（Figure of Merit）。利用材料优选因子，可以定量地比较各种材料对器件某一特性或其综合特性的适合程度。

宽禁带半导体除了临界雪崩击穿电场高之外，一般还具有热导率高、电子饱和漂移速度高等其他特点，这些也都是电力电子器件对材料的优选条件。就目前已广泛开展实用电力电子器件研究的碳化硅而言，其电子迁移率虽然只有硅的一半左右，但禁带宽度是硅的三倍，临界雪崩击穿电场强度比硅高一个数量级，热导率高两倍，饱和漂移速度高一倍。因此，按以上分析，用晶体结构略有不同的 6H-SiC 和 4H-SiC 制造功率 MOS，其通态比电阻大约分别是同等级的硅功率 MOS 的 1/100 和 1/2000。这就是说，如果用碳化硅制造单极型器件，在阻断电压高达 10kV 的情况下，其通态压降会比用硅做的双极型器件还低，而工作频率却高得多。

2. 碳化硅电力电子器件

碳化硅是最先实现商业化电力电子器件应用的宽禁带半导体。使用碳化硅制造电力电子器件，有可能将半导体器件的极限工作温度提高到 600℃ 以上，并在额定阻断电压相同的前提下，大幅度降低通态电阻，提高工作频率。因此，包含微波电源在内的电力电子技术有可能从碳化硅器件实用化得到的好处，就不仅是整机性能的改善，也有整机体积的大幅度缩小以及对工作环境的广泛适应能力。

借助于电导调制效应，碳化硅高压 IGBT 的通态比电阻远比碳化硅功率 MOS 低，而且随着阻断电压额定值的提高变化不大。在电导调制效应充分发挥作用的情况下，IGBT 漂移区的通态压降只与载流子的双极扩散系数和双极寿命有关，不会随着导通电流的升高而升高。图 2-12 所示为碳化硅 IGBT 与碳化硅功率 MOS 在耐压 20000V 条件下的理论伏—安特性比较，表现了 IGBT 十分明显的高压优势。从图中还可看到，由于碳化硅外延层中载流子的双极寿命随着温度的升高而增大，虽然扩散系数也跟硅一样会随着温度的升高而缩小，但双极扩散长度呈现的是一种增大的趋势，所以碳化硅高压 IGBT 在高温工作条件下通态压降反而略有降低。这种情况在 N 沟道器件中尤其明显。这跟功率 MOS 在高温状态下正向压降大幅度升高形成鲜明对照。碳化硅 P 沟道 IGBT 因为沟道电阻较大而在相同电流密度下比 N 沟道 IGBT 通态压降高一些，但其高低温状态下的伏—安特性变化不大。从应用的角度看，这无疑也是一种优势。由图 2-12 中的等功耗曲线与这几种器件的导通特性曲线的交点不难算出：对应于相同的功耗 $300W/cm^2$，室温下 P 沟道和 N 沟道 IGBT 的导通电流分别是功率 MOS 的约 1.5 倍和 1.8 倍，而在高温 225℃ 的工作条件下更是分别提高到约 2.7 倍和 3.5 倍。

对碳化硅 IGBT 的研发工作起步较晚，1999 年才首见报道。这是一个阻断电压仅为 790V 的 P 沟道 4H-SiC IGBT，而且通态压降很高，在 $75A/cm^2$ 电流密度下即高达 15V。这说明碳化硅 IGBT 在阻断电压不高的情况下，相对于碳化硅功率 MOS 来说并没有什么优势。其

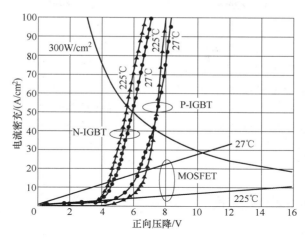

图 2-12　碳化硅 IGBT 与碳化硅功率 MOS 在耐压 20000V 条件下的理论伏—安特性比较

优越性只在 10000V 以上的高压应用中才能凸显出来。碳化硅高压 IGBT 研发工作的主要困难是 P 沟道 IGBT 的源电极接触电阻偏高，而 N 沟道 IGBT 需要用 P 型碳化硅材料作衬底。遗憾的是，P 型碳化硅因受主杂质的电离能较高而比具有相同杂质浓度的 N 型碳化硅的电阻率高。目前，这个难题已接近解决，碳化硅 IGBT 的商业应用已指日可待。

3. 其他宽禁带半导体电力电子器件

受材料制备与加工技术的限制，目前已成功进入电力电子器件研发领域的宽禁带半导体，除碳化硅外，主要是氮化镓和以氮化镓为基的三元系合金（Ⅲ-N 合金），如铝镓氮（$Al_xGa_{1-x}N$）等。对制造电力电子器件而言，氮化镓的突出优点，在于它结合了碳化硅的高击穿电场特性和砷化镓、锗硅合金和磷化铟等材料在制造高频器件方面的特征优势，其材料优选因子普遍比碳化硅高，对进一步改善电力电子器件的工作性能，特别是提高工作频率，具有很大的潜力和应用前景。

开发氮化镓器件的主要方向是微波功率器件。微波器件的功率特性经常以器件每单位栅极宽度所对应的输出功率来表示和进行比较。微波晶体管的源—漏电流靠栅极来控制。为提高输出功率和工作频率，其栅极要尽可能宽而短。栅极宽（垂直于电流方向的尺寸）可允许通过更大的电流，提高输出功率；栅极短（沿电流方向的尺寸）则可缩短电子在器件中的渡越时间，提高工作频率。2004 年，康奈尔大学和加州大学的氮化镓功率器件研究小组同时研制出 10GHz 频率下功率密度达到或超过 10W/mm 的 GaN 晶体管。与之相比，其他材料相差甚远。众所周知，普通硅管只能有效放大最高 2~3GHz 频率的信号。碳化硅微波器件有可能在功率密度上接近 GaN 的这个水平，但相应的工作频率超不过 3.5GHz；或者频率能达到 10GHz，但功率密度不到 GaN 的一半。砷化镓微波晶体管的频率可以达到 10GHz，但相应的功率密度不到 1W/mm。SiGe/Si 异质结微波晶体管的频率可以更高，但跟砷化镓一样无法实现较高的功率密度。

开关器件的工作频率通常依赖于两个因素，即电子的迁移率和饱和漂移速度。氮化镓外延层的电子饱和漂移速度比砷化镓高，约为 $2.5×10^7$ cm/s，但电子迁移率比砷化镓低。不过，这可能只是暂时的事情，随着薄膜生长和衬底制备技术的不断改善，GaN 电子迁移率近几年来一直在提升，跟砷化镓 20 世纪 80 年代的情况有点类似。

除微波功率器件之外，用 GaN 开发其他电力电子器件的工作也时有报道，耐电压 600V 的 GaN 肖特基势垒二极管也已由 Velox 公司首先推入市场。

宽禁带半导体电力电子器件的诞生和长足发展是电力电子技术在世纪之交的一次革命性进展。人们期待着宽禁带半导体电力电子器件在成品率、可靠性和价格等方面的较大改善而进入全面推广应用的阶段。不久的将来，性能优越的各种宽禁带半导体电力电子器件就会逐渐成为电力电子技术的主流器件，使电力电子技术的节能优势得以更加充分的发挥，从而极有可能引发电力电子技术的一场新的革命。

2.2　电力电子器件的使用

在电力电子装置中，直接承担电能变换或控制任务的电路称为主电路。电力电子器件的正常使用是主电路长期可靠运行的关键。电力电子器件开关运行需要驱动电路。驱动电路是主电路与控制电路之间的接口，其作用是将控制电路的信号转换成电力电子器件的驱动控制信号，控制电力电子器件的工作。另外，所有电力电子器件都存在电压极限、电流极限和结温极限，应采取相应的保护措施防止电力电子器件在工作过程中产生过高的电压、过大的电流和过高的结温。

2.2.1　电力电子器件的驱动电路

驱动电路是主电路与控制电路之间的接口，对整个电力电子装置有着重要的影响：采用性能良好的驱动电路，可以使电力电子器件工作在较理想的开关状态，缩短开关时间，减少开关损耗，对装置的运行效率、可靠性和安全性都有重要意义。另外，对电力电子器件或整个装置的一些保护环节，如控制电路与主电路之间的电气隔离环节，也通过驱动电路来实现，这些都使得驱动电路的设计尤为重要。

驱动电路的基本任务是，按控制目标的要求施加开通或关断的信号。对半控型器件只需提供开通控制信号；对全控型器件则既要提供开通控制信号，又要提供关断控制信号。除此之外，为了提高电力电子装置的安全性能，同时防止主电路和控制电路之间的干扰，驱动电路一般还要提供控制电路与主电路之间的电气隔离环节，其基本方法有光隔离或磁隔离。

1. 晶闸管触发电路

晶闸管的驱动控制电路通常又称为触发电路，晶闸管触发电路的作用是产生符合要求的门极触发脉冲，确保晶闸管在需要触发的时刻由阻断转为导通，触发信号对门极—阴极来说必须是正极性的。同时，晶闸管所组成的电路的工作方式不尽相同，所以对触发电路的要求也不同。晶闸管触发导通后，门极即失去控制作用，为了减少门极的损耗及触发电路的功率，每次的触发信号通常采用限定时间宽度的高频脉冲串形式或方波形式的信号。晶闸管触发电路往往还包括对其触发时刻进行控制的相位控制电路。

在由晶闸管构成的电力电子系统中，控制电路一般需采用单独的低压电源供电，因此为了避免控制电路与电网之间的电磁干扰与用电安全，彼此应进行电气隔离。前面叙述的光电耦合隔离与磁耦合隔离方法中，光电耦合隔离构成的触发电路一般由光电耦合器和以晶体管为主的放大电路组成。磁耦合隔离的脉冲变压器需做专门设计，同时为避免来自主电路的干扰进入触发电路，可考虑采用静电屏蔽及并联电容等抗干扰措施。控制电路产生的脉冲通过电气隔离、（放大）整形后施加到晶闸管门极和阴极之间。

下面介绍两种典型的、电气隔离的、无同步环节的晶闸管触发电路，如图 2-13 所示。

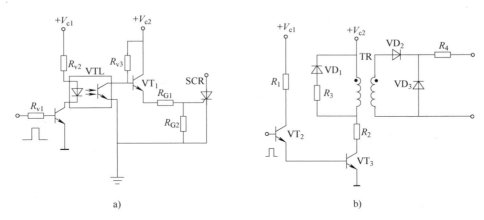

图 2-13　晶闸管触发电路

a）光电隔离驱动电路　b）磁耦合隔离驱动电路

基于光电隔离和晶体管放大器的驱动电路如图 2-13a 所示，当输入为高电平时，光电耦合器 VTL 一次侧发光二极管通过电流，光耦二次侧光敏晶体管导通，晶体管 VT_1 截止，SCR 门极无驱动电流；当输入为低电平时，光耦二次侧光敏晶体管截止，晶体管 VT_1 导通，VT_1 构成脉冲放大环节，驱动 SCR。基于脉冲变压器和晶体管放大器的驱动电路如图 2-13b 所示，VT_2、VT_3 构成脉冲放大环节，脉冲变压器 TR 和附属电路构成脉冲输出环节。当控制系统发出的高电平驱动信号加至晶体管放大器后，VT_2、VT_3 导通，通过脉冲变压器输出电压经 VD_2 输出脉冲电流，向晶闸管的门极和阴极之间输出触发脉冲。该电路输入信号的脉冲宽度由控制电路限定，电路本身不具有脉冲宽度限制功能。当控制系统发出的驱动信号为低电平时，VT_2、VT_3 截止，VD_1、R_3 续流，TR 脉冲变压器内部励磁电流迅速降为零，防止变压器磁饱和。

同步信号为锯齿波的触发电路由于受电网电压波动影响较小，所以广泛应用于整流和逆变电路。图 2-14 所示为一个同步信号为锯齿波的触发电路，图 2-14a 所示为原理框图，图 2-14b 所示为原理图。该电路可分为：脉冲形成与放大隔离、锯齿波形成及脉冲移相控制、同步信号处理 3 个基本环节，以及双脉冲形成和强触发电路等环节。

2. 可关断晶闸管的门极驱动电路

由 GTO 结构特点使得其对驱动电路要求严格，若门极控制不当，GTO 就极易损坏。如图 2-15a 所示，GTO 门极驱动电路包括门极开通电路、门极关断电路和门极反偏电路。理想的门极驱动电流波形如图 2-15b 所示，GTO 的门极开通电流波形应与 SCR 门极开通电流波形相同，GTO 开通后若无输出门极驱动电流，当存在门极反偏电路时，则可能使 GTO 误关断，故 GTO 开通后，若要保持开通状态，应持续保持一定的驱动电流。对 GTO 而言，门极控制的关键是关断。

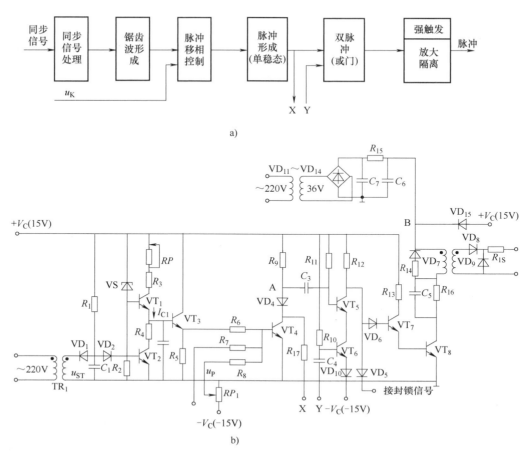

图 2-14　同步信号为锯齿波的触发电路

a）原理框图　b）原理图

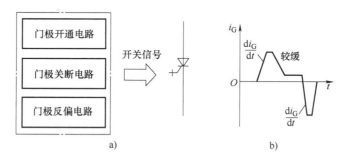

图 2-15　门极驱动电路结构示意图及理想的门极驱动电流波形

a）门极驱动电路结构示意图　b）理想的门极驱动电流波形

　　GTO 门极供电有 3 种方式：单电源供电方式、多电源供电方式、脉冲变压器供电方式。供电方式不同，GTO 的可关断阳极电流和工作频率也不同。多电源供电方式的 GTO 驱动电路如图 2-16 所示。图 2-16a 中，当 VT_1 导通而 VT_2、VT_3 断开时，输出正强脉冲；当 VT_2 导通而 VT_1、VT_3 断开时，输出脉冲平顶；当 VT_1、VT_2 断开而 VT_3 导通时，输出负电压，产生反向门极电流；当 VT_3 关断后，R_3 和 R_4 提供负偏压。图 2-16b 中，VT 导通 KK 断开时输出脉冲，GTO 导通；VT 断开，KK 导通，产生负电压与门极反向电流，并使门极保持一定的负电压，直到门极反向电流几乎为零。

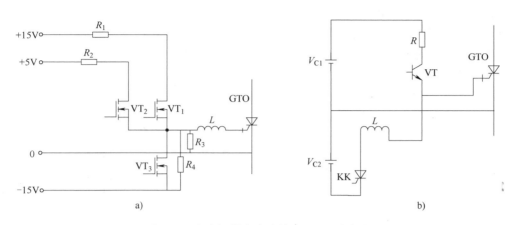

图 2-16　多电源供电方式的 GTO 驱动电路

a）应用 MOSFET 的 GTO 门极驱动电路　b）应用晶体管与晶闸管的 GTO 门极驱动电路

3. 大功率晶体管的基极驱动电路

理想的 GTR 基极驱动电流波形如图 2-17 所示。

下面介绍一种实用的 GTR 驱动电路，如图 2-18 所示当输入信号 u_i 为正偏电压时，晶体管 VT_1 与 VT_2 导通，VT_2 集电极输出正偏电压，GTR 有幅值为 I_B 的基极电流通过，使 GTR 开通。当输入信号 u_i 变为零电压时，晶体管 VT_1 与 VT_2 截止，R_5 与负电源相连，VT_3 与 VT_4 输出负偏电压，GTR 关断。该驱动电路基极电流 I_B 能自动适应 GTR 集电极电流 I_C 的变化，VD_3 为快速恢复二极管，GTR 导通时起钳位作用，称为贝克钳位。VD_3 也称为贝克钳位二极管，防止 GTR 过饱和。GTR 的导通压降与饱和程度有关，当 GTR 功率管 VT 导通后的压降降低，则 VD_3 通过电流，相应地减小了 VT_3 的基极电流和射极电流，GTR 功率管 VT 的基极电流 I_B 幅值也减小，防止了功率管 VT 压降过低，也就防止了功率管 VT 过饱和，所以驱动电路不必采用稳压电源供电，只要采用简单的二极管整流和滤波电路就可以了，不会影响驱动电路的基本功能。

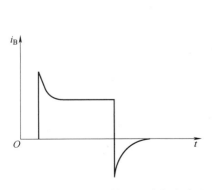

图 2-17　理想 GTR 基极驱动电流波形

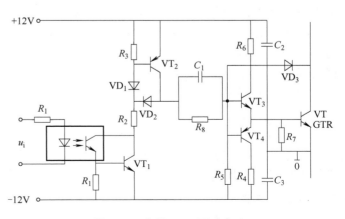

图 2-18　实用 GTR 驱动电路

4. 电力 MOSFET 的栅极驱动电路

图 2-19 所示为通过光电耦合器隔离的 MOSFET 驱动电路。

当输入信号 u_i 为 0 时，光电耦合器截止，高速比较器 A 输出低电平，晶体管 VT$_3$ 导通，驱动电路约输出 $-V_C$ 驱动电压，使电力场效应晶体管关断。当输入信号 u_i 为正时，光耦导通，比较器 A 输出高电平，晶体管 VT$_2$ 导通，驱动电路约输出 $+V_C$ 驱动电压，使电力场效应晶体管导通。该电路也可应用于 IGBT 的驱动，只需要将图中的 MOSFET 替换成 IGBT 即可。

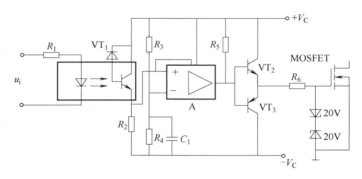

图 2-19　MOSFET 驱动电路

5. IGBT 的门极驱动电路

IGBT 的输入特性几乎和电力 MOSFET 相同，所以用于 MOSFET 的驱动电路原则上适用于 IGBT。但是 IGBT 栅极驱动电路必须提供正、负偏置，由双电源供电，其中负电压为 $-5 \sim 15V$，同时进行必要的隔离。近年来，大多数 IGBT 生产商家为了解决 IGBT 的可靠性问题都生产与其相配套的混合集成驱动电路，IGBT 驱动电路的种类比较多，如日本富士的 EXB 系列、东芝的 TK 系列、三菱的 M579×× 系列、美国摩托罗拉的 MPD 系列等。这些专用驱动电路抗干扰能力强、集成化程度高、速度快、保护功能完善，可实现 IGBT 的最优控制。

GTO、GTR、电力 MOSFET 和 IGBT 为全控型器件，其驱动电路具有以下不同的特点：①GTO 要求其驱动电路提供的驱动电流的前沿应有足够的幅值和陡度，且一般需要在整个导通期间施加正向门极电流，关断需施加负门极电流，幅值和陡度要求更高，其驱动电路通常包括开通驱动电路、关断驱动电路和门极反偏电路三部分；②GTR 驱动电路提供的驱动电流有足够陡的前沿，并有一定的尖冲，这样可加速开通过程，减小开通损耗，关断时，驱动电路能提供幅值足够大的反向基极驱动电流，并加反偏截止电压，以加速关断速度；③电力 MOSFET 要求驱动电路输出具有较小的内阻，电压型驱动，驱动功率小且电路简单，关断时一般加负偏电压；④IGBT 驱动电路具有较小的内阻，电压型驱动，关断时应加负偏电压，IGBT 的驱动电路多采用专用的混合集成驱动器。

2.2.2　电力电子器件的保护

1. 过电压的产生及过电压保护

晶闸管（或其他电力电子器件）在正常工作时，所承受的最大峰值电压 U_m 与电源电压、电路接线形式有关，它是选择晶闸管额定电压的依据。在工作中，由于各种原因可能出现晶闸管所承受的电压超过 U_m 短时过电压的情况。如果正向过电压超过了正向转折电压，将产生误导通；如果反向过电压超过其反向重复峰值电压 U_{RRM}，则晶闸管被击穿，造成永久性损坏。为使晶闸管器件能正常工作，必须采取适当的保护措施。

（1）引起过电压的原因

1）操作过电压。操作过电压是在晶闸管变流装置拉闸、合闸、快速直流开关的切断等经常性的操作过程中，由于感性负载、线路的电磁变化而引起的过电压。

2）浪涌过电压。浪涌过电压是雷击等偶然原因引起，从电网传导进入变流装置的过电压。浪涌过电压幅值大，可能比操作过电压还高，一般持续时间不长。

3）换相过电压。换相过电压是在晶闸管或与全控型器件反并联的二极管在换相结束时，反向电流急剧减小，由线路电感在器件两端感应出的过电压。

4）关断过电压。晶闸管关断时，在反向阳极电压作用下，电流下降至零。由于载流子的进一步释放，将形成较大的反向电流，然后迅速衰减至零。此时，很大的 $\dfrac{\mathrm{d}i}{\mathrm{d}t}$ 将在线路电感上引起很大的反电动势，作用在晶闸管上可能使晶闸管击穿。全控型器件关断时，正向电流迅速降低而由线路电感在器件两端感应出的过电压称为关断过电压。

操作过电压与浪涌过电压是由装置外部因素引起的，属于外因过电压。换相过电压与关断过电压是由电力电子装置内部器件的开关过程等内部因素引起的，属于内因过电压。

（2）过电压保护措施

过电压保护的基本原则是，根据电路中过电压产生的不同部位，加入不同的附加电路，当达到一定电压值时，过高的电压作用在附加电路上，使电压通过附加电路形成通路，消耗过电压储存的电磁能量，从而使过高的电压能量不会加到主开关器件上，保护了主晶闸管。保护电路形式很多也很复杂，如图 2-20 所示，下面分析常用的几种方式。

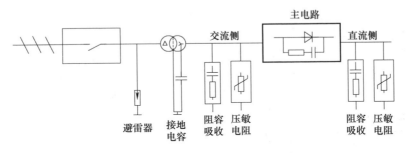

图 2-20　晶闸管装置的过电压保护措施

1）雷击过电压可在变压器一次侧加接避雷器加以保护。

2）一次、二次电压比很大的变压器，由于一次、二次绕组间存在分布电容，一次侧合闸时，高电压可能通过分布电容耦合到二次侧而出现瞬时过电压。对此可采取变压器附加屏蔽层接地或变压器星形点通过电容接地的方法来处理。

3）阻容保护电路是变流装置中用得最多的过电压保护措施，它利用电容两端的电压不能突变的特性，可以有效地抑制电路中的过电压，在短时间内可以吸收过电压的能量。与电容串联的电阻能消耗掉部分过电压的能量，同时抑制电路中的电感与电容产生振荡。

RC 阻容保护电路可以设置在变流器装置的交流侧、直流侧，其接法如图 2-21 所示。也可将 RC 保护电路直接并在主电路的器件上，有效地抑制器件关断时的关断过电压。

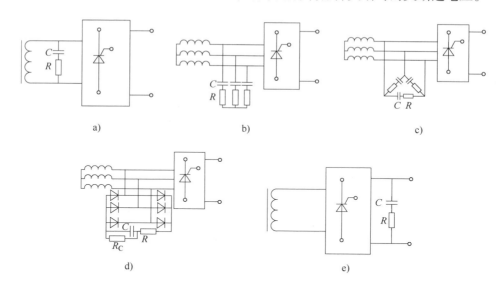

图 2-21　阻容保护电路的接法

a）单相过电压控制　b）三相星形过电压控制　c）三相三角形过电压控制
d）三相反向阻断式过电压控制　e）直流侧过电压控制

4）对于雷击或更高的浪涌电压，如果阻容保护还不能吸收或抑制时，还应采用压敏电阻或等非线性电阻进行保护。

非线性电阻具有稳压管的伏安特性，可把浪涌电压限制在晶闸管允许的电压范围内。现在常采用的非线性电阻器件主要是压敏电阻，过去采用过硒堆，但因其伏安特性不理想、长期不用会老化、体积大等缺陷而逐渐被淘汰。

压敏电阻是一种金属氧化物的非线性电阻，它具有正、反两个方向相同但较陡的伏安特性，正常工作时漏电流很小（微安级），故损耗小。当过电压时，可通过高达数千安的放电电流 I_Y，因此抑制过电压的能力强。此外，它对浪涌电压反应快，本身体积又小，是一种较好的过电压保护器件。它的主要缺点是持续平均功率很小，仅几瓦，如正常工作电压超过它的额定值，则在很短时间内就会烧毁。

由于压敏电阻的正、反向特性对称，因此单相电路只需 1 个，三相电路用 3 个，联结成 Y 或 △，如图 2-22 所示。

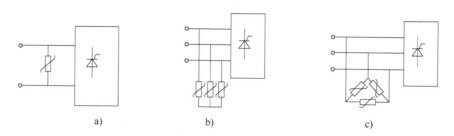

图 2-22　压敏电阻保护的连接方法

a）单相连接　b）三相 Y 联结　c）三相 △ 联结

2. 过电流的产生及过电流保护

当晶闸管变流装置内部某一器件击穿或短路、触发电路或控制电路发生故障、外部出现过载重载、直流侧短路、可逆传动系统产生环流或逆变失败，以及交流电源电压过高、过低或断相等状况时，均可引起装置其他器件的电流超过正常工作电流，即出现过电流。由于晶闸管等电力电子器件的电流过载能力比一般电气设备差得多，因此，必须对变流装置进行适当的过电流保护。

图 2-23 所示为交流输入通过整流主电路转换为直流输出给负载的电路，其中交流进线电抗器 L 或整流变压器的漏抗，可以限制短路电流，降低电流的上升速度，但正常工作时有较大交流压降。图中，B 为电流检测；FUF 为快速熔断器；KOC 为过电流继电器；S_{DCF} 为直流快速开关。图 2-23 采用的几种过电流保护措施分别是过电流保护电子电路、交流侧过电流继电器保护、直流快速断路器保护和快速熔断器保护。

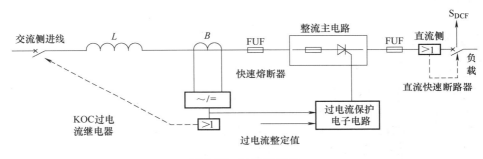

图 2-23　过电流保护

（1）过电流保护电子电路

图 2-23 中的过电流保护电子电路作为第一保护措施，反应最快，一旦发生过电流情形，可以控制晶闸管的移相触发电路。整流装置的触发脉冲在过电流时快速做出反应，使变流装置的故障电流迅速下降至零，从而有效地抑制了电流，限制了电流的继续增大，一旦负载恢复正常，装置可以继续正常工作，当过电流保护电子电路失效时，才会引起其他过电流保护措施动作。

（2）交流侧过电流继电器保护

通过电流检测装置（如图 2-23 中的 B 所示），过电流时，过电流信号一方面可以控制晶闸管的移相触发电路。另一方面也可以控制过电流继电器，使交流接触器触点跳开，切断电源。但过电流继电器和交流接触器动作都需一定的时间（100~200ms），故只有在短路电流不大的情况下这种保护才能奏效。

（3）直流快速断路器保护

如图 2-23 中的 S_{DCF} 所示，对于采用多个晶闸管并联的大、中容量变流装置，快速熔断器数量多且更换不便。为避免过电流时烧断快速熔断器，采用动作时间只有 2ms 的直流快速开关，它可先于快速熔断器动作而保护晶闸管，但由于控制复杂及容量规格等原因，尚未广泛被使用。

（4）快速熔断器保护

快速熔断器 FUF 是防止晶闸管过电流损坏的最后一道防线，是晶闸管变流装置中应用最普遍的过电流保护措施，可用于交流侧、直流侧和装置主电路中，具体接法如图 2-24 所示。图 2-24a 中交流侧接快速熔断器能对晶闸管器件短路及直流侧短路起保护作用，但要求正常工作时，快速熔断器电流定额要大于晶闸管的电流定额，这样对器件的短路故障所起的保护作用较差。图 2-24b 中直流侧快速熔断器只对负载短路或过载起保护作用，对器件无保护作用，只有图 2-24c 中晶闸管直接串接快速熔断器时才对器件的保护作用最好，因为它们流过同一个电流，因而被广泛使用。

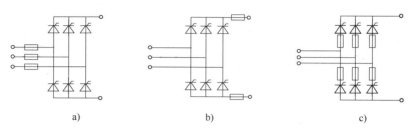

图 2-24　过电流保护用的快速熔断器的接法

a）交流侧接快速熔断器　b）直流侧接快速熔断器　c）晶闸管串接快速熔断器

3. 电力电子器件的过热保护

电力电子器件通以电流和在开关过程中，要消耗大量的功率，这部分耗散功率转变成热量使管芯发热、结温升高，需要通过周围环境散热。散热途径一般有热传导、热辐射和热对流 3 种方式，对电力电子器件来说，散热途径主要采用热传导方式。

电力电子器件过热保护的目的是为了防止器件的结温过高，避免由于结温过高而损坏器件。防止器件结温过高的途径有 3 种：降低损耗、减小热阻和加强散热。

（1）降低损耗

电力电子器件的种类、型号、工作方式对器件的工作损耗有着直接的影响，降低器件损耗要从上述 3 个方面入手，但必须要服从电力电子装置的整体设计方案。电力电子装置的整体设计方案决定了器件的选型、工作电流、开关频率等，也决定了器件的功耗。当发生过热现象时，可以采取停止器件工作等保护措施，避免器件损坏。

在规定条件下工作时，应避免过热现象的发生。对具体型号器件的应用者来说，为了限制结温，由于内热阻无法改变，可在减小外热阻方面采取措施，即接触热阻 $R_{\theta CS}$ 和散热器热阻 $R_{\theta S\alpha}$。

（2）减小热阻

减小热阻就是减小接触热阻 $R_{\theta CS}$ 和减小散热器热阻 $R_{\theta S\alpha}$。

1）减小接触热阻 $R_{\theta CS}$。电力电子器件的正常运行，在很大程度上还取决于器件与散热器之间的装配质量。散热器安装台面必须与电力电子器件很好地接触，形成良好的导电面和导热面。由于电力电子器件的容量、使用条件、外形结构及品种是不同的，所以散热器的安装形式也各不相同。但是，电力电子器件的管壳与散热器之间的温差和接触热阻 $R_{\theta CS}$ 值，必须控制在规定数值以下。

2）减小散热器热阻 $R_{\theta S\alpha}$。散热器热阻是指从散热器至环境介质的热阻，它与散热器的材质、结构、表面颜色、安装位置及环境冷却方式等因素有关。

（3）加强散热

电力电子装置常用的冷却方式有 4 种：自冷、风冷、液冷和沸腾冷却。

1）自冷是通过空气自然对流及辐射作用将热量带走的散热方式。这种方式散热效率很低，但简单、维护方便、噪声小，适用于额定电流较小的器件或简单装置中的较大电流器件。

2）风冷散热器主要应用于额定电流值在 50～500A 的器件，它是自冷热效率的 2～4 倍。

3）液冷散热器包括水冷散热器和油冷散热器。水冷散热器的散热效率极高，其对流换热系数是空气自然换流系数的 150 倍以上，这种散热器一般适用于电流容量在 500A 以上的器件。油冷散热器的散热效率在水冷散热器与风冷散热器之间，冷却介质大多采用变压器油。

4）沸腾冷却是将冷却媒质（如氟利昂）放在密闭容器中，通过媒质的相变来进行冷却的技术。这种冷却方式具有极高的冷却效率，比油冷和水冷高若干倍，比风冷高十多倍。因此，沸腾冷却装置的体积比同容量油冷和自冷装置小得多。

4. 缓冲电路

缓冲电路也称吸收电路，在电力电子器件的应用技术中起着重要的作用。因为电力电子器件的可靠性与它在电路中承受的各种应力（电应力、热应力）有关，所承受的应力越低，工作可靠性越高。电力电子器件开通时流过很大的电流，阻断时承受很高的电压，尤其在开关转换的瞬时，电路中各种储能器件的能量释放会导致器件经受很大的冲击，有可能超过器件的安全工作区而导致损坏。附加各种缓冲电路，目的不仅是降低浪涌电压、$\dfrac{du}{dt}$、$\dfrac{di}{dt}$，还希望能减少器件的开关损耗，避免器件二次击穿，抑制电磁干扰，提高电路的可靠性。

对于普通的晶闸管电路，可通过并联 RC 和串联阳极电感实现缓冲；对于全控型器件，由于一般工作频率比较高，开关损耗比普通的晶闸管大得多，因而对缓冲电路的要求也高。

图 2-25 所示为一个开关电路和 BJT 的开关波形与负载轨迹。图 2-25a 中，BJT 以一定的频率开关工作，当 BJT 导通时，负载电流 i_d 通过 BJT 而不通过二极管 VD_L；当 BJT 截止时，负载电流 i_d 通过二极管 VD_L 续流而不通过 BJT。当电感极大时，稳定运行的负载电流 i_d 基本不变。但应注意到，在开关过程中，只要 BJT 的集电极电位低于输入电压的上端电位 U_d，则通过 BJT 的电流 i_C 很快上升到负载电流 i_d，续流二极管 VD_L 很快无电流。所以在 BJT 开通过程中，BJT 两端的电压刚开始降低就有负载电流 i_d 通过。在 BJT 关断、集电极电压逐渐上升的过程中，一直有负载电流 i_d 通过，开关波形如图 2-25b 所示。在开通和关断过程中的某一时刻，会出现集电极电压 u_C 和集电极电流 i_C 同时达到最大值的情况，这时瞬时开关损耗也最大。开关过程的负载轨迹线如图 2-25c 所示。在右上侧的曲线均超过了安全工作区界限。为了不使上述电压和电流的最大值同时出现，必须采用开通和关断缓冲电路。

缓冲电路分为关断缓冲电路（$\dfrac{du}{dt}$ 抑制电路）、开通缓冲电路（$\dfrac{di}{dt}$ 抑制电路）和复合缓冲电路。关断缓冲电路的主要作用是吸收器件的关断过电压和换相过电压，抑制 $\dfrac{du}{dt}$，减小关断损耗。开通缓冲电路的主要作用是抑制器件开通时的电流过冲和 $\dfrac{di}{dt}$，减小器件的开通损耗。复合缓冲电路是关断缓冲电路和开通缓冲电路的结合。通常所说的缓冲电路专指关断缓冲电路，而将开通缓冲电路叫作$\dfrac{\mathrm{d}i}{\mathrm{d}t}$抑制电路。

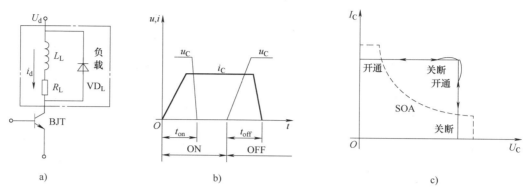

图 2-25　BJT 电路的开关波形与负载轨迹线

a）电路　b）开关波形　c）负载轨迹线

2.2.3　电力电子器件的串联和并联使用

1. 晶闸管的串联和并联使用原则

由于使用场合需要高压或大电流，致使电力电子器件的电压、电流达不到使用要求，或是由于从成本上考虑，使用开关器件的串并联可以降低元器件成本，在某些场合下，需要将开关器件串联以满足高压的应用场合，或将几个器件并联以满足大电流的应用。由于器件之间在静态、动态特性上总会存在一定差异，当它们被串联、并联在一起作为一个器件应用时，就会因为这些差异使得开关动作在时间上不一致，导致某些器件的损坏。因此，要有相应的措施来调整串、并联器件间的差异。

（1）串联晶闸管的均压

晶闸管串联的目的是为了提高耐压。各种电力电子器件，即使同一批生产出来的同型号、同容量的器件，在静态伏安特性和开关特性上也不完全相同。如图 2-26 所示，当具有这样特性的两个晶闸管器件串联，在阻断状态及相同的漏电流 I_0 下，晶闸管承受的电压不同，VT_2 电压较低，而 VT_2 几乎已到转折电压 BU_T，因而电源电压的波动就可能造成晶闸管的损坏。此外，串联器件中由于开、关时间不一致，最后开通或最先关断的器件将承受全部电源电压，这就必然影响到它的可靠运行，所以晶闸管串联运行时应有相应的均压措施，均压包含静态和动态。在图 2-27 中，与器件并联的 R_P 用于静态均压，而并联的 R_D、C_D 串联支路用作动态均压。静态均压电阻应远小于串联开关器件阻断状态下的等效电阻。选用时，应以漏电流最大的器件作为基准，因此选用的 R_P 值较小。但过小的 R_P 会流过较大电流而使功耗增加。

静态均压措施包括：①选用参数和特性尽量一致的器件；②采用电阻均压，R_P 阻值应比器件阻断时的正、反向等效电阻小得多。动态均压措施包括：①选择动态参数和特性尽量一致的器件；②用 R_D、C_D 并联支路用作动态均压；③采用门极强脉冲触发可以显著减小器件开通时间的差异。

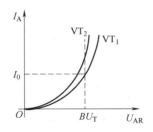

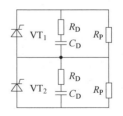

图 2-26　相同型号及容量的
两个器件阻断特性的比较

图 2-27　开关器件均压

（2）并联晶闸管的均流

晶闸管并联的目的是为了承担更大的电流。当电力电子开关器件并联运行时，由于通态特性不一致，如图 2-28 所示，在同样的正向通态电压 U_{on} 下器件中流过的电流大小不等，流过大电流的开关可能接近甚至超过器件允许的最大电流 I_m 而失效。在开关过程中，也会由于并联器件间开关特性不一致，先开通或后关断的器件可能承受全部或大部分负载电流，严重的动态不均可能损坏器件，因此当电力电子器件并联运行时，应当采取均流措施。

均流可用 3 种方法：①严格挑选并联连接的器件，使它们具有十分相近的正向通态特性；②通过串联电阻、电感或相互耦合的电抗器来强迫并联器件均流，如图 2-29 所示；③采用门极强脉冲触发可以显著减小器件开通时间的差异。采用电阻均流时，应使电阻上的压降大于器件的通态压降，但这样会在电阻上产生较大的功耗，降低装置效率。采用电抗器均流的办法较好，因为在器件的开、关过程中，电感对电流变化有抑制作用，可以改善器件的电流均衡度。图 2-30 所示为利用磁平衡原理的耦合电抗器均流，可得到更理想的静态和动态均流效果。采用强触发的门极信号，也有利于开通过程动态均流。

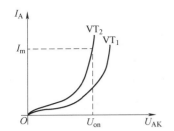

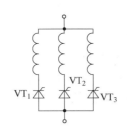

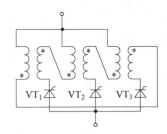

图 2-28　两个器件通态特性的比较图　　图 2-29　用串联电感均流图　　图 2-30　用磁平衡原理均流

2. 电力 MOSFET 和 IGBT 并联运行

全控开关器件在高频条件下工作，线路连接引起的分布参数不均衡也会影响器件串、并联运行时的均压和均流，因此，在进行系统结构设计时要特别注意串、并联器件布局的合理性。尽可能减小它们的分布参数，并使这些分布参数趋于一致。

对于 MOSFET 这样的器件，由于它的导通电阻具有正温度系数，随着温度的升高，导通电阻增大，饱和导通压降 U_{DS} 增加，因此可以将两个或多个器件直接并联。

对于 NPT 型 IGBT，通态压降具有正温度系数，可以多个管子并联使用。

对于其他工艺制造（包括 PT 型）的 IGBT，要根据特性，判断通态压降是否具有正温度系数，尤其在集电极电流较大的区段，如果通态压降具有正温度系数，并联使用时具有电流的自动均衡能力，也可以多个管子并联使用。一般情况下，PT 型 IGBT 的通态压降一般在 1/2~1/3 额定电流以下的区段具有负的温度系数，在 1/2~1/3 额定电流以上区域具有正温度系数，因而 IGBT 在并联时，也具有一定的电流自动均衡能力，可以并联使用。

MOSFET 或 IGBT 并联使用时，应尽量使多个管子型号、厂家一致，连线尽量做到一致，同时主回路各模块布线电阻和电感一致。即使这样，n 个相同等级的模块并联时，允许的电流应小于 nI_{cn}（I_{cn} 为单个功率管的电流额定值），因为每个开关管之间的电流不可能完全均衡，所以应适当降低允许值。

2.3　电力变换电路基础

2.3.1　直流—直流变换

从功能上说，直流—直流（DC—DC）变换技术是指将一种直流电源变换为另一种（固定或可调）电压或电流的直流电源的技术。直流—直流变换电路包括直接直流变换电路和间接直流变换电路，其中直接直流变换电路往往采用斩波方式来实现，输入与输出之间没有电气隔离，故也称为直流斩波电路（DC Chopper）。无电气隔离的直流斩波电路有降压斩波电路（Buck Chopper）、升压斩波电路（Boost Chopper）、升降压斩波电路（Buck—Boost Chopper）、Cuk 斩波电路（Cuk Chopper）、Sepic 斩波电路（Sepic Chopper）和 Zeta 斩波电路（Zeta Chopper）。这些电路都是由单个开关管控制的。通过前两个斩波电路的组合可以构建电流可逆斩波电路、桥式可逆斩波电路和多重化斩波电路。

直流斩波器有时间比控制和瞬时值控制两种基本控制方式。时间比控制主要有脉冲频率调制（PFM）、脉冲宽度调制（Pulse Width Modulation，PWM）及混合调制 3 种控制方式。所谓脉冲频率调制是指保持开关器件导通宽度不变，通过改变脉冲周期来控制开关器件导通与关断时间的比例。而脉冲宽度调制是指保持开关器件的脉冲周期不变，通过改变脉冲宽度来控制开关器件的导通与关断时间的比例，即通过对一系列脉冲的宽度进行调制，来等效地获得所需要的波形形状和幅值。混合调制是指脉冲宽度与脉冲周期都改变的控制方式。

1. 基本斩波电路

基本斩波电路一共有六种，其中基础型有两种，一种为降压斩波电路，降压斩波电路也称 Buck 斩波电路（Buck Chopper），它是一种对输入电压进行降压变换的直流斩波器，即输出电压低于输入电压。一种为升压斩波电路，升压斩波电路又称 Boost 斩波电路（Boost Chopper），它对输入电压进行升压变换。

（1）降压斩波电路

其原理图如图 2-31 所示，工作原理：当 VT 导通时，二极管 VD 承受反压而截止，U_S 通过 L 向负载传递能量，此时 i_L 增加，即电感上的储能增加，当 VT 关断时，由于 i_L 不能突变，故 i_L 将通过二极管 VD 续流，储能逐步消耗在 RL 上。i_L 降低，储能减少。由于二极管 VD 的单向导电性，i_L 不可能为负，即总有 $i_L > 0$ 或者 $i_L = 0$，从而在 RL 上可获得单极性的直流电压。

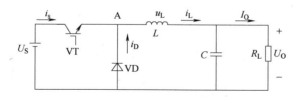

图 2-31 降压斩波电路原理图

（2）升压斩波电路

原理图如图 2-32 所示，工作原理：设开关管 VT 由信号 u_G 控制，当 u_G 为高电平时，开关管 VT 导通，$u_L = U_S > 0$，电感承受的电压极性为左正右负，i_L 增加，电感储能增加，VD 截止，负载由电容供电；当 u_G 为低电平时，开关管 VT 关断，因电感电流不能突变，通过二极管 VD 向电容、负载供电，电感储能传递到电容和负载侧，此时 $U_O = U_S - u_L$，i_L 减少，电感 L 感应电动势 $u_L < 0$，故 $U_O > U_S$。

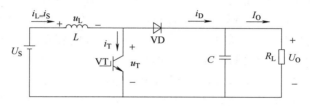

图 2-32 升压斩波电路原理图

（3）升降压斩波电路

升降压斩波电路又称 Buck—Boost 斩波电路（Buck—Boost Chopper），它是一种既可升压，也可降压的斩波电路，采用 IGBT 作为主开关器件的升降压斩波电路如图 2-33 所示。

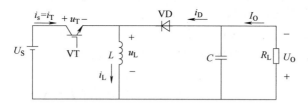

图 2-33 升降压斩波电路原理图

电路工作原理如下：当开关管 VT 导通、二极管 VD 截止时，输入电压 U_S 加在 L 上，电感从电源 U_S 获取能量，此时靠滤波电容 C 维持输出电压基本不变；当开关管 VT 截止时，电感 L 中储能传递给电容 C 及负载 R_L，输出电压极性为下正上负。开关管 VT 导通占空比越高，传递到负载的能量也越多。

（4）Cuk（库克）斩波电路

前述降压、升压、升降压斩波电路都很简单，且有各自的特色。Cuk 斩波电路（Cuk

Chopper）综合了它们的优点，同时实现了输入、输出电流基本平直；输出电压可在 0~∞ 范围内变化；主开关器件 IGBT 发射极接地，驱动相对简单。Cuk 斩波电路原理图如图 2-34 所示。

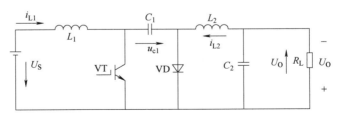

图 2-34　Cuk 斩波电路原理图

电路工作原理是：当控制信号使开关管 VT 导通时，电源 U_S 向电感 L_1 输送能量，电感电流 i_{L1} 上升，L_1 储能增加。导通时间越长，L_1 中储能增加越多。同时，电容 C_1 中储能通过开关管 VT 给负载侧的电阻 R、电容 C_2、电感 L_2 释放能量，二极管 VD 截止。所以开关管 VT 导通时，有两个导电回路，一是电源 U_S 正端、电感 L_1、开关管 VT、电源 U_S 负端；另一个是电容 C_1、开关管 VT、负载 R_L、并联电容 C_2、电感 L_2，当控制信号使 VT 截止时，电感 L_1 中电流流经电容 C_1 和二极管 VD，即此时向电容 C_1 充电，二极管 VD 导通，电源 U_S、电感 L_1 储能同时向 C_1 传递能量，同时，输出电压 U_0 靠滤波电容 C_2 与电感 L_2 释能而基本维持不变。显然，控制 VT 导通与关断的比例，即可控制向 C_1 传递能量的多少，从而可控制输出电压的大小，所以开关管 VT 截止时，有两个导电回路：一个是电源 U_S 正端、电感 L_1、电容 C_1、二极管 VD、负载 R_L、并联电容 C_2、电源 U_S 负端；另一个是电感 L_2、二极管 VD、负载 R_L、并联电容 C_2、电感 L_2。

（5）Sepic 斩波电路

图 2-35 所示为 Sepic 斩波电路（Sepic Chopper）的主电路图。由电感 L_1 和 L_2、电容 C_1、开关管 VT、二极管 VD、输出侧电容 C_2 和负载 R、输入电源 U_S 构成。

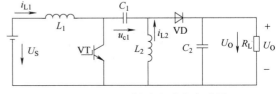

图 2-35　Sepic 斩波电路主电路图

VT 处于通态时，U_S、L_1、VT 构成一个回路，C_1、VT、L_2 也构成一个回路，两个回路同时导电，L_2 储能，使通过电感的电流上升。

VT 处于断态时，U_S、C_1、VD 和负载构成一个回路，L_2、VD 和负载也构成一个回路，两个回路同时导电，此阶段 U_S 通过 L_1 既向负载供电，同时也向 C_1 充电。其中，C_1 上储存的能量在 VT 处于导通时向 L_2 转移。

（6）Zeta 斩波电路

图 2-36 所示为 Zeta 斩波电路（Zeta Chopper）的主电路图。由电感 L_1 和 L_2、电容 C_1、开关管 VT、二极管 VD、输出侧电容 C_2 和负载 R_L、输入电源 U_S 构成。在开关管 VT 处于通态期间，电源经开关管 VT 向电感 L_1 储能。

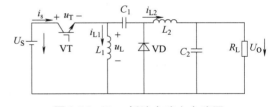

图 2-36　Zeta 斩波电路主电路图

同时，U_S 和电容 C_1 通过电感 L_2 共同向负载 R_L 供电，并向 C_2 充电。

开关管 VT 关断后，L_1、C_1、VD 构成振荡回路，L_1 的能量通过二极管 VD 转移至 C_1，二极管 VD 导通，同时，C_2 向负载供电，L_2 的电流则经负载并通过 VD 续流。能量全部转移至 C_1 上之后，VD 关断，C_1 经 L_1 向负载 R_L 供电。

2. 组合式斩波电路

组合式斩波电路见表 2-1，分别为电流可逆斩波电路、桥式可逆斩波电路及多相多重斩波电路。

表 2-1　组合式斩波电路

名称	主电路图	电路特点
电流可逆斩波电路	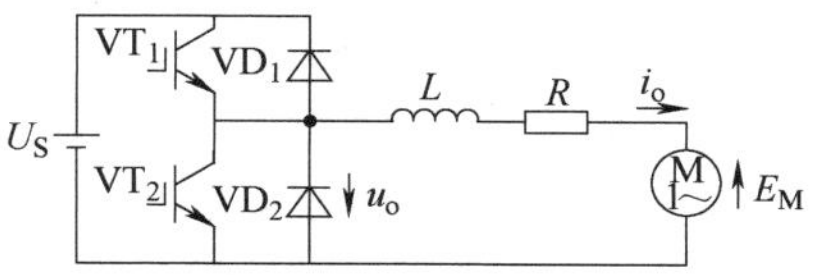	电流可逆斩波电路是将降压斩波电路与升压斩波电路组合在一起，在拖动直流电动机时，电动机的电枢电流可正可负，但电压只能是一种极性，故其可工作于第 Ⅰ 象限和第 Ⅱ 象限，该电路也称为电流可逆两象限斩波电路
桥式可逆斩波电路	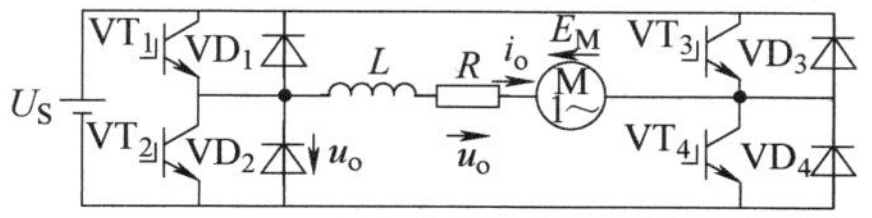	当需要电动机进行正、反转，以及可电动又可制动的场合时，就必须将两个电流可逆斩波电路组合起来，分别向电动机提供正向和反向电压，即成为桥式可逆斩波电路
多相多重斩波电路	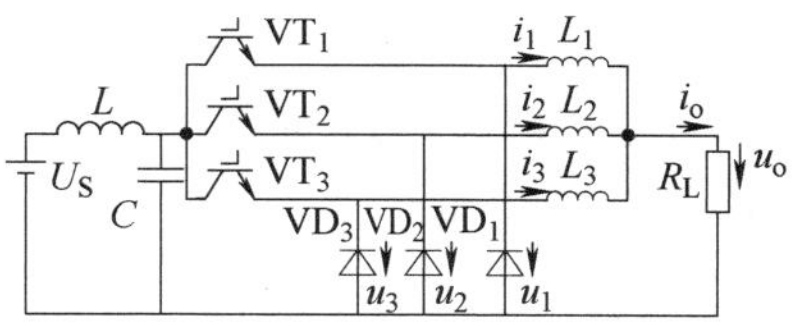	多相多重斩波电路是在电源和负载之间接入多个结构相同的基本斩波电路而构成的，三相三重降压斩波电路相当于由 3 个降压斩波电路单元并联而成，每个单元控制信号周期相同，但相位互差 1/3 周期

3. 隔离型直流变换电路

隔离型直流变换电路见表 2-2，分别为正激电路、反激电路、半桥电路、全桥电路和推挽电路。

表 2-2　隔离型直流变换电路

名称	主电路图	电路特点
正激电路	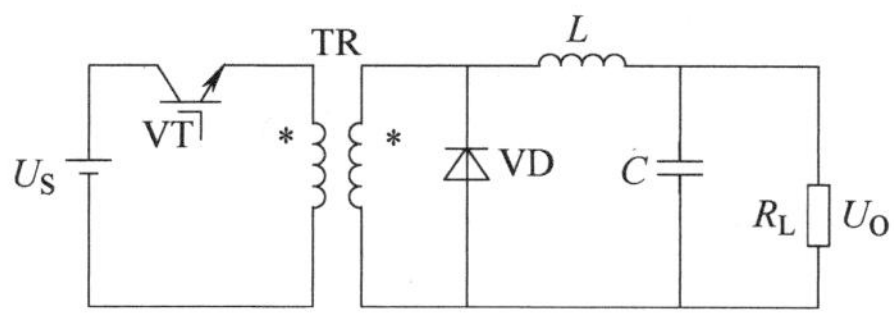	在降压变换器中插入变压器，即可获得图中的正激电源原理图，由于图中变压器一次侧通过单向脉动电流，因此变压器铁心（磁心）易饱和，为此，主电路中还须考虑变压器铁心磁场防饱和措施，即应如何使变压器铁心磁场周期性地复位。另外，此时开关器件位置可稍做变动，使其发射极与电源相连，便于设计控制电路

（续）

名称	主电路图	电路特点
反激电路	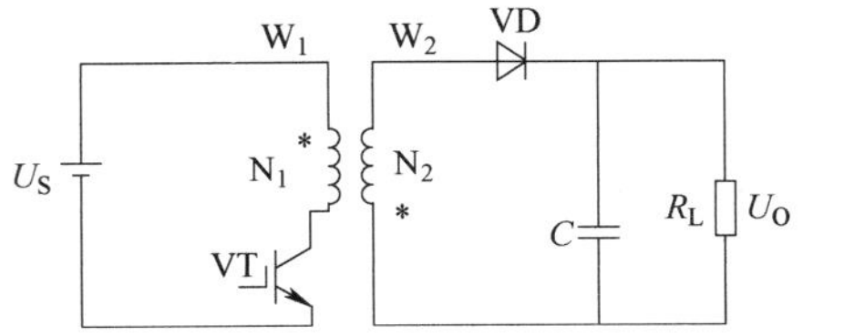	单端反激式变换器（Flyback Converter）在变压器的一次侧是降压型 Buck 变换器，变压器二次侧是升压型 Boost 变换器，也是一种隔离型直流变换器。单端反激变换器中变压器的磁通也只在单方向变化，开关管导通时电源将能量转换为磁能存储在变压器的电感中，当开关管关断时再将磁能转换为电能传送给负载
半桥电路	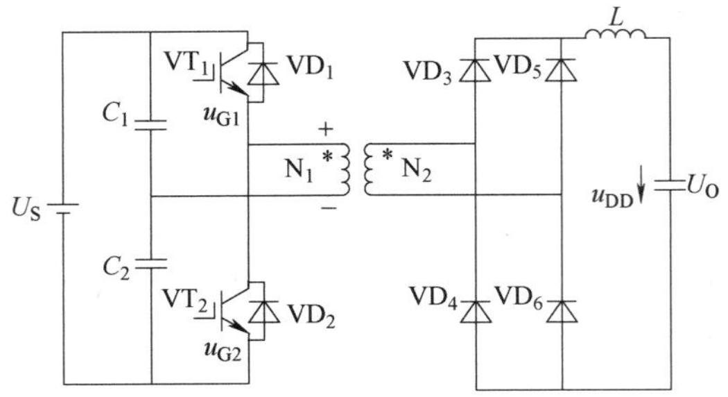	半桥（Half—Bridge）电路的变压器一次绕组 W_1 的匝数为 N_1，一般取两个容量相同的输入电容 C_1 和 C_2，当开关管 VT_1、VT_2 均截止时，C_1、C_2 的中性点的电位 U_A 是输入电压 U_S 的一半，即 $U_{c_1} = U_{c_2} = U_S/2$。开关管 VT_1 和 VT_2 的驱动信号分别为 U_{G1} 和 U_{G2}，它们为两个互为反向的 PWM 信号。二次绕组 W_2 的匝数为 N_2，其能量通过 $VD_3 \sim VD_6$ 构成的单相桥式整流电路并经电感电容滤波后输出直流电压
全桥电路	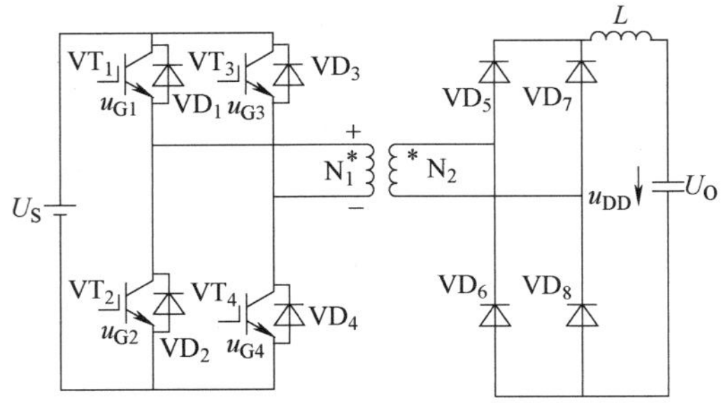	将半桥电路中的两个电解电容换成两只开关管，调整连接并配上适当的驱动器，即可组成如图所示的全桥（Bridge）电路
推挽电路	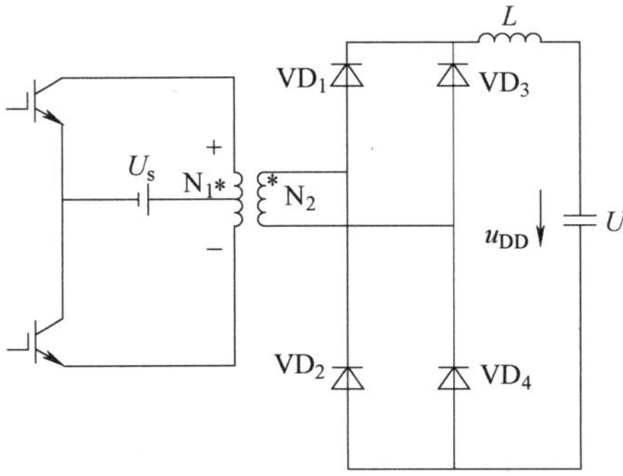	推挽（Push—Pull）电路实际由两个正激电路组成，只是它们用同一个铁心工作且磁场交替励磁、方向相反。在每个周期内，两个开关管交替导通和截止，在各自导通的半个周期内，分别将能量传递给负载，所以称为推挽电路

2.3.2　直流—交流变换

直流—交流变换是将直流电变成交流电的过程，是整流的逆向过程，也称为逆变变换，逆变是与整流相对应的，实现逆变的电路称为逆变电路，实现逆变的装置称为逆变器。当逆变电路的交流侧接电网（源），则电网（源）成为负载，在运行中将直流电能变换为交流电能并回送到电网（源）中去，称为有源逆变。当逆变电路交流侧接负载时，在运行中将直流电能变换为某频率或可调频率的交流电能供给交流负载，称为无源逆变。

1. 逆变器的分类

逆变器常用的分类方法有以下几种。

1）根据输入直流电源的特点，可分为电压型逆变器和电流型逆变器。电压型逆变器的输入直流电源为恒压源，直流电压稳定，在直流侧一般接有储能电容器，电流型逆变器的输入直流电源为恒流源，直流电流稳定，在直流侧一般接有储能大电感。

2）根据电路的结构特点，可分为半桥式逆变电路、全桥式逆变电路和推挽式逆变电路等。

3）根据开关器件的工作状态，可分为软开关逆变电路和硬开关逆变电路。

4）根据输出波形，可分为正弦波逆变器和非正弦波逆变器。

5）根据输出相数，可分为单相逆变电路和三相逆变电路。

2. 换流方式

（1）器件换流

利用全控型器件的自关断能力进行换流称为器件换流（Device Commutation）。器件换流是换流方式中最简单的一种，适用于各种由全控型器件构成的电力电子电路，在采用 IGBT、电力 MOSFET、GTO、GTR 等全控型器件的电路中的换流方式是器件换流。

（2）电网换流

电网提供换流电压的换流方式称为电网换流（Line Commutation）。将负的电网电压施加在欲关断的晶闸管上并保持一定时间即可使其关断。这种换流方式主要适用于半控型器件，不需要为换流添加任何元件，不需要器件具有门极可关断能力。这种换流方式不适用于没有交流电网的无源逆变电路。

（3）负载换流

采用负载换流（Load Commutation）时，要求负载电流的相位必须超前于负载电压的相位，即负载为电容性负载，且负载电流超前电压的时间应大于晶闸管的关断时间，即能保证该导通晶闸管可靠关断，触发导通另一晶闸管，完成电流转移。

（4）强迫换流

设置附加的换流电路，给欲关断的晶闸管强迫施加反压或反电流的换流方式称为强迫换流（Forced Commutation）。通常利用附加电容上所储存的能量来实现，因此也称为电容换流。

3. 常用逆变电路

常用逆变器的基本类型见表 2-3。

表 2-3 逆变器的基本类型

名称	电路形式	电路特点
电压型单相半桥逆变器	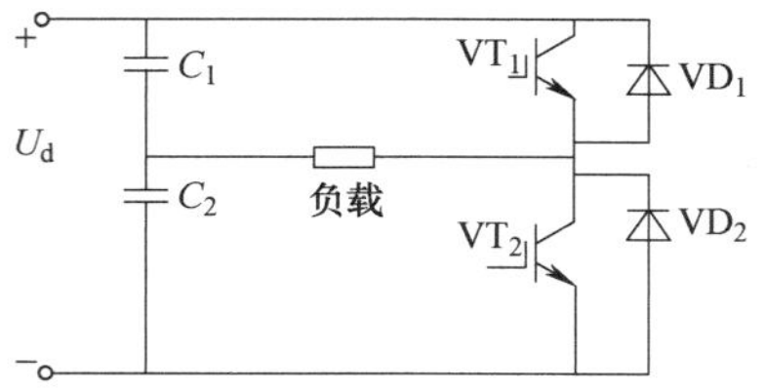	电压型单相半桥方波逆变电路如图所示。它由两个导电臂构成，每个导电臂由一个可控元件和一个反并联二极管组成。在直流侧接有两个相互串联的足够大的电容 C_1、C_2，且满足 $C_1=C_2$。半桥逆变电路优点是使用的元器件少，其缺点是输出交流电压的幅值仅为 $U_d/2$，且需要分压电容器
电压型单相全桥逆变器	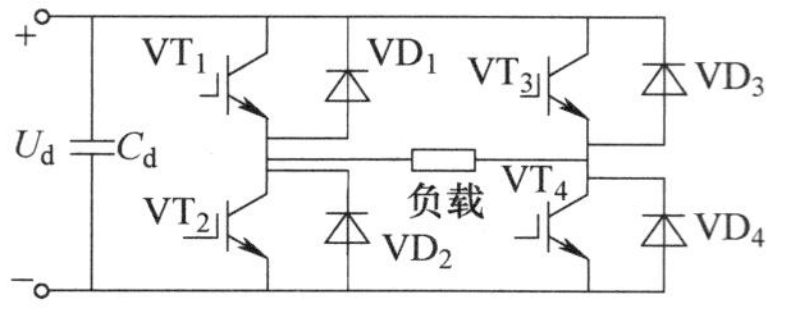	电压型单相全桥逆变电路如图所示。桥臂 VT_1 和 VT_4 构成一组，桥臂 VT_2 和 VT_3 构成一组，成组的桥臂同时导通与关断，两组桥臂交替各导通 180°。其输出电压、电流与单相半桥逆变电路基本相同，但幅值不相同，幅值高出 1 倍。改变输出交流电压的有效值只能通过改变直流电压 U_d 来实现
电流型单相全桥逆变器	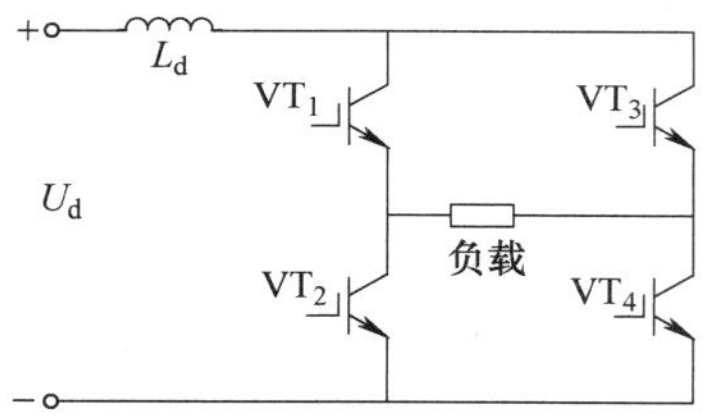	电流型单相全桥逆变电路如图所示。输入侧为串接大电感的电流源，主电路开关管采用自关断器件时，如果其反向不能承受高电压，则需在各开关器件支路串入二极管，VT_1 和 VT_4 导通，VT_2 和 VT_3 关断时，$i_o=I_d$；反之，当 VT_2 和 VT_3 导通，VT_1 和 VT_4 关断时，$i_o=-I_d$。无论电路负载性质如何，其输出电流波形不变，为矩形波，而输出电压波形由负载性质决定
电压型三相桥式逆变器	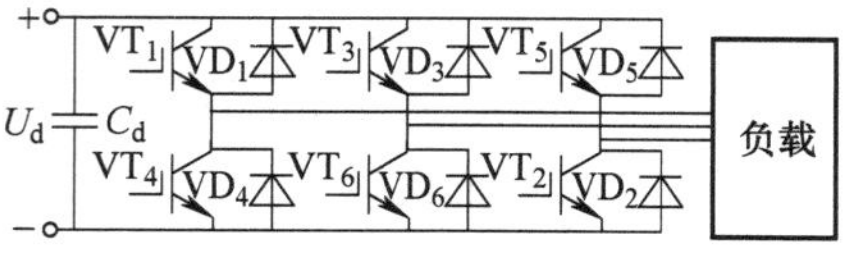	电压型三相桥式逆变电路如图所示。电路由 3 个半桥电路组成，图中采用 IGBT 作为开关元件，二极管 $VD_1 \sim VD_6$ 为续流二极管，3 个中性点接三相负载，电压型三相桥式逆变电路的基本工作方式为 180° 导电型，即每个桥臂的导电角为 180°，同一相上下桥臂交替导电，各相开始导电的时间依次相差 120°。因为每次换流都在同一相上下桥臂之间进行，因此称为纵向换流。在一个周期内，6 个管子触发导通的次序为 $VT_1 \sim VT_6$，依次相隔 60°，任一时刻均有 3 个管子同时导通，导通的组合顺序为 VT_1—VT_2—VT_3、VT_2—VT_3—VT_4、VT_3—VT_4—VT_5、VT_4—VT_5—VT_6、VT_5—VT_6—VT_1、VT_6—VT_1—VT_2，每种组合工作 60° 电角度

（续）

名称	电路形式	电路特点
电流型三相桥式逆变器	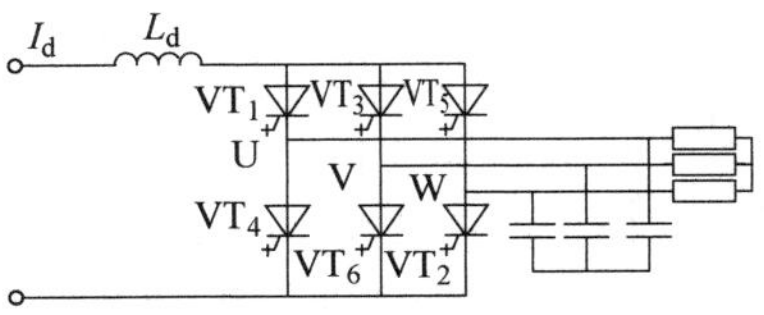	如图所示为电流型三相桥式逆变电路原理图。输入直流侧串接大电感，逆变桥采用 GTO 为可控器件。电流型三相桥式逆变电路的基本工作方式是 120° 导通方式，与三相桥式整流电路相似，任意瞬间只有两个桥臂导通，导通顺序为 $VT_1 \sim VT_6$、$VT_1—VT_2$、$VT_2—VT_3$、$VT_3—VT_4$、$VT_4—VT_5$、$VT_5—VT_6$、$VT_6—VT_1$，依次间隔 60°，每个桥臂导通 120°。这样，每个时刻上桥臂组和下桥臂组中都各有一个臂导通，换流时，在上桥臂组或下桥臂组内依次换流，属于横向换流

2.3.3　交流—直流变换

交流—直流（AC—DC）变换是把交流电变换为直流电的变流过程，这个过程称为整流，由二极管作为整流器件所获得的直流电压值是固定的，这种变流方式称为不可控整流。如果采用晶闸管作为整流器件，则可以通过控制门极触发脉冲施加的时刻来控制输出整流电压的大小，这种变流称为可控整流。

1. 单相可控整流

（1）单相桥式全控整流电路

单相桥式全控整流电路见表 2-4。

（2）单相全波可控整流电路

单相全波可控整流电路又称双半波可控整流电路，有多种电路形式，具体见表 2-4 ~ 表 2-5。

表 2-4　单相桥式全控整流电路

名称	主电路图	电路特点
电阻性负载	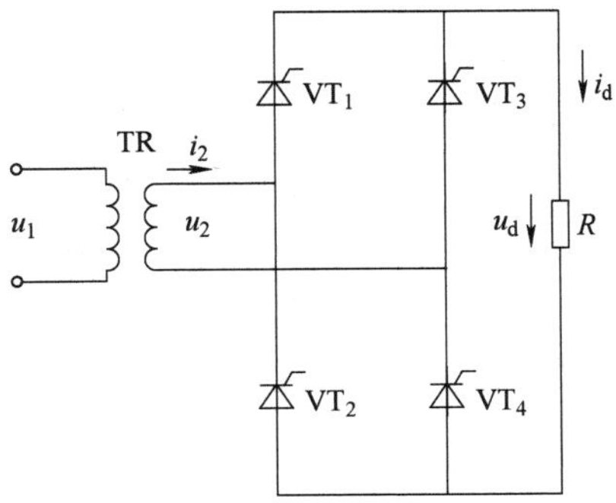	单相桥式全控整流电路，由整流变压器供电。晶闸管 VT_1、VT_4、VT_2、VT_3 组成两对桥臂，整流变压器 TR 主要用来变换电压，u_1 为变压器一次电压，变压器二次电压 u_2 接在桥臂的中性点端上，其有效值 U_2 是根据输出直流电压平均值 U_d 决定的，R 为负载电阻

（续）

名称	主电路图	电路特点
电感性负载	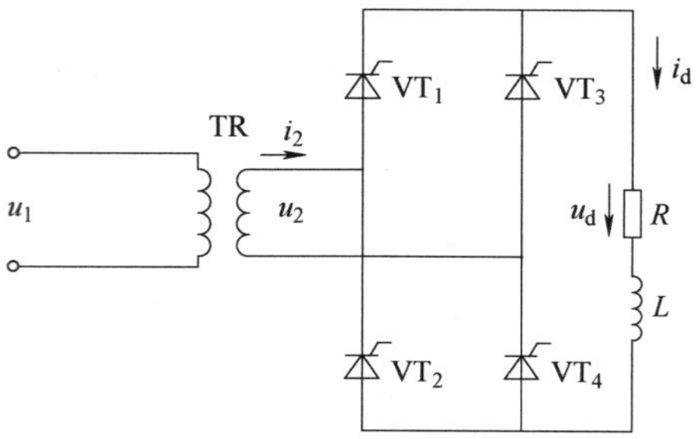	当负载中的感抗与电阻的大小相比不可忽略时，这个负载称为电感性负载。例如，各种电动机的励磁绕组，整流输出端接有平波电抗器的负载等。为了便于分析，将电感与电阻分开，由于电感具有阻碍电流变化的作用，因而电感中的电流不能突变。当流过电感中的电流变化时，在电感两端将产生感应电动势，引起电压降 u_L，由于负载中电感量的大小不同，整流电路的工作情况及输出 u_d、i_d 的波形具有不同的特点
反电动势电阻负载	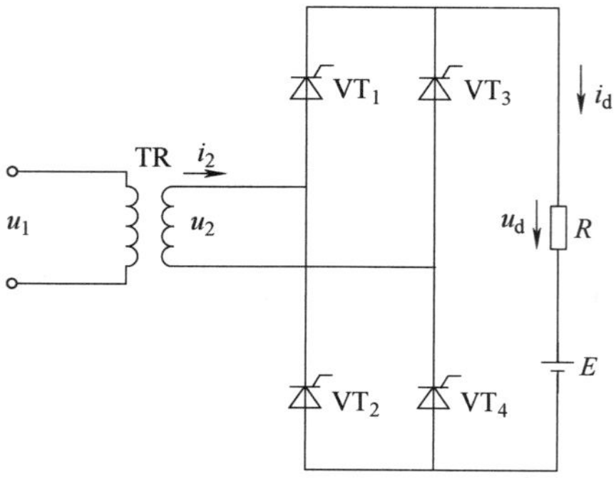	正在运行的直流电动机的电枢（忽略电枢电感）和被充电的蓄电池等负载本身是一个直流电源，对于可控整流电路来说，它们是反电动势负载，其等效电路用电动势 E 和内阻 R 表示，整流电路接有反电动势负载时，只有当电源电压 U_2 大于反电动势 E 时，晶闸管才能触发导通。$U_2 < E$ 时，晶闸管承受反压关断。在晶闸管导通期间，输出整流电压 $u_d = E + i_d R$；在晶闸管关断期间，负载端电压保持原有电动势，故整流平均电压比电感性负载时大

表 2-5　单相全波可控整流电路

类型	主电路图	电路特点
电阻性负载	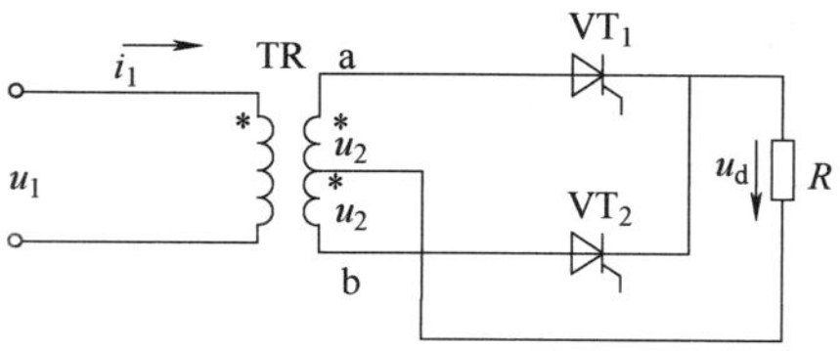	单相全波可控整流电路电阻性负载如图所示，变压器带中心抽头接负载一端，变压器二次侧另两端分别接晶闸管，图中晶闸管共阴极连接
电容性负载	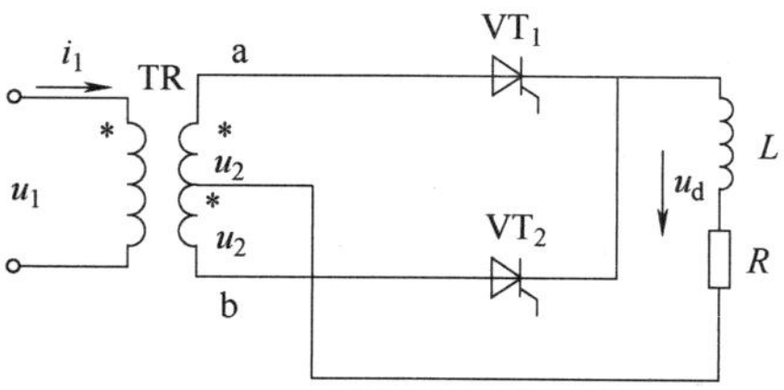	当电感量极大，负载电流 i_d 的脉动分量变得很小，其电流波形近似于平行于横轴直线，流过晶闸管的电流近似为矩形波

（续）

类型	主电路图	电路特点
带续流二极管		为了提高输出电压，消除 U_d 负值部分，同时使输出电流更加平直，在实用中，可接续流二极管 VD

单相全波电路与单相全控桥电路相比，单相全波要求有带中心抽头的变压器，每个二次绕组每周期只工作半个周期，变压器利用率较低，结构较复杂，材料的消耗多。不过变压器中两个二次绕组的直流安匝正负变化、相互抵消，与单相全控桥电路一样都不会引起直流磁化，单相全波导电回路只含 1 个晶闸管，比单相桥少 1 个，因而管压降也少 1 个，单相全波电路只用 2 个晶闸管，比单相全控桥少 2 个，相应地，门极驱动电路也少 2 个，但是晶闸管承受的最大电压是单相全控桥的 2 倍，故只适用于较小容量场合。

（3）其他单相可控整流电路

1）单相半波可控整流电路。如图 2-37a 所示为电阻性负载时的单相半波可控整流电路，在 u_2 正半周，改变触发时刻，输出 u_d 和 i_d 随之改变；在 u_2 负半周，晶闸管截止。输出直流电压 u_d 是变化的脉动直流，其波形只在 u_2 正半周内出现，故称"半波"整流。加之电路中采用了可控器件晶闸管，且交流输入为单相，故该电路称为单相半波可控整流电路。整流电压 u_d 波形在一个电源周期中只脉动 1 次，故该电路也称为单脉波整流电路。

图 2-37b 所示为阻感负载带续流二极管的单相半波可控整流电路，整流电压 u_d 波形与电阻负载时一致；在 u_2 负半周，负载电流通过二极管续流，负载两端电压为零。

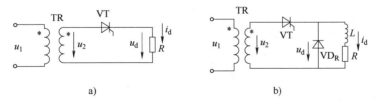

图 2-37　单相半波可控整流电路

a）电阻性负载　b）阻感负载带续流二极管

2）单相桥式半控整流电路。单相桥式半控整流电路与全控电路在电阻负载时的工作情况相同。电阻电感负载时，工作情况与带续流二极管全波可控整流电感电路一样，输出直流电压 u_d 无负值，在晶闸管截止期间，负载电流通过 VD_R 续流，如图 2-38a 所示，或者通过 VD_3 和 VD_4 续流，如图 2-38b 所示。图 2-38b 相当于把单相全桥桥式整流电路的 VT_3 和 VT_4 换为二极管 VD_3 和 VD_4，这样可以省去续流二极管 VD_R，续流由 VD_3 和 VD_4 来实现，这种接法的两个晶闸管阴极电位不同，二者的触发电路需要隔离。

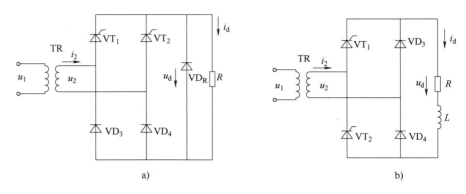

图 2-38　单相桥式半控整流电路

a）阻感负载带续流二极管　b）阻感负载二极管串联

2. 三相可控整流电路

（1）三相半波可控整流电路

单相可控整流电路元器件少，线路简单调整方便，但其输出电压的脉动较大，同时由于单相供电，引起三相电网不平衡，故适用小容量的设备上。当容量较大、要求输出电压脉动较小、对控制的快速性有要求时，则多采用三相可控整流电路。

三相可控整流电路有三相半波、三相桥式等多种形式，其中，三相半波可控整流电路是多相整流电路的基础，其他电路可以看作是三相半波电路不同形式的组合。下面按不同负载，从电路的工作原理、电压电流波形及各参量间的关系分别讨论，见表 2-6。

表 2-6　三相半波可控整流电路

类别	主电路图	电路特点
电阻性负载	TR　VT₁　VT₂　VT₃　u_d　R	三相半波可控整流电路又称三相零式电路，由三相整流变压器供电，为得到中性线，变压器二次侧必联结成星形，一次侧联结成三角形，以减少 3 次谐波的影响。3 个晶闸管 VT₁、VT₂ 和 VT₃ 阳极分别接在变压器二次绕阻 u 相、v 相和 w 相上，它们的阴极连在一起经负载与三相变压器二次绕组的中性线相连，这种接法的电路称为共阴极电路
阻感性负载	TR　VT₁　VT₂　VT₃　u_d　R　L	由于电感中感应电动势的作用，仍能使原导通相的晶闸管承受正向电压继续导通，整流电压 u_d 波形出现负值。如果负载电感值较大，电感储能较多，则本相晶闸管能维持导通到下一个晶闸管触发导通，才使本相晶闸管承受反压而关断，i_d 波形连续。整流电压 u_d 波形出现负值时，电流 i_d 是减小的，电感释放能量，在电源电压下降到零并变为负值时，电感较大则负载电流 i_d 波形连续

（续）

类别	主电路图	电路特点
三相半波共阳极可控整流电路	TR VT$_1$ VT$_2$ VT$_3$ u_d R L	有一种共阳极电路，即将 3 个晶闸管的阳极连在一起，其阴极分别接变压器三相绕组，变压器的零线作为输出电压的正端，晶闸管共阳极端作为输出电压的负端，如图所示。这种共阳极电路接法，对于螺栓型晶闸管的阳极可以共用散热器，使装置结构简化，但 3 个触发器的输出必须彼此绝缘，是其不方便之处

  三相半波可控整流电路，晶闸管器件少，接线简单，只需用 3 套触发装置，控制比较容易。但变压器每相绕组只有 1/3 周期流过电流，变压器利用率低，由于绕组中电流是单方向的，故存在直流磁动势，为避免铁心饱和，需加大变压器铁心的截面积。这种线路一般用于中小容量的设备上。

  （2）三相桥式全控整流电路

  三相桥式全控整流电路与三相半波电路相比，输出整流电压提高 1 倍，输出电压的脉动较小，变压器利用率高且无直流磁化问题。由于在整流装置中，三相桥电路晶闸管的最大失控时间只为三相半波电路的一半，故控制快速性较好，因而在大容量负载供电、电力拖动控制系统等方面获得了广泛的应用。

  从图 2-39 可以看出，三相桥式全控整流电路共有 6 个晶闸管，上面的 3 个管子的阴极连接在一起，下面的 3 个晶闸管的阳极连接在一起，即三相桥式全控整流电路相当于三相半波共阴极可控整流电路与三相半波共阳极可控整流电路的串联连接，由三相半波可控整流电路原理可知，共阴极电路工作时，变压器每相绕组中流过正向电流，同理，共阳极电路工作时，每相绕组流过反向电流，将共阴极组电路和共阳极组电路输出串联，并接到变压器二次绕组上，可以提高变压器利用率。

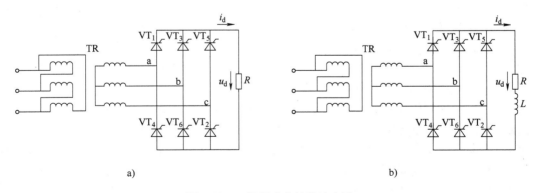

图 2-39　三相桥式全控整流电路
a）电阻负载　b）阻感负载

  在三相桥式电路中的变压器绕组中，一个周期里既流过正向电流，又流过反向电流，提高了变压器的利用率，且直流磁动势相互抵消，避免了直流磁化。

3. PWM 整流电路

（1）电压型单相桥式 PWM 整流电路

电压型单相半桥和全桥 PWM 整流电路结构如图 2-40 所示，图中暂不考虑输入电阻的影响，若电阻阻值较大时需考虑电阻上的压降，它等于电阻与输入电流的乘积。对于半桥电路来说，直流侧电容必须由两个电容串联，其中性点和交流电源连接，对于全桥电路来说，直流侧有一个滤波电容。

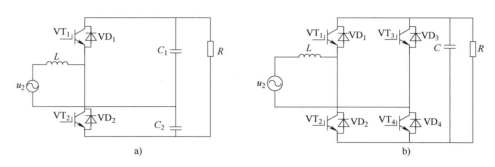

图 2-40 电压型单相桥式 PWM 整流电路

ａ）单相半桥电路 ｂ）单相全桥电路

（2）电压型三相 PWM 整流电路

通过调制的 A、B、C 这三个中性点对 N 点的电压有 5 个状态，其求解方法与三相逆变时负载相电压求解方法相同，5 个状态的电压值分别为 0、$+U_d/3$、$-U_d/3$、$+2U_d/3$、$-2U_d/3$，其波形呈正弦变化，在基波零点附近电压值小，多为 0、$+U_d/3$、$-U_d/3$，在基波峰值附近电压值大，多为 $+2U_d/3$ 和 $-2U_d/3$，如图 2-41 所示。

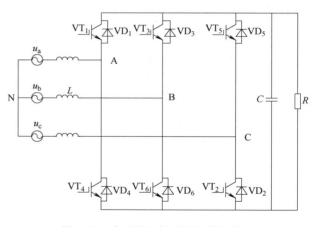

图 2-41 电压型三相 PWM 整流电路

2.3.4 交流—交流变换

交流调压电路的控制方式有 3 种：整周波通断控制、相位控制、斩波控制。在整周波通断控制方式中，晶闸管是作为交流开关使用的，它把负载与电源接通几个周波，再断开几个周波，改变通断比来改变输出功率。相位控制时在电源电压上下半波的某个相位分别导通 VT₁ 和 VT₂ 晶闸管，改变触发延迟角即可改变负载接通电压的时间，从而达到调压的目的。斩波控制方式时，晶闸管要带有强迫关断电路或采用 GTR、MOSFET、IGBT 等自关断器件，在每个电压周波中，开关器件多次通断，把电压斩波成多个脉冲，改变导通比即可实现调压。相位控制交流调压又称相控调压，是交流调压中的基本控制方式，应用最广，图 2-42 和图 2-43 是两种典型的交流调压电路。

采用晶闸管的交—交变频电路也称为周波变流器（Cycle Converter）或周波变换器，交—交变频电路是把电网频率的交流电直接变换成可调频率的交流电的变流电路。交—交变频电路无中间直流环节，因此属于直接变频电路。

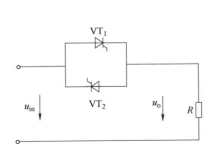

图 2-42　单相交流调压电路

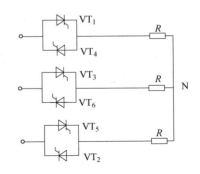

图 2-43　电阻性负载丫联结的三相交流调压器

图 2-44 所示为单相交—交变频电路的基本原理图。电路由 P 组和 N 组反并联的晶闸管变流电路构成。变流器都是相控整流电路。P 组工作时，负载电流 i_o 为正；N 组工作时，i_o 为负。让两组变流器按一定的频率交替工作，负载就得到该频率的交流电。改变两组变流器的切换频率，就可以改变输出频率 ω_o。改变变流电路工作时的触发延迟角，就可以改变交流输出电压的幅值。

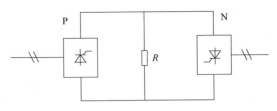

图 2-44　单相交—交变频电路的基本原理图

2.3.5　软开关技术

软开关技术问世以来，经过了不断发展和完善，前后出现了许多种软开关电路，目前，新型的软开关拓扑仍不断出现。由于存在众多的软开关电路，而且各自有不同的特点和应用场合，因此对这些电路进行分类是很必要的。根据电路中主要的开关器件是零电压开通还是零电流关断，可以将软开关电路分成零电压电路和零电流电路两大类。通常，一种软开关电路要么属于零电压电路，要么属于零电流电路。但也有个别电路，电路中的某些开关是零电压开通的，另一些开关是零电流关断的。

根据谐振机理可将软开关电路分成准谐振电路、零开关 PWM 电路和零转换 PWM 电路，谐振电路也称为谐振腔或谐振槽路。下面分别介绍上述三类软开关电路。

1. 准谐振电路

准谐振电路是最早出现的软开关电路，其中有些现在还在大量使用。它可以分为：

1）零电压开关准谐振电路（Zero-Voltage-Switching Quasi-Resonant Converter，ZVS QRC）。

2）零电流开关准谐振电路（Zero-Current-Switching Quasi-Resonant Converter，ZCS QRC）。

3）零电压开关多谐振电路（Zero-Voltage-Switching Multi-Resonant Converter，ZVS MRC）。

4）用于逆变器的谐振直流环节电路（Resonant DC Link）。

图 2-45 所示为前三种软开关电路的基本开关单元，谐振直流环节电路的工作原理在下一节详细叙述。

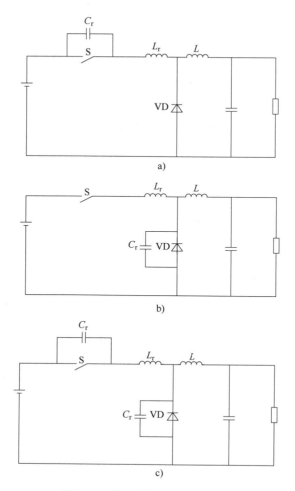

图 2-45　前三种软开关基本电路

a）零电压开关准谐振电路的基本开关单元　b）零电流开关准谐振电路的基本开关单元

c）零电压开关多谐振电路的基本开关单元

2. 零开关 PWM 电路

零开关 PWM 电路中引入了辅助开关来控制谐振的开始时刻，使谐振仅发生于开关过程前后，它可以分为：

1）零电压开关 PWM 电路（Zero-Voltage-Switching PWM Converter，ZVS PWM）。

2）零电流开关 PWM 电路（Zero-Current-Switching PWM Converter，ZCS PWM）。

这两种电路的基本开关单元如图 2-46 所示，同准谐振电路相比，这类电路有很多明显的优势：电压和电流基本上是方波，只是上升沿和下降沿较缓，开关承受的电压明显降低，电路可以采用开关频率固定的 PWM 控制方式。

3. 零转换 PWM 电路

零转换 PWM 电路也采用辅助开关控制谐振的开始时刻。所不同的是，谐振电路是与开关并联的，因此输入电压和负载电流对电路的谐振过程的影响很小，电路在很宽的输入电压范围内，从零负载到满载都能工作在软开关状态，而且电路中无功功率的交换被削减到最

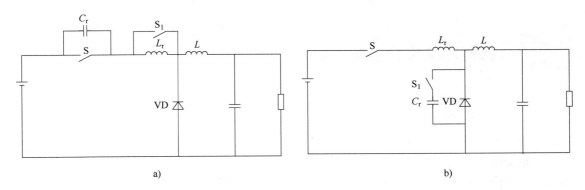

图 2-46　零开关 PWM 电路的基本开关单元

a）零电压 PWM 电路的基本开关单元　b）零电流 PWM 电路的基本开关单元

小，这使得电路效率有了进一步提高。

零转换 PWM 电路可以分为：

1）零电压转换 PWM 电路（Zero-Voltage-Transition PWM Converter，ZVT PWM）。

2）零电流转换 PWM 电路（Zero-Current Transition PWM Converter，ZCT PWM）。

这两种电路的基本开关单元如图 2-47 所示。

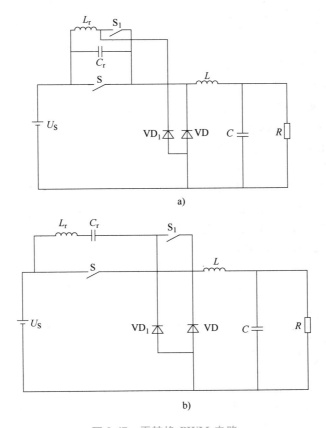

图 2-47　零转换 PWM 电路

a）零电压转换 PWM 电路的基本开关单元　b）零电流转换 PWM 电路的基本开关单元

2.4 新能源电力变换常用拓扑

2.4.1 软开关直流变换器

1. 谐振变换器

谐振变换器是指谐振元件一直参与能量的变换。图 2-48 所示为谐振变换器的通用组成框图，它由输入电压、开关单元、谐振单元、变压器和整流滤波单元组成，其中的变压器，如果输入和输出不需要电气隔离或电压匹配，可以省去。

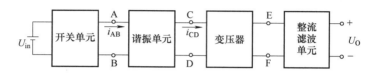

图 2-48　谐振变换器通用框图

谐振单元的种类很多，根据谐振元件的数量可以分为两元件、三元件、四元件等类型。谐振元件数量越多，谐振变换器的工作就越复杂，一般来说，两元件和三元件的谐振单元比较实用。

两元件的谐振单元包含一个电感和一个电容，常用的有两种，一种是负载与谐振支路相串联，如图 2-49a 所示，一般称之为串联谐振；另一种是负载与谐振电容相并联，如图 2-49b 所示，一般称之为并联谐振。准确地讲，这两种谐振单元均为串联谐振，前者应称为串联谐振串联输出，后者称为串联谐振并联输出。

三元件的谐振单元种类很多，它既可以由两个电容和一个电感组成，也可以由两个电感和一个电容组成。其结构形式有 36 种，常见的有两种，一种是 LCC 谐振单元，另一种是 LLC 谐振单元，如图 2-50 所示。LCC 谐振单元可以看成是在串联谐振单元的基础上，加入一个谐振电容与负载并联，也可以看成并联谐振单元中加入一个谐振电容与谐振电感串联。因此 LCC 谐振单元又被称为串联—并联谐振单元，它集成了串联谐振和并联谐振的优点。LLC 谐振单元则是可以看成在串联谐振单元中加入一个电感与负载并联。

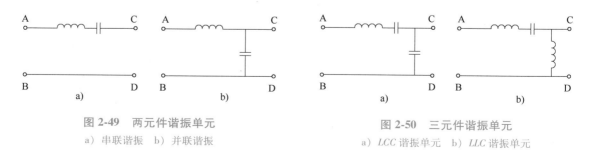

图 2-49　两元件谐振单元
a）串联谐振　b）并联谐振

图 2-50　三元件谐振单元
a）LCC 谐振单元　b）LLC 谐振单元

变压器的作用是进行电气隔离和输入输出电压匹配，结合输出整流电路，可以构成桥式整流和全波整流两种方式，前者只需要一个二次绕组，后者需要两个带中心抽头的二次绕组。

整流滤波电路分为电感电容滤波和电容滤波两种类型，如图 2-51 所示，前者适合于接电压型输出的谐振单元，如图 2-49b 和图 2-50a 所示；后者适合于接电流型输出的谐振单元，如图 2-49a 和图 2-50b 所示。

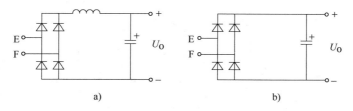

图 2-51　整流滤波单元
a）电感电容滤波　b）电容滤波

根据前面的讨论，可以得到各种谐振变换器电路拓扑，表 2-7 所示为基于全桥电压型交流方波激励、采用图 2-49 和图 2-50 所示的谐振单元的谐振变换器，它们分别称为串联谐振变换器、并联谐振变换器、LCC 谐振变换器和 LLC 谐振变换器。

表 2-7　几种典型谐振变换器的电路拓扑

几种典型的谐振变换器	电路拓扑	电路特点
串联谐振变换器		电路呈纯电阻性，端电压和总电流同相，此时阻抗最小，电流最大，在电感和电容上可能产生比电源电压大很多倍的高电压
并联谐振变换器		并联谐振是一种完全的补偿，电源无须提供无功功率，只提供电阻所需要的有功功率，谐振时，电路的总电流最小，而支路电流往往大于电路中的总电流

（续）

几种典型的谐振变换器	电路拓扑	电路特点
LCC 谐振变换器	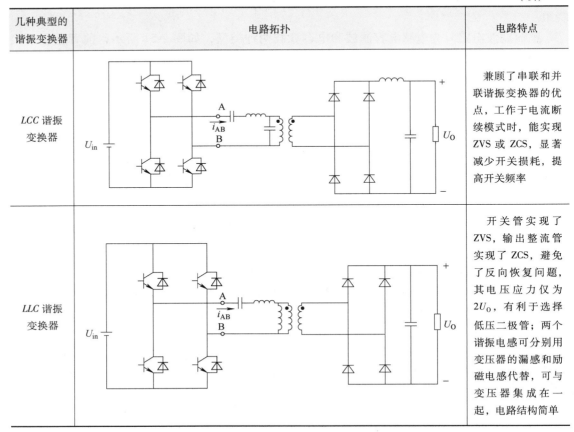	兼顾了串联和并联谐振变换器的优点，工作于电流断续模式时，能实现 ZVS 或 ZCS，显著减少开关损耗，提高开关频率
LLC 谐振变换器		开关管实现了 ZVS，输出整流管实现了 ZCS，避免了反向恢复问题，其电压应力仅为 $2U_O$，有利于选择低压二极管；两个谐振电感可分别用变压器的漏感和励磁电感代替，可与变压器集成在一起，电路结构简单

2. PWM 软开关变换器

谐振变换器、准谐振变换器和多谐振变换器都采用频率调制的方法，其开关频率变化范围较宽，很难优化设计变压器、电感和电容等元器件。因此有必要将谐振变换器和 PWM 变换器结合起来，既可以实现软开关，又可以实现恒频开关。PWM 软开关变换器在准谐振变换器的基础上，加入辅助开关管，将谐振元器件的谐振过程切分为两个阶段。当主开关管需要开关时，辅助开关管先工作，让谐振元件谐振，为主开关管创造软开关的条件，因此主开关管可以实现 PWM 控制。虽然该类变换器中谐振元器件不是一直谐振工作，但谐振电感串联在主功率回路中，损耗较大。同时，与准谐振变换器一样，开关管和谐振元器件的电压应力和电流应力很高。

ZVT 和 ZCT 变换器是在 PWM 控制变换器的基础上，加入辅助电路，当主开关管开关时，辅助电路短时间工作，为主开关管创造软开关的条件。ZVT PWM 变换器的基本思路是给主开关管并联一个缓冲电容，以实现其零电压关断。在主开关管开通之前，采用辅助电路将缓冲电容上的电荷释放到零，然后再开通主开关管，就实现了零电压开通。表 2-8 给出了不隔离和隔离的 ZVT PWM 变换器的电路拓扑，其中辅助电路由辅助开关管 VT_a、辅助二极管 VD_a、缓冲电容 C_r 和辅助电感 L_a 组成，在 SEPIC 和 Zeta 变换器和隔离式变换器中，辅助电感替换为一个反激变压器，这里仍标注为 L_a。

表 2-8　ZVT PWM 变换器

类型	不隔离的 ZVT PWM 变换器	类型	隔离的 ZVT PWM 变换器
Buck	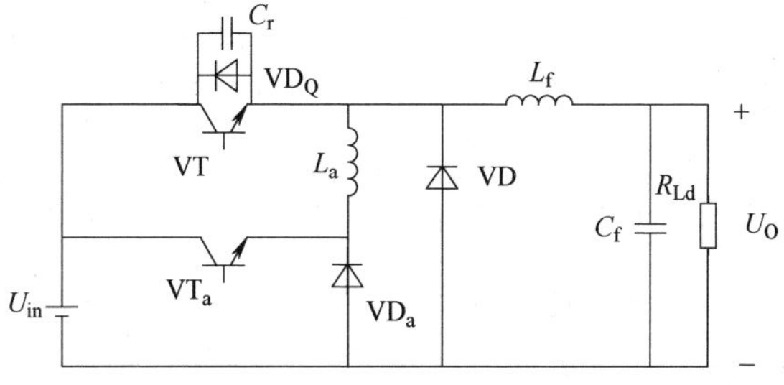	Forward	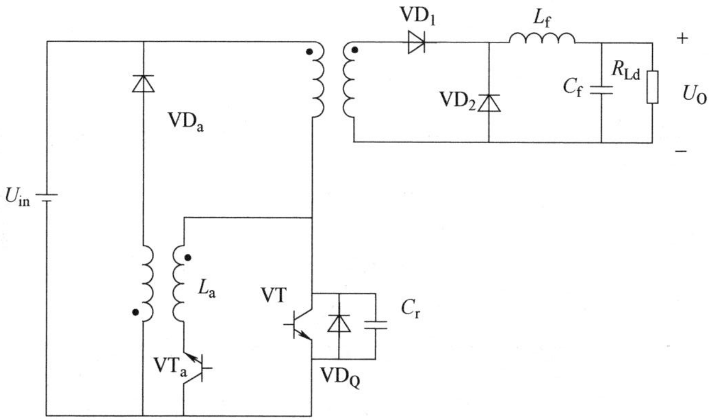
Boost	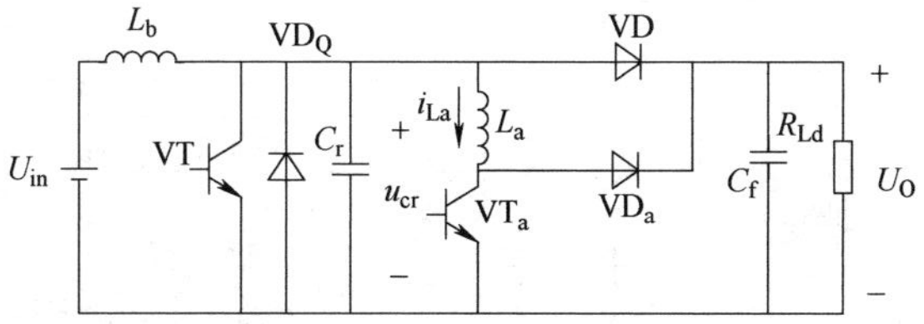	Flyback	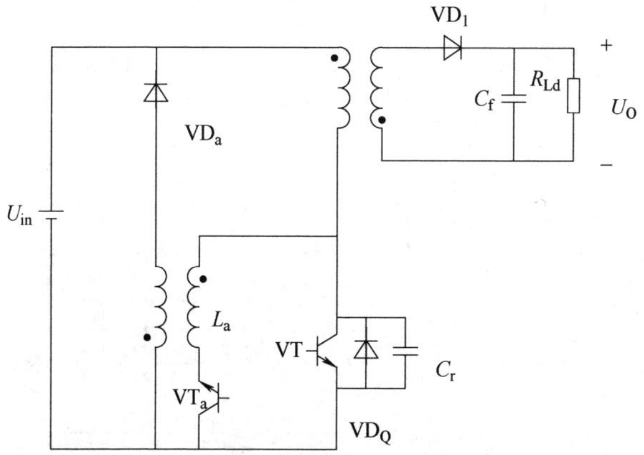

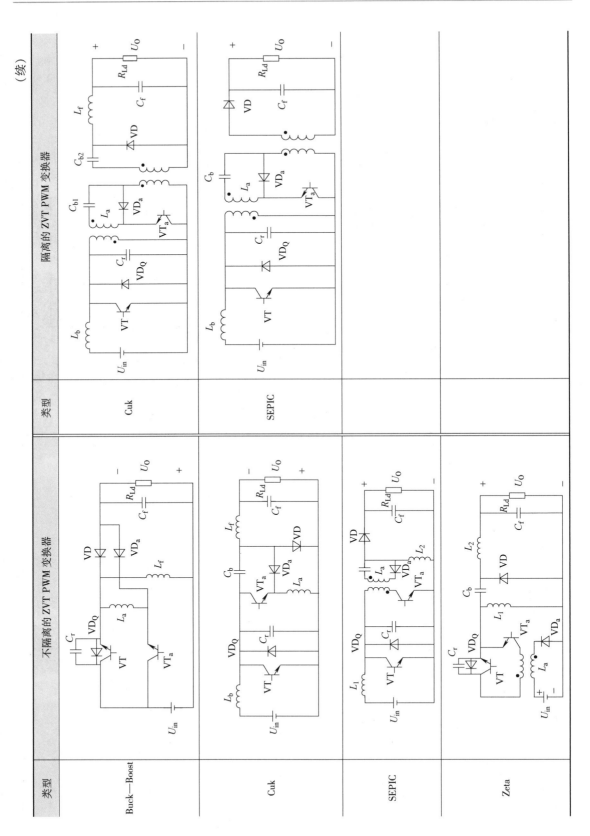

3. 移相控制全桥变换器

全桥变换器广泛应用于中大功率的场合，实现其 PWM 软开关的控制方法和电路拓扑很多，可以归纳为两类：一类是所有开关管实现 ZVS；另一类是一个桥臂实现 ZVS，另一个桥臂实现 ZCS，其控制方法都可以采用移相控制。

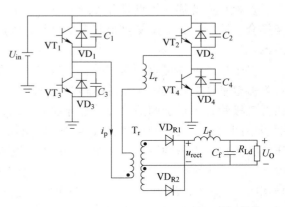

下面介绍移相控制 ZVS 全桥变换器，其电路结构如图 2-52 所示，其中四只开关管 $VT_1 \sim VT_4$ 及其反并二极管 $VD_1 \sim VD_4$ 和并联电容 $C_1 \sim C_4$ 组成逆变桥，L_r 是谐振电感，它包括了变压器的一次侧漏感。每个桥臂的两个功率管 $180°$ 互补导通，两个桥臂的导通角相差一个相位，即移相角，通过调节移相角的大小来调节输出电压。VT_1 和 VT_3 分别超前于 VT_4 和 VT_2 一个相位，称 VT_1 和 VT_3 组成的桥臂为超前桥臂，VT_2 和 VT_4 组成的桥臂则为滞后桥臂。

图 2-52　移相控制 ZVS 全桥变换器电路结构

要实现零电压开通，必须要在开关管开通之前，将其电荷放到零，因此需要足够的能量来抽走即将开通的开关管并联电容上的电荷；给同一桥臂关断开关管的并联电容充电；如果考虑变压器的一次绕组电容，还要一部分能量来抽走其上的电荷。也就是说，必须满足式（2-4），假设 $C_1 = C_4 = C_{\text{lead}}$，$C_2 = C_3 = C_{\text{lag}}$。

$$E > \frac{1}{2} C_i U_{\text{in}}^2 + \frac{1}{2} C_i U_{\text{in}}^2 + \frac{1}{2} C_{Tr} U_{\text{in}}^2 = C_i U_{\text{in}}^2 + \frac{1}{2} C_{Tr} U_{\text{in}}^2 \quad i = \text{lead}, \text{lag} \tag{2-4}$$

如果开关管是 MOSFET，利用自身结电容来实现 ZVS，那么式（2-4）可变为式（2-5）：

$$E > \frac{4}{3} C_{\text{Mos}} U_{\text{in}}^2 + \frac{1}{2} C_{Tr} U_{\text{in}}^2 \tag{2-5}$$

在超前桥臂的开关过程中，L_f 反射到一次侧与 L_r 串联，此时用来实现 ZVS 的能量是 L_r 和 L_f 中的能量。一般来说，L_f 很大，其能量很容易满足式（2-4），因此超前桥臂容易实现 ZVS。

在滞后桥臂的开关过程中，变压器二次侧是短路的，L_f 不能反射到一次侧，只有 L_r 的能量用来实现 ZVS。而 L_r 比折算到一次侧的 L_f 值要小得多，因此较超前桥臂而言，滞后桥臂实现 ZVS 要困难得多。如果不满足式（2-6），滞后桥臂就无法实现 ZVS。假设 $C_1 = C_4 = C_{\text{lead}}$，$C_2 = C_3 = C_{\text{lag}}$。

$$\frac{1}{2} L_r \left(\frac{I_0}{K} \right)^2 > C_{\text{lag}} U_{\text{in}}^2 + \frac{1}{2} C_{Tr} U_{\text{in}}^2 \tag{2-6}$$

除此之外，占空比丢失是移相控制 ZVS 全桥变换器的一个特有现象，它是指二次占空比 D_{sec} 小于一次占空比 D_p，其差值就是占空比丢失 D_{loss}，即 $D_{\text{loss}} = D_p - D_{\text{sec}}$，且：

$$D_{\text{loss}} = \frac{4 L_r I_0 f_S}{K U_{\text{in}}} \tag{2-7}$$

从式（2-7）可知：L_r 越大，D_{loss} 越大；负载越大，D_{loss} 越大；U_{in} 越低，D_{loss} 越大。

从式（2-6）中可看出，要想在较宽的负载范围内实现 ZVS 可以增加谐振电感，但谐振

电感增加又会带来 D_{loss} 的增加，因此是相互矛盾的，需要根据实际情况折中考虑。

2.4.2　三电平 DC—DC 变换器

1. 多电平变换器的分类

多电平逆变器的优点是开关管的电压应力低，可以用低压的开关管应用于高压的功率变换场合。同时，其输出侧可得到多个电平，因此可以减小输出电压的谐波，从而减小输出滤波器。

多电平逆变器可以分为三类：二极管钳位型、飞跨电容型和级联型。图 2-53 所示为这三类多电平逆变器其中一相的电路图。在图 2-53a 中，C_{d1} 和 C_{d2} 是分压电容，VD_{15} 和 VD_{16} 是钳位二极管，当最上面两只开关管导通时，$u_{\text{AN}} = U_{\text{in}}$；当最下面两只开关管导通时，$u_{\text{AN}} = 0$；而当中间两只开关管导通时，$u_{\text{AN}} = U_{\text{in}}/2$。也就是说，$u_{\text{AN}}$ 可以得到三种电平，而且开关管电压应力为输入电压的一半。在图 2-53b 中，没有分压电容和钳位二极管，取而代之的是飞跨电容 C_{fly1}，其稳态电压为 $U_{\text{in}}/2$。同样，当上面的两只开关管和下面的两只开关管分别同时导通时，u_{AN} 等于 U_{in} 和 0，当 VT_{12} 与 VT_{14} 导通或者 VT_{11} 与 VT_{13} 导通时，$u_{\text{AN}} = U_{\text{in}}/2$，因此 u_{AN} 也可以得到三种电平。图 2-53c 所示的电路由两个全桥单元串联而成，在 AN 两端可以得到 $\pm 2U_{\text{in}}$、$\pm U_{\text{in}}$、0 共五种电平，它是一个五电平逆变器，该逆变器不需要分压电容、钳位二极管或飞跨电容，但需要多个独立的电源。在图 2-53 的基础上可以得到多电平逆变器。

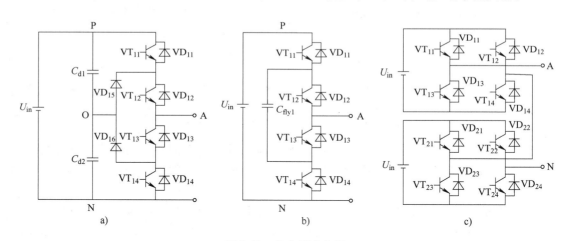

图 2-53　多电平逆变器

a）二极管钳位型　b）飞跨电容型　c）级联型

多电平 DC—DC 变换器是在多电平逆变器的基础上发展而来的，按照输入与输出是否具有电气隔离功能，可分为基本型和电气隔离型两类；按照钳位方式主要分为二极管钳位型和飞跨电容型两种。下面重点介绍三电平（Three—Level，TL）DC—DC 变换器。

2. 基本的三电平变换器

基本的 TL 变换器包括 Buck、Boost、Buck—Boost、Cuk、SEPIC 和 Zeta 6 种，表 2-9 中给出了二极管钳位型和飞跨电容型的 6 种基本 TL 变换器。在二极管钳位型 TL 变换器一列中，C_{d1} 和 C_{d2} 为输入分压电容，C_{f1} 和 C_{f2} 为输出分压电容，C_{b1} 和 C_{b2} 为中间储能分压电容。而 VD_1 和 VD_2 为钳位二极管，它同时也承担原来变换器的作用，如在 Buck TL 变换器中，

VD_1 和 VD_2 还起着续流作用。而对于飞跨电容型 TL 变换器而言，这些变换器都没有分压电容和钳位二极管，但它们都有一个飞跨电容 C_{fly}。同时，需要注意的是，二极管钳位型 TL 变换器的输入和输出不共地，而飞跨电容型 TL 变换器则是共地的。

表 2-9　二极管钳位型和飞跨电容型基本 TL 变换器

	二极管钳位型的基本 TL 变换器	飞跨电容型的基本 TL 变换器
Buck	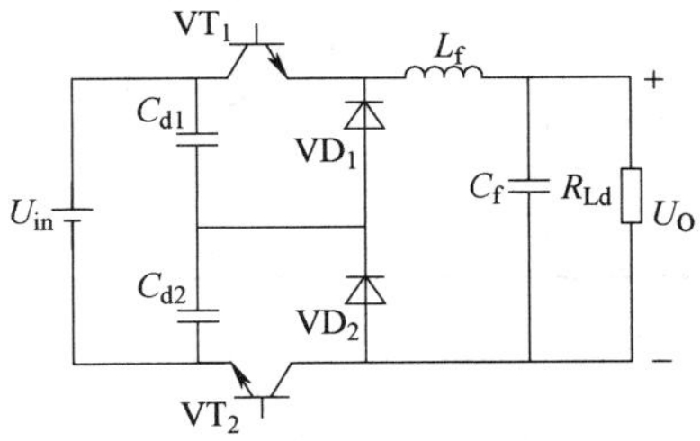	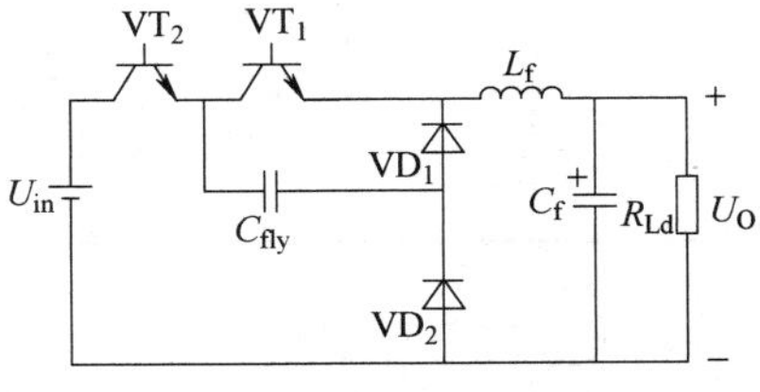
Boost	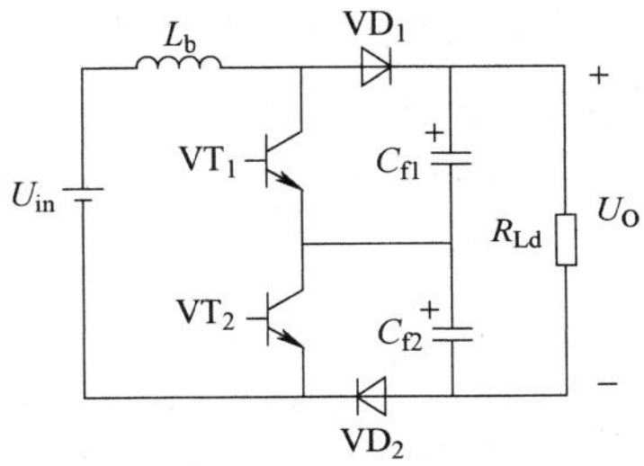	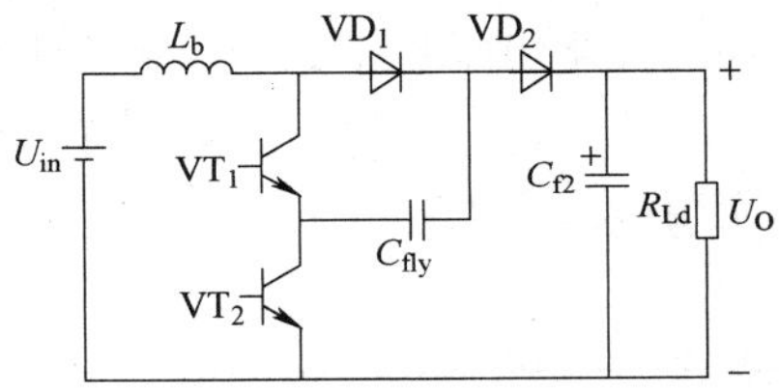
Buck—Boost	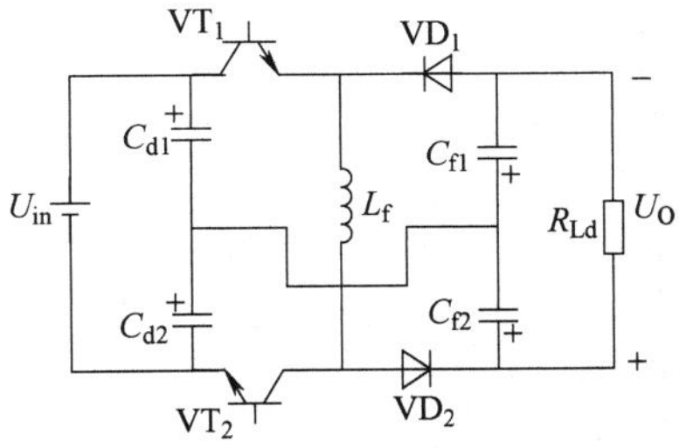	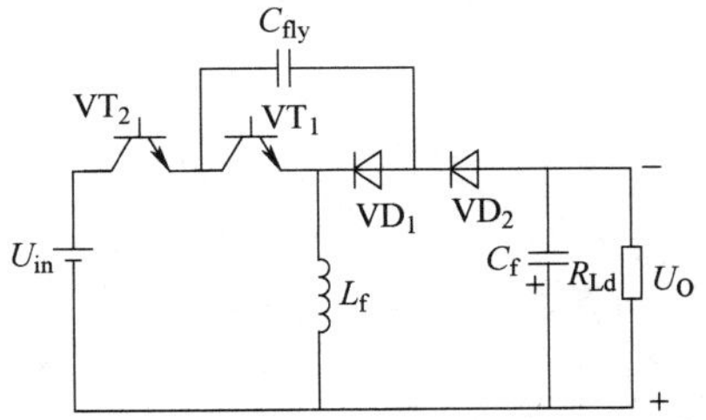
Cuk	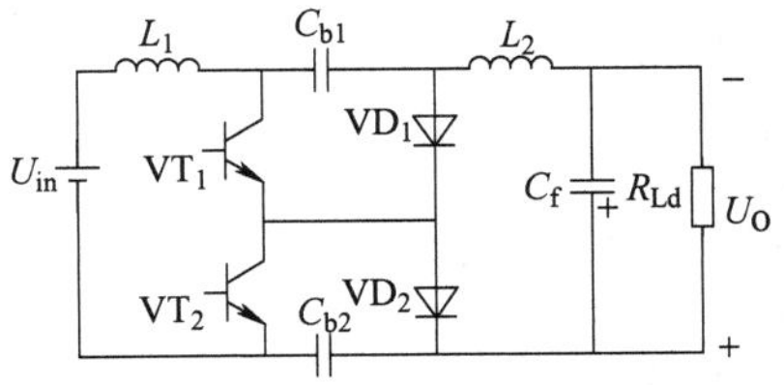	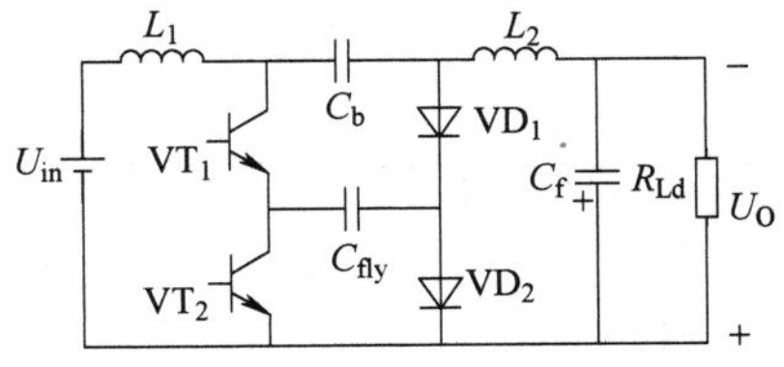
SEPIC	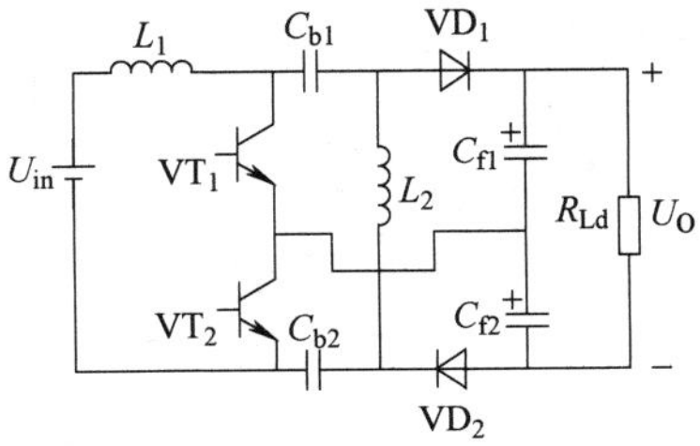	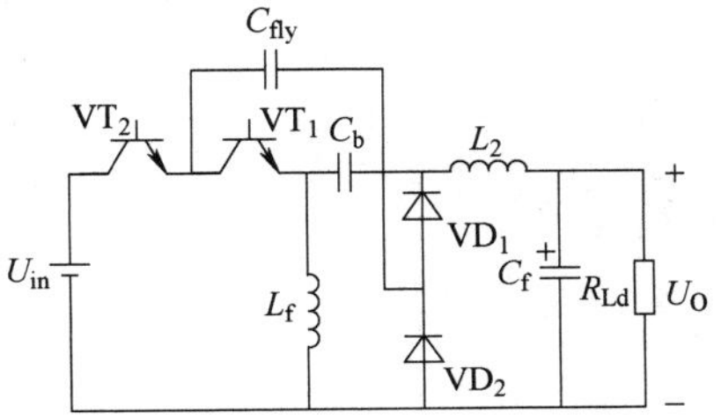

（续）

	二极管钳位型的基本 TL 变换器	飞跨电容型的基本 TL 变换器
Zeta	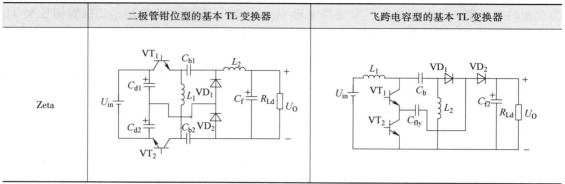	

3. 隔离型三电平变换器

隔离型 TL 变换器包括正激、反激、推挽、半桥、复合全桥和全桥 6 种，见表 2-10。其中正激 TL 变换器就是熟知的双管正激变换器，其开关管电压应力为输入电压，与复位绕组匝数和一次绕组匝数相等的单管正激变换器相比，其电压应力降低一半。推挽 TL 变换器与全桥变换器相比，开关管数量一样，均为 4 只，开关管的电压应力也相等，均为输入电压，因此应用价值不大。

表 2-10　隔离型 TL 变换器

隔离型 TL 变换器	电路结构
正激	
反激	

（续）

隔离型 TL 变换器	电路结构
推挽	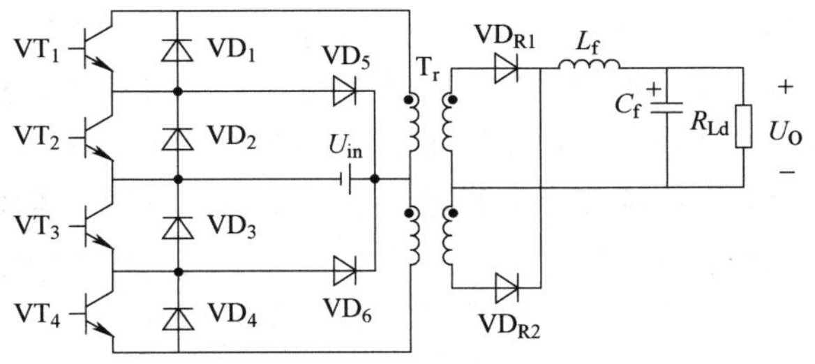
半桥	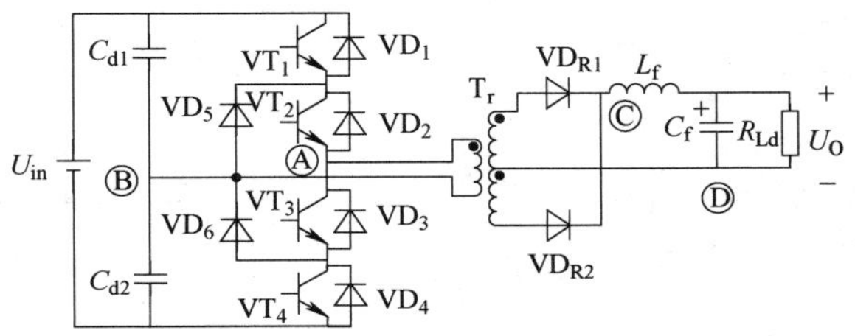
复合全桥	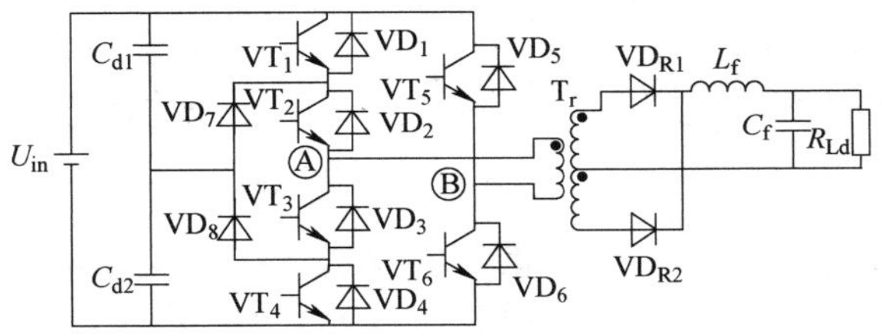
全桥	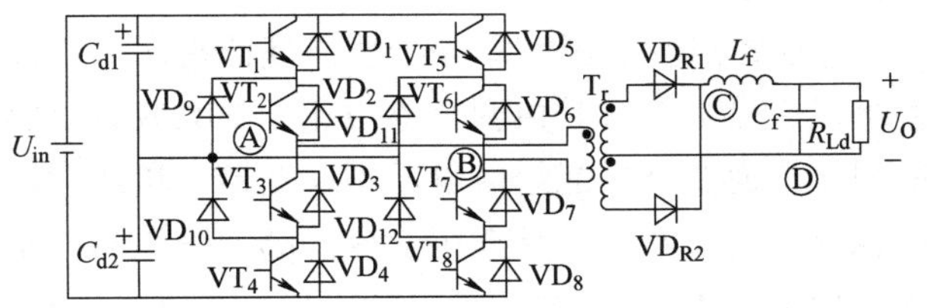

2.4.3　电压型逆变器

电压型逆变器的直流输入端并接有大电容储能元件，逆变桥输出到负载两端的电压为方波，其幅值为电容电压。逆变桥输出电流的大小和相位由负载决定，电流波形取决于负载的性质，电阻性负载的电流波型和电压波形一样是方波，电阻电感性负载的电流波形根据其阻抗角的大小在方波和三角波之间；纯电感负载的电流波形是三角波，且功率因数为零。对于电阻电感性负载，为了提高逆变器输出功率因数，可外加补偿电容，组成 RLC 谐振负载，当逆变器的开关频率和谐振负载频率一致时，谐振负载等效为电阻 R，而负载 R 上的电压和电流都是正弦波，相位差为零，这时开关器件工作在零电流关断（ZCS）的软开关状态，逆变器输出的有功功率最大。RLC 谐振负载有串联型和并联型，将 $R—L—C$ 串联可组成串联谐振逆变器，串联谐振逆变器采用电压型逆变器，由恒电压源供电。

常用的电压型逆变电路主要分为三类：电压型单相半桥逆变器、电压型单相全桥逆变器以及电压型三相桥式逆变器，电路结构如图 2-54 所示。

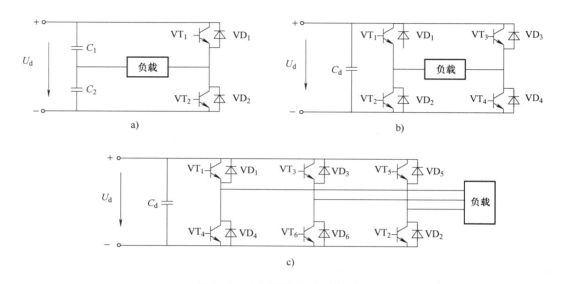

图 2-54　电压型逆变器电路结构

a）电压型单相半桥逆变器　b）电压型单相全桥逆变器
c）电压型三相桥式逆变器

电压型单相半桥逆变器，如图 2-54a 所示，直流母线电容滤波，直流电压 U_d 经 C_1、C_2 分压，VT_1、VT_2 交替导通/关断。单相半桥逆变器有两个桥臂，其中一个桥臂由开关器件和反并联二极管组成，另一个桥臂由两个参数相同的大容量电容串接而成，负载连接在两个桥臂的中点。单相半桥逆变器只能组成电压型逆变器，负载两端的电压幅值是外加电源电压的一半，因此负载上的最大功率只是全桥逆变器的四分之一。负载上的电压幅值为 U_d 的 $1/2$，功率为全桥逆变器的 $1/4$，开关管 VT_1、VT_2 上承受的最大电压为 U_d。控制方式主要是 PWM 脉宽调制控制和移相控制等。

电压型单相全桥逆变器，如图 2-54b 所示，直流母线电容 C_d 滤波，VT_1、VT_4 和 VT_2、VT_3 交替导通/关断。单相全桥逆变器有两个桥臂，每个桥臂由开关器件和反并联二极管组成，负载连接在两个桥臂的中性点。单相半桥逆变器可组成电压型逆变器和电流型逆变器，组成电流型逆变器时，开关管上不能加反并联二极管，如果开关器件自身带有反并联二极管，则必须在每个开关管上串接二极管，防止在桥臂换流时引起内部环流。电压型单相全桥逆变器加在负载上的电压幅值为 U_d，输出功率为半桥逆变器的 4 倍，开关管 $VT_1 \sim VT_4$ 上承受的最大电压为 U_d。控制方式有单极、双极式 PWM 脉宽调制控制，移相控制和调频控制等方式。

电压型三相桥式逆变器，如图 2-54c 所示，常用 180°换流导电型。6 个开关管的换相顺序为 VT_1—VT_2—VT_3—VT_4—VT_5—VT_6，每个开关管的导通角度为 180°。为防止同一桥臂上下两个开关管同时导通造成电源短路（又称直通），两个开关管要先关后开，并留有安全余量，称为死区时间，死区时间的长短根据开关器件的速度来决定，单相桥逆变器也有死区时间。电压型三相桥式逆变器直流母线电容 C_d 滤波，负载线电压幅值为 U_d，开关管 $VT_1 \sim VT_6$ 上承受的最大电压为 U_d，控制方式有 PWM 脉宽调制、移相控制和调频控制等方式，换流方式有 180°和 120°两种，适合 4kW 以上的三相负载。

2.4.4　多电平变换器

1. 多电平变换器的特点

（1）概述

在传统的电路中，其输入为单一的直流源，即两条电源母线。通过对一个恒定幅值的直流电压进行脉宽调制的方式可以改变输出电压的大小和频率，但其输出为幅值相等的 PWM 波，该 PWM 波只有两种电平，通常称为两电平电路。与此相对应的，如果多个直流源和电力电子器件经过特定的拓扑变换，并且控制不同的直流源串联输出，则在变换电路的不同开关状态下，就可以在输出端得到不同幅值的多种电平的输出。事实上这是通过多个直流电源之间的不同组合得到的，采用这种原理的变换电路称为多电平电路，用这种方法实现的变换器就是多电平变换器。

多电平变换器作为一种适用于高压、大功率能量变换的电力电子电路结构，它的出现为电力电子拓扑的发展开辟了一条新思路。经过多年的发展，至今已形成了几类多电平变换器结构：第一类是钳位型变换器拓扑，包括二极管钳位型和电容钳位型等，以及在此基础上发展出的通用型结构；第二类为级联型结构。

（2）特点

多电平变换器与两电平变换器相比具有明显的特点：由于电平数增加，输出波形阶梯增多，就可更加接近目标调制波（一般为正弦波）；输出电平数的增多降低了输出电压的跳变；同时输出电压谐波含量减少；阶梯波调制时，器件在基频下开通关断，损耗小，效率高。在同样的开关频率下，多电平电路输出的谐波分量低于两电平电路的输出，反过来，达到类似的输出波形质量，多电平电路的开关频率可以降得较低，这在大功率应用当中尤为重要。

多电平电路的另一个优点在于输出电压的跳变，也就是 du/dt 较小。变换电路的输出电压需要不停地从一个电平跳到另一个电平，电平之间的跳变经历时间是非常短的，由于变换电路的负载通常是感性的（如电动机），瞬间过大的 du/dt 对负载电机的绝缘会带来很大的冲击，对于变换电路本身的危害也非常大，并且会产生很大的 EMI 干扰。在同样的输出电压等级下，采用多电平电路，不仅可以降低对器件的耐压要求，从而降低电压跳变，减小对电动机绝缘和电路本身的损害，降低 EMI 干扰。

此外，多电平的优点还体现在三相系统中输出的共模电压较小，在驱动电动机的情况下，共模电压过大会对电动机的轴和轴承造成损害，在高压大容量应用场合这一问题更加明显。同时，在多电平逆变器中，输入电流的畸变也会得到一定程度的改善。

（3）综合

在多电平变换器的发展过程中，围绕生成输出为不同电平台阶的波形，产生了多种电路拓扑结构，并且新的拓扑思路还在出现。事实上这些结构都可以归结为多个电力电子基本拓扑单元的组合，或者是经过一定简化后的组合，按照这一思路还可以派生出一些新结构。而基本单元，即最小单元由电流源、电压源和电力电子开关所构成，图2-55为其简化模型。

一个具体的基本开关单元如图2-56所示，电容作为直流侧电压源，每个开关分别为可控开关、反并联二极管组合成的双向导通器件。通过在适当的时刻控制开关S_1或S_2互补动作，在输出端U_o得到U_1或U_2两个不同电平的电压值，同时通过反向的不可控二极管保证电流的连续性和双向性。

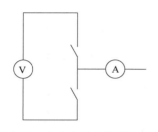

图2-55 电力电子电路基本拓扑

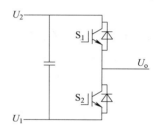

图2-56 基本开关单元

为了得到更多的电平，就需要用基本开关单元进行更复杂的组合。由基本开关单元组合生成多电平电路有两种基本的方式：第一种是基本单元先串联再并联，例如，二极管钳位型结构、电容钳位型结构和通用钳位型结构；第二种则是先并联再串联，例如，级联型结构。图2-57a、b分别为先串联后并联及先并联后串联的电路结构的例子。

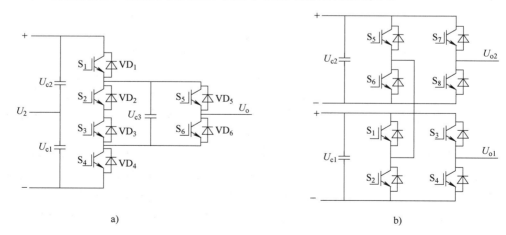

a)

b)

图2-57 多电平变换器拓扑

a）基于两电平桥臂和基本单元串—并思想的多电平变换器拓扑

b）基于两电平桥臂和基本单元并—串思想的多电平变换器拓扑

2. 钳位型多电平变换器

（1）二极管钳位型三电平变换器

近年来，在中大容量范围内，二极管中性点钳位型（Neutral Point Clamped，NPC）逆变器供电的交流电机调速系统得到了广泛的研究和应用。在图 2-57a 中，若从电路中去掉全控开关 S_2、S_3，但保留二极管 VD_2、VD_3，同时去掉电容电压 U_{c3}，则变为二极管钳位型三电平变换电路拓扑；图 2-58 所示为 NPC 三电平逆变器电路结构图，显然，当 S_{a1} 和 S_{a2} 同为导通时，A 相电平为 $E/2$；当 S_{a2} 和 S_{a3} 同为导通时，A 相电平为 0。所以每相桥臂有三个电平状态，因此，这种逆变器结构就叫作三电平逆变器。虽然这种逆变器仍存在两个器件的阻态串联耐电压问题（如 S_{a1} 和 S_{a2} 同为导通，S_{a3} 和 S_{a4} 截止时耐压为 E），但是由于控制上不存在两个器件瞬时同时导通或者关断的现象，对器件参数的要求不是非常严格，系统的安全系数提高了。

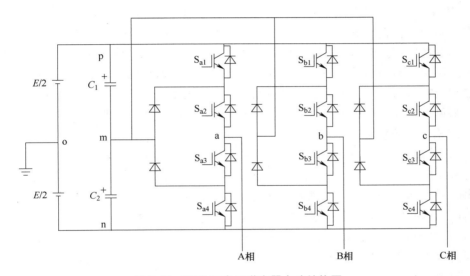

图 2-58　NPC 三电平逆变器电路结构图

三电平有以下一些优点：

1）三电平逆变器在解决了上高压的同时，没有双电平逆变器中两个串联器件的瞬时同时导通和关断问题，对器件的一致性要求低，器件受到的电压应力小，系统可靠性高。

2）开关产生的 du/dt 比传统两电平逆变器小，对外围电路的干扰小；开关引起的电动机损耗小，对电动机的冲击小，在开关频率附近的谐波幅值也小得多。

3）由于三电平逆变器输出为三电平阶梯波，形状更接近正弦。在同样的开关频率下，谐波比两电平要低得多，这正适应了高压大容量逆变器由于开关损耗及器件性能的问题开关频率不能太高的要求。

4）在同样的直流电压 E_d 下，比较双电平和三电平逆变器，由于双电平逆变器开关耐压为 E_d，其每个开关管必须由两个开关元件串联来充当（假设器件的额定值与三电平相同），这样它的开关器件数目将与三电平逆变器相同。

但是这种三电平变换器结构也有它固有的不足：

1）器件所需额定电流不同。从三电平的分析中就不难看出，不同管子的开关时间不同。显然，每相桥臂越靠中间的管子开关时间越长，图 2-58 中 S_{a2} 和 S_{a3} 的开关时间是 S_{a1} 和 S_{a4} 的两倍。这样，同一桥臂上管子的额定电流也会有所不同。

2）电容均压问题。这是制约三电平变换电路应用的最大障碍。直流侧电容由于一个周期内电流的流入和流出可能不同，会造成某些电容总在放电，而另一部分总在充电，使得电容电压不均衡，最终导致输出电平不对。实际上，有关研究表明，仅当输出相电压和线电流互差 π/2 时，电容上平均电流为零，才可以使得电压均衡。当进行有功传递时，如不附加均压装置或使用特别的控制策略，必将导致 M 电平退化为三电平或两电平。

3）二极管可能需要承受不同反压。对于三电平来说，钳位二极管承受反压相同。但对于更多电平电路来说，钳位二极管承受反压最高为 $(M-2)/(M-1)$，最低为 $1/(M-1)$，其中 M 为电平数。如果每个管子相同，若按最高额定值要求，必有一部分管子容量过大，造成浪费；若用多管串联等效，则势必造成二极管数量剧增，一相所需钳位二极管数目将达 $(M-1) \times (M-2)$ 个，大大增加了成本，系统的可靠性也被削弱。

总之，由于存在直流侧的高压，对器件仍有潜在的高压威胁，可靠性也受到一定的限制。三电平变换器拓扑电路的研究重点之一就是如何提高系统的稳定性和鲁棒性。另外，直流侧电容电压的均衡问题是控制上比较棘手的地方，也是研究的难点之一。不过随着各种中点电压控制策略研究，除了采用独立的中性点电压校正模块之外，还可以以某种策略选择空间矢量，都可以有效地平衡中性点电压。三电平拓扑已经应用于工业实际中。

（2）二极管钳位型多电平拓扑

图 2-59 所示为一个三相二极管钳位型五电平变换器主电路的基本结构。其中直流侧有 4 个相同的分压电容 C_1、C_2、C_3、C_4，设直流侧电压为 U_{dc}，并且将每个电容的电压控制在 $U_{dc}/4$，即一个电平电压，则各电容可以看作值为 $U_{dc}/4$ 的直流电压源。VD_{a1}、VD_{a2}、VD_{a3} 和 VD'_{a1}、VD'_{a2}、VD'_{a3} 为 a 相桥臂钳位二极管，其作用是使每个全控开关器件的耐压保持在一个电平电压，其他两相作用类似。每个桥臂有 8 个开关器件串联，在某一时刻只有其中 4 个开关器件同时处于导通状态，另外 4 个为关断状态，通过不同的开关状态组合，得到输出为 5 种电平的输出电压。

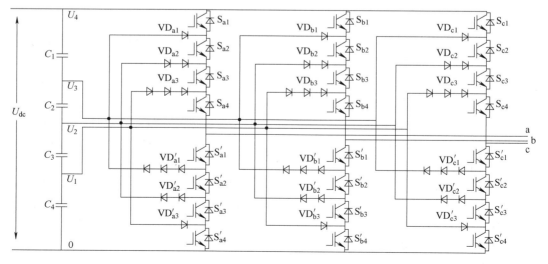

图 2-59　三相二极管钳位型五电平变换器主电路

设直流侧电位的最低点 0 点为输出参考点，以 a 相为例具体解释如何输出阶梯型的多电平：

1）开通所有上半桥开关 S_{a1}、S_{a2}、S_{a3}、S_{a4}，输出电压为 $U_{a0}=U_{dc}$。

2）开通开关 S_{a2}、S_{a3}、S_{a4}、S'_{a1}，输出电压为 $U_{a0}=3U_{dc}/4$。

3）开通开关 S_{a3}、S_{a4}、S'_{a1}、S'_{a2}，输出电压为 $U_{a0}=2U_{dc}/4$。

4）开通开关 S_{a4}、S'_{a1}、S'_{a2}、S'_{a3}，输出电压为 $U_{a0}=U_{dc}/4$。

5）开通开关 S'_{a1}、S'_{a2}、S'_{a3}、S'_{a4}，输出电压为 $U_{a0}=0$。

基于以上分析的二极管钳位三电平拓扑和二极管钳位五电平拓扑工作原理，可推出七电平及更多电平的二极管钳位拓扑结构。

（3）电容钳位型多电平变换器

电容钳位型多电平变换器也称为悬浮电容式多电平（Flying-Capacitor MultiLevel，FCML）变换器，是由法国学者 T. A. Meynard 和 H. Foch 于 1992 年首先提出的。电容钳位型多电平变换器采用悬浮电容代替二极管，对功率开关进行直接钳位，不存在二极管钳位型变换器中主、从功率开关的阻断电压不均衡和钳位二极管反向电压难以快速恢复的问题。图 2-60 是三相电容钳位型五电平变换器主电路结构图，三相桥臂的电路结构相同。以 a 相桥臂为例，其上并联三组钳位电容 C_{a1}、C_{a2}、C_{a3}，这些电容可看作直流电压源，并且控制它们的电压分别为 $U_{ca1}=3U_{dc}/4$、$U_{ca2}=2U_{dc}/4$、$U_{ca3}=U_{dc}/4$，其作用就是对开关器件承受的电压进行钳位，保证各开关管所受耐压为一个电平电压 $U_{dc}/4$。每个桥臂有 8 个开关器件串联，在某一时刻只有其中 4 个开关器件同时处于导通状态，另外 4 个为关断状态，通过不同的开关状态组合，得到输出为 5 种电平的输出电压。

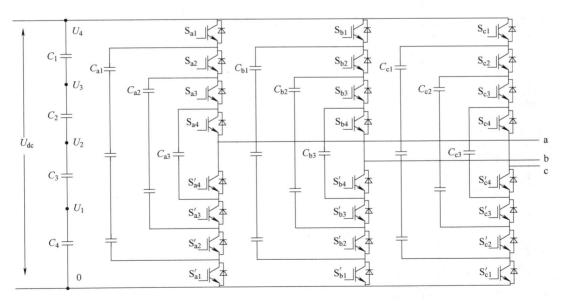

图 2-60　三相电容钳位型五电平变换器主电路结构图

电容钳位型多电平电路具有以下特点：

1）需要对电容电压进行控制。电容钳位型逆变器具有大量的冗余相电压开关状态组合，为输出给定的电平电压，无论负载电流流向如何，都可以从中找到能同时平衡悬浮电容电压的合成方法。相对于二极管钳位型，电容钳位型电路的电压合成控制和电容电压的平衡控制都有更大的灵活性，这对于控制电容电压的平衡提供了一种可能。

2）需要较多钳位电容。如果电容的耐压与主开关相同，对于 N 级电平电路，除去直流侧的 $N-1$ 个电容外，每相还需要 $(N-1)(N-2)/2$ 个辅助电容。电容与其他器件相比，是一种寿命较短、可靠性较差的元件。

3）同一桥臂内特定开关对的状态互补。以 a 相为例互补开关对为 (S_{a1}, S'_{a1})、(S_{a2}, S'_{a2})、(S_{a3}, S'_{a3})、(S_{a4}, S'_{a4})，其余各相类似。

（4）通用钳位型多电平变换器

如前所述，多电平变换器电路结构有许多种，彭方正教授在综合了多种钳位型多电平（如二极管钳位式、电容钳位式等）电路的特性后，在 2000 年的 IEEE IAS（Industry Application Society）年会上提出了一种比较有代表性的通用钳位型多电平变换器拓扑结构，如图 2-61 所示。可以看作是图 2-57a 的自然延伸。它不需要借助附加的电路来抑制直流侧电容的电压偏移问题，从理论上实现了一个真正统一的多电平结构。

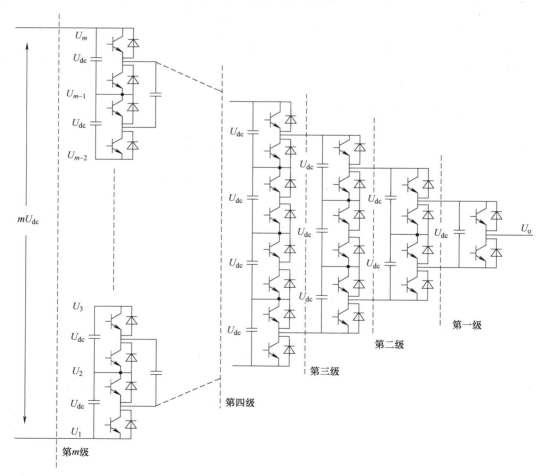

图 2-61　通用钳位型多电平拓扑结构

该拓扑是基本单元的串并联搭积而成，其中每个单元的电压等级相同。单元可以是多种形式，如普通两电平半桥、二极管钳位三电平半桥、电容钳位三电平半桥等。图 2-61 给出的是用基本两电平半桥单元组成的拓扑结构，第一级由一个单元组成，可以输出两个电平；第二级由两个单元组成，和第一级一起可以输出三个电平；以此类推，可以构成一个 m 电平拓扑。由于可控开关器件多，该拓扑开关模式极其灵活（多种冗余矢量）。

该拓扑工作时，具有如下特点：

1）每一级都是独立工作的。

2）每一级中相邻的开关器件是互锁的。一级中如果有一个器件的开关状态被确定，则其余器件的开关状态就可以根据互锁原则唯一确定。

3）该结构可以实现电容电压的自平衡。通过特定的开关模式，无须特殊的均压电路或复杂的电容电压控制就可实现更多电平（$N>3$），相比各种普通钳位型多电平拓扑来说极具优势。

4）该拓扑具有高度的概括性。前面所述的二极管钳位、电容钳位、二极管电容混合钳位及其各种衍生的多电平结构，都可以看作该通用拓扑的一种特例。

5）需要很多的可控开关管、功率二极管和电容。这一特点降低了电路的实用性。

3. 级联型多电平变换器

多电平变换器的主要目的之一是为了采用低耐压器件输出高压，上面提到的基于基本单元先串后并的几种多电平变换器的共同特点是只需一个独立直流电源，且电力电子器件相互串联。因此为了降低单管耐压又要避免动态均压以及输出多个电平台阶，需用多个直流电容分压，这样就出现了分压直流电容均压问题，这类拓扑结构的变换器系统中只能用控制算法来解决这个问题。为了避免直流电容平衡问题，实现办法是采用多个电气独立的直流电源，通过桥式逆变器串联，输出多个台阶的电平，即具有独立直流电源的级联型变换器（Cascaded Topology with Separated DC Source）。桥式逆变器在交流输出之前，各个单元桥相互独立，由输入变压器二次侧通过整流桥供电。变压器二次侧的移相接法实现了变压器一次电流多重化，极大地提高了输入电流的波形质量。各个单元的直流电容没有均压问题，相对于器件串联的形式，在控制上要简单许多，其代价是增加变压器二次绕组和整流环节的个数。在此基础上，发展了一些其他的拓扑结构，在控制简单和减少直流环节之间取得折中。

基于基本单元并—串联思想的电路拓扑，主要是具有独立直流电源的级联型多电平变换器，其代表是 H 桥串联型多电平逆变器，以及一些派生拓扑结构。图 2-62 给出了这种电路的 H 桥串联五电平变换器两相拓扑结构图。

由图 2-62 可见，它由 4 个单相 H 桥串联形成，每个 H 桥又由两个基本单元并联后组成。4 个独立直流电源 U_{dc} 分别给 4 个 H 桥逆变器供电，多个不同 H 桥逆变器的交流电压串联起来输出为 U_a、U_b，形成多电平变换器。这种电路不需要大量钳位二极管和电容，但需要多个独立电源进行供电，这一般通过变压器多输出绕组整流后实现。具体来说，对这种类型的 N 电平单相电路，需要 $(N-1)/2$ 个独立电源，$2(N-1)$ 个主开关器件。另外，这种电路在控制方面不存在电容电压动态控制问题，实现上相对容易。当接成三相时，可以达到 10kV 以上的输出，输出电压波形更接近正弦，不用输出滤波器，同时网侧电流谐波小。这也是目前唯一能达到 6kV 以上输出电压，且已产品化的拓扑。

H 桥级联型多电平变换器产品还具有如下一些独特的优点：

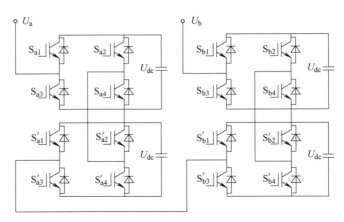

图 2-62　H 桥串联五电平变换器两相拓扑结构

采用常规低压 IGBT 器件，类似常规低压变频器，技术成熟，可靠性高。各个功率单元和驱动电路结构完全相同，相对独立，可以互换，使得变频调速系统易于检修和维护，利于工程上使用。

这种 H 桥串联型拓扑输出的电压波形随着级数的增加更加接近于正弦波，du/dt 小，可减少对电缆和电机的绝缘损坏，无须输出滤波器就可以使输出电缆长度很长，电机不需要降额使用；同时，电机的谐波损耗大大减小，消除了由此引起的机械振动，减小了轴承和叶片的机械应力。

当某个功率模块损坏时，变频调速系统的主控系统通过检测确认哪一级模块损坏，可以整级将有故障的三相模块全部旁路掉，相应的系统减小输出功率，降额使用（这个旁路过程本身可以持续下去，直到足以支撑电机运行的最小输出功率为止，不必更改主控系统的运行程序）；也可以采用特殊的控制手段，仅仅将故障模块旁路掉，仍然使输出电压对电机出线端三相对称。

输入功率因数高（0.95 以上），谐波小，整机效率高（96% 以上），对电网的污染小。

4. 其他多电平变换器

（1）混合式多电平结构

H 桥串联结构还有很多变种，例如，同级三相所有单元使用一个电源（无隔离）的；每级使用不同电压等级（Hybrid Multilevel）的；输出带变压器耦合的；使用 DC—DC 提供隔离电源的等。

还有采用不同类型器件实现的混合式结构，如将较高电压等级单元的器件由 IGBT 换成 GTO 等器件，令其以较低的开关频率动作。这样综合利用两种类型功率器件的高电压阻断能力和快速开关能力，通过特殊设计的 PWM 控制方法实现较高性能的多电平输出。这种电路可以减少开关器件的个数，降低系统成本。

在 1998 年的 IEEE APEC（Applied Power Electronics Conference）会议上，M. D. Manjrekar 等人提出了混合七电平逆变器的拓扑结构。其与传统 H 桥级联多电平的拓扑结构相似，不同之处在于采用了不同电压等级的直流电源，以及两种类型的功率器件 GTO 和 IGBT，如图 2-63 所示。这种拓扑基本思路是通过"特殊"调制方法将两个等级不同的直流电压混合组成七电平输出，主要优点是综合利用了两种类型功率器件的高电压阻断能力和快速开关能力，使得与输出相同电平数的其他类型多电平逆变器相比，需要的功率器件最少。分析表明，这种改进的 H 桥级联多电平拓扑使用的器件数量是其他类型多电平逆变器的 2/3。

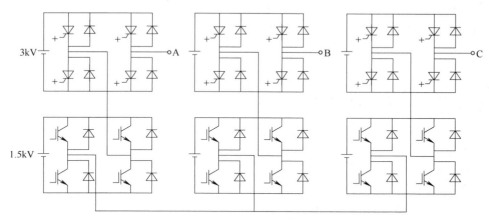

图 2-63　改进 H 桥级联多电平拓扑结构

（2）绕组双端供电型多电平变换器

对于同样电压等级和同样的单管耐压等级，H 桥级联型逆变器串联开关管的个数相同，但为了达到级联的目的，H 桥式的电路不得不需要一个结构复杂的曲折变压器。针对这种情况，提出一种双逆变器供电开绕组异步电机拓扑。

1989 年日本学者高桥薪（Isao Takahashi）首先提出了将电机的定子绕组打开，由两个逆变器从绕组两端分别供电的拓扑结构，如图 2-64 所示。这种拓扑结构能够提供较多的电平数，在降低开关损耗的同时，产生更少的电压和电流谐波。

图 2-65 是这种电路采用两个独立直流电源时的基本结构图。这种结构也是把异步电机定子三相绕组的中性点打开，每相绕组两端分别接一个逆变器的桥臂。与普通 H 桥两级串联结构相比，节省了一半的开关管。这种串联结构只能用于两级串联，同时要求将电机的定子绕组的 6 个端子全部引出。

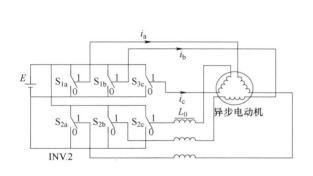

图 2-64　直流母线电压不独立的开绕组电动机双逆变器结构

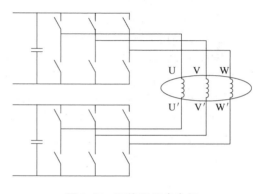

图 2-65　开绕组异步电机双端供电示意图

通过向双端打开的绕组异步电机供电可以提供更多的相电压电平数,在相同开关频率下电压波形比绕组单端供电更接近正弦波,并可以使与开关频率成正比的开关损耗显著降低,可以较好地解决与开关频率成正比的开关损耗和随着开关频率降低而恶化的谐波污染之间的矛盾,是一种开关频率低、电流谐波小、成本较低的高压大功率变换器。

这种拓扑结构当绕组两端的逆变器分别由独立的直流母线供电,并且对称时,通过一定的控制策略,绕组上可以得到最高可达到两倍于单逆变器的电压,可用于高压大容量电气传动系统。

2.5 电力变换调制技术

在电力电子变换器中,脉冲宽度调制器就是将参考执行量转换为物理执行量的执行器。脉冲宽度调制技术简称脉宽调制(Pulse Width Modulation,PWM)控制技术,就是对脉冲的宽度进行调制的技术,即通过对一系列脉冲的宽度进行调制,来等效地获得所需要的波形(含形状和幅值)。PWM 控制的思想源于通信技术,全控型器件的发展使得实现 PWM 控制变得十分容易。PWM 调制波的频率不受电网电源频率的限制,是高频化绿色电源的基础,在电力电子技术的发展史上占有十分重要的地位。

常用直流的脉冲宽度调制(PWM)是通过功率开关器件的开关作用,将恒定直流电压转换成频率一定,宽度可调的方波脉冲电压,通过调节脉冲电压的宽度从而改变输出电压平均值的一种功率变换技术。直流 PWM 广泛用于 DC—DC 变换,又称为直流斩波调压。根据开关频率和功率的不同,可选用 GTO、GTR、IGBT 或电力 MOSFET 等全控型器件构成脉冲宽度调制器的主开关。

2.5.1 PWM 分类

1. 单极式脉宽调制原理

图 2-66a 为降压型直流 PWM 变换器(又称 Buck 变换器)示意图。其输出电压 U_o 只有一个正极性,因此称单极式 PWM 变换器。设 VT 为理想开关,VD 为续流二极管,在 VT 关断时释放感性负载的滞后电流。周期性地控制 VT 导通(t_{on})与关断(t_{off}),可将输入直流电压 U_i 调制成脉宽为 t_{on}、周期为 T 的瞬时输出电压 u_o,如图 2-66b 所示。

假设 $t=0$ 时刻 VT 导通且维持 t_{on} 时段,则输入电压 U_i 全部加到负载上;然后 VT 关断 t_{off} 时段,流过感性负载 Z_L 中的滞后电流经二极管 VD 续流。如此周而复始,则负载两端的电压 u_o 波形如图 2-66b 所示。当电感储能较大时输出电流连续,负载端电压的平均值为

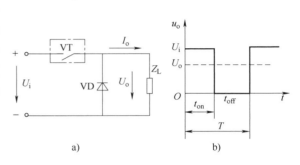

$$U_o = \frac{1}{T}\int_0^{t_{on}} U_i dt = \frac{t_{on}}{t_{on}+t_{off}}U_i = \frac{t_{on}}{T}U_i = D_y U_i$$

$$(2-8)$$

图 2-66 降压型直流 PWM 变换器

a)Buck 变换器示意图 b)输出电压波形图

$$D_y = \frac{t_{on}}{t_{on}+t_{off}} = \frac{t_{on}}{T} \tag{2-9}$$

D_y 为 PWM 的占空比，改变脉冲宽度 t_{on} 就能改变 D_y，可实现对输出电压 U_o 的控制。

2. 双极式脉宽调制变换器

常用主电路拓扑分全桥（H 型）和半桥（T 型）两种。H 型变换器如图 2-67 所示，它由 4 个电力晶体管（$VT_1 \sim VT_4$）和 4 个反并续流二极管（$VD_1 \sim VD_4$）组成全桥式 PWM 变换器。在控制方式上分双极式、单极式和受限单极式 3 种，由于双极式工况下的变换器具有对电源 U_i 利用率高、可在 Ⅳ 象限连续运行、输出电流保持连续（CCM）运行、驱动简单等优点，在中小功率的新能源变换器中获得广泛应用，以下重点介绍双极驱动的 H 型 PWM 变换器。

如图 2-67 所示的双极式 H 型 PWM 变换器，其 4 只开关器件 VT 的基极驱动分两组，VT_1、VT_4 和 VT_2、VT_3 以交叉互补模式轮流驱动，使两组器件周期导通或关断，即基极驱动电压 $U_{b1}=U_{b4}$、$U_{b2}=U_{b3}=-U_{b1}$，同桥臂器件（VT_1 和 VT_2 或 VT_4 和 VT_3）互补导电，属于 180° 导电模式。实际应用中，为避免同桥臂器件同时导通，造成电源"直通"的短路事故，驱动顺序需要遵循"先关断后开通"的原则，即先关断原导通器件后才能高电平触发原关断的器件，为保证装置能可靠运行，必须在关断与开通指令之间插入"死区时间"，死区时间取决于开关器件的导通延时和关断恢复时间，一般取二者之和的 2~3 倍。

电路输出端 AB 之间接感性负载 Z_L，各点波形如图 2-68 所示。

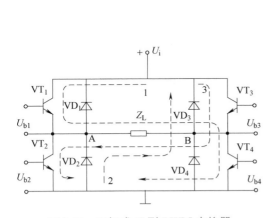

图 2-67　双极式 H 型 PWM 变换器

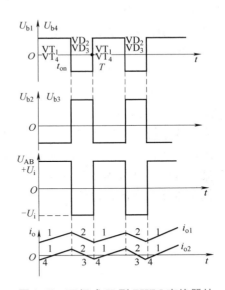

图 2-68　双极式 H 型 PWM 变换器的
电压和电流波形

1）当 $0 \leqslant t < t_{on}$ 时，U_{b1} 和 U_{b4} 为正电平，晶体管 VT_1 和 VT_4 饱和导通；而 U_{b2} 和 U_{b3} 为负电平，VT_2 和 VT_3 截止。这时 $+U_i$ 加在电枢 AB 两端、$U_{AB}=U_i$，负载电流 i_o 沿回路 1 流通。

2）当 $t_{on} \leqslant t < T$ 时，U_{b1} 和 U_{b4} 变负电平，使 VT_1 和 VT_4 截止；U_{b2}、U_{b3} 变正，但 VT_2、VT_3 并不能立即导通，因在负载电感释放储能的作用下，滞后的 i_o 沿回路 2 经 VD_2—Z_L—

VD$_3$—U_i 通道续流，VD$_2$、VD$_3$ 的通态压降使 VT$_2$ 和 VT$_3$ 的 c—e 端承受反压，此时 $U_{AB} = -U_i$。U_{AB} 在一个周期内正负轮流，变换器输出电压 U_{AB} 和电流 i_{o1} 波形如图 2-68 所示。

3）当 U_{AB} 呈正、负双极式变化时，双极式驱动的 H 型 PWM 变换器在负载电感储能作用下，使电流 i_o 平滑波动，无论负载或电感的大小，变换器都处于 CCM 工况，输出电流保持连续；但电路也分两种模式：电感或负载较大时，输出电流始终为正值，$i_o = i_{o1}$ 正向电流路径和顺序为 1→2 回路；反之，电感或负载储能不足，会导致 i_o 出现负值（$i_o = i_{o2}$），工作在 3→4 回路。i_{o2} 的一个完整周期路径和顺序为 1→2→3→4 回路，其中 1、2 回路工况如前所述，电流为正；当回路 2 电流下降到零，VD$_2$、VD$_3$ 截止，当 $U_{b2} = U_{b3}$ 仍为高电平时，VT$_2$ 和 VT$_3$ 由截止转导通，电流反向流入 $+U_i$→VT$_3$→Z_L→VT$_2$→$-U_i$ 的 3 回路，直至 $U_{b2} = U_{b3}$ 变负，VT$_2$ 和 VT$_3$ 恢复关断，电感释放储能维持反向电流由回路 3 转入回路 4，电流通过 VD$_4$→Z_L→VD$_4$→$+U_i$ 构成的通道续流。为简洁起见，未在图 2-67 中标出 i_{o2} 的 4 回路。

2.5.2　空间矢量 PWM

前文简单介绍了脉宽调制技术的基本原理：通过开关周期内脉冲电压平均值与参考电压的等效性来实现脉冲电压序列对连续参考电压的逼近。实现这一逼近的方法主要有两大类：空间矢量合成以及载波比较。空间矢量合成的方法建立了电压或电流在二维平面的空间矢量概念，通过变流器的标准矢量在一个开关周期内进行矢量相加得到参考矢量的方法来实现对参考矢量的逼近；而载波比较的方法则是基于每相/线参考值在一个开关周期内与脉冲电压/电流的平均值一致的原理实现逼近。本节首先以广泛应用的三相电压型变换器为例介绍空间矢量 PWM 的原理；最后简单地介绍电流型变换器的空间矢量 PWM。

图 2-69 所示是一个典型的电压型变换器的等效电路。这个电路是一个适用于三相逆变或者三相整流等的通用结构，交流侧三相呈现电流源特性而直流侧呈现电压源特性。三相开关可以将对应相切换于正、负直流母线，而直流母线电流也由相应的相电流汇入得到。在三相变换器中，每相的开关有两个选择。因此，三相变换器一共有 8 种不同的开关组合方式。以直流母线中性点电压为参考，8 个不同的开关组合下的相电压和直流母线电流见表 2-11。开关函数 $S_x = 1(x = a, b, c)$ 代表对应相接入正母线，对应相电压为 $V_{dc}/2$，对应相电流也流入直流正母线；开关函数 $S_x = 0(x = a, b, c)$ 代表对应相接入负母线，对应相电压为 $-V_{dc}/2$，对应相电流流入直流负母线。

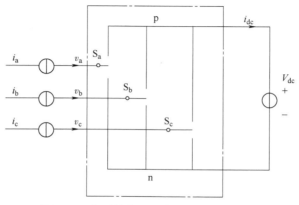

图 2-69　典型的电压型变换器的等效电路

表 2-11 三相电压型变换器的开关矢量表（相电压为例）

S_a	S_b	S_c	开关状态	i_{dc}	V_a	V_b	V_c
0	0	0	nnn	0	$-V_{dc}/2$	$-V_{dc}/2$	$-V_{dc}/2$
0	0	1	nnp	i_c	$-V_{dc}/2$	$-V_{dc}/2$	$V_{dc}/2$
0	1	0	npn	i_b	$-V_{dc}/2$	$V_{dc}/2$	$-V_{dc}/2$
0	1	1	npp	$i_{b+}i_c$	$-V_{dc}/2$	$V_{dc}/2$	$V_{dc}/2$
1	0	0	pnn	i_a	$V_{dc}/2$	$-V_{dc}/2$	$-V_{dc}/2$
1	0	1	pnp	$i_{a+}i_c$	$V_{dc}/2$	$-V_{dc}/2$	$V_{dc}/2$
1	1	0	ppn	$i_{a+}i_b$	$V_{dc}/2$	$V_{dc}/2$	$-V_{dc}/2$
1	1	1	ppp	$i_{a+}i_{b+}i_c$	$V_{dc}/2$	$V_{dc}/2$	$V_{dc}/2$

这样，通过表 2-11 就得到了 8 个不同开关组合下的三相相电压。为了将三相电压转换到二维平面进行矢量分析，需要对三相电压进行坐标变换转换到二维平面上。采用的坐标变换为

$$T_{\text{abc}/\alpha\beta} = \frac{2}{3}\begin{pmatrix} 1 & -\dfrac{1}{2} & -\dfrac{1}{2} \\ 0 & \dfrac{\sqrt{3}}{2} & -\dfrac{\sqrt{3}}{2} \end{pmatrix} \tag{2-10}$$

通过式（2-10）所示的坐标变换矩阵可以将三相电压转换到二维 α—β 坐标下，即

$$\begin{pmatrix} v_\alpha \\ v_\beta \end{pmatrix} = T_{\text{abc}/\alpha\beta}\begin{pmatrix} v_a \\ v_b \\ v_c \end{pmatrix} \tag{2-11}$$

三相变换器的 8 个开关组合中有 6 种组合方式（100，110，010，011，001，101）对应的三相相电压 $(v_a,\ v_b,\ v_c)^T$ 通过式（2-11）转换到 α—β 坐标下，得到 6 个标准电压矢量，如图 2-70 所示。6 个标准矢量在空间上互差 60°，长度均为 $2V_{dc}/3$。

除了这 6 个标准矢量，还有两个组合方式 000 和 111，通过式（2-11）得到的结果均为零，即所谓的零矢量。在物理上，这两个矢量对应于变换器的 3 个桥臂同时接正母线或者负母线，实际上直流母线没有接入三相输出/输入，这两个矢量在物理上对输出电压没有贡献。

而三相系统中任意的一个三相电压 $(v_a,\ v_b,\ v_c)^T$ 都可以通过式（2-11）所示的转换方式转换到二维 α—β 坐标下。与 6 个标准矢量不同的是，三相电压的瞬时值可以为任意值。如果是标准的三相对称正弦电压，在 α—β 坐标下就表现为以正弦角频率 ω_0 为转速的旋转矢量在 α—β 坐标下旋转，而三相电压型变换器的输出电压只能在图 2-70 所示的 6 个标准电压矢量和两个零矢量之间选择。因此，用三相电压型变换器输出所需要的任意三相电压在 α—β 坐标下实际上就是用标准矢量和零矢量逼近任意电压矢量的过程，这就是空间矢量 PWM（SVPWM）的基本原理。

通过图 2-70 的标准矢量图可以将坐标平面划分为 6 个扇区。在 α—β 坐标系中的任何一

个矢量都会落在其中一个扇区内。最常用的方法就是采用参考矢量在对应扇区的相邻两个标准矢量来合成参考电压，这种方法中选取的标准矢量和参考矢量的误差最小，反映在系统性能上就是降在三相电感上的电压应力最小，产生的电流纹波也最小。

　　SVPWM 的第一步就是判断参考矢量在开关周期内位于哪个扇区，以及参考矢量在此扇区内的位置角 θ，然后计算对应标准矢量的作用时间，如图 2-71 所示。参考电压矢量 $\boldsymbol{V}_{ref}$ 在开关周期 T_s 内由作用时间 t_1 的标准矢量 $\boldsymbol{V}_1$ 和作用时间为 t_2 的标准矢量 $\boldsymbol{V}_c$ 合成得到。根据相似三角形的原理，对应电压的伏秒关系满足式（2-12），其中 $\boldsymbol{V}_c$ 为标准矢量长度 $2V_{dc}/3$。因此可以通过式（2-12）得到作用时间 t_1 和 t_2 的表达式式（2-13）。但是此时的开关周期 T_s 并不保证正好等于 t_1 与 t_2 之和。因此，剩余的时间将由零矢量补充，即时间 t_{zero}，见式（2-14）。

$$\frac{V_c t_1}{\sin\left(\dfrac{\pi}{3}-\theta\right)}=\frac{V_c t_2}{\sin\theta}=\frac{V_{ref}T_s}{\sin\left(\dfrac{2\pi}{3}\right)} \tag{2-12}$$

$$t_1=\frac{V_{ref}T_s\sin\left(\dfrac{\pi}{3}-\theta\right)}{V_c\sin\left(\dfrac{2\pi}{3}\right)}$$

$$t_2=\frac{V_{ref}T_s\sin\theta}{V_c\sin\left(\dfrac{2\pi}{3}\right)} \tag{2-13}$$

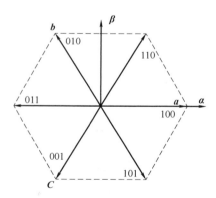

图 2-70　基于相电压的 3/2 坐标变换

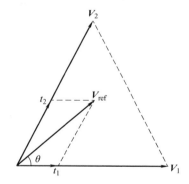

图 2-71　SVPWM 的矢量合成图

$$t_{zero}=T_s-t_1-t_2 \tag{2-14}$$

　　值得一提的是，式（2-14）不能保证零矢量作用时间为正。实际上，当参考矢量 $\boldsymbol{V}_{ref}$ 的幅值超过 $\sqrt{3}V_{dc}/3$ 时，式（2-14）将为负值。这种情况就是过调制，即直流母线电压不足以输出参考电压幅值的电压。如果将参考相电压幅值和直流母线电压一半之比定义为调制比（Modulation Index），那么 SVPWM 的调制比 m 满足式（2-15），它表示采用 SVPWM 的电压型变换器最大输出相电压的峰值为直流母线一半电压的 1.1547 倍。

$$m\leqslant(\sqrt{3}V_{dc}/3)/(V_{dc}/2)=1.1547 \tag{2-15}$$

$$\dot{\boldsymbol{i}}_{\mathrm{ABC}} = \boldsymbol{T}_{\mathrm{I20}}\begin{pmatrix} \dot{i}_{\mathrm{A}} \\ \dot{i}_{\mathrm{B}} \\ \dot{i}_{\mathrm{C}} \end{pmatrix} = \begin{pmatrix} 1 & 1 & 1 \\ a^2 & a & 1 \\ a & a^2 & 1 \end{pmatrix}\begin{pmatrix} \dot{i}_{\mathrm{A1}} \\ \dot{i}_{\mathrm{A2}} \\ \dot{i}_{\mathrm{A0}} \end{pmatrix} \tag{2-16}$$

$$\dot{\boldsymbol{i}}_{\mathrm{ABC}} = \boldsymbol{T}\dot{\boldsymbol{i}}_{\mathrm{120}} \tag{2-17}$$

完成了式（2-16）和式（2-17），得到各个矢量作用时间之后，输出的电压基波就确定了。

2.5.3 载波比较 PWM

空间矢量 PWM 通过在三相系统中虚构一个二维的平面，通过矢量合成的方法实现脉冲电压对连续参考电压的逼近。另一种 PWM 的逼近方法则直接通过伏秒平衡或者冲量等效原理来实现，即载波比较 PWM 实现方法。

图 2-72 所示是单桥臂载波比较 PWM 的基本结构。单桥臂中正负母线电压相对直流母线中性点分别为 $V_{\mathrm{dc}}/2$ 与 $-V_{\mathrm{dc}}/2$，输出端 V_X 电压需要逼近参考电压。参考电压与高频的三角载波比较后，根据参考电压高于或者低于三角载波的值决定桥臂上下开关管的门极驱动信号，从而决定 V_X 如何切换于正负母线电压之间。

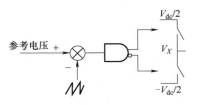

图 2-72　单桥臂的载波比较
PWM 的基本结构

图 2-72 中的参考电压是任意的连续电压，既可以是正弦电压也可以是非正弦电压，但是频率必须低于载波的频率才能通过载波比较 PWM 实现逼近。而载波也可以是不同的三角波序列，三角波状态的不同不会影响输出电压的平均值，但是会影响输出脉冲电压的位置。图 2-73 所示为 4 种情况下的三角载波在一个开关周期内的比较输出。三角载波的两个端点为 $V_{\mathrm{dc}}/2$ 与 $-V_{\mathrm{dc}}/2$，与参考电压 V_{ref} 比较后输出电压 V_X 是切换于 $V_{\mathrm{dc}}/2$ 与 $-V_{\mathrm{dc}}/2$ 的方波脉冲。图 2-73a、b 所示是两种极端情况，即三角载波为直角三角形，而直角边分别与此开关周期的左侧和右侧对齐，此时的三角波为锯齿波形态，因此发出的方波脉冲分别右对齐和左对齐于开关周期。图 2-73c 所示为一种普适的情况，即三角波的顶点在开关周期内任意分布，而三角波两侧的斜边也可以有任意的斜率。在这种情况下发出的脉冲电压的上升沿和下降沿也可以在开关周期内任意分布，但是保证它们之间的距离固定。图 2-73d 则是中间对齐的三角载波的情形，即三角载波顶点在开关周期正中间，三角载波为等腰三角形。此时发出的脉冲电压则为中间对称的脉冲电压。

因为根据相似三角形的关系，开关周期 T_{s} 内的脉冲电压低电平时间 T_0 满足 $T_0/T_s = (V_{\mathrm{dc}}/2 - V_{\mathrm{ref}})/V_{\mathrm{dc}}$，所以参考电压就决定了输出脉冲电压在开关周期内的占空比，而三角波的形态决定的是脉冲在开关周期内的位置。在实际应用中，图 2-73d 所示的对称三角载波应用最为广泛，也是载波 PWM 与七段式或者五段式 SVPWM 对应的方式。但是载波变化实现脉冲位置不同可以作为一个自由度改变系统的性能。

讨论了载波的形态之后，还需要讨论参考波的形态。采用连续参考波与三角载波比较时主要有两种方式，即自然采样和规则采样的方法，如图 2-74 所示。图 2-74a 所示是自然采样的载波比较 PWM，即连续的参考电压 V_{ref} 直接与三角载波序列进行比较，V_{ref} 与载波的交点决

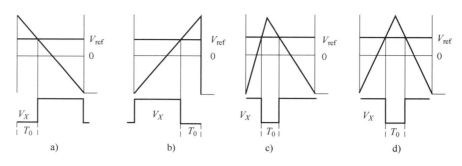

图 2-73　三角载波及其在一个开关周期的比较输出

a）左侧对齐锯齿波　b）右侧对齐锯齿波　c）任意三角波　d）中间对齐三角波

定了输出脉冲电压的上升沿和下降沿。这种方式能够比较准确地逼近参考电压，因为连续的参考电压是直接与载波进行比较输出的，但是由于参考电压的连续变化，与载波上升和下降的交界点也会有较小的变化，因此导致脉冲有一定程度的不对称。自然采样多用于模拟电路发生 PWM 的电路中，因为在模拟系统中参考电压是连续的，可以直接用于比较，但是在目前广泛应用的数字系统中，采样周期内参考电压是固定不变的，所以就衍生出了图 2-74b 的规则采样 PWM 方式。在规则采样的 PWM 模式下，每个开关周期的参考电压是固定值，图 2-74b 中，参考电压 V_{ref} 通过数字采样的方式在开关周期内变为恒定值与载波比较发生 PWM，由于参考电压是固定值，其与对称三角载波的上升和下降交界点也是对称的，发出的脉冲电压在开关周期内也是对称的。在开关频率远高于参考电压频率的场合，连续参考电压与被采样后的阶梯参考电压非常接近，因此规则采样得到的脉冲电压序列也可以逼近参考电压。这种方法广泛应用于以数字信号处理器（DSP）为主的数字系统中。采样的位置在开关周期中一般位于采样周期的中间，也可以为其他位置。同时，一个开关周期内如果有多次采样，波形则更接近连续参考电压。

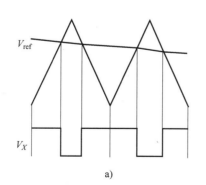
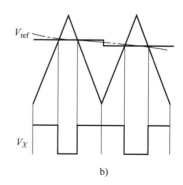

图 2-74　载波比较的两种形态

a）自然采样　b）规则采样

对称三角载波比较和规则采样是数字控制系统中最常用的载波比较 PWM 方式，本书的载波比较 PWM 的介绍一般都基于这两种模式。

在三相系统的载波比较 PWM 中，根据应用的不同，参考电压也可以不同。最常见的应用就是正弦 PWM（SPWM）及其拓展。正弦 PWM 指的是三相参考电压按照对称的正弦函数发生的载波比较 PWM。如果归一化到 $-1\sim1$，可以定义三相参考值为

$$\begin{cases} m_{\mathrm{a}} = m\cos\omega_0 t \\ m_{\mathrm{b}} = m\cos(\omega_0 t - 2\pi/3) \\ m_{\mathrm{c}} = m\cos(\omega_0 t + 2\pi/3) \end{cases} \tag{2-18}$$

式中，m 是归一化到 $0\sim1$ 的三角函数幅值，代表调制比，即输出相电压峰值与一半直流母线电压之比。三相对称正弦参考值与幅值为 $-1\sim1$ 的对称三角载波比较，发出 PWM 的结果如图 2-75 所示，当对应的正弦参考值大于三角波时，对应桥臂输出电压为 1，即正直流母线电压值 $V_{\mathrm{dc}}/2$；而对应的正弦参考值小于三角波时，对应桥臂输出电压为 -1，即负直流母线电压值 $-V_{\mathrm{dc}}/2$。这样发出的三相相电压脉冲序列在每个开关周期内的平均值都逼近对应正弦参考电压，使输出电压的基波分量也逼近三相正弦电压。

图 2-75 采用的是自然采样比较的方法，因此三相参考电压 m_{a}、m_{b} 和 m_{c} 都是连续量，与三角波比较的位置在开关周期内也是不对称的。数字控制中采用采样保持器使三相参考电压离散化，实现了规则采样的结果如图 2-76 所示。此时三相参考电压是离散的，在每个开关周期内不变，因此输出相电压在开关周期内也是对称的。

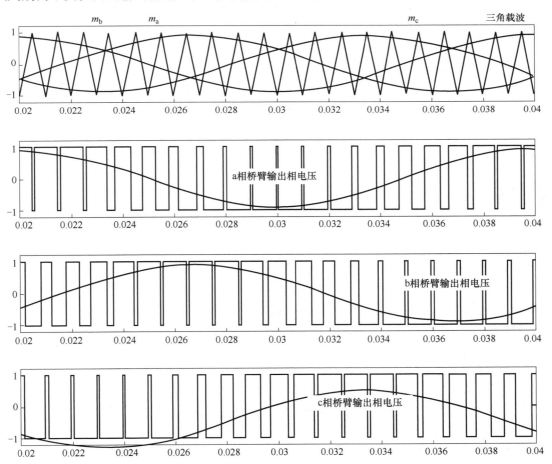

图 2-75　三相 SPWM 的参考波、载波及三相输出相电压（自然采样）

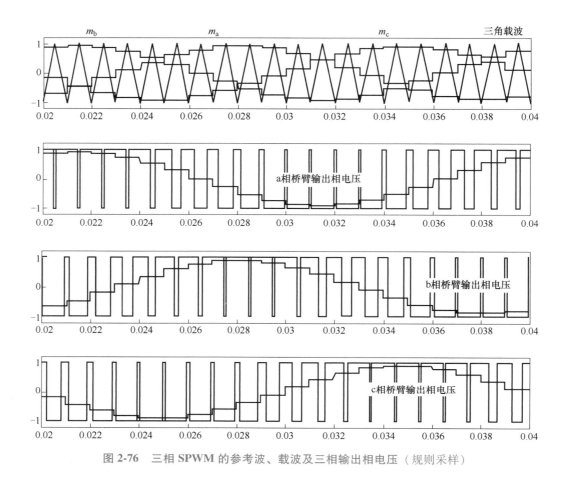

图 2-76　三相 SPWM 的参考波、载波及三相输出相电压（规则采样）

2.6　电力变换常用控制技术

为使电力电子变换器有效和安全地工作，必须对其施加适当的实时控制信号，因此电力电子变换器主电路精确、实时的电力变换依赖于控制器的信号处理。在过去的几十年中，控制科学与控制技术得到了迅速发展，在控制方式上由开环控制、反馈控制到复合控制；在系统性能上从线性系统到非线性系统、定常系统到时变系统；在电路实现方式上从带分立元件的模拟控制到基于微处理器（Microprocessor）、微控制器（Microcontroller）和数字信号处理器（DSP）的数字控制；在控制方法上从以传递函数为基础的经典控制理论到以状态为基础的现代控制理论，并向着以控制论、信息论和仿生学为基础的智能控制理论深入。控制理论在电力电子中的应用以线性反馈控制为最基本的形式，也是应用最广泛的形式。这里以逆变器为例介绍基于线性反馈控制理论的控制器设计，其他变换器的控制器设计以此类推。

控制器根据所用硬件电路的不同分为两类：模拟控制器和数字控制器。因而控制的实现方式有模拟控制、数字控制和数模混合控制。在模拟和数字两类控制策略中，模拟控制策略有滞后校正、超前校正、滞后超前矫正和状态反馈控制等；数字控制策略除了包含上述控制策略外，还有专有数字控制策略（如重复控制、无差拍控制和智能控制等）。

　　在控制器参数设计方法中，模拟控制器参数设计依据连续控制理论，有基于频率域设计、根轨迹设计和状态空间设计等方法。数字控制器参数设计依据离散控制理论，有两种模式：其一是模拟化方法，如果采样周期足够小，把基于连续系统设计的模拟控制器离散化来得到数字控制器，这称为模拟化方法，其中模拟控制器有多种离散化方法，如后向差分法、双线性变换法、频率予曲折双线性变换法、脉冲响应不变法、阶跃响应不变法和零极点匹配法，这种数字控制器设计方法只是一种近似处理，而且也不能实现只有数字控制特有的控制策略；其二是直接数字法，就是对加采样保持器的被控对象离散化模型进行数字控制器设计，直接数字法在保持系统稳定的同时可得到更宽的控制带宽，这个优点在多环系统或采样周期较大时变得更为显著，所以数字控制器最好采取直接数字化方法设计。采用直接数字法设计控制器时，首先必须将逆变器对象的连续域模型转变成离散域模型，见式（2-19）。

$$\text{连续域模型}\begin{cases} \dot{x}(t) = Ax(t) + Bu_1(t) + Wi_e(t) \\ y(t) = Cx(t) \end{cases}, x(t) = \begin{pmatrix} u_e(t) \\ i_1(t) \end{pmatrix}, y(t) = u_o(t)$$

$$\text{离散域模型 } x(k) = \begin{pmatrix} u_o(k) \\ i_1(k) \end{pmatrix}, y(k) = u_o(k)\begin{cases} x(k+1) = \Phi x(k) + H_1 u_1(k) + H_2 i_o(k) \\ y(k) = Cx(k) \end{cases} \tag{2-19}$$

　　然后在离散域中对此对象离散模型直接设计数字控制器。另外，对于离散控制系统，采样频率是系统关键参数之一，选择合适的采样频率非常重要。由于控制系统跟随输入的能力极大地依赖于采样频率，采样频率越高，离散系统的性能越接近连续系统，但成本也就越高，因此采样频率的选择必须在系统性能要求与成本之间折中考虑。已有的研究表明，采样频率需不小于输入信号中最高频率分量的 8~10 倍。若是欠阻尼系统，则在输出的一个衰减振荡周期中采样 8~10 次；若是过阻尼系统，则在暂态响应的上升时间范围内采样 8~10 次。也就是说，采样频率可以选为闭环频率响应特性中带宽的 8~10 倍。

　　下面介绍控制器及其参数设计方法，主要包括依据经典控制理论的校正方法、依据状态空间理论的设计法、基于内模原理的重复控制器设计和无差拍控制设计法。

2.6.1　基于经典控制理论的设计

　　在控制系统设计中，工程技术界多采用频率响应法。频率响应法对系统进行校正的理论依据是闭环系统的时间响应与开环系统的频率特性密切相关，一般情况下，频域法设计控制器的目标是使开环系统达到预期的频率特性：低频段增益充分大，以保证稳态误差要求；中频段对数幅频特性斜率一般为 -20dB/dec，并占据充分宽的频带，以保证具备适当的相角裕度；高频段增益尽快减小，以削弱噪声影响，若系统原有部分高频段已符合要求，则校正时可保持高频段形状不变，以简化控制器的形式。

　　按照校正装置（控制器）在系统中的连接方式，控制系统校正可分为串联校正、反馈校正、前馈校正和复合校正 4 种。一般来说，串联校正设计简单，也比较容易对信号进行各种必要形式的变换，应用比较广泛。在电力电子装置中，常用串联校正组成控制系统，如图 2-77 所示。

　　以单相逆变器为例，讨论其串联控制器的设

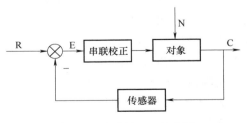

图 2-77　串联校正系统框图

计。为简化分析，假定逆变器开关管是理想器件。在满足线性化处理的条件下，可将逆变器功率变换部分近似成二阶滤波电路，逆变器等效单位反馈的控制系统框图如图 2-78 所示，其中 r 是变换电路开关管开关损耗、死区效应及电路电阻等各种阻尼作用的综合等效电阻。将负载看作扰动，对象输出对输入的传递函数为

$$G_{\mathrm{p}}(s)=\frac{1}{LC_{\mathrm{s}}^{2}+rC_{\mathrm{s}}+1} \tag{2-20}$$

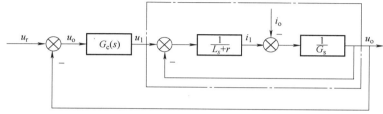

图 2-78　单相逆变器等效单位反馈的控制系统框图

逆变器参数如下：额定功率 $P=11\mathrm{kW}$，额定输出电压 $U=220\mathrm{V}$（rms），滤波电感 $L=0.5\mathrm{mH}$，滤波电容 $C=200\mu\mathrm{F}$，等效阻尼电阻 $r=0.129\Omega$，开关频率 $f=10\mathrm{kHz}$。如果控制器选择 PI 控制规律 $G_{\mathrm{c}}(s)=k_{\mathrm{p}}+k_{\mathrm{p}}/T_{\mathrm{s}}$，要想达到稳态指标，如对于 50Hz 正弦指令误差不超过 2%，应使开环增益在 50Hz 处有 49dB（或 33.8dB），由于 PI 控制是一种滞后校正，为使其滞后角不对中频产生影响，从图 2-79 中可知逆变器对象增益穿越频率 ω 约为 4400rad/s，取 $1/T=0.05\omega$，确定 $T=0.0045$，然后由基波频率 f 的开环增益 $20\lg|G_{\mathrm{c}}G_{\mathrm{p}}|=33.8\mathrm{dB}$ 确定 $k_{\mathrm{p}}=40$，PI 控制器为 $G_{\mathrm{c}}(s)=40+40/(0.005s)$。图 2-79 显示校正前后的开环频率特性，可见 PI 控制提高了逆变器稳态精度，但对其稳定裕量及振荡剧烈的动态响应没有改善作用。

倘若控制器为 PD 控制 $G_{\mathrm{c}}(s)=k_{\mathrm{p}}+k_{\mathrm{d}}s$，PD 控制作为一种超前校正，可以在中频段引入超前相角以提高系统的相角稳定裕量、增大阻尼、减小振荡，从而改善逆变器的动态响应特性；但选择较大 k_{p} 以满足稳态指标时将造成已校正系统带宽过大，加大了高频噪声的干扰，而限制带宽来保证高频抗干扰能力时无法同时保证稳态精度。

由上述可见，要想同时改善逆变器的动、静态特性，可以采用 PID 控制 $G_{\mathrm{c}}(s)=k_{\mathrm{p}}+k_{\mathrm{p}}/T_{\mathrm{s}}+k_{\mathrm{p}}\tau s$，它将滞后校正和超前校正结合起来，因而能较全面地改善系统性能。假定 PID 控制器两个转折频率分别为 $1/T_{1}$、$1/T_{2}$，由第二个转折频率 $1/T_{2}$ 在中频段提供超前相角来增大系统相位裕度，同时保证高频抗干扰能力，上述逆变器截止频率约为 3162rad/s，因此 $1/T_{2}$ 取值不大；如果不考虑转折频率 $1/T_{2}$ 对低频段的影响，令第一个转折频率 $1/T_{1}$ 等于 10 倍基波角频率，低频段 ω 处相对于中频可有 20dB 增益，取 $k_{\mathrm{f}}=5$ 就可满足 2% 的稳态指标，考虑 $1/T_{2}$ 的影响将使 ω 处相对于中频的增益不到 20dB，因此 $1/T_{1}$ 应大于 10 倍的 ω，不妨取 $1/T_{1}=1/T_{2}=14\omega$，同时取 $k_{\mathrm{p}}=2$，可计算得到积分时间常数 $T=0.000454$，微分时间常数 $\tau=0.000114$，则 PID 控制器传递函数 $G_{\mathrm{c}}(s)=2(1+1/0.000454s+0.000114s)$。逆变器 PID 控制系统校正前后的开环频率特性如图 2-80 所示，校正后的频率特性曲线表明基波频率增益约为 33.9dB，相位裕度为 46°，同时也具有较快的响应速度，反映了 PID 控制能较好地改善逆变器的动、静态响应性能，优于 PI、PD 控制。

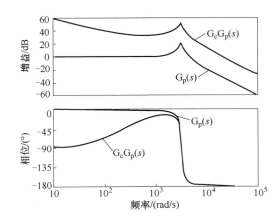

图 2-79　PI 控制逆变器校正前后开环频率特性

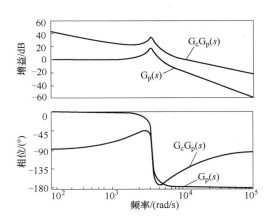

图 2-80　PID 控制逆变器校正前后开环频率特性

串联校正对系统响应特性有一定改善作用，但在有的控制系统中，通过对串联控制器参数进行选择也难以同时兼顾系统动、静态响应，而且系统中的扰动是不可避免的，这种情况下全面改善控制系统性能仅仅靠串联校正是不够的。

反馈控制是闭环控制。前馈控制（又称顺馈控制）是利用参考量或可测量的扰动量，产生补偿作用以减小或抵消输出量的误差的控制过程，前馈控制是开环控制。它与反馈控制的根本区别在于：第一，不需要等到输出量发生变化并形成偏差以后才产生纠正偏差的控制作用，因此它比反馈控制更为"及时"，且不受系统延迟的影响；第二，前馈控制没有自动修正偏差的能力，抗扰动性较差，控制精度完全取决于前馈校正装置，因此前馈控制通常不单独使用。前馈控制和反馈控制相结合的控制方式称为复合控制。只要复合控制系统参数选择得当，既可以保持系统稳定，极大地减小甚至消除稳态误差，又可以抑制可测量扰动。采用复合控制的思想进行系统校正，其中前馈补偿装置按不变性原理进行设计。复合校正可分为带扰动前馈、带输入前馈两种方式。

图 2-81 所示为带扰动前馈的复合控制系统框图，复合校正的目的是设计 $G_c(s)$ 使系统获得满意的动态性能和稳态性能，然后选择合适的前馈补偿装置 $G_1(s)$，使扰动量 $N(s)$ 经过 $G_1(s)G_n(s)$ 对系统输出 $C(s)$ 产生补偿作用，以抵消扰动量 $N(s)$ 通过其固有通道 $G_n(s)$ 对输出 $C(s)$ 的不利影响。分析表明若选择 $G_1(s) = -G_n(s)/G_c(s)$，就可以使 $C(s)/N(s) = 0$，即系统对扰动实现了完全不变性，或者说是对扰动的误差全补偿。然而，从上述关系求出的 $G_1(s)$ 可能分子阶次高于分母阶次，物理

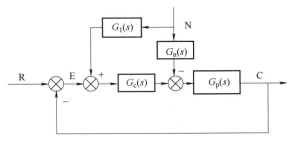

图 2-81　带扰动前馈的复合控制系统框图

上往往无法准确实现。因此，工程实践中在主要影响系统性能的频段内采用近似全补偿，或采用稳态全补偿。如果选择 $G_1(0) = \lim_{s \to 0} G_1(s) = \lim_{s \to 0}\left[-G_n(s)/G_c(s)\right]$，可以做到静态全补偿，即系统对扰动实现静态不变性。图 2-82 所示为逆变器带负载扰动前馈的复合控制系统框图，

选择 $G_1(s) = (Ls+r)/k_a(Ls/100r+1)$，可在主要频段内起到近似全补偿的作用。复合控制中的前馈补偿不改变反馈控制系统的特性，可以减轻反馈控制的负担，使得反馈控制器比较容易设计，控制效果也会更好。

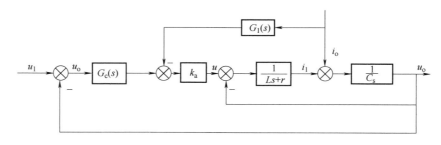

图 2-82　逆变器带负载扰动前馈的复合控制系统框图

2.6.2　基于状态空间理论的设计

20 世纪 60 年代以来采用状态空间这一数学方法描述、分析和设计系统成为现代控制理论的重要标志。无论在经典控制理论还是在现代控制理论中，反馈都是系统设计的主要方式。在状态空间描述系统，有状态反馈和输出反馈两种常用的反馈形式。

1. 状态反馈控制

状态反馈由于可自由支配动态响应特性而被用于系统控制，引入状态反馈的闭环系统结构如图 2-83 所示，其动态方程为

$$\begin{cases} \dot{x} = (A-BK)x+Br \\ y = Cx \end{cases}$$

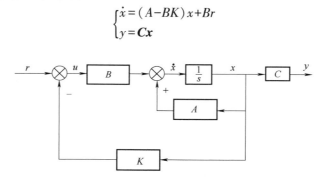

图 2-83　状态反馈闭环系统框图

状态反馈控制器的设计就是确定状态反馈增益矩阵 K，由于系统性能和其极点在复平面的位置密切相关，根据指标要求给出期望闭环极点，采用极点配置方法推算状态反馈增益矩阵。但系统状态常常不能全部测量到，考虑系统中多个状态变量检测的可能性以及成本因素，可以通过状态观测器给出状态估值。图 2-84 所示为带观测器的状态反馈系统框图，其中状态观测器是一种输出反馈形式，其动态方程为

$$\dot{\hat{x}} = (A-HC)\hat{x}+Bu+Hy$$

观测器反馈矩阵 H 同样可用极点配置方法设计。

采用状态反馈控制可以任意配置闭环系统极点，从而改善系统的动态特性和稳定性，这

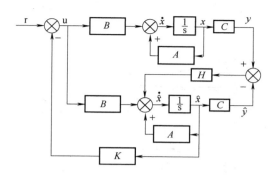

图 2-84　带观测器的状态反馈系统框图

是其最大优点。状态反馈控制虽然可以极大地改善系统的动态响应特性，但并不能保证系统的稳态精度满足要求。状态反馈控制如果对负载扰动不采取有针对性的措施，则会导致稳态偏差和动态特性的改变。为此，在利用状态反馈获得理想动态特性的同时，需采取措施对稳态进行校正。

2. 状态反馈控制的改进方案

串联滞后校正可以增大低频段的开环增益来提高稳态精度，状态反馈可以配置极点来改善动态响应，因此将输出量的误差串联滞后校正作为外环、状态反馈作为内环形成"串联校正+状态反馈"混合控制方案，如图 2-85 所示，这样可兼顾系统全面性能要求。

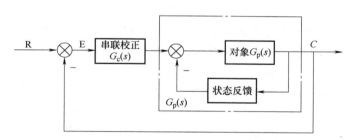

图 2-85　串联校正+状态反馈混合控制

以单相逆变器为例，其空载传递函数为

$$G_p = \frac{1}{LCs^2 + rCs + 1}$$

逆变器空载运行时阻尼非常小，是一个振荡剧烈的二阶系统。如果以响应特性最恶劣的空载情况作为设计对象，一旦空载响应得到良好改善，那么带载运行的响应性能将能满足要求。因此，将逆变器空载工况看作被控对象。

为使稳态误差尽量小，以输出电压偏差的 PI 控制为外环、状态反馈为内环构成控制系统。逆变器的参数如下：额定输出电压 $U = 220\text{V}$，额定功率 $P = 11\text{kW}$，功率因数为 0.8，滤波电感 $L = 0.43\text{mH}$，滤波电容 $C = 140\mu\text{F}$，等效阻尼电阻 $r = 0.1\Omega$，开关频率 $f = 10\text{kHz}$。首先设计状态反馈控制器，以电容电压、电容电流作为状态变量 $x = (u \quad i)$，得到状态反馈增益向量 $K = \begin{bmatrix} 3.34 & 0.505 \end{bmatrix}$，然后将内环作为外环被控对象 $G_p(s)$ 设计串联 PI 控制器，$k_p + k_p / (t_i s) = 2.92 + 2.92 \times 2500/s$，因内环动态特性已校正好，故外环 PI 控制器设计较为容易。

图 2-86 显示的 PI+状态反馈混合控制逆变器开环频率特性表明，逆变器动、静态响应性能大幅度全面改善。

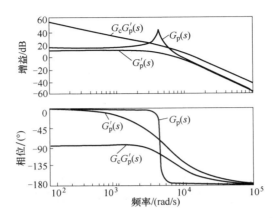

图 2-86 PI+状态反馈混合控制逆变器开环频率特性

又如逆变器波形控制中，将重复控制和状态反馈控制相结合，取长补短，发挥各自优势，将是一种动静态响应全面改善的优良的波形控制方案。这种混合控制方案的具体设计见 2.6.3 中的"重复控制的改进"。

2.6.3　重复控制

逆变电源供电的各种对象中整流及相控负载占有很大的比重，而上面所提到的控制策略对这种非线性负载引起的输出电压波形畸变的抑制效果不是很好。当逆变器给整流或相控负载供电时，负载扰动是周期性出现的，输出电压波形偏差也是周期性产生的。针对整流及相控负载引起的畸变在各周期中重复出现的特点，人们提出了一种新的控制策略——重复控制（Repetitive Control）。

重复控制是一种根据检测到的误差计算一个具有记忆性的补偿量、专门抑制周期性重复特点的干扰的补偿控制方式。以图 2-87 所示逆变电源重复控制原理示意图说明重复控制的原理：图中 $G_p(s)$ 为包括 SPWM 脉冲形成环节的对象传递函数，以逆变电源给相控负载供电为例，输出 u。在相控开关动作时出现跌落，控制系统检测出误差然后重复控制器根据重复控制算法得到补偿量，补偿量 u_c 与参考信号 u_r 的和作为新的控制量 $u_k=u_r+u_c$，对输出进行调节；u_c 根据检测到的 u_e 不断更新，直到 $u_e=0$ 时为止，这时 u_c 刚好补偿了扰动 u_d 的作用，以后多周期中 u_c 便不再调整，重复使用，而系统处于稳态运行，就像没有扰动作用一样。由于在重复控制实用过程中只能采用数字方式实现，因而重复控制算法为离散方程。设参考信号周期为 T，采样周期为 T_a，则 $N=T/T_a$ 为一个信号周期中的采样次数。一个信号周期中不同采样周期用 k（$k \leqslant N$）表示，不同信号周期用 j 表示，那么重复控制算法可表示为

$$\begin{cases} U_e(k,j-1) = U_r(k,j-1) - U_o(k,j-1) \\ U_c(k,j) = U_c(k,j-1) + G_c U_e(k,j-1) \end{cases} \tag{2-21}$$

式中，G_c 为根据误差决定补偿量大小的变换关系。由式（2-21）可见，如果在第 j 个信号周期的第 k 个采样时刻检测到误差 $U_e(k,j)$ 不等于零，则说明是由在此之前算出的补偿量

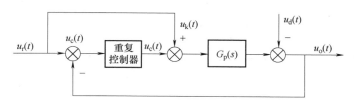

图 2-87　逆变电源重复控制原理示意图

$U_c(k,j)$ 不合适造成的，于是在下一个信号周期的第 k 个采样时刻将补偿量调整为 $U_c(k,j+1)=U_c(k,j)+G_cU_e(k,j)$；如果在第 j 个信号周期的第 k 个采样时刻检测到误差 $U_e(k,j)$ 等于零，则在下一个信号周期的第 k 个采样时刻补偿量将保持为 $U_c(k,j+1)=U_c(k,j)$，不再调整。从 U_c 的计算过程可见，重复控制中补偿量实际上可以看作对不同信号周期中采样周期序号 k 相同的时刻上的误差进行积分运算控制，当负载变化周期与信号周期相同时，虽然从整个信号周期看负载是时变的，但从不同信号周期中采样周期序号 k 相同的各个时刻分别来看，负载是不变的，即重复控制把一个信号周期划分为 N 个独立控制区间，使一个时变扰动抑制过程转化为 N 个时不变扰动单独抑制过程，以达到稳态无静差控制。正弦指令跟踪也具有类似调节过程。对式（2-21）做 z 变换可得重复控制算法 z 域表达式为

$$U_e(z) = U_r(z) - U_o(z)$$

$$U_e(z) = \frac{z^{-N}}{1-z^{-N}} G_c(z) U_e(z) \tag{2-22}$$

1. 基于内模原理的重复控制算法

重复控制器的设计就是对重复控制算法的设计，包括积分运算和补偿器。

逆变器波形控制系统是一个指令呈正弦变化、负载扰动按正弦或按非正弦规律变化的伺服系统，从稳态运行来看，线性负载下扰动和指令同频率，非线性负载下扰动含有基波以及基波频率整数倍的多重谐波，如果要求输出波形实现无静差，可以运用控制理论中的内模原理（Internal—Model Principle）进行重复控制算法的设计。内模原理是把作用于系统的外部信号（含指令信号和扰动信号）的动力学模型植入控制器以构成高精度反馈控制系统的一种设计原理。控制器包含的外部信号的数学模型成为"内模"。

式（2-22）中 $1/(1-z^{-N})$ 实际上是一个周期延迟正反馈环节，如图 2-88a 所示，它起到与积分环节相似的作用：对以基波周期重复出现的误差 u_e 进行以周期为步长的累加，并在输入信号 u_e 消失后持续不断地重复输出与上周期波形相同的信号，把它称为重复信号发生器。$1/(1-z^{-N})$ 形成了包含正弦指令和（线性或非线性）负载扰动的综合内模，因而重复控制可使逆变器输出波形实现理论上的无静差。但考虑稳定性和鲁棒性因素，实际采用如图 2-88b 所示的改进型重复信号发生器 $1/[1-Q(z)z^{-N}]$，其中 $Q(z)$ 可选为一个低通滤波器或一个略小于 1 的常数，以减弱积分作用。将误差的纯积分改为这种"准积分"的作用在于以牺牲无静差为代价提高系统的稳定性。

根据内模积分的误差信息，补偿器的任务就是对误差（包含多种谐波分量）提供合适的相位补偿和幅值补偿，以在下一周期的适当时刻输出控制量 U_c 抵消掉误差 U_e。但是相位补偿难以对误差中丰富的频率成分——准确补偿，而且实际系统模型也不可能精确，为此提出一种利用超前环节进行相位补偿、结合低通滤波器改善鲁棒性的补偿器，即

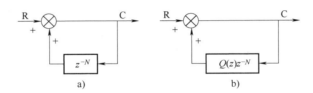

图 2-88　重复信号发生器

$$G_c(z) = k_r z_k S(z) \tag{2-23}$$

式中，比例项 k_r 为重复控制增益；z_k 是做相位补偿的超前环节；低通滤波器 $S(z)$ 一方面抵消逆变器对象较高的谐振峰值，使之不破坏稳定性，另一方面增强前向通道的高频衰减特性，提高稳定性和抗高频干扰能力。超前环节 z_k 应补偿滤波器 $S(z)$ 和对象 $G_p(z)$ 中的中低频段相位滞后。控制量的"超前实施"z_k 依赖于周期延迟环节变得可实现，即控制量在下一信号周期提前 k 拍实施。图 2-89 所示为基于内模原理的重复控制框图，由此可见，$G_c(z)$ 通过在中低频段实现对消、在高频段借助衰减特性杜绝因高频对消欠佳导致的振荡，从而在提高系统稳定性和鲁棒性的基础上改善波形校正效果。

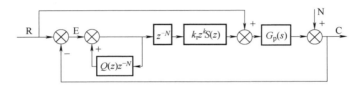

图 2-89　基于内膜原理的重复控制框图

改进型重复信号发生器中的 $Q(z)$ 可取为常数，如 0.95，也可取为零相移陷波滤波器，即

$$F(z) = \frac{a_m z^m + a_{m-1} z^{m-1} + \cdots + a_0 + \cdots + a_{m-1} z^{-(m-1)} + a_m z^{-m}}{2a_m + 2a_{m-1} + \cdots + a_0} \tag{2-24}$$

针对 $Q(z)$ 两种情况给出重复控制器的一般设计步骤如下：

1）测得逆变器对象空载时的频率特性。

2）根据对象的幅频特性选取一个二阶滤波器或零相移陷波滤波器作为 $S(z)$，按照使校正后的对象中低频增益接近 1（即中低频幅值补偿）、高频增益尽快降至 -26dB（即 0.05）以下的目标确定 $S(z)$。

3）将滤波器 $S(z)$ 和对象 $G_p(z)$ 的相频特性叠加，按照使系统在中低频段前向通道的总相移尽量小（即中低频相位补偿）的目标，并结合采样频率选择超前步长 k。

4）在范围 $[0，1]$ 之间选择合适的重复控制增益 k_r。k_r 的影响是：其值减小则增益稳定裕度增大，同时动态收敛速度变慢且稳态误差有所上升，反之则反。

5）根据式（2-25）所列的稳定条件，采用 MATLAB 等软件绘制奈奎斯特图，校验系统的稳定性。如果 $H(\mathrm{e}^{\mathrm{j}\omega T})$ 轨迹有超出单位圆的情况，则应回到第 1 步重新设计。

$$|H(\mathrm{e}^{\mathrm{j}\omega T})| = |Q(\mathrm{e}^{\mathrm{j}\omega T}) - k_r \mathrm{e}^{\mathrm{j}\omega kT} S(\mathrm{e}^{\mathrm{j}\omega T}) G_p(\mathrm{e}^{\mathrm{j}\omega T})| < 1, \omega \in [0, \pi/T] \tag{2-25}$$

重复控制由于利用扰动的重复性来逐周期地修正输出波形，使系统既无须进行多个变量的采样，也不用具有很高的控制速度和很复杂的算法，就可达到很高的稳态指标。其优势在于软硬件成本低廉，易于实施。重复控制的不足表现在动态响应超过一个基波周期。

2. 重复控制的改进

在高性能逆变器场合，直接重复控制存在动态响应慢的问题，单一的瞬时反馈控制方案又存在实现快速性同时难以保证稳态精度的困难，因此将重复控制与某种快速瞬时控制方案相结合组成混合控制方案，这样一方面可以兼顾稳态和动态性能，另一方面瞬时控制方案对逆变器起到了内环改造作用，使重复控制器易于设计。如重复控制+状态反馈、重复控制+PD 控制等混合控制方案，将重复控制置于外环，专门用于保证稳态指标，减小非线性负载等因素造成的谐波失真；状态反馈或 PD 控制作为内环用于增大逆变器阻尼、提高稳定裕度、加快响应速度，改善逆变器动态响应；内外环两种控制方法各司其职，优势互补，既可以使控制器设计大为简化，又能使系统性能得到全面提升。其中状态反馈控制器、PD 控制器首先根据动态性能指标确定参数，可以采用前述设计方法；然后重复控制器可在相对宽松的条件下设计。可见恰当的混合控制更容易构成一种动、静态性能优良的控制方案。

2.6.4　无差拍控制

为了达到性能指标，许多控制系统对响应的快速性要求很高，如用电场合对逆变器输出波形质量的要求日益增高，致使逆变器输出波形瞬时控制近年来成为研究焦点，在种类繁多的波形控制中无差拍控制是响应速度最快的一种数字控制方案，仍处在发展之中。无差拍（Deadbeat）控制是基于状态空间的多变量反馈控制的一种特例，它根据被控对象离散数学模型精确计算控制量并施加于对象来使得输出量的偏差在一个采样周期时间内得到修正。一个数字系统若用以下动态方程描述：

$$x(k+1) = Ax(k) + Bu(k)$$
$$y(k) = Cx(k)$$

将下一拍的输出量 $y(k+1)$ 用下一拍的指令 $r(k+1)$ 代替，即有

$$r(k+1) = C_x(k+1) = CA_x(k) + CB_u(k) \tag{2-26}$$

假设按照使式（2-26）成立的要求选择控制量 $u(k)$，则系统的输出量在每一个采样时刻都与其指令完全一致，也就是实现无差拍效果。由式（2-26）导出的控制量 $u(k)$ 算式就是无差拍算法。由此可见，无差拍控制是数字控制特有的一种控制规律。

对逆变器而言，负载电流是瞬时变化的扰动，且逆变器所接负载是多种多样的，对此做过多假定都会影响模型的准确程度，而无差拍控制算法要求精确的模型，为此将负载电流看作扰动输入，逆变器离散数学模型可表示为

$$\begin{pmatrix} u_0(k+1) \\ i_1(k+1) \end{pmatrix} = \begin{pmatrix} a_{11} & a_{12} \\ a_{21} & a_{22} \end{pmatrix} \begin{pmatrix} u_0(k) \\ i_1(k) \end{pmatrix} + \begin{pmatrix} b_{11} & b_{12} \\ b_{21} & b_{22} \end{pmatrix} \begin{pmatrix} u_0(k) \\ i_1(k) \end{pmatrix}$$

$$y(k) = (1\ 0) \begin{pmatrix} u_0(k) \\ i_1(k) \end{pmatrix}$$

式中，$u_0(k)$、$i_1(k)$ 分别为输出电压和滤波电感电流，令 $u_1(k)$ 为逆变桥电压，$i_0(k)$ 为负载电流，输出 $u_0(k+1)$ 用参考指令 $r(k+1)$ 代替，则得到逆变器的无差拍控制算法为

$$u_1(k) = \frac{r(k+1) - a_{11}u_0(k)\,a_{12}i_1(k) - b_{12}i_0(k)}{b_{11}} \tag{2-27}$$

将负载电流检测值代入控制量 $u_1(k)$，式（2-27）可以自动补偿负载扰动的影响，实现基于任意负载的无差拍算法。

实际应用时，考虑到数字化控制中采样和计算延时导致 PWM 脉宽最大值受限制的问题、系统中多个状态变量检测的可能性以及成本问题，数字系统中最切实有效的办法是增加状态观测器。利用其对状态变量下一拍的值的预测功能将控制算法提前一拍执行，如图 2-90 所示，即在当前拍（第 k 拍）时采样相关变量，用状态观测器估算出状态变量的下一拍（第 $k+1$ 拍）值，利用式（2-27）算出下一拍控制量 $u_1(k+1)$，待下一拍到来时发出控制量 $u_1(k+1)$。状态观测器的作用之一是通过可测量状态变量估计不可测量或不便测量的状态变量，且简化系统硬件电路结构；作用之二是为消除采样和计算延时的影响提前预估状态变量，且简化系统硬件电路结构；作用之三是为消除采样和计算延时的影响提前预估状态变量，实现一拍超前控制。离散域状态观测器动态方程为

$$\hat{x}(k+1) = (A-HC)\hat{x}(k) + Bu(k) + Hy(k) \tag{2-28}$$

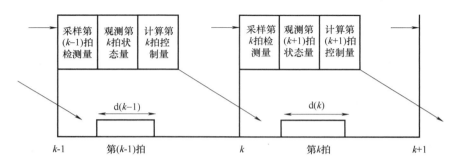

图 2-90 一拍超前控制时序图

逆变器的观测器反馈矩阵可表示为 $\boldsymbol{H} = (h_1, h_2)\boldsymbol{T}$，其中反馈矩阵增益 h_1、h_2 利用状态空间控制理论的极点配置方法来设计，要注意的是观测器响应速度应快于闭环系统；观测器反馈矩阵 $\boldsymbol{H}$ 确定后，逆变器两个状态变量的预估值 $u_0(i+i)$ 和 $i_1(k+1)$ 由下式得到，即

$$\begin{pmatrix} \hat{u}_0(k+1) \\ \hat{i}_1(k+1) \end{pmatrix} = \begin{pmatrix} a_{11}-h_1 & a_{12} \\ a_{21}-h_2 & a_{22} \end{pmatrix} \begin{pmatrix} \hat{u}_0(k) \\ \hat{i}_1(k) \end{pmatrix} + \begin{pmatrix} b_{11} & b_{12} \\ b_{21} & b_{22} \end{pmatrix} \begin{pmatrix} u_1(k) \\ i_1(k) \end{pmatrix} + \begin{pmatrix} h_1 \\ h_2 \end{pmatrix} u_0(k) \tag{2-29}$$

这样一来，为使控制作用超前一拍，还需要设置扰动观测器提前一拍预测出负载扰动。图 2-91 为一个逆变器的负载扰动观测器型无差拍控制系统示意图。扰动观测器预测的精度和速度是影响控制效果的关键。有文献假设负载电流一阶导数不变来建立逆变器扰动模型，并仿照状态观测器构造扰动观测器。这种做法的问题在于对负载扰动的假定不能普遍适用于多种多样的逆变器负载。针对逆变器稳态运行时负载扰动的周期性特点，有文献提出重复预测型扰动观测器，这种重复预测型扰动观测器改善了无差拍控制方案对逆变器稳态运行的控制效果，非线性负载时效果尤其明显。采用扰动观测器实时预测负载电流，可增强负载适应性，是无差拍控制的一大改进。

无差拍控制突出的优点是响应速度快，其缺点也十分明显：无差拍控制效果取决于模型估计的准确程度，实际上无法对电路模型做出非常精确的估计，而且系统模型随负载不同而变化，系统鲁棒性不强；其次，无差拍控制极快的动态响应既是其优势，又导致了其不足，

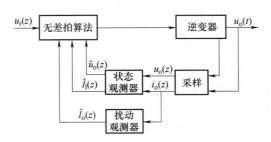

图 2-91　负载扰动观测器型无差拍控制系统示意图

为了在一个采样周期内消除误差，控制器瞬态调节量较大，一旦系统模型不准，很容易使系统输出振荡，不利于安全稳定运行。

从上述分析可见，每一种控制方案有其特长，也存在某些不足，因此一种发展趋势是各种控制方案互相渗透，取长补短，优势互补结合成复合的控制方案，从而构造控制性能优良的控制器。

本 章 小 结

本章整理归纳了电源变换中常用的电力电子器件及典型应用电路，介绍了部分常用电力电子器件及其电路应用，重点介绍电力变换电路必备知识、新能源常用拓扑、电力变换常用调制技术以及电力变换器控制器及其参数设计方法，具体内容如下：

1）介绍了电力电子器件的基本概念及分类，重点介绍了电力二极管、晶闸管的基本特性与主要参数以及功率 MOS 管、绝缘栅双极型晶体管的基本结构、工作原理、工作特性与主要参数，简单介绍了新型电力电子器件宽禁带半导体。

2）介绍了电力二极管、晶闸管、大功率晶体管、电力 MOSFET 以及 IGBT 的驱动电路，介绍了电力电子器件产生过电压、过电流或过热时的保护措施以及缓冲电路的概念，针对电力电子器件的使用介绍了晶闸管的串联和并联使用原则与电力 MOSFET 和 IGBT 并联运行使用原则。

3）介绍了 DC—DC 变换器、DC—AC 变换器、AC—DC 变换器、AC—AC 变换器的基本工作电路及其特点，介绍了软开关技术的基本工作电路。

4）针对新能源常用电力变换拓扑介绍了软开关直流变换器、三电平 DC—DC 变换器、电压型逆变器以及多电平变换器的基本概念、分类与电路拓扑，针对其中部分电路介绍了它们的工作原理和特点。

5）介绍了电力变换调制技术的基本概念，介绍了 PWM 技术的分类与调制原理，介绍了 PWM 的两者逼近方法，即空间矢量 PWM 与载波比较 PWM，以广泛应用的三相电压型变换器为例介绍空间矢量 PWM 的原理，介绍了载波比较 PWM 的基本结构与输出波形。

6）简单介绍了电力变换常用控制策略，重点介绍控制器及其参数设计方法，主要包括依据经典控制理论的校正方法、依据状态空间理论的设计法、基于内模原理的重复控制器设计法和无差拍控制设计法。

✍ 习题与思考题

2.1　电力电子器件的驱动电路对整个电力电子装置的影响有哪些？

2.2　电力电子器件过电压保护和过电流保护各有哪些主要方法？

2.3　 换流方式有哪几种？各有什么特点？

2.4　什么是逆变失败？如何防止逆变失败？

2.5　在高压变流装置中，晶闸管串联使用以提高耐压，其均压措施有哪些？

2.6　电力变换有哪几种基本的变换形式？

2.7　3/2 坐标变换的等效原则是什么？功率相等是坐标变换的必要条件吗？

2.8　瞬时无功理论有哪些特点？

2.9　重复控制的优缺点？

2.10　 无差拍控制的优缺点？

2.11　 试述脉冲宽度调制（PWM）基本原理。

第 **3** 章

风能、风力发电与控制技术

空气流动形成了风，风能是太阳能的一种转换形式。风能的特点是具有随机性并随高度的变化而变化。风能的主要应用是风力发电：风力发电是通过风力发电机组实现风能到机械能，再到电能的转换，风力机和发电机组成了风力发电机组。风力机有水平轴和垂直轴两种，以水平轴为主；发电机中除传统的交直流发电机外，还有一些新型风力发电机。风力发电机组的控制系统是一个综合性控制系统，其控制复杂，一般采用微机控制。风力机的调节与控制包括：定桨距调节控制、变桨距调节控制、偏航系统的调节与控制。风力发电机组控制策略有：恒速恒频控制、变速恒频控制两种；变速恒频控制用于双馈异步发电机和同步发电机两种形式。不同的风力发电机组其并网技术和方式不同：风力同步发电机组的并网方法以自动准同步并网为主；风力异步发电机组的并网以晶闸管软并网为主。对于并网运行的风力异步发电机组一般通过补偿装置进行无功功率的补偿。风力发电的经济技术评价可通过经济性指标来衡量。

本章主要介绍：风的特性及风能利用，风力发电机组及其工作原理，风力机的调节与控制，风力发电机组的控制，并网与安全运行技术和风力发电机组监控与运维系统。

3.1 ▶ 风的特性及风能利用

风能是一种重要的自然能源，也是一种巨大的、无污染、永不枯竭的可再生能源。风的形成是空气流动的结果，风的产生是随时随地的，其方向和大小不定。风能的特点为能量巨大，但能量密度低。风能的应用很多，其中以风力发电最为广泛。

3.1.1 风的产生

风是地球上的一种自然现象，是太阳能的一种转换形式，它由太阳辐射热和地球自转、公转和地表差异等原因引起的，大气是这种能源转换的媒介。

地球绕太阳运转，由于日地距离和方位不同，地球上各纬度所接收的太阳辐射强度也有差异，地球南北极接收太阳辐射能少，所以温度低，气压高；而赤道接收的热量多，温度高，气压低。地球表面被大气层所包围，当太阳辐射能穿越地球大气层照射到地球表面时，太阳将地表的空气加温，空气受热膨胀后变轻上升，热空气上升冷空气横向切入，由于地球表面各处受热不同，使大气产生温差形成气压梯度，从而引起大气的对流运动。风是大气对流运动的表现形式。

图 3-1 所示为地球上风的运动。由此可见太阳能形成大气压差，而大气压差是风产生的根本原因。

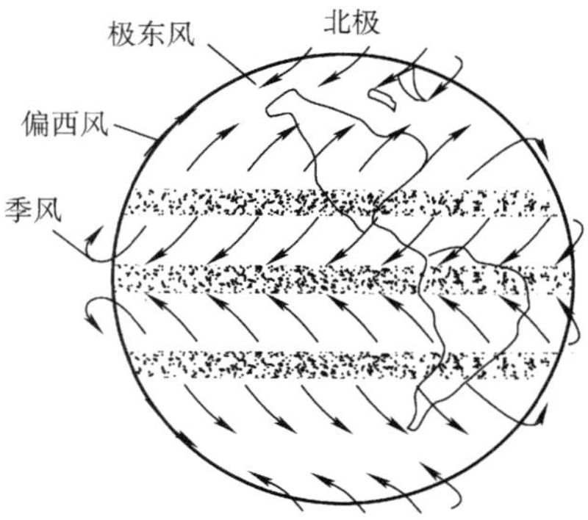

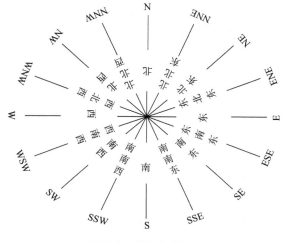

图 3-1　地球上风的运动

3.1.2　风的特性与风能

风的产生是随时随地的，其方向、速度和大小不定。风能的特点是：能量巨大，但能量密度低，当流速同为 3m/s 时，风力的能量密度仅为水力的 1/1000；风能的利用简单、无污染、可再生；风的稳定性、连续性、可靠性差；而且风的时空分布不均匀。

1. 风的表示法

风向、风速和风力是描述风的 3 个重要参数。风向是风吹来的方向，如果风是从南方吹来就称为南风。风速是表示风移动的速度，即单位时间内空气在水平方向上流动所经过的距离。风力表示风的大小，以风力强度等级来区别。风向、风速和风力这些参数都是随时随地变化的。地球自转、公转的力量和地表地形差异等因素，都将造成风力、风向和风速的改变，依季节或时期的不同也会产生固定的风（季风）。

（1）风向的表示法　风向一般用 16 个方位表示，也可以用角度表示。当用 16 个方位表示时，分别为北北东（NNE）、北东（NE）、东北东（ENE）、东（E）、东南东（ESE）、南东（SE）、南南东（SSE）、南（S）、南南西（SSW）、南西（SW）、西南西（WSW）、西（W）、西北西（WNW）、北西（NW）、北北西（NNW）、北（N），另外静风记为 C。风向方位图如图 3-2 所示。当用角度表示时，以正北为基准，顺时针方向旋转，东风为 90°，南风为 180°，西风为 270°，北风为 360°。

图 3-2　风向方位图

（2）风速的表示法　各国表示风速单位的方法不尽相同，如用 m/s、n mile/h、mile/h、km/h 等，国际上的单位为 m/s 或 km/h。由于风时有时无、时大时小，每一瞬时的速度都不相同，所以风速是指一段时间内的平均值，即平均风速。一般以 10m 高度处为观测基准，但平均风速所取的时间有多种，如有 1min、2min、10min 平均风速，有 1h 平均风速，也有瞬时风速等。

（3）风速与风级　风力等级是根据风对地面或海面物体影响而引起的各种现象，按风力的强度等级来估计风力的大小。国际上采用的为蒲福风级，从静风到飓风共分为 13 个等级。分别为 0~12 级，虽然现在国际上将风级的划分增加到 18 级，但常用的仍为 12 级风的标准。

除了风级的估计方法外，还可以根据每级风相应的风速数据，判定风的等级或计算风速。风速与风级之间的关系为

$$\bar{v}_N = 0.1 + 0.824N^{1.505} \tag{3-1a}$$

式中，$\bar{v}_N$ 为 N 级风的平均风速（m/s）；N 为风的级数。

如果已知风的级数 N，可以计算平均风速。

N 级风的最大风速为

$$v_{N\max} = 0.2 + 0.824N^{1.505} + 0.5N^{0.56} \tag{3-1b}$$

N 级风的最小风速为

$$v_{N\min} = 0.824N^{1.505} - 0.56 \tag{3-1c}$$

2. 风的特性

风的特性包括风的随机性、风随高度的变化等。

（1）风的随机性　风的产生是随机的，但可以根据风随时间的变化总结出一定的规律，风随时间的变化包括每日的变化和季节的变化。一天之中风的强弱在某种程度上可以看作是周期性的，如地面上夜间风弱，白天风强；高空中正相反，是夜里风强，白天风弱。这个逆转的临界高度约为 100~150m。由于季节的变化，太阳和地球的相对位置也发生变化，使地球上存在季节性的温差，因此风向和风的强度也会发生季节性变化。我国大部分地区风的季节性变化情况是：春季最强，冬季次之，夏季最弱。当然也有部分地区例外，如沿海温州地区，夏季季风最强，春季季风最弱。

风速是不断变化的，一般所说的风速是指变动部位的平均风速。通常自然风是一种平均风速与瞬间激烈变动的紊流相重合的风。紊乱气流所产生的瞬时高峰风速也叫阵风风速。图 3-3 所示为阵风和平均风速的关系。

（2）风随高度的变化而变化　从空气运动的角度，通常将不同高度的大气层分为三个区域，如图 3-4 所示。离地面 2m 以内的区域称为底层；2~100m 的区域称为下部摩擦层，两者总称为地面境界层；从 100~1000m 的区段称为上部摩擦层，以上三区域总称为摩擦层。摩擦层之上是自由空气。

关于风速随高度而变化的经验公式很多，通常采用所谓指数公式，即直接应用风速随高度变化的指数律，以 10m 为基准，修正到不同高度的风速，其表达式为

$$\frac{v}{v_0} = \left(\frac{h}{h_0}\right)^k \tag{3-2}$$

式中，v 为距地面高度为 h 处的风速（m/s）；v_0 为高度为 h_0 处的风速（m/s），一般取 h_0 为

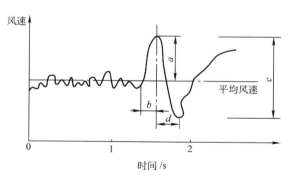

图 3-3　阵风和平均风速的关系

a—阵风振幅　*b*—阵风的形成时间　*c*—阵风的最大偏移量　*d*—阵风消失的时间

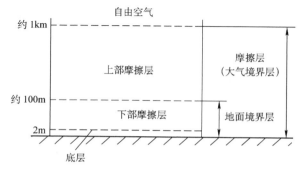

图 3-4　大气层的构成图

10m；k 为修正指数，它取决于大气稳定度和地面粗糙度等，其值约为 0.125~0.5，在开阔、平坦、稳定度正常的地区为 1/7。

对于地面境界层，风速随高度的变化则主要取决于地面粗糙度。不同地面情况的地面粗糙度 α 见表 3-1。此时计算近地面不同高度的风速时仍采用上述公式，只是用 α 代替式（3-2）中的指数 k。

表 3-1　不同地面情况的地面粗糙度

地面情况	粗糙度 α
光滑地面，硬地面，海洋	0.10
草地	0.14
城市平地，有较高草地，树木极少	0.16
高的农作物，篱笆，树木少	0.20
树木多，建筑物极少	0.22~0.24
森林，村庄	0.28~0.30
城市有高层建筑	0.40

从表 3-1 中的数据可见，粗糙地面比光滑地面的 α 值大，这是因为粗糙地面在近地层更易形成湍流，使得风速随高度增加得快，风速梯度大。为了从自然界获取最大的风能，应尽量利用高空中的风能，一般至少比周围的障碍物高 10m 左右。

3. 风能

风是空气的水平运动，空气运动产生的动能称为"风能"。

（1）风能密度　空气在 1s 内以速度 v 流过单位面积产生的动能称为"风能密度"，风能密度的一般表达式为

$$E = 0.5\rho v^3 \tag{3-3}$$

式中，E 为风能密度（W/m^2）；ρ 为空气质量密度（kg/m^3）；v 为风速（m/s）。

ρ 值的大小随气压、气温和湿度等大气条件的变化而变化，在常温（15℃）和 1 个标准大气压下，ρ 值可取为 1.225kg/m³。

由于风速时刻在变化，通常用某一段时间内的平均风能密度来说明该地的风能资源潜力。平均风能密度一般采用直接计算和概率计算两种方法求得。

（2）风能的定义　空气在 1s 内以速度 v 流过面积为 S 截面的动能称为风能。风能的表达式为

$$W = ES = 0.5\rho v^3 S \tag{3-4}$$

式中，W 为风能（W）；E 为风能密度（W/m^2）；S 为截面积（m^2）。

从风能的计算公式可见：风能的大小与气流密度和通过的面积成正比，与气流速度的 3 次方成正比，可见风速对风能的影响很大。

（3）风能的特点　风能与其他能源相比，既有其明显的优点，又有其局限性。风能的优点是，蕴量巨大、可以再生、分布广泛、没有污染。缺点是，密度低、不稳定、地区差异大。

密度低是风能的一个重要缺陷。由于风能来源于空气的流动，而空气的密度是很小的，因此风力的能量密度也很小，只有水力的 1/816。表 3-2 所示为各种能源的含能量，从表中可以看出，在各种能源中，风能的含能量是极低的，这个特点给其利用带来一定的困难。

表 3-2　各种能源的含能量

能源类别	风能（3m/s）	水能（流速 3m/s）	波浪能（波高 2m）	潮汐能（潮差 10m）	太阳能	
					晴天平均	昼夜平均
能量密度（kW/m²）	0.02	20	30	100	1.0	0.16

由于气流瞬息万变，因此风的脉动、日变化、季变化以至年际的变化都十分明显，波动很大，极不稳定。由于地形的影响，风力的地区差异非常明显。一个邻近的区域，有利地形下的风力，往往是不利地形下的几倍甚至几十倍。

3.1.3　风能的利用

风能的利用主要是将大气运动时所具有的动能转换为其他形式的能量，一般利用风推动风车的转动以形成动能。其具体用途包括风力发电、风帆助航、风车提水、风力致热采暖等。风能转换与应用情况如图 3-5 所示。

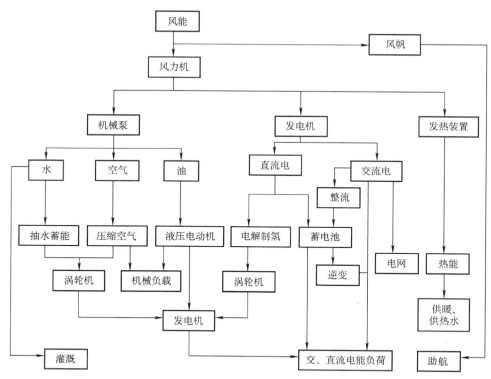

图 3-5　风能转换与应用情况

　　在风能的各种应用中，风力发电是风能利用的最重要形式。从风力发电技术状况以及实际运行情况表明，它是一种安全可靠的发电方式。风力发电机组的生产和控制技术日渐成熟，产品商品化的进程加快，降低了风力发电成本，已经具备了和其他发电手段相竞争的能力。和其他发电方式相比：风力发电不消耗资源、不污染环境；建设周期一般很短，安装一台可投产一台，装机规模灵活，可根据资金多少来确定装机量；运行简单，可完全做到无人值守；实际占地少，机组与监控、变电等建筑仅占风力发电场约 1% 的土地，其余场地仍可供农、牧、渔使用；对土地要求低，在山丘、海边、河堤、荒漠等地形条件下均可建设；此外，在发电方式上还有多样化的特点，既可联网运行，也可和柴油发电机等联成互补系统或独立运行，可解决边远无电地区的用电问题。

3.2　风力发电机组及其工作原理

　　19 世纪末，丹麦人首先研制了风力发电机。1891 年，丹麦建成了世界第一座风力发电站。100 多年来，世界各国成功研制了类型各异的风力发电机组。

3.2.1　风力发电机组的分类及结构

1. 风力发电机组的分类

风力发电包含两个能量转换过程：即风力机（风轮）将风能转换为机械能和发电机将

机械能转换为电能。风力发电所需要的装置，称为风力发电机组。风力发电机组的分类有很多种，按风轮轴的安装形式可分为水平轴风力发电机组和垂直轴风力发电机组两种；按风力发电机的功率来分可分为 4 种，分别为微型（额定功率为 50~1000W）、小型（额定功率为 1.0~10kW）、中型（额定功率为 10~100kW）和大型（额定功率大于 100kW）风力发电机组；按运行方式来分可分为独立运行和并网运行两种方式。

2. 风力发电机组的结构

风力发电机组中，水平轴风力发电机组是目前技术最成熟、产量最大的形式；垂直轴风力发电机组因其效率低、需起动设备等技术原因应用较少，因此下面主要介绍水平轴风力发电机组的结构。

1）独立运行的风力发电机组。水平轴独立运行的风力发电机组由风轮（包括尾舵）、发电机、支架、电缆、充电控制器、逆变器、蓄电池组等组成，其主要结构如图 3-6 所示。

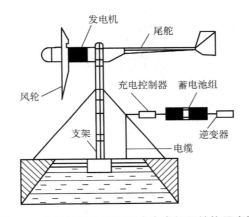

图 3-6　水平轴独立运行风力发电机组结构示意图

2）并网运行的风力发电机组。并网运行的水平轴风力发电机组由风轮、增速齿轮箱、交流发电机、控制系统等部件组成，图 3-7 所示为并网运行的水平轴风力发电机组的原理框图，图中电容补偿用于异步风力发电机系统。

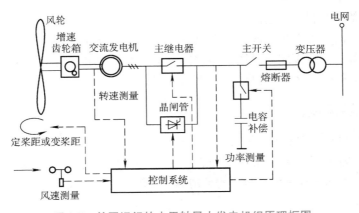

图 3-7　并网运行的水平轴风力发电机组原理框图

图 3-8 所示为大型风力发电机组的基本结构，它由叶片、轮毂、主轴、增速齿轮箱、发电机、塔架、控制系统等组成。

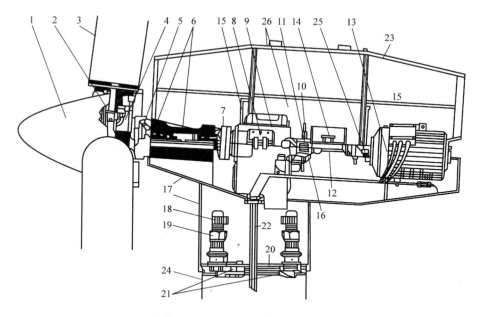

图 3-8　大型风力发电机组基本结构

1—导流罩　2—轮毂　3—叶片　4—叶尖刹车控制系统　5—集电环　6—主轴　7—收缩盘　8—锁紧装置
9—增速齿轮箱　10—刹车片　11—刹车片厚度检测器　12—万向联轴器　13—发电机　14—安全控制箱
15—舱盖开启阀　16—刹车汽缸　17—机舱　18—偏航电动机　19—偏航齿轮　20—偏航圆盘　21—偏航锁定
22—主电缆　23—风向风速仪　24—塔架　25—振动传感器　26—舱盖

3. 风力发电机组的工作原理

在并网运行的风力发电机组中，当风以一定速度吹向风力机时，在风轮的叶片上产生的力驱动风轮叶片低速转动，将风能转换为机械能，通过传动系统由增速齿轮箱增速，将动力传递给发电机，发电机匀速运转，把机械能转换为电能。整个机舱由高大的塔架举起，由于风向经常变化，为了有效地利用风能，还安装有迎风装置。迎风装置根据风向传感器测得的风向信号，由控制器控制偏航电动机，驱动与塔架上大齿轮相啮合的小齿轮转动，使机舱始终对准风的方向。而在独立运行的风力发电机组中，风轮驱动风力发电机，将风能转换为电能，通过蓄电池蓄能，直接或通过逆变器转换成交流电供给电网达不到地区的用户使用，尾舵的作用也是使风轮对准风向，以捕获最大的风能。

3.2.2　风力机及风能转换原理

风力机又称为风轮，主要有水平轴风力机和垂直轴风力机。风轮包括叶片和轮毂等，叶片安装在轮毂上，一般为 1~4 片，常用的为 2~3 片。由于叶片是风力发电机接收风能的部件，其叶片的扭曲、翼型的各种参数及叶片的结构都直接影响叶片接收风能的效率和叶片的寿命。

1. 风力机的结构

1) 水平轴风力机。水平轴风力机的旋转轴与风向平行，即与地面成水平状态。主要有荷兰式、农庄式（又称美洲式）、自行车式和桨叶式，如图 3-9 所示。荷兰式、农庄式为早期大量使用的机型，桨叶式风力机为目前普通使用的一种。自行车式风力机由轮毂、辐条和外圈组成，中空的桨叶套在辐条上，其结构简单、起动力矩大、风能利用系数较高，是稍晚发展起来的一种机型。

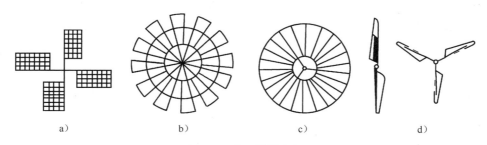

图 3-9　水平轴风力机
a）荷兰式　b）农庄式　c）自行车式　d）桨叶式

　　水平轴风力机又可分为升力型和阻力型两类。升力型旋转速度快，阻力型旋转速度慢，风力发电一般多采用升力型。由于风轮的转速比较低，而且风力的大小和方向经常变化，使转速不稳定，所以，在带动发电机之前，还必须附加一个把转速提高到发电机额定转速的齿轮变速箱，再加一个调速机构使转速保持稳定，然后再连接到发电机上。为保持风轮始终对准风向以获得最大的功率，小型水平轴风力机还需在风轮的后面装一个类似风向标的尾舵，而对于大型的风力机，则利用风向传感器件及伺服电动机组成的传动机构来控制。

　　水平轴风力机的技术参数主要有：风轮直径，一般风力机的功率越大，风轮直径越大；叶片数量，高速发电机的风力机叶片数为 2~4 片，低速风力机大于 4 片；风能利用系数，一般为 0.15~0.5 之间；起动风速，一般为 3~5m/s；停机风速，一般为 15~35m/s；输出功率，几十瓦至几兆瓦。

　　2）垂直轴风力机。垂直轴风力机的旋转轴垂直于地面，即与风向垂直，又称立轴风力机。立轴风力机在风向改变时无须对风，其设计、制造、安装、运行都比水平轴风力机简单和方便。常见的有萨窝纽斯式、达里厄式和旋翼式，如图 3-10所示。

　　目前主要使用的是水平轴风力机，其数量占绝大多数，可达 98% 以上。垂直轴风力机主要是达里厄式。

2. 风力机的气动原理

　　风力发电机组中的风轮之所以能将风能转换为机械能，是因为风力机具有特殊的翼型。现代

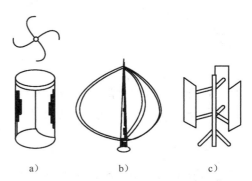

图 3-10　垂直轴风力机
a）萨窝纽斯式　b）达里厄式　c）旋翼式

风力机叶片的翼型及翼型受力分析图如图 3-11 所示，图 3-12 为翼型压力分布图。图 3-11 中的翼型尖尾点 B 称为后缘翼型，圆头上的 A 点称为前缘，连接前、后缘的直线 AB 称为翼弦；ACB 为翼型上表面，ADB 为翼型下表面；α 角为翼弦与相对风速之间的夹角，称为迎角

（或攻角，也称为功角）；翼弦与风轮旋转平面之间的夹角 θ 称为安装角（或桨距角 β）；风轮旋转平面与相对风速之间的夹角 ϕ 称为相对风向角。现分析风轮不动时受到风吹的情况：当风以速度矢量 v 吹向叶片时，在翼型的上表面，风速减小，形成低压区，翼型的下表面，风速增大，形成高压区，上下表面间形成压差，产生垂直于翼弦的力 F（空气总动力），力 F 可以分解为与相对风速方向平行的阻力 F_D 和垂直于风向的升力 F_L，升力使风力机旋转，实现能量的转换。

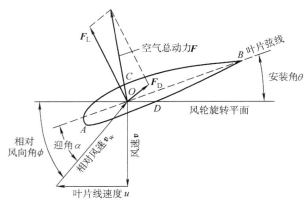

图 3-11 现代风力机叶片的翼型及翼型受力分析图

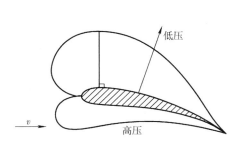

图 3-12 翼型压力分布图

合力 F 的大小可表示为

$$F = \frac{1}{2}\rho C S v^2 \tag{3-5}$$

式中，F 为合力 F 的大小（N·m）；ρ 为空气质量密度（kg/m³）；S 为叶片面积（m²）；C 为空气动力系数；v 为风速（m/s）。

力 F 的两个分力为阻力 F_D 和升力 F_L 的大小分别为

$$\begin{cases} F_L = \frac{1}{2}\rho C_L S v^2 \\ F_D = \frac{1}{2}\rho C_D S v^2 \end{cases} \tag{3-6}$$

式中，C_L 和 C_D 为翼型的升力和阻力系数。

由于 F_D 和 F_L 互相垂直，因此有

$$\begin{cases} F^2 = F_L^2 + F_D^2 \\ C^2 = C_L^2 + C_D^2 \end{cases} \tag{3-7}$$

翼型的升力和阻力随迎角 α 的变化而变化，其中升力随迎角 α 的增加而增加，阻力随迎角 α 的增加而减小。当迎角增加到某一临界值时，升力突然减小而阻力急剧增加，此时风轮叶片突然丧失支承力，这种现象称为失速。

3. 风力机叶片的速度

由图 3-11 可知

$$v_w = u + v \tag{3-8}$$

式中，v_w 为相对速度（m/s）；u 为叶片线速度（m/s）；v 为风速（m/s）。

其中

$$u = \omega r_i = \frac{2\pi r_i n}{60} \tag{3-9}$$

式中，ω 为叶片角速度（rad/s）；r_i 为叶片计算速度点到转动中心的距离（m）；n 为叶片转速（r/min）。

4. 风力机的输出功率

当风吹向风力机的叶片时，风力机的主要作用是将风能转换为机械能，风力机的机械输出功率可表示为

$$P_a = \frac{1}{2} C_P A \rho v^3 \tag{3-10}$$

式中，P_a 为风力机的机械输出功率（W）；A 为风力机的扫风面积（m²），$A = \pi r^2$；C_P 为风力机的利用系数（一般取 1/3 ~ 2/5）。

根据式（3-10），风力机的机械输出功率主要与风力机的利用系数、风力机的扫风面积、空气质量密度及风速有关，其与风速的 3 次方成正比，可见风速对能量转换的影响。对于已安装完成的风力机，其输出功率主要取决于风速和风轮的利用系数。风轮的利用系数最大只能达到 0.593，实际应用时，该系数与风速、风力机的转速以及风力机叶片参数有关，一般为 $C_P = C_P(\beta, \lambda)$，其中 λ 为叶尖速比，即风轮的叶尖速度与风速之比，β 为桨距角。在 β 一定时，风力机的利用系数 C_P 与叶尖速比 λ 的关系如图 3-13 所示。对应于最大的风力机利用系数 C_{Pm} 有一个叶尖速比 λ_m，因风速经常变化，为实现风能的最大捕获，风力机应变速运行，以维持叶尖速比 λ_m 不变。

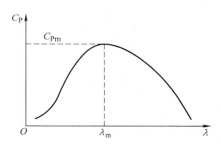

图 3-13　风力机的利用系数
与叶尖速比的关系

3.2.3　风力发电机及工作原理

在由机械能转换为电能的过程中，发电机及其控制器是整个系统的核心，它不仅直接影响整个系统的性能、效率和供电质量，而且也影响到风能吸收装置的运行方式、效率和结构。

风力发电机的运行方式不同，一般所用的发电机也不同。独立运行的风力发电机组中所用的发电机主要有直流发电机、永磁式交流同步发电机、硅整流自励式交流发电机及电容式自励异步发电机。并网运行的风力发电机机组中使用的发电机主要有同步发电机、异步发电机、双馈发电机、低速交流发电机、无刷双馈发电机、交流换向器发电机、高压同步发电机及开关磁阻发电机等。下面分别介绍这两种运行方式中的主要发电机。

1. 独立运行风力发电机组中的发电机

独立运行的风力发电机容量较小、一般在 7.5kW 以下，适用于户用型的离网供电系统。系统通常与蓄电池和功率变换器配合实现直流电和交流电的持续供给。通过控制发电机的励磁、转速及功率变换器以产生恒定电压的直流电或恒压恒频的交流电。独立运行的交流风力发电系统结构如图 3-14 所示。

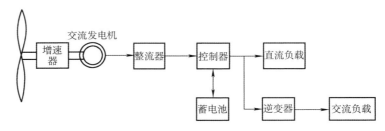

图 3-14　独立运行的交流风力发电机系统结构

　　独立运行的风力发电机主要有永磁式交流同步发电机、硅整流自励式交流发电机及电容式自励异步发电机。下面分类介绍这几种风力发电机的结构和发电原理。

　　（1）永磁式交流同步风力发电机

　　永磁式交流同步发电机转子采用永磁材料励磁，转子磁极有凸极式和爪极式两种。定子与普通交流电机相同，由定子铁心和定子绕组组成，在定子铁心槽内安放有三相绕组或单相绕组，图 3-15 为凸极式永磁同步发电机的结构。

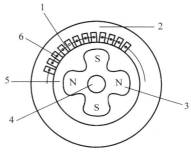

　　当风轮带动发电机转子旋转时，旋转的磁场切割定子绕组，在定子绕组中产生感应电动势，由此产生交流电流输出。定子绕组中的交流电流建立的旋转磁场的转速与转子的转速同步，属于小型同步发电机。

　　永磁式交流同步发电机的转子上没有励磁绕组，因此无励磁绕组的铜损耗，发电机的效率高；转子上无集电环，发电机运行更可靠；永磁材料一般有铁氧体和钕铁硼两种，其中钕铁硼的剩余磁场强度和矫顽力高，磁能积大，发电机体积更小，重量更轻，制造工艺简便，因此广泛应用于小型及微型风力发电机中。

图 3-15　凸极式永磁同步发电机结构
1—定子齿　2—定子轭　3—永磁体转子
4—转子轴　5—气隙　6—定子绕组

　　（2）硅整流自励式交流同步发电机

　　硅整流自励式交流同步发电机的定子由定子铁心和三相定子绕组组成，定子绕组为星形联结，放在定子铁心的内圆槽内；转子由转子铁心、转子绕组（即励磁绕组）、集电环和转子轴等组成，转子铁心有凸极式和爪极式两种，转子上的励磁绕组通过集电环和电刷与整流器的直流输出端相连，以获得直流励磁电流，其电路原理如图 3-16 所示。

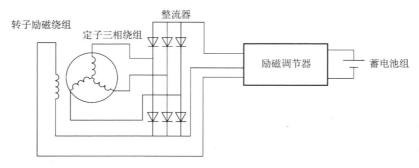

图 3-16　硅整流自励式交流同步发电机电路原理

硅整流自励式交流同步发电机一般带有励磁调节器，通过自动调节励磁电流的大小，来抵消因风速变化而导致的发电机转速变化对发电机端电压的影响，延长蓄电池的使用寿命，提高供电质量。

（3）电容自励式异步发电机

电容自励式异步发电机是在异步发电机的定子绕组的输出端接上电容，以产生超前于电压的容性电流，建立磁场，从而建立电压。其电路原理如图 3-17 所示。

自励式异步发电机建立电压的条件有两条：其一是发电机必须有剩磁，若无剩磁，可用蓄电池对其充磁；其二是发电机的输出端并联上足够的电容。

独立运行的自励式异步发电机带负载运行时，负载的大小和性质对发电机输出的电压及频率都有影响。自励式异步发电机的负载为感性负载，当负载增大时，感性电流将抵消一部分容性电流，导致励磁电流的减小，使发电机的端电压下降，因此随着感

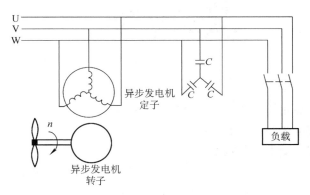

图 3-17　电容自励式异步发电机电路原理

性负载的增大，必须增加并接的电容数量，以维持励磁电流大小不变。为了维持发电机的频率不变，当发电机的负载增大时，还必须相应地提高发电机转子的转速。

2. 并网运行风力发电机组中的发电机

（1）异步发电机

1）异步发电机的结构。异步发电机的定子为三相绕组，可采用星形或三角形联结；转子绕组为笼型或绕线转子，与电容自励式异步发电机相同，也是采用定子绕组并接电容器来提供无功电流建立磁场，发电机转子的转速略高于旋转磁场的同步转速，并且恒速运行，发电机运行在发电状态。图 3-18～图 3-20 分别为三相笼型异步发电机转子结构、三相绕线转子异步发电机剖面和三相线转子异步发电机的转子绕组接线。

　　　　　a）

　　　　　b）

　　　　　c）

图 3-18　三相笼型异步发电机转子结构

a）三相笼型异步发电机转子剖面　b）小型笼型异步发电机转子　c）笼型转子结构

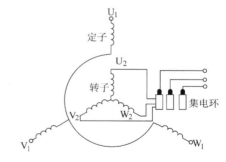

图 3-19　三相绕线转子异步发电机剖面　图 3-20　三相绕线转子异步发电机的转子绕组接线

因风力机的转速较低，在风力机和发电机之间需经增速齿轮箱传动来提高转速以达到适合异步发电机运转的转速。一般与电网并联运行的异步发电机为 4 极或 6 极发电机，当电网频率为 50Hz 时，发电机转子的转速必须高于 1500r/min 或 1000r/min，才能运行在发电状态，向电网输送电能。

2）异步发电机的工作原理。根据电机学的理论，当异步电机接入频率恒定的电网上时，由定子三相绕组中电流产生的旋转磁场的同步转速 n_1 决定于电网的频率 f_1 和电机绕组的极对数 p，三者的关系为

$$n_1 = \frac{60f_1}{p} \tag{3-11}$$

异步电机中旋转磁场和转子之间的相对转速为 $\Delta n = n_1 - n$，相对转速与同步转速的比值称为异步电机的转差率，用 s 表示，即

$$s = \frac{n_1 - n}{n_1} \tag{3-12}$$

异步电机可以工作在不同的状态。当转子的转速小于同步转速时（$n < n_1$），电机工作在电动状态，电机中的电磁转矩为拖动转矩，电机从电网中吸收无功功率建立磁场，吸收有功功率将电能转换为机械能；当异步电机的转子在风力机的拖动下，以高于同步转速旋转时（$n > n_1$），电机运行在发电状态，电机中的电磁转矩为制动转矩，阻碍电机旋转，此时电机需从外部吸收无功电流建立磁场（如由电容提供无功电流），而将从风力机中获得的机械能转换为电能提供给电网。此时电机的转差率 s 为负值，一般其绝对值在 2% ~ 5% 之间，并网运行的较大容量异步发电机的转子转速一般在 $(1 ~ 1.05)n_1$ 之间。

风力异步发电机并入电网运行时，只要发电机转速接近同步转速就可以并网，对机组的调速要求不高，不需要同步设备和整步操作。异步发电机的输出功率与转速近似呈线性关系，可通过转差率来调整负载。

风力异步发电机与电网的并联可采用直接并网、降压并网和通过晶闸管软并网三种方式，具体内容将在 3.5.3 节中加以介绍。

（2）同步风力发电机

1）普通同步发电机。

① 同步发电机的结构。同步发电机是目前使用最多的一种发电机。同步发电机的定子由定子铁心和三相定子绕组组成；转子由转子铁心、转子绕组（即励磁绕组）、集电环和转

子轴等组成，转子上的励磁绕组经集电环、电刷与直流电源相连，通以直流励磁电流来建立磁场；为了便于起动，磁极上一般还装有笼型起动绕组。同步发电机的转子有隐极式和凸极式两种，其结构如图 3-21 所示。隐极式的同步发电机转子呈圆柱体状，其定、转子之间的气隙均匀，励磁绕组为分布绕组，分布在转子表面的槽内。凸极式转子具有明显的磁极，绕在磁极上的励磁绕组为集中绕组，定、转子间的气隙不均匀。凸极式同步发电机结构简单、制造方便，一般用于低速发电场合；隐极式的同步发电机结构均匀对称，转子机械强度高，可用于高速发电。

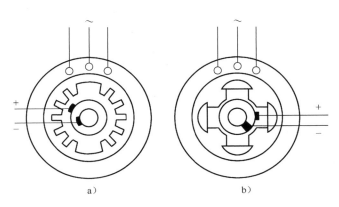

图 3-21　同步发电机结构

a）隐极式　b）凸极式

② 同步发电机的工作原理。同步发电机在风力机的拖动下，转子（含磁极）以转速 n 旋转，旋转的转子磁场切割定子上的三相对称绕组，在定子绕组中产生频率为 f_1 的三相对称的感应电动势和电流输出，从而将机械能转换为电能。由定子绕组中的三相对称电流产生的定子旋转磁场的转速与转子转速相同，即与转子磁场相对静止。因此发电机的转速、频率和极对数之间有着严格不变的固定关系，即

$$f_1 = \frac{pn}{60} = \frac{pn_1}{60}$$
（3-13）

当发电机的转速一定时，同步发电机的频率稳定，电能质量高；同步发电机运行时可通过调节励磁电流来调节功率因数，既能输出有功功率，也可提供无功功率，可使功率因数为 1，因此被电力系统广泛接受。但在风力发电中，由于风速的不定性使得发电机获得不断变化的机械能，给风力机造成冲击和高负载，对风力机及整个系统不利。为了维持发电机发出的电能的频率与电网频率始终相同，发电机的转速必须恒定，这就要求风力机有精确的调速机构，以保证风速变化时维持发电机的转速不变，即等于同步转速。

为了改善同步发电机的性能，出现了一些新型的同步发电机，下面分别简单介绍。

2）新型同步发电机。

① 低速同步发电机。低速同步发电机的转子极数很多，转速较低，径向尺寸较大，轴向尺寸较小，发电机呈圆盘形，可以直接与风力机相连接，省去了齿轮箱，减小了机械噪声和机组的体积，从而提高系统的整体效率和运行可靠性。但其功率变换器的容量较大，成本较高。

② 高压同步发电机。高压同步发电机的定子绕组采用高压圆形电缆取代普通同步发电机中的扁绕组，以提高耐压等级，其电压可提高到 10~20kV，甚至可达 40kV 以上，因此可不用升压变压器而与电网直接相连，避免了变压器运行时的损耗，同时也提高了运行可靠性；转子用永磁材料制成，且为多极式的，转速较低，可省去齿轮传动机构而直接与风力机连接，减小了齿轮传动的机械噪声和机械损耗，降低了机械维护工作量。此外，转子上无励磁绕组，不需要集电环，无励磁铜损耗和集电环的摩擦损耗，系统的效率较高。但这种发电机为满足绕组匝数的要求，定子铁心槽形为深槽形的，定子齿的抗弯强度下降，必须采用新型坚固的槽楔来压紧定子齿；因发电机采用永磁转子，需要大量稳定性高的永磁材料；与电网并联的高压同步发电机对风电场的有关方面也提出了较高的要求。

风电场中的每台高压同步发电机发出的交流电能可先经整流器变换为高压直流电输出，并接到直流母线上，实现并网，再将直流电由逆变器转化为交流电，输送到地方电网；若远距离输电时，可采用升压变压器接入高压输电线路，如图 3-22 所示。

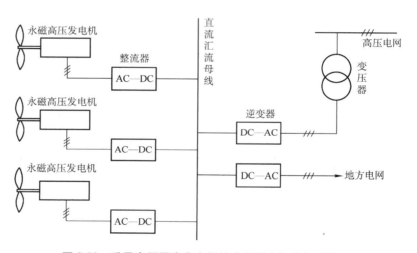

图 3-22　采用高压同步发电机技术的风电场电气连接图

（3）双馈异步发电机

双馈异步发电机属于异步发电机的一种，是绕组转子异步发电机，是当今最有发展前途的一种发电机。因在风力发电系统中应用较多，此处单独列出进行讨论。

1）双馈异步发电机的结构。其结构是由一台带集电环的绕线转子异步发电机和 AC—DC—AC 变频器组成。AC—DC—AC 变频器中的整流器通过集电环与转子电路相连接，将转子电路中的交流电整成直流电，经平波电抗器滤波后再由逆变器逆变成交流电回馈电网。发电机向电网输出的功率由两部分组成，即直接从定子输出的功率和通过变流器从转子输出的功率。其系统结构如图 3-23 所示。图中 P_w 为风力机的输入功率，P_a 为风力机的输出功率。

2）双馈异步发电机的工作原理。异步发电机中定、转子电流产生的旋转磁场始终是相对静止的，当发电机转速变化而频率不变时，发电机转子的转速和定、转子电流的频率关系可表示为

$$f_1 = \frac{p}{60}n \pm f_2 \qquad\qquad (3\text{-}14)$$

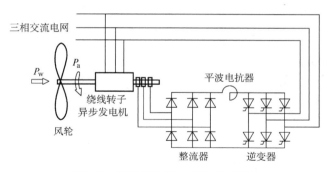

图 3-23　双馈异步发电机的系统结构

式中，f_1 为定子电流的频率（Hz），$f_1 = pn_1/60$，n_1 为同步转速；p 为发电机的极对数；n 为转子的转速（r/min）；f_2 为转子电流的频率（Hz），因 $f_2 = sf_1$，故 f_2 又称为转差频率。

由式（3-14）可见：当发电机的转速 n 变化时，可通过调节 f_2 来维持 f_1 不变，以保证与电网频率相同，实现变速恒频控制。此时风力机的速度随着风速的变化而变化，可通过发电机的控制使风力机运行在最佳叶尖速比，以实现整个运行速度范围内均有最佳功率利用因数。

根据双馈异步发电机转子转速的变化，双馈异步发电机可以有 3 种运行状态：

① 亚同步运行状态。此时 $n < n_1$，转差率 $s > 0$，式（3-14）取正号，频率为 f_2 的转子电流产生的旋转磁场的转速与转子转速同方向，功率流向如图 3-24a 所示。

② 超同步运行状态。此时 $n > n_1$，转差率 $s < 0$，式（3-14）取负号，转子中的电流相序发生了改变，频率为 f_2 的转子电流产生的旋转磁场的转速与转子转速反方向，功率流向如图 3-24b 所示。

③ 同步运行状态。此时 $n = n_1$，$f_2 = 0$，转子中的电流为直流，与同步发电机相同。

3）双馈异步发电机运行时的功率分析。双馈异步发电机运行时的功率分析与其他发电机不同。若不计定、转子的铜损耗，风力发电机中的轴上输入的机械功率为 P_1，从转子传送到定子上的电磁功率为 P_{em}，定子输出的电功率为（$1-s$）P_{em}，转子输入的电功率为 sP_{em}，有

$$P_1 = P_{em} = (1-s)P_{em} + sP_{em} \tag{3-15}$$

从式（3-15）可见：亚同步运行状态时，转差率 $s > 0$，$sP_{em} > 0$，需要向转子绕组馈入电功率，由原动机转化过来并由定子输出的电能只有（$1-s$）P_{em}，比转子传送到定子上的电磁功率 P_{em} 小；超同步运行状态时，转差率 $s < 0$，转子输入的电功率 sP_{em} 为负值，定、转子同时发电，转子发出的电能经双向变流器馈入电网，总输出的电能为（$1+|s|$）P_{em}，大于 P_{em}，这是双馈异步发电机的一个重要的特性。不同状态时的功率流向如图 3-24 所示。

双馈异步发电机的转子通过双向变频器与电网连接，可实现功率的双向流动，功率变换器的容量小，成本低；既可以亚同步运行，也可以超同步运行，因此调速范围宽；可跟踪最佳叶尖速，实现最大风能捕获；可对有功功率和无功功率进行控制，提高功率因数；能吸收阵风能量，减小转矩脉动和输出功率的波动，因此电能质量高，是目前很有发展潜力的变速恒频发电机。但系统的控制部分复杂，转子上的电刷和集电环降低了系统运行的可靠性，增

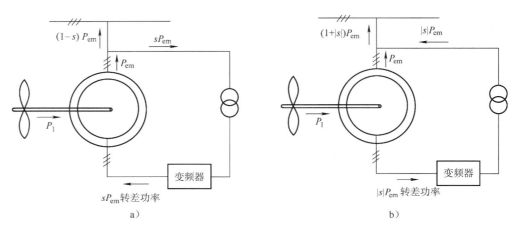

图 3-24 双馈异步发电机运行时的功率流向图

a）亚同步运行 b）超同步运行

大了系统维护的工作量。为解决其不足，出现了无刷双馈异步发电机。

（4）无刷双馈异步发电机

无刷双馈异步发电机（Brushless Doubly-Fed Machine，BDFM）的基本原理与双馈异步发电机相同，不同之外是取消了电刷和集电环，系统运行的可靠性增大，但系统体积也相应增大，常用的有级联式和磁场调制型两种类型。

级联式无刷双馈异步发电机由两台绕线转子异步发电机同轴相连，一台作为主发电机（功率电机），一台作为励磁电机（控制电动机），由于两个电机的磁路彼此独立，很容易实现有功功率和无功功率的解耦控制，但系统体积增大，损耗也增大，其接线图如图 3-25 所示。

磁场调制型无刷双馈异步发电机的定子侧有两套极对数不同的绕组，极对数为 p_p 的定子绕组称为功率绕组，极对数为 p_c 的定子绕组称为控制绕组；转子采用不同的磁阻式结构，通过限制磁通路径，以产生交、直轴方向上的磁阻差别，来调制定子绕组产生的极数不同的气隙磁场。两套定子绕组在电路和磁路方面是解耦的，其接线图如图 3-26 所示。

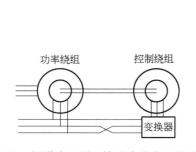

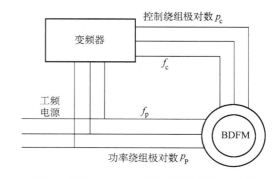

图 3-25 级联式无刷双馈异步发电机接线图　　图 3-26 磁场调制型无刷双馈异步发电机接线图

（5）开关磁阻发电机

开关磁阻发电机又称为双凸极式发电机（简称 SRG），定、转子的凸极均由普通硅钢片叠压而成，定子极数一般比转子的极数多，转子上无绕组，定子凸极上安放有彼此独立的集中绕组，径向独立的两个绕组串联起来构成一相。与三相电机不同，各相绕组在物理空间上是彼此独立的。其结构如图 3-27 所示。图中 S_1、S_2 为功率变换器中的电力电子开关，以控制各相电路的导通与关断，VD_1、VD_2 为续流二极管。

开关磁阻发电机作为风力发电机时，其系统一般由风力机、开关磁阻发电机及功率变换器、控制器、蓄电池、逆变器和负载，以及辅助电源等组成，其系统组成如图 3-28 所示。对于开关磁阻发电机来说，机械能转换为电能是利用控制器使相电流与转子位置合适地进行同步来实现的。通过功率变换器使绕组中获得励磁电流。发电工作时，相励磁电流通常在定、转子磁极重合的附近加入，以得到与转速相反方向的电磁转矩，实现机械能向电能的转换。当可控开关器件关断时，相绕组中的能量通过续流二极管流回电源，该返回的能量比励磁期间相绕组吸收的能量大得多。

开关磁阻发电机的结构简单，控制灵活，效率高而且转矩大，在风力发电系统中可用于直接驱动、变速运行，有一定的开发、研究价值。

风力发电系统中的发电机还有很多种，因篇幅限制，不再赘述。

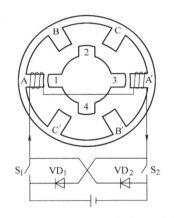

图 3-27　三相（6/4 极）开关磁阻发电机结构

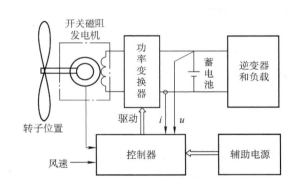

图 3-28　开关磁阻风力发电机系统组成

3.3　风力机的调节与控制

风力机和发电机是风力发电中的两个关键部分，有限的机械强度和电气性能使其速度和功率受到限制，因此风力机和发电机的功率和速度控制是其关键技术之一。风力发电机组在超过额定风速（一般为 12~16m/s）以后，由于机械强度和风力机、发电机、电力电子容量等物理性能的限制，必须降低风能所捕获的能量，使功率的输出保持在额定值附近，即保持功率输出恒定，同时减少叶片承受负荷和整个风力机受到的冲击，保证风力机不受伤害。

风力机的功率调节利用的是气动功率调节技术，气动功率调节的原理如图 3-29 所示。风力机的功率调节方式有定桨距失速调节、变桨距调节和主动失速调节三种。主要介绍前两种调节方式。

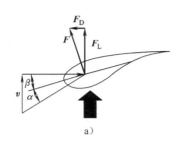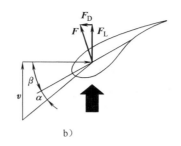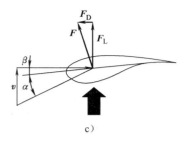

图 3-29　气动功率调节原理

a）定桨距失速　b）变桨距　c）主动失速

v—轴向风速　β—桨距角　α—攻角　F—作用力　F_D—阻力　F_L—升力

3.3.1　风力机的定桨距调节与控制

定桨距失速调节简称为定桨距调节，一般用于恒速控制，定桨距是指桨叶与轮毂的刚性连接。定桨距风力发电机组的主要结构特点是：桨叶与轮毂的连接是固定的，即当风速变化时，桨叶的迎风角度不能随之变化，风力机的功率调节完全依靠叶片的气动特性。

定桨距调节基本原理是利用桨叶翼型本身的失速特性，当桨距角 β 固定不变时，随着风速增加到高于额定风速时，气流的功角 α 增大，分离区形成大的涡流，流动失去翼型效应，与未分离时相比，上下翼面压力差减小，致使阻力增加，升力减小，形成失速工作状态，其效率降低，从而达到限制功率的目的。定桨距失速调节的优点是结构简单，性能可靠。

为了解决低风速或低负载时的效率问题，定桨距风力发电机组普遍采用设计两个不同功率、不同极对数的双速异步发电机的方法。大功率高转速的发电机工作于高风速区，小功率低转速的发电机工作于低风速区，由此来调整叶尖速比 λ，追求最佳风能利用系数 C_p。当风速超过额定风速时，通过叶片的失速或偏航控制降低 C_p，从而维持功率恒定。实际上定桨距风力发电机组输出功率的大小受到空气密度、叶片安装角度、高风速的影响较大，因此难以做到功率恒定，通常有些下降。

3.3.2　风力机的变桨距调节与控制

变桨距风力机的整个叶片可以绕叶片中心轴旋转，使叶片的攻角在一定范围（0~90°）变化，变桨距调节是指通过变桨距机构改变安装在轮毂上的叶片的桨距角的大小，使风轮叶片的桨距角随风速的变化而变化，一般用于变速运行的风力发电机，主要目的是改善机组的起动性能和功率特性。

根据其作用可分为三个控制过程：起动时的转速控制，额定转速以下（欠功率状态）的不控制和额定转速以上（额定功率状态）的恒功率控制。

1. 变桨距调节的三个控制过程

（1）起动时的转速控制　变桨距风轮的桨叶在静止时，桨距角 β 为 90°，这时气流对桨叶不产生转矩，实际上整个桨叶是一块阻尼板。当风速达到起动风速时，桨叶向 0 方向转动，直到气流对桨叶产生一定的攻角，风力机获得最大的起动转矩，实现风力发电机的起动，因此不再需要其他辅助起动设备。在发电机并入电网以前，变桨距系统的桨距角的给定值由发电机的转速信号控制。转速调节器按一定的速度上升斜率给出速度参考值，变桨距系统根据给定的速度参考值与反馈信号比较来调整桨距角，进行速度闭环控制。当转速反馈值超过给定值（同步转速）时，桨距角 β 向迎风面积减小的方向转动一个角度，β 增大，攻角 α 减小；反之则向迎风面积增大的方向转动，β 减小，攻角 α 增大。为减小并网时的冲击，保证平稳并网，可以在一定的时间内，保持发电机的转速在同步转速附近，寻找最佳时间并网。

当风力发电机需要脱离电网时，变桨距系统可以先转动叶片使之功率减小，在发电机与电网断开前，功率减小到零，因此当发电机与电网脱开时，没有转矩作用于风力发电机组上，避免了在定桨距风力发电机组上每次脱网时要经历突甩负载的过程。

（2）额定转速以下（欠功率状态）的不控制 发电机并网后，当风速低于额定风速时，发电机运行于额定功率以下的低功率状态，称为欠功率状态。早期的变桨距风力发电机组对此状态不做控制，控制器将叶片桨距角置于 0 附近，不再变化，与定桨距风力发电机组相似，发电机的功率根据叶片的气动性能随风速的变化而变化。为了改善低风速时的桨叶性能，近几年来，在并网运行的异步发电机上，利用新技术，根据风速的大小调整发电机的转差率，使其尽量运行在最佳叶尖速比上，以优化功率输出。

（3）额定转速以上（额定功率状态）的恒功率控制 当风速过高时，通过调整桨叶节距，改变气流对叶片的攻角，使桨距角 β 向迎风面积减小的方向转动一个角度，β 增大，功角 α 减小，如图 3-29c 所示，从而改变风力发电机组获得的空气动力转矩，使功率输出保持在额定值附近，这时风力机在额定点的附近具有较高的风能利用因数。图 3-30 为变桨距和定桨距风力发电机组在不同风速下的输出功率曲线，由图可见，在额定风速以下，两者相似，但在额定风速以上，变桨距风力发电机的输出功率维持恒定，而定桨距风力发电机组由于风力机的失速，当风速增大时输出功率反而减小。

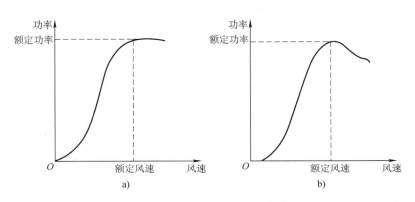

图 3-30 变桨距和定桨距风力发电机组在不同风速下的输出功率曲线
a）变桨距风力发电机组的功率曲线 b）定桨距风力发电机组的功率曲线

2. 变桨距的控制系统

传统的变桨距风力发电控制系统框图如图 3-31 所示。在起动时实现转速控制，由速度控制器起作用，起动结束后，在额定风速以下，转速环开环，系统不进行控制。当风速达到或超过额定风速时，切换到功率控制，功率控制器根据给定与反馈的功率信号比较后进行功率控制，以维持额定功率不变。由于风速变化很快，变桨距系统的动态响应难以达到要求，因此在功率控制的过程中，对于绕线转子异步发电机采用了新型控制系统，变桨距系统由风速的低频分量和发电机转速控制。风速的低频分量通过功率控制实现，风速的高频分量产生的机械能波动，通过控制发电机中的转子电流对电机转差进行控制，从而快速改变发电机的转速。当风速高于额定风速时，允许发电机的转速升高，将瞬变的风能以风轮的动能储存起来，当转速降低时再将动能释放出来，使功率曲线更加平稳。

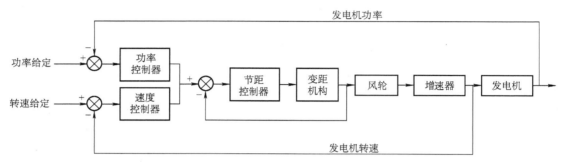

图 3-31　传统的变桨距风力发电控制系统框图

新型控制系统与传统控制系统的主要区别是采用了两个速度控制器及增加了转子电流的控制。其中一个速度控制器的作用与传统的速度控制器相同，即用于起动时的转速控制和在同步转速附近的转速控制。另一个速度控制器的作用是在并网后，和功率控制器一起通过转子电流的控制实现电机转差即转速的控制。该控制器受发电机的转速和风速的双重控制，在达到额定值之前，速度给定值随功率给定值增大；当风速高于额定风速时，发电机的转速通过改变风力机的节距来跟踪相应的速度给定值，维持功率恒定。

带转子电流控制器（RCC）的绕线转子异步发电机系统如图 3-32 所示。转子电流控制器安装在绕线转子异步发电机的转子轴上，通过集电环与转子电路相连，转子电路中外接三相电阻，使通过一组电力电子器件来调整转子回路电阻，从而调节发电机的转差率，实现调速的目的，其控制系统原理如图 3-33 所示。图中的开关 S 代表机组起动并网前的控制方式，

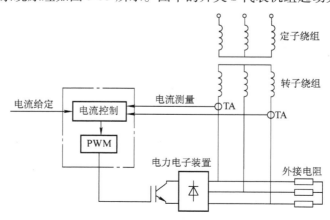

图 3-32　带转子电流控制器的绕线转子异步发电机的系统

为转速闭环控制；开关R代表机组并网后的控制方式，为功率闭环控制。其控制过程可分为3种情况：当风速达到起动风速时，风力机开始起动，随着转速的升高，变桨距控制使风力机的叶片节距角连续变化，发电机的转速上升到给定转速值（同步转速）后，发电机并入电网；发电机并网后，通过转速控制、功率控制和转子电流的控制使发电机的转差率调到最小1%（发电机的转速大于同步转速1%），同时由变桨距机构将叶片攻角调到零，以获得最大风能；当风速大于额定风速时，由于转子电流控制环节的动作时间远比变桨距机构的动作时间快，通过转子电路中电力电子装置的PWM控制来调节转子电路中所串的电阻值，从而改变发电机的转差率，以维持转子电流不变，因此发电机的输出功率也将维持不变，实现恒功率输出。

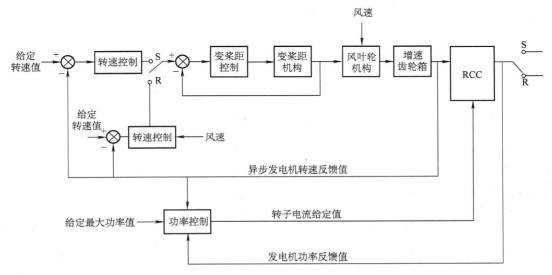

图 3-33　变桨距风力机——转差可调异步发电机控制原理框图

3. 变桨距控制系统的节距控制

变桨距控制系统的节距控制是由比例阀来实现的。控制系统结构如图3-34所示，控制器根据功率或转速信号给出−10~10V的控制电压。通过比例阀控制器转换成一定范围的电流信号，控制比例阀输出流量的方向和大小，变桨距液压缸按比例阀输出的方向和流量操纵桨叶节距角在5°~88°之间变化。

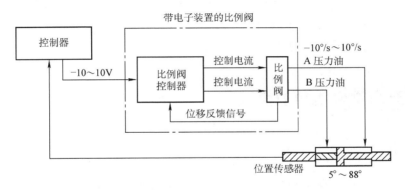

图 3-34　节距控制系统结构

变桨距风力发电机组的叶片一般较轻，机头质量比失速机小，其起动和制动性能好，在额定风速之后，输出功率可保持相对稳定，保证了较高的发电量。但由于增加了一套变桨距机构，系统复杂度和故障率增大，维护工作量增大。

3.3.3 风力机偏航系统的调节与控制

偏航系统是一个随动系统，偏航控制系统框图如图 3-35 所示。对风力发电机组的偏航控制主要完成两个功能：一是使风轮跟踪方向的变化，利于最大风能的捕获；二是当机舱内的电缆发生缠绕时自动解缆。

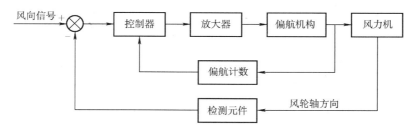

图 3-35　偏航控制系统框图

正常工作时，偏航系统是一个随动系统，一般在风轮的前部或者机舱一侧装有风向仪，当风轮的主轴与风向仪指向偏离时，控制系统经过一段时间的确认后，会控制偏航电机或者偏航液压马达将风轮调整到与风向一致的方向。就偏航控制而言，对响应的速度和控制的精度要求并不高，但是在对风过程中，整个风力发电机组是作为一个整体转动，具有很大的转动惯量，从控制的稳定性角度考虑，应该设置足够大的阻尼。一般在风轮的前部或者机舱一侧，装有风向仪，当风轮的主轴与风向仪指向偏离时，控制器开始计时，这种方向偏差达到一定的时间后，才认为风向确实改变，由控制器发出向左或者向右偏航的指令，直到方向偏差消除。偏航角度大小的检测通过安装在机舱内的角度编码器实现。作为角度编码器失效的后备措施，在由机舱引入塔架的电缆上安装有行程开关，电缆缠绕达到一定程度，行程开关动作，控制器检测到该信号会起动相应的处理程序。

风力发电机组无论处于运行状态还是待机状态均可以主动对风。当紧急停车时，需要通过偏航调节使机舱经过最短的路径与风向成90°夹角。

在风力发电机组工作时，如果向一个方向偏航的角度过大，将使由机舱引入塔架的各类电缆发生缠绕，影响整个发电机组的正常工作。因此当达到风力发电机规定的解缆圈数时，系统应自动解缆，此时起动偏航电机向相反方向转动缠绕圈数，使机舱返回电缆无缠绕位置。解缆完成后，发电机组再进入正常发电的工作状态。

3.4 风力发电机组的控制

3.4.1 风力发电机组的恒速恒频控制

恒速恒频风力发电系统一般应用于独立运行式的系统中，多采用笼型异步发电机，不管风速如何变化，发电机都维持在高于同步转速附近做恒速运行以实现发电频率的恒定，恒速恒频风力发电机组的基本结构如图 3-36 所示，风能带动风力机，经齿轮箱升速后驱动异步发电机将风能转换为电能，另一方面又必须从电网吸收滞后的无功功率。目前国内外普遍使用的是水平轴、上风向、定桨距（或变桨距）风力机，其有效风速范围约为 3~30m/s，额定风速一般设计为 8~15m/s，风力机的额定转速大约为 20~30r/min。就风力机的调节方式而言，恒速恒频风力发电系统又分为定桨距失速调节型和变桨距调节型两种。

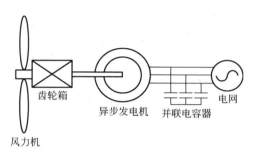

图 3-36　恒速恒频风力发电机组的基本结构

恒速恒频发电由风力机驱动至高于同步速的转速时，电磁转矩的方向与旋转方向相反，电机作为发电机运行，其作用是把机械功率转变为电功率。恒速恒频发电的输出功率与转速有关，通常在高于同步转速 3%~5% 的转速时达到最大值，超过这个转速，恒速恒频发电机将进入不稳定运行区。

恒速恒频风力发电系统具有结构简单、成本低、过载能力强以及运行可靠性高等特点。但是在恒速恒频风力发电系统中，一方面，风电机组直接与电网相连，风电的特性将直接对电网产生影响；另一方面，其发电设备为异步发电机，它的运行需要无功电流支持，加重了电网的无功负担，使系统的潮流分布更加复杂。因此这类系统如果需要并网发电，它的并网运行将给系统的规划、设计和运行带来许多不同于常规能源发电的新问题，随着风力发电规模的不断扩大，这些问题将愈加突出。

3.4.2　风力发电机组的变速恒频控制

为实现风能的最大利用和功率的最大输出及稳定，变速恒频风力发电系统的基本控制策略一般确定为：低于额定风速时，跟踪最大风能利用系数，以获得最大能量；高于额定风速时，跟踪最大功率，并保持输出功率稳定。

1. 转速控制策略

低于额定风速时，为了保持在最佳叶尖速比下工作，必须根据风速的变化随时调节发电机转子的转速，一般通过控制发电机的电磁转矩实现转速的控制，图 3-37 为最佳转矩—转速曲线。

为实现对最佳转矩—转速曲线的跟踪，一般有间接速度控制和直接速度控制两种方法。

风力机的机械转矩为

$$T_a = \frac{1}{2}\rho\pi C_T(\lambda,\beta)r^3v^2 \tag{3-16}$$

129

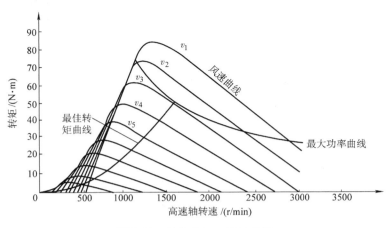

图 3-37　最佳转矩—转速曲线

式中，T_a 为风力机的机械转矩；r 为风轮桨叶半径；$C_T(\lambda,\beta)$ 为优化转矩系数；β 为桨距角，低速时为定值；λ 为叶尖速比，$\lambda=\dfrac{\omega_a r}{v}$，$\omega_a$ 为叶尖速度；ρ 为空气质量密度；v 为风速。

而发电机转矩的期望值与转速的关系为

$$T^* = K_{opt}\omega^2 \tag{3-17}$$

式中，T^* 为转矩的期望值；K_{opt} 为具有最佳 C_p 值的比例系数。

间接速度控制就是利用式（3-17）的关系控制转矩的，因风力机的转速不是直接被控制的，称为间接速度控制。直接速度控制是将任一给定时刻所需的最佳发电机的转速设置为风速的函数，通过转矩观测器预测风力发电机的机械传动转矩并加以控制。发电机参考转速的设定式为

$$\omega^* = \sqrt{\dfrac{T_m}{K_{opt}}} \tag{3-18}$$

式中，ω^* 为发电机转速的参考值；T_m 为转矩的观测值（包含对传动损耗的补偿）。

发电机转矩的设定式为

$$T_e = K_{opt}\omega^2 - B\omega \tag{3-19}$$

式中，B 为系统的摩擦转矩系数。

间接速度控制和直接速度控制的速度控制策略如图 3-38 所示。图中系统的给定 ω_{opt} 为对应最佳风能利用系数时的转速值，ω_{opt} 与有效风速 v 之间的关系可从下式的叶尖优化速比得到

$$v = \dfrac{\omega_{opt} r}{\lambda_{opt}} \tag{3-20}$$

风力机随风速的 3 次方获取能量，因此在风速大幅度、快速变化时，控制增益也应变化，风力机的转速控制实为跟踪控制，对应最大能量捕获的转速值就是系统的输入，由于机械转矩滞后于电磁转矩，所以在动作上有一个感应滞后环节。

2. 功率控制策略

高风速时，为保持发电机输出功率的恒定，控制系统通过调节风力机的功率系数，将功

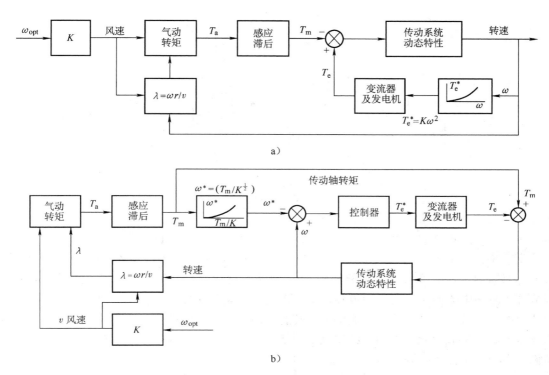

a)

b)

图 3-38　变速恒频发电机组的速度控制策略

a）间接速度控制策略　b）直接速度控制策略

率输出限制在允许范围之内；同时使发电机的转速能随功率的输入做快速变化，以保证发电机在允许的转速范围内持续工作并保持传动系统具有良好的柔性。

　　风轮功率系数的控制一般采用两种方法：①控制发电机的电磁转矩来改变发电机的转速，使 P_{max} 最大化，对风能最大利用；②改变桨叶节距角来改变空气动力转矩，维持最大（额定）功率不变。或者将两种方法结合起来，以改善性能。图 3-39 为功率控制系统总框图，图 3-40 为改变桨叶节距角的控制系统框图，为限制最大功率输出，对最大节距角进行了限制。当转速高于参考转速时，控制器输出节距角偏差值 $\Delta\beta$ 与参考节距 β^* 比较，由桨叶节距调节器调节节距以维持功率恒定。控制器可采用 PI 或 PID 调节器。

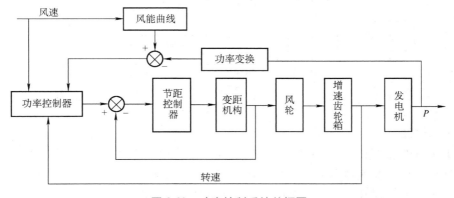

图 3-39　功率控制系统总框图

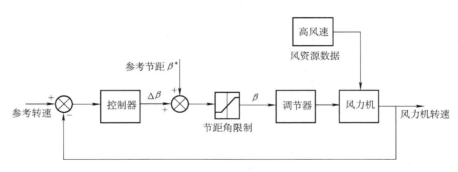

图 3-40 改变桨叶节距角的控制系统框图

3. 双馈异步风力发电机的变速恒频控制策略

由于双馈异步风力发电机具有控制灵活、能量双向传输、电机可四象限平滑运行、电力电子变换装置功率小（约 30% 的电机容量）等一系列优点，在大中型风力发电系统中优势显著。双馈异步发电机系统中的变频器采用双 PWM 变频器，发电机根据风力机转速的变化调节转子励磁电流的频率，实现恒频输出；再通过矢量变换控制实现发电机的有功功率和无功功率的独立调节，进而控制发电机组的转速实现最佳风能的捕获。采用矢量控制技术的双馈异步发电机构成的变速恒频并网发电系统如图 3-41 所示。图中 DFIG 为双馈异步发电机的简称，系统采用如下控制技术：

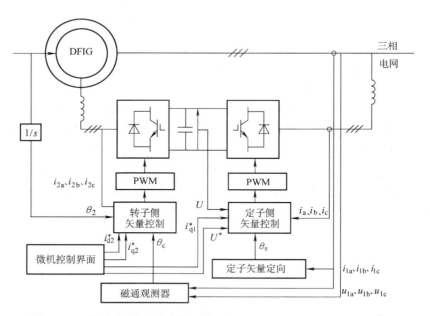

图 3-41 采用矢量控制技术的双馈异步发电机变速恒频并网发电系统

（1）背靠背的双 PWM 变频器

为实现转子中能量的双向流动，转子中的变频器采用背靠背方式的双 PWM 变频器，它是由两个 PWM 功率变换器背靠背组成，图 3-42 为由 IGBT 电力电子器件组成的双 PWM 变频器的主电路。变频器中的两个 PWM 变换器经常变换运行状态，在不同的能量流向下分别实现整流和逆变的功能，与电网相连的变换器称为网侧变换器，与转子绕组相连的称为转子侧变换器。

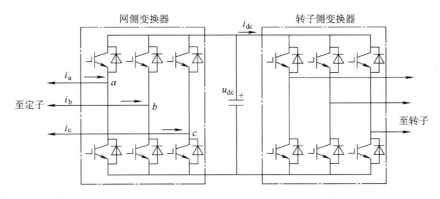

图 3-42　由 IGBT 电力电子器件组成的双 PWM 变频器的主电路

（2）双馈发电机的矢量控制

由于双馈发电机的电路存在着磁路上的耦合，双馈发电机在三相坐标下的数学模型是非线性、时变的高阶系统，为达到直流电机的控制性能，实现励磁电流和转矩电流即有功电流和无功电流的解耦控制，双馈发电机一般都采用矢量控制技术。其基本方法是通过三相静止绕组 u、v、w 到二相同步旋转的 d/q 轴绕组的变换，将定子电流分解为 d 轴的无功励磁电流分量和 q 轴的有功转矩电流分量，通过对 d 轴电流的调节可实现磁场调节和无功功率的调节，而通过控制 q 轴电流可实现转矩即转速的调节。

通过三相静止绕组 u、v、w 到二相静止绕组 α、β 的变换，再将两相静止绕组变换到二相以同步转速旋转的 d/q 轴绕组，可得 d/q 轴坐标系下的方程式。其中电压方程（按电动机惯例）为

$$\begin{cases} u_{d1} = R_1 i_{d1} + P\psi_{d1} - \omega_1 \psi_{q1} \\ u_{q1} = R_1 i_{q1} + P\psi_{q1} + \omega_1 \psi_{d1} \\ u_{d2} = R_2 i_{d2} + P\psi_{d2} - \omega_s \psi_{q2} \\ u_{q2} = R_2 i_{q2} + P\psi_{q2} + \omega_s \psi_{d2} \end{cases} \tag{3-21}$$

式中，u_{d1}、u_{q1}、u_{d2}、u_{q2} 为定、转子上 d、q 轴的电压分量；i_{d1}、i_{q1}、i_{d2}、i_{q2} 为定、转子上 d、q 轴的电流分量；R_1、R_2 为定、转子电阻；ψ_{d1}、ψ_{q1}、ψ_{d2}、ψ_{q2} 为定、转子上 d、q 轴的磁链分量；P 为微分算子；ω_1、ω_s 为同步角速度和转差角速度，$\omega_s = s\omega_1$。

磁链方程为

$$\begin{cases} \psi_{d1} = L_1 i_{d1} + L_m i_{d2} \\ \psi_{q1} = L_1 i_{q1} + L_m i_{q2} \\ \psi_{d2} = L_2 i_{d2} + L_m i_{d1} \\ \psi_{q2} = L_2 i_{q2} + L_m i_{q1} \end{cases} \tag{3-22}$$

式中，L_1、L_2、L_m 为定、转子自感和互感。

运动方程和电磁转矩方程分别为

$$\begin{cases} T_a - T_e = \dfrac{J}{p} P\omega \\ \omega = P\theta_2 \\ T_e = pL_m(i_{q1}i_{d2} - i_{d1}i_{q2}) \end{cases} \tag{3-23}$$

式中，T_a 为风力机输出转矩；T_e 为发电机的电磁转矩；J 为系统的转动惯量；p 为发电机极对数；ω 为转子角速度；θ_2 为转子转过的角度。

定子中的有功功率和无功功率分别为

$$\begin{cases} P_1 = \dfrac{3}{2}(u_{d1}i_{d1} + u_{q1}i_{q1}) \\ Q_1 = \dfrac{3}{2}(u_{d1}i_{q1} + u_{q1}i_{d1}) \end{cases} \tag{3-24}$$

为简化有功功率和无功功率的计算，双馈发电机采用定子磁场定向技术，将定子磁链 ψ_1 的方向取在 d 轴上，其定子磁场矢量图如图 3-43 所示，由图可见

$$\begin{cases} \psi_{d1} = \psi_1 \\ \psi_{q1} = 0 \end{cases} \tag{3-25}$$

考虑发电机工作在同步频率下时，由发电机定子电阻产生的电压降比电动势小得多，忽略电阻压降，可得

$$\begin{cases} u_{d1} = 0 \\ u_{q1} = u_1 = \omega_1\psi_1 \end{cases} \tag{3-26}$$

式中，u_1 为定子电压。

由式（3-26）可得

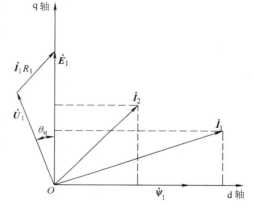

图 3-43 定子磁场矢量图

$$\psi_1 = \frac{u_1}{\omega_1} \tag{3-27}$$

式（3-27）表明，在 ω_1 一定时，ψ_1 只与 u_1 有关。

由式（3-21）、式（3-22）、式（3-24）和式（3-25）可得定、转子侧电流为

$$\begin{cases} i_{d1} = -\dfrac{P\psi_1}{R_1} \\ i_{q1} = \dfrac{u_1 - \omega_1\psi_1}{R_1} \\ i_{d2} = \dfrac{(R_1 + L_1 P)}{R_1 L_m}\psi_1 \\ i_{q2} = -\dfrac{L_1}{L_m}i_{q1} = \dfrac{L_1\omega_1}{L_m R_1}\psi_1 - \dfrac{L_1}{L_m R_1}u_1 \end{cases} \tag{3-28}$$

将式（3-28）代入转子电压方程式（3-21），可得转子电压为

$$
\begin{cases}
u_{d2} = R_2 i_{d2} + \sigma L_2 P i_{d2} - \omega_s \sigma L_2 i_{q2} \\
u_{q2} = R_2 i_{q2} + \sigma L_2 P i_{d2} + \omega_s \left(\dfrac{L_m}{L_1} \psi_1 + \sigma L_2 i_{d2} \right)
\end{cases}
\tag{3-29}
$$

式中，$\sigma = L_2 - L_m^2 / L_1$。

将电流计算结果代入电磁转矩方程式（3-23），可得电磁转矩为

$$
T_e = \frac{p L_m}{L_1} \psi_1 i_{q2}
\tag{3-30}
$$

将电压和电流的计算结果代入功率方程式（3-24），可得定子上的有功功率和无功功率为

$$
\begin{cases}
P_1 = -\dfrac{1.5 L_m}{L_1} \psi_1 \omega_1 i_{q2} = -\dfrac{1.5 L_m}{L_1} u_1 i_{q2} \\
Q_1 = \dfrac{1.5}{L_1} \psi_1 \omega_1 (\psi_1 - L_m i_{d2}) = \dfrac{1.5}{L_1} u_1 \left(\dfrac{u_1}{\omega_1} - L_m i_{d2} \right)
\end{cases}
\tag{3-31}
$$

当发电机并入电网后，定子电压 u_1 恒定，则 ψ_1 也不变，由式（3-30）和式（3-31）可见，发电机电磁转矩可通过转子中的 q 轴电流 i_{q2} 进行控制，达到调速的目的；而定子有功功率 P_1 只与转子电流 i_{q2} 有关，无功功率 Q_1 只与 i_{d2} 有关，从而实现了有功功率和无功功率的解耦控制，因此将 i_{q2} 称为转矩电流，i_{d2} 称为励磁电流。

由图 3-43 可见，定子电压综合矢量超前定子磁链矢量近似 $90°$，由磁通观测器观测到的定子三相电压经过 3/2 变换，得到二相静止坐标系的定子电压 u_α、u_β，然后经 K/P 变换（二相坐标到极坐标的变换）计算出定子电压矢量位置给定 θ_u，则定子磁链矢量位置为 $\theta_s = \theta_u + 90°$，从而得出坐标系 d 轴的位置，$\psi_1$ 也可以由式（3-31）计算出，图 3-44 为定子磁链观测器框图。

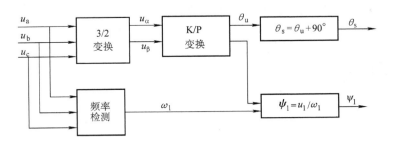

图 3-44 定子磁链观测器框图

（3）网侧变换器的矢量控制

双馈发电机网侧变换器的矢量控制框图如图 3-45 所示。由计算机输入的电压和电流的给定值分别为 U^* 和 i_{q1}^*，电压给定值与来自变频器直流侧的电压反馈信号进行比较，通过 PI 调节器输出电流参考信号 i_{d1}^*，根据实测的定子侧电压和电流，经矢量变换和计算出电流 i_{d1} 和 i_{q1}，i_{d1}^* 与 i_{d1} 比较后经 PI 控制器输出 PWM 控制信号，i_{q1}^* 与 i_{q1} 比较后也经 PI 控制器输出 PWM 控制信号，两者共同控制网侧变换器。

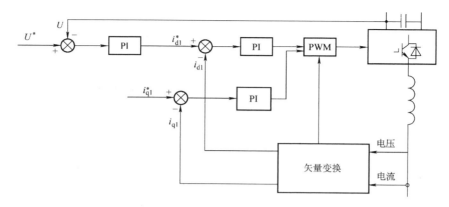

图 3-45　双馈发电机网侧变换器的矢量控制框图

（4）转子侧变换器的矢量控制

图 3-46 为双馈发电机转子侧变换器的矢量控制框图，图中 Q_1^*、P_1^* 分别为定子的有功功率和无功功率给定值，给定值与来自发电机模型中经矢量变换和计算得到的反馈值比较，经 PI 调节器调节后分别输出电流的给定值 i_{d2}^*、i_{q2}^*，电流的给定值与电流的反馈值比较后经 PI 调节器输出 PWM 控制信号，通过对转子侧变换器的矢量控制，实现定子有功功率和无功功率的解耦控制。同理，发电机电磁转矩和转速的控制也可以通过矢量控制实现。

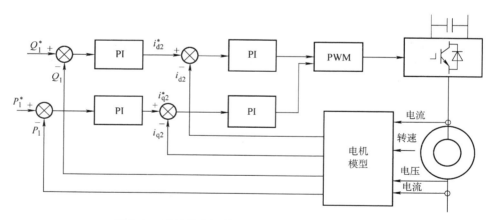

图 3-46　双馈发电机转子侧变换器的矢量控制框图

由图 3-46 可见，双馈发电机由于网侧和转子侧变换器均采用了矢量控制，通过三相 u、v、w 到二相 d、q 的变换，实现了 d、q 轴电流的解耦，通过磁通观测器观测磁通，分别对 d、q 轴电流进行控制可实现转矩、有功功率和无功功率的控制，从而控制转速和改善电网的功率因数。

4. 永磁同步风力发电机的变速恒频控制策略

随着风速的变化，永磁同步电机发出的电频率也是变化的，该系统采用与异步发电机变速恒频系统同样的方式，通过定子绕组与电网之间的变频器把频率变化的电能转换为与电网频率相同的电能送入电网。因此，与异步发电机变速恒频系统相同，该系统电力电子变换器的容量与发电机额定容量相同，提高了成本，增加了系统损耗。但永磁同步发电机容易实现低转速多极对数，可以采用直驱形式省去齿轮箱，整个系统的成本相对降低了，并可提高可靠性、减小系统噪声。永磁同步发电机变速恒频控制包括以下几个方面：

（1）永磁同步发电机控制策略

永磁同步发电机（PMSG）通过全功率并网变换器（电机侧变换器和电网侧变换器）接入电网，不同的并网变换器拓扑结构决定了永磁同步风力发电机组具有不同的控制策略。根据不同的电机侧变换器及电网侧变换器结构，应用直驱永磁同步风力发电机组的并网拓扑结构主要有以下几种：

1）二极管不控整流接晶闸管逆变器。应用该种并网拓扑结构的永磁同步风力发电机组如图 3-47a 所示。电机侧变换器采用二极管不控整流方式，电网侧变换器中的开关管采用技术成熟、成本较低的晶闸管。

在这种并网拓扑结构下，永磁同步发电机输出频率和电压变化的交流电，经二极管整流至直流，再由晶闸管逆变器把直流电逆变为和电网匹配的交流电。由于永磁同步发电机无励磁，且整流部分为不可控的整流二极管，因此，永磁同步发电机缺乏灵活的控制，易造成发电机在较低的功率因数下运行，且发电机定子谐波、转矩脉动都较大。在这种并网拓扑结构下，若要实现对永磁同步发电机转速的控制，只能通过控制晶闸管逆变器来实现：永磁同步发电机运行某一确定转速下，通过不控整流有一个确定的直流侧电压，因此可以通过控制直流侧电压来实现对发电机转速的控制。由于晶闸管逆变器需要从电网吸收无功功率，同时在其交流侧产生大量的谐波电流，因此，一个补偿装置常被置于晶闸管逆变器的交流端，用来补偿其运行时造成的无功消耗和谐波失真。

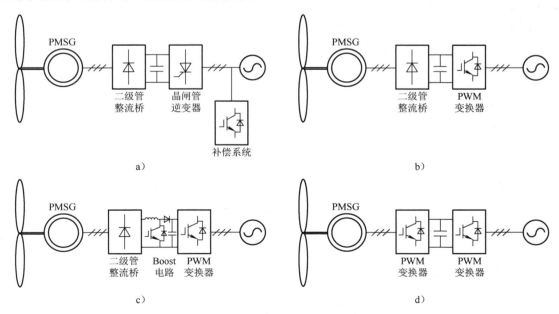

图 3-47　直驱永磁同步风力发电机组几种主要的控制策略

a）二极管不控整流接晶闸管逆变器　b）二极管不控整流接 PWM 电压源型变换器
c）电机侧变换器两级结构接 PWM 电压源型变换器　d）双 PWM 电压源型变换器

显而易见，这种并网拓扑方式具有的优点是并网变换器成本低，适合大容量风力发电机组应用，因此早期的风电机组并网多采用这种方式。由于其缺点也相当明显：整个系统控制不够灵活，需要额外的补偿装置，且补偿装置的加入导致整个系统控制复杂。

2）二极管不控整流接 PWM 电压源型变换器。应用该种并网拓扑结构的直驱永磁同步风力发电机组如图 3-47b 所示。这种并网拓扑结构与方式 1 几无二致，只是将电网侧变换器改为有自关断能力的器件组成的电压源型变换器。与晶闸管逆变器相比，PWM 电压源型变换器开关频率的提高，使得电网侧变换器对于电网的谐波污染大大减少。并且，PWM 电压源型变换器具有灵活的有功功率和无功功率调节的能力。

同样是因为电机侧采用二极管不控整流，直流侧电压会随着发电机运行工况的不同而变化，过高或过低的直流侧电压对于电网侧 PWM 电压源型变换器的控制是不利的：风速较低时，对应的直流侧电压也较低，此时为了并入电网，就需要提高 PWM 电压源变换器的调制深度，这会导致 PWM 电压源型变换器运行效率低、损耗大等问题。极端情况下会危及变换器的安全运行，进而影响整个风电机组的并网稳定运行。

3）电机侧变换器两级结构接 PWM 电压源型变换器。应用该种并网拓扑结构的直驱永磁同步风力发电机组如图 3-47c 所示。这种并网拓扑结构是在方式 2 的基础上，直流侧加入 Boost 升压环节。这样，将变化的直流侧电压稳定在一合理的范围，以解决方式 2 中 PWM 电压源型变换器直流侧电压较低时运行特性差的问题。

加入 Boost 升压电路后，通过控制流过升压电路中电感的电流可以达到间接控制永磁同步发电机转矩的目的，直流侧电压的稳定交由电网侧变换器完成。这种并网拓扑结构由于加入了一级 Boost 升压环节，因此，电机侧变换器变成不控整流和升压斩波两级结构，相对于方式 2 增加了系统的复杂性。并且，由于电机侧变换器依然采用二极管不控整流，因此上述永磁同步发电机定子谐波、转矩脉动等问题依然存在。由于无法直接控制永磁同步发电机的电磁转矩，电机侧的控制缺乏灵活性，机组整体运行特性受到一定限制。

4）双 PWM 电压源型变换器。应用该种拓扑结构的直驱永磁同步风力发电机组如图 3-47d 所示。为了解决以上并网拓扑结构中发电机侧二极管不控整流带来的诸多问题，将前述二极管不控整流部分换成 PWM 电压源型变换器，这样，电机侧变换器和电网侧变换器均为 PWM 电压源型变换器，形成"背靠背"变换器或称双 PWM 变换器结构。显然，相比以上 3 种结构，电机侧采用 PWM 电源型变换器的主动整流方案的成本相对要高一些。

这种拓扑结构的并网主电路方案相对成熟，技术实现可靠，对电机侧变换器和电网侧变换器均可实现 PWM 控制技术。特别是，可在电机侧变换器采用矢量控制技术，对永磁同步发电机完成诸如单位功率因数、最大转矩电流比、最小损耗等各种控制方案，因此控制灵活度很高，有利于提高风力发电机组的运行特性。同时，PWM 电压源型变换器优良的输入、输出特性保证了发电机和电网受到非常低的谐波污染，且电机侧和电网侧的功率因数均可控。

（2）电机侧变换器的矢量控制

采用矢量控制技术可以使交流调速获得直流调速同样优良的控制性能。其基本思想是在普通的三相交流电动机上设法模拟直流电动机转矩控制的规律，在磁场定向坐标上，将电流矢量分解成为产生磁通的励磁电流分量和产生转矩的转矩电流分量，并使得两个分量相互垂直，彼此独立进行调节。这样，交流电动机的转矩控制从原理和特性上就和直流电动机相似了。矢量控制的目的是为了改善转矩控制性能，最终落实到对定子电流的控制上。因此矢量控制的关键仍是对电流矢量的幅值和空间位置的控制。

假设 d—q 坐标系以同步速度旋转 q 轴超前于 d 轴，将 d 轴定位于转子永磁体的磁链方向上，可得到电机的定子电压方程为

$$\begin{cases} u_{sd} = R_s i_{sd} + L_s \dfrac{di_{sd}}{dt} - \omega_s L_s i_{sq} \\ u_{sq} = R_s i_{sq} + L_s \dfrac{di_{sq}}{dt} + \omega_s L_s i_{sd} + \omega_s \psi \end{cases} \tag{3-32}$$

式中，R_s 和 L_s 分别为发电机的定子电阻和电感；u_{sd}、u_{sq}、i_{sd}、i_{sq} 分别为 d、q 轴定子电压、电流分量；ω_s 为同步电角速度；ψ 为转子永磁体磁链。

通常采用 $i_{sd} = 0$ 的控制方式，则其电磁转矩可表示为

$$T_{em} = p\psi i_{sq} \tag{3-33}$$

式中，p 为电机极对数。

由式（3-32）可知，定子 d、q 轴电流除受控制电压 u_{sd} 和 u_{sq} 的影响外，还受耦合电压 $-\omega_s L_s i_{sq}$ 和 $-\omega_s L_s i_{sd}$、$\omega_s \psi$ 的影响。因此，电机的电流环控制除了需对 d、q 轴电流分别进行闭环 PI 调节得到相应控制电压 u'_{sd} 和 u'_{sq} 之外，还需分别加上交叉耦合电压补偿项 $-\omega_s L_s i_{sq}$ 和 $-\omega_s L_s i_{sd}$、$\omega_s \psi$，从而得到最终的 d、q 轴控制电压分量 u_{sd} 和 u_{sq}。

根据发电机的功率平衡关系有

$$P_s = P_e - P_{Cu} \tag{3-34}$$

$$P_e = T_e \omega \tag{3-35}$$

式中，P_s 为发电机输出的有功功率；P_e 为电磁功率；P_{Cu} 为定子铜耗；T_e 为发电机的电磁转矩。

由式（3-33）~式（3-35）可知，通过调节发电机的电磁转矩，可以调节发电机输出的有功功率。而调节发电机的电磁转矩可以通过控制电机的 q 轴电流分量来实现。所以，将功率闭环的 PI 调节器输出作为电机 q 轴电流分量的给定值，通过有功功率、电流双闭环实现发电机输出有功功率的调节。由于要控制电网侧变换器来保持直流侧电压恒定，因此运行过程中直流侧电容的充放电功率变化很小，如果进一步忽略变换器的损耗，则可认为发电机输出的有功功率经双 PWM 变换器后全部馈入电网。因此，发电机输出的有功功率可通过间接测量电网侧变换器馈入电网的有功功率 P_g 来近似获得。从而可得外环采用有功功率环的电机侧变换器控制框图如图 3-48 所示。

（3）电网侧变换器的矢量控制

可得 d—q 坐标系下电网侧变换器的数学模型为

$$\begin{cases} L_g \dfrac{di_{gd}}{dt} = -R_g i_{gd} + \omega_g L_g i_{gq} - v_{gd} + u_{gd} \\ L_g \dfrac{di_{gq}}{dt} = -R_g i_{gq} - \omega_g L_g i_{gd} - v_{dq} + u_{gq} \\ C \dfrac{du_{dc}}{dt} = v_{gd} + v_{gq} - i_L \end{cases} \tag{3-36}$$

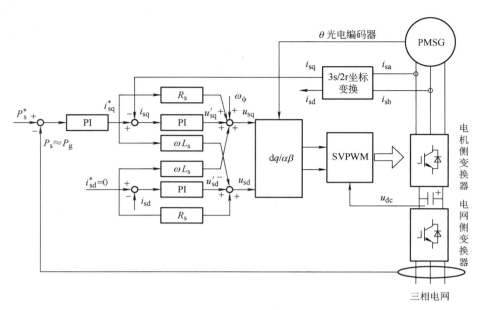

图 3-48　电机侧变换器的控制框图

以电网电压空间矢量方向为 d 轴方向，与之垂直的方向超前 90° 为 q 轴方向，则有

$$\begin{cases} u_{\mathrm{gd}} = |\vec{U}_{\mathrm{gd}}| = \sqrt{\dfrac{3}{2}} U_{\mathrm{gm}} \\ u_{\mathrm{gq}} = 0 \end{cases} \tag{3-37}$$

d—q 坐标系下，从网侧变换器输入到电网的有功功率和无功功率分别为

$$\begin{cases} P_{\mathrm{g}} = -u_{\mathrm{gd}} i_{\mathrm{gd}} - u_{\mathrm{gq}} i_{\mathrm{gq}} = -u_{\mathrm{gd}} i_{\mathrm{gd}} \\ Q_{\mathrm{g}} = u_{\mathrm{gd}} i_{\mathrm{gq}} - u_{\mathrm{gq}} i_{\mathrm{gd}} = u_{\mathrm{gd}} i_{\mathrm{gq}} \end{cases} \tag{3-38}$$

式中，P_{g} 大于 0 表示变换器工作于逆变状态，有功功率从直流侧流向交流电网；P_{g} 小于 0 表示变换器工作于整流状态，有功功率从交流电网流向直流侧。Q_{g} 大于 0 表示变换器向电网发出滞后无功功率；Q_{g} 小于 0 表示变换器从电网吸收滞后无功功率。

由式（3-38）可以看出，调节输出电流在 d、q 轴的分量，就可以独立地控制变换器输出的有功功率和无功功率。从电路拓扑结构可以看出，当永磁同步电机发出的有功功率大于流入电网的有功功率时，多余的有功功率会使直流侧电容电压升高；反之，直流侧电容电压会降低。因此，可对直流侧电容电压进行控制，通过控制直流侧电压维持不变，在忽略变换器损耗时，可认为永磁同步电机发出的有功功率全部反馈回电网。用直流侧电压调节器的输出作为 d 轴电流分量（有功电流）的给定值，它反映了变换器输出有功电流的大小。通过控制 q 轴电流分量控制电网侧变换器发出的无功功率。因此，对网侧变换器可采用双闭环控制，外环为直流电压控制环，主要作用是稳定直流侧电压，其输出为网侧变换器的 d 轴电流给定量 i_{gd}^*；内环为电流环，主要作用是跟踪电压外环输出的有功电流指令 i_{gd}^* 以及设定的无功电流指令 i_{gq}^*，以实现快速的电流控制。这样既可保证发电机输出的有功功率能及时经网侧变换器馈入电网，又可实现发电系统的无功控制。

由式（3-36）可知，d、q 轴电流除受控制电压 v_{gd} 和 v_{gq} 的影响外，还受耦合电压 $\omega L_{\mathrm{g}} i_{\mathrm{gq}}$、

$-\omega L_g i_{gd}$ 以及电网电压 u_{gd} 的影响。因此，对 d、q 轴电流可分别进行闭环 PI 调节控制得到相应控制电压 v'_{gd} 和 v'_{gq}，并加上交叉耦合电压补偿项 Δv_{gd} 和 Δv_{gq}，即可得到最终的 d、q 轴控制电压分量 v_{gd} 和 v_{gq}，结合电网电压综合矢量位置角 θ_g 和直流电容电压 u_{dc} 经空间电压矢量调制后可得到电网侧变换器所需的 PWM 驱动信号。电网侧变换器的电压、电流双闭环控制策略结构框图如图 3-49 所示。图中，u^*_{dc} 和 Q^*_g 分别为设定直流侧电压和网侧无功。

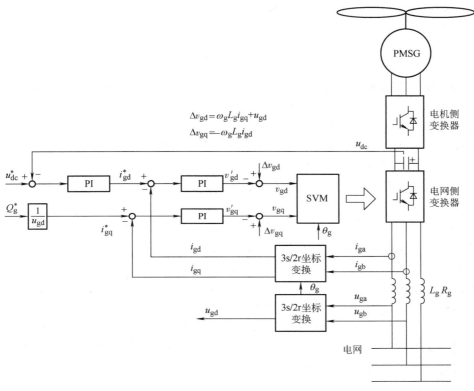

图 3-49　电网侧变换器的控制框图

3.5　风力发电机组的并网与安全运行

3.5.1　同步风力发电机组的并网技术

同步发电机的转速和频率之间有着严格不变的固定关系，同步发电机在运行过程中，可通过励磁电流的调节，实现无功功率的补偿，其输出电能频率稳定，电能质量高，因此在发电系统中，同步发电机也是应用最普遍的。

1. 同步风力发电机组的并网条件和并网方法

（1）并网条件　同步风力发电机组与电网并联运行的电路如图 3-50 所示，图中同步发电机的定子绕组通过断路器与电网相连，转子励磁绕组由励磁调节器控制。

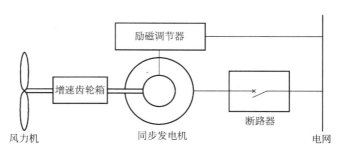

图 3-50 同步发电机与电网并联运行的电路

风力同步发电机组并联到电网时，为防止过大的电流冲击和转矩冲击，风力发电机输出的各相端电压的瞬时值要与电网端对应相电压的瞬时值完全一致，具体有 5 个条件：①波形相同；②幅值相同；③频率相同；④相序相同；⑤相位相同。

在并网时，因风力发电机旋转方向不变，只要使发电机的各相绕组输出端与电网各相互相对应，条件④就可以满足；而条件①可由发电机设计、制造和安装保证；因此并网时，主要是其他 3 条的检测和控制，其中条件③是必须满足的。

（2）并网方法

1）自动准同步并网。满足上述理想并联条件的并网方式称为准同步并网方式，在这种并网方式下，并网瞬间不会产生冲击电流，电网电压不会下降，也不会对定子绕组和其他机械部件造成冲击。

风力同步发电机组的起动与并网过程如下：偏航系统根据风向传感器测量的风向信号驱动风力机对准风向，当风速达到风力机的起动风速时，桨距控制器调节叶片桨距角使风力机起动。当发电机在风力机的带动下转速接近同步转速时，励磁调节器给发电机输入励磁电流，通过励磁电流的调节使发电机输出的端电压与电网电压相近。在风力发电机的转速几乎达到同步转速、发电机的端电压与电网电压的幅值大致相同和断路器两端的电位差为零或很小时，控制断路器合闸并网。风力同步发电机并网后通过自整步作用牵入同步，使发电机电压频率与电网一致。以上的检测与控制过程一般通过微机实现。

2）自同步并网。自动准同步并网的优点是合闸时没有明显的电流冲击，缺点是控制与操作复杂、费时。当电网出现故障而要求迅速将备用发电机投入时，由于电网电压和频率出现不稳定，自动准同步法很难操作，往往采用自同步法实现并联运行。自同步并网的方法是，同步发电机的转子励磁绕组先通过限流电阻短接，电机中无励磁磁场，用原动机将发电机转子拖到同步转速附近（差值小于 5%）时，将发电机并入电网，再立刻给发电机励磁，在定、转子之间的电磁力作用下，发电机自动牵入同步。由于发电机并网时，转子绕组中无励磁电流，因而发电机定子绕组中没有感应电动势，不需要对发电机的电压和相角进行调节和校准，控制简单，并且从根本上排除不同步合闸的可能性。这种并网方法的缺点是合闸后有电流冲击和电网电压的短时下降现象。

2. 风力同步发电机组的功率调节和补偿

（1）有功功率的调节 风力同步发电机中，风力机输入的机械能首先克服机械阻力，通过发电机内部的电磁作用转化为电磁功率，电磁功率扣除电机绕组的铜损耗和铁损耗后即为输出的电功率，若不计铜损耗和铁损耗，可认为输出功率近似等于电磁功率。同步发电机内部的电磁作用可以看成是转子励磁磁场和定子电流产生的同步旋转磁场之间的相互作用。转子励磁磁场轴线与定、转子合成磁场轴线之间的夹角称为同步发电机的功率角 δ，电磁功率 P_{em} 与功率角 δ 之间的关系称为同步发电机的功角特性，如图 3-51 所示。

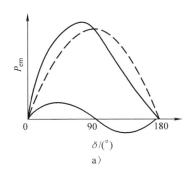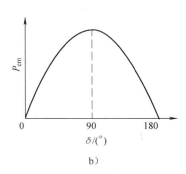

图 3-51 同步发电机的功角特性

a）凸极机 b）隐极机

当由风力驱动的同步发电机并联在无穷大电网时，要增大发电机输出的电能，必须增大风力机输入的机械能。当发电机输出功率增大即电磁功率增大时，若励磁不做调节，从图 3-51 可见，发电机的功率角也增大，对于隐极机而言，功率角为 90°（凸极机功率角小于 90°）时，输出功率达最大，这个最大的功率称为失步功率，又称为极限功率。因为达到最大功率后，如果风力机输入的机械功率继续增大，功率角超过 90°，发电机输出的电功率反而下降，发电机转速持续上升而失去同步，机组无法建立新的平衡。例如，一台运行在额定功率附近的风力发电机，突然的一阵剧风可能导致发电机的功率超过极限功率而使发电机失步，这时可以增大励磁电流，以增大功率极限，提高静态稳定度，这就是有功功率的调节。

并网运行的风力同步发电机当功率角变为负值时，电机将运行在电动机状态，此时风力发电机相当于一台大风扇，电机从电网吸收电能。为避免发电机电动运行，当风速降到一临界值以下时，应及时地将发电机与电网脱开。

（2）无功功率的补偿 电网所带的负载大部分为感性的异步电动机和变压器，这些负载需要从电网吸收有功功率和无功功率，如果整个电网提供的无功功率不够，电网的电压会下降；同时同步发电机带感性负载时，由于定子电流建立的磁场对电机中的励磁磁场有去磁作用，发电机的输出电压也会下降，因此，为了维持发电机的端电压稳定和补偿电网的无功功率，需增大同步发电机的转子励磁电流。同步发电机的无功功率补偿可用其定子电流 I 和励磁电流 I_f 之间的关系曲线来解释。在输出功率 P_2 一定的条件下，同步发电机的定子电流 I 和励磁电流 I_f 之间的关系曲线也称为 V 形曲线，如图 3-52 所示。

从图 3-52 中可以看出：当发电机工作在功率因数为 1 时，发电机励磁电流为额定值，此时定子电流为最小；当发电机励磁大于额定励磁电流（过励）时，发电机的功率因数为滞后的，发电机向电网输出滞后的无功功率，改善电网的功率因数；而当发电机励磁小于额定励磁电流（欠励）时，发电机的功率因数为超前的，发电机从电网吸引滞后的无功功率，使电网的功率因数更低，另外，这时的发电机还存在一个不稳定区（对应功率角大于 90°），因此，同步发电机一般工作在过励状态下，以补偿电网的无功功率和确保机组稳定运行。

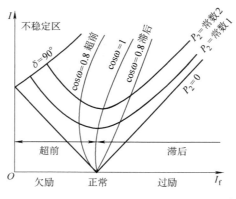

图 3-52　同步发电机 V 形曲线

3. 带变频器的同步风力发电机组的并网

同步发电机可通过调节转子励磁电流，方便地实现有功和无功功率的调节，这是其他发电机难以与其相比的优点。但恒速恒频的风力发电系统中，同步发电机和电网之间为"刚性连接"，发电机输出频率完全取决于原动机的转速，并网之前发电机必须经过严格的整步和（准）同步，并网后也必须保持转速恒定，因此对控制器的要求高，控制器结构复杂。

在变速恒频风力发电系统中，同步发电机的定子绕组通过变频器与电网相连接，如图 3-53 所示，图中交流发电机为同步发电机，变频器为 AC—DC—AC 变频器。当风速变化时，为实现最大风能捕获，风力机和发电机的转速随之变化，发电机发出的为变频交流电，通过变频器转化后获得恒频交流电输出，再与电网并联。由于同步发电机与电网之间通过变频器相连接，发电机的频率和电网的频率彼此独立，并网时一般不会发生因频率偏差而产生的较大的电流冲击和转矩冲击，并网过程比较平稳。缺点是电力电子装置价格较高、控制较复杂，同时非正弦逆变器在运行时产生的高频谐波电流流入电网，将影响电网的电能质量。

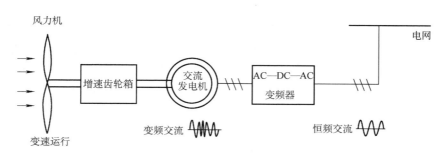

图 3-53　变速恒频风力同步发电机组经变频器与电网的连接

3.5.2　异步风力发电机组的并网技术

异步发电机具有结构简单、价格低廉、可靠性高、并网容易、无失步现象等优点，在风力发电系统中应用广泛。但其主要缺点是需吸收 20%～30% 额定功率的无功电流以建立磁场，为了提高功率因数必须另加功率补偿装置。

1. 普通交流异步风力发电机组的并网方式

普通交流异步风力发电机组的并网方式主要有 4 种：直接并网、准同期并网、降压并网和通过晶闸管软并网。

（1）直接并网　异步风力发电机组直接并网的条件有两条：一是发电机转子的转向与旋转磁场的方向一致，即发电机的相序与电网的相序相同；二是发电机的转速尽可能接近于同步转速。其中第一条必须严格遵守，否则并网后，发电机将处于电磁制动状态，在接线时应调整好相序；第二条的要求不是很严格，但并网时发电机的转速与同步转速之间的误差越小，并网时产生的冲击电流越小，衰减的时间越短。

异步风力发电机组与电网的直接并联如图 3-54 所示。当风力机在风的驱动下起动后，通过增速齿轮箱将异步发电机的转子带到同步转速附近（一般为 98%～100%）时，测速装置给出自动并网信号，通过断路器完成合闸并网过程。这种并网方式比同步发电机的准同步并网简单，但并网前由于发电机本身无电压，并网过程中会产生 5～6 倍额定电流的冲击电流，引起电网电压下降。因此这种并网方式只能用于异步发电机容量在百 kW 级以下且电网的容量较大的场合。

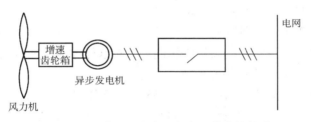

图 3-54　异步风力发电机与电网的直接并联

（2）准同期并网　与同步发电机准同步并网方式相同，在转速接近同步转速时，先用电容励磁，建立额定电压，然后对已励磁建立的发电机电压和频率进行调节和校正，使其与系统同步。当发电机的电压、频率、相位与系统一致时，将发电机投入电网运行。采用这种方式，若按传统的步骤经整步到同步并网，则仍须要高精度的调速器和整步、同期设备，不仅要增加机组的造价，而且从整步达到准同步并网所花费的时间很长，这是我们所不希望的。该并网方式合闸瞬间尽管冲击电流很小，但必须控制在最大允许的转矩范围内运行，以免造成网上飞车。

（3）降压并网　降压并网是在发电机与电网之间串接电阻或电抗器，或者接入自耦变压器，以降低并网时的冲击电流和电网电压下降的幅度。发电机稳定运行时，将接入的电阻等元件迅速从线路中切除，以免消耗功率。这种并网方式的经济性较差，适用于百 kW 级以上、容量较大的机组。

（4）晶闸管软并网　晶闸管软并网是在异步发电机的定子和电网之间通过每相串入一只双向晶闸管，通过控制晶闸管的导通角来控制并网时的冲击电流，从而得到一个平滑的并网暂态过程，如图 3-55 所示。其并网过程如下：当风力机将发电机带到同步转速附近时，在检查发电机的相序和电网的相序相同后，发电机输出端的断路器闭合，发电机经一组双向晶闸管与电网相连，在微机的控制下，双向晶闸管的触发延迟角由 180°到 0 逐渐减小，双向晶闸管的导通角则由 0 到 180°逐渐增大，通过电流反馈对双向晶闸管的导通角实现闭环控制，将并网时的冲击电流限制在允许的范围内，从而异步发电机通过晶闸管平稳地并入电网。并网的瞬态过程结束后，当发电机的转速与同步转速相同时，控制器发出信号，利用一组断路器将双向晶闸管短接，异步发电机的输出电流将不经过双向晶闸管，而是通过已闭合的断路器流入电网。但在发电机并入电网后，应立即在发电机端并入功率因数补偿装置，将发电机的功率因数提高到 0.95 以上。

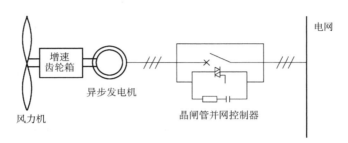

图 3-55　风力异步发电机经晶闸管软并网

晶闸管软并网是目前一种先进的并网技术，在其应用时对晶闸管器件和相应的触发电路提出了严格的要求，即要求器件本身的特性要一致、稳定；触发电路工作可靠，控制极触发电压和触发电流一致；开通后晶闸管压降相同。只有这样才能保证每相晶闸管按控制要求逐渐开通，发电机的三相电流才能保证平衡。

在晶闸管软并网的方式中，目前触发电路有移相触发和过零触发两种方式。其中移相触发的缺点是发电机中每相电流为正负半波的非正弦波，含有较多的奇次谐波分量，对电网造成谐波污染，因此必须加以限制和消除；过零触发是在设定的周期内，逐步改变晶闸管导通的周波数，最后实现全部导通，因此不会产生谐波污染，但电流波动较大。

2. 双馈异步风力发电机组的并网技术

目前，适合交流励磁双馈风力发电机组的并网方式主要是基于定子磁链定向矢量控制的准同期并网控制技术，包括空载并网方式、独立负载并网方式以及孤岛并网方式。另外，对于垂直轴型的双馈机组，由于不能自动起动，所以必须采用"电动式"并网方式。下面对各种并网技术的实现原理分别给予简要介绍。

（1）空载并网技术　所谓空载并网就是并网前双馈发电机空载，定子电流为零，提取电网的电压信息（幅值、频率、相位）作为依据提供给双馈发电机的控制系统，通过引入定子磁链定向技术对发电机的输出电压进行调节，使建立的双馈发电机定子空载电压与电网电压的频率、相位和幅值一致。当满足并网条件时进行并网操作，并网成功后控制策略从并网控制切换到发电控制，如图 3-56 所示。

（2）独立负载并网技术　独立负载并网控制如图 3-57 所示，该技术的基本思路为：并网前双馈电机带负载运行（如电阻性负载），根据电网信息和定子电压、电流对双馈电机和负载的值进行控制，在满足并网条件时进行并网。独立负载并网方式的特点是并网前双馈电机已经带有独立负载，定子有电流，因此并网控制所需的信息不仅取自于电网侧，同时还取自于双馈电机定子侧。

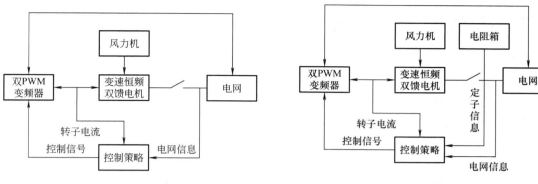

图 3-56　空载并网控制原理图　　　　　　图 3-57　独立负载并网控制原理图

负载并网方式发电机具有一定的能量调节作用，可与风力机配合实现转速的控制，降低了对风力机调速能力的要求，但控制较为复杂。

（3）孤岛并网方式　孤岛并网控制方案可分为 3 个阶段：

第一阶段为励磁阶段，如图 3-58 所示，从电网侧引入一路预充电回路接交直交变流器的直流侧。预充电回路由开关 S_1、预充电变压器和直流充电器构成。

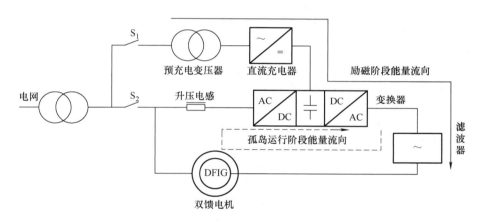

图 3-58　双馈异步发电机组励磁阶段图

当风机转速达到一定转速要求后，S_1 闭合，直流充电器通过预充电变压器给交直交变流器的直流侧充电。充电结束后，电机侧变流器开始工作，供给双馈电机转子侧励磁电流。此时，控制双馈电机定子侧电压逐渐上升，直至输出电压达到额定值，励磁阶段结束。

第二阶段为孤岛运行阶段。首先将 S_1 断开，然后起动电网侧变流器，使之开始升压运行，将直流侧升压到所需值。此时，能量在电网侧变流器、电机侧变流器以及双馈异步发电机之间流动，它们共同组成一个孤岛运行方式。

第三阶段为并网阶段。在孤岛运行阶段，定子侧电压的幅值、频率和相位都与电网侧相同。此时闭合开关 S_2，电机与电网之间可以实现无冲击并网。并网后，可通过调节风机的桨距角来增加风力机输入能量，从而达到发电的目的。

（4）"电动式"并网方式　前面介绍的几种并网方式都是针对具有自起动能力的水平轴

双馈风力发电机组的准同期并网方式，对于垂直轴型的双馈机组（又称达里厄型风力机）由于不具备自起动能力，风力发电机组在静止状态下的起动可由双馈电机运行于电动机工况来实现。

如图 3-59 所示，为实现系统起动，在转子绕组与转子侧变流器之间安装一个单刀双掷开关 S_3，在进行并网操作时，首先操作 S_3 将双馈发电机转子经电阻短路，然后闭合 S_1 连接电网与定子绕组。在电网电压作用下双馈电机将以感应电动机转子串电阻方式逐渐起动。通过调节转子串电阻的大小，可以提高起动转矩，减小起动电流，从而缓解机组起动过程的暂态冲击。

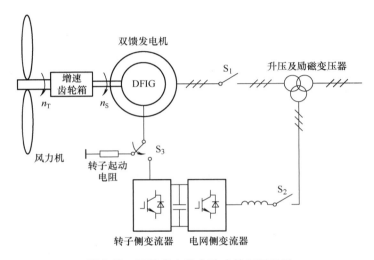

图 3-59　双馈发电机电动式并网原理图

当双馈感应发电机转速逐渐上升并接近同步转速时，转子电流将下降到零。在此条件下，操作 S_3 断开串联电阻后将转子绕组与转子侧变流器相连接，同时触发转子侧变流器投入励磁。最后在成功投入励磁后，调节励磁使双馈发电机迅速进入定子功率或转速控制状态，完成机组起动过程。这种并网方式实现方法简单，通过适当的顺序控制就能够实现不具备自起动能力的双馈发电机组的起动与并网的需要。

3. 并网运行时的功率输出及无功功率的补偿

（1）并网运行时的功率输出　异步发电机的转矩—转速关系曲线如图 3-60 所示，并网后，发电机运行在曲线上的直线段，即发电机的稳定运行区域。发电机输出的电流大小及功率因数决定于转差率 s 和发电机的参数，对于已制成的发电机其参数不变，而转差率大小由发电机的负载决定。当风力机传给发电机的机械功率和机械转矩增大时，发电机的输出功率及转矩也随之增大，由图 3-60 可见，发电机的转速将增大，发电机从原来的平衡点 A_1 过渡到新的平衡点 A_2 继续稳定运行。但当发电机输出功率超过其最大转矩对应的功率时，随着输入功率的增大，发电机的制动转矩不但不增大反而减小，发电机转速迅速上升而出现飞车现象，十分危险。因此必须配备可靠的失速桨叶或限速保护装置，以确保在风速超过额定风速及阵风时，从风力机输入的机械功率被限制在一个最大值范围内，从而保证发电机输出的功率不超过其最大转矩所对应的功率。

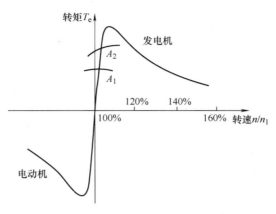

图 3-60 异步发电机的转矩—转速关系曲线

并网运行的风力异步发电机当电网电压变化时对其有一定的影响。因为发电机的电磁制动转矩与电压的二次方成正比，当电网电压下降过大时，发电机也会出现飞车；而当电网电压过高时，发电机的励磁电流将增大，功率因数下降，严重时将导致发电机过载运行。因此对于小容量的电网，一方面选用过载能力大的发电机，另一方面配备可靠的过电压和欠电压保护装置。

（2）并网运行时无功功率的补偿 风力异步发电机在向电网输出有功功率的同时，还必须从电网中吸收滞后的无功功率来建立磁场和满足漏磁的需要。因一般大中型异步发电机的励磁电流约为其额定电流的 20%～30%，如此大的无功电流的吸收，将加重电网无功功率的负担，使电网的功率因数下降，同时引起电网电压下降和线路损耗增大，影响电网的稳定性。因此并网运行的风力异步发电机必须进行无功功率的补偿，以提高功率因数及设备利用率，改善电网电能的质量和输电效率。目前调节无功的装置主要有同步调相机、有源静止无功补偿器、并联补偿电容器等。其中以并联电容器应用的最多，因为前两种装置的价格较高，结构、控制比较复杂，而并联电容器的结构简单、经济、控制和维护方便、运行可靠。并网运行的异步发电机并联电容器后，其所需要的无功电流由电容器提供，从而减轻电网的负担。

在无功功率的补偿过程中，发电机的有功功率和无功功率随时在变化，普通的无功功率补偿装置难以根据发电机无功电流的变化及时地调整电容器的数值，因此补偿效果受到一定的影响。为了实现无功功率的及时和准确的补偿，必须计算出任何时期的有功功率、无功功率，并计算出需要投入的电容值来控制电容器的投入数量，而这些大量和快速的计算及适时的控制，目前可通过 DSP 和计算机来实现。

4. 双馈异步风力发电机组的并网运行与功率补偿

双馈异步发电机目前主要应用于变速恒频风力发电系统中。发电机与电网之间的连接是"柔性连接"，经过矢量变换后双馈异步发电机转子电流中的有功分量和无功分量实现了解耦，通过对发电机转子交流励磁电流的调节与控制来满足并网条件，可以成功地实现并网；同时通过对转子电流中的有功和无功分量的控制，可以很方便地实现功率控制及无功功率的补偿。

双馈异步发电机的并网过程及特点如下：

1）风力机起动后带动发电机至接近同步转速时，由转子回路中的变频器通过对转子电流的控制实现电压匹配、同步和相位的控制，以便迅速地并入电网，并网时基本上无电流冲击。

2）通过转子电流的控制可以保证风力发电机的转速随风速及负载的变化而及时地调整，从而使风力机运行在最佳叶尖速比下，获得最大的风能及高的系统效率。

3）双馈异步发电机可通过励磁电流的频率、幅值和相位的调节，实现变速运行下的恒频及功率调节。当风力发电机的转速随风速及负载的变化而变化时，通过励磁电流频率的调节实现输出电能频率的稳定；改变励磁电流的幅值和相位，可以改变电机定子电动势和电网电压之间的相位角，也即改变了电机的功率角，从而实现有功功率和无功功率的调节。

3.5.3 双馈异步风力发电机的并网运行系统

1. 双馈异步发电机变速恒频运行的并网系统

这种变速恒频风力发电系统所用的发电机为双馈异步发电机，如图 3-61 所示。发电机的定子直接连接在电网上，转子绕组通过集电环经 AC—AC 或 AC—DC—AC 变频器与电网相连，通过控制转子电流的频率、幅值、相位和相序实现变速恒频控制。为实现转子中能量的双向流动，应采用双向变频器。其中 AC—AC 变频器的输出电压谐波多，输入侧功率因数低，使用的功率元件数量多，目前已被电压型 AC—DC—AC 变频器代替。随着电力电子技术的发展，最新应用的是双 PWM 变频器，通过 SPWM 控制技术，可以获得正弦波转子电流，以减小电机中的谐波转矩，同时实现功率因数的调节，变频器一般用微机控制。

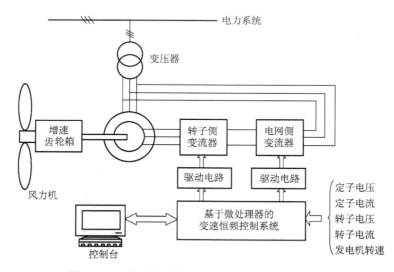

图 3-61 双馈异步发电机变速恒频运行的并网系统

双馈异步发电机变速恒频风力发电机组可运行在亚同步状态、同步状态和超同步状态。为了实现变速，当风速变化时，通过转速反馈系统控制发电机的电磁转矩，使发电机转子转速跟踪风速的变化，以获取最大风能。为实现恒频输出，当转子的转速为 n 时，因定子电流的频率 $f_1=pn/60\pm f_2$，由变频器控制转子电流的频率 f_2，以维持 f_1 恒定。当转子转速小于同步转速时，发电机运行在亚同步状态，此时定子向电网供电，同时电网通过变频器向转子供电，提供交流励磁电流；当转子转速高于同步转速时，发电机运行在超同步状态，定、转子同时向电网供电；当转子转速等于同步转速时，发电机运行在同步状态，$f_2 = 0$，变频器向转子提供直流励磁，定子向电网供电，相当于一台同步发电机。

由于这种变速恒频方案是在转子电路中实现的，流过转子电路中的功率为转差功率，一般只为发电机额定功率的 $1/4 \sim 1/3$，因此变频器的容量可以很小，大大降低了变频器的成本和控制难度；定子直接连接在电网上，使得系统具有很强的抗干扰性和稳定性；可通过改变转子电流的相位和幅值来调节有功功率和无功功率，实现电网功率因数的补偿。缺点是发电机仍有电刷和集电环，工作可靠性受影响。

2. 无刷双馈异步发电机变速恒频运行的并网系统

磁场调制型无刷双馈异步发电机的定子中的功率绕组直接与电网相连，控制绕组通过变频器与电网相连，系统如图 3-62 所示。

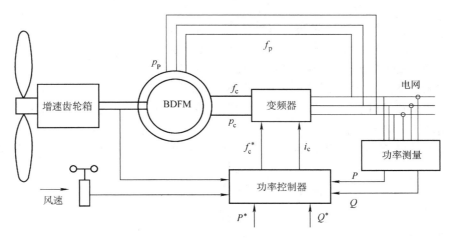

图 3-62　无刷双馈异步发电机变速恒频运行的并网系统

图 3-62 中 P^* 和 Q^* 分别为有功功率和无功功率的给定值；功率控制器根据功率给定与反馈值及频率检测信号按一定的控制规则输出频率和电流的控制信号。无刷双馈发电机转子的转速随风速的变化而变化，以保证系统运行在最佳工况下，提高风能转化的效率。当发电机的转速变化时，由变频器来改变控制绕组的频率，以使发电机的输出频率与电网一致。

由于这种变速恒频控制方案是在定子上的控制绕组中实现的，控制绕组的功率只占发电机总功率的一小部分，因此变频器的容量可以较小；除实现变速恒频控制外，还可以实现有功功率和无功功率的灵活控制，以补偿电网的功率因数；发电机上无电刷和集电环，系统运行的可靠性增大。但发电机结构和控制器较复杂。

3.5.4　风力发电机组的并网安全运行与防护措施

并网控制系统是风力发电机组的核心部件，是风力发电机组安全运行的根本保证，所以为了提高风力发电机组运行安全性，必须认真考虑控制系统的安全性和可靠性问题。控制系统的安全保护组成如图 3-63 所示。

1. 雷电安全保护

多数风机都安装在山谷的风口处、山顶上、空旷的草地、海边海岛等，易受雷击。安装在多雷雨区的风力发电机组受雷击的可能性更大，其控制系统大多为计算机和电子器件，最容易因雷电感应造成过电压损坏，因此需要考虑防雷问题。一般使用避雷器或防雷组件吸收雷电波。

当雷电击中电网中的设备后，大电流将经接地点泄入地网，使接地点电位大大升高。若控制设备接地点靠近雷击大电流的入地点，则电位将随之升高，会在回路中形成共模干扰，引起过电压，严重时会造成相关设备绝缘击穿。

根据国外风场的统计数据表明，风电场因雷击而损坏的主要风电机部件是控制系统和通信系统。雷击事故中的 40%～50% 涉及风电机控制系统的损坏，15%～25%涉及通信系统，15%～20% 涉及风机叶片，5% 涉及发电机。

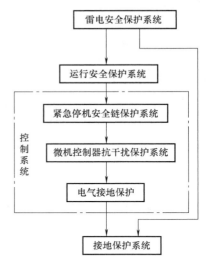

图 3-63　控制系统的安全保护组成

我国一些风场统计雷击损坏的部件主要也是控制系统和监控系统的通信部件。这说明以电缆传输的 4～20mA 电流环通信方式和 RS485 串行通信方式由于通信线长，分布广，部件多，最易受到雷击，而控制部件大部分是弱电器件，耐过电压能力低，易造成部件损坏。

防雷是一个系统工程，不能仅仅从控制系统来考虑，需要在风电场整体设计上考虑，采取多层防护措施。

2. 运行安全保护

1）大风安全保护：一般风速达到 25m/s（10min）即为停机风速，机组必须按照安全程序停机，停机后，风力发电机组必须 90° 对风控制。

2）参数越限保护：各种采集、监控的量根据情况设定有上、下限值，当数据达到限定位时，控制系统根据设定好的程序进行自动处理。

3）过电压过电流保护：当装置元器件遭到瞬间高压冲击和电流过电流时所进行的保护。通常采用隔离、限压、高压瞬态吸收元器件、过电流保护器等。

4）振动保护：机组应设有三级振动频率保护，振动球开关、振动频率上限 1、振动频率极限 2，当开关动作时，控制系统将分级进行处理。

5）开机关机保护：设计机组开机正常顺序控制，确保机组安全。在小风、大风、故障时控制机组按顺序停机。

3. 紧急停机安全链保护

系统的安全链是独立于计算机系统的硬件保护措施，即使控制系统发生异常，也不会影响安全链的正常动作。安全链是将可能对风力发电机造成致命伤害的超常故障串联成一个回路，当安全链动作后将引起紧急停机，执行机构失电，机组瞬间脱网，控制系统在 3s 左右将机组平稳停止，从而最大限度地保证机组的安全。发生下列故障时将触发安全链：叶轮过速、机组部件损坏、机组振动、扭缆、电源失电、紧急停机按钮动作。

4. 微机控制器抗干扰保护

风电场控制系统的主要干扰源有：工业干扰，如高压交流电场、静电场、电弧、晶闸管等；自然界干扰，如雷电冲击、各种静电放电、磁爆等；高频干扰，如微波通信、无线电信号、雷达等。这些干扰通过直接辐射或由某些电气回路传导进入的方式进入到控制系统，干扰控制系统工作的稳定性。从干扰的种类来看，可分为交变脉冲干扰和单脉冲干扰两种，它们均以电或磁的形式干扰控制系统。

参考国家（国际）关于电磁兼容（EMC）的有关标准，风电场控制设备也应满足相关要求。

5. 接地保护

接地保护是非常重要的环节。良好的接地将确保控制系统免受不必要的损害。在整个控制系统中通常采用以下几种接地方式，来达到安全保护的目的。

工作接地、保护接地、防雷接地、防静电接地、屏蔽接地。接地的主要作用一方面是为了保证电器设备安全运行，另一方面是防止设备绝缘被破坏时可能带电，以致危及人身安全。同时能使保护装置迅速切断故障回路，防止故障扩大。

3.6　风力发电机组监控与运维系统

风力发电机组应用于宽阔边远地区，如荒漠、草原、近海等，分布面积广且远离监控中心。受多变的自然环境以及复杂的电力电子器件和机械装置等因素影响，风力发电机设备很容易受到损坏进而影响生产。要使风力发电与其他传统的发电方式相比更加具有市场竞争力，必须提高其可靠性、高效性以及延长发电机组的寿命，因此，风力发电场要求有可靠的监控与运维系统。

3.6.1　风力机组的数据采集系统

数据采集系统测量风电设备运行状态参数，用来评估风力发电机工作状态，是风力发电机综合维护方案的关键部分之一。数据由风力发电机现场的下位机采集并处理，通常是微处理器，如 PLC、DSP 等，通过预先输入的风力发电机组参数，进而控制风力发电机组实时的工作状态。

数据采集系统需建立在一个硬件平台上，选择合适的传感器并安装在恰当的位置。传感器的性能选择主要考虑被测部位的振动状态及传感器的工作环境，要求振动传感器可靠性和灵敏度高、失真小、无相移、频率响应范围宽及抗干扰能力强。传感器的安装也十分重要，如果安装过程中操作不当，不仅会影响到测量结果且会造成传感器本身的损坏。如图 3-64 所示，由主轴转动引起的机舱振动频率低，可以采用压电加速度传感器测量。以主轴为轴向，在主轴轴承的径向安装一个压电加速度传感器 1，轴向安装一个压电加速度传感器 2，在塔架垂直轴线的后方安装一个径向的压电加速度传感器 3，这样配合传感器 2 可以检测机舱的扭转振动。由齿轮和轴承引起的齿轮箱和发电机振动，可由压电加速度传感器 4、5 来测量。

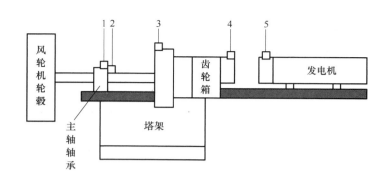

图 3-64　传感器布局

　　此外，通过对机舱振动检测过程中采集的数据进行计算分析，可以十分有效地检测到诸如主轴的平衡与疲劳等状态。转速的测量点有两个，即风轮主轴和发电机轴。转速测量的信号用于控制风力发电机组的并网和脱网，还可用于启动超速保护系统。表 3-3 为各状态检测量的数据采集方法。

表 3-3　各状态检测量的数据采集方法

状态检测量	检测部件或参数量	数据采集方法
振动	机舱，齿轮箱，轴承主轴，发电机轴	加速度传感器，电涡流式位移传感器
转速	主轴，发电机轴	光电编码器
温度	增速器油，高速轴承，发电机，主轴承，控制盘	集成温度传感器
电缆扭转	电气电缆，通信电缆（从机舱引入塔筒内的）	解缆传感器
偏航系统	1. 机舱 2. 发电机输出的电压和电流值	1. 风向标 2. 爬山算法智能控制
机械制动状况	制动盘	传感器
油位，油液	润滑油，制动油	传感器

3.6.2　风力机组的监控系统

　　如图 3-65 所示，大型风力发电机组状态监测的远程监控一般由下位机（现场微处理控制器）采集信息，再由通信线路和协议传至上位机（服务器和工控 PC）进行监控。工程技术人员操作上位机的人机界面，发出指令，经通信线路传至下位机，对风电机组进行控制，并且网络监视器可在各地实时查看风电场的运行状况。上位机与下位机之间属于远距离一对多通信。

　　监控系统要求有友好的人机界面，以方便操作人员直观地查看；能实现实时监控，故障记录，趋势曲线，绘制报表，用户管理等功能。

　　目前风电机组的数据采集和监控系统（Supervisory Control and Data Acquisition，SCADA）都由风电机组制造商配套供应，各厂家的监控系统互不兼容。国内自行开发和研究的监控系

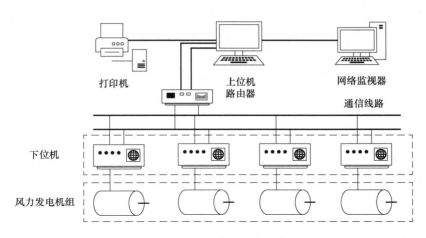

图 3-65　远程监控系统组成

统有新疆风能研究所的通用风电场中央及远程监控系统和大型海上风电场的制造执行系统。

　　在现有的状态监测系统中，专业的轴承公司 SKF 的风电机组状态监测系统 WindCon2.0 是一个功能强大且功能完善的状态监测与故障诊断的远程监控系统。其监测的数据用户界面交互性优秀，动态数据能够在数秒内更新，历史数据集中展现在趋势图上，若干个参数可以自动地相对时间、转速或其他工艺参数（如实时功率、设备温度等）显示出来，趋势图也可以实现同步更新。监控软件工作环境是常用的 Microsoft Windows 操作系统。每台被监测机组的各项数据都保存在计算机数据库中，可以随时调用。风力发电机组的数据以及它们的联系图以画面的形式显示在屏幕上。基于数据中每个部件的相关信息，如轴承型号齿数、叶片数，加上实际转速可自动计算出绝大部分的缺陷频率。

3.6.3　风力发电机组的主流控制系统

　　风力发电机组的控制系统是综合性控制系统，它不仅要监视电网状况、当地风况和风力发电机组运行参数而且还要根据风速和风向的变化，对机组进行相应的优化控制，以提高机组整体的发电量。

　　到目前为止，主流的风力发电机组控制系统都采用基于集散型控制系统（DCS）技术开发的专用控制器，这种控制器的优点是有能实现各种功能的专用模块，可以便捷地实现风力发电机组的就地控制，很多控制模块可直接安装在被控对象的工作点上，就地采集信号并按照预设方案进行处理。避免了各种传感器和机组执行机构与地面主控制器之间大量的通信线路及控制线路。同时，DCS 现场适应性强，有利于控制程序现场调试及在风力发电机组运行时可随时对控制参数进行调试。主控制器通过各种安装在现场的模块，对电网状况、当地风况及风力发电机组运行参数进行监控并与其他功能模块保持通信，对各方面的情况做出综合分析评估后发出各种控制命令。

　　DCS 的基本构成可以分为现场级、控制级、监控级和管理级四级。现场级主要包括各种过程通道卡件或者模块；控制级包括所有的过程站；监控级包括工程师站、操作员站、历史站和打印机等附属设备；管理级包括管理计算机。四层中间相应的通信网络是控制网络（Cnet）、监控网络（Snet）、管理网络（Mnet）三层网络结构，如图 3-66 所示。

1）现场级设备一般位于被控风电系统的附近。典型的现场级设备有不同种类的传感器、变送器和执行器件，这些装置能够将生产过程中的各种物理量转化为电信号。

2）控制级主要由现场控制站和数据采集站构成。现场控制站接收由现场设备，如传感器、变送器来的信号，按照一定的控制策略计算出相应所需的控制量，并将信息传送回到现场的执行器中去。数据采集站与现场控制站功能类似，也接收由现场设备送来的信号，并对其进行一些必要的转换和处理之后送到分散型控制系统中的其他部分。

3）监控级中操作员站是运行员与分散控制系统相互交换信息的人机接口设备。工程师站是为了控制工程师对分散控制系统进行配置、组态、调试与维护所设置的工作站。历史站的主要任务是存储过程控制的实时数据、实时报警和实时趋势等与生产密切相关的数控，用来进行事故分析、性能优化计算和故障诊断等。

4）管理级中管理计算机的功能是对系统中发送过来的信号根据控制策略做出高速反应和将数据存储在数据库，以便随时调用。

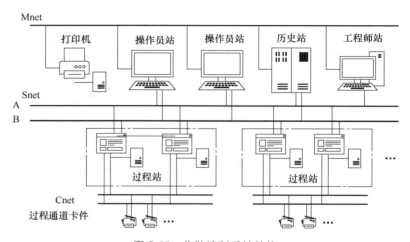

图 3-66　分散控制系统结构

3.6.4　风力发电机组常见故障与维护

风力发电机组的常见故障现象、产生原因及维护方法见表 3-4。最容易发生故障的部件见表 3-5。

表 3-4　风力发电机组常见故障现象、原因及维护方法

故障现象	产生原因	维护方法
风速大于 4m/s 风轮不起动	1. 桨叶安装角度过小 2. 风轮未经平衡或个别桨叶超重 3. 发动机起动阻力矩大 4. 发电机输出线路短路或者已接入负载 5. 制动机构卡滞 6. 塔杆不垂直或直轴轴承过紧使风轮不能对准风向	1. 按设计要求调整 2. 按技术要求对风轮进行静平衡 3. 检测电机阻力矩，查明原因，排除 4. 查明短路处，推迟负载接入 5. 查明摩擦处，予以排除 6. 塔杆调垂直；立轴轴承过紧应调松

（续）

故障现象	产生原因	维护方法
调向（迎风）不灵	1. 立轴承转动阻力大 2. 尾舵未复位	1. 调整轴承间隙或更换 2. 查明原因，使其复位
风轮转速明显偏低	1. 桨叶安装角过大 2. 发电机轴承阻力大或损坏 3. 发电机输出线路有短路 4. 负荷不匹配 5. 制动机构摩擦未释放	1. 按设计要求调整 2. 检查、更新产品 3. 排除短路 4. 调整工作电压、负荷加载工作点 5. 查明摩擦卡滞原因，排除
风力发电机振动	1. 桨叶固定螺栓松动 2. 桨叶进水、结冰，风轮失去平衡 3. 桨叶缺损，动力和重力失去平衡 4. 发电机、输出线路（含输电滑环）断电断相 5. 机舱立轴轴承松动或轴承损坏 6. 尾舵轴承松动或损坏 7. 制动机构断续卡滞 8. 风力发电机在偏航状态高速旋转 9. 风力发电机超转速运行	1. 更换新品，按规定的扭紧力矩紧固 2. 排除积水结冰，调整风轮平衡 3. 修复桨叶，重新调平衡 4. 查三相输出是否均衡，从电控柜接线到电机引线逐步查找 5. 按要求紧固或更换新品 6. 查明卡滞处，修理排除 7. 检查制动分泵、制动盘及制动片 8. 检查装置和最大偏航角度 9. 检查控制柜负载（含分流）调控跟踪，适当加大负荷
异常杂音	1. 风轮转动部分的紧固件松动 2. 功率输出三相不均衡 3. 发电机轴承松动或损坏 4. 立轴轴承松动 5. 制动机构摩擦 6. 机舱内机件松动 7. 尾舵轴承松动 8. 骨架和尾舵板紧固件松动 9. 风轮超转速引发共振	1. 查明部位，关键部位的紧固件更换 2. 检查发电机、控制线路、负载，查明故障，排除 3. 查明损坏轴承更换新品 4. 调整间隙 5. 检修，排除 6. 紧固，排除 7. 更换新品 8. 紧固，排除 9. 停机，查明原因，排除后再开机
风轮转速过高甚至超过限定转速	1. 空载运行 2. 负荷过轻 3. 风轮偏航困难、调控迟钝 4. 塔杆未垂直水平面，干扰偏航机构正常动作 5. 偏航角度不足 6. 尾舵轴承卡滞，不能灵活折转	1. 停机，排除 2. 调整控制风电功率与负载匹配关系 3. 调整尾销倾角，适应当地风况 4. 按说明书的要求调整垂直 5. 调整折尾角度 $75° \sim 80°$ 6. 检修排除或更换新品
供电线路输出故障不能自动停机	1. 控制器故障，当超功率、超转速不能及时分流卸荷 2. 分流卸荷器耗能容量不足 3. 偏航机构、制动系统失灵	1. 排除控制器故障 2. 适当加大耗能容量 3. 查明原因，修理排除，制动力矩必须大于 $350N \cdot m$

表 3-5 易发故障的部件

易故障系统	易故障部件
液压系统	1. 电液比例换向阀 2. 压力开关 3. 起动接触器 4. 电磁阀 5. 飞车保护闸 6. 压力继电器 7. 液压马达 8. 蓄能器
控制系统	1. 转子电流控制器故障 2. 控制模块 3. 控制继电器
齿轮箱	1. 齿轮 2. 轴承 3. 油泵 4. 油温油位传感器
偏航系统	1. 风向标 2. 偏转马达 3. 减速箱 4. 偏转终端限位器 5. 液压制动卡钳 6. 弹簧阻尼卡钳
传动变速系统	1. 转速传感器 2. 万向节 3. 齿轮箱本体
变桨系统	1. 位置传感器 2. 油泵的传动齿轮
测风系统	1. 风向标 2. 风速仪
制动系统	制动片

本 章 小 结

　　风能是太阳能的一种转换形式，风的形成是空气流动的结果。风向、风速和风力是描述风的 3 个重要参数。风具有随机性并随高度的变化而变化的特点。空气水平运动产生的动能称为风能。风能是清洁的可再生能源，风能的应用有很多，其中最主要的应用是风力发电。风力发电的原理是风推动风力机旋转，将风能转换为机械能，再由风力机带动发电机转动，将机械能转换为电能，从而实现能量的二次转换。风力机和发电机是风力发电机组的主要部件。风力机有水平轴和垂直轴两种，其中以水平轴为主。当风吹向风力机时，由于风力机叶片的上下表面形状的差异，造成两个表面压力差从而产生动力使风力机旋转。风力机输出的机械功率与风速的 3 次方成正比，风速对输出功率影响很大，为得到风能的最大捕获，风力机的转速应随风速的变化而变化，以维持最佳叶尖速比不变。

　　风力发电中所用的发电机种类很多，除传统的交直流发电机外，还出现了一些新型风力发电机，其中最有发展前途的应是双馈异步发电机。风力发电机组的控制系统是一个综合性控制系统，其控制复杂，一般采用微机控制。风力发电机组的控制最主要的是低风速时，跟踪最佳叶尖速比，以获取最大风能；高风速时限制风能的捕获，以维持输出功率不变；调节机组的功率，以确保输出电能的电压和频率稳定。并网型风力发电机组的功率调节控制有：定桨距失速调节、变桨距调节和主动失速调节 3 种。定桨距失速调节一般用于恒速控制，其控制简单，效率低，为提高效率，一般采用双速发电机（大/小发电机）。变桨距调节一般用于变速运行的风力发电机组，其起动性能和功率特性得到改善。变桨距风力发电机组的控制有传统的控制系统和新型的控制系统两种，其中新型的控制系统中的两个速度控制器，分别实现启动和并网后的速度控制。变速恒频风力发电机组的转速随风速变化，通过适当的控制得到恒频电能。变速恒频风力发电机组的控制主要有转速控制和功率控制。转速控制一般通过控制发电机的电磁转矩实现，有直接转矩和间接转矩控制两种方式。功率控制可通过控制发电机的电磁转矩或改变桨距角实现。在双馈异步风力发电机系统中，通过矢量变换可分别实现转矩和功率控制。不同的风力发电机组其并网技术和方式不同，风力异步发电机组的晶闸管软并网是其主要的发展方向，风力同步发电机组的并网方法以自动准同步并网为主。对于并网运行的风力异步发电机组一般通过补偿装置进行无功功率的补偿，以电容补偿为主。为了提高风力发电机组的可靠性，需要一套完善的监控与运维系统。对于不同的状态检测量使用不同的数据采集方法并介绍了国内外 SCADA 系统。目前主流的风力发电机的控制系统都采用基于 DCS 技术的专用控制器，其基本结构可以分为现象级、控制级、监控级和管理级。最后介绍了风力发电机组的常见故障现象、原因及维护方法。

习题与思考题

　　3.1　简要说明风力发电机组的发电原理。

　　3.2　风力发电机组功率调节的作用是什么？

　　3.3　限制风力发电机组的输出功率的主要因素有哪些？

　　3.4　变速恒频风电机组的控制系统与定桨距失速风电机组的控制系统的根本区别是什么？

　　3.5　简述风力发电机组的并网方法的优缺点。

　　3.6　设计风力发电机组监控与运维系统的意义是什么？

第4章

太阳能、光伏发电与控制技术

太阳是万物之源，太阳能是最原始和最永恒的能量，它不但清洁，而且取不尽用不竭，同时太阳能还是其他各种形式可再生能源的基础。世界各国正在大力发展太阳能的应用工程与技术，包括太阳能热利用、太阳能光伏发电等相关技术。本章首先介绍太阳能的基本知识，进而阐述光伏发电原理与太阳能电池的相关技术，重点介绍太阳能光伏发电系统最大功率点跟踪（MPPT）控制原理及常用方法；给出几种常用的光伏发电直流变换器与交流变换器的拓扑结构；最后阐述光伏阵列并网发电的相关技术问题。

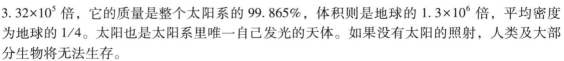

4.1 太阳的辐射及太阳能利用

4.1.1 太阳的辐射

1. 太阳的概况

太阳是太阳系的中心天体，是离地球最近的一颗恒星。它是一个炽热的气态球体，直径约为 1.39×10^6 km，质量约为 1.989×10^{27} t，为地球质量的 3.32×10^5 倍，它的质量是整个太阳系的 99.865%，体积则是地球的 1.3×10^6 倍，平均密度为地球的1/4。太阳也是太阳系里唯一自己发光的天体。如果没有太阳的照射，人类及大部分生物将无法生存。

太阳的主要组成气体为氢（约73.4%）和氦（约25%）。太阳内部持续进行着氢聚合和氦的核聚变反应，不断地释放出巨大的能量，并以辐射和对流的方式由核心向表面传递热量，温度也从中心向表面逐渐降低。

2. 太阳的结构

太阳的结构如图4-1所示，从中心到边缘可分为核反应区、辐射区、对流区和太阳大气。

（1）核反应区 在太阳平均半径25%（0.25R）的区域内是太阳的内核，其温度约为 1.57×10^7 K，密度为水的80~150倍，占太阳全部质量的40%、总体积的15%。这部分产生的能量占太阳产生总能量的90%。氢聚合时放出 γ 射线，当它经过较冷区域时由于消耗能量，波长增长，变成 X 射线或紫外线及可见光。

（2）辐射区　太阳平均半径 0.25 ~ 0.7R 之间的区域称为"辐射输能区"，温度降到 $2 \times 10^6 \sim 7 \times 10^6 K$，密度下降为 $0.2 \sim 20 g/cm^3$。太阳内核产生的能量通过这个区域辐射出去。

（3）对流区　太阳平均半径 0.7 ~ 1.0R 之间的区域称为"对流区"，温度下降到 $1 \times 10^4 K$，密度下降到小于 $0.2g/cm^3$。在对流区，太阳的能量通过对流方式传播。

（4）太阳大气　在一定条件下，可以被直接观测到的外部层次即太阳的外部结构，被称为太阳大气，太阳大气自下而上可以分为光球、色球和日冕三层。光球层就是人们肉眼所看到的太阳表面，其温度为 5762K，厚约 500km，密度为 $10^{-6} g/cm^3$，它是由强烈电离的气体组成，太阳能绝大部分辐射都是由此向太空发射的。光球外面分布着不仅能发光，而且几乎是透明的太阳大气，称之为"反变层"，它是由极稀薄的气体组成，厚约数百千米，能吸收某些可见光的光谱辐射。"反变层"的外面是太阳大气上层，称之为"色球层"，厚 $1 \sim 1.5 \times 10^4$ km，大部分由氢和氦组成。"色球层"外是伸入太空的银白色日冕，高度有时达几十个太阳半径。

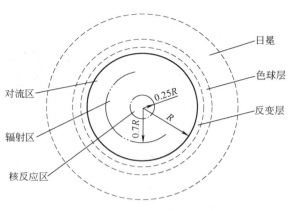

图 4-1　太阳的结构

从太阳的构造可见，太阳并不是一个温度恒定的黑体，而是一个多层的有不同波长发射和吸收的辐射体。不过在太阳能利用中通常将它视为一个温度为 6000K，发射波长为 0.3 ~ $3\mu m$ 的黑体。

3. 地球的运动

昼夜是由于地球自转而产生的，而季节是由于地球的自转轴与地球围绕太阳公转轨道的转轴成 23.5° 的夹角而产生的。地球每天绕着通过南极和北极的"地轴"自西向东逆时针自转一周，每转一周为一昼夜，所以地球每小时自转 15°。地球除自转外，还循着偏心率很小的椭圆轨道每年绕太阳运行一周。地球自转轴与公转轨道面的法线始终成 23.5°。地球公转时自转轴的方向不变，地轴北端总是指向北极星。因此地球处于公转轨道的不同位置时，太阳光投射到地球上的方向也就不同，于是形成了地球上的四季变化。地球绕太阳运行示意如图 4-2 所示。每天正午时分，太阳的高度总是最高。在热带低纬度地区（即在赤道与南北纬度 23.5° 之间的地区），一年中太阳有两次垂直入射，太阳总是靠近赤道方向。在北极和南极地区以及南北纬度 23.5° ~ 90° 之间的地区，冬季太阳低于地平线的时间长，而夏季是高于地平线的时间长。

由于地球以椭圆形轨道绕太阳运行，太阳位于一个焦点上，所以这个距离是时刻变化着的。某一点的辐射强度与该点和辐射源之间距离的二次方成反比，这意味着地球大气上方的太阳辐射强度会随日地间距离不同而有差异。然而，由于日地间距离太大（平均距离为 1.5×10^8 km），所以地球大气层外的太阳辐射强度几乎是一个常数。因此人们就采用所谓"太阳常数"来描述地球大气层上方的太阳辐射强度，它是指平均日地距离时，在地球大气

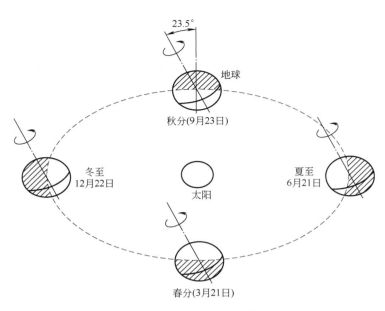

图 4-2　地球绕太阳运行示意图

层上界垂直于太阳辐射的单位表面积上每秒钟所接收的太阳辐射能，通过各种先进手段测得的太阳常数的标准值为 $1353W/m^2$，一年中由于日地距离的变化所引起太阳辐射强度的变化不超过±3.4%。

4. 太阳的辐射

太阳辐射是地球表层能量的主要来源。太阳辐射在大气上界的分布是由地球的天文位置决定的，称此为天文辐射。除太阳本身的变化外，天文辐射能量主要决定于日地距离、太阳高度角和昼长。太阳照射到地平面上的辐射由两部分组成——直接辐射和漫射辐射。太阳辐射穿过大气层而到达地面时，由于大气中空气分子、水蒸气和尘埃等对太阳辐射的吸收、反射和散射，不仅使辐射强度减弱，还会改变辐射的方向和辐射的光谱分布。因此，实际到达地面的太阳辐射通常是由直射和漫射两部分组成。直射是指直接来自太阳，其辐射方向不发生改变的辐射；漫射则是被大气反射和散射后方向发生了改变的太阳辐射，它由 3 部分组成：太阳周围的散射（太阳表面周围的天空亮光），地平圈散射（地平圈周围的天空亮光或暗光），及其他的天空散射辐射。另外，非水平面接收来自地面的辐射称为反射辐射。直接辐射、漫射辐射和反射辐射的总和称为总辐射。可以依靠透镜或反射器来聚焦直接辐射，如果聚光率很高（适用聚式收集器），就可获得高能量密度，同时减弱了漫射辐射；如果聚光率较低（适用非聚式收集器），则只可以对部分漫射辐射进行聚光。漫射辐射的变化范围很大，当天空晴朗无云时，漫射辐射约为总辐射的 10%。但当天空乌云密布见不到太阳时，此时没有直射辐射，因而漫射辐射等于总辐射，此时聚式收集器采集的能量通常要比非聚式收集器采集的能量少得多。反射辐射一般都很弱，但当地面有冰雪覆盖时，垂直面上的反射辐射可达总辐射的 40%。

太阳光线与地平面的夹角称为太阳高度角，它有日变化和年变化。太阳高度角大，则太阳辐射强。

到达地面的太阳辐射的时空变化特点是：①全年以赤道获得的辐射最多，极地最少，这种热量不均匀分布，必然导致地表各纬度的气温产生差异，在地球表面出现热带、温带和寒带气候；②太阳辐射夏天大冬天小，从而导致同一地点夏季温度高而冬季温度低。

到达地面的太阳辐射主要受大气层厚度的影响，大气层越厚，地球大气对太阳辐射的吸收、反射和散射就越严重，到达地面的太阳辐射就越少。此外大气的状况和大气的质量对到达地面的太阳辐射也有影响。太阳辐射穿过大气层的路径长短与太阳辐射的方向有关，如图 4-3 所示。A 为地球海平面上的一点，当太阳在天顶位置 S 时，太阳辐射穿过大气层到达 A 点的路径为 OA。当太阳位于 S' 点时，其穿过大气层到达 A 点的路径则为 $O'A$。$O'A$ 与 OA 之

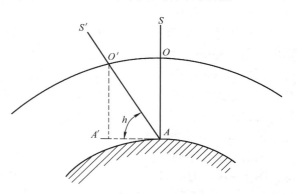

图 4-3　大气质量示意图

比称之为"大气质量"。它表示太阳辐射穿过地球大气的路径与太阳在天顶方向垂直入射时的路径之比，通常以符号 m 表示，并设定标准大气压和 0℃ 时海平面上太阳垂直入射时，大气质量 $m=1$。

由图 4-3 可知，图中 $O'A$ 与 OA 近似相等，从三角函数关系得

$$m = \frac{O'A}{OA} = \frac{1}{\sin h} \tag{4-1}$$

式中，h 为太阳的高度角。

显然，地球上不同地区、不同季节、不同气象条件下，到达地面的太阳辐射强度都是不相同的。热带、温带和寒冷地带的太阳平均辐射强度值见表 4-1。

表 4-1　热带、温带和寒冷地带的太阳平均辐射强度值

地区	太阳平均辐射强度	
	kW·h/(m²·d)	W/m²
热带、沙漠	5~6	210~250
温带	3~5	130~210
寒冷地带北欧	2~3	80~130

通常根据各地的地理和气象情况，可以将到达地面的太阳辐射强度制成各种可供工程使用的图表，这些参数对太阳能利用以及对建筑物的采暖和空调设计都是至关重要的数据。

大气对太阳辐射具有削弱作用，包括大气对太阳辐射的选择性吸收、散射和反射。太阳辐射经过整层大气时，$0.29\mu m$ 以下的紫外线几乎全部被吸收，可见光区大气吸收很少，而在红外区吸收很强。大气中吸收太阳辐射的物质主要有氧、臭氧、水蒸气和液态水，其次有二氧化碳、甲烷、一氧化二氮和尘埃等。云层能强烈吸收和散射太阳辐射，同时还强烈吸收地面反射的太阳辐射，云的平均反射率为 0.50~0.55。

经过大气削弱之后到达地面的太阳直接辐射、散射辐射以及反射辐射之和称为太阳总辐射。就全球平均而言，太阳总辐射只占到地球大气上界太阳辐射的 45%。总辐射量随纬度

升高而减小，随高度升高而增大。一天内中午前后最大，夜间为零；一年内夏天大冬天小。

太阳辐射能量中可见光线（0.4～0.76μm）、红外线（>0.76μm）和紫外线（<0.4μm）分别占50%、43%和7%，即集中于短波波段，故也将太阳辐射（主要能量集中在0.15～4μm）称为短波辐射。

地球轨道上的平均太阳辐射强度为1367kW/m²，地球赤道的周长为40000km，从而可计算出，地球获得的太阳辐射能量达173000TW，地球上的生物依赖这些能量维持生存。虽然太阳能资源总量相当于现在人类所利用的能源的一万多倍，但在地球上太阳能的能量密度低，而且它因地而异，因时而变，使得开发和利用太阳能面临许多问题，这些特点使太阳能的利用在整个综合能源体系中的作用受到一定的限制。

尽管太阳辐射到地球大气层的能量仅为其总辐射能量（约为3.75×10²⁶W）的22亿分之一，但已高达173000TW，也就是说太阳每秒钟照射到地球上的能量就相当于500万t标准煤。图4-4所示为地球上的能流，可以看出，地球上的风能、水能、海洋温差能、波浪能和生物质能以及部分潮汐能都是来源于太阳；即使是地球上的化石燃料（如煤、石油、天然气等）从根本上说也是远古以来储存下来的太阳能，所以广义的太阳能所包括的范围非常大，狭义的太阳能则限于太阳辐射能的光热、光电和光化学的直接转换。

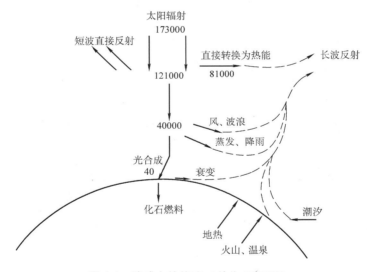

图4-4　地球上的能流（单位10⁶MW）

太阳能既是一次能源，又是可再生能源。它资源丰富，既可免费使用，又无须运输，对环境无任何污染。但太阳能也有两个主要缺点：一是能流密度低；二是其强度受各种因素（季节、地点、气候等）的影响不能维持常量。

4.1.2　太阳能的转换与利用

太阳能是一种理想的可再生能源。人类对太阳能的利用有着悠久的历史。我国早在两千多年前的战国时期就知道利用钢制四面镜聚焦太阳光来点火；利用太阳能来干燥农副产品。发展到现代，太阳能的利用已日益广泛，它包括太阳能的光热利用，太阳能的光电利用和太阳能的光化学利用等。目前，太阳能的利用主要有光热和光电两种方式。

在发达国家，太阳能的开发利用日益广泛，其技术也日益成熟。如日本多年来一直积极开发太阳能等新能源，其太阳能发电量自 2000 年以来一直位居世界首位，设施容量约 64 万 kW，到 2010 年，日本政府计划将国内设施容量增长 7 倍，达到 482 万 kW。以色列计划在内盖夫沙漠建设占地面积 400hm² 的太阳能电站，设计发电能力 50 万 kW，约占该国电力生产量的 5%。德国于 1999 年 1 月启动了"十万太阳能屋顶计划"，共安排 4.6 亿欧元的财政预算，对开发利用太阳能的企业和用户进行资助。目前，安装太阳能照明系统的家庭已占德国家庭总数的 0.9%，太阳能照明系统在大型公共建筑中也得到了大力推广，2006 年世界杯足球赛场之一的德国凯泽斯劳滕足球场即采用了太阳能照明设备。全世界最大的光热市场在西班牙，在 2007—2013 年间由于政策的影响，光热装机量得到了大幅度增长，光热发电成为重要的可再生能源项目。

近年来，我国也对可再生能源的开发利用给予了高度的重视。为促进可再生能源产业的发展，2005 年国家发展改革委编制了《可再生能源产业发展指导目录》，用以指导相关部门制定支持政策和措施，引导相关研究机构和企业的技术研发、项目示范和投资建设方向。2006 年，《中华人民共和国可再生能源法》正式颁布实施，对开发利用太阳能等可再生能源提供了基本的法律保障。建设部等部门也出台了有关扶持太阳能开发利用的政策，根据《关于新建居住建筑严格执行节能设计标准的通知》，国家已推出"可再生能源在建筑规模化应用城市级示范"，对于在建筑中广泛使用太阳能等可再生能源的，给予一定补贴。在国家政策的大力推进下，太阳能的开发利用在许多城市均得到较快发展。

上海市政府于 2005 年 9 月启动了"十万屋顶光伏发电计划"。在无锡，40kW 屋顶并网光伏发电系统也开始实施。徐州在全国率先使用太阳能公交站，站台一年可以省下一千度电。深圳于 2006 年 1 月通过了建设部可再生能源建筑应用（太阳能建筑一体化）城市级示范的初步审查，计划在今后 5 年新建 300 万 m² 太阳能应用示范项目。2006 年 3 月，国内第一条太阳能路灯系统在浙江投入商业运行等。北京 2008 年奥运会"绿色奥运、科技奥运、人文奥运"的理念。北京奥运村使用的生活热水，主要依靠太阳能，奥运会期间，可以供 16000 人使用。奥运会主场馆"鸟巢工程"首次采用太阳能电，其中太阳能光伏发电系统总装机容量为 130kW，对奥运场馆的电力供应起到良好的补充作用。2016 年，中国太阳能热水器的年产量和保有量均居世界首位，其年产量已达 1.1 亿 m²，保有量已达 6.135 亿 m²。中国太阳能光热设备的产量多年来保持世界第一，2018 年在能源生产中已替代了约 9000 万 t 标准煤。2020 年，我国光伏发电的新增装机容量达到了 48.2GW，已连续 8 年位居全球第一；截至 2020 年底，我国光伏发电的累计并网装机容量达到了 253GW，已连续 6 年位居全球首位。此外，2020 年，我国光伏发电量达 2605 亿 kW·h，同比增长 16.2%，占我国全年总发电量的 3.5%，2021 年 5 月 31 日，晶科能源研究院制备的大面积 N 型单晶硅太阳电池获得了光电转换效率为 25.25% 的世界纪录。

到 2020 年，我国可再生能源占到能源消费总量的 15%，可再生能源年利用量达到 2.7 亿 t 标准煤，太阳能发电装机容量达到 180 万 kW，太阳能热水器总集热面积达到 3 亿 m²。

太阳能的转换与利用包括了太阳能的采集、转换、储存、传输与应用等方面。

1. 太阳能采集

太阳辐射的能流密度低，在利用太阳能时为了获得足够的能量，或者为了提高温度，必须采用一定的技术和装置（集热器），对太阳能进行采集。集热器按是否聚光，可以划分为聚光集热器和非聚光集热器两大类。非聚光集热器（平板集热器，真空管集热器）能够利用太阳辐射中的直射辐射和散射辐射，集热温度较低；聚光集热器能将阳光汇聚在面积较小的吸热面上，可获得较高温度，但只能利用直射辐射，且需要跟踪太阳。

（1）平板集热器　历史上早期出现的太阳能装置主要为太阳能动力装置，大部分采用聚光集热器，只有少数采用平板集热器。而平板集热器是在 17 世纪后期才发明的，但直至 1960 年以后才真正进行深入研究和规模化应用。在太阳能低温利用领域，平板集热器的技术经济性能远比聚光集热器好。为了提高效率，降低成本，或者为了满足特定的使用要求，人类开发研制了许多种平板集热器。按工质划分有空气集热器和液体集热器，目前大量使用的是液体集热器；按吸热板芯材料划分有钢板铁管、全铜、全铝、铜铝复合、不锈钢、塑料及其他非金属集热器等；按结构划分有管板式、扁盒式、管翅式、热管翅片式、蛇形管式集热器，还有带平面反射镜集热器和逆平板集热器等；按盖板划分有单层或多层玻璃、玻璃钢或高分子透明材料、透明隔热材料集热器等。目前，国内外使用比较普遍的是全铜集热器和铜铝复合集热器。铜翅和铜管的结合，国外一般采用高频焊，国内以往采用介质焊，1995 年我国也开发成功全铜高频焊集热器。

（2）真空管集热器　为了减少平板集热器的热损、提高集热温度，国际上在 20 世纪 70 年代研制成功真空集热管，其吸热体被封闭在高度真空的玻璃真空管内，大大提高了热性能。将若干支真空集热管组装在一起，即构成真空管集热器，为了增加太阳光的采集量，有的在真空集热管的背部还加装了反射板。真空集热管大体可分为全玻璃真空集热管、玻璃 U 形真空集热玻璃管、金属热管真空集热管、直通式真空集热管和储热式真空集热管等。最近，我国还研制成全玻璃热管真空集热管和新型全玻璃直通式真空集热管。

（3）聚光集热器　聚光集热器主要由聚光器、吸收器和跟踪系统 3 大部分组成。按照聚光原理区分，聚光集热器基本可分为反射聚光和折射聚光两大类，每类中按照聚光器的不同又可分为若干种。为了满足太阳能利用的要求，简化跟踪机构，提高可靠性，降低成本，在 20 世纪研制开发的聚光集热器品种很多，但推广应用的数量远比平板集热器少，商业化程度也低。在反射式聚光集热器中应用较多的是旋转抛物面镜聚光集热器（点聚焦）和槽形抛物面镜聚光集热器（线聚焦）。前者可以获得高温，但要进行二维跟踪；后者可以获得中温，只要进行一维跟踪。

其他反射式聚光器还有圆锥反射镜、球面反射镜、条形反射镜、斗式槽形反射镜、平面、抛物面镜聚光器等。此外，还有一种应用在塔式太阳能发电站的聚光镜——定日镜。定日镜由许多平面反射或曲面反射镜组成，在计算机控制下这些反射镜将阳光都反射至同一吸收器上，吸收器可以达到很高的温度，获得很大的能量。利用光的折射原理可以制成折射式聚光器，历史上曾有人在法国巴黎用两块透镜聚集阳光进行熔化金属的表演。有人利用一组透镜并辅以平面镜组装成太阳能高温炉。显然，玻璃透镜比较重、制造工艺复杂、造价高，很难做得很大。

2. 太阳能的转换

太阳能是一种辐射能，具有即时性，因此，必须即时转换成其他形式能量才能储存和利用。将太阳能转换成不同形式的能量需要不同的能量转换器，集热器通过吸收面可以将太阳能转换成热能，利用光伏效应太阳电池可以将太阳能转换成电能，通过光合作用植物可以将太阳能转换成生物质能等。原则上，太阳能可以直接或间接转换成任何形式的能量，但转换次数越多，最终太阳能转换的效率便越低。

（1）太阳能—热能转换　黑色吸收面吸收太阳辐射，可以将太阳能转换成热能，其吸收性能好，但辐射热损失大，所以黑色吸收面并不是理想的太阳能吸收面。选择性吸收面具有高的太阳吸收比和低的发射比，吸收太阳辐射的性能好，且辐射热损失小，是比较理想的太阳能吸收面。这种吸收面由选择性吸收材料制成，简称为选择性涂层。

（2）太阳能—电能转换　电能是一种高品位能量，利用、传输和分配都比较方便。将太阳能转换为电能是大规模利用太阳能的重要技术基础，世界各国都十分重视，其转换途径很多，有光电直接转换，有光热电间接转换等。

（3）太阳能—氢能转换　氢能是一种高品位能源。太阳能可以通过分解水或其他途径转换成氢能，即太阳能制氢，其主要方法如下：

1）太阳能电解水制氢。电解水制氢是目前应用较广且比较成熟的方法，效率较高（75%～85%），但耗电大，使用常规电解水制氢，从能量利用而言得不偿失。所以，只有当太阳能发电的成本大幅度下降后，才能实现大规模电解水制氢。

2）太阳能热分解水制氢。将水或水蒸气加热到3000K以上，水中的氢和氧便能分解。这种方法制氢效率高，但需要高倍聚光器才能获得如此高的温度，一般不采用这种方法制氢。

3）太阳能热化学循环制氢。为了降低太阳能直接热分解水制氢要求的高温，发展了一种热化学循环制氢方法，即在水中加入一种或几种中间物，然后加热到较高温度，经历不同的反应阶段，最终将水分解成氢和氧，而中间物不消耗，可循环使用。热化学循环分解的温度大致为900～1200K，这是普通旋转抛物面镜聚光器比较容易达到的温度，其分解水的效率在17.5%～75.5%。存在的主要问题是中间物的还原，即使按99.9%～99.99%还原，也还要做0.1%～0.01%的补充，这将影响氢的价格，并造成环境污染。

4）太阳能光化学分解水制氢。这一制氢过程与上述热化学循环制氢有相似之处，在水中添加某种光敏物质作催化剂，增加对阳光中长波光能的吸收，利用光化学反应制氢。日本有人利用碘对光的敏感性，设计了一套包括光化学、热电反应的综合制氢流程，每小时可产氢97L，效率达10%。

5）太阳能光电化学电池分解水制氢。利用N型二氧化钛半导体电极作阳极，而以铂黑作阴极，制成太阳能光电化学电池，在太阳光照射下，阴极产生氢气，阳极产生氧气，两电极用导线连接便有电流通过，即光电化学电池在太阳光的照射下同时实现了分解水制氢、制氧和获得电能。但是，光电化学电池制氢效率很低，仅0.4%，只能吸收太阳光中的紫外光和近紫外光，且电极易受腐蚀、性能不稳定，所以很难达到实用要求。

6）太阳光络合催化分解水制氢。科学家1972年发现三联吡啶钌络合物的激发态具有电子转移能力，并从络合催化电荷转移反应，提出利用这一过程进行光解水制氢。这种络合物是一种催化剂，它的作用是吸收光能、产生电荷分离、电荷转移和集结，并通过一系列偶联过程，最终使水分解为氢和氧。

7）生物光合作用制氢。绿藻在无氧条件下，经太阳光照射可以放出氢气；蓝绿藻等许多藻类在无氧环境中适应一段时间，在一定条件下都有光合放氢作用。由于对光合作用和藻类放氢机理了解还不够，藻类放氢的效率很低，要实现工程化产氢还有相当大的距离。据估计，如藻类光合作用产氢效率提高到10%，则每天每平方米藻类可产9g氢分子。

（4）太阳能—生物质能转换　通过植物的光合作用，太阳能把二氧化碳和水合成有机物（生物质能）并释放出氧气。光合作用是地球上最大规模转换太阳能的过程，现代人类所用燃料都是远古和当今光合作用转换太阳能的结果。目前，光合作用机理尚不完全清楚，能量转换效率一般只有百分之几，今后对其机理的研究具有重大的理论意义和实际意义。

（5）太阳能—机械能转换　物理学家实验证明光具有压力，提出利用在宇宙空间中巨大的太阳帆，在阳光的压力作用下可推动宇宙飞船前进，将太阳能直接转换成机械能。通常，太阳能转换为机械能，需要通过中间过程进行间接转换。

3. 太阳能的储存

地面上接收的太阳能，受气候、昼夜、季节的影响，具有间断性和不稳定性。因此，储存太阳能显得十分必要，尤其对于大规模利用太阳能更为必要。太阳能无法直接储存，必须转换成其他形式能量才能储存。大容量、长时间、经济地储存太阳能，在技术上比较困难。

（1）热能储存

1）显热储存。利用材料的显热储能是最简单的储能方法，在实际应用中，水、沙、石子、土壤等都可作为储能材料，其中水的比热容最大，应用较多。

2）潜热储存。利用材料在相变时放出和吸入的潜热储能，其储能量大，且在温度不变情况下放热。在太阳能低温储存中常用含结晶水的盐类储能，如10水硫酸钠、10水氯化钙、12水磷酸氢钠等。但在使用中要解决过冷和分层问题，以保证工作温度和使用寿命。太阳能中温储存温度一般在100℃以上、500℃以下，通常在300℃左右。适宜于中温储存的材料有高压热水、有机流体、多晶盐等。太阳能高温储存温度一般在500℃以上，目前正在试验的材料有金属钠、熔融盐等。1000℃以上极高温储存，则可采用氧化铝和氧化锗耐火球。

3）化学储热。利用化学反应储热，储热量大、体积小、重量轻，化学反应产物可分离储存，需要时才发生放热反应，储存时间长。真正能用于储热的化学反应必须满足以下条件：反应可逆性好、无副反应，反应迅速，反应生成物易分离且能稳定储存，反应物和生成物无毒、无腐蚀、无可燃性，反应热大、反应物价格低等。目前已筛选出一些化学吸热反应能基本满足上述条件，如$Ca(OH)_2$的热分解反应，利用上述吸热反应储存热能，用热时则通过放热反应释放热能。但是，$Ca(OH)_2$在大气压脱水反应温度高于500℃，利用太阳能在这一温度下实现脱水十分困难，加入催化剂可降低反应温度，但温度仍相当高。其他可用于储热的化学反应还有金属氢化物的热分解反应、硫酸氢铵循环反应等。

4）塑晶储热。1984年，美国在市场上推出一种塑晶家庭取暖材料。塑晶学名为新戊二醇（NPG），它和液晶相似，有晶体的三维周期性，但力学性质像塑料。它能在恒定温度下储热和放热，但不是依靠固—液相变储热，而是通过塑晶分子构型发生固—固相变储热。塑晶在恒温44℃时，白天吸收太阳能而储存热能，晚上则放出白天储存的热能。

5）太阳池储热。太阳池是一种具有一定盐浓度梯度的盐水池，可用于采集和储存太阳能。由于它简单、造价低和宜于大规模使用，引起人们的重视。

（2）电能储存　电能储存比热能储存困难，常用的是蓄电池，正在研究开发的还有超导储能。铅酸蓄电池利用化学能和电能的可逆转换，实现充电和放电，价格较低，但使用寿命短、体积大、质量重、需要经常维护。目前，与光伏发电系统配套的储能装置，大部分为铅酸蓄电池。现有的蓄电池储能密度较低，难以满足大容量、长时间储存电能的要求。某些金属或合金在极低温度下成为超导体，理论上电能可以在一个超导无电阻的线圈内储存无限长的时间。这种超导储能不经过任何其他能量转换直接储存电能，效率高、起动迅速、可以安装在任何地点，尤其是消费中心附近，不产生任何污染，但目前超导储能在技术上尚不成熟，需要继续研究开发。

（3）氢能储存　氢可以大量、长时间储存。它能以气相、液相、固相（氢化物）或化合物（如氨、甲醇等）形式储存。气相储存：储氢量少时，可以采用常压湿式气柜、高压容器储存；大量储存时，可以储存在地下储仓、不漏水土层覆盖的含水层、盐穴和人工洞穴内。液相储存：液氢具有较高的单位体积储氢量，但蒸发损失大。将氢气转化为液氢需要进行氢的纯化和压缩，正氢—仲氢转化，最后进行液化。液氢生产过程复杂、成本高，目前主要用作火箭发动机燃料。固相储氢：利用金属氢化物固相储氢，储氢密度高，安全性好。目前，基本能满足固相储氢要求的材料主要是稀土系合金和钛系合金。

（4）机械能储存　太阳能转换为电能，推动电动水泵将低位水抽至高位，便能以位能的形式储存太阳能；太阳能转换为热能，推动热机压缩空气，也能储存太阳能；但在机械能储存中最受人关注的是飞轮储能。近年来，由于高强度碳纤维和玻璃纤维的出现，用其制造的飞轮转速大大提高，增加了单位质量的动能储量；电磁悬浮、超导磁浮技术的发展，结合真空技术，极大地降低了摩擦阻力和风力损耗；电力电子技术的新进展，使飞轮电机与系统的能量交换更加灵活。在太阳能光伏发电系统中，飞轮可以代替蓄电池用于蓄电。

4. 太阳能的传输

太阳能不像煤和石油一样用交通工具进行运输，而是应用光学原理，通过光的反射和折射进行直接传输，或者将太阳能转换成其他形式的能量进行间接传输。直接传输适用于较短距离，基本上有 3 种方法：通过反射镜及其他光学元件组合，改变阳光的传播方向，达到用能地点；通过光导纤维，可以将入射在其一端的阳光传输到另一端，传输时光导纤维可任意弯曲；采用表面镀有高反射涂层的光导管，通过反射可以将阳光导入室内。间接传输适用于各种不同距离。将太阳能转换为热能，通过热管可将太阳能传输到室内；将太阳能转换为氢能或其他载能化学材料，通过车辆或管道等可输送到用能地点；空间电站将太阳能转换为电能，通过微波或激光将电能传输到地面。太阳能传输包含许多复杂的技术问题，需要认真进行研究，才能更好地利用太阳能。

5. 太阳能的利用

（1）太阳辐射的热能利用　我国有约 14 亿人口，3.8 亿个家庭，若每日每户供应 60℃ 热水 100L，全年则需 6643 亿 kW·h，约为全国年发电量的一半，折合电费约为 4000 亿元。由于市场需求大，太阳能热水器是光热利用最成功的领域。我国在太阳能热水器的基础理论研究、工艺材料研究、应用研究、技术标准、制造水平、产品质量等方面，总体处于国际先进水平，其中多个指标国际领先。我国从事太阳能热水器生产、销售和安装服务的企业有 1000 多家，热水器保有量 4000 多万 m^2，太阳能热水器产销量和安装面积居世界第一。2002 年，太阳能热水器产量约 1000 万 m^2，产值约 110 亿元，产值超亿元的企业已达十几家；2005 年，全国太阳能热水器年生产能力达 1100 万 m^2，总保有量 6400 万 m^2。太阳能热水器主要有玻璃真空管式、热管真空管式、平板式和少量闷晒式，其中玻璃真空管式占 80% 以上。

（2）太阳能光热利用　除太阳能热水器外，还有太阳房、太阳灶、太阳能温室（薄膜大棚）、太阳能干燥系统、太阳能土壤消毒杀菌技术等。

（3）太阳能热发电 是太阳能热利用的一个重要方面，这项技术利用集热器把太阳辐射的热能集中起来给水加热产生蒸汽，然后通过汽轮机带动发电机而发电。根据集热方式不同，又分高温发电和低温发电。

（4）太阳能综合利用 若用太阳能全方位地解决建筑内热水、采暖、空调和照明用能，这是最理想的方案。太阳能与建筑（包括高层）一体化研究与实施，是太阳能开发利用的重要方向。

（5）太阳能光伏发电技术 通过转换装置把太阳辐射能转换成电能利用的属于太阳能光发电技术，光电转换装置通常是利用半导体器件的光伏效应原理进行光电转换的，因此又称太阳能光伏技术。

6. 太阳能应用史

近百年来，太阳能综合利用技术得到前所未有的快速发展，大约经历了以下 7 个阶段：

第一阶段（1900—1920 年），在这一阶段，世界上太阳能研究的重点仍是太阳能动力装置，但采用的聚光方式多样化，且开始采用平板集热器和低沸点工质，装置逐渐扩大，最大输出功率达 73.64kW，实用目的比较明确，但造价仍然很高。

第二阶段（1920—1945 年），在这 20 多年中太阳能研究工作处于低潮，参加研究工作的人数和研究项目大为减少，其原因与矿物燃料的大量开发利用和发生第二次世界大战（1939—1945 年）有关，而太阳能又不能解决当时对大量能源的急需，因此使太阳能研究工作逐渐受到冷落。

第三阶段（1945—1965 年），在第二次世界大战结束后的 20 年中，一些有远见的人士已经注意到石油和天然气资源正在迅速减少，呼吁人们重视这一问题，从而逐渐推动了太阳能研究工作的恢复和开展，并且成立太阳能学术组织，举办学术交流和展览会，再次兴起太阳能研究热潮。

第四阶段（1965—1973 年），这一阶段，太阳能的研究工作停滞不前，主要原因是太阳能利用技术处于成长阶段，尚不成熟，并且投资大，效果不理想，难以与常规能源竞争，因而得不到公众、企业和政府的重视和支持。

第五阶段（1973—1980 年），自从石油在世界能源结构中担当主角之后，石油就成了决定一个国家经济和决定生死存亡、发展和衰退的关键因素，1973 年 10 月爆发中东战争，石油输出国组织采取石油减产、提价等办法，支持中东人民的斗争，维护本国的利益。其结果是使那些依靠从中东地区大量进口廉价石油的国家，在经济上遭到沉重打击，这便是西方所谓的世界"能源危机"（也称"石油危机"）。这次"能源危机"在客观上使人们认识到：现有的能源结构必须彻底改变，应加速向未来能源结构过渡，从而使许多国家，尤其是工业发达国家，重新加强了对太阳能及其他可再生能源技术发展的支持，在世界范围内再次兴起了开发利用太阳能热潮。这一时期，太阳能开发利用工作处于前所未有的大发展时期，具有以下特点：①各国加强了太阳能研究工作的计划性，不少国家制定了近期和远期阳光计划。开发利用太阳能成为政府行为，支持力度大大加强。国际合作十分活跃，一些第三世界国家开始积极参与太阳能开发利用工作；②研究领域不断扩大，研究工作日益深入，取得一批较大成果，如 CPC、真空集热管、非晶硅太阳电池、光解水制氢、太阳能热发电等；③各国制定的太阳能发展计划，普遍存在要求过高、过急问题，对实施过程中的困难估计不足，希望在较短的时间内取代矿物能源，大规模利用太阳能。④太阳能热水器、太阳能电池等产品开始实现商业化，太阳能产业初步建立，但规模较小，经济效益尚不理想。

第六阶段（1980—1992 年），20 世纪 70 年代兴起的开发利用太阳能热潮，在进入 80 年代后不久开始落潮，逐渐进入低谷。世界上许多国家相继大幅度削减太阳能研究经费，其中美国最为突出。导致这种现象的主要原因是：世界石油价格大幅度回落，而太阳能产品价格居高不下，缺乏竞争力；太阳能技术没有重大突破，提高效率和降低成本的目标没有实现，以致动摇了一些人开发利用太阳能的信心；核电发展较快，对太阳能的发展起到了一定的抑制作用。

第七阶段（1992 年至今），由于大量燃烧矿物能源，造成了全球性的环境污染和生态破坏，对人类的生存和发展构成威胁。在这样的背景下，1992 年联合国在巴西召开"世界环境与发展大会"，会议通过了《里约热内卢环境与发展宣言》《21 世纪议程》《联合国气候变化框架公约》等一系列重要文件，把环境与发展纳入统一的框架，确立了可持续发展的模式。这次会议之后，世界各国加强了清洁能源技术的开发，将利用太阳能与环境保护结合在一起，使太阳能利用工作走出低谷，逐渐得到加强。1992 年以后，世界太阳能利用又进入一个发展期，其特点是：太阳能利用与世界可持续发展和环境保护紧密结合，全球共同行动，为实现世界太阳能发展战略而努力；太阳能发展目标明确，重点突出，措施得力，保证太阳能事业的长期发展；在加大太阳能研究开发力度的同时，注意科技成果转化为生产力，发展太阳能产业，加速商业化进程，扩大太阳能利用领域和规模，经济效益逐渐提高；国际太阳能领域的合作空前活跃，规模扩大，效果明显。1996 年，联合国在津巴布韦召开"世界太阳能高峰会议"，会后发表了《哈拉雷太阳能与持续发展宣言》，会上讨论了《世界太阳能 10 年行动计划》（1996—2005 年）《国际太阳能公约》《世界太阳能战略规划》等重要文件。这次会议进一步表明了联合国和世界各国对开发太阳能的坚定决心，要求全球共同行动，广泛利用太阳能。目前，在世界范围内已建成多个 MW 级的联网光伏电站，总功率为 5MW 的太阳能发电站 2004 年 9 月在德国莱比锡附近落成，总功率为 80.7MW 的世界最大的太阳能发电站 2009 年 8 月在德国利伯罗瑟太阳能发电站落成。欧洲是全球光伏终端市场的重心所在，德国长期占据主导地位，而在西班牙市场大幅萎缩之后，意大利、捷克、法国的新兴市场的迅速崛起，及时填补了这一空白。2010 年中国光伏电池产量达到 8000MW，约占全球总产量 50%，产能稳居世界首位，但受能源补贴政策、投资成本和回收周期的影响，光伏计划的实施并不理想，推广应用相对滞后。2016 年，欧洲最大太阳能发电站启用，年产电 350GW·h；日本太阳能项目装机容量预达到峰值，新增装机容量为 13.2～14.3GW。2017 年全国太阳能发电装机占比达到 8%，光伏发电新增装机容量 30.1GW，太阳能发电达到 20468 亿 kW·h。2019 年韩国公布新计划：到 2030 年将光伏组件成本降低至 0.10 美元/W。2021 年伊朗以太阳能为主可再生能源装机容量达 5GW。

通过上述回顾可知，在 20 世纪 100 年间太阳能发展道路并不平坦，一般每次高潮期后都会出现低潮期，处于低潮的时间大约有 45 年。太阳能利用的发展历程与煤、石油、核能完全不同，人们对其认识差别大，反复多，发展时间长。这一方面说明太阳能开发难度大，短时间内很难实现大规模利用；另一方面也说明太阳能利用还受矿物能源供应、政治和战争等因素的影响，发展道路比较曲折。尽管如此，从总体来看，20 世纪取得的太阳能科技进步仍比以往任何一个世纪都大。

4.2 **光伏发电原理与太阳能电池**

太阳能发电分光热发电和光伏发电，不论产销量、发展速度还是发展前景，光热发电都赶不上光伏发电。光伏发电是根据光生伏特效应原理，利用太阳能电池将太阳光能直接转换为电能。不论是独立使用还是并网发电，光伏发电系统主要由太阳能电池板（组件）、控制器和逆变器三大部分组成，它们主要由电子元器件构成，不涉及机械部件，所以，光伏发电设备极为精炼、可靠、稳定、寿命长，安装维护简便。理论上讲，光伏发电技术可以用于任何需要电源的场合，上至航天器，下至家用电器，大到兆瓦级电站，小到玩具，光伏电源可以无处不在。目前，光伏发电产品主要用于三大方面：一是为无电场合提供电源，主要为广大无电地区居民生活生产提供电力，还有微波中继电源等，另外还包括一些移动电源和备用电源；二是太阳能日用电子产品，如各类太阳能充电器、路灯、草坪灯和交通信号警示灯等；三是并网发电，这在发达国家已经大面积推广实施。

4.2.1　太阳能光伏发电的原理

太阳能电池的原理是基于半导体的光伏效应，将太阳辐射直接转换为电能。所谓光电效应，就是指物体在吸收光能后，其内部能传导电流的载流子分布状态和浓度发生变化，由此产生出电流和电动势的效应。在气体、液体和固体中均可产生这种效应，而半导体光伏效应的效率最高。

当太阳光照射到半导体的 PN 结上，就会在其两端产生光生电压，若在外部将 PN 结短路，就会产生光电流。光伏电池正是利用半导体材料的这些特征，把光能直接转换成为电能。而且在这种发电过程中，光伏电池本身不发生任何化学变化，也没有机械磨损，因而在使用中无噪声、无气味，对环境无污染。

根据固体物理理论，晶体中的所有电子都具有一定能量，每个电子具有的能量分布于不同的能级，从低到高依次排列。按照这种结构特征，可将物质分为导体、绝缘体和半导体三种类型。

一般的半导体结构如图 4-5 所示。

图 4-5 中，正电荷表示硅原子，负电荷表示围绕在硅原子周边的 4 个电子。当硅晶体中掺入其他的三价或五价杂质原子（如硼、磷等），与相邻硅原子结合就会在杂质周围形成空穴或多余电子，成为 P 型或 N 型半导体硅材料。当掺入硼时，硅晶体中就会多出空穴，它的形成如图 4-6 所示，其中正电荷表示硅原子，负电荷表示围绕

图 4-5　一般的半导体结构

在硅原子周边的 4 个电子，因为掺入的硼原子周围只有 3 个电子，所以就会产生多余的空穴，这些空穴因为没有电子而变得很不稳定，容易吸收临近电子而产生中和作用，并形成与电子移动反方向的电流，称这种硅为 P 型半导体。同样，掺入磷原子以后，因为磷原子有 5 个电子，所以就会有一个多余的电子变得非常活跃，它的移动形成电流，由于电子是负的载

流子，因此称这种硅为 N 型半导体，如图 4-7 所示。

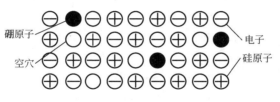

图 4-6 P 型半导体

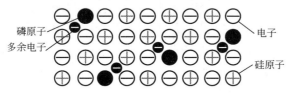

图 4-7 N 型半导体

P 型半导体中含有较多的空穴，而 N 型半导体中含有较多的电子，当把 P 型和 N 型半导体结合在一起，形成了所谓的 PN 结，受光照射后在接触面就会形成电势差。这种含 PN 结的新型复合半导体晶片就是太阳能电池晶片，如图 4-8 所示。

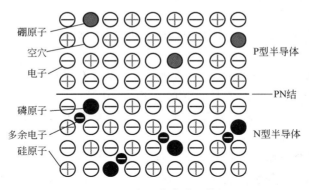

图 4-8 太阳能电池晶片

当太阳能电池晶片受光后，PN 结附近的 N 型半导体区域的电子将向 P 区扩散，而 P 型半导体区域的空穴往 N 区扩散，从而形成从 P 型区到 N 型区的电流，并在 PN 结中形成电势差，这个电势差就形成太阳能电池的电压。太阳能电池晶片受光的物理过程如图 4-9 所示。

由太阳能电池晶片组成单体光伏电池，具有光—电转换特性，直接将太阳辐射能转换为电能，构成光伏发电的基本单元。光伏电池的输出电流受自身面积以及日照强度的影响，面积大的电池产生较强电流。将一系列单体光伏电池进行串联而成串联电池组，可以得到较高的输出电压；将一系列单体光伏电池进行并联，可以获得较大的输出电流；将多组串联电池组进行并联，可以获得较高的输出电压与较大的输出电流，使光伏电池的输出功率较大。

光伏发电系统将光伏电池组所获得的电能，经过一次甚至多次的电力电子系统的变换，以及能量储存，最终向电力负载提供电能，完成发电全过程。

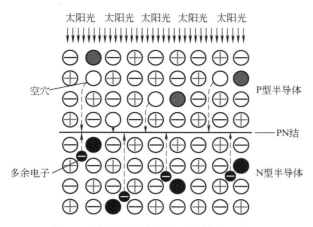

图 4-9　太阳能电池晶片受光的物理过程

4.2.2　太阳能电池的发展与分类

太阳能电池是由太阳能电池晶片组成的光伏发电基本元件。主要有单晶硅、多晶硅、非晶硅和薄膜电池等几种类型。单晶硅和多晶硅太阳能电池用量最大，非晶硅太阳能电池用于一些小系统和计算器辅助电源等。

1. 太阳能电池的发展史

太阳能电池从发明开始至今，其基本结构和机理没有改变，因而有必要回顾一下太阳能电池的发展史：

1839 年，法国物理学家 E. Becquerel 发现液体的光生伏特效应，简称为光伏效应；

1877 年，W. G. Adams 和 R. E. Day 研究了硒的光伏效应，并制作了第一片硒太阳电池；

1904 年，Hallwachs 发现铜与氧化亚铜结合在一起具有光敏特性，爱因斯坦（Albert Einstein）发表关于光电效应的论文；

1918 年，波兰物理学家 Czochralski 发明生长单晶硅的提拉法工艺；

1921 年，爱因斯坦因解释了关于光电效应的理论而获得了诺贝尔（Nobel）物理奖；

1932 年，Audobert 和 Stora 发现硫化镉（CdS）的光伏现象；

1951 年，生长 PN 结，实现制备单晶锗电池；

1954 年，贝尔实验室发现效率 4.5%~6% 的单晶硅太阳能电池；

1957 年，Hoffman 电子的单晶硅太阳能电池效率达到 8%；

1958 年，第一个光伏电池供电的卫星发射，从此太阳能电池广泛用于空间技术发展；

1959 年，Hoffman 电子实现可商业化的单晶硅太阳能电池效率达到 10%；

1960 年，Hoffman 电子实现单晶硅太阳能电池效率达到 14%；

1963 年，Sharp 公司成功生产光伏电池组件；

1966 年，带有 1000W 光伏阵列的大轨道天文观察站发射；

1973 年，美国特拉华大学建成世界第一个光伏住宅；

1974 年，日本推出光伏发电的"阳光计划"；

1977 年，世界光伏电池超过 500kW；D. E. Carlson 和 C. R. Wronski 制成第一个非晶硅太

阳能电池；

1979 年，世界太阳能电池安装总量达到 1MW；

1980 年，ARCO 太阳能公司成为世界上第一个年产量达 1MW 光伏电池的生产厂家；三洋电气公司利用非晶硅电池率先制成手持式袖珍计算器；

1981 年，名为 Solar Challenger 的光伏动力飞机飞行成功；

1982 年，世界太阳能电池年产量超过 9.3MW；

1983 年，世界太阳能电池年产量超过 21.3MW；名为 Solar Trek 的 1kW 光伏动力汽车穿越澳大利亚，20 天行程达到 4000km；

1985 年，澳大利亚新南威尔士大学 Martin Green 研制的单晶硅太阳能电池效率达到 20%；

1990 年，世界太阳能电池年产量超过 46.5MW；

1991 年，欧、美、日等相继实施太阳能电池发电的"屋顶计划"；

1992 年，世界太阳能电池年产量超过 57.9MW；

1995 年，世界太阳能电池年产量超过 77.7MW；光伏电池安装总量达到 500MW；

1997 年，世界太阳能电池年产量超过 125.8MW；

1998 年，世界太阳能电池年产量超过 151.7MW；多晶硅电池产量首次超过单晶硅；

1999 年，世界太阳能电池年产量超过 201.3MW；非晶硅电池占市场份额 12.3%；

2000 年，世界太阳能电池年产量超过 287.7MW；安装超过 1000MW，标志太阳能时代的到来；

2001 年，世界光伏电池年产超过 400MW；

2003 年，世界太阳能电池年产量超过 1200MW；多晶硅太阳能电池效率达到 20.3%；

2004 年，世界光伏电池年产达到 1000MW；

2009 年，全球太阳能电池产量 10300MW；

2017 年，俄罗斯研制出一种制造量子点材料的新技术，有助于研发吸收广谱太阳光的便宜太阳能电池；

2020 年，太阳能电池发电成本与化石能源相接近；

2020 年，新型太阳能电池转化效率达到 27.7%；

2030 年，太阳能电池发电达到 10%~20%；

2050 年，太阳能利用将占有世界能源总能耗 30%~50%；

2100 年，太阳能、氢能、风能和生物质能等清洁可再生能源完全代替化石能源。

我国太阳能电池的发展历程：

1958 年，开始研制太阳能电池；

1971 年，首次在人造卫星上应用太阳能电池；

1979 年，开始生产单晶硅太阳能电池；

1980—1990 年，建成多条单晶硅生产线；

2004 年，我国太阳能电池产量达 50MW；

2016 年，我国太阳能电池产量达 7681 万 kW；

2018 年，我国太阳能电池产量达 9605.3 万 kW；

2018 年，国内首条全自动量产石墨烯太阳能生产线面世；

2020 年，我国科学家在锡基钙钛矿太阳能电池方面取得重要进展。

我国太阳能电池或太阳能电池组件年产量达到 10 MW 以上的厂家有：无锡尚德太阳能电力、保定天威英利新能源、河北晶奥、江苏林洋新能源、阿特斯太阳能光电、南京中电电气、赛维 LDK、浙江昱辉、上海交大泰阳绿色能源、常州天合光能等。我国正在成为世界重要的光伏工业生产基地之一，特别是长江三角洲太阳能电池与组件生产，河北、辽宁硅片与太阳能电池生产，天津非晶硅太阳能电池，四川多晶硅材料，珠江三角洲光伏应用产品，包括非晶硅、单晶硅电池等，在我国初步形成一个光伏工业高技术产业链。我国光伏产业在 2005 年之后进入高速发展阶段，连续 5 年的年增长率超过 100%，自 2007 年开始，中国光伏电池的产量已连续多年稳居世界首位。2010 年，中国光伏电池产量超过了全球总产量的 50%。目前，已有数十家光伏公司分别在海内外上市，行业年产值超过 3000 亿元人民币，直接从业人数超过 30 万人。目前太阳能电池制造水平比较先进，实验室效率已经达到 46%，一般商业电池效率是 20% 以上。掌握了包括太阳能电池制造、多晶硅生产等关键工艺技术，设备及主要原材料逐步实现国产化，产业规模快速扩张，产业链不断完善，制造成本持续下降，具备较强的国际竞争能力。

《中华人民共和国可再生能源法》的颁布有力促进了我国太阳能工业的发展，光伏工业进入一个崭新的阶段，太阳能电池的研发、生产和应用形成一个世界级的产业基地，我国是世界光伏工业的重要组成部分。

2. 太阳能电池的分类

太阳能电池主要有以下几种类型：单晶硅太阳能电池、多晶硅太阳能电池、非晶硅太阳能电池、碲化镉太阳能电池、铜铟硒太阳能电池等。目前在研究的还有纳米氧化钛敏化太阳能电池、多晶硅薄膜太阳能以及有机太阳能电池等。但实际应用的主要还是硅材料太阳能电池，特别是晶体硅太阳能电池。

（1）单晶硅太阳能电池 单晶硅太阳能电池是最早发展起来的，也是目前工程应用中转换效率最高的电池。由于其制作原料多数是从电子工业半导体器件加工中退出的产品，因而其成本相对较低。单晶硅太阳能电池正在朝着超薄和高效方向发展，已经研究出转换效率达 20% 的超薄单晶硅太阳能电池。

单晶硅太阳能电池的基本结构多为 N^+/P 型，以 P 型单晶硅片为基片，其厚度一般为 $200 \sim 300 \mu m$，其电阻率一般为 $1 \sim 3 \Omega \cdot cm$。单晶硅太阳能电池光学、电学和力学性能均匀一致，颜色多为黑色或深色，适合切割和制作。

单晶硅太阳能电池主要应用于光伏电站，特别是通信电站，以及航空器电源，或用于聚焦光伏发电系统等。

（2）多晶硅太阳能电池 在制作多晶硅太阳能电池时，作为原料的高纯硅不是拉成单晶，而是熔化后浇铸成正方形的硅锭，然后切成薄片。多晶硅太阳能电池的转换机制与单晶硅太阳能电池完全相同。由于硅片由多个不同大小、不同取向的晶粒组成，而在晶粒界面处光转换受到干扰，因而多晶硅的转换效率相对较低。同时，其电学、力学和光学性能的一致性不如单晶硅太阳能电池。但多晶硅的生产工艺简单，可以大规模生产，因而其产量和市场占有率最大。

多晶硅太阳能电池的基本结构也多为 N^+/P 型，以 P 型多晶硅片为基片，其厚度一般为 $220 \sim 300 \mu m$，其电阻率一般为 $0.5 \sim 2 \Omega \cdot cm$。商业化的多晶硅太阳能电池转换效率多为

13%~15%。

多晶硅太阳能电池的性能稳定，主要应用于光伏电站，或作为光伏建筑材料，如光伏幕墙或屋顶光伏系统。由于多晶结构在太阳光作用下，不同晶面散射强度不同，可呈现不同色彩，因而多晶硅还具有良好的装饰效果。

（3）非晶硅太阳能电池 1975 年 Spear 等利用硅烷的直流辉光放电技术制备出 H 材料，实现对非晶硅基材料的掺杂，并研制出非晶硅太阳能电池。

非晶硅禁带宽度为 1.7eV，通过掺硼或磷，可得到 P 型非晶硅或 N 型非晶硅。在太阳光谱的可见光范围内，非晶硅的吸收系数比晶体硅大近一个数量级，其光谱响应的峰值与太阳光谱的峰值很接近。非晶硅材料的本征吸收系数很大，$1\mu m$ 厚度就能充分吸收太阳光，可大量节省半导体材料。商业化的非晶硅电池产品的稳定转换效率多为 5%~7%。非晶硅主要应用于消费市场，如手表、计算器和玩具等，也作为半透明光伏组件用于门窗或天窗等建筑材料。

4.2.3 光伏阵列与输出特性

1. 光伏电池的电特性

光伏电池的等效电路如图 4-10 所示。

其中 I_{ph} 为光生电流，正比于光伏电池的面积和入射光的辐照度。$1cm^2$ 光伏电池的 I_{ph} 值平均为 16~30mA。环境温度升高，I_{ph} 值也会略有上升；一般地，温度每升高 $1℃$，I_{ph} 值上升 $78\mu A$。在无光照条件下，光伏电池的基本特性类似普通二极管。I_D 为暗电流，即在无光照的条件下，由外电压作用下 PN 结内流过的单向电流，其大小反映在当前环境温度下光伏电池 PN 结自身所能产生的总扩散电流的变化情况。I_L 为光伏电池输出的负载电流。U_{OC} 为光伏

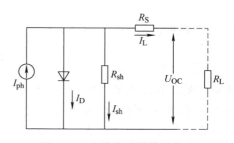

图 4-10 光伏电池的等效电路

电池的开路电压，是指在 $100mW/cm^2$ 光源的照射下，负载开路时光伏电池的输出电压值。开路电压与入射光辐照度的对数成正比，与环境温度成反比，温度每升高 $1℃$，U_{OC} 值下降 2~3mV，但与电池的面积大小无关。单晶硅光伏电池的开路电压一般为 500mV，最高可达 690mV。R_L 为负载电阻，R_S 为串联电阻，由光伏电池的体电阻、表面电阻、电极导体电阻、电极与硅表面接触电阻和金属导体电阻等组成。R_{sh} 为旁路电阻，主要由电池表面污浊和半导体晶体缺陷引起的漏电流所对应的 PN 结泄漏电阻和电池边缘的泄漏电阻等组成。

R_S 和 R_{sh} 均为光伏电池本身固有电阻，相当于内阻。对于理想的光伏电池，R_S 很小，而 R_{sh} 很大，在计算时可忽略不计，因而理想的光伏电池等效电路如图 4-11 所示。此外光伏电池等效电路还包含 PN 结的结电容和其他分布电容，但光伏电池应用于直流系统中，通常没有高频分量，因而这些电容也忽略不计。

由上述定义，可列出光伏电池等效电路中各变

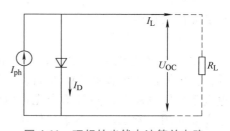

图 4-11 理想的光伏电池等效电路

量的关系为

$$I_D = I_0 \left(\exp \frac{q U_D}{AkT} - 1 \right) \quad (4\text{-}2)$$

$$I_L = I_{ph} - I_D - \frac{U_D}{R_{sh}} = I_{ph} - I_0 \left[\exp \left(\frac{q(U_{OC} + I_L R_S)}{AkT} \right) - 1 \right] - \frac{U_D}{R_{sh}} \quad (4\text{-}3)$$

$$I_{SC} = I_0 \left(\exp \frac{q U_{OC}}{AkT} - 1 \right) \quad (4\text{-}4)$$

$$U_{OC} = \frac{AkT}{q} \ln \left(\frac{I_{SC}}{I_0} + 1 \right) \quad (4\text{-}5)$$

式中，I_0 为光伏电池内部等效二极管 PN 结的反向饱和电流，与电池材料自身性能有关，反映了光伏电池对光生电子载流子最大的复合能力，是一个常数，不受光照强度的影响；I_{SC} 为短路电流，即将光伏电池置于标准光源的照射下，在输出短路时流过光伏电池两端的电流；U_D 为等效二极管的端电压；q 为电子电荷；k 为玻尔兹曼常量；T 为绝对温度；A 为 PN 结的曲线常数。

在弱光条件下 $I_{ph} \ll I_0$，由（4-5）式得

$$U_{OC} = \frac{AkT}{q} \frac{I_{ph}}{I_0} \quad (4\text{-}6)$$

而强光条件下 $I_{ph} \gg I_0$，同理可得

$$U_{OC} = \frac{AkT}{q} \ln \left(\frac{I_{ph}}{I_0} \right) \quad (4\text{-}7)$$

由此可见，在弱光条件下，开路电压随光的发光强度呈近似线性变化；而在强光条件下，开路电压则随发光强度呈对数关系变化。光伏电池的开路电压一般在 0.5~0.58V 之间。

在理想条件下（即 $R_s \to 0$，$R_{sh} \to \infty$）的等效电路电流方程为

$$I_L = I_{ph} - I_D - \frac{U_D}{R_{sh}} = I_{ph} - I_D \quad (4\text{-}8)$$

2. 光伏电池的伏安特性

根据式（4-3）和式（4-5）可以绘出光伏电池电压—电流的特性关系，又称伏安（V—A）特性曲线，如图 4-12 所示。图中曲线 1 为暗特性条件下的伏安特性曲线，即无光照时光伏电池的伏安特性曲线；曲线 2 为明特性条件下的伏安特性曲线。U_{OC}、I_{SC}、I_m、U_m、P_m 分别为光伏电池的开路电压、短路电流、最大功率输出时的电流、最大功率输出时的电压和最大输出功率。

3. 光伏阵列及其输出特性

由于光伏电池容量很小，输出电压也很低，输出峰值功率仅有 1W 左右，不能满足用电设备的用电需要，而且单个光伏电池片不便于安装使用，所以一般不单独使用。在实际应用时，通常要将几片、几十片甚至成百上千片

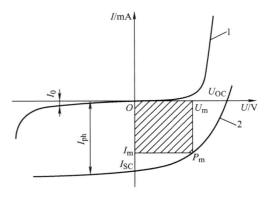

图 4-12　光伏电池的伏安特性曲线

单体光伏电池根据负载的需要，经过串联、并联连接起来而构成组合体，然后将该组合体通过一定的工艺流程封装在透明的薄板盒子内，并引出正负极线以供外部连接使用。封装前的组合体称为光伏电池模块组件，而封装后的薄板盒子称为光伏电池组合板，简称光伏电池板。工程上使用的光伏电池板是光伏电池使用的基本单元，其输出电压一般在十几伏至几十伏。将若干个光伏电池板根据负载容量大小要求，再进行串联或并联组成较大功率的供电装置，称为光伏阵列。

在构成光伏阵列时，根据负载的用电量、电压、功率及光照情况等，在选择光伏电池板的基础上确定光伏电池的总容量和光伏电池板的串联或并联的数量。当光伏电池板串联使用时，一般使用相同型号规格的单体光伏电池板，总的输出电压为各个单体光伏电池板电压之和，而输出电流为单体光伏电池板的输出电流。同理，当光伏电池板并联使用时，一般也要使用相同型号规格的单体光伏电池板，总的输出电流为各个单体光伏电池板输出电流之和，而输出电压则为单体光伏电池板的输出电压。

当光伏电池板串联使用时，要确定光伏阵列的输出电压，主要考虑负载电压的要求，同时要考虑蓄电池的浮充电压、温度及控制电路等影响。一般光伏电池的输出电压随温度的升高呈负特性，即输出电压随温度升高而降低，因而在计算电池组件串联级数时，要留有一定的余量。为提高光伏电池的利用率，最佳选择是使其工作于光伏阵列总伏安特性曲线的最大功率点位置，光伏电池板串联后的伏安特性曲线如图 4-13 所示。

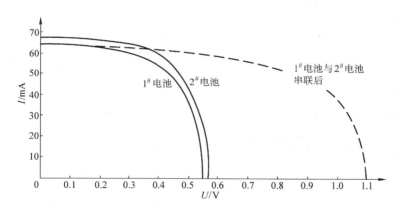

图 4-13　光伏电池板串联后的伏安特性曲线

同样，在确定光伏电池板的并联数量时，要考虑负载的总耗电量、当地年平均日照情况，同时考虑蓄电池组的充电效率、电池表面不清洁和老化等带来的不良因素，光伏电池板并联后的伏安特性曲线如图 4-14 所示。

只有根据负载的要求合理地将光伏电池板通过串并联组合成光伏阵列，才能充分发挥光伏发电的优势，提高整体效率。

光伏阵列的分类有 3 种方式，按外形结构可分为平板式、曲面式、聚光式，按安装形式分为固定安装式、定向安装式、加固安装式，按使用场所又可分为地面式、高空式、宇宙空间式及潜水式等。

光伏阵列的输出特性曲线如图 4-15 所示。

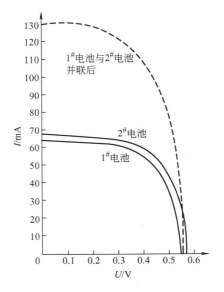

图 4-14 光伏电池板并联后的伏安特性曲线

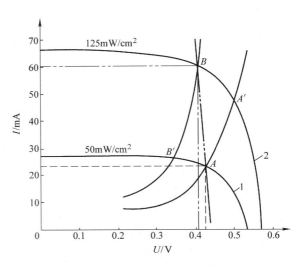

图 4-15 光伏阵列的输出特性曲线

4. 太阳能光伏发电系统的构成

太阳能光伏发电系统是利用太阳能电池半导体材料的光伏效应，将太阳光辐射能直接转换为电能的一种新型发电系统。

光伏发电系统一般由 3 部分组成：太阳能电池组件，中央控制器（MPPT 控制、充放电控制、逆变控制），蓄电池、蓄能元件及辅助发电设备等。典型的光伏发电系统如图 4-16 所示。

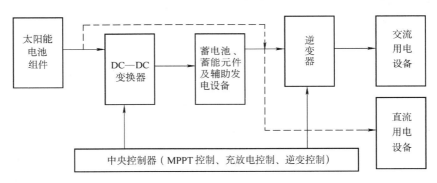

图 4-16 典型的光伏发电系统

（1）太阳能电池组件 由太阳能电池（也称光伏电池）按照系统的需要串联或并联而组成的矩阵或方阵，在太阳光照射下将太阳能转换成电能，它是光伏发电的核心部件。

（2）充放电控制器、逆变器 本部分除了对蓄电池或其他中间蓄能元件进行充放电控制外，一般还要按照负载电源的需求进行逆变，使光伏阵列转换的电能经过变换后可以供一般的用电设备使用。在这个环节要完成许多比较复杂的控制，如提高太阳能转换最大效率的控制、跟踪太阳的轨迹控制以及可能与公共电网并网的变换控制与协调等。

（3）蓄电池、蓄能元件及辅助发电设备 蓄电池或其他蓄能元件如超导、超级电容器等是将太阳能电池阵列转换后的电能储存起来，以使无光照时也能够连续并且稳定地输出电能，满足用电负载的需求。蓄电池一般采用铅酸蓄电池，对于要求较高的系统，通常采用深放电阀控式密封铅酸蓄电池或深放电吸液式铅酸蓄电池等。

4.2.4 光伏发电系统体系结构

众所周知，光伏系统追求最大的发电功率输出，系统结构对发电功率有着直接影响。一方面，光伏阵列的分布式会对发电功率产生重要影响；另一方面，发电系统和逆变器的结构也随着功率等级的不同而变化。因此，根据光伏阵列的不同分布以及功率等级，可以将并网光伏系统体系结构分为组串式结构、集散式结构、交流组件结构、集中式结构、直流组件结构以及协同式结构等。

1. 组串式结构

如图 4-17 所示，指光伏组件通过串联构成光伏阵列给光伏并网发电系统提供能量的系统结构。该结构综合了集中式和交流组件结构两种结构的优点，一般串联光伏阵列输出电压在 150~450V，甚至更高，功率等级为几千瓦。在组串式结构中，光伏组件串联构成的光伏阵列与并网逆变器直接相连，与集中式结构相比不需要直流母线。由于受光伏组件绝缘电压和功率器件工作电压的限制，一个组串式结构的最大输出功率一般为几千瓦。如果用户所需功率较大，可将多个组串式结构并联工作，可见组串式结构具有交流组件结构的集成化模块特征。组串式结构仍然存在串联功率失配和串联多波峰问题。由于每个串联阵列配备一个MPPT 控制电路，该结构只能保证每个光伏组件串的输出达到当前总的最大功率点，而不能确保每个光伏组件都输出在各自的最大功率点，与集中式结构相比，光伏组件的利用率大大提高，但仍低于交流组件结构。

2. 集散式结构

如图 4-18 所示，综合了组串式结构和集中式结构的优点，具体实现形式主要有两种：并联型多支路结构和串联型多支路结构。每个 DC—DC 变换器及连接的光伏阵列拥有独立的MPPT 电路，类似于串型结构，所有的光伏阵列可独立工作在最大功率点，最大限度地发挥了光伏组件的效能。集中的并网逆变器设计使逆变效率提高、系统成本降低、可靠性增强。

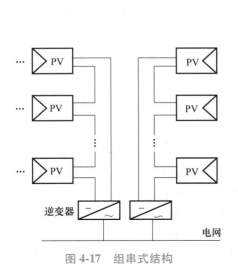

图 4-17 组串式结构

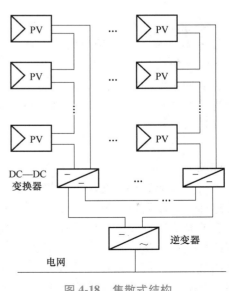

图 4-18 集散式结构

3. 交流组件结构

如图 4-19 所示，该系统是指把并网逆变器和光伏组件集成在一起作为一个光伏发电系统模块，该系统无阻塞和旁路二极管，光伏组件损耗低；随着日本、德国、美国、意大利等国家光伏屋顶计划、建筑一体化计划的推进，交流组件结构得到大量的应用。交流光伏模块的功率等级较低，一般在 50~400W。

4. 集中式结构

如图 4-20 所示，该系统将所有的光伏组件通过串并联构成光伏阵列，并产生一个足够高的直流电压，然后通过一个并网逆变器集中将直流转换为交流并把能量输入电网。一般用于 10kW 以上较大功率的光伏并网系统，其主要优点是：系统只采用一台并网逆变器，因而结构简单且逆变器效率较高。

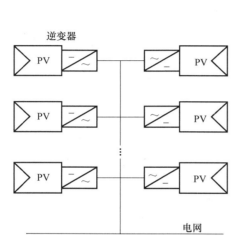

图 4-19　交流组件结构

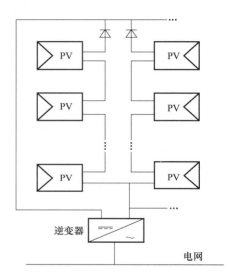

图 4-20　集中式结构

5. 直流组件结构

如图 4-21 所示，这种结构是将光伏组件、高增益 DC—DC 变换器和表面建筑材料通过合理的设计集成为一体，构成具有光伏发电功能的、独立的、即插即用的表面建筑元件。集中逆变器的主要功能是将大量并联在公共直流母线上的光伏直流建筑模块发出的直流电能逆变为交流电能且实现并网功能，同时控制直流母线电压恒定，保证各个光伏直流建筑模块正常并联运行。

6. 协同式结构

如图 4-22 所示，协同式结构是一种新型的光伏并网发电系统体系结构，也是光伏并网系统结构发展的趋势。它通过控制组协同开关，来动态地决定在不同的外部环境下光伏并网系统的结构，以期达到最佳的光伏能量利用效率。当外部光照强度较低时，控制组协同开关使所有的光伏组件或光伏串只和一个并网逆变器相连，构成为集中式结构，从而克服了逆变器轻载低效之不足。随着光照强度的不断增大，组协同开关将动态调整光伏组件的串结构，使不同规模的光伏串和相应等级的逆变器相连，从而达到最佳的逆变效率以提高光能量利用率，此时，系统结构变成了多个串型结构同时并网输出。由于这样的串型结构其功率等级是经由组协同开关动态调整的，并且每个串都具有独立的 MPPT 电路，因此可以得到更高效率的功率输出。

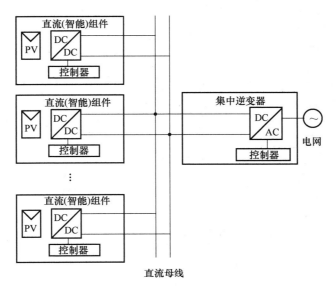

图 4-21　直流组件结构

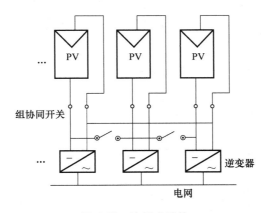

图 4-22　协同式结构

4.3 **光伏发电系统的控制技术**

4.3.1　光伏发电系统的 MPPT 技术

1. 光伏电池的最大功率点及环境特性影响

由于在不同的光照强度下，光伏电池的输出电压和电流不同，将图 4-12 中的电流取反，即将第四象限翻转到第一象限，得到不同光照强度下的伏安特性，如图 4-23 所示。图中 3

条曲线分别对应于光照强度为 $50mW/cm^2$、$100mW/cm^2$、$125mW/cm^2$。

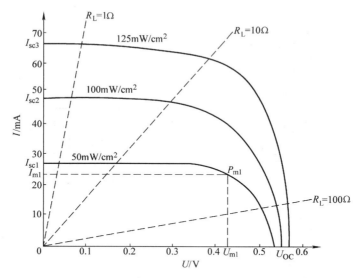

图 4-23　不同光照强度下光伏电池的伏安特性

由光伏电池的伏安特性可知，当光照强度发生变化时，为获取最大输出功率，需要相应地调节负载。如图 4-24 所示，当光照强度由 $50mW/cm^2$ 变为 $100mW/cm^2$ 时，最大功率点相应地由 P_{m1} 变化为 P_{m2}。为使光伏电池的输出保持最大功率值，就需要调节负载阻抗，相应地由 R_{L1} 变化为 R_{L2}。

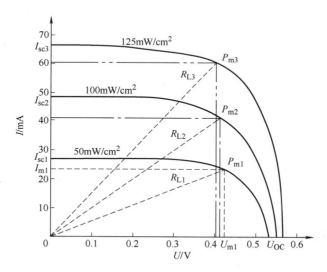

图 4-24　不同光照强度下的光伏电池最大功率点

最大功率点跟踪（Maximum Power Point Trackers，MPPT）控制是实时检测光伏阵列的输出功率，采用一定的控制算法预测当前工作状态下光伏阵列可能的最大功率输出，通过改变当前的阻抗来满足最大功率输出的要求，使光伏系统可以运行于最佳工作状态。

2. 光伏电池最大功率点跟踪与控制策略

最大功率点跟踪实质上就是一个自动寻优过程，即通过调控光伏电池端电压，进而改变它的工作点。由光伏电池输出的特性曲线可知，若光伏电池的工作位于最大功率点的电压左侧时，输出功率会随电压上升而增加；若光伏电池的工作位于最大功率点的电压右侧时，输出功率会随电压上升而减小。最大功率点跟踪的过程是判断目前的光伏电池其工作区域，并相应改变光伏电池端电压，让光伏电池工作点向最大功率点逐渐靠拢的过程。

（1）MPPT 控制方法的介绍

为使输出功率最大化，图 4-15 中的各特性曲线构成的矩形面积要最大。当图中两矩形分别为在各自特性条件下的面积最大者，即为各自状态下的最大输出功率。对于某光照条件下，所对应的输出特性曲线 1 上只有 A 点输出的功率最大；而对于另一光照条件下，所对应的输出特性曲线 2 上只有 B 点输出的功率最大。在一般情况下，由于光照强度的变化将使光伏阵列的输出特性曲线也相应地变化，为使无论在何种光照强度下，光伏阵列都能运行于最大功率点，就必须调整负载的阻抗，使工作点一直保持在最大功率点，即图 4-15 中的 A 点和 B 点等。采用这种方法，可以获得比恒电压控制更大的输出功率。但是在实际的应用系统中，通过调节负载阻抗大小的方式达到最大功率输出是很难实现的。

MPPT 的实现是一个动态自寻优过程，通过对光伏阵列当前的输出电压和电流的检测，得到当前阵列的输出功率，与已被存储的前一时刻功率进行比较，舍小存大、再检测、再比较，如此周而复始。MPPT 控制算法主要有固定电压跟踪法、扰动观察法、功率反馈法、增量电导法、模糊逻辑控制法、滞环比较法、神经元网络控制法及最优梯度法等。

1）固定电压跟踪法（CVT）。该方法是对最大功率点曲线进行近似，求得一个中心电压，并通过控制使光伏阵列的输出电压一直保持该电压值，从而使光伏系统的输出功率达到或接近最大功率输出值。

这种方法具有使用方便、控制简单、易实现、可靠性高、稳定性好等优点，而且输出电压恒定，对整个电源系统是有利的。但是这种方法控制精度较差，忽略了温度对光伏阵列开路电压的影响，而环境温度对光伏电池输出电压的影响往往是不可忽略的。为克服使用场所冬夏、早晚、阴晴、雨雾等环境温度变化给系统带来的影响，在 CVT 的基础上可以采用人工调节或微处理器查询数据表格等方式进行修正。

2）扰动观察法。根据光伏阵列工作时不间断地检测电压扰动量，即根据输出电压的脉动增量（$\pm\Delta U$）的输出规律，测得阵列当前的输出功率为 P_d，而被存储的前一时刻输出功率被记忆为 P_j，若 $P_d > P_j$，则 $U = U + \Delta U$；若 $P_d < P_j$，则 $U = U - \Delta U$；扰动观察法实现 MPPT 的过程如图 4-25 所示。

实际上，这是一种寻优搜索过程，在寻优过程中不断地更新参考电压，使其逼近光伏阵列所对应的最大功率点电压值。由于光伏阵列的输出特性是一单值函数，故只需保证光伏阵列的输出电压在任何光照条件及环境温度下都能与该条件

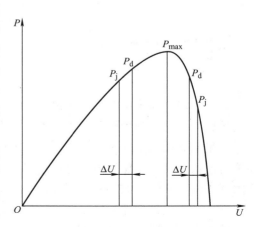

图 4-25　扰动观察法实现 MPPT 的过程

下的最大功率点对应，就可以保证光伏阵列工作于最大功率点。

　　该方法的优点是可以实现模块化控制，跟踪方法简单，在系统中容易实现。其缺点是这种方法只能使光伏输出电压在最大功率点附近振荡运行，而导致部分功率损失，并且初始值及跟踪步长的给定对跟踪精度和速度有较大影响。图4-26是采用扰动观察法的控制流程图。

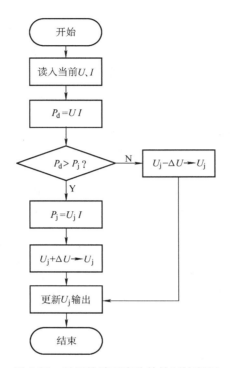

图 4-26　采用扰动观察法的控制流程图

　　3）增量电导法。增量电导法也是MPPT控制常用的算法之一。由光伏阵列的 $P\text{-}U$ 曲线可知，当输出功率 P 为最大时，P_{max} 处的斜率为零，可得

$$\frac{\mathrm{d}P}{\mathrm{d}U}=I+U\frac{\mathrm{d}I}{\mathrm{d}U}=0 \tag{4-9}$$

　　式（4-9）经整理，可得

$$\frac{\mathrm{d}I}{\mathrm{d}U}=-\frac{I}{U} \tag{4-10}$$

　　式（4-10）为光伏阵列达到最大功率点的条件，即当输出电压的变化率等于输出瞬态电导的负值时，光伏阵列即工作于最大功率点。

　　增量电导法就是通过比较光伏阵列的电导增量和瞬间电导来改变控制信号，这种方法也需要对光伏阵列的电压和电流进行采样。由于该方法控制精度高，响应速度较快，因而适用于大气条件变化较快的场合。同样由于整个系统的各个部分响应速度都比较快，故其对硬件的要求，特别是传感器的精度要求比较高，导致整个系统的硬件造价比较高。

　　图4-27是增量电导法的控制流程。图中 U_n、I_n 为光伏阵列当前电压、电流检测值，

U_b、I_b 为前一控制周期的采样值。这种控制算法的最大优点是在光照强度发生变化时，光伏阵列输出电压能以平稳的方式跟踪其变化，其暂态振荡比扰动观察法小。

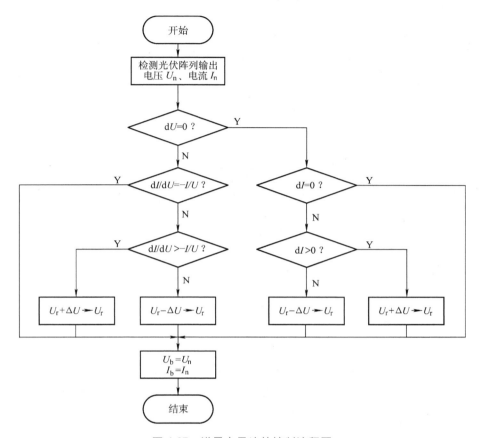

图 4-27　增量电导法的控制流程图

4）模糊逻辑控制法。由于受太阳光照强度的不确定性、光伏阵列温度的变化、光伏阵列输出特性的非线性及负载变化等因素的影响，实现光伏阵列的最大功率输出或最大功率点跟踪时，需要考虑的因素很多。模糊逻辑控制法不需要建立控制对象精确的数学模型，是一种比较简单的智能控制方法，采用模糊逻辑的方法进行 MPPT 控制，可以获得比较理想的效果。使用模糊逻辑的方法进行 MPPT 控制，通常要确定以下几个方面：①确定模糊控制器的输入变量和输出变量；②拟定适合本系统的模糊逻辑控制规则；③确定模糊化和逆模糊化的方法；④选择合理的论域并确定有关参数。

图 4-28 为采用模糊逻辑方法进行光伏阵列 MPPT 控制算法的流程。该方法具有较好的动态特性和控制精度。

5）最优梯度法。最优梯度法是一种以梯度算法为基础的多维无约束最优化问题的数值计算方法。其基本思想是选取目标函数的负梯度方向作为每步迭代的跟踪方向，逐步逼近函数的最小值或最大值，具有运算简单，鲁棒性好的特点。

（2）太阳光跟踪系统

由于地球的自转使太阳光入射光伏阵列的角度时刻在变化，使得光伏阵列吸收太阳辐射

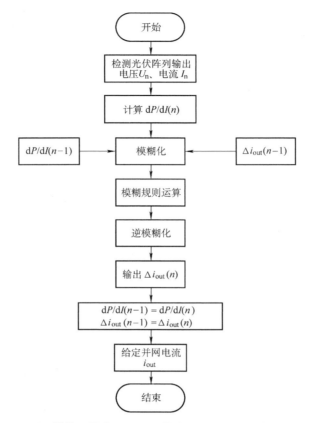

图 4-28 采用模糊逻辑方法进行光伏阵列 MPPT 控制算法的流程图

受到很大的影响，进而影响到光伏阵列的发电能力。光伏阵列的放置形式有固定安装式和自动跟踪式两种形式，自动跟踪装置包括单轴跟踪系统和双轴跟踪系统。

光伏阵列的安装有两个角度参量，即光伏阵列安装的倾角和光伏阵列安装的方位角。其中光伏阵列安装的倾角是指光伏阵列组件一面与水平地面的夹角；光伏阵列安装的方位角指光伏阵列组件的垂直面与正南方向的夹角。一般地，在北半球，光伏阵列组件朝向正南（即光伏阵列组件的垂直面与正南的夹角为 0）时，光伏阵列的发电量为最大。

设计太阳光跟踪系统可以使光伏阵列板随太阳的运行而自动跟踪移动，使其表面一直朝向太阳，增加光伏阵列接收的太阳辐射量。对于一般不带太阳光聚光的光伏阵列，当光伏阵列的垂直面与太阳光线角度存在 25° 偏差时，可使光伏阵列的输出功率下降 10%，而采用理想的跟踪系统，则可以使能量收集率提高 30% 以上。但对于带有一定弧度（如抛物面、双曲面）或角度的镜面结构，通过反射或折射原理将太阳光聚集到光伏电池的聚光型光伏阵列，随着聚光倍数的增加，对太阳光跟踪精度的要求就越高，因为跟踪偏差带来的影响也越大。例如，聚光倍数为 40 倍的聚光器，跟踪偏差只要为 0.5°，就会使输出功率下降 10%，如果偏差大于 5.5°，聚光点将偏离光伏电池，会造成功率输出为零。

单轴跟踪可分为东西水平轴跟踪、南北水平轴跟踪和极轴跟踪 3 种；双轴跟踪可分为水平轴跟踪和赤道轴跟踪两种。对聚焦精度要求不高的平板光伏阵列和弧线型聚焦的聚光器，可采用控制系统相对简单的单轴跟踪，而对点型聚焦的聚光器则应采用双轴跟踪。

东西水平轴跟踪和南北水平轴跟踪方式分别是将光伏阵列固定在东西方向水平轴上或南北方向水平轴上，然后以该轴为旋转轴，不断改变光伏阵列与水平面的夹角，以达到跟踪太阳移动的目的。极轴跟踪是指将光伏阵列固定在方位角为 0 且倾斜角为当地纬度的极轴上，并使其以地球自转角速度旋转，达到跟踪太阳的目的。

水平轴跟踪系统是使光伏阵列绕垂直轴旋转，以改变其方位角，用以跟踪太阳的方位角；绕水平轴旋转以改变其仰角，用以跟踪太阳的高度角。

赤道轴跟踪系统使光伏阵列绕天轴和赤纬轴旋转，跟踪太阳的方位角和高度角。

太阳跟踪系统有手动跟踪和自动跟踪两种形式。手动跟踪系统常用于平板式光伏阵列，工作人员每隔 1~2h 移动光伏阵列板一次，使其与最佳角度相差小于 10% 以内。自动跟踪系统由太阳光照度传感器、电机传动系统及控制电路等部分组成。基本控制原理为：由光敏传感器将太阳与光伏阵列之间的位置偏差信号和发光强度信号反馈给中央控制器，经控制电路的数据处理和放大，产生控制信号给电机驱动器，控制传动系统的电动机，带动相应的传动机构使光伏阵列的位置和角度跟踪太阳，如图 4-29 所示。

由于跟踪装置比较复杂，初始成本和维护成本比较高，安装跟踪装置获得额外的太阳能辐射产生的效益短期内无法抵消安装该系统所需要的成本，因而目前的太阳能光伏阵列发电系统中较少使用太阳光自动跟踪系统。

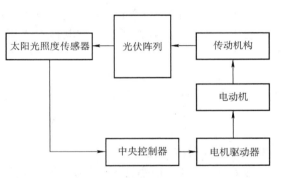

图 4-29　太阳光自动跟踪系统框图

3. 光伏电池最大功率点的仿真与实现

（1）Boost 电路实现 MPPT 仿真原理

光伏电池的输入输出特性受外界环境影响，而且总会存在一个最大功率点，对应最大功率点电压及最大功率点电流。而实现整个系统在最大功率点电压附近工作，直接改变光伏电池两端的电压和电流是很困难的。利用 Boost 升压电路实现光伏电池与负载电阻的匹配，从而实现电压的调节，主要是靠改变占空比来实现的这种方法结构简单，易于实现并且效率高，因而被广泛采用。

光伏发电系统中，实现最大功率点跟踪功能的是在 DC—DC 级。把该级作为光伏电池的负载，通过调整占空比来改变其与光伏电池输出特性的匹配，即可实现光伏电池的最大功率点跟踪，其实质是使光伏电池与后级的动态负载相匹配。当外界环境发生变化时，不断调整开关管的占空比，以使光伏电池与负载最佳匹配，这样就可以获得光伏电池的最大功率输出。Boost 转换电路的输出电压比输入电压高，属于升压电路，由储能电感、功率元件、二极管以及滤波电容等元件组成。

Boost 升压电路有两种工作方式：电感电流断续方式与电感电流连续方式。电感电流断续是指开关管关断期间，有一段时间电感上电流是零；电感电流连续是指输出滤波的电感上电流总大于零。Boost 转换电路如图 4-30 所示。当电感电流连续时，电路工作在两种状态：图 4-31 为功率开关管导通时的等效电路，图 4-32 为功率开关管关断时的等效电路。

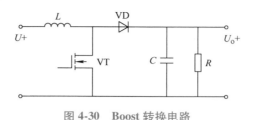

图 4-30　Boost 转换电路

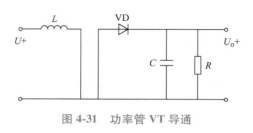

图 4-31　功率管 VT 导通

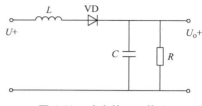

图 4-32　功率管 VT 截止

当 $t=0$ 的时候，功率管 VT 导通，电压全部加到电感 L 上，电感上的电流 i_L 线性增加。二极管 VD 截止，负载将通过滤波电容 C 来提供。在 $t=T_{on}$ 时刻，i_L 达到最大值 i_{Lmax}。

$$L\frac{\mathrm{d}i_L}{\mathrm{d}t}=U \tag{4-11}$$

功率管导通期间，i_L 电流增长量 Δi_L 为

$$\Delta i_L=\frac{U}{L}T_{on}=\frac{U}{L}DT_s \tag{4-12}$$

式中，D 为开关占空比。

在 $t=T_{on}$ 时刻，功率管 VT 将被关断，电感通过二极管 VD 向输出侧放电，电源功率与电感上的储能向电容 C 和负载转移。那么此时加在电感 L 上电压为 $U—U_o$。因为 $U_o>U$，故 i_L 线性减小。若当 $t=T_s$ 时，VT 再次导通，开始一个新的开关周期。

$$L\frac{\mathrm{d}i_L}{\mathrm{d}t}=U-U_o \tag{4-13}$$

从上面的分析可以得出，Boost 转换电路分为两个工作阶段，功率管导通时，是电感 L 的储能阶段，此时电源不向负载提供能量，负载依靠储存于电容 C 的能量来维持工作。功率管关断时，电源与电感一同向负载供电，并给电容 C 充电。所以，电路输入电流即升压电感上电流平均值 $I_L=\frac{1}{2}(I_{Lmax}+I_{Lmin})$，功率管 VT 与二极管交替工作，当 VT 导通时，通过它的电流是 i_L；当 VT 截止时，通过 VD 的电流也为 i_L。流过它们的电流 i_{VD} 和 i_{VT} 之和就是升压电感电流 i_L。电路工作在稳态时，电容 C 的放电量等于充电量，电容上的平均电流值为零，因而流过二极管 VD 的平均电流值即是负载电流 I_o，功率管导通期间电感上的电流增加量 Δi_L 等于功率管截止期间的电流减小量，由式（4-11）、式（4-12）、式（4-13）可以得到输出电压与输入电压之间的关系为

$$\frac{U_o}{U}=\frac{1}{1-D} \tag{4-14}$$

　　光伏电池并非理想和容易控制的电源，充分利用光伏电池性能的最有效方法，是在光伏电池与负载之间加一个 MPPT 装置，差不多所有的 MPPT 装置都是由电力电子装置构成的。到目前为止，对光伏电池控制仿真模型的研究基本上都建立在光伏电池仿真模型的基础之上，通过添加电力电子器件或者状态空间表示法来建立电路仿真模型的。基于 Boost 电路阻抗变换的光伏电池的仿真模型，可以实时模拟光伏电池及其最大功率点特性曲线，不需要精确的内部电路及相关参数。当光伏电池接 Boost 转换电路时，如图 4-33 所示，考虑到当 Boost 电路输出负载为纯电阻时，如果转换电路的效率为 100%，那么由电路的输入输出功率相等，并在忽略 Boost 电路自身电感及电阻的情况下，电路的等效输入阻抗表示为

$$R' = R_L(1-D)^2 \tag{4-15}$$

式中，R' 为电路的等效输入阻抗；D 为开关的占空比；R_L 为负载阻抗。

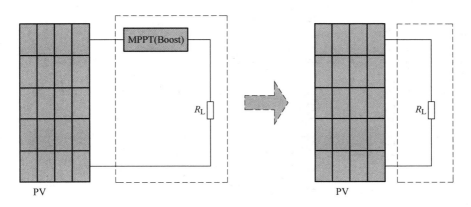

图 4-33　Boost 电路阻抗变换

　　由式（4-15）可知，占空比 D 值越大，Boost 电路的输入阻抗便会越小。若改变 Boost 电路开关的占空比，使光伏电池输出阻抗与等效输入阻抗相互匹配，光伏电池就会以最大功率输出。

　　（2）Boost 电路实现 MPPT 仿真模型

　　据 Boost 电路阻抗变换的关系，在 MATLAB/Simulink 模型窗口中建立仿真模型如图 4-34 所示，模拟日照强度为 $600W/m^2$，环境温度为 25℃ 时，负载为 100Ω，占空比 D 在 $0\sim1$ 范围内调整光伏电池的输出特性。

　　将式（4-15）代入 $U=IR$ 和 $P=UI$ 可以得出输出电压 U、功率 P 与占空比 D 的关系

$$U = f(D) = IR' = IR_L(1-D)^2 \tag{4-16}$$

$$P = f(D) = UI = I^2R_L(1-D)^2 \tag{4-17}$$

　　建立基于 Boost 电路的仿真模型，如图 4-34 所示。

　　（3）Boost 电路实现 MPPT 的仿真及结果分析

　　图 4-35 是基于 Boost 电路的仿真波形，横坐标为时间 t，纵坐标从上到下依次为占空比 D、电流 I、电压 U、功率 P。由输出曲线可以看出，在最大功率点的左侧，功率随占空比的增加而增大；在最大功率点的右侧，功率随占空比的增加而减小。

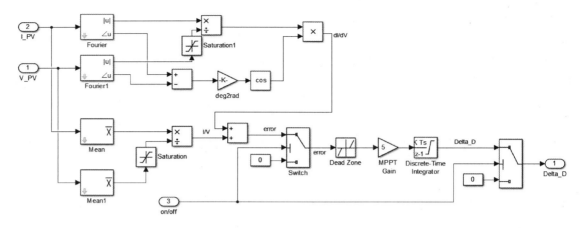

图 4-34　光伏电池 MPPT 原理仿真模型

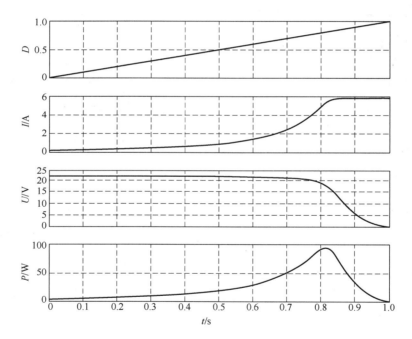

图 4-35　光伏电池仿真波形（$R_L = 100\Omega$）

4.3.2　并网 PLL 控制技术

光伏阵列并网逆变系统的控制主要有两个控制闭环，即对输出波形的控制及对功率点的控制。对输出波形的控制要求快速，一般要求在一个开关周期内实现对输出电压或电流的跟踪，而对光伏阵列功率点控制的速度要求不是很快。

为使光伏阵列所产生的直流电源逆变成交流电后向公共电网并网供电，就必须对逆变器的输出波形实时跟踪控制，使逆变器的输出电压波形、幅值及相位等与公共电网的一致，即保持同步，实现无扰动平滑并网供电。目前逆变器多采用 PWM 控制方式，对逆变器的功率半导体开关器件进行适当的驱动控制，保证逆变器的输出电流时刻跟踪参考电流。在光伏并网发电系统中，首要的就是实现频率的自动跟踪，而频率跟踪其实质就是相位的跟踪，实现方法通常采用锁相环技术。

同步锁相是光伏并网系统的一项关键技术，也是应用开发上的一个主要难点，其控制精确度直接影响到系统的并网运行性能。倘若锁相环电路不可靠，在逆变器与电网并网工作切换中会产生逆变器与电网之间的环流，对设备造成冲击，缩短设备使用寿命，严重时还将损坏设备。因此，在光伏并网发电系统中必须加入锁相环（Phase-Locked Loop，PLL）技术，使其能够自动追踪输入信号频率与相位。另外，光伏并网发电系统除了和其他的电源系统一样要具有常规的保护功能外，还必须具有孤岛保护的功能，而孤岛保护方法里的主动频率扰动法效果的好坏很大一部分取决于锁相环的质量。

锁相控制是一个闭环自动控制系统，基本原理如图 4-36 所示。主要由相位比较器或称鉴相器（Phase Detector，PD）、环路（低通）滤波器（Loop Filter，LF）以及压控振荡器（Voltage Controlled Oscillator，VCO）等 3 个基本部件构成。鉴相器将输入的信号与反馈的信号进行比较获取相位差信息；环路滤波器滤除鉴相器输出中的高频成分同时调整环路参数，对整个 PLL 环路的性能起着至关重要的作用，LF 的输出信号用于控制 VCO 的输出频率与相位；压控振荡器根据反馈回来的相位差信息调节输出信号的频率与相位，逐步实现与输入信号同频同相，这样实现了基本锁相环路的工作原理。

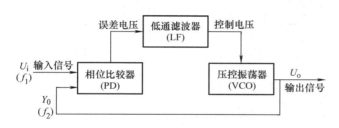

图 4-36　锁相控制环的基本原理

锁相控制环电路与其他具有相同功能的电子线路相比有如下特点：①可以实现理想的频率控制。当锁相环路处于锁定状态时，输出信号与输入信号频率相等，即稳态频率差为零。②良好的窄带跟踪特性。压控振荡器的输出信号能够跟踪输入信号载频的变化。当 VCO 的频率锁定在输入信号频率上时，位于输入信号频率附近的绝大部分干扰会受到环路滤波器低通特性的抑制，从而减小了对 VCO 的干扰作用。锁相环路对干扰的抑制作用，就相当于一个窄带的高频带通滤波器。③良好的频率跟踪特性。锁相环路中的压控振荡器，其输出频率可以跟踪输入信号瞬时频率的变化，表现了良好的调制跟踪性能。

锁相环的实现方法有模拟和数字两种方式。模拟的方式可以采用通用的集成锁相环 CD4046B 来实现，图 4-37 所示为采用集成锁相环电路实现电网频率跟踪的控制框图。相位比较器将压控振荡器的输出频率 f_0 与检测到的公共电网上的电压频率 f_r 比较，相位误差电压经环路滤波后送至 VCO 的控制输入端，以此逐步减小 f_0 和 f_r 之间的相位差，达到锁定相位跟踪频率的目的。

图 4-38 是 CD4046B 逻辑结构图。CD4046B 具有两个独立的相位比较器 PC1 与 PC2。PC1 是异或门相位比较器；PC2 是边沿触发型相位比较器，它由受逻辑门控制的 4 个边沿触

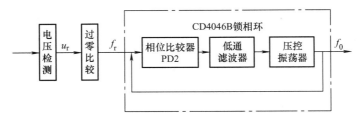

图 4-37 采用集成锁相环电路实现电网频率跟踪的控制框图

发器和三态输出电路组成，它的输出为三态结构。系统一旦入锁，输出将处于高阻态，无源低通滤波器的电容 C_2 无放电回路，相位比较器相当于具有极高的增益，输入信号与输出信号可严格同步，其最大锁定范围与输入信号波形的占空比无关，而且使用它对环路捕捉范围与低通滤波器的时间常数无关，一般可以达到锁定范围等于捕捉范围。应用 CD4046B 的相位比较器 PC2，可保证锁相环输出与输入信号相位差为零。

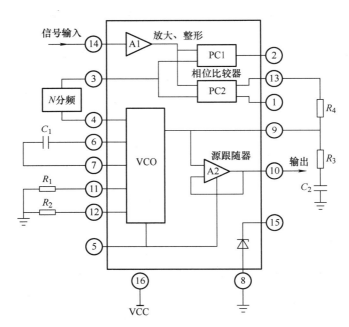

图 4-38 CD4046B 逻辑结构图

线性压控振荡器 VCO 产生 1 个输出信号（4 脚），其频率经过 N 分频之后与 VCO 输入的电压以及连接到引出端的电容 C_1 值及 R_1 和 R_2 的阻值有关，并且输出频率范围 $f_{\min} \sim f_{\max}$ 满足以下公式：

$$f_{\min} = \frac{1}{R_2(C_1 + 32\text{pF})} \tag{4-18}$$

$$f_{\max} = \frac{1}{R_1(C_1 + 32\text{pF})} + f_{\min} \tag{4-19}$$

式中，$10\text{k}\Omega \leq R_1 \leq 1\text{M}\Omega$；$10\text{k}\Omega \leq R_2 \leq 1\text{M}\Omega$；$100\text{pF} \leq C_1 \leq 0.01\mu\text{F}$。

相位脉冲输出端（1 脚），用于表示锁定两个信号之间的相位差。如果相位脉冲端输出高电平，表示处于锁定状态。在信号输入端无信号输入时，压控振荡器被调整在最低频率上。

锁相环是通过改变压控振荡器的频率来减小输入电压和负载电流信号之间的相位差，最终实现逆变器的工作频率跟踪公共电网的电压频率。相位校正电路主要是完成对所有频率信号检测电路、信号传输电路造成的时间延迟的补偿。

随着数字电路、大规模集成电路以及智能核心电路的大量应用，在光伏并网发电系统中，基本上趋向于采用数字化的控制方式。由于数字控制的优点突出，数字锁相环以其参数调节方便、成本低廉等众多优势受到越来越多的关注，传统的模拟锁相环逐渐被数字锁相环所取代。数字锁相环的原理类似于传统的模拟锁相环，只是环内相应的模块全部由数字运算实现，其基本原理如图 4-39 所示，信号调理电路先对输入的电网电压信号和并网电流信号进行低通滤波，之后再由过零比较电路获得方波信号送入数字控制环节，经数字控制方法对信

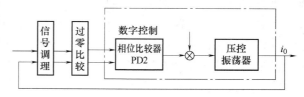

图 4-39　数字锁相环的工作原理

号进行处理，获取频率与相位信息后再根据相应的信息对输出进行控制。

对于数字化控制的光伏并网发电逆变器，可通过控制系统产生的 SPWM 波的载波比调整载波频率进行输出频率的微调，从而实现频率的锁定与相位的跟踪。

4.3.3　太阳能电池板趋光控制

太阳能电池板在安装应用过程中，也暴露出了一些问题，因为太阳能电池板是依靠太阳的光线来进行发电的，从而发电量的大小取决于照射量的大小，而在全球不同的位置，同一时间情况下，太阳的照射角度是不一样的，这就会导致如果是直接将太阳能电池板固定到一个位置不动，那么在一天中，只会有一个时刻太阳照射量达到最大，而其他时候都是向下衰减的，整个照射量和时间的曲线大体会呈现为一个等腰梯形的形状，没有将光电转换效率发挥到最大，这样会间接导致能源的浪费。将太阳能电池板搭配传感器进行实时跟踪太阳光线，使太阳光线能够垂直照射到太阳能电池板，达到转换效率尽量最大化。图 4-40 为太阳能电池板趋光控制系统总体设计方案，将采用高度角—方位角式双轴跟踪机构来实现对太阳高度角和方位角的双轴跟踪。

采用四象限光电传感器进行传感信号调理后整合给控制器，控制器通过程序来进行比对运算，运用模糊 PID 功能的高鲁棒性来进行系统的调节参数，并将计算后的两路脉冲值输出到两台伺服电动机中，伺服电动机通过转动带动丝杆进行改变高度角及方位角，实现追日功能，并且采用编码器回读的方式实时掌握太阳能电池板的各个角度信息，直观地展示出来。

该系统是基于 PLC 的太阳能电池板追日系统，系统硬件主要由光线照射角检测、过程控制、电机驱动三个流程组成，光线照射角检测可以将传感器位置的光线照射角以两路模拟量的方式传输到 PLC 中，每个传感器两路，一共 4 个传感器，过程控制可以通过程序将送进来的八路模拟量进行数据分析，分别计算出电池板所对应的高度角和方位角，驱动器可以

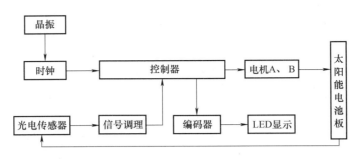

图 4-40　太阳能电池板趋光控制系统总体设计方案

驱动两台伺服电动机分别做直线插补运动，使电池板到达可编程逻辑控制器计算出的相对位置。在追日系统中，这三个过程可做到按照程序有序运行，同时程序中包含有"防呆"程序，例如，加入左右限位，当用户向正方向移动时如果碰到限位开关，限位开关会发挥作用，阻止用户输入命令的执行，即触碰到正向限位后再按下正向运动命令后系统将不再动作，防止伺服驱动丝杆超程导致丝杆变形，损坏系统硬件，并且系统会对 4 个照射角传感器传回的值进行求平均值计算，增加精度的同时也使整个系统不会因为外界干扰而产生误差较大的模拟量，致使系统误判断对自身产生伤害。

整个系统硬件框图如图 4-41 所示。系统首先会通过安装在太阳能电池板 4 个角的 4 个光线照射角传感器传回 4 个角所检测到的照射角角度信息，传入模拟量采集模块，再通过基于 RS232 的 Modbus 通信方式传输到 PLC 中的变量寄存器中，PLC 经过对 8 路模拟量进行平均计算综合分析后，会得出太阳能电池板应该运动到的相应高度角和方位角，此时再根据太阳能电池板当前的角度信息，进行高度角和方位角的反向补偿运动，这样就可以使太阳能电池板垂直于阳光，接收面积呈现最大，发电量达到最高，PLC 执行速度大约为 2～3ms，所以整个系统的反应速度也可以得到保障。系统中还包含有按键输入和指示灯输出电路，接入到 PLC 中，可以通过按钮控制整个系统的启动和停止，通过指示灯来显示系统的状态，包括运行、警告、错误等信息。

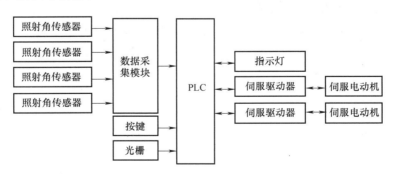

图 4-41　系统硬件框图

该系统需要完成的控制过程的要求：①系统可以自动运行，实时跟随光照角传感器，改变太阳能板的高度角及方位角。②实现自定义光照角度信号的扫描采集时间。③实现夜间时自动进入低功耗模式，即关闭伺服脉冲进入休眠模式，降低系统的功耗，这样也可以增加发电效率。④系统含有触发清洁模式，即每天进入夜间低功耗模式时，会驱动机构由左至右，再由右至左地清洁太阳能电池板上面的灰尘。⑤中途断电后，再次来电需进行安全确认后，系统方可进行工作。

系统中程序采用模糊算法进行控制，其组成原理框图如图 4-42 所示，由图 4-42 可知信号由输入接口进入，送给模糊控制器，它是模糊控制系统的核心，由控制结构、算法和模糊规则组成，信号再经过模糊控制器处理后，输出给执行机构和被控对象，再经过检查装置构成闭环反馈环节。模糊控制系统具有响应迅速、抗干扰性强和良好的鲁棒性能等优点。

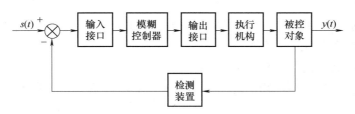

图 4-42　模糊控制系统组成原理框图

4.3.4　光伏发电系统的充放电控制技术

本节仅以独立式光伏发电系统为例介绍，独立式光伏发电系统虽然功率一般不太大，但是由于太阳辐射能的不稳定性，以及考虑到夜间的用电，需要配置有足够容量的中间储能环节，并且对储能单元实施有效的能量管理。考虑价格因素及技术成熟度因素，目前中间储能环节大多采用的是在直流母线侧装置蓄电池，而对蓄电池的有效管理即合适的充放电控制，是保证蓄电池性能及其寿命的关键之一。考虑到光伏发电产生的直流电压或电流的不稳定性，而蓄电池的电压相对稳定，要求直流侧必须装配有相应的直流变换器并进行有效的控制。

独立式光伏发电系统中的直流变换，包括升压变换器（Boost Converter）和降压变换器（Buck Converter），统称为 DC—DC 变换器。其中升压变换器主要应用于光伏发电系统向配电房直流输电，或将光伏电池或蓄电池的低电压经升压变换后输出，向高压用电器供电；降压变换器主要应用于光伏工作点功率控制、负载调节控制以及蓄电池充电控制等。

蓄电池的充放电控制器通常为 DC—DC 变换器，通过调节充电器的直流电压和直流电流输出值，达到对蓄电池充电电流或充电电压等不同目标的控制，实现不同策略的充电控制。恒流充电是以使蓄电池充电电流保持恒定为控制目标的充电模式，恒压充电是以使蓄电池电压保持恒定为控制目标的充电模式。

蓄电池是光伏阵列发电系统中一个重要蓄能中间环节，它担负着光伏电能在用电低峰时储存电能，而在光伏电能较低时释放电能，使发电系统能够比较平稳地对负载供电。光伏阵列发电系统中的蓄电池一般采用铅酸蓄电池，只有良好地应用铅酸蓄电池的充放电特性，对其实施充放电管理，才能使铅酸蓄电池处于最佳工作状态。

如果蓄电池始终按照可接受的电流进行充电，那么在任何时间 t，存储于蓄电池内的电荷量 Q 是从时间 0 到时间 t 的积分，见下式：

$$Q = \int_0^t i\mathrm{d}t = \int_0^t I_0 \mathrm{e}^{-\alpha t}\mathrm{d}t = \frac{I_0}{\alpha}(1 - \mathrm{e}^{-\alpha t}) \tag{4-20}$$

由式（4-20）可知，充电结束（$t \rightarrow \infty$）时充入蓄电池的电量是原来蓄电池放出的电荷量，即

$$Q = \frac{I_0}{\alpha} \tag{4-21}$$

由此可得

$$\alpha = \frac{I_0}{Q} \tag{4-22}$$

式中，α 为蓄电池的充电电流接收比，是一个重要的参数；I_0 为蓄电池可接收的初始充电电流；Q 为存储于蓄电池内的电荷量。

铅酸蓄电池的充、放电过程受 3 个基本定律支配和影响：

1）第一定律。对于任意给定的放电电流，α 与放电容量 c 的二次方根成反比，即

$$\alpha = \frac{K}{\sqrt{c}} \tag{4-23}$$

式（4-23）表明，蓄电池可接收的初始充电电流 I_0 与蓄电池的容量 c 有关，容量越大，初始充电电流也越大。

2）第二定律。对于任意给定的放电量，α 与放电电流 I_{dis} 的对数成正比，即

$$\alpha = K \lg(k I_{dis}) \tag{4-24}$$

式中，I_{dis} 为放电电流；K、k 为常数。

由于 $I_0 = \alpha Q$，将式（4-24）代入式（4-22），可得

$$I_0 = \alpha Q = QK \lg(k I_{dis}) \tag{4-25}$$

由式（4-25）可知，蓄电池接收充电电流的能力与蓄电池的放电电流有关，放电电流越大，蓄电池可接收充电电流的能力也越强。

3）第三定律。蓄电池以不同的放电率放电后，可接收的充电电流是各个放电率的可接收充电电流之和，即

$$I_s = I_1 + I_2 + I_3 + \cdots \tag{4-26}$$

由此可得

$$\alpha_s = \frac{I_s}{Q_s} \tag{4-27}$$

式中，I_s 为总的可接收充电电流；Q_s 为蓄电池释放出的全部电量；α_s 为总充电电流接收比。

以上 3 个基本定律是铅酸蓄电池充放电的理论基础，揭示了蓄电池可接收充电电流与放电量之间的内在联系，并指出了在充电过程中对蓄电池实施一定深度的放电是提高充电电流接收比，从而实现快速充电过程的有效途径。

铅酸蓄电池的理想可接收充电电流曲线如图 4-43 所示。

但在实际应用过程中，使充电电流按照该曲线规律是有一定的困难，因为初始充电电流很大，但是其

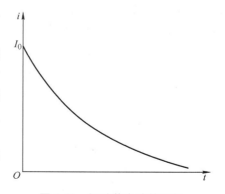

图 4-43　铅酸蓄电池的理想
可接收充电电流曲线

衰减很快，维持大电流充电的时间不长。对于铅酸蓄电池，影响蓄电池充电速度和充电电流的主要因素是充电过程中产生的极化现象。

为使蓄电池充电时间短，充电效率高，且不缩短蓄电池寿命，最好能将蓄电池的充电电压控制在蓄电池析气电压以下。铅酸蓄电池在端电压上升到析气电压时充入的电量取决于充电电流的大小，即充电电流越大，充电电压越大，电压上升越快，充入的电量越少。为提高蓄电池充电效率并达到快速充电的目的，必须尽可能采取措施降低充电电压，在蓄电池端电压达到析气电压之前尽可能多地充电。

铅酸蓄电池的充电过程主要包括充电程度判断、从放电状态到充电状态的自动转换，以及充电各阶段模式的自动转换和停止控制等方面。

充电过程一般分为主充、均充和浮充 3 个阶段，有时在充电末期以微小充电电流长时间持续进行涓流充电。主充一般为快速充电，有两阶段充电、变流间歇式充电和脉冲式充电等模式；以慢充为主充模式的一般采用低充电电流的恒流充电模式。由于铅酸蓄电池在深度放电或长期浮充条件下，串联中的单体蓄电池的电压和容量都可能出现不平衡现象，而导致这种不平衡现象的充电方式称为均衡充电，简称均充。为保证蓄电池不过充，在蓄电池快速充电至 80% ~ 90% 的容量后，一般转为浮充，即恒压充电模式。为适应充电后期蓄电池可充电电流的减小，当浮充电压值与蓄电池端电压相等时即自动停止充电。为防止可能出现的蓄电池充电不足，在此之后还可以用微小的充电电流进行涓流充电，使充电比较彻底。

对于充电程度的判断有 3 种方法：检测蓄电池去极化后的端电压变化，检测蓄电池的实际容量，检测蓄电池的端电压。

对于充电各阶段的自动转换方法有 3 种：采用定时控制方式，比较充电电流或充电电压是否达到设定值，采用积分电路在线监测蓄电池的容量。

对于蓄电池停止充电的控制方法有 4 种：定时控制，蓄电池的温度控制，蓄电池端电压负增量控制，蓄电池极化电压控制。

对蓄电池充电控制的实现方法有经典控制与智能控制两大类：

（1）经典的充电控制　经典充电控制器一般包括充电电流的检测与自动调整、消除极化放电、自动停止充电检测等功能，其充电流程如图 4-44 所示。

（2）智能的充电控制　由于蓄电池的充电过程为非线性，为使充电过程最优，可采用各种智能控制方法，如模糊控制方法、神经元网络控制方法以及自适应控制方法等。例如，智能模糊充电器，

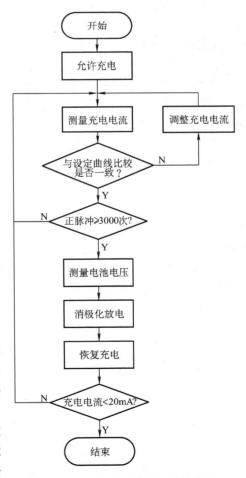

图 4-44　经典的蓄电池充电控制流程

采用模糊控制方法对充电过程进行控制，可以实现对充电电流的高精度控制，并保证充电各阶段动作及时转换。

4.3.5　孤岛检测技术

当分散的电源如光伏发电系统从原有的电网中断开后，虽然输电线路已经断开，但逆变器仍在运行，逆变器失去了并网赖以参考的公共电网电压，这种情况称为孤岛效应。

产生孤岛效应可能会使电网的重新连接变得复杂，且会对电网中的元件产生危害。为了解决这个问题，目前已经有多种方案提出，在孤岛效应比较明显的场合已经基本上得到解决。但当孤岛效应不是很明显时，现有的方法有可能无法判断出发电站与负载之间功率的失配，因而孤岛问题仍是一个未彻底解决的问题。

孤岛效应的检测有两种方法，即被动检测及主动检测。被动检测是指当电网失电时，电网电压的幅值、频率、相位和谐波等参数上将产生跳变信号，通过检测跳变信号来判断电网是否失电。主动检测是指在并网点处向电网注入很小的干扰信号，通过检测反馈信号来判断电网是否失电，其中一种方法就是通过在并网电流中注入很小的失真电流，测量逆变器输出的电流的相位和频率，采用正反馈的方案，加大注入量，从而在电网失电时，能够很快地检测出异常值。

利用功率调节器可以实现对孤岛的检测和对电压的自动调整功能，当出现剩余功率逆潮流时，由于系统阻抗高，并网点的电压会升高，甚至可能超过电网的规定值。为避免这种情况，功率调节器设有两种电压自动调整功能：①超前相位无功功率控制，电网提供超前电流给功率调节器，抑制电压升高。这种控制方式会使功率调节器的视在功率在调节时增加，变换效率略微降低。②输出功率控制，当超前相位无功功率控制对电压升高的抑制达到临界值时，系统电压转由输出功率控制，限制功率调节器的输出功率，使电压升高。这种方式使光伏阵列的发电功率利用率有所降低。

为了解决逆变器的某些控制策略只能输送有功功率而无法注入无功率的问题，通常采用有功和无功综合控制方法。利用PWM电路中植入一个扰动发生电路，使它产生与逆变器输出值有一定大小的偏移，通过检测由于频率变化产生的符号变化和代数运算，就可以更好地检测出孤岛效应。这种方法的特点是：①逆变器可以同时提供有功和无功功率，避免交流侧功率因数的恶化；②当孤岛效应不明显时，发电站与负载的功率不匹配也可以更有效地检测出来；③计算过程以及电路设计容易实现，计算和运行费用较少。

为了能够主动检测孤岛效应，可以在逆变控制器中加入能够产生微小不平衡的正弦波形的电路。如果控制器的参考正弦波中存在一个微小的不对称，则会在逆变器的电流输出中产生同样大小的畸变。在正常运行情况下，这种畸变是可以忽略的；然而一旦孤岛效应发生，这种畸变可以通过检测很容易地辨识出来，亦即采用合适的畸变作为有效辨识孤岛效应的指示器。

图4-45给出辨识孤岛效应的计算流程。该计算流程在对每个支路的输入电压和电流进行采样之后，计算得到频率的改变值，并与整定频率进行比较，只有当频率变化小于整定值时才进行进一步的判断。将频率变化量符号的变化次数及频率变化次数与整定值进行比较，当符号的变化次数大于整定值时，则得出发生孤岛效应的结论，并使控制器发出指令使光伏阵列逆变系统与公共电网分离。

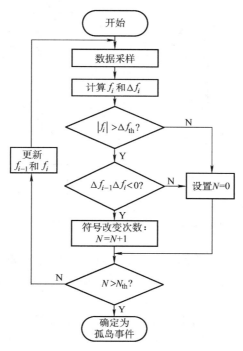

图 4-45　辨识孤岛效应的计算流程

4.4　光伏发电系统的结构及原理

4.4.1　独立式光伏发电系统

根据负载的用电要求对光伏电池板进行选择，组成适合要求的光伏阵列后，在光照条件下将太阳能转换为直流电能。该直流电一般要经过变换才能供各种用电设备使用，因而变换器是光伏发电系统的关键部件之一。

变换器可分为直流变换器和交流变换器两种，直流变换器的功能是将一种直流电压或电流变换为另一种所需的直流电压或电流，交流变换器则将直流电经过逆变换而成为通用的工频交流电或其他所需的交流电形式。

独立式光伏发电系统指光伏发电所产生的直流电以及经过二次变换之后的交流电，直接向用电负载提供，而且仅限于向负载供电的电力系统，但该系统中也需要对储能单元进行电能管理。独立式光伏发电系统将太阳能电池产生的电能通过对蓄电池或其他中间储能元件进行充放电控制；或直接对直流用电设备供电；或将转换后的直流电经由逆变器逆变成交变电源供给交流用电设备。独立式光伏发电系统主要解决偏远的无电地区和特殊领域的供电问题，且以户用及村庄用的中小系统居多。从目前使用情况及今后一段时期发展来看，由于光伏发电的设备成本较高，大部分光伏发电应用不是在并网，而是作为独立的光伏电站。独立式光伏发电系统的基本结构如图 4-46 所示。

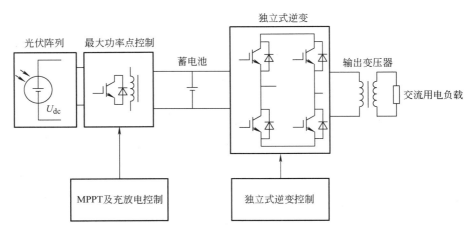

图4-46　独立式光伏发电系统的基本结构

　　独立式光伏发电系统一般包括光伏电池最大功率点跟踪（MPPT）控制器、蓄电池充放电控制器、直流升压或降压型变换器（Boost or Buck DC—DC Converter）以及交流逆变器（DC—AC Inverter）等。

　　独立式光伏发电系统一般应用于中小型系统，主要包括有光伏阵列、DC—DC 变换器、蓄电池组、高频逆变器、低通滤波器及工频升压变压器。其中 DC—DC 变换器将光伏阵列输送的直流电升压，既为蓄电池组充电，也为高频逆变器提供直流电能，同时还实现光伏阵列的最大功率点跟踪控制；高频逆变器采用 SPWM 方式进行逆变，交流侧经 LC 滤波后得到 220V/50Hz 的正弦波交流电供负载使用。

　　独立式光伏发电系统的控制，除 MPPT 之外，输出电压的控制也是十分重要的。图4-47是一种数字式光伏发电系统输出电压控制原理，其中输出电压的采样由霍尔式传感器完成，经调理电路后送入中央控制单元的 A/D 转换单元，由此得到输出的反馈信息。将采样的输出电压反馈值与给定正弦表中的相应数据进行比较，得到偏差信号，经特定的算法计算得到输出的 SPWM 信号。

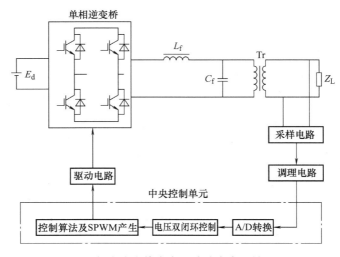

图4-47　数字式光伏发电系统输出电压控制原理

4.4.2　并网式光伏发电系统

由于光伏阵列的太阳能转换受到太阳辐射因时因地的不同而不断地变化，因而要求光伏阵列并网逆变器应具有以下特点：具有较宽的直流输入电压范围；具有较高的可靠性和可恢复性；具有较高的逆变效率；具有较小的输出失真度。

光伏阵列发电的并网系统根据容量的大小，可以分为单相并网和三相并网。单相并网系统一般仅用于系统容量比较小的不间断电源系统中，不具备真正意义上的并网。因而一般的并网系统指三相并网系统。

1. 并网式光伏发电系统的结构及工作原理

并网式光伏发电系统的最终输出为供电电网，而其直流侧直接接到光伏阵列的输出或者由光伏阵列经过 DC—DC 变换后输出。三相光伏阵列并网逆变器根据直流侧电源的形式分为电压型和电流型两大类，此外，为了减小传统三相并网逆变器的尺寸、成本、重量和提高系统的效率，解决漏电等问题，研究人员提出了各种新型的三相逆变器拓扑，主要包括新型三相零电压光伏逆变器，三 H 桥三相四线逆变器和十开关三相三电平逆变器等。

（1）电压源型光伏阵列的逆变并网

图 4-48 为典型的电压源并网逆变器的拓扑结构，其中的 U_{dc} 为光伏阵列将太阳能转换后产生的直流电压源。由于逆变器输出电压一般为 PWM 方波，因而将输出电压接入公共电网侧时必须增加缓冲电感 L_a、L_b、L_c。而大容量光伏阵列并网逆变器一般采用多重化逆变形式或多电平结构的逆变器。

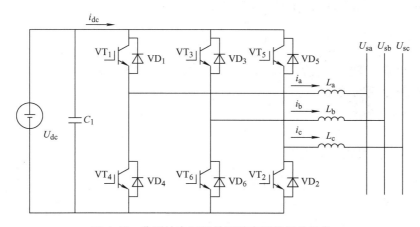

图 4-48　典型的电压源并网逆变器的拓扑结构

这种光伏逆变装置白天向公共电网输送功率，其输出电流与电网电压同相，通过 MPPT 控制策略调节输出电流的大小，控制输出功率的大小。

（2）电流源型光伏阵列的逆变并网

图 4-49 为典型的电流源并网逆变器的拓扑结构，其中的 i_{dc} 为光伏阵列将太阳能转换后产生的直流电流源，L 为直流平波电抗器，它使脉动的直流电流变为平稳的电流。由于逆变器通常采用负载（电网）换相形式逆变，只需适当调节逆变输出侧输出电流的相位与幅值，就可以向公共电网输出功率，因而接入公共电网的电压端时不必增加缓冲电感 L。为了改善

输出电压的波形，在交流侧要增加滤波电容。

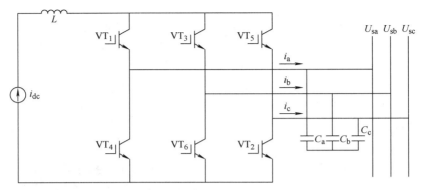

图4-49　典型的电流源并网逆变器的拓扑结构

（3）新型三相零电压光伏逆变器

为了实现非隔离型光伏系统并网运行，需要解决系统漏电流问题。三相系统瞬时功率不存在脉动，因此接入电网的三相光伏系统不会造成三相电压不平衡现象。针对非隔离型三相光伏系统，巴西学者利用3个奇矢量或偶矢量合成实现恒定共模电压，从理论上消除了漏电流。之后，研究人员在三相桥式拓扑基础上加入Z源网络，实现升压目的。为了能够有效抑制共模漏电流，研究人员提出了新型ZVR三相逆变器拓扑，其原理图如图4-50所示。三相ZVR拓扑具有单相ZVR拓扑的特点，输出相电压波形呈三电平，而传统三相拓扑输出相电压波形呈两电平。三相ZVR拓扑寄生电容C_{PV}两端电压为

$$U_{cpv} = U_{No} = U_{CM} = \frac{U_{AN} + U_{BN} + U_{CN}}{3} \tag{4-28}$$

由式（4-28）可知，通过有效的策略调制可以实现三相ZVR拓扑系统共模电压恒定，有效地解决了系统漏电流问题。

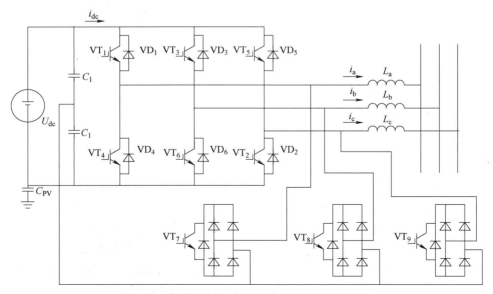

图4-50　新型三相零电压光伏逆变器的拓扑结构

（4）三 H 桥三相四线逆变器

三 H 桥三相四线逆变器由三个单相 H-Bridges 与单个输出阶段的接口组成，如图 4-51 所示，将其与隔离变压器耦合到公用电网。该拓扑允许所有开关都具有均匀的额定值。此外，它的直流连接电压较低，为电容器中点逆变器的一半。因此，可以使用较低的电压额定电容器，只需要承受高频切换电流。尽管此功率转换器中需要更高的半导体元件数量，但与其他上述拓扑相比，总峰值 SDP 仍然较低或与之相同，获得的输出电压等效于三级逆变器，从而产生更好的谐波轮廓且对无源滤波器的要求减少。因为每个阶段都是独立的，并且在任何一个阶段的故障中，其他两个阶段仍然可以为电网供电，从而可以实现更高的可靠性。这种拓扑的主要缺点是需要隔离变压器。可以利用类似于三相 PWM，3-D 空间向量或 dq0 控制该逆变器或对每个阶段进行独立控制。

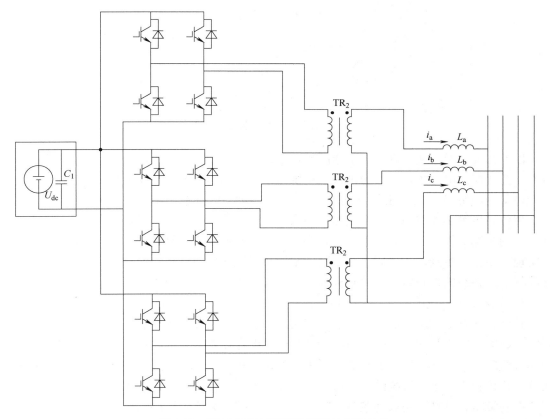

图 4-51　三 H 桥三相四线逆变器的拓扑结构

（5）十开关三相三电平逆变器

十开关三相三电平逆变器如图 4-52 所示，为耦合的三相变换器体系结构。显然，与常规的三相三电平逆变器相比，十开关三相三电平逆变器的一个重要特征是它仅使用十个开关，没有其他二极管，这有助于削减系统的尺寸、重量和成本。四个开关（$VT_1 \sim VT_4$）组成了公共模块，六个开关（$VT_5 \sim VT_{10}$）组成了独立的模块。在六个开关中，U 相由 VT_5 和 VT_6 组成，V 相由 VT_7 和 VT_8 组成，W 相阶段由 VT_9 和 VT_{10} 组成。十开关三相三电平逆变器将三个独立的桥臂融在一起，总共 13 个空间向量，包括 21 个切换状态。十开关三相三电平逆变器与其他现有拓扑相比，在设备、压力和损耗的数量方面具有明显优势。

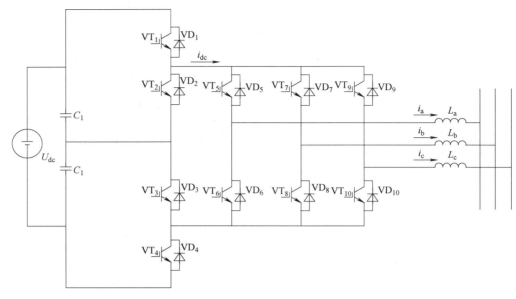

图 4-52　十开关三相三电平逆变器的拓扑结构

以上几种并网逆变器都实现了相同的功能，既提高光伏电池的输出电压，又逆变到公共电网。逆变器的电路拓扑一般为半桥或全桥结构，不同的并网逆变器拓扑结构也决定了系统中 MPPT 控制策略实现方法的不同。例如，在单级式并网逆变器中，MPPT 控制、逆变控制、相位同步等必须在同一个变换器中得到实现，系统组成简单，但各参变量之间耦合程度高，控制算法比较复杂；而对于两级式或多级式并网逆变器，MPPT 控制一般在第一级变换中实现，而逆变控制、相位同步、并网控制等在后级变换中实现，使整个系统控制的复杂程度降低，使各级的控制精度都得到提高，但增加了更多的硬件成本。

2. 光伏发电系统的并网安全运行与防护措施

并网光伏发电系统按照规模大小，有大、中、小型之分，而更重要的一点，由于受光照强度的影响，白天与夜晚、晴天与阴天，光伏发电存在着很大的波动，特别是对于小型的并网光伏组成的微电网，这种影响更为严重。光伏发电系统的安全运行不仅涉及自身的安全，而且还直接影响到电力系统的稳定可靠。因而在不同运行模式下，需要并网逆变系统采用不同的控制策略，分别采用孤岛控制策略和并网运行控制策略以解决光伏发电中的安全运行问题。在孤岛运行模式下，逆变系统一般可以采用具有下垂特性的电压与频率控制；而在并网运行模式下，逆变系统一般采用有功与无功控制策略。

光伏阵列并网系统作为电力系统的一部分，需要设计相应的保护和检测装置，一方面保护光伏发电系统防止孤岛效应；另一方面需要防止线路事故或功率失稳。常用的光伏并网保护功能有欠电压保护、过电压保护、过电流保护、低频率保护、超频率保护和孤岛保护等。

光伏并网保护功能一般由功率调节器实现，它保证在光伏逆变系统发生异常的时候，光伏发电系统不对电网产生较大的不良影响；同时也保证当电网发生故障时，不至于对光伏发电系统造成破坏。功率调节器由控制单元、显示单元、充放电单元、逆变单元及并网保护装置等组成。一般功率调节器采用模块化设计逆变单元和功能单元，灵活组合，各单元之间按照主—从控制运行方式，并有独立运行功能，可根据需要设置为低压并网、高压并网、独立运行和防灾运行等方式。

为保证光伏发电系统的安全运行，除以上孤岛效应保护之外，还需要考虑以下保护类型：

①电网电压过电压及欠电压保护；②电网电压超频及欠频保护；③逆变器的交流输出短路保护；④逆变器过热保护；⑤逆变器过载保护；⑥直流极性反接保护；⑦直流过电压及欠电压保护；⑧逆变器对地漏电保护以及防雷与接地保护；⑨逆变器内部自检保护（防雷器损坏，接触器故障，变压器过热，A/D 通道损坏，IGBT 损坏等）。

同时，并网发电系统还需要考虑以下的额外保护类型：

①低电压穿越（LVRT）；②输出直流分量超标保护；③输出电流谐波超标保护；④三相电网不平衡保护；⑤并网系统存在的电磁干扰问题。

4.5　光伏发电组网技术

光伏发电系统可分为大型集中式光伏电站、分布式光伏发电、光伏发电微网系统和家庭光伏能源系统。大型集中式光伏电站主要建设在沙漠及大量荒漠边远地区，一般体现为光伏发电站集群，峰值功率可达千 MW 量级，光伏电力经汇集网汇聚后集中升压接入输电网，远距离输送至负荷中心；分布式光伏发电处于电网的用电端，可以直接接入主网（中压或低压配网），或采用与其他分布式电源、储能设备和负荷构成微网后再接入主网的方式。由于光伏功率具有间歇性（白天发电晚上停止）和随机波动特性（白天的输出功率受天气影响随机变化），这类电源大量接入主网后将对电网的安全运行、供电质量、经济性等造成巨大影响。智能电网关键技术之一就是要解决大规模高渗透率光伏发电的并网问题。

4.5.1　分布式组网技术

太阳能资源无处不在，除了在荒漠地区建立大型集中式光伏电站外，更广泛地利用太阳能的方法是分布式光伏发电，诸多学者对光伏发电系统的各个方面展开了深入的研究。与建筑物相结合的光伏发电系统成为太阳能资源规模化推广应用的关键。分布式光伏发电组网方式可分为：①光伏发电站直接接入配电网；②并网光伏发电微网系统；③家庭光伏能源系统。

1. 分布式光伏发电站直接接入配电网

我国的中、低压配电网主要是小电流接地系统，采用单侧电源辐射型供电网络。光伏电源接入配电网，使配电系统从放射状结构变为多电源结构，潮流和短路电流的大小、流向以及分布特性均发生改变，原有的调压方案不能满足接入分布式电源后的配电网电压调节要求，在线路发生故障后，继电保护以及重合闸的动作行为都会受到光伏发电系统的影响。电网发生故障后，可能由光伏电源形成非正常孤岛运行，将引发一系列安全问题，如线路维护人员的人身安全、与孤岛电网相连的用户供电质量、孤岛内部的保护装置的协调、电网供电恢复时的同期问题、孤岛电网与主网非同步重合闸造成的操作过电压等。光伏发电通过电力电子逆变器并网，将产生谐波、三相电流不平衡；输出功率随机性易造成电网电压波动、闪变。针对上述问题，电网公司已经从 5 个方面规范了光伏发电站的接入行为，形成了接入准则。这 5 个方面是：①光伏电源准入原则和并网电压等级；②并网点与公共连接点的技术要求；③保护及安全自动装置；④通信与检测；⑤电能计量。

2. 并网光伏发电微网系统

微网概念的提出与发展是基于大量分布式发电入网的需求而产生并得到推广的。光伏微网系统是指将光伏发电、其他稳定电源（如微型燃气轮机、柴油发电机、储能装置等）、用户负荷及控制装置集成起来，形成一个单一可控的单元并入电网（依据交换容量的大小决定并入低压网或中压配网），向用户供给电能减少对电网的冲击。对电网来讲，它相当于一个可控单元，可以在数秒内动作响应电网的需求；对用户来讲，它相当于可定制的电源，可满足用户多样化的要求，如提高供电可靠性、降低馈线损耗、支持就地电压及提高用能效率。它可以工作在并网运行和孤岛自治运行两种模式。微网控制系统及其能量管理模块是这一系统的技术关键，控制系统实现微网工作模式的无缝切换、节点电压控制、电能质量监控等；能量管理模块是一种架构在微网控制系统之上的高级应用，用于优化微网有功功率分布、协同各发电单元出力和用户需求、实现微网经济运行等。

3. 家庭光伏能源系统

伴随着全球光伏产业的持续升温以及各国对中小功率光伏发电系统直接并网的许可，光伏发电系统在住宅及楼宇等场所应用越来越多。家庭光伏能源系统如图 4-53 所示，是并离网一体光伏发电系统，它既可并网运行，亦可离网运行，当其应用于住宅或者楼宇时，相对并网系统安全性更高，当公共电网发生故障时，可离网给本地负载供电。同时，可以选择性地并网以减缓对电网的冲击，减小三相电网的不平衡。家庭光伏能源系统由光伏电池、锂电池以及单相公共电网共同组成一个多端口供电网络，保证家庭负载的不间断供电。光伏发电

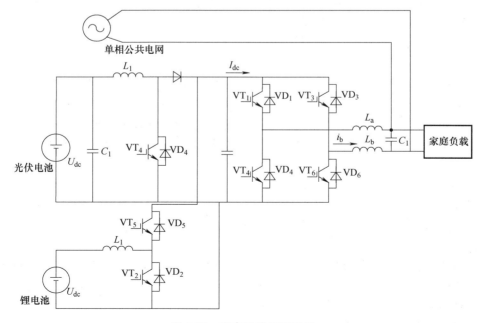

图 4-53　家庭光伏能源系统

系统优先满足用户的自身电力需求。在光伏发电量盈余或者不足的情况下，首先由锂电池来平抑功率波动。当光伏电池和锂电池都达到限制条件时，再由公共电网支撑进行能量管理。

4.5.2　集中式光伏发电集群并网技术

1. 光伏电站的功率波动特性

光伏发电站出力具有间歇性和随机性的特点。图 4-54 是某 10MW 光伏电站 9 月份典型日出力曲线，纵坐标单位是功率 kW，横坐标单位是时间/h。可见晴朗天气光伏发电站出力形状类似正弦半波，中午时分达到最大，偶尔有云层出现，出力随之减少，功率出现波动；多云天气时，云层活动频繁，出力波动也随之加快；而阴天由于受到云层遮挡，辐照度较小，导致光伏发电站出力较小并有波动。

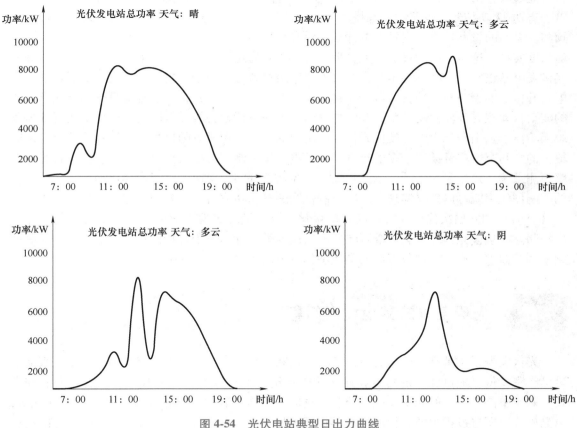

图 4-54　光伏电站典型日出力曲线

光伏电站的出力特性取决于电站安装地的阳光辐射情况，各个地区的情况各不相同，中国西北某地区统计结果表明，该地区光伏发电站 10%～40%峰值出力的概率大于 10%，而 40%～90%峰值出力概率大于 5%，光伏发电站的出力在大范围内波动，电站日出力最大值集中在 11:00～14:00。

2. 光伏电站集群的电网接入

大型光伏发电站的电气与并网接入系统由电站内部汇集网、电站出口升压站及升网联络线组成。它以光伏并网逆变器交流输出端为起点，逆变端出口电压（270V 或更高，取决于光伏板的输出特性及成组方法）经变压器升压后（一般为 10kV）接入光伏电站内部汇集网，汇集网汇聚电力至电站出口升压站的低压母线（一般为 35kV 升压站），升高电压后经并网联络线接入上级并网变电站的低压母线。对于大型光伏发电基地，一个并网变电站可以接入多个光伏发电站。并网变电站的高压母线即为光伏电站集群的公共并网节点（Point of Common Coupling，PCC），光伏电力经并网变电站升压后注入高压输电系统进行远距离电力输送。由于光伏电站出力特性的波动性，需要在每个光伏电站的出口升压站及光伏发电站集群的并网变电站配置无功补偿装置以稳定光伏电站出口处及并网点 PCC 的电压。大型光伏发电基地的控制与保护系统包括集控主站、子站、场站和光伏发电组件的四层控制结构、连接各控制站点的高速信息系统、主站与调度管理及风光联合预测系统的信息交换接口。系统各功能模块包括实时监测网络与数据支撑、运行优化与调度计划分解、在线预警与辅助决策、有功/无功控制、安稳控制等模块。功率预测、预报系统依据测光网络和天气预报数据预测发电站的发电功率，安排发电计划。对有功功率的控制一种是通过调整光伏板的日照辐射角度实现，这类电站的投资较大，另一种办法是通过投切光伏发电单元实现。电网友好型光伏发电站正常运行时不一定工作在最大功率跟踪状态，便于实现发电功率的上下调节。发电站升压站的无功补偿装置一般工作在就地无功电压控制模式，由装置本身依据接入点电压的波动自动控制收发无功功率；并网变电站的无功补偿设备接受电网的调度，由调度依据系统无功需求发出调节指令。规模光伏发电基地的发电功率具有随机性、波动性等特点，同时覆盖的空间范围广且涉及众多的经济体，发电功率控制难度很大。集群控制系统结合光电功率预测系统，建立包括主站、子站、场站、光伏组件四个层次的多智能体代理系统，各层次的智能体代理既可以独立实现本层次控制范围的有功功率目标化控制，亦可实现上下级代理间（纵向）和同层次代理间（横向）的优化协调，最终实现大规模光伏发电功率的平稳输出控制。大规模光伏发电集群既可响应电网调度系统计划命令，从而响应大电网功率控制和频率调节需求，亦可实现集群内部各经济体发电出力的公平合理分配。

4.6　光伏发电的其他技术问题

　　光伏发电系统具有性能稳定、设备寿命长和可靠性高等一系列优点。但是由于太阳能能量具有密度低、随机性大的特点，光伏发电系统一般投资大，发电成本高，资金回收周期长。基于单晶硅电池的光伏发电系统其发电成本相对于其他可再生能源系统并无明显优势，单晶硅电池制造过程中的高耗能和材料损耗也使得其价值遭到诟病。如果没有政策性支持，其发展不会如现在这样迅速。

　　但是，人们在太阳能应用的技术进步中总是要采用各种技术手段来应对上述缺点，例如，采用低成本的材料生产和制作电池，开发低成本的电池品种如染料敏化光伏电池等。本节讨论在复杂环境下光伏发电的其他技术。

4.6.1　太阳光斑位置检测技术

　　光伏系统的日光跟踪技术，是指在太阳运动过程中，使日光和跟踪装置的受光面一直保持垂直，一旦检测到有偏差出现，系统会很快调整电机使转台转到相应的位置，使得面积有限的太阳能接收板在单位时间内接收到尽可能多的辐射能。日向跟踪主要有两种方式：基于感光器件的日光跟踪方法和基于图像处理的日光跟踪方法。基于图像处理的日光检测跟踪方法利用 CCD（或 CMOS）摄像头采集太阳光斑图像。当电池板与太阳光线完全垂直时，即镜头正对太阳时，太阳光斑图像位置应在 CCD 中心位置，如果镜头没有正对太阳，太阳光斑就会偏离中心位置，图 4-55 所示为太阳光斑在摄像头视场中的位置示意图。

为实现太阳位置的跟踪，必须提取出太阳光斑的相关特征信息，常见的跟踪方法有质心跟踪、形心跟踪、边缘跟踪、双边缘中心跟踪、面积平衡法跟踪、亮度中心跟踪等，其中形心跟踪算法适用于图像特征简单、目标图像几何外形规则的情况。在相关的跟踪算法中，形心跟踪算法是一种最简单的特征提取算法。传统的形心提取算法来源于质心提取算法，是基于图像能量矩的计算，对目标像素进行积分处理，

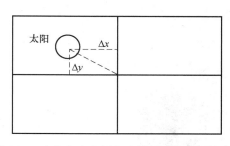

图 4-55　太阳光斑在摄像头视场中的位置示意图

计算量大。为节省图像处理过程中的硬件资源，提高图像处理速度，新型形心提取算法具有更高的实用性和基于硬件实现的可行性。如果采用带灰度的质心法则计算量巨大，为减小图像处理计算量，本算法先将灰度图像进行中值滤波和二值化，再计算图像形心。图像的二值化处理又叫图像的阈值分割，它先确定图像灰度值取值范围内的灰度阈值，将各像素与该阈值比较，大于或等于阈值的为一类（称之为目标），小于阈值的为另一类（称之为背景），产生相应的二值化图像，从而达到图像阈值分割的目的。

4.6.2　光伏聚光技术

目前，我国的光伏电池材料（包括高纯度硅）主要靠进口，其价格也在持续上涨。怎样才能减少光伏电池材料的使用量从而降低光伏发电的成本是光伏发电能否得到普及的关键问题之一。降低光伏发电成本的有效途径之一是采用聚光型光伏发电系统，这种系统以小面积的光伏电池转换大面积受光面接收的太阳能，从而大幅度降低相同发电容量系统的造价，同时节约了昂贵的光伏电池原材料如高纯硅的消耗。光伏电池输出功率大致与接收的光照强度成正比。据报道，对于建设容量为 100MW 的光伏发电系统，常规固定非聚光系统需要 1100t 的单晶硅，而 10 倍聚光的光伏系统则只需要 120t 单晶硅，成本效益非常显著。

1. 抛物面反射镜聚光

凹面镜和凸透镜是人们熟悉的两种光学器件，它们分别利用反射和折射来实现对平行光线的聚集。典型的聚光凹面镜采用抛物面，另有一种槽型抛物面聚光系统采用的是其截面为抛物线的柱面。前者将阳光聚集到焦点附近的光伏电池上，而后者则将阳光聚集到条状的光伏电池上。

一个标准的抛物面聚光器，其效果是将平行光汇聚成一个与抛物面焦点重合的点。但是，太阳虽然遥远但毕竟体积庞大，因此从地球上任何一点观察，太阳并非是点光源，而是要占据一定的视野。由图 4-56 可计算出太阳占据的角度为 32′，这个角度称为太阳的张角。

对于阳光聚集系统来说，无论是点聚焦还是线聚焦，在焦点平面上聚集的阳光并非为一点或一条直线，而是太阳的实像光斑或光带。实际应用中，一般将受光器放置于焦点（焦线）偏下的某个位置，只要求将太阳光均匀汇聚在 WL 区域面积即可，其中：W 为受光面宽度，L 为受光面长度。科学合理地确定聚光反射镜和光伏电池的尺寸及安装是设计的关键。图 4-57 所示为抛物面聚焦原理。槽型抛物面聚光系统的制作相对容易，而大面积的抛物面反射镜的制作则较为困难，因此可以采用将抛物面离散化的方法，以多平面镜阵列来模拟抛物面，形成大面积聚光装置。

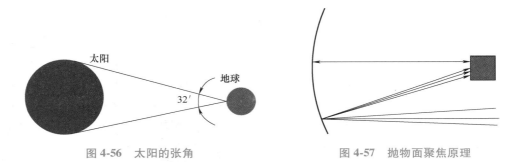

图 4-56　太阳的张角　　　　　　　图 4-57　抛物面聚焦原理

2. 多平面镜聚光装置

利用多个平面镜反射聚光的办法是一种很好的对光伏电池板进行聚光的办法，一个多平面镜聚光系统的方案如图 4-58 所示，在这种聚光系统中光伏电池位置固定，采用了多个平面镜将各自接收的阳光反射到光伏电池表面，其优点在于以廉价的平面镜的面积替代了昂贵的光伏电池面积，具有效果明显、成本低廉、易于更换维护等特点。但是在这种系统中每个平面镜都需要配置自己的二轴伺服机构，并需要在一个总控单元的控制下随太阳位置的变化而改变各自的方位角和高度角，才能保证反射的阳光总是落在光伏电池板上。

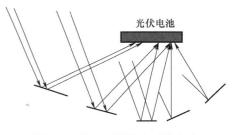

图 4-58　多平面镜聚光系统方案

在这种系统的开发中，光伏电池板接收多块平面镜反射的阳光时如何保证光伏电池表面入射光的均匀性，电池板与多平面镜系统相对位置如何进行空间布局以获得最佳发电效果都是需要研究的问题。这种采用有限数量平面镜的聚光系统属于低倍聚光发电系统，可用于采用普通硅电池的光伏发电系统以充分利用硅电池的发电潜力。

4.6.3　光伏散热技术

光伏组件是光伏发电系统的核心部件，其在吸收太阳光照发电的同时，表面温度也会有所升高。有研究表明，光伏组件表面温度每升高 1℃，输出功率将降低 0.4% ~ 0.5%，而效率将同比下降 0.08% ~ 0.10%。以 1MW 光伏电站为例，在辐照度为 1000W/m² 、组件温度为 25℃的标准测试条件下，组件表面温度每升高 1℃，电站的输出功率将降低 4000 ~ 5000W。而通常情况下，光伏组件的表面工作温度将升高 10℃，达到 35℃时，1MW 光伏电站的输出功率将降低 40000 ~ 50000W，每小时少发电 40 ~ 50kW·h；若按每天平均有效发电小时数 4h

计算，1MW 光伏电站每天因温升所造成的损失将达到 160~200kW·h；按 1 元/kW·h 计算，每天的经济损失可达 160~200 元，每年的经济损失将达 5.84 万~7.3 万元，约占全年收益的 5.8%~7.3%。

为解决高温条件下光伏组件及光伏发电系统发电效率降低的问题，将常规光伏组件与具有一定几何造型的散热翅片相结合，并充分利用光伏组件安装时的倾角，使空气在光伏组件背面能够更快速地流动；通过改变空气在光伏组件背面的流动形式来降低光伏组件的工作温度，从而提高光伏组件及光伏发电系统的发电效率。

为了达到上述目的，研究人员提出了一种自散热式光伏组件，将特制的散热翅片固定于常规光伏组件的背板上，散热翅片之间形成散热腔，散热翅片可以是铜合金或铝合金等热导性及耐候性较好的材质，使其因大气环境而被腐蚀的可能性减小。与常规光伏组件相比，此种自散热式光伏组件的散热翅片形状有利于光伏组件背面的空气流动，更利于降低光伏组件的温度，从而提高光伏组件及整个光伏发电系统的发电效率。

自散热式光伏组件的工作原理图如图 4-59 所示。当空气流经光伏组件的散热翅片时，由于散热翅片结构的特殊性，空气由空气流入处进入此电池区域的散热腔；散热腔的内部宽度有规律地变化，能够提高进入散热腔内部空气的流动速度；然后高速流动的空气从空气流出处流出，再从下一个电池区域的空气流入处进入，如此连续改变光伏组件背面的空气流动达到紊流效果，从而降低光伏组件的工作温度，提高其发电效率。

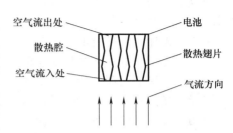

图 4-59　自散热式光伏组件的工作原理图

此外可以将石墨烯材料应用于光伏组件背板散热，以降低太阳能电池的运行温度，从而提高其效率，对其提升光伏组件背板散热性能进行综合研究，设计并构建石墨烯薄膜及石墨烯肋片复合结构光伏组件。对于石墨烯肋片复合组件，其热传递过程首先由背板将热量传递至石墨烯膜的过程与单纯石墨烯组件一致，在单纯石墨烯组件的基础上分析肋片部分的传热过程。在复合组件中主要是将光伏组件的热量通过石墨烯传导进而传递至散热片，肋片的主要作用是增加可散热面积。

本 章 小 结

本章就可再生能源中的太阳能、光伏发电的相关知识做了一定的阐述，从太阳的结构以及太阳与地球的关系出发，可以知道在地球上进行太阳能的采集、转化和利用受到多种因素的制约，而影响了太阳能的直接应用；在分析了光伏电池的基本原理和其特性的基础上，分析了最大功率点的存在及如何使光伏电池在不同的环境条件下其输出功率达到最大值，说明了其控制的原理及一些方法；为使光伏发电能够提供实际工程应用，必须对光伏发电进行适当的变换，包括 DC—DC 变换或 DC—AC 变换，介绍了一些常用的变换拓扑，对光伏阵列并网发电的相关控制问题也做了一定介绍；就光伏发电的制约与其发展方向做了一些简要说明。

　　　太阳能的开发与应用是世界各国大力提倡的一项重要能源工程，虽然太阳能的利用有多种形式，但光伏发电作为其中一个十分重要的分支，正在倍受重视。光伏发电的成本还是居高不下，各种更高转换效率的光伏电池也在不断研究之中，随着半导体技术的发展，光伏电池技术也会在未来得到质的飞跃。光伏发电中的一些关键问题，如最大功率点问题、光伏电站孤岛效应问题以及光伏发电的并网技术等，也是十分重要的研究课题。总之，太阳能光伏及其发电技术正在成为一个日益增长的朝阳产业，也正在成为新能源技术领域中一支十分重要的组成部分。

习题与思考题

　　4.1　并网光伏电站的发电量主要与哪些因素有关？当建造地点和容量确定后，如何提高光伏电站的发电量？

　　4.2　为什么太阳能电池方阵应尽量朝向赤道倾斜放置？

　　4.3　太阳能电池板的数学模型及等效电路模型是什么？

　　4.4　光伏逆变器为什么需要 MPPT 控制？

　　4.5　光伏并网逆变器除了基本逆变并网功能外还需要什么其他功能？

　　4.6　有一通信用离网光伏发电系统，负载功率为 150W，每天工作 8h，蓄电池组放电深度 DOD 设计为 60%，安全系数取 1.2，为保证连续 5 个阴雨天负载仍能正常工作，需配备多大容量的蓄电池组？

　　4.7　某太阳能路灯，灯泡负载功率为 50W，工作电压为 12V，每晚开灯 8h，蓄电池放电深度为 50%，输出回路效率为 0.9，该地区最长阴雨天为 3 天，假定阴雨天前蓄电池处于充满状态，为保证阴雨天负载正常工作，蓄电池组容量至少应该为多少 A·h？

　　4.8　有一用户购入 150W 光伏组件 20 块和一台 3kW 的并网逆变器，建造光伏用户系统。组件最佳工作电压为 19.2V，开路电压为 23V，逆变器耐压 400V，MPPT 工作范围为 170~300V。试问组件应如何串、并联才能达到安全、高效的设计目标？

　　4.9　客户要求光伏系统的输出功率为 180W，给 12V 的蓄电池充电。用 125mm×125mm 的电池片封装成组件，每片电池的最佳工作电压为 0.48V，最佳工作电流为 5.45A，封装和连接线路的损耗为 10%。试问：

　　(1)　需要几块组件？如何连接？每块组件由多少电池片组成？

　　(2)　画出简易电气连接图，并标出正、负极。

　　4.10　广州地区的纬度为 23.10°，方阵前有颗高度为 10m 的大树，应考虑其阴影的长度是多少？

　　4.11　兰州地区的纬度是北纬 36.03°，方阵高度为 1.6m，面积为 3m×3m，朝向正南以倾角 25°安装，试求两方阵之间的最小距离是多少？

第5章

氢能及燃料电池发电与控制技术

氢能作为一种高效、清洁、可再生的能源，以其绿色无污染、原料丰富、利用方式多样的优势赢得了人们的青睐。本章介绍氢能及燃料电池发电与控制技术，围绕氢能和燃料电池的角色、原理及应用进行阐述，主要内容有氢能的生产、转化、储存以及运输，氢燃料电池的原理及主要形式，氢燃料电池发电系统构成及典型应用，电源变换及控制技术。

5.1 氢能

二次能源是联系一次能源和能源用户的中间纽带。二次能源又可分为"过程性能源"和"含能体能源"。所谓"过程性能源"就是那些不能储存起来利用的一类能源，当今电能就是应用最广的"过程性能源"，还有如"闪电"所具有的能量等；所谓"含能体能源"就是指那些可以储存起来加以利用的能源，柴油、汽油则是应用最广的"含能体能源"。由于目前"过程性能源"尚不能大量地直接储存，因此汽车、轮船、飞机等机动性强的现代交通运输工具就无法直接使用从发电厂输出来的电能，只能采用像柴油、汽油这一类"含能体能源"。可见，过程性能源和含能体能源是不能互相替代的，各有自己的应用范围。人们正将目光投向寻求新的"含能体能源"。

作为二次能源的电能，可从各种一次能源中生产出来，如煤炭、石油、天然气、太阳能、风能、水力、潮汐能、地热能、核燃料等均可直接生产电能。而作为二次能源的汽油和柴油等则不然，生产它们几乎完全依靠化石燃料。随着化石燃料耗量的日益增加，其储量日益减少，终有一天这些资源将要枯竭，这就迫切需要寻找一种不依赖化石燃料的、储量丰富的新的"含能体能源"。氢能正是一种在常规能源危机的出现、在开发新的二次能源的同时人们期待的新的二次能源。目前液氢已广泛用作航天动力的燃料，但氢能大规模的商业应用还有待解决以下关键问题：

（1）廉价的制氢技术　因为氢是一种二次能源，它的制取不但需要消耗大量的能量，而且目前制氢效率很低，因此寻求大规模的廉价的制氢技术是各国科学家共同关心的问题。

（2）安全可靠的储氢和输氢方法　由于氢易汽化、着火、爆炸，因此如何妥善解决氢能的储存和运输问题也就成为开发氢能的关键。

许多科学家认为，氢能在 21 世纪有可能在世界能源舞台上成为一种举足轻重的清洁能源。氢能是一种二次能源，它是通过一定的方法、利用其他能源制取的，而不像煤、石油和天然气等可以直接从地下开采。在自然界中，氢和氧结合成水，必须用热分解或电分解的方法把氢从水中分离出来。如果用煤、石油和天然气等燃烧所产生的热或所转换成的电分解水制氢，那显然是划不来的。现在看来，高效率的制氢基本途径，是利用太阳能。如果能用太阳能来制氢，那就等于把无穷无尽的、分散的太阳能转变成了高度集中的干净能源了，其意义十分重大。目前利用太阳能分解水制氢的方法有太阳能热分解水制氢、太阳能发电电解水制氢、阳光催化光解水制氢、太阳能生物制氢等。

现在科学家们正在研究一种"固态氢"的宇宙飞船。固态氢既作为飞船的结构材料，又作为飞船的动力燃料。在飞行期间，飞船上所有的非重要零件都可以转作能源而"消耗掉"，这样飞船在宇宙中就能飞行更长的时间。在超音速飞机和远程洲际客机上以氢作动力燃料的研究已进行多年，目前已进入样机和试飞阶段。在交通运输方面，美、德、法、日等汽车大国早已推出以氢作燃料的示范汽车，并进行了几十万公里的道路运行试验。其中美、德、法等国是采用氢化金属储氢，而日本则采用液氢。试验证明，以氢作燃料的汽车在经济性、适应性和安全性 3 方面均有良好的前景，但目前仍存在储氢密度小和成本高两大障碍。前者使汽车连续行驶的路程受限制，后者主要是由于液氢供应系统费用过高造成的。用氢制成燃料电池可直接发电，采用燃料电池和氢气—蒸汽联合循环发电，其能量转换效率将远高于现有的火电厂。随着制氢技术及储氢技术的进步，氢能将在 21 世纪的能源舞台上大展风采。

采用氢气作为主要能量载体很早就已被人们认识到了。值得注意的问题包括氢气的生产、储存、运输和使用，特别是作为燃料电池的燃料。目前我们所希望的是随着新的应用领域的发展，燃料电池的价格能够下降，并且燃料电池的设施问题最终将得到解决。这或许将经历几个步骤，随着氢气被用于那些商业上有利可图的领域，这些领域对于基础设施的要求最小，例如，固定路线的燃料电池巴士。尽管现阶段生产氢燃料（无论是利用化石燃料还是可再生能源生产氢燃料）的成本比传统燃料高，但是伴随着市场的扩展和技术的进步，它的成本将有望下降。尽管输送氢气的成本与输送天然气的成本相近或是稍高一些，集中式的地下氢气储存设施（如那些已经用来储存天然气的设施）的成本将极大影响氢气的使用成本。本地氢气储存（典型的是采用压力容器）的成本不可忽视，但是对总成本影响非常小。一项重要的成本就是燃料电池本身，包含电动机，而允许氢气成为一种重要能量载体所需要发展的技术就是燃料电池。在传统的热电厂发电模式下，氢气发电所能占有的市场受到限制。尽管大多数非化石能源（如风能、太阳能）不需要通过氢气产生电能，但是它们都可以利用氢气来储存这些间歇式能量。

5.1.1　氢气的生产

氢气必须从其他氢化合物来制取，其中的一些过程已成熟并可应用于产业中，而另一些技术仍处于发展期：

1）综合技术：烃类水蒸气重整、固体燃料气化和电解水。

2）替代方法：在高温下热化学分解水、部分氧化、光生物反应、生物质转化、金属氢化物制氢等。

1. 水蒸气重整

烃类水蒸气重整普遍应用于氢气的工程过程中。在高温与催化剂的作用下，甲烷转化为氢气的吸热重整反应为

$$CH_4 + H_2O + 热 \rightarrow CO + 3H_2 \tag{5-1}$$

随后的放热反应为

$$CH_4 + H_2O \rightarrow H_2 + CO_2 + 热 \tag{5-2}$$

这两个反应可以再合并为吸热反应：

$$CH_4 + 2H_2O \rightarrow CO_2 + 4H_2 \tag{5-3}$$

通常供热分别来源于反应起始阶段的燃料燃烧和最终产物的燃烧。整个反应过程的效率定义为制氢所储存的能量与甲烷储存能量的比率。这个数值在 60%~85% 变动，如果消耗的热能够回收，才能获得最高性能。水蒸气重整设备通常复杂、体积庞大，实际上通常它们按照 $10^5 Nm^3/h$ 的产率建造。水蒸气重整过程产生的合成气体包含氢气、多种污染物和 CO_2。正是由于这个原因，需要通过后续处理来排除污染物，分离 CO_2 以获得高纯度的氢气。

水蒸气重整工艺包含以下步骤：

1）原料纯化：利用 Mo 和 Co 的氧化物催化除掉硫和卤素。

2）预重整：低温初始重整是为了减少重整装置的尺寸、预处理重烃。只有甲烷和一氧化碳能够在最终产物中存在。

3）重整：气体和水蒸气通过加热器里面内置的装有镍基催化剂的管道。加热器内的反应是吸热反应，热量由辐射或者炉子提供。这个过程在 3MPa 压力和 850~1000℃ 温度下进行。

4）高温变换：利用铁和铬的氧化物催化剂在 350℃ 将 CO 转换为 CO_2 的过程。

5）低温变换：利用铜基催化剂在 200℃ 将 CO 转换为 CO_2 的过程。

2. 固体燃料气化

固体燃料气化过程需要煤炭在水蒸气中气化，产物即所谓的"水煤气"。完整反应为

$$C + H_2O + 热 \rightarrow CO_2 + 2H_2 \tag{5-4}$$

与沼气的水蒸气重整相比，合成的水煤气包含了更多的污染物和 CO_2。因此，必须设置后续处理车间，但是这些车间建造起来可能比较复杂且昂贵。而且从环境角度来看，尽管能从廉洁且丰富的煤炭气化中获得氢气这样的清洁能源，但也产生了影响气候的 CO_2。实际上，从初始煤炭气化到氢气燃烧相关的所有化学反应过程所产生的 CO_2 的量与单纯燃烧煤炭的量相等。事实上，这种现象普遍存在于碳氢化合物转化氢能的过程中。减少全局 CO_2 排放只有尽可能采用无碳燃料的有效能量转化方法，如燃料电池。但是，水蒸气重整车间和煤炭气化过程的贡献在于致使 CO_2 的隔离更加简单和可行。

3. 部分氧化

通过部分氧化反应从原有残渣和重碳氢化合物中获取氢气也是有可能的，如以下反应：

$$CH_4 + H_2O + O_2 + 热 \rightarrow CO + CO_2 + H_2 \tag{5-5}$$

在这个反应中，所需的热量直接来自反应开始时燃料与氧气的部分燃烧。在较小的车间中，尽管它必须使用纯氧且能量转换效率较低，但上述特征再加上催化剂几乎不减少的特

点，使得整个过程比起水蒸气重整要更有优势。

4. 电解水

电解水是指用电将水分解制备氢气和氧气的过程，因此它也是将电能转换为化学能的过程。水的电解使获取高纯度的氢气和氧气成为可能，而这在工业中尤为重要。

迈克尔·法拉第是系统研究电解过程的先驱者，在 1832 年，他给出了电解过程中的两个基本定律：

1）电解过程中的产物生成量与通过电解槽的电荷量成正比。

2）当电解过程中通过的电荷量一定时，电解的产物质量与该元素的化学当量成比例。

5. 热裂解

氢气也能从碳氢化合物热裂解中获取。该过程使用等离子燃烧器在 1600℃ 附近把氢原子和碳原子从碳氢化合物中分离出来，反应如下：

$$CH_4 \rightarrow C + 2H_2 \tag{5-6}$$

反应直接生成氢气分子，由于仅使用电能和冷水来控制温度，使得纯氢气生成的同时不释放 CO_2 气体。该过程的效率一般在 45% 左右。

6. 氨裂解

由于氨气能经过裂解产生氢气和氮气，所以也是氢的理想载体。氨气裂解反应如下：

$$2NH_3 \rightarrow N_2 + 3H_2 \tag{5-7}$$

氨气通过水、沼气和水蒸气的化学反应来获得。然后水与二氧化碳及其他硫化物被一起除去，以得到纯净氢气和氮气的混合气体，这种混合气体不会腐蚀反应过程中使用的催化剂。反应生成的气体冷却后得到液氨，即可在 10atm（标准大气压）常温下或者在常压下冷却至低于沸点储存和运输。

氨气易于运输和储存，这也提供了一种运输和储存氢气的简便方法。唯一不足是，即使少量的氨气也能给燃料电池带来问题，因为它能形成含碳化合物而阻塞电极，弱化燃料电池的反应和性能。

5.1.2　氢气的转化

氢气作为一种能源载体的同时也是一种能源。当能源难以运输或需要进行储存以备不时之需时，可以转化为氢以供容器储存或管道运输，可能在商店出售，以及转换为另一种能量形式供最终的使用。氢气作为间断性能源如太阳能和风能的中间能源载体是可取的，还可以作为其他不易存储电力能源的载体，如核能。如果扩展到使用化石能源，为避免二氧化碳排放，可以在初期把煤转换成氢气以控制温室气体排放。

氢作为能源载体的优势包括环境通用性和使用广泛，其缺点是需要容器和管道的高密封性以避免泄漏。氢气同样可作为存储介质，气态氢方便在含水层或盐丘地下存储，与天然气存储的地质构造相同，只需要一个更好的衬里。氢气的低体积密度的特点使得储氢容器制造费用昂贵，对于工业上的许多应用，如在第一代氢燃料电池汽车和家庭规模的发电机方面，压缩储氢被认为是一个方便的解决方案。

氢作为燃料可以应用到传统的火花点燃式发动机和柴油发动机中，发动机的效率与采用汽油或柴油作为燃料时是一样高的。然而，由于氢气较低的能量密度，在满足压力范围限制的条件下，用氢气作为燃料，其冲程对应的体积是汽油发动机的 2~3 倍，这会导致乘用车的发动机舱内空间紧张。若氢气在空气中燃烧，当温度达到 1700K 以上时，氮氧化物会急剧增加，在这种情况下，氢气的燃烧不再是一个无污染的过程。从氢气较大的可燃范围和易燃两个特点来看，氢气在热力学发动机中根据负荷状况分别需要注意：低负荷时需要保证发动机的平稳运行；高负荷时会存在需要处理的问题，如预燃、回火或爆燃。由于氢燃烧范围大，故存在着显著的安全问题。

另外，氢能和燃料电池可以在交通部门发挥巨大作用，因为在该行业引进替代能源（如可再生能源）是非常困难的。燃料电池是氢气和氧气发生自发燃烧反应的电化学设备，其中氢气作为燃料，氧气作为氧化剂，在进入电池时为气相，反应的产物有水、电子和热量，整个反应过程不产生污染物，并且大部分燃料电池不产生温室气体，因此，燃料电池是一个有效的热电联产系统，能够产生电能和热能。

燃料电池除了拥有很高的实用性和适应性，还具备以下优点：

1）高转换率。

2）热电联产系统的有效利用。

3）有效降低了反应压力，同时工作温度范围为 80～1000℃，远低于内燃机的 2300℃。

4）高度的系统扩展性，整合电池组的性能与电池组的规模无关。

5）可以与其他能源协同使用，降低当今的能源环境冲突。

6）电池的性能与负载的变化无关。

7）电池能够迅速地对负载的变化做出响应。

8）容易组装，没有活动的组件。

除了以上优点之外，燃料电池也具有一些缺点，如使用铂之类的价格高昂的催化剂，另外，燃料电池的寿命相对较短。

5.1.3　氢气的储存

储氢方式可以大致分类为物理存储、物理化学存储和化学存储。

1. 物理存储

对于氢的储存来说，目前最简单的技术就是压缩存储。考虑到氢气的低密度特性，储存要么在高压下（25～70MPa），要么占据相当大的体积。低压存储可以用于大规模的固定式应用，在这种情况下，低压所带来的存储密度降低部分可以由大容积的储氢罐来补偿。压缩储氢通常需要的容积是甲烷的 3 倍，其需要的比能量（MJ/kg）也大于压缩甲烷需要的比能量。由于氢气的体积能量密度更低，其需要更高的压缩压力。但压缩储存要求低的存储密度和高的工作压强，会导致高成本和高安全风险。物理存储的方式还包括液化存储。液化存储能够解决压缩储氢时能量密度低的问题。储氢的体积密度能够达到 $50kg/m^3$，质量密度接近 20%。但是，过低的液化温度也会带来一些问题。在如此低温下，很难避免储存容器中所有的热损失。由于存储温度接近氢的沸点，容器与外部环境很少的热交换就会导致液态氢蒸发，这样就需要放出气态氢避免内部压力过高。

还有一种物理存储方式是玻璃或塑料容器存储。利用粒径在 25～500μm 之间的玻璃球来储存氢气，当玻璃被加热到 200～400℃，加压到几十 MPa 时，氢气能够穿透玻璃微球。当压强和温度回归常温常压时，氢气留在球的内部。需要释放氢气时，微球再次被加热，此时系统保持常压或低压。玻璃微球也会因释放氢气而破裂。另一种方法是用充满 NaH 的塑料球，置于带有研磨装置的蓄水池内。当需要氢气提供能量时，控制系统通过研磨塑料球把 NaH 释放进水中。

2. 物理化学存储

该方法主要依靠氢分子在碳材料上的低温吸附，工作原理是利用范德瓦耳斯力在比表面积较大的多孔材料上进行氢气的吸附，多孔材料进行物理储氢的优点是吸氢—放氢速率较快、物理吸附活化能较小、氢气吸附量仅受储氢材料物理结构的影响。鉴于碳基材料与氢气之间的相互作用较弱，材料储氢性能主要依靠适宜的微观形状和孔结构，因此，提高碳基材料的储氢性一般需要通过调节材料的比表面积、孔道尺寸和孔体积来实现。碳基储氢材料主要包括活性炭、碳纳米纤维和碳纳米管。

3. 化学存储

在常温常压下，化学氢化是一个可逆的氢化作用过程，可以用于氢的储存，并可以达到很高的存储容量。例如，硼氢化锂（$LiBH_4$）中，氢的质量百分比为 18.5%，13.8% 为可逆的氢，并不是所有的氢都能够被释放出来。用硼氢化钠（$NaBH_4$）替代硼氢化锂和水反应，钌作为催化剂，该反应过程产生的氢气可以达到很高的纯度。这种技术最大的优点是它具有长效的储存能力，有效期可至 100 天以上。由于其安全性能高且运输廉价，硼氢化钠已经用于航空航天和汽车工业中。

5.1.4　氢气的运输

氢气常以气态或液态的方式传输。传输和储存是紧密联系的两大问题，它们都与气体的最终使用、气体质量和传输距离有关。

储存压缩氢气的气体储存罐，应选择能在超过 20MPa 气压下抗氢脆的材料。它的传输距离通常很短，可以用卡车、列车或短管道来运送。液化氢气则更适合用绝热的球形容器来运输，保证拥有最大的体积/接触表面积比以把蒸发效率降至 1.1% 以下。这种方法适合于陆地或海上的长距离运输，以分摊过高的运行成本。对于在管道中的运输，尽管在技术上输气管能够覆盖长距离（约 100km），但通常构建更短的管道，它们大多位于需要使用氢气的地方。

如果传输距离短且质量要求低，在筒状缸中运送压缩氢气是技术上和经济上最可行的方法。如果距离增加，应用海运液态氢替换运送压缩氢气。如果距离短但质量要求增加，使用气管运送氢气或液氢则是最佳选择。如果质量要求高而且传输距离远，管道将是最方便的方法，因为较高的初期成本可以在以后相对较低的运行成本得到补偿。

5.2　氢燃料电池

1839 年英国 Grove 发表了世界上第一篇有关燃料电池的研究报告，并用这种以铂箔为电极催化剂的简单的氢氧燃料电池点亮了伦敦讲演厅的照明灯。1889 年 Mood 和 Langer 首先采用了燃料电池这一名称，并获得 $200mA/m^2$ 电流密度。由于发电机和电极过程动力学的研究未能跟上，燃料电池的研究直到 20 世纪 50 年代才有了实质性的进展，英国剑桥大学的 Bacon 用高压氢氧制成了具有实用功率水平的燃料电池。20 世纪 60 年代，这种电池成功地应用于阿波罗（Apollo）登月飞船。从 60 年代开始，氢氧燃料电池广泛应用于宇航领域，同时，MW 级的磷酸燃料电池也研制成功。从 80 年代开始，各种小功率电池在宇航、军事、交通等各个领域中得到应用。

我国的燃料电池研究始于 1958 年，最早开展了熔融碳酸盐燃料电池（Molten Carbonate Fuel Cell，MCFC）的研究。20 世纪 70 年代在航天事业的推动下，中国燃料电池的研究曾呈现出第一次高潮，研制成功的两种类型的碱性石棉膜型氢氧燃料电池系统均通过了例行的航天环境模拟试验。1990 年开始进行直接甲醇质子交换膜燃料电池（Proton Exchange Membrane Fuel Cell，PEMFC）的研究，研制出由七个单电池组成的 MCFC 原理性电池。1995 年开始进行了固体氧化物燃料电池（Solid Oxide Fuel Cell，SOFC）的研究。到 90 年代中期，进入了燃料电池研究的第二个高潮。质子交换膜燃料电池被列为重点，开展了质子交换膜燃料电池的电池材料与电池系统的研究，并组装了 1~2kW、5kW 和 25kW 电池组与电池系统。我国科学工作者在燃料电池基础研究和单项技术方面取得了不少进展，积累了一定经验。但是与发达国家尚有较大差距。近几年我国加强了在质子膜燃料电池方面的研究力度。但是我国在磷酸型燃料电池（Phosphoric Acid Fuel Cell，PAFC）、熔融碳酸盐燃料电池、固体氧化物燃料电池的研究方面还有较大的差距，目前仍处于研制阶段。

近年来，许多国家和地区都将燃料电池技术与相关设施产业的开发作为国家重点研发项目，例如，美国的"展望 21 世纪（Vision 21）""自由车（Freedom CAR）""自由燃料（Freedom Fuel）"，日本的"新日光计划（New Sunshine Programe）"，以及欧洲的"焦耳计划（JOULE）"等。同样，燃料电池在电动汽车上也得到了很大的发展。目前，全球各大汽车集团与能源（石油）公司都投入大量资金联合发展燃料电池电动车，积极将燃料电池电动车推向市场。燃料电池现在主要应用于终端电力、车辆动力及便携式电子产品等方面。

构成燃料电池的关键材料与基本组件包括电极、电解质隔膜与集电器等。电极是燃料氧化和氧化还原的电化学反应发生的场所，可分成阴极和阳极两部分。燃料电池的电极为多孔结构，厚度一般在 $200~500\mu m$ 之间。电解质隔膜的功能是分隔氧化剂与还原剂并同时传导离子，厚度一般在数十 μm 到数百 μm 之间。

燃料电池的种类很多，分类方式也不同，常用的分类方式是按电解质性质不同来区分，有碱性燃料电池（Alkaline Fuel Cell，AFC）、质子交换膜燃料电池、磷酸燃料电池、熔融碳酸盐燃料电池、固态氧化物燃料电池五种不同电解质的燃料电池。依据燃料电池工作温度范围不同，一般将碱性燃料电池、质子交换膜燃料电池归类为低温型燃料电池，磷酸燃料电池为中温型燃料电池，熔融碳酸盐燃料电池和固态氧化物燃料电池属于高温型燃料电池。依照开发时间顺序，一般将磷酸燃料电池称为第一代燃料电池，熔融碳酸盐燃料电池称为第二代燃料电池，固态氧化物燃料电池称为第三代燃料电池。

5.2.1　氢燃料电池基本原理

燃料电池不是把还原剂、氧化剂物质全部储藏在电池内，而是在工作时不断从外界输入，同时将电极反应产物不断排出电池。因此，燃料电池是一种把能源中燃料燃烧反应的化学能直接转换为电能的"能量转换器"。氢氧燃料电池的能量转化率很高，可达 70%。此外，氢氧燃料电池发电产物为水，不会污染环境，图 5-1 是燃料电池的工作原理图。

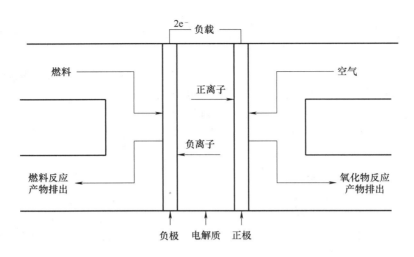

图 5-1　燃料电池工作原理图

氢燃料电池的工作过程是电解水的逆过程。电极的反应过程为

燃料极

$$H_2 \rightarrow 2H^+ + 2e^-$$
(5-8)

空气极

$$O_2 + 4H^+ + 2e^- \rightarrow 2H_2O$$
(5-9)

电池反应

$$O_2 + 2H_2 \rightarrow 2H_2O$$
(5-10)

因此氧气进入的电极一侧为正极，氢气进入的电极一侧为负极，将两侧外部连接起来就可以得到电流。当电极与电解质表面上电流不流动而处于平衡状态时，电极上发生氧化—还原反应，其电极的平衡电压由能斯特式可得到

$$E = E_0 + \frac{2.03RT}{nF} \log \frac{(a_0)^a}{(a_R)^b}$$
(5-11)

式中，R 为气体常数（$8.31 \mathrm{mol^{-1}K^{-1}}$）；$T$ 为热力学温度（K）；F 为法拉第常数（96500c/mol）；a_0 为氧化体的活性；a_R 为还原体的活性；E_0 为 a_0、a_R 为 1 时的标准平衡电压。

氢燃料电池和一般传统电池一样，其将活性物质的化学能转换为电能，因此都属于电化学动力源，与一般传统电池不同的是燃料电池的电极本身不具有活性物质，而只是个催化转换组件。氢燃料电池实际就是能量转换机器，燃料（氢）和氧化剂（氧）都是从燃料电池外部提供的。但是，氢燃料电池发电方式与传统热机的火力发电过程仍有很大不同。传统的热机发电通常先将燃料的化学能经过燃烧转换成热能，然后再利用热能制造产生高温高压的水蒸气来推动涡轮机，使热能转换为机械能，最后把机械能转换成电能。相比之下，氢燃料电池发电是直接将燃料的化学能转换为电能，具有噪声低、无污染、效率高的特点。

5.2.2　熔融碳酸盐燃料电池

如图 5-2 所示，燃料电池在高温下工作，利用碳酸根离子穿透固体基质电解质。这种电池主要用于固定式应用，可实现更高的燃料利用效率。

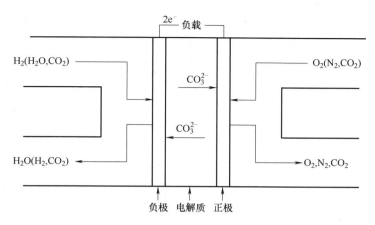

图 5-2　熔融碳酸盐燃料电池工作原理

图中燃料电池排放的二氧化碳可以被收集起来或者重新以碳酸盐的形式将其回收。科学家们提出一种设想，化石能源产生的二氧化碳可以被用作这种燃料电池的二氧化碳提供者，从而有效降低温室气体的排放。

熔融碳酸盐燃料电池（MCFC）的优点在于：可用的燃料广泛；总的热效率高，可达 80%；污染物排放指标低；可用非贵金属催化剂；可用空气冷却，不需要用水冷却，降低成本。但该燃料电池电解液有着高度腐蚀性，在一定程度上会影响电池的寿命，因此也会导致电池的密封技术难度增加；另外二氧化碳的循环增加了系统的复杂性。

5.2.3　固体氧化物燃料电池

现在最受关注的高温燃料电池还是固体氧化物电池（SOFC）。具有较高离子电导率的电解质是 SOFC 的基础，根据不同的导电离子，固体氧化物燃料电池根据导电离子的不同可分为两类：氧离子导电电解质燃料电池和质子导电电解质燃料电池。目前，SOFC 的研究工作主要集中在氧离子导电燃料电池，利用金属锆的氧化物作为电解质层来传递在正电极上形成的氧离子。SOFC 的电化学反应过程如图 5-3 所示。

固体氧化物燃料电池的优点在于：燃料选择范围广；不必使用贵金属作为催化剂；使用全固态组件，不存在对漏液、腐蚀的管理问题；具有较高的电流密度和功率密度。这是一个清洁、高效的能源系统，可以实现热电联产，提供高质量的废热，高达 80% 的能源利用率以及高燃料利用率。但 SOFC 的工作温

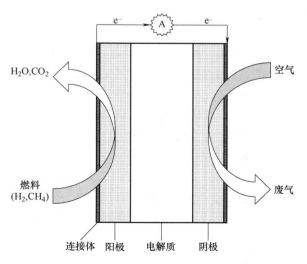

图 5-3　SOFC 的电化学反应过程示意图

度通常很高，为600~1000℃，这在一定程度上损坏了电池的组件并影响了电池的寿命；SOFC、电池堆和系统的输出功率低。

5.2.4　酸性和碱性燃料电池

磷酸燃料电池（PAFC）已经被开发用于固定电源。它采用多孔碳负载铂的催化剂作电极，磷酸作为电解质，氢气进料至负极，氧气（或空气）到正电极。磷酸燃料电池工作原理如图5-4所示。

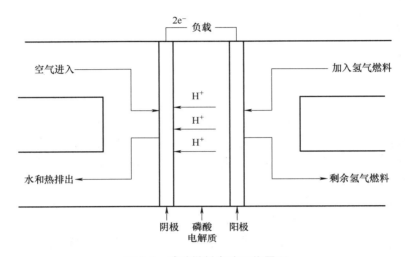

图5-4　磷酸燃料电池工作原理

在所有的燃料电池中，PAFC的发展是最快的，这得益于PAFC的优点：PAFC对燃料气体及空气中的CO_2耐受性强，无须对气体进行除CO_2的预处理，所以系统简化，成本低；电池的工作温度温和，为180~210℃，所以对电池的材料要求不高；可以热电联产；稳定性比较好，低噪声，低振动；排气清洁，对环境污染小。但PAFC发电效率低，仅能达到40%~45%；需要采用较好的贵金属催化剂，因而成本高；磷酸的强腐蚀作用导致电池寿命较短；由于采用贵金属Pt作为催化剂，所以为了防止CO对催化剂的毒化，必须对燃料气进行净化处理。

碱性燃料电池（AFC）以强碱（如氢氧化钾、氢氧化钠）为电解质，燃料是氢气，氧化剂是纯氧或除去二氧化碳的空气，氧电极为Pt/C、Ag等，氢电极为Pt-Pd/C、Ni等，隔膜为饱浸碱液的多孔石棉，双极板为无孔碳板、镍板等，图5-5为AFC单电池组示意图。

AFC的优点在于：能量转换效率高；成本低；启动容易，低温工作性能好，易于热管理。但其可能会导致二氧化碳的毒化，削弱电

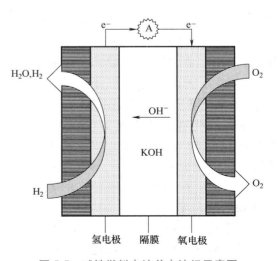

图5-5　碱性燃料电池单电池组示意图

池性能，影响输出功率。这个问题可以通过电解液的循环予以处理，但会增加系统的复杂度和提高成本。并且循环电解液的利用，增加了泄漏的风险。由于 AFC 工作温度低，电池冷却装置需要的空间受限，废热利用也会受限。

5.2.5　质子交换膜燃料电池

质子交换膜燃料电池（PEMFC）因为可以在低温下工作、启动时间短、对环境污染小等特点而被广泛应用于各个领域，小到手机电池、充电宝，大到大型电站，通信基站主备电源、家用热电联产，还有汽车、无人机、水下潜艇等。

质子交换膜燃料电池的结构组成如图 5-6 所示。PEMFC 由膜电极（MEA）和带气体流动通道等双极板组成，其核心部件膜电极是采用一片聚合物电解质膜和位于其两侧的两片电极热压而成，中间的固体电解质膜起到了离子传递以及分隔燃料和氧化剂的双重作用，而两侧的电极是燃料和氧化剂进行电化学反应的场所。

PEMFC 的优点在于：不会造成化学腐蚀；燃料来源广，适应性高；低工作温度；高能量转化率，为 40% ~ 60%；

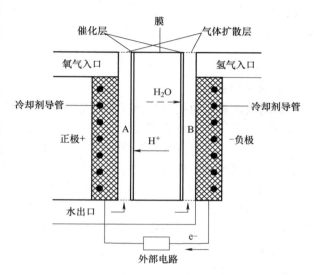

图 5-6　质子交换膜燃料电池结构图

绿色环保，水作为质子交换膜燃料电池唯一的排放产物，不会对环境造成污染；维修简单；低噪声。但 PEMFC 对温度要求高；对水含量要求高，如果温度升高，则膜的含水量也下降，从而导致导电性能变差；由于质子交换膜制作流程复杂且困难，工艺繁琐，所以会导致成本过高。

5.3　氢燃料电池发电系统

5.3.1　氢燃料电池发电的系统结构

氢燃料电池发电系统主要由燃料供给及循环系统、空气供给及循环系统、水/热管理系统、控制系统组成。燃料供给及其循环系统和空气供给及其循环系统主要是向燃料电池提供燃料和空气；水/热管理系统主要用来保证电池内部的水平衡和热平衡；控制系统则根据负载对电池功率的要求或随电池工作条件（压力、温度、电压等）的变化对反应气体的流量、压力、水/热循环系统的水流速等进行控制，保证电池正常有效地运行。氢燃料电池系统结构简图如图 5-7 所示。下面对各子系统做详细介绍。

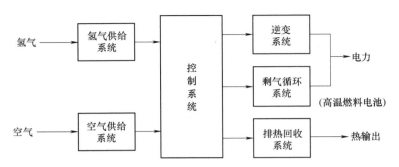

图 5-7 氢燃料电池系统结构简图

1. 氢气供给系统

目前氢燃料电池使用的燃料主要是纯氢气。为了保证燃料电池电堆中的电化学反应的连续进行，氢气供给系统应能连续向电堆提供一定压力、一定流量的高纯度的氢气。

系统中，氢气罐内为高纯度、高压力的氢气，它经过罐口减压阀降压后由电磁阀、电动调节阀、氢气流量传感器、氢气加湿器进入电堆。氢气进电堆入口处还有一个氢气压力传感器，电堆的底部还有一个尾气电磁阀用来释放多余的氢气、空气或电堆中生成的水。

在氢气供给系统中，与氢气并联放置一氮气罐，同样经过减压后，由氮气电磁阀流入氢气回路。设计氮气罐的作用主要是从安全的角度考虑：当电堆发电前或电堆不工作时，利用惰性气体（如氮气）来排除残存在气路的氢气和氧气以免发生反应造成危险。

2. 空气供给系统

为保证燃料电池电堆中电化学反应的连续进行，除氢气供给系统外，还应连续向电堆提供与氢气系统相同压力、一定流量而且经过良好滤清的空气。充足的空气不仅保证了电堆反应的顺利进行，同时燃料电池的加湿也是以反应气体为媒介来实现的，而且电堆流道中多余的水也需要反应气体将其带出。因此对反应气体的流量、压力及分配控制都非常重要。

首先空气经过空气滤清器，被高速旋转的空压机压缩后经过空气流量计并在电堆入口处加湿送入燃料电池电堆中。在阴极入口处还有一个湿度传感器用来监视空气的湿度。

这种通过高速空压机来提高空气供给量的方法有其不足之处。目前有些燃料电池采用提高空气供给压力的方法来提高燃料电池系统功率密度，但是空气在被加湿的情况下，由于水蒸气的存在，将减小氧气的分压，而且空气中大量的氮气也被加压，如果没有从燃料电池排出的空气中回收能量的良好措施，则将大大降低 PEMFC 的净输出功率和系统效率，所以作用受限制。如果采用常压空气作为氧化剂，通过对膜加湿，同时加大过量空气供给以及采用先进的冷却方法等一系列措施则可以简化结构、提高效率，克服加压燃料电池的不足。

3. 热管理系统

保证燃料电池电堆中电化学反应的正常、高效进行，还应严格控制电堆的温度（如进口 70℃，出口 80℃左右），为此需要设计一套冷却水循环管理系统：通过高压水泵带动整个燃料电池电堆的去离子水循环。燃料电池电堆发生化学反应时会产生大量的热量，冷却水在电堆内经过热交换将电堆内热量带出，后经散热片流回水箱。散热片上带有冷却风扇，同时在电堆的进口和出口分别装有温度传感器。水箱里的水由于加湿会有部分损失，所以在水箱里装一水位传感器以便提示。而防止水循环系统中水的电导率过高而使水带电，则需水箱里装一电导率传感器。高压水泵是一个交流电机，采用变频器进行直流和交流电压的转换，调整变频器，通过改变高压水泵的供电电压，影响抽水压力，以控制水的流量。在这个冷却系统中散热主要是靠散热片及紧挨着散热片的冷却风扇。冷却风扇是一个供电电压为 12V 的直流电机，采用 PWM 方式控制其供电电压的占空比实现调速，风扇就可以得到不同的散热量。

电池内部的水热管理是燃料电池的难点和重点，也是电池性能好坏的关键。电堆中产物水首先通过燃料电池的反应区冷却电堆本身，在冷却过程中水蒸气被加热至燃料电池的工作温度，被加热的水再与反应气体接触起到增湿的作用。除了增湿外，水蒸气还可以带走多余的热量，防止电堆温度过高。

4. 控制系统

氢能燃料电池系统除了上述三大子系统外，还有多种功能不同的传感器、阀件、泵、调节控制装置、管路、控制单元等。随着电堆技术的日益成熟，控制系统成为决定燃料电池系统性能和制造成本的关键因素。

氢燃料电池单电池的工作电压为 0.6~0.9V，而人们在使用燃料电池时，所需电压往往要比单电池的电压高出许多，所以通常把多个单电池串联起来，组成燃料电池堆以提高输出电压。电池堆的设计首先考虑使用者需求和电池性能来决定单电池的电极面积和串联数目，通常电极面积决定燃料电池的工作电流大小，串联数目则决定了燃料电池的工作电压高低。如果需要一个 24V、600W 的电池堆，在当前单电池工作电压 0.6~0.9V，电流密度为 200~800mA/cm^2 的情况下，选择设计值是 0.7V、500mA/cm^2，则输出电压 24V 的燃料电池需要 35 个单电池串联组成；24V 工作电压、600W 的燃料电池输出电流有 25A，所以极板的有效工作面积为 25A÷500mA/cm^2 = 50cm^2。因此，一个电极工作面积为 50cm^2，由 35 个单电池串联组成的燃料电池堆工作电压为（24.5±3.5）V，输出功率为 525~700W。

不过，氢燃料电池输出的是直流低电压，而且有内阻，在不同电流负载下输出电压变化比较大；此外，我国家用电器绝大多数是 220V/50Hz 的正弦交流电，所以通常需要把氢燃料电池的输出进行升压以及逆变后才可供用户使用，氢燃料电池发电系统如图 5-8 所示。

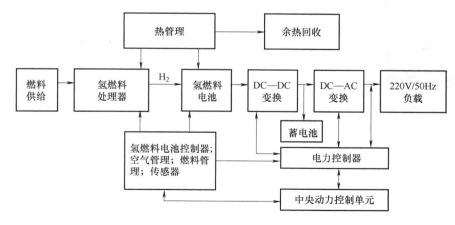

图 5-8　氢燃料电池发电系统

5.3.2 典型氢燃料电池发电系统

使用氢气和燃料电池为一些固定基站提供热和电的装置,通常被认为是"系统"。考察各种不同类型的使用氢气和燃料电池的系统,由复杂单元构成的这种复合体可以满足各种不同的需求,例如,提供人员或货物运输,或者给一幢大楼供热和电。可以把这些单独的系统组合起来,形成全国范围内或全球相互关联的能量供应系统,这是"系统"术语的另外一个习惯用法。可以认为,相对于其他几个经常看到的经济学和社会学的术语如"氢能经济"和"氢能社会",重复使用这个"系统"术语不会带来歧义。

1. 发电厂和独立系统

固定发电系统既可以使用低温又可以使用高温燃料电池系统,已经运营的很多系统其额定功率为几百 kW,这些系统包含结合了必需的燃料制备和排放废气的处理设备的 PEMFC、MCFC 或 SOFC 的基本单元。安置在传统发电厂的燃料电池便于集中所有需要的工艺过程,或是使用首选的氢气管道,这样的话就不必考虑空间的约束。为了使固定的燃料电池系统性能最优,可以组合超级电容作为短期存储方式,这些存储设备的快速响应使负载匹配非常精确。

相比于燃料电池,使用氢气的电厂很可能更倾向使用柴油或汽油发动机,因为后者成本更低。在于特西拉岛进行了一项研究,这个岛上有几户居民,基于风能发电,直接使用电或是通过碱性电解器制氢,氢气用于 PEM 燃料电池或发动机,发电系统如图 5-9 所示。

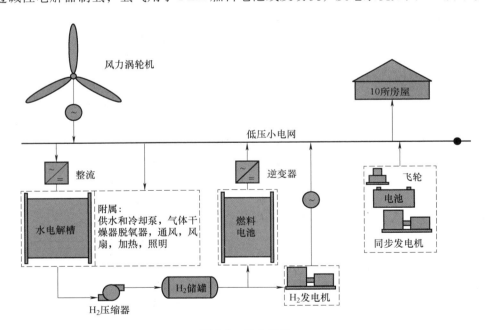

图 5-9　发电系统

2. 建筑集成系统

与建筑集成的燃料电池系统,尤其是 PEMC 类型,几年内吸引了大量关注,这在一定程度上跟分散式能量系统的应用密切相关。在这种系统中,传统的能量供应区分热能和电能,热能通常是分散式的，电能集中供应。第三种重要的能量类型，即通过供应链传送的车用燃料，供应链终端是公共加油站，小型的、便携式的电源全部通过购买小蓄电池提供。燃料电池可服务于独立建筑，其业主为自己供电，也有可能给停在大楼车库的汽车提供独立充电服务。同时，来自发电现场和制氢的废热可满足或辅助大楼供热（热电结合，即 CPH）。结果，燃料电池技术在便携式应用方面也可能代替小型蓄电池，允许人们分散式地控制他们所有的能量供应，包括热能、汽车燃料和固定的或便携式用电。

首先使用氢气的建筑集成方案取代的可能是天然气锅炉机组，在许多国家，重整 PEM 燃料电池组用锅炉给家庭取暖和供给热水，这样就能使用现有的天然气网。在未来的 10 ~ 20 年这种配置重整单元的燃料电池在成本上也许会有竞争力。测试的结果得到许多装置的雏形，如在意大利运营的 4kW+6.8kW 的氢动力热电联供装置。配置 PEMC 装置的天然气重整器通常被称为微型 CPH 工厂。然而，提高效率的可能性很小，在过去的几十年，建筑物（和区域集中供热系统）内分布温度已经下降了，因此典型的 PEM 电池在 50 ~ 60℃ 条件下传递热量是可行的，并且更加便利。

与建筑集成的燃料电池主要服务于建筑的基础设施，该设施由电网和氢气管道网络组成。如果建筑内使用氢气，就能用氢发电和使用伴随的热量，如果发电量大于建筑的用电量，就能向电网输电。通过这种方式，把燃料电池用到满负荷，对额外电站的需求变得更小了，电站不是建筑系统的一部分。然而，另一种运行方式是从电网接收电，然后用电制氢，再把氢气分配给停在建筑中的汽车或是存储起来，用于以后再发电和伴热。这个选项对于主要的可再生能源间歇性供电系统是非常必要的，因为当没有基本产品的时候氢气能被用来发电和制热。

3. 便携式和其他小规模系统

在过去的几十年，用于娱乐和工作的便携式设备的消费模式经历了快速增长。这增加了对蓄电池的需求，但同时不可避免地暴露了蓄电池技术的局限性，尽管在转换效率方面有稳定但必要的增长。带有小规模存储罐的燃料电池毫无疑问可以解决这些问题，因为在一个重要领域它的技术性能已超过了蓄电池，如运行最先进的笔记本式计算机，燃料电池可以自主供电几天而不是几小时。和其他类似技术的不同在于，燃料电池用于外部化学品存储罐，而蓄电池是内部存储罐。这也是瓶颈，因为直接存储氢气不方便（需要高压的容量适中的小型容器），使用附加的便携式重整器也构成了自身的一些问题。目前有两种解决途径：通过使用直接甲醇燃料电池来避免燃料重整，或是致力于开发使用高能量密度物质（从质量和体积方面考量）的微型重整器。

可供使用的便携式燃料电池包括带有压缩氢气罐的 PEM 燃料电池、金属氢化物或是燃料（如需要使用重整器的甲醇），或之前提到的直接甲醇燃料电池。30MPa 的压缩氢气和最好的金属氢化物基于体积的能量密度是 $2.7GJ/m^3$ 和 $15GJ/m^3$，而甲醇的能量密度是 $17GJ/m^3$。而用于比较的锂离子电池的能量密度为 $1.4GJ/m^3$。言外之意就是如果 PEMC 的效率为 50%，使用 30MPa 压缩氢气和燃料电池的装置的性能并不比锂离子电池更好，而其他所列出来的可能性，至少在理论上比最好的蓄电池性能好。

对体积大小的考虑是与便携性相关的，但更应考虑基于质量的能量密度，因为人们要随身携带那些设备出门。事实上，更小的质量对许多笔记本式计算机来说是个优势，目前笔记本式计算机的外形更应该是"拖拉式"而不是"手提式"。不考虑容器质量的话，氢气在任何形式下的能量密度都是 120MJ/kg，但如存储在金属氢化物内，总的能量密度下降到 9MJ/kg 以下。对甲醇该值是 21MJ/kg，锂离子电池是 0.7MJ/kg。基于质量比较，只要体积大小是可接受的，大多数燃料电池的解决方案优于锂离子电池（燃料电池的能量密度是铅酸电池的 5 倍以上）。图 5-10 为 UltraCell 设计的氢气燃料电池供电的笔记本式计算机，燃料电池可为计算机提供数小时到一个月的自主运行。

图 5-10　UltraCell 设计的氢气燃料电池供电的笔记本式计算机

5.4　氢能发电控制技术

燃料电池并网发电系统的作用是将燃料电池产生的直流电压通过变换调整得到和电网电压频率相同的交流电，在为本地负载提供交流电能的同时将电能送入电网。在图 5-8 中，电源变换控制技术是氢燃料电池发电系统的关键部分之一。

按照功率变换级数将燃料电池并网发电系统分为两大类：一个是单级系统，通过一级功率变换并网发电；另一个是多级发电系统，通过两级或多级功率变换并网发电。

在燃料电池并网发电系统中因为燃料电池中单体的输出电压往往不到 1V（额定工作），过多的燃料电池单元串联将会很大程度上增加燃料电池本身的成本和稳定性，所以现在的燃料电池整机输出电压一般不高。以 10kW 质子交换膜燃料电池为例，它的输出电压范围是 90~130V，低于 220V 或是 380V 电网峰值电压。而现在应用比较广泛的不隔离逆变器大多为电压型逆变器，有降压的特性，所以在燃料电池输出端到电网之间必须有一级是具有升压功能的变换装置，如图 5-11 所示。此外，由于氢燃料电池是一个电化学反应过程，提供的电能具有不稳定性，而且电网负载也会有波动，为了适应这样的波动，通常加入电能缓冲装置——蓄电池，这种氢燃料电池发电系统如图 5-12 所示。

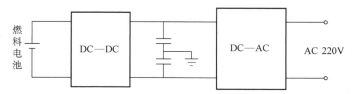

图 5-11　具有 DC—DC 变换器的氢燃料电池发电系统

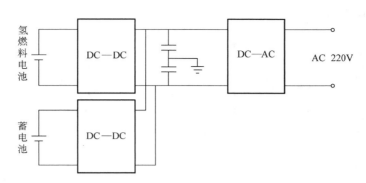

图 5-12　具有能量缓冲的氢燃料电池发电系统

根据燃料电池的工作特性，并网发电系统中 DC—DC 变换器需要具有以下几个功能：

1）提升电压功能。一般而言，在功率<100kV・A，不采用工频变压器的燃料电池发电系统中，逆变器要求的直流电压通常要比一般燃料电池的输出电压高，因而需要依靠 DC—DC 变换器实现升压。

2）在较宽的输入电压范围内都有稳定的输出电压功能。因为燃料电池本身输出电压随负载会在一个较宽的范围内变化。

3）抑制输入电流纹波。输入电流纹波不仅会对燃料电池的工作带来损害，而且将降低燃料的利用率；同时，输入电流纹波还会增加燃料电池的最大输出电流要求，增加系统对于燃料电池容量的要求，增加电池部分的投资。燃料电池发电系统前端 DC—DC 变换器的输入侧直接接到燃料电池的输出侧，因而可以通过限制 DC—DC 变换器的输入电流纹波来达到保护燃料电池的目的。

4）通过 DC—DC 变换器实现燃料电池和电网之间的隔离，提高安全性。适用于燃料电池分布式并网发电系统的 DC—DC 变换器总体上分为四类：①非隔离 DC—DC 变换器，以 Boost 电路族为代表；②隔离电压型 DC—DC 变换器；③隔离电流注入型 DC—DC 变换器；④组合型 DC—DC 变换器，将前面几种结构组合起来的一类 DC—DC 变换器。

下面简要讨论隔离电压型 DC—DC 变换器、隔离电流型 DC—DC 变换器以及组合型 DC—DC 变换器。

1. 隔离电压型 DC—DC 变换器

电压型半桥电路结构如图 5-13 所示。半桥变换器电路简单，与推挽和全桥电路相比，可利用输入电容的充放电特性自动调整两个输入电容上的电压，使变压器在工作周期的正负半周伏—秒平衡，因此在中大功率范围内受到青睐。

电压型全桥电路结构如图 5-14 所示。它具有开关管器件电压应力、电流应力较小，高频功率变压器的利用率高等优点。而且全桥变换器适合做软开关管控制，减小变换器中的开关管损耗，提高转化效率。

2. 隔离电流型 DC—DC 变换器

电流型半桥变换器如图 5-15 所示。在任何时刻，两个开关管必须保证有一个开关管是导通的，即开关管的导通占空比不能小于 0.5，导致两个输入电感总是有一个处于充电状态，输入电流总是大于零，这意味着系统有一个最低输出功率的限制。图 5-15b 所示电路结构是图 5-15a 所示电路结构的一个改进，通过将两个电感耦合可以消除原来结构中的最小输出功率限制。

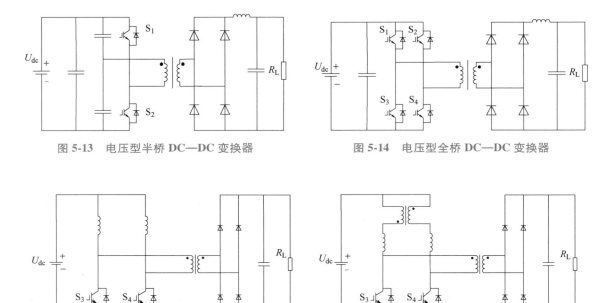

图 5-13　电压型半桥 DC—DC 变换器　　　　　图 5-14　电压型全桥 DC—DC 变换器

a)　　　　　　　　　　　　　　　　　　b)

图 5-15　电流型半桥 DC—DC 变换器

电流型全桥变换器如图 5-16 所示。该结构电路稳定工作时两组对角的开关管在前后半个开关管周期内交替关断，等效为两个 Boost 电路轮流工作，将电能传送到变压器二次侧。通过调制控制输出电压。

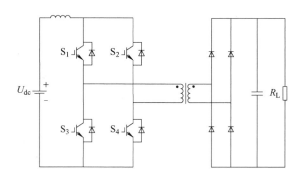

图 5-16　电流型全桥 DC—DC 变换器

3. 组合型 DC—DC 变换器

各种变换器拓扑都有各自的特点和适用范围。有些变换器的缺点是由变换器拓扑本身决定的，不能通过变换器自身来克服。但是可以通过变换器的适当组合来克服变换器自身不能克服的缺点，改善变换器的性能，同时还可以增加整个系统的容量。如串并联双管正激变换器、组合式三相全桥变换器。

作为应用实例，图 5-17 为电池电源变换的一种主电路拓扑结构，它可以实现独立运行控制及并网运行控制。

（1）DC—DC 变换采用电压提升（Boost 电路）　实现 DC—DC 升压变换，改善燃料电池的输出性能，同时输出电压通过隔离二极管 VD_1 向蓄电池充电以电池的形式储存和使用，实现燃料电池电压和蓄电池电压的匹配。二极管 VD_1 可以实现电气隔离，使能量只从燃料电池输出，同时可防止感性负载电流逆向通过燃料电池，DC—DC 变换器输出电压 U_B 和输入电压 U_F 满足 $U_B = U_F / (1-D)$。

（2）单相全桥式 DC—AC 变换部分（逆变器）　作用是通过 PWM 调制技术将直流电压逆变为中频方波电压，同时显著减小电流波形中的工频纹波分量，一般通过 $S_{11} \sim S_{14}$ 把直流电源变换为 1kHz 的中频方波电压。

（3）AC—AC 双向变换部分　通过高频 PWM 调制技术实现将 1kHz 中频方波电压变为50Hz 正弦交流电的转换。AC—AC 变换部分主电路拓扑如图 5-18 所示。图 5-17 中的双向开关器件 $S_{21} \sim S_{24}$ 分别由 VT_{11}、VT_{12}、VT_{21}、VT_{22}、VT_{31}、VT_{32}、VT_{41}、VT_{42}组成。

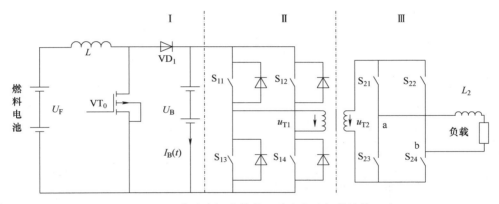

图 5-17　电池电源变换的一种主电路拓扑结构

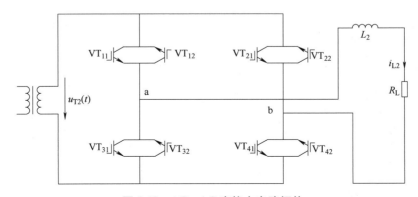

图 5-18　AC—AC 变换主电路拓扑

本 章 小 结

本章对氢能及燃料电池发电与控制技术进行归纳总结。介绍了氢能的生产、转化、储存和运输，氢燃料电池基本原理和常见的电池形式，氢燃料电池发电系统，最后介绍了氢能燃料发电系统中的三种电源变换电路。

习题与思考题

5.1 相比于其他类型的清洁能源，氢能有何优势？

5.2 常见的氢燃料电池种类有哪些？

5.3 氢燃料电池发电系统结构由哪些元素构成？具有什么样的特点？

5.4 如果你生活的地区所有电力单独从风能或太阳能获取，试计算所需存储的氢能容量。

第6章

其他形式新能源的发电技术

新能源发电的形式除了前面所述的风力发电以及光伏发电两种最重要的形式之外，还有许多其他形式的新能源发电方式，如生物质能发电、水力发电、海洋能发电、地热能发电、核能发电等。

尽管风能、太阳能、地热能、潮汐能、生物质能、海水温差发电等绿色能源越来越引起科学家们的重视，但是，上述这些能源由于受地理位置、气候条件等诸多因素限制，很难在短期内实现大规模的工业生产和应用。目前，只有核能才是一种可以大规模使用且安全经济的能源，核能的可利用资源非常丰富，其中可开发的核裂变燃料资源（含钍）可使用上千年，核聚变资源可使用几亿年。本章介绍核能的形式及其利用、核反应原理及反应装置、核能发电技术与发电设备、核电站的运行与监控系统。

水能、海洋能、地热能属于其他形式有发展前景的、部分可重复转换和利用的、有的已被广泛应用的新能源。水能的重要应用就是水力发电，水力发电是利用河流、湖泊中的水在流经不同高度地形时产生的能量来发电，是由水力发电机组中的水轮机和发电机实现水的位能向机械能再向电能的二次转换，具有经济、社会和环境等多种效益。海洋通过各种物理过程接收、储存和散发能量，这些能量以潮汐能、海流能、波浪能、海洋温差能和海洋盐差能等形式存在于海洋之中。作为新能源，海洋能有着广阔的发展前途，特别是在发电领域。地热能发电是具有地热资源的地区一种重要的新能源发电形式，对于地热源的性质不同应采取不同的发电方式。

6.1　生物质能发电与控制技术

随着石油及天然气供应的日趋紧张，世界各国都十分重视新兴能源的开发和利用，特别是可再生能源。生物质能一直是人类赖以生存的重要能源，它是仅次于煤炭、石油和天然气而居于世界能源消费总量第四位的能源，在整个能源系统中占有重要地位。与太阳能、风能、水能、海洋能等一样，生物质也是十分重要的可再生能源之一，正在受到世界各国前所未有的重视。生物质的有机性质使其成为更清洁和可持续应用的最佳替代来源。生物质能是可持续能源系统的重要组成部分，到21世纪中叶，采用新技术生产的各种生物质替代燃料将占全球总能耗的 40% 以上。

本节主要介绍生物质能的存在形式及其在能源系统中的地位；介绍生物质能的转化技术及应用前景；介绍生物质能的制取与发电技术，包括生物质焚烧发电利用技术：沼气的性质及焚烧发电，生物质燃料电池发电，沼气发电电能转换的过程及控制策略，垃圾焚烧发电的工艺流程、具备的条件以及垃圾焚烧发电的控制策略，生物质燃料电池的发电技术，生物质直接制取燃料油技术及发电过程分析；生物质能发电并网技术及其对电网的影响。

6.1.1 生物质能的形式及其利用

生物质能是蕴藏在生物质中的能量，是绿色植物通过叶绿素将太阳能转换为化学能而储存在生物质内部的能量。目前广泛使用的化石能源如煤、石油和天然气等，也是由生物质能转变而来的。

生物质能是可再生能源，其原料通常包括六个方面：①木材及森林工业废弃物；②农作物及其废弃物；③水生植物；④油料植物；⑤城市和工业有机废弃物；⑥动物粪便。

在世界能源消耗中，生物质能约占 10%，而在不发达地区却占 60% 以上，全世界约 25 亿人所需的生活能源的 90% 以上是生物质能。

生物质能属于清洁能源，其优点是燃烧容易、污染少、灰分较低，燃烧后二氧化碳排放属于自然界的碳循环，不形成污染，并且生物质能含硫量极低，仅为 3%，不到煤炭含硫量的 1/4，可显著减少二氧化碳和二氧化硫的排放。缺点是热值及热效率低，直接燃烧生物质的热效率仅为 10%~30%，体积大而且不易运输。

生物质在生长过程中通过光合作用吸收 CO_2，在其作为能源利用过程中，排放的 CO_2 又有效地通过光合作用而被生物质吸收，因而，其产生和利用过程构成了一个 CO_2 的闭路循环。即

$$CO_2+H_2O+太阳能 \xrightarrow{叶绿素} (CH_2O)+H_2O \tag{6-1}$$

$$(CH_2O) \xrightarrow{燃烧} CO_2+热量 \tag{6-2}$$

(CH_2O) 是生物质生长过程中吸收的碳水化合物的总称。当上述两个反应的 CO_2 达到平衡时，将对缓解日趋严重的温室气体效应产生重要的作用。

1. 生物质能存在的形式

生物质转化技术可分为直接燃烧方式、物化转换方式、生化转换方式和植物油利用方式四大类，各类技术又包含了不同的子技术，各种生物质转化技术的分类和子技术如图 6-1 所示。

（1）直接燃烧方式　直接燃烧方式可分为炉灶燃烧、锅炉燃烧、固体燃料燃烧和垃圾焚烧四种方式。其中，固体燃料燃烧是新推广的技术，它把生物质固化成型后，再使用传统的燃煤设备燃用。其优点是充分利用生物质能源替代煤炭，可以削减大气 CO_2 和 SO_2 排放量。

（2）物化转换方式　物化转换方式主要有三方面：一是干馏技术；二是气化制取生物质可燃气体；三是热解制生物质油。干馏技术主要目的是同时生产生物质炭和燃气，它可以把能量密度低的小物质转化为热值较高的固定炭或气，炭和燃气可分别用于不同用途。生物质热解气化是把生物质转化为可燃气的技术，根据技术路线的不同，可以是低热值气，也可以是中热值气。热解制油是通过热化学方法把生物质转化为液体燃料的技术。

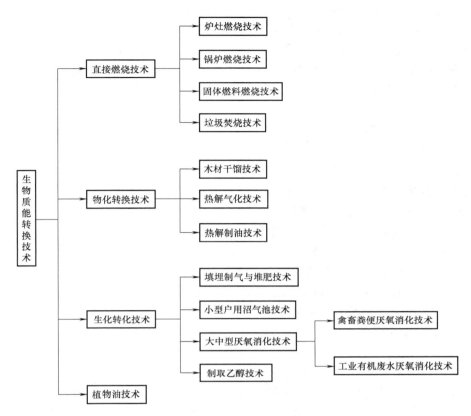

图 6-1　生物质转化技术

（3）生化转化方式　生化转化方式主要有四种：①填埋制气与堆肥技术；②通过酶技术制取乙醇或甲醇液体燃料；③小型户用沼气池技术；④大中型厌氧消化技术。其中大中型厌氧消化技术又分为禽畜粪便厌氧消化技术和工业有机废水厌氧消化技术。

（4）植物油利用方式　能源植物油是从油脂植物和芳香油植物中提取的燃料油，经加工后，可以替代石油使用。

生物质能存在的形式大致可分为以下四种：

（1）森林能源及其废弃物

森林能源是森林生长和林业生产过程提供的生物质能源，主要是薪材，也包括森林工业的一些残留物等。森林能源在中国农村能源中占有重要地位，农村消费森林能源占农村能源总消费量的30%以上，而在丘陵、山区、林区，农村生活用能的50%以上靠森林能源。薪材主要来源于树木生长过程中修剪的枝杈，木材加工的边角余料，以及专门提供薪材的薪炭林。

（2）农作物及其副产物

农作物秸秆，如麦秆、稻秆等，是农业生产的副产品，也是我国农村的传统燃料。秸秆资源与农业主要是种植业生产关系十分密切，我国农作物秸秆造肥还田及其收集损失约占15%。农作物秸秆除了作为饲料、工业原料、造肥还田之外，其余大部分还可作为农户炊事、取暖燃料，目前全国农村作为能源的秸秆大多处于低效利用方式即直接投入柴灶燃烧，其转换效率仅为 10%~20%。随着农村经济的发展，农民收入的增加，地区差异正在逐步扩大，农村生活用能中商品能源的比例正以较快的速度增加。在较为接近商品能源产区的农村地区或富裕的农村地区，商品能源（如煤、液化石油气等）已成为其主要的炊事用能，以传统方式利用的秸秆被大量弃于地头田间，许多地区废弃秸秆量已占总秸秆量的 60% 以上，既危害环境，又浪费资源。

（3）禽畜粪便

禽畜粪便也是一种重要的生物质能源。除在牧区有少量的直接燃烧外，禽畜粪便主要是作为沼气的发酵原料。中国主要的禽畜是鸡、猪和牛，根据这些禽畜品种、体重、粪便排泄量等因素，可以估算出粪便资源量。据统计，我国主要畜禽粪便能源潜力非常可观，2017年我国大型牲畜猪、牛、羊和家禽粪便产沼气总潜能为 1983.00 亿 m^3，通过折算后相当于产出 1.42 亿 t 标准煤（以 $1m^3$ 沼气折合 0.714kg 标准煤进行计算）。我国大型牲畜猪、牛、羊和家禽粪便产沼气潜力均值为 63.97 亿 m^3，其中产沼气潜力较高的省和自治区包括山东（161.78 亿 m^3）、内蒙古（156.85 亿 m^3）、河南（143.18 亿 m^3）、四川（137.80 亿 m^3）和新疆（113.48 亿 m^3）；而产沼气潜力相对较低的省、市主要包括浙江（14.55 亿 m^3）、海南（12.03 亿 m^3）、天津（6.31 亿 m^3）、北京（3.86 亿 m^3）和上海（1.99 亿 m^3）。以每 t 标准煤市场价 450~550 元为基准，可推算出我国大型牲畜猪、牛、羊和家禽粪便所产生的能源效益至少为 637.14 亿元，各地区所产生的平均能源效益为 20.55 亿元。

（4）生活垃圾

城镇生活垃圾主要是由居民生活垃圾，商业、服务业垃圾和少量建筑垃圾等废弃物所构成的混合物，成分比较复杂，其构成主要受居民生活水平、能源结构、城市建设、绿化面积以及季节变化的影响。中国大城市的垃圾构成已呈现向现代化城市过渡的趋势，有以下特点：一是垃圾中有机物含量接近 1/3 甚至更高；二是食品类废弃物是有机物的主要组成部分；三是易降解有机物含量高。

2016—2021 年中国生活垃圾处理行业市场需求与投资咨询报告显示，目前我国的垃圾处理厂多为垃圾填埋场。"十二五"末，全国城镇生活垃圾无害化处理率达到 90.21%，其中地级城市 94.10%，县城 79.0%。从地方省市情况来看，共有 18 个省市生活垃圾清运量与无害化处理量之间的缺口超过 20 万 t，其中广东、黑龙江、吉林、甘肃等省缺口甚至分别达到 321.79 万 t、265.24 万 t、190.03 万 t 以及 157.45 万 t，这意味着这四省的垃圾清运量中分别有 15.38%、45.59%、39.15% 和 57.71% 比例的垃圾只是堆放，并没有得到无害化处理。表 6-1 为 2014—2019 年中国垃圾无害化处理厂数量统计。

表 6-1 2014—2019 年中国垃圾无害化处理厂数量统计

年度	无害化处理厂数量（座）
2014	1129
2015	1187
2016	1273
2017	1300
2018	1324
2019	1378

注：无害化处理厂包括生活垃圾卫生填埋厂和生活垃圾焚烧处理厂。

2. 生物质能的开发利用与发展状况

生物质能利用技术的研究与开发是 21 世纪初世界范围的重大热门课题之一，受到世界各国政府与科学家的关注。目前，国内外对生物质能的利用集中体现在成型燃料、生物燃气的生产和生物质气化发电上。我国在生物质能源的开发利用研究方面投入了不少人力和物力，在农村已经有许多成功的案例，在部分城市也进行了一些推广，已初步形成具有中国特色的生物质能研究开发体系，对生物质能转化利用技术从理论上和实践上进行了广泛的研究，完成一批具有较高水平的研究成果，部分技术已形成产业化。生物质能利用现状如下。

1）成型燃料生产及应用。欧洲以及其他大部分地区生产成型燃料主要以木质生物质为原料。目前大部分用于各种小型热水锅炉、热风炉、家庭取暖炉或壁炉，部分用于小型社区热电联供电站，满足居民供暖需求。我国在新型城镇化规划中明确提出农村可再生能源在 10 年后要求达到 13%，其中利用生物质成型燃料为农村、小城镇住户提供炊事和采暖能源，将是一个重要的途径。

生物质固体颗粒燃料除通过专门运输工具定点供应给发电厂和供热企业以外，还以袋装的方式在市场上销售，已经成为许多家庭首选的生活燃料。2012—2018 年，全球木颗粒市场平均每年以 11.6% 的速度增长，从 2012 年的约 1950 万 t 增长到 2018 年的约 3540 万 t。仅 2017—2018 年，木颗粒产量就增长了 13.3%。

2）生物燃气生产及应用。生物燃气是指从生物质转化而来的燃气，包括沼气、合成气和氢气。目前沼气具有较大的成本优势，所以生物燃气经常特指沼气。据国际能源署统计，2012 年，欧洲地区在运行的沼气发电厂超过 13800 家，装机容量 7.5GW。大部分是热电联产，小部分被送入天然气管网，发电量和供热量分别达 44.5GW·h 和 $1.1×10^5$ GJ。

我国生物质能资源丰富，可用于制取生物燃气的资源品种繁多，包括作物秸秆、畜禽粪便、林业废弃物等。截至 2019 年，我国户用沼气约有 4000 万户，中小型沼气工程 11.8 万处，规模化大型沼气工程约 8720 处，全国沼气年产量约 190 亿 m^3，其中户用沼气年产量约 160 亿 m^3，大中小沼气工程年产气量约 30 亿 m^3。已投产运行 14 个商业化生物天然气项目，年产气量约 12775 万 m^3，较 2018 年新增 4305 万 m^3，年产有机肥 105.6 万 t。

但总的来看，我国处理农业有机废弃物的沼气工程由于相对规模小，又远离城镇，产生的沼气仅有少量用于发电和集中供气（沼气发电用气量约占总产气量的 2.53%，集中供气约占总产气量的 1%），大量的沼气用于养殖场自身的生产、生活燃料。农业沼气工程平均池容只有 283 m^3，池容在 1000 m^3 以上的大型沼气工程仅占 9% 左右，沼气技术和产业的发展急需转型升级。

3）生物质气化发电及燃气应用。生物质气化发电及燃气应用是具有我国特色的生物质能分布式利用方式。根据国家能源局数据，截至 2019 年底，全国已投运生物质发电项目 1094 个，累计并网装机容量 2254 万 kW，其中，垃圾焚烧发电 1202 万 kW，农林生物质发电 973 万 kW，沼气发电 79 万 kW。2019 年生物质发电量为 1111 亿 kW·h，同比增长 22.6%，占全部电源总发电量 1.5%。发电年平均利用小时数达 5181h，生物质发电量显著提升，年利用小时数保持较高水平。

基于生物质热解气化技术，我国开发出生物质热解气化集中供气系统，以满足农村居民炊事和采暖用气，相关技术已得到初步应用。其中，利用生物质热解炭化技术，建设生物质炭、气、油多联产系统，为农村居民提供生活燃气，同时生产生物质炭和生物焦油，取得了较好的经济社会效益，在湖北、安徽和河南等省得到初步推广，具有较好的发展前景。在生物质气化发电方面，目前已开发出多种以木屑、稻壳、秸秆等生物质为原料的固定床和流化床气化炉，成功研制了从 $10\sim400kW$ 不同规格的气化发电装置，出口到泰国、缅甸和老挝等地，是国际上中小型生物质气化发电应用最多的国家之一。

生物质能的高效转换技术不仅能够大大加快村镇居民实现能源现代化进程，满足农民富裕后对优质能源的迫切需求，同时也可在乡镇企业等生产领域中得到应用。由于我国地广人多，常规能源不可能完全满足广大农村日益增长的需求，而且由于国际上各种有关环境问题的公约，限制 CO_2 等温室气体排放，这就要求改变以煤炭为主要能源的传统格局。因此，立足于农村现有的生物质资源，研究新型转换技术，开发新型装备既是农村发展的迫切需要，又是减少排放、保护环境、实施可持续发展战略的需要。

生物质能的开发和利用，也就是生物质能的转化技术，将生物质能转化为人们所需要的热能或进一步转化为清洁二次能源，如电能。

3. 生物质可以转化的能源形式

（1）直接燃烧获取热能　这是生物质能最古老最直接的利用形式，燃烧就是有机物氧化的过程，其发热量与生物质的种类以及氧气的供应量有关，一般直接燃烧的转换效率很低。

（2）沼气　沼气是有机物质在厌氧条件下，经过微生物发酵生成以甲烷为主的可燃气体。沼气的主要成分是甲烷（55%～70%）、CO_2（30%～45%）和极少量的硫化氢、氨气、氢气、水蒸气等。沼气经过脱硫以及其他的清洁处理后可以作为可燃气体直接燃烧而获得热能，燃烧效率比较高。

（3）乙醇　植物纤维素经过一定工艺的加工并发酵可以制取乙醇。乙醇的热值很高，可以直接燃烧，是十分清洁的能源燃料。

（4）甲醇　和乙醇类似，是通过把植物纤维素经过一定工艺的加工制取得到。甲醇的燃烧效率较高，也是清洁的燃料。

（5）生物质气化产生的可燃气体及裂解产品　可燃性生物质如木材、秸秆、谷壳、果壳等，在高温条件下经过干燥、干馏热解、氧化还原等过程后产生的可燃混合气体。主要成分有：可燃气体如甲烷、氢气、CO 等以及不可燃气体 CO_2、O_2、N_2 和水蒸气，另外还有大量焦油。

4. 生物质能的实用转化技术

利用物理、化学以及生物技术，把生物质转化为液体、气体或固体形式的各种燃料，属于生物质能的转化技术。目前研究开发的转换技术主要有物理干馏、热裂解法、生物发酵，包括利用干馏技术制取木炭、秸秆气化制取燃气，生物发酵制取乙醇，生物质直接液化制取燃料油，干湿法厌氧消化制取沼气等。

（1）生物质压缩成型和固体燃料制取技术　采用生物质干馏法制取木炭。生物质经过粉碎，在一定的压力、温度和湿度条件下，挤压成型，成为固体燃料，具有挥发性高、热值高、易着火燃烧、灰分和硫分低、燃烧污染物少以及便于储存和运输等优点，可以取代煤炭。

具有一定粒度的生物质原料，在一定压力作用下（加热或不加热），可以制成棒状、粒状、块状等各种成型燃料。原料经挤压成型后，密度可达 $1.1\sim1.4t/m^3$，能量密度与中质煤相当，燃烧特性明显改善，火力持久，黑烟小，炉膛温度高，而且便于运输和储存。

利用生物质炭化炉可以将成型生物质固形物块进一步炭化，生产生物炭。由于在隔绝空气条件下，生物质被高温分解，生成燃气、焦油和炭，其中的燃气和焦油又从炭化炉释放出去，所以最后得到的生物炭燃烧效果显著改善，烟气中的污染物含量明显降低，是一种高品位的民用燃料。优质的生物炭还可以用于冶金工业。

（2）生物质气化技术　生物质经过热裂解装置或气化炉的一系列反应后，生成可燃气体。生物质气化即通过化学方法将固体的生物质能转化为气体燃料。气体燃料具有高效、清洁、方便等特点，因此生物质气化技术的研究和开发得到了国内外广泛重视，并取得了可喜的进展。

我国已经将农林固体废弃物转化为可燃气的技术应用于集中供气、供热、发电等方面。开发出如集中供热、供气的上吸式气化炉，最大生产能力达 $6.3×10^6 kJ/h$，建成了用枝桠材削片处理并气化制取民用煤气供居民使用的气化系统。还研究开发了以稻草、麦草为原料，应用内循环流化床气化技术，产生接近中热值的煤气，供乡镇居民集中供气系统使用的系统，该系统的气体热值约 $3000 kJ/m^3$，气化热效率达 70%。而下吸式气化炉主要用于秸秆等农业废弃物的气化，在农村居民集中居住地区得到较好的推广应用，并形成产业化规模。另外以木屑和木粉为原料，应用外循环流化床气化技术，制取木煤气作为干燥热源并发电，其发电能力可达 180kW。

（3）生物质热裂解液化制取生物油技术　生物柴油于 1988 年诞生，由德国聂尔公司发明，它是以菜籽油等为原料提炼而成的洁净燃油。生物柴油具有突出的环保性和可再生性，受到世界发达国家尤其是资源贫乏国家的高度重视。生物柴油是清洁的可再生能源，它是以大豆和油菜籽等油料作物、油棕和黄连木等油料林木果实、工程微藻等油料水生植物以及动物油脂、废餐饮油等为原料制成的液体燃料，是优质的石油、柴油替代用品。

截至 2018 年底，我国生物柴油产能超过 200 万 t/年，2018 年生物柴油产量约为 97 万 t。我国生物柴油的生产原料主要是废弃油脂，属于循环经济发展范畴。目前我国有生物柴油企业近 40 家，截至 2018 年底，产业链企业共有 28 家上报了产量。从全国范围看，我国生物柴油企业主要分布在河北、湖北、山东、四川、重庆等省、市，产量最大是河北省，其次是福建省、浙江省。

（4）干湿法厌氧消化制取沼气技术　采用干湿法厌氧消化的方式制取沼气，并以沼气利用技术为核心的综合利用技术是具有中国特色的生物质能利用模式，典型的模式有"四位一体"模式，"能源环境工程"技术等。所谓"四位一体"，就是一种综合利用太阳能和生物质能发展农村经济的模式，在温室的一端建地下沼气池，沼气池上方建猪舍、厕所，在一个系统内既提供能源，又生产优质农产品，沼气池、猪舍、农产品、能源等四位合于温室沼气池。"能源环境工程"技术是在大中型沼气工程基础上发展起来的多功能、多效益的综合工程技术，既能有效解决规模化养殖场的粪便或城市污水污染问题，又有良好的能源、经济和社会效益。其特点是粪便或含有机物的城市污水经固液分离后液体部分进行厌氧发酵产生沼气，厌氧消化液和渣经处理后成为商品化的肥料或饲料。我国沼气项目遍布全国，在华北、东北、华东、华中、华南、西南、西北等地区均有项目分布。

5. 生物质能转化技术的应用前景

结合国外生物质能利用技术的研究开发现状，以及我国的生物质能转化技术水平和实际情况，我国生物质能应用技术应主要在以下几方面发展：

（1）高效直接燃烧技术和设备　我国有 14 亿多人口，绝大多数居住在广大的乡村和小城镇，其生活用能的主要方式仍然是直接燃烧。剩余物秸秆、稻草物料，是农村居民的主要能源，开发研究高效的燃烧炉，提高使用热效率，是生物质能转化技术在农村应用的重要问题。乡镇企业的快速兴起，不仅带动农村经济的发展，而且加速化石能源，尤其是煤的消费，因此开发改造乡镇企业用煤设备（如锅炉等），用生物质替代燃煤，可以缓解我国日益严重的能源供应问题。把松散的农林剩余物进行粉碎分级处理后，加工成型为定型的燃料，结合专用技术和设备的开发，家庭取暖用的颗粒成型燃料的推广应用，推动生物质成型燃料的研究与开发。

（2）薪材集约化综合开发利用　生物质能尤其是薪材不仅是很好的能源，而且可以用来制造出木炭、活性炭、木醋液等化工原料。大量速生薪炭林基地的建设，为工业化综合开发利用木质能源提供了丰富的原料。由于我国经济不断发展，促进了农村分散居民逐步向城镇集中，为集中供气、提高用能效率提供了现实的可能性。根据集中居住人口的多少，建立能源工厂，把生物质能进行化学转换，产生的气体收集净化后，输送到居民家中作燃料，可提高使用热效率和居民生活水平。这种生物质能的集约化综合开发利用，既可以解决居民用能问题，又可通过工厂的化工产品创造良好的经济效益，也为农村剩余劳动力提供就业机会。农村有着丰富的秸秆资源，大量秸秆被废弃和田间直接燃烧，既造成生物质能大量的浪费也给大气带来了严重的污染。研究开发和利用可再生的生物质能高效转化技术，可以大力解决由此而引发的环境问题。

（3）生物质能的液化、气化等新技术开发利用　生物质能新技术的研究开发，如生物技术高效、低成本转化应用研究，常压快速液化制取液化油，催化化学转化技术的研究，以及生物质能转化设备，如流化技术等是研究重点。生物质能的液化技术是指利用生物发酵技术及水解技术，在一定条件下，将生物质加工成为乙醇或甲醇等可燃液体；或将生物质经粉碎预处理后在反应设备中，添加催化剂，经化学反应转化成液化油。生物质气化是生物质原料在缺氧状态下燃烧和还原反应的能量转换过程，它可以将固体生物质原料转换成为使用方便而且清洁的可燃气体。生物质由碳、氢、氧等元素和灰分组成，当它们在只有少量空气的条件下被点燃时，通过控制其反应过程，可使碳、氢元素变成由一氧化碳、氢气、甲烷等组成的可燃气体，秸秆中大部分能量都转移到气体中，这就是气化过程。去除可燃气体中的灰分、焦油等杂质，就可以送入供气系统。

（4）城市生活垃圾的开发利用　生活垃圾数量以每年 8%～10% 的速度快速递增，工业化开发利用垃圾发电，焚烧集中供热或气化生产煤气供居民使用，不仅可以提供数量不小的能源，而且从一定程度上创建了城市良好的可再生环境，解决城市环境保护问题。

（5）能源植物的开发　能源植物也称"绿色石油"，如油棕榈、黄连木、木戟科植物等，是生物质能利用丰富且优质资源。能源植物经过热裂解或一定的其他化学反应，可以制取生物油。

6.1.2　生物质能的制取与发电

由于电能具有清洁、易传输、易使用等优良特性，只要提供电能，几乎所有的设备都可以满足各自的需要。因而生物质能除了直接转化成热能供消费外，最终消费形式还是以转化成电能为主。

生物质能发电主要是利用农业、林业和工业废料或垃圾为原料，采取直接燃烧或气化的方式发电。

1. 生物质直接燃烧发电技术

生物质直接燃烧发电是指把生物质原料送入适合生物质燃烧的特定锅炉中直接燃烧，产生蒸汽带动蒸汽轮机及发电机发电。已开发应用的生物质锅炉种类较多，如木材锅炉、甘蔗渣锅炉、稻壳锅炉、秸秆锅炉等。生物质直接燃烧发电的关键技术包括原料预处理，生物质锅炉防腐，提高生物质锅炉的多种原料适用性及燃烧效率、蒸汽轮机效率等技术。生物质直接燃烧发电利用技术又可分为单燃生物直燃技术和生物质与煤混合直燃技术。

（1）单燃生物直燃技术　在欧美发达国家主要燃烧的生物质是木本植物，我国由于特殊的国情，使得用于燃烧的物质基本局限于秸秆等草本类植物。秸秆等生物质与常规燃料的区别主要有以下几点：①秸秆的含水量较大，约为 20%，是常规燃料的 8~10 倍，因此，在锅炉相同出力的情况下，其烟气量约是常规燃料的 1.5~2 倍；②秸秆的堆积密度较小。在这类锅炉设计时，要考虑到燃烧室的体积大一些，使得燃料在炉内有足够的停留时间以完全燃烬；③其燃烧机理与煤不同，逸出挥发后的秸秆变黑成为暗红色焦炭粒子，未见明显的火焰，而且在炉膛高温火焰的辐射下，缓慢地燃烧，燃尽时间也较长。

（2）生物质与煤混合直燃技术　生物质与煤有两种混合燃烧方式：①生物质直接与煤混合燃烧，产生蒸汽以带动蒸汽轮机发电。这时生物质要进行预处理，即生物质预先与煤混合后再经磨煤机粉碎，或生物质与煤分别计量、粉碎。生物质直接与煤混合燃烧要求较高，并非适用于所有燃煤发电厂，而且生物质与煤直接混合燃烧可能会降低原发电厂的效率。②将生物质在气化炉中气化产生的燃气与煤混合燃烧，产生蒸汽，带动蒸汽轮机发电。即在小型燃煤电厂的基础上增加一套生物质气化设备，将生物质燃气直接通到锅炉中燃烧。生物质燃气的温度为 800℃ 左右，无须净化和冷却，在锅炉内完全燃烧所需时间短。这种混合燃烧方式通用性较好，对原燃煤系统影响较小。

混合燃烧的技术优势：①煤与生物质共燃，可以利用现役电厂提供一种快速而低成本的生物质能发电技术，廉价并低风险；②煤粉燃烧发电效率高，可达 35%。③生物质燃烧低硫低氮，在与煤粉共燃时可以降低电厂的 SO_2 和 NO_x、CO_2 的排放。

生物质直接燃烧发电技术中的生物质燃烧方式包括固定床燃烧和流化床燃烧等方式。

1）固定床燃烧。固定床燃烧对生物质原料的预处理要求较低，生物质经过简单处理甚至无须处理就可投入炉排炉内燃烧。固定床燃烧的燃料在固定或者移动的炉排上实现燃烧，空气从下方透过炉排供应上部的燃料，燃料处于相对静止的状态，燃料入炉后的燃烧时间可由炉排的移动或者振动来控制，以灰渣落入炉排下或者炉排后端的灰坑为结束。

2）流化床燃烧。流化床燃烧要求将大块的生物质原料预先粉碎至易于流化的粒度，其燃烧效率和强度都比固定床高。

2. 生物质气化发电技术

（1）生物质气化发电技术　生物质气化发电技术的基本原理是把生物质转化成燃气，再利用可燃气推动燃气发电设备进行发电。生物质在气化炉中气化生成可燃气体，经过净化后驱动内燃机或小型燃气轮机发电。生物质气化气在燃烧过程中不会产生污染或有毒有害气体，与生物质直接燃烧类似，气化气也可以通过直燃或混燃完成生物质能的清洁利用。

根据燃气发电设备的不同，生物质气化发电可分为内燃机发电系统、燃气轮机发电系统及燃气—蒸汽联合循环发电系统，如图6-2所示。

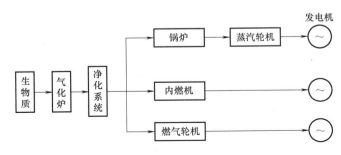

图 6-2　生物质气化发电方式

内燃机发电系统以简单的燃气内燃机组为主，内燃机一般由柴油机或天然气机改造而成，可单独燃用低热值燃气，也可以燃气、油两用，它的特点是设备紧凑，系统简单，技术较成熟、可靠。燃气轮机发电系统采用低热值燃气轮机，燃气需增压，否则发电效率较低。由于燃气轮机对燃气质量要求高，并且需有较高的自动化控制水平和燃气轮机改造技术，所以一般单独采用燃气轮机的生物质气化发电系统较少。燃气—蒸汽联合循环发电系统是在内燃机、燃气轮机发电的基础上增加余热蒸汽的联合循环，这种系统可以有效地提高发电效率。

从发电规模上分，生物质气化发电目前主要有小型气化发电、中型气化发电和大型气化发电三种模式。小型气化发电采用简单的气化—内燃机发电工艺，规模一般小于200kW，发电效率一般为14%~20%。中型气化发电除了采用气化—内燃机（或燃气轮机）发电工艺外，同时增加余热回收和发电系统，气化发电系统的总效率为25%~35%。大规模的气化—燃气轮机联合循环发电系统作为先进的生物质气化发电技术，能耗比常规系统低，总体效率高于40%，但关键技术仍未成熟，尚处在示范和研究阶段。表6-2列出了三种生物质气化发电系统的应用和特点。

表 6-2　三种生物质气化发电系统的应用和特点

规模	气化过程	发电过程	主要用途
小型系统 功率<200kW	固定床气化 流化床气化	内燃机组 微型燃气轮机	农村用电 中小企业用电
中型系统 功率 500~3000kW	常压流化床气化	内燃机	大中企业自备电站 小型上网电站
大型系统 功率>5000kW	常压流化床气化 高压流化床气化 双流化床气化	内燃机+蒸汽轮机 燃气轮机+蒸汽轮机	上网电站、独立能源系统

生物质气化发电工艺包括三个过程：①生物质气化。把固体生物质转化为气体燃料。②气体净化。气化出来的燃气都带有一定的杂质，包括灰分、焦炭和焦油等，要经过净化系

统把杂质除去，以保证燃气发电设备的正常运行。③燃气发电。生物质气化发电系统如图6-3 所示。

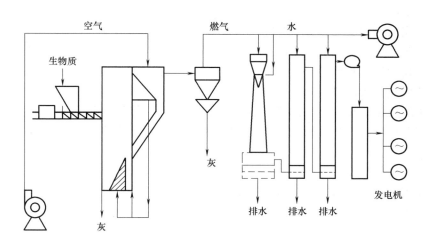

图 6-3　生物质气化发电系统

生物质气化发电装置主要由进料机构、燃气发生装置、燃气净化装置、燃气发电装置、控制装置及废水处理设备六部分组成。

1）进料机构。进料机构采用螺旋加料器，动力设备是电磁调速电机。螺旋加料器不但可以连续均匀进料，还能有效地将气化炉同外部隔绝密封起来，使气化所需的空气只由进风机控制进入气化炉，调节电磁调速电机的转速则可任意调节生物质进料量。

2）燃气发生装置。燃气发生装置可采用循环流化床气化炉或其他可连续运行的气化炉，主要由进风机、气化炉和排渣螺旋机构成。生物质在气化炉中经高温热解气化生成可燃气体，气化后剩余的灰分则由排渣螺旋及时排出炉外。

3）燃气净化装置。燃气净化包括除尘、除灰和除焦油等过程。为了保证净化效果，可采用多级除尘技术，如惯性除尘器、旋风分离器、文氏管除尘器、电除尘等，经过多级防尘，燃气中的固体颗粒和微细粉尘基本被清洗干净，除尘效果较为彻底；燃气中的焦油采用吸附和水洗的办法进行清除，主要设备是两个串联起来的喷淋洗气塔。

4）燃气发电装置。可采用燃气发电机组或燃气轮机。

5）控制装置。由电控柜、热电偶及温度显示表、压力表及风量控制阀或计算机监控系统所构成。

6）废水处理设备。采用过滤吸附、生物处理或化学、电凝聚等办法处理废水，处理的废水可以循环使用。

（2）生物质气化技术　生物质气化是在一定的热力学条件下，将组成生物质的碳氢化合物转化为含一氧化碳和氢气等可燃气体的过程。为了提供反应的热力学条件，气化过程需要供给空气或氧气，使原料发生部分燃烧。气化过程和常见的燃烧过程的区别是燃烧过程中供给充足的氧气，使原料充分燃烧，目的是直接获取热量，燃烧后的产物是二氧化碳和水蒸气等不可再燃烧的烟气；气化过程只供给热化学反应所需的那部分氧气，而尽可能将能量保留在反应后得到的可燃气体中。气化后的产物是含氢、一氧化碳和低分子烃类的可燃气体。

生物质气化是在气化炉中进行的，气化炉的类型分为固定床气化炉和流化床气化炉。

1）固定床气化炉。固定床气化炉可分为下吸式、上吸式、横吸式和开心式，其中下吸式气化炉应用最广。

上吸式气化炉如图 6-4 所示。原料从上部加入，然后依靠重力向下移动；空气从下部进入，向上经过各反应层，燃气从上部排出。原料移动方向与气流方向相反，又称逆流式气化炉。刚进入气化炉时，原料遇到下方上升的热气流，首先脱除水分，当温度提高到 250℃时，发生热解反应，析出挥发分，余下的木炭再与空气发生氧化和还原反应。空气进入气化炉后首先与木炭发生氧化反应，温度迅速升高到 1000℃，然后通过还原层转变成含一氧化碳和氢等可燃气体后，进入热解层，与热解层析出的挥发分合成为粗燃气，也是气化炉的产品。

下吸式气化炉如图 6-5 所示。在下吸式气化炉中，生物质原料由上部加入，依靠重力逐渐由顶部移动到底部，灰渣在底部排除；空气在气化炉中部的氧化区加入，燃气出反应层由下部吸出。下吸式气化炉中原料移动与气流的方向相同，所以也叫顺流式气化炉。在气化炉的最上层，原料首先被干燥。当温度达到 250℃以后开始热解反应，大量挥发物质析出。600℃时大致完成热解反应，此时空气的加入引起了剧烈的燃烧，燃烧反应以炭层为基体，挥发分在参与燃烧的过程中进一步降解。燃烧产物与下方的炭层进行还原，转变为可燃气体。

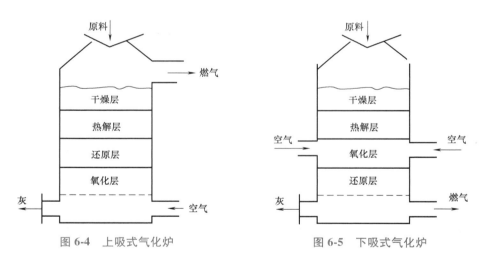

图 6-4　上吸式气化炉　　　　图 6-5　下吸式气化炉

2）流化床气化炉。生物质流化床气化炉一般有一个热砂床，即在流化床气化炉中放入砂子作为流化介质，将砂床加热之后，进入流化床气化炉的物料能在热砂床上进行气化反应，并通过反应热保持流化床的温度。在流化床气化炉中物料颗粒、砂子、气化剂（空气）充分接触，受热均匀，在炉内呈"沸腾"状态，气化反应速度快，产气率高，它的气化反应是在恒温床上进行的。图 6-6 和图 6-7 分别是单流化床气化炉结构图和循环流化床气化炉原理图。

流化床气化炉一般气化过程采用空气作气化剂，所以流化床气化炉下部一般是燃烧的热空气，中上部为燃气混合气，两部分的气体体积变化较大，为了保证流化床运行在合理的流化速率范围，一般设计采用下部小（d_1）、上部大（d_2）的变截面结构，如图 6-8 所示。

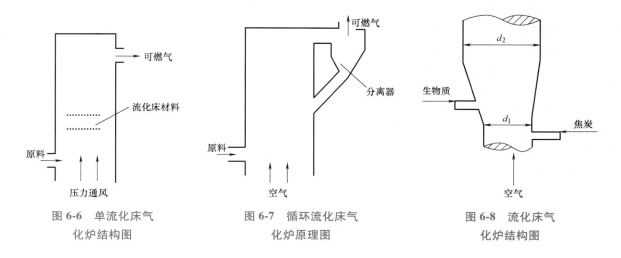

图 6-6　单流化床气
化炉结构图

图 6-7　循环流化床气
化炉原理图

图 6-8　流化床气
化炉结构图

6.1.3　生物质能发电的控制技术

生物质能发电主要包括沼气发电与垃圾焚烧发电，以下就其发电与控制进行讨论。

1. 沼气发电技术与控制策略

（1）沼气的产生原理

沼气是由多种厌氧微生物混合作用后发酵而产生的。在这些厌氧微生物中，按微生物的作用不同，可分为纤维素分解菌、脂肪分解菌和果胶分解菌等；按它们的代谢产物不同，可分为产酸细菌、产氢细菌和产烷细菌等。在发酵过程中，这些微生物相互协调，分工合作，完成沼气发酵过程。沼气发酵过程可分为两个阶段，即不产甲烷（CH_4）阶段和产甲烷阶段。其中不产甲烷过程又可分为两个过程，即水解液化过程（消化过程）和产酸过程。水解液化过程中多个菌种将复杂的有机物分解成为较小分子的化合物，如纤维分解菌分泌纤维素酶，使纤维素转化为可溶于水的双糖和单糖。产酸过程中由细菌、真菌和原生物把可溶于水的物质进一步转化为小分子化合物，并产生 CO_2 和 H_2。生产甲烷的阶段是由产甲烷菌把 H_2、CO_2、乙酸、甲酸盐、乙醇等分解并生成甲烷和 CO_2。沼气发酵产生的物质主要有三种：一是沼气，以甲烷和 CO_2 为主，其中甲烷含量为 55%～70%，是一种清洁能源；二是消化液（沼液），含可溶性 N、P、K，是优质肥料；三是消化污泥（沼渣），主要成分是菌体、难分解的有机残渣和无机物，是一种优良有机肥，具有土壤改良功效。沼气的生成物有很高的应用价值。沼气发酵过程如图 6-9 所示。

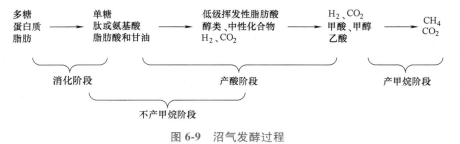

图 6-9　沼气发酵过程

沼气是由沼气发酵池产生的，能否快速、高效、高质地产生沼气与沼气池的设计密切相关。根据应用环境的不同，沼气池可分为城镇工业化发酵装置和农村家用沼气装置。工业化发酵装置包括单级发酵池、二级高效发酵池和三级化粪池高效发酵池。农村家用沼气池包括水压式沼气池、浮动罩式沼气池和薄膜气袋式沼气池。

农村户用小型沼气技术已比较成熟，目前主推的是埋地圆柱形水压式沼气池，这种沼气池解决了进料和出料的矛盾，可以连续生产。图 6-10 为我国农村推广使用的水压式沼气池的结构。正常情况下，这种家用沼气池在中国南方可年产沼气 250 ~ 300m³，提供一个农户 8 ~ 10 个月的生活燃料。北方在沼气池上加盖塑料大棚，使沼气与养猪种菜相结合，组装成"四位一体"模式，解决了冬季低温沼气发酵问题。

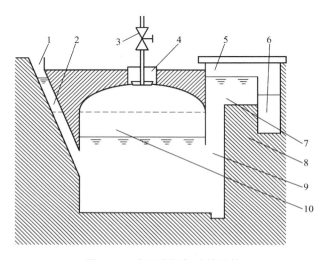

图 6-10　水压式沼气池的结构
1—进料口　2—零压水位　3—输出阀门　4—盖板　5—溢流口
6—储留室　7—水压箱　8—渗井　9—发酵室　10—储气室

大中型沼气主要用来处理城市污水、高浓度工业有机废水、人畜粪便及生活垃圾。我国不少企业兴办沼气，开展综合利用取得了显著的经济效益和生态效益。如河南省南阳酒精总厂（天冠集团）先后建造了三座大型沼气池，成功集中处理了酒精糟液，形成日供沼气 4 万 m³ 的能力，满足了南阳市 4 万户市民的生活用气，污染排放接近于零，实现了社会效益、经济效益和生态效益"三赢"，形成了循环经济模式。北京市蟹岛度假村建了一座沼气池和一座 150 亩（1 亩 = 666m²）水面的污水处理系统，度假村内部生活垃圾和人畜粪便全部进行厌氧消化，产生的清洁能源供炊事用气，消化液和沼渣作优质肥料用于生产无公害农产品。生活污水处理后达到一级排放标准回灌农田，整个度假村实现了污染零排放。当前我国环境污染日益严重，大中型沼气是消化有机污染物的最有效方式。国家需要把发展大中型沼气列入发展计划，制定促进大中型沼气发展的优惠政策，调动企业建设沼气的积极性，使我国大中型沼气的发展出现一个良好发展的新局面，既生产可再生能源，又促进污染环境的治理。

（2）沼气燃烧发电

沼气以燃烧方式进行发电，是利用沼气燃烧产生的热能直接或间接地转换为机械能并带动发电机而发电。沼气可以被多种动力设备使用，如内燃机、燃气轮机、锅炉等。图 6-11 是采用沼气发动机（内燃机）、燃气轮机和锅炉（蒸汽轮机）发电的结构示意图。燃料燃烧释放的热量通过动力发电机组和热交换器转换再利用，相对于不进行余热利用的机组，其综合热效率要高。从图中可见，采用发动机方式的结构最简单，而且还具有成本低、操作简便等优点。

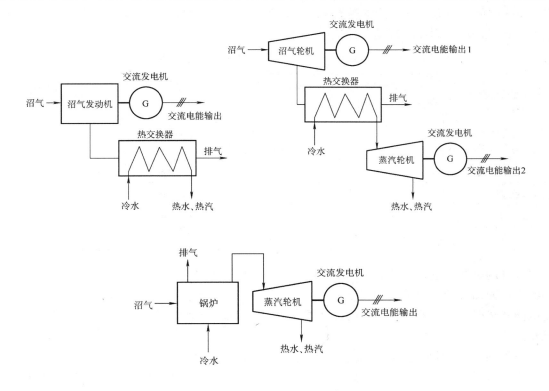

图 6-11　采用沼气发动机、燃气轮机和锅炉发电的结构示意图

图 6-12 是采用不同种类动力发电装置的效率比较。从图中可见，在 4000kW 以下的功率范围内，采用内燃机具有较高的利用效率。相对燃煤、燃油发电来说，沼气发电的特点是功率小，对于这种类型的发电动力设备，国际上普遍采用内燃机发电机组进行发电，否则在

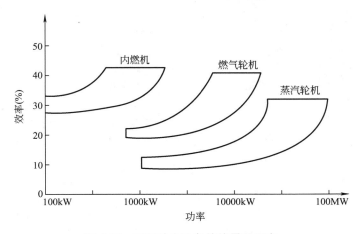

图 6-12　不同动力设备的能量利用率

经济性上不可行。因此采用沼气发动机发电机组，是目前利用沼气发电最经济而高效的途径。

几种典型燃气及燃—空混合气低位热值的比较情况见表6-3。沼气的主要成分是甲烷，从表6-3中可以知道，它的低位热值仅次于天然气，而在燃烧时，其燃—空混合气的低位热值也是比较高的，因而沼气是一种优质的燃气。

表6-3　几种典型燃气及燃—空混合气的低位热值比较情况

燃气种类	燃气低位热值/(kJ/m^3)	理论空气量/(m^3/m^3)	理论燃烧温度/(℃)	燃—空混合气低位热值/(kJ/m^3)
天然气	36586	9.64	1970	3438
焦炉煤气	17615	4.21	1998	3381
混合煤气	13858	3.18	1986	3315
发生炉煤气	5735	1.19	1600	2618
沼气	21223	5.56	—	3191
秸秆煤气	5316	0.9	1810	2798

沼气的燃烧发电技术就是利用沼气燃烧带动发电机而产生电能，是随着沼气综合利用的不断发展而出现的一项沼气利用技术，它将沼气用于发动机上，并装有综合发电装置，以产生电能和热能，是有效利用沼气的一种重要方式。目前用于沼气发电的设备主要有内燃机和汽轮机。

典型的沼气内燃机发电系统的工艺流程如图6-13所示。沼气发电系统主要由消化池、储气罐、供气泵、沼气发动机、交流发电机、沼气锅炉、废热回收装置（冷却器、预热器、热交换器、汽水分离器、废热锅炉等）、脱硫化氢及二氧化碳塔、稳压箱、配电系统、并网输电控制系统等部分组成。

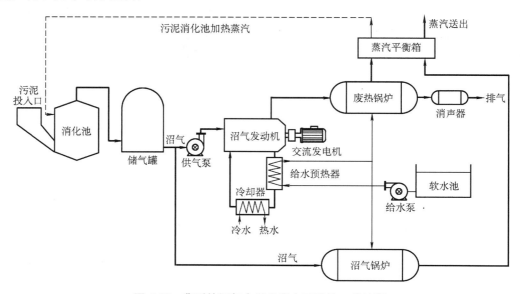

图6-13　典型的沼气内燃机发电系统的工艺流程

　　由于沼气在发生过程中也会产生一些有害气体，如硫化氢等，因而在进入内燃机之前必须经过一定的处理，即净化处理，通过疏水、脱硫化氢处理后，将硫化氢含量降到 $500\mathrm{mg/m^3}$ 以下。图 6-14 是垃圾处理场沼气发电的工艺流程。

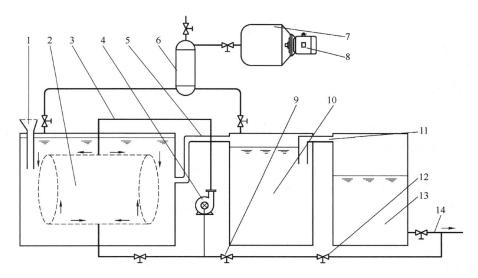

图 6-14　垃圾处理场沼气发电的工艺流程

1—污泥进料口　2—发酵池　3—循环管道　4—循环泵　5—溢流管　6—沼气储气罐　7—沼气发动机
8—三相交流发电机　9—消化污泥阀　10—沉淀池　11—溢流管　12—排渣阀　13—储留池　14—排污管

　　沼气与天然气双气源的锅炉，在沼气可以满足锅炉燃烧要求时，采用由沼气供气的方式；当沼气不能满足锅炉燃烧要求时，切换至天然气供气方式。这种方式是共用了一个燃烧器，即采用一拖二的方式使两种气源合用一个燃烧控制器。锅炉燃烧产生高温高压饱和蒸汽，进入蒸汽轮机，并带动发电机高速旋转实现发电。发电系统的控制框图如图 6-15 所示。沼气与天然气双气源锅炉发电系统一般适用于中小型用户群，是典型的分布式能源供给系统，对于我国农村比较合适。由于沼气和天然气的燃—空混合比例不同，在进行燃烧气源切换时，需要考虑燃—空混合比例的相应调整。

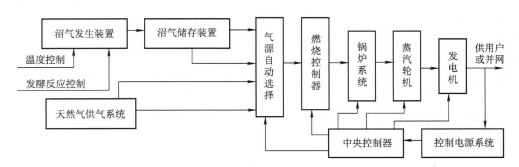

图 6-15　沼气和天然气双气源锅炉发电系统的控制框图

　　目前采用沼气燃烧发电的三种形式的沼气综合利用率对比如下：

1）沼气锅炉。利用沼气燃烧产生热源加热消化污泥。这种利用途径只能利用沼气热值的 50%。

2) 沼气内燃机—余热回收—鼓风机组。利用沼气内燃机驱动鼓风机，并利用余热回收装置回收沼气内燃机的余热加热消化污泥。这种利用途径能充分利用沼气热值，一般可达沼气热值的 85%~90%。

3) 沼气内燃机—余热回收—发电机组。利用沼气内燃机驱动发电机发电并与厂内公共电网并网，利用余热回收装置回收沼气内燃机的余热加热消化污泥。这种利用途径能充分利用沼气热值，其利用率为 85%~90%。

（3）沼气燃料电池发电

燃料电池是一种将储存在燃料中的化学能直接转换为电能的装置，当源源不断地从外部向燃料电池供给燃料和氧化剂时，它就可以连续发电。依据电解质的不同，燃料电池分为碱性燃料电池、磷酸型燃料电池、熔融碳酸盐燃料电池、固体氧化物燃料电池及质子交换膜燃料电池等。沼气燃料电池是将沼气化学能转换为电能的一种装置，它所用的"燃料"并不燃烧，而是直接产生电能。第一个燃料电池出现在大约 180 年前，但在许多公司投资了这类技术后，它的发电生存能力就出现了。从发电应该是环保的那一刻起，它们就成为了商业投资的焦点。它们是内燃机，小型（高达 1kW）、中型（100kW）和大型（1MW）发电机的一个极好的替代品。燃料电池是将化学能直接转换为电能的设备，无污染或噪声。在运行过程中，电池分别在阳极和阴极不同的电极中使用氢和氧，反应生成物是水。作为该技术的优势，可以强调二氧化碳和二氧化硫的低排放，与传统热机相比效率高和功率密度高。

沼气燃料电池是一种清洁、高效、噪声低的发电装置，近年来在日本和欧美国家研究较多，国内研究也在不断增多。广州市番禺水门种猪场建设的由日本政府提供的 200kW 的沼气燃料电池装置，该 200kW 燃料电池设备由东芝公司下属的 ONSI 公司提供，型号为 PC25TMC，主要技术指标见表 6-4。

表 6-4　PC25TMC 型燃料电池主要性能及技术指标

项目名称	指标
发电输出功率	200kW
输出电压（频率）	400V（50Hz），480V（60Hz）
发电效率	40%
余热利用效率/温度	41%/60℃热水
燃料/消耗量	天然气/43m³/h
有害排放物	NO_X：低于 $5×10^{-6}$ SO_X：可忽略不计
噪声	约 60dB（距设备 10m 处）
排水	净水（接近于零污染）
应用时供应水	自来水或纯净水（接近于零）
应用时供应氮气	4 个圆柱形容器存有 7m³ 的氮气用于一次起动与停机循环（保护）
操作	自动，可远程控制

沼气燃料电池系统一般由三个单元组成：燃料处理单元、发电单元和电流转换单元。

1）燃料处理单元。该单元主要部件是改质器，它以镍为催化剂，将甲烷转化为氢气，反应过程为（参与反应的水蒸气来自发电单元）

$$2CH_4+3H_2O(g)\xrightarrow{Ni}7H_2+CO+CO_2 \tag{6-3}$$

为了降低 CO 的浓度，在铜和锌的催化作用下，混合气体在改质器后的变成器中得到进一步的改良，反应式为

$$7H_2+CO+CO_2+H_2O(g)\xrightarrow{Cu,Zn}8H_2+2CO_2 \tag{6-4}$$

2）发电单元。发电单元基本部件由两个电极和电解质组成，氢气和氧化剂（O_2）在两个电极上进行电化学反应，电解质则构成电池的内回路，其工作原理简图如图6-16所示。

电解质可采用磷酸，其发电效率虽然较低，但温度低（约200℃）。在磷酸电解质中，电池反应为

$$阳极 \quad H_2(g)\longrightarrow 2H^++2e^- \tag{6-5}$$

$$阴极 \quad \frac{1}{2}O_2(g)+2H^++2e^-\longrightarrow 2H_2O \tag{6-6}$$

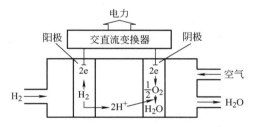

图 6-16 沼气燃料电池（磷酸型燃料电池）工作原理

电子通过导线构成回路时，形成直流电。燃料电池由数百对这样的发电单元组成。

3）电流转换单元。主要任务是把直流电转换为交流电，供交流负载使用还可以实现并网供电。

燃料电池产生的水蒸气，热量可供消化池加热或采暖用。排出废气的热量也可用于加热消化池。沼气中的有用成分是 CH_4，燃料电池要求 CH_4 的浓度（体积分数）在90%以上，其他成分如 CO_2、H_2S 等对燃料电池有不利影响，必须对沼气进行提纯后才能作为燃料电池的燃料。表6-5是沼气用作燃料电池各种气体含量的最高限值及超过此限值时对燃料电池的影响。

表 6-5 燃料电池对气体的限制值及超过时对燃料电池的影响

有害物质	限制值	超过限制值对燃料电池的影响
H_2S	$7.12\ mg/m^3$ 以下	缩短内部催化剂的寿命
HCl		使内部催化剂能力低下
SOx	浓度尽可能低	对内部催化剂有不利影响
NOx		对内部催化剂有不利影响
F 化合物		使内部催化剂能力低下

（续）

有害物质	限制值	超过限制值对燃料电池的影响
O_2	1.0% 以下	对脱硫催化剂有不利影响
粉尘	$3mg/m^3$ 以下	使催化剂压力损失增大
CO_2	浓度尽可能低	减少电池发出的电力
CH_4	浓度尽可能高	90%以上

　　沼气燃料电池所用的沼气，其纯度要求较高，因而需要对沼气进行提纯。沼气提纯常用的方法有：①用 NaOH 水溶液溶解吸收法；②沸石吸附法（PSA 法）；③膜法，利用 CH_4 和 CO_2 透过膜的速度差来提纯 CH_4。

　　双塔式吸收法是沼气提纯的一种简单而有效的方法，如图 6-17 所示。这种装置具有组成简单、成本低、操作简便的特点。第一吸收塔用处理水吸收大部分 CO_2 和 H_2S；第二吸收塔用 NaOH 水溶液溶解吸收，这样可节省 NaOH 的用量。用此装置提纯沼气，CH_4 的回收率高，系统运行稳定可靠。

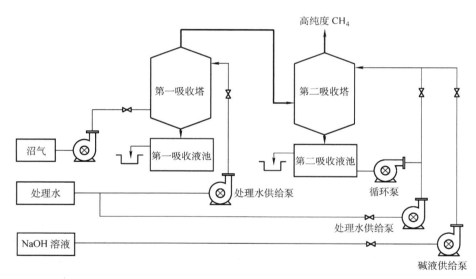

图 6-17　双塔式吸收法提纯沼气

　　燃料电池的效率比较高。与沼气内燃机效率不同，燃料电池能量转换的效率不受内燃机因素的限制，其值等于电池反应的吉布斯焓变 ΔG 与燃烧反应热 ΔH 之比，能量转换的效率可达 90%。若考虑电动机、传动系统的效率损失，系统的发电效率为 40%~60%，有废热回收的系统总的能量利用率为 70%~90%。

　　沼气燃料电池与一般燃料电池一样，具有如下的优缺点。

　　沼气燃料电池的主要优点：①电池的工作效率高，能量转换的效率可达 90%，而一般内燃机受卡诺循环的限制，效率仅达 40%；②电池在工作时没有或极少有污染物排放；③电池在工作时不产生噪声和机械振动；④维护管理容易。

　　沼气燃料电池的主要缺点：①缺乏长期运行经验；②排气中除 H_2S 外，还可能含有微量磷废气，它们对环境的影响尚不清楚。

（4）沼气发电的控制策略

围绕着提高沼气燃烧发电或沼气燃料电池的转化效率，沼气发电的控制主要从以下两个方面进行考虑：

1）净化及提纯沼气。净化及提纯沼气，提高沼气内燃机的转化效率和热电联合利用效率，提高沼气燃料电池的燃料利用率。沼气发动机要解决的核心问题是沼气的净化处理和混合。

① 沼气的净化处理。沼气的产生主要是通过厌氧消化，而厌氧消化是利用无氧环境下生长于污水、污泥中的厌氧菌菌群的作用，使有机物经液化、气化而分解成沼气。生成的沼气中含有微量的水分和 H_2S 等腐蚀性介质，这些有害成分会对输气管道和发动机部件产生腐蚀，影响发动机的正常运行和使用寿命。

为了除去沼气中的水分和 H_2S，可在进气管道上安装干式脱硫塔，脱硫剂为铁屑；或者湿式脱硫塔，脱硫剂为浓度为 30% 的 NaOH 碱液。另外，还要在进气管道上安装过滤除尘、除湿、除油装置。

② 沼气发电机组的防腐处理。沼气中含有的 H_2S 和水分形成弱酸液，对管道及发动机的金属部件产生腐蚀，特别是对铜质及铝质部件腐蚀更为严重。因此，应对输气管道、中冷器、增压器、活塞等部件进行涂漆、渗瓷、渗氮等防护处理。另外，由于 H_2S 燃烧后的产物 SO_2 具有更强的腐蚀性，燃烧室周围相关部件及排气管均应考虑采取防腐措施。

③ 电控混合器技术。普通燃气发动机使用等真空度混合器，不能根据气源 CH_4 浓度的变化自动调节空燃比，使用时容易导致发动机转速和输出功率波动较大，甚至因点火不连续而停机，难以推广使用。沼气发电机组采用电控混合器，计算机监控系统实时监控燃烧室内的燃烧状况，并将燃烧信号反馈到 ECU（电气控制单元），ECU 发出指令，使电控混合器的执行器带动操纵机构，改变沼气与空气的进气流道面积，根据沼气中 CH_4 浓度的变化合理匹配空气和沼气流量，达到实时调节空燃比的目的，实现稳定的稀薄燃烧，有效地控制了发动机的热负荷。

根据沼气发动机的工作特点，在组建沼气发动机发电机组系统时，需考虑以下四个方面：

① 沼气脱硫及稳压、防爆装置。沼气中含有少量的 H_2S，该气体对发动机有强烈的腐蚀作用，因此供发动机使用的沼气要先经过脱硫装置。沼气作为燃气，其流量调节是基于压力差，为了使调节准确，应确保进入发动机时的压力稳定，故需要在沼气进气管路上安装稳压装置。另外，为了防止进气管回火引起沼气管路发生爆炸，应在沼气供应管路上安置防回火与防爆装置。

② 进气系统。在进气总管上，需加装一套沼气—空气混合器，以调节空燃比和混合气进气量，混合器应调节精确、灵敏。

③ 发动机。沼气的燃烧速度很慢，若发动机内的燃烧过程组织不利，会影响发动机运行寿命，所以对沼气发动机有较高的要求。

④ 调速系统。沼气发动机的运行是联轴驱动发电机稳定运转，以用电设备为负荷进行发电。由于用电设备的装载、卸载都会使沼气发动机的负荷产生波动，为了确保发电机正常发电，沼气发动机上的调速与稳速控制系统必不可少。

可以利用沼气热、电、冷三联供，提高沼气发电系统的总体利用率，系统如图 6-18 所示。

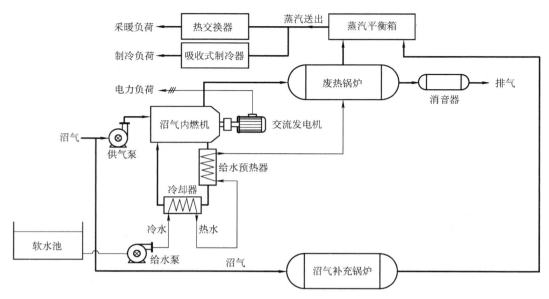

图 6-18 沼气热、电、冷三联供系统

2）沼气燃料电池的发电控制。沼气燃料电池发电系统的工作方式与内燃机相似，必须不断地向电池内部输入燃料气体与氧化剂才能确保其连续稳定地输出电能。同时还必须连续不断地排除相应的反应产物，如所生成的水及热量等。沼气在进入燃料电池之前必须经过重整改质，转化成富氢气体并去除对阳极氧化过程有毒的杂质。

目前一般燃料电池的电能转化效率为 40%~60%，而剩余的部分大多数以热能形式存在，因而为保持电池的工作温度不致过高，必须将这些热量排出电池本体或者加以循环利用。

一套完整的沼气燃料电池发电系统除了具备沼气燃料电池组、沼气供气系统、沼气净化及提纯系统、DC—DC 变换器、DC—AC 逆变器以及热能管理与余热回收系统之外，最重要的是燃料电池控制器，这样才能对系统中的气、水、电、热等进行综合管理，形成能够自动运行的发电系统。沼气燃料电池的交流发电系统如图 6-19 所示。

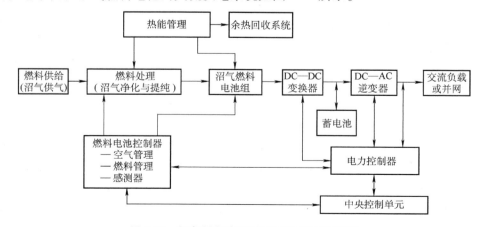

图 6-19 沼气燃料电池的交流发电系统框图

2. 垃圾焚烧发电技术与控制策略

近年来，我国城市人口数量正在不断增加，随着人民生活水平的日益提高，作为城市公害的生活垃圾发生量及其组成发生了很大变化，城市生活垃圾的产量和热值也不断增长。据国家统计局调查，我国城市垃圾正以每年 8%～10% 的速度递增，生活垃圾已给城市环境及人民生活带来了极大的危害。处理城市生活垃圾，实现无害化、减量化和再生资源化，消除城市生活垃圾的污染已成为我国必须解决的重大课题。随着政府对城市垃圾处理的重视和科学技术的发展，坑填、焚烧和堆肥等技术已经得到普遍采用。20 世纪 80 年代以来，垃圾产生能源技术和垃圾回收再生技术也得到发展。但是，目前我国对垃圾的处理手段主要集中在填埋和焚烧两种方式。

填埋是大量消纳城市生活垃圾的有效方法，也是所有垃圾处理工艺剩余物的最终处理方法，我国普遍采用直接填埋法。所谓直接填埋法是将垃圾填入已预备好的坑中盖上压实，使其发生生物、物理、化学变化，分解有机物，达到减量化和无害化的目的。填埋处理方法是一种最简单、通用的垃圾处理方法，它的最大特点是处理费用低、方法简单；但容易造成地下水资源的二次污染，还必须侵占大量宝贵的土地资源。随着城市垃圾量的增加，靠近城市的适用填埋场地已越来越少，开辟远距离填埋场地又大大提高了垃圾排放费用，这种高昂的代价已成为我国大中型城市面临的共同难题，甚至到了无法承受的地步。结合我国国情和技术成熟度，焚烧发电作为当前最符合实际需求的垃圾处理方式将在未来进一步得到快速推广。根据新思界产业研究中心发布的《2018—2022 年垃圾焚烧发电行业市场现状及投资前景预测报告》显示，截至 2017 年底，我国拥有城市生活垃圾焚烧发电项目共 278 个，垃圾焚烧处理率提升至 35.30%；年垃圾焚烧处理量达到 7589 万 t，同比增长 2.86%；垃圾焚烧发电装机容量达到 680 万 kW，同比增长 25.23%；年发电量超过 350 亿 kW·h，同比增长 13.07%。在国家政策的支持与鼓励下，我国垃圾焚烧发电行业发展状况良好。

我国城市的经济水平、人口规模以及人口密度等因素决定了可用于焚烧发电的垃圾量，垃圾焚烧发电项目前期投入大，运营成本较高，因此项目投资建设主要集中在东部经济较为发达的地区，占比达到 68.1%，其次是中部地区，占比 20.4%，西部地区占比较小，为 11.5%，青海、西藏两个地区现阶段尚无垃圾焚烧发电项目。我国垃圾焚烧发电项目区域分布不均衡，中部地区还有非常大的发展空间。

焚烧法是将垃圾置于高温炉中，使其中可燃成分充分氧化的一种方法，产生的热量用于发电和供暖。美国西屋公司和奥康诺公司联合研制出了垃圾转化能源系统，该系统的焚烧炉在燃烧垃圾时可将湿度达 7% 的垃圾变成干燥的固体进行焚烧，焚烧效率高达 95%，同时，焚烧炉表面的高温热能可使水转化为蒸汽，用于暖气、空调设备及蒸汽涡轮发电等方面循环利用。我国安徽山鹰纸业股份公司的垃圾焚烧发电综合利用项目获得国家环保贴息扶持，总投资为 3.5 亿元，两台装机容量 1.2 万 kW 的焚烧发电机组，年可处理各类垃圾 2 万余 t，年发电量 2.2 亿 kW·h，年产蒸汽 34 万 t。两台发电机组已于 2005 年 8 月底先后开始试运行发电，并于当年 10 月一次并网发电成功。据统计，山鹰纸业的垃圾发电厂自 2005 年 10 月正式并网供电，在 9 个月时间里，累计发电量达 1.53 亿 kW·h，产蒸汽 56.7 万 t，焚烧各类生活垃圾 3.24 万 t，为企业降低成本 2700 余万元，经济效益非常明显。

全世界共有生活垃圾焚烧厂超过 2100 座，年焚烧生活垃圾量约 2.3 亿 t，绝大部分分布于发达国家，其中生活垃圾焚烧发电项目约 1200 个。按年处理量分析，2015 年欧洲 22 个国家生活垃圾焚烧处理量约 9000 万 t，占全球生活垃圾焚烧量的 40%，发达国家生活垃圾焚烧量最多的是日本、美国、德国，年焚烧量分别为 3490 万 t、2700 万 t、2500 万 t。

2001—2015 年，欧洲生活垃圾焚烧发电持续发展，垃圾发电项目数量稳步增长，年处理垃圾能力从 5284 万 t 上升到 9060 万 t，年均增长 7.2%。1999 年欧盟通过的垃圾填埋场新法规和污染控制新标准，间接推动了垃圾发电产业的稳步增长。

美国从 20 世纪 80 年代起先后投资 20 亿美元兴建了 90 座、总处理能力达 3000 万 t/天的垃圾电厂。2001—2015 年，美国的垃圾焚烧发电项目维持在稳定的状态。2015 年美国生活垃圾焚烧发电项目 74 个，总处理能力 8.6 万 t/天，总装机 254.7 万 kW，年发电量约 143 亿 kW·h。

2005—2015 年，日本垃圾焚烧发电项目数量逐渐减少。2015 年日本生活垃圾焚烧发电项目约 376 个，总装机 193.4 万 kW，年发电量约 82 亿 kW·h。这源于之前包括垃圾发电项目在内的焚烧厂的过快粗放式发展，垃圾焚烧所产生的废气、废水、灰渣等污染问题引起了日本国民极大关注，促使日本政府强化居民垃圾分类，铁腕关停不达标的垃圾焚烧厂。尽管如此，焚烧在日本垃圾处理中仍居主导地位。

在国内，1988 我国在深圳建立第一座垃圾发电厂，之后垃圾燃烧发电迅速发展。深圳市市政环卫综合处理厂于 1988 年投入运行，其主要设备有三菱重工 3×150t/天马丁式焚烧炉，3×13t/天双锅筒自然循环锅炉，4MW 汽轮发电机组。珠海垃圾焚烧发电厂于 1998 年底建成，1999 年投入运营，工程规模为 3×200t/天，焚烧炉引进美国 Temporlla 炉主体设计技术，并采用美国 Detroit Stoker 公司炉排，发电设备及辅机全部由国内生产。澳门已建一座 2×300t/天的垃圾电厂，1992 年投入运行，实现了澳门垃圾的全部焚烧处理。北京高安屯生活垃圾焚烧厂是目前亚洲单线规模最大的项目。2016 年我国垃圾焚烧发电企业主要有杭州锦江、光大国际、重庆三峰、中国环境保护、绿色动力、上海环境、启迪桑德、浙江旺能、伟明环保、深圳能源等。

（1）垃圾焚烧发电的工艺流程

垃圾焚烧发电的工艺流程分为垃圾焚烧前无分检处理和有分检处理两种。

1）垃圾焚烧前无分检处理。图 6-20 为垃圾焚烧前无分检处理的工艺流程，美国洛杉矶市 Long Beach 垃圾发电就是采用这个工艺流程。

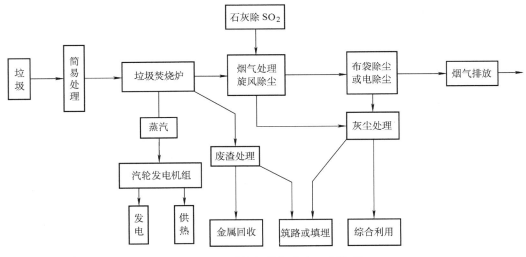

图 6-20　无分检场垃圾发电工艺流程

2）垃圾焚烧前有分检处理。图 6-21 为垃圾焚烧前有分检场垃圾发电工艺流程，美国夏威夷市垃圾发电就是采用这种流程。

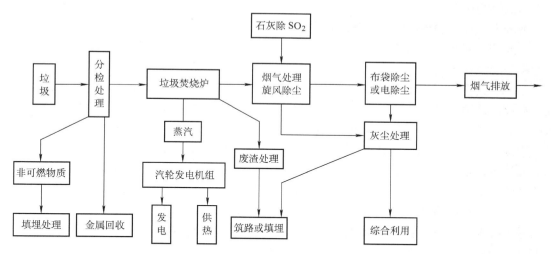

图 6-21　有分检场垃圾发电工艺流程

垃圾焚烧前，经一系列输送、筛选和粉碎装置，把那些不易处理和不能燃烧的垃圾清理掉。然后，输入垃圾焚烧炉在 1000℃ 的高温下焚烧，形成的残渣、液态造粒（惰性灰渣）送出填埋；烟气在排放前经注入石灰、脱硫中和酸性气体，再传热到循环给水系统将水变成过热蒸汽，输入蒸汽轮机发电机发电，烟气经锅炉尾部受热面后，经布袋和静电除尘，除尘达标后通过烟囱排放，将静电除尘的细灰运出做建材综合利用。

（2）垃圾焚烧发电及其控制策略

垃圾焚烧发电是"资源化、无害化、减量化"的最好措施之一，国外已普遍采用这种垃圾处理的方式。我国在东南沿海、经济实力较强的城市，已先后建设了几座垃圾焚烧发电厂，随着城市燃气率的提高，特别是"西气东输"工程的建设，垃圾热值的增加，城市经济实力的加强，垃圾焚烧发电的条件会日趋成熟。从长远看，垃圾发电在我国具有广阔的应用前景。

垃圾焚烧发电的控制包括电厂的自动控制，以及发电后的电能变换控制。根据垃圾焚烧电厂控制系统的规模以及要求达到的控制水平，目前技术水平先进的垃圾焚烧发电站（厂）普遍采用基于以太网、具有远程通信和监控能力的现场总线构筑分布式控制系统，底层采用 DCS（分布式控制系统）、SCP 或 PLC（可编程序控制器）、多种化学成分检测传感器（气体、液体、固体等）及电力电子变换器（变频器）、并网配电箱，同时对垃圾焚烧锅炉的燃烧进行有效的控制，对尾气进行检测、处理、控制，对锅炉烟气在线监控以及对发电机组的发电状态、电能变换与无扰并网等进行实时控制。下面以杭州绿能环保发电有限公司城市垃圾焚烧电厂为例，简要说明垃圾焚烧电厂的自动控制策略。

1）垃圾焚烧的锅炉控制。该系统的垃圾焚烧锅炉采用日本三菱马丁炉排垃圾焚烧处理技术，属炉排炉中的反送式炉排垃圾焚烧炉。该炉排炉的特点是垃圾进厂后，除粗大垃圾需先经破碎处理外，其余垃圾不需要经过机械式的分类程序及粉碎等预处理，即可倒入垃圾储坑中，用吊车抓取投入进料斗，经滑槽由给料器推入焚烧炉内燃烧。垃圾通过炉排不同方式的运动，不停地被搅动，并在向出渣口移动的过程中完成干燥、燃烧及燃尽，最终残渣通过出渣口排出焚烧炉。炉排炉的炉膛燃烧温度为 850～950℃，最高可达 1100℃，因而垃圾在炉膛中的燃烧速度较快，各种不同特性的垃圾在高温下能得到较彻底处理，单台炉处理垃圾的能力较大。通过炉排的运动，使垃圾在焚烧炉炉膛内充分翻滚，以达到充分燃烧的目的。

垃圾焚烧锅炉的控制包括炉温的控制、给料及炉排等的动作控制、风门压力控制、风室温度控制、风量控制及锅筒水位控制等。

① 蒸发量（或炉温）的控制。蒸发量（或炉温）的连续控制由一个非常可靠的炉排燃烧参数控制回路组成。该控制方式根据额定蒸发量（或炉温）的偏差设定上限值和下限值，给料器和炉排的动作由这两个限定值控制。

当蒸发量（或炉温）保持在上限值以上并在上升时，给料器和炉排的动作为"关"状态，促使蒸发量（或炉温）开始下降；当蒸发量（或炉温）在下降方向穿过上限值时，给料器及炉排的动作变为"开"状态，蒸发量（或炉温）便开始回升；蒸发量（或炉温）在上升方向穿过上限值时，动作信号又为"关"状态；反之，在下降方向穿过下限值时，动作信号也将变为"开"状态。在其他功能中，采用预先控制系统，即给料器和炉排可根据蒸发量（或炉温）的变化率在达到设定值前进行控制。

当蒸发量（或炉温）急剧变化时采用此控制系统，而在其他情况下均处于关闭状态。

蒸汽流量（或炉温）的定值控制由简单控制回路组成，当实际的值越过了上下限值时，再参考其越过的方向，来控制给料器和炉排的起停。当要处理垃圾数量增加或减少时，可以调整蒸汽流量的设定值，同时考虑以下几点：目标垃圾流量，目前垃圾流量，平均垃圾流量以及目前蒸汽流量。

② 各部分的动作方式。

给料器——每台垃圾焚烧锅炉有两个给料器，每个给料器由一个液压缸驱动。垃圾进炉膛的数量取决于给料器的行程和速度。给料器动作行程为 0～1300mm，正常情况下为 250mm，随着垃圾情况的变化，可以做相应的调整：湿垃圾为 200mm，正常情况为 250mm，干垃圾为 300mm。这些设定都是在试运行阶段做调整和决定的，在正常情况下不需要调整。给料器的速度通过进入液压缸的油的流速来控制，具体的执行元件是流量控制四通阀（比例特性的阀门）。此阀门根据 SCP 或者 DCS 来的控制信号自动控制油的流速及流量，控制范围为 0～100%。两个给料器的速度是一样的，并且由前后限位开关决定其运动的位置。当炉排的速度增加或减少时，给料器的速度必须同时增加或减少，始终与炉排的速度保持同步。适当的给料速度应该是：动作时间及停止时间为 2～3min（相对于蒸汽流量定值控制）。操作者应该逐渐地设定速度，同时要时时观察燃烧的情况。

炉排——炉排分两部分，称为双炉排，由液压缸通过驱动杆驱动。两个炉排成相反方向运动，此运动的作用一个是使垃圾充分混合，另一个作用是使垃圾各层均匀，这样就使垃圾燃烧更有效。若炉排停止运动则会引起熄火，而如果炉排的运动加速，垃圾层又将变薄而引起熄火。炉排速度的调节与给料器相似，也是由一只流量控制四通阀（比例特性）进行控制。如果要保持稳定燃烧的话，应该将炉排的速度控制在使燃烧段超过整个炉排长度的 2/3，炉排上灰层的厚度一般为 800～1000mm。

熔渣滚筒——每台垃圾焚烧锅炉有一个熔渣滚筒，由一个连杆把两个滚筒连在一起控制，由液压缸驱动。它的作用一是在炉排后部卸下灰，另外使灰尘均匀。熔渣滚筒转动的速度也是由一只流量控制四通阀（比例特性）通过控制进入熔渣滚筒驱动液压缸的油的流速来控制的。驱动液压缸的油的流速在试运行期间由手动调节液压系统来标定，在正常运行期间保持恒定。所以熔渣滚筒的速度是恒定的，通过定时器控制其停止的时间来控制其排灰的速度。

推灰器——每台垃圾焚烧锅炉共有两个推灰器，由液压缸驱动，其调节方式同熔渣滚筒。这种调节方式的特点是：只要设定了液压缸的停止时间，每小时的往复次数就确定了。其速度控制也是在试运行期间由手动调节液压系统来标定，在正常运行期间保持恒定。推灰器的停止时间只能通过定时器来调节，一般是 1~3min。

炉排筛——炉排筛安装在炉排下面，其后连接卸灰的斜道，可以引导空气到炉膛，同时引导筛下物到灰槽的推灰器。筛下分成五个仓室，各有一节流板来控制进仓室的燃烧空气。筛下物由一次风门输送。当筛下物落下时，五个仓室的挡板依次打开，将筛下物送至推灰器，以上动作为间歇性动作，时间的间歇由计时器设定，可以为 0~999min，一般调为 30~60min，在试运行期间调好，在正常运行期间不需调整。

风室压力控制——通过控制一次风门挡板的开度来实现。风室静压一般要求保持在 39mbar（$1bar=10^5Pa$），这个值实际上也是整个炉排区域风压的要求。一次风门挡板的开度一般定为 35%~60%。

一次风门温度控制——设定值在 200℃，通过调节蒸汽空气预热器的加热蒸汽流量来实现。

锅筒水位控制——该回路由单冲量给水调节（水位）和三冲量给水调节（水位、蒸汽流量、给水流量）单元组合而成。单冲量调节回路具有高水位、低水位、危水位报警和危低水位停炉保护等功能，并能显示相应的工况，同时控制和调节给水量。三冲量调节回路具有较强的动态功能，调节品质极高，能较好地克服假水位现象。该回路配有压力补偿方式，具有清晰的参数图和给水流量、蒸汽流量等积算功能。

过热蒸汽温度控制——采用炉膛出口温度和减温器出口温度作为前馈控制，以克服减温器的滞后对温度的影响。

鼓引风机风量挡板控制——炉膛负压控制采用总风量（送风量）前馈的单回路控制，同时对过剩空气进行补偿。

2）垃圾焚烧系统的蒸汽轮机控制。

电液调节系统。蒸汽轮机配有 Woodward505 型电液调节系统，可靠性高、操作简单。在实例工程中，该电液调节系统主要完成下列任务：转速调节、入口蒸汽压力调节、辅助发电机同步控制及负荷调整。

调节回路。除电液调节系统之外，DCS（分布式控制系统）过程控制系统还配有下列汽轮机调节回路：①热井水位调节，热井水位过低会影响蒸汽轮机真空，过高则会对设备造成威胁。稳定的热井液位对机组的安全、经济运行十分重要。②冷凝泵最小流量控制，用于避免产生汽蚀对设备的损害。③轴封蒸汽压力调节，使真空得以维持。④除氧器压力调节，保证给水的质量。⑤除氧器水箱水位调节。

开环控制系统。开环控制系统的主要作用是蒸汽轮机安全连锁保护控制，包括：蒸汽轮机转速保护、蒸汽轮机轴位移保护、蒸汽轮机真空保护、润滑油油压联锁保护、除氧抽汽联锁保护、蒸汽轮机发电机联锁保护、射水泵蒸汽轮机联锁保护等。

此外，电气部分除继电保护和网控外，所有的电机控制、电气的电量等信号等都通过 I/O 通道输入 DCS。

3）垃圾焚烧系统的安全保护控制

垃圾焚烧系统的安全保护有以下方面：锅炉燃烧安全保护、主蒸汽压力安全保护、锅炉水位安全保护、鼓引风机安全联锁保护、给水压力联锁保护。

4）垃圾焚烧的电能变换控制策略

垃圾焚烧发电一般是由焚烧炉加热锅炉，产生蒸汽并驱动蒸汽轮机，并由与之相连的发电机直接发电，发出的电能除了可以直接并网供电之外，也可以利用电力电子技术对电能进行变换，然后再并入中高压电网。

图 6-22 是垃圾焚烧发电控制的系统框图。控制系统中的总协调控制器需要对垃圾焚烧全过程进行控制，包括控制方式的确定，并将逆变控制的方式下达逆变控制器，将燃烧状态和要求下达燃烧控制器，起到整体的协调作用。逆变控制器采集公用电网的电压和相位等信号，并控制三相 SPWM 逆变器，实现同步并网，将发电机所发出的交变电能变换成与电网同频率、同相位的交流电后，通过逆变匹配变压器输送到公共供电网络。而燃烧控制器采集相关的焚烧炉的温度、锅炉温度与压力、蒸汽轮机的转速及工作状态，并控制焚烧炉排的进给速度，保持焚烧系统的稳定。

蒸汽轮机带动发电机就可以实现电能的产

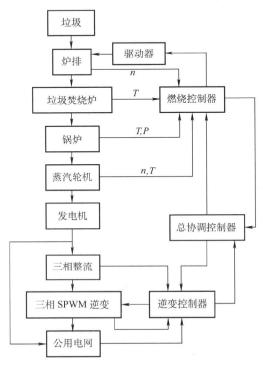

图 6-22　垃圾焚烧发电的控制系统框图

生，并且在适当条件下可以直接并入公用电网。但这种直接并网要求发电机输出的电压、频率、相位及三相平衡度等参数必须与公用电网一致，这就要求焚烧系统必须具备良好的功率调节性能。若采用三相逆变器变换后再进行并网，并网的控制全部由逆变控制器完成，对发电机以及焚烧炉的要求要低得多，这种方式虽然提高了系统的造价，但对垃圾燃烧的控制要求可以大为降低，因而这种方式适用于垃圾热值不稳定的场合。

6.2　核能及其应用技术

核能是一种可以大规模使用且安全经济的能源。核能主要有两种，即核裂变能和核聚变能。核裂变能至今已有了很大发展，由于核裂变发电用核燃料的生产及发电过程中产生的核废物危害性较大，相对于核裂变，核聚变更清洁，因此，科学家们普遍看好的是利用可控核聚变反应所释放的巨大能量来产生电能。核聚变发电目前仍处于研究开发中，人类尚未掌握受控的核聚变。因此，通常所说的核能（或原子能）是指在核反应堆中由受控核裂变链式反应产生的能量。

本节主要介绍核能的形式及其利用、核反应原理及反应装置、核能发电技术与发电设备、核电站的运行与监控系统。

6.2.1 核能的主要形式

众所周知，原子核是由中子和质子组成的。一个原子的质量应该等于组成它的基本粒子的质量总和。但是，实际上并不是这样简单。通过精密的实验测量，人们发现，原子核的质量总是小于组成它的质子和中子质量之和。例如，氦原子核是由两个质子和两个中子组成，外面有两个电子。氦原子的质量应该是：

$$m_{He} = 2m_{质子} + 2m_{中子} + 2m_{电子} = 2 \times 1.00728u + 2 \times 1.00867u + 2 \times 0.00055u = 4.033u$$

其中，u 为质量单位，$1u = 1.66 \times 10^{-24}g$。

但经实验测得的氦原子的质量 $m_{He} = 4.00260u$，比组成它的基本粒子总质量少了 0.0304u；再如 ^{238}U 的原子，它的核由 92 个质子和 146 个中子组成，核外有 92 个电子。这些粒子的质量加在一起应该是 239.986u。但直接测量得的 ^{238}U 的原子质量却是 238.051u，少了 1.935u。

像上述这种质量减少现象在其他原子核中同样存在，人们将这种现象称为"质量亏损"。

根据爱因斯坦的质能关系式 $E = mc^2$，核反应过程中质量的减少，必然伴随着能量的放出，即 $\Delta E = \Delta mc^2$。这种由若干质子、中子等结合成原子核的时候放出的能量，叫作原子核的结合能，即核能。

一般化学反应仅是原子与原子之间结合关系的变化，原子核结构并不发生改变。由于核子间的结合力比原子间结合力大得多，所以核反应的能量变化比化学反应要大几百倍。如用 4g 氢完全燃烧时放出的热量大约可以把 1kg 水烧开，而在合成 4g 氦原子的核反应中，放出的热量可以把 $5.0 \times 10^3 t$ 水烧开，两者释放出的热相差五百万倍；再如 $1kg^{235}U$ 裂变时可放出相当于 $2.7 \times 10^3 t$ 标准煤的能量；1kg 氘发生聚变反应所放出的能量更大，相当 $1.1 \times 10^3 t$ 标准煤或 $8.6 \times 10^3 t$ 汽油燃烧后的热量。

核能包括核裂变能、核聚变能、核素衰变能等，其中主要的核能形式为核裂变能和核聚变能。核裂变能是重元素（铀或钍等）在中子的轰击下，原子核发生裂变反应时放出的能量；核聚变能是轻元素（氘和氚）的原子核发生聚变反应时放出的能量。下面主要介绍这两种核能形式的产生。

1. 核裂变能

某些重核原子如 ^{235}U 等，在热中子的轰击下原子核发生裂变反应，产生质量相差不多的两种核素和几个中子，并释放出大量的能量。以 ^{235}U 为例，有

$$^{235}_{92}U + ^1_0n \rightarrow ^{137}_{56}Ba + ^{97}_{36}Kr + 2^1_0n + 200MeV \tag{6-7}$$

据测算，$1kg^{235}U$ 全部裂变后释放出的能量，相当于 $2.7 \times 10^3 t$ 标准煤完全燃烧放出的化学能。在不加控制的链式反应中，从一个原子核开始裂变放出中子，到该中子引发下一代原子核的裂变，只需 1ns（$10^{-9}s$）时间。在非常短的时间以及有限空间内，核裂变所放出的巨大能量必然会引起剧烈的爆炸，原子弹就是根据这种不加控制的链式反应的原理制成的。通过链式反应的控制，使核裂变能缓缓地释放出来，可用于直接供热或发电等。核裂变电站就

是利用可控核裂变来发电的。

产生核裂变能所使用的核材料主要是^{235}U、^{235}Pu。^{235}U 在天然铀中的丰度只有 0.7% 左右。^{232}Th、^{238}U 等尽管在自然界中丰度高、储量大，并不能直接用于核裂变能的生产，但这些易增殖材料可以在快中子作用下通过核反应转变为^{233}U、^{239}Pu 等易裂变的优质核燃料，从而大大提高资源的利用率。

2. 核聚变能

核聚变是由两个或多个轻元素的原子核，如氢的同位素氘（^2_1H）或氚（^3_1H）的原子核，聚合成一个较重的原子核的过程。在这个过程中，由于某些轻元素如氘在聚变时质量亏损较核裂变反应时大，根据 $E=mc^2$，核聚变反应将会放出更多的能量。

如原子弹一样，如果对聚变反应不加以控制，氢的同位素氘（D）、氚（T）发生核聚变反应时瞬间就会释放出大量的热，从而产生爆炸。氢弹就是利用这个原理来制造的。氢弹的爆炸是一种不可控的释能过程，整个过程持续时间非常短，仅为百万分之几秒。而作为一种能源，人们期望聚变反应能在人工控制下缓慢、持续地发生，并把所释放的能量转化为电能输出。这种人工控制下发生的核聚变过程称为受控核聚变。

由于氘、氚聚变时释放的能量巨大，聚变反应产物放射性污染小，聚变堆安全性好，以及氘的来源丰富等特点，氢材料是一种非常理想的核聚变材料。

（1）核聚变应用中可控核聚变的发生条件

产生可控核聚变需要的条件非常苛刻。太阳就是靠核聚变反应给太阳系带来光和热，其中心温度达到 1500 万℃，另外还有巨大的压力能使核聚变正常反应，而地球上没办法获得巨大的压力，只能通过提高温度来弥补，不过这样一来温度要到上亿度才行。核聚变如此高的温度没有一种固体物质能够承受，只能靠强大的磁场来约束。

（2）核聚变的反应装置

可行性较大的可控核聚变反应装置就是托卡马克装置。

托卡马克是一种利用磁约束来实现受控核聚变的环性容器。它的名字 Tokamak 来源于环形（Toroidal）、真空室（Kamera）、磁（Magnit）、线圈（Kotushka），最初是由位于苏联莫斯科的库尔恰托夫研究所的阿齐莫维齐等人在 20 世纪 50 年代发明的。托卡马克的中央是一个环形的真空室，外面缠绕着线圈，在通电的时候托卡马克的内部会产生巨大的螺旋形磁场，将其中的等离子体加热到很高的温度，以达到核聚变的目的。

3. 核能发电的特点

1）能量的高度集中。1 吨^{235}U 在裂变反应中产生的能量约等于 1 吨标准煤在化学燃烧反应中产生能量的 240 万倍。考虑到当今反应堆利用铀资源效率低下的情况，将核电厂的燃料消耗量同现代燃煤电厂相比，1t 天然铀也相当于 14000t 标准煤。利用核能可以大大减少燃料开采、运输和储存的困难及费用。

2）铀资源丰富。地球上已探明的易开采铀储量，在投入快中子增殖堆以充分利用的条件下，所能提供的能量已大大超过全球可用的煤炭、石油和天然气储量之和。而海水和花岗岩中的铀资源更是无比丰富。因此，核能在近期和远期都是很重要的能源。

出于以上两个特点带来的燃料价廉的好处，核电迅速发展成为经济上具有竞争力的能源，这对世界上缺乏化石燃料资源的国家（许多欧洲国家及日本、韩国等国）是特别明显的。对于我国远离煤炭生产基地的沿海各省市，核电具有十分重要的现实意义。核能供热已在少数工业发达国家开发和示范利用，也有着广泛应用的前景。

20 世纪 80 年代后期，国际上特别关注全球性的环境变化。核电厂不释放温室气体 CO_2 以及 SO_2 与 NOx，有利于减轻全球变暖和局部性的酸雨危害，环境保护学者十分重视核电厂的这些优势。

核电在世界电力供应中的地位日益显著。加拿大，在营核反应堆 19 座，净发电能力为 13.6GW，2019 年，核电占比为 15%。美国，在营核反应堆 94 座，净发电能力为 96.6GW，2019 年，核电占比为 20%。法国，当之无愧的核电大国，在营核反应堆 56 座，净发电能力为 61.4GW，2019 年核电占比为 71%。德国，仍有 6 座核反应堆在运行，净发电能力为 8.1GW，2019 年，核电占比为 12.5%。印度，在营核反应堆 23 座，净发电能力为 6.9GW，2019 年核电占比为 3%。核电发展领先的地区是那些最缺乏化石燃料及水力资源的地区。但发展中国家利用核电受到很大限制：由于经济落后而筹资困难；缺少具有科技知识和现代化管理能力的人才；基础结构不适应核电发展的需要。因此，发展中国家的核电厂建设缓慢，核电装机容量占电力总装机容量之比远低于世界平均水平。

我国的核电是从 20 世纪 70 年代起步的，80 年代初，我国政府制定了发展核电的技术路线和政策，决定发展压水堆核电厂，引进国外的先进技术，逐步实现设计自主化和设备国产化。1983 年，国务院决定在 20 世纪内把主要力量集中在压水堆核电站的研究、开发和建造方面。20 世纪 90 年代，建成了秦山和大亚湾核电站，两座核电站的建成，标志着我国的核电已经起步。

截至 2019 年 11 月，我国核电装机容量约为 4874 万 kW。到 2050 年，根据不同部门的估算，我国核电装机容量可以分为高中低三种方案：高方案为 3.6 亿 kW（约占我国电力总装机容量的 30%），中方案为 2.4 亿 kW（约占我国电力总装机容量的 20%），低方案为 1.2 亿 kW（约占我国电力总装机容量的 10%）。

国家发展和改革委员会正在制定我国核电发展民用工业规划，2019 年核电占发电总量的比例为 5%。预计到 2030 年我国核电装机容量将达到 3.7 亿 kW 左右，在全社会装机容量中占比将达到 10%。从核电发展总趋势来看，我国核电发展的技术路线和战略路线早已明确并正在实施，当前发展压水堆，中期发展快中子堆，远期发展聚变堆。具体地说就是利用铀资源，采用铀钚循环的技术路线，中期发展快中子增殖反应堆核电站，远期发展聚变堆核电站，从而基本上"永远"解决能源需求的矛盾。

核技术最初被作为现代化武器在国防军事领域使用，如原子弹、氢弹。而后，随着社会的发展陆续开始在工业、农业、医学等诸多领域广泛应用。如利用核能直接为工厂或家庭取暖供热、核能发电、海水淡化、氢燃料的制备、航天器用的热电转换型同位素空间电池（利用核素衰变热发电）、心脏起搏器或军用微机械用同位素电池（辐射伏特效应）、食品辐照、食品和器具的消毒等。

6.2.2　核反应原理及核能发电

当前核能发电主要是核裂变发电，其核心是核反应堆，它是一个能维持和控制核裂变链式反应，从而实现核能—热能转换的装置。1942 年，美国芝加哥大学建成了世界上第一座自持的链式反应装置，从此开辟了核能利用的新纪元。

1. 核反应堆工作原理

核电站是利用核裂变反应释放出的能量来发电的工厂。它是通过冷却剂流过核燃料元件表面，把裂变产生的热量带出来，再产生蒸汽，推动汽轮发电机组发电。

图6-23所示为压水堆核电站工作原理示意图。它主要由一回路系统和二回路系统两大部分组成。一回路系统主要由核反应堆、稳压器、蒸汽发生器、主泵和冷却剂管道组成。冷却剂由主泵压入反应堆，流经核燃料时将核裂变放出的热带出；被加热的冷却剂进入蒸汽发生器，通过蒸汽发生器中的传热管加热二回路中的水，使之变成蒸汽，从而驱动汽轮发电机组工作；冷却剂从蒸汽发生器出来后，又由主泵压回反应堆内循环使用。一回路被称为核蒸汽供应系统，俗称"核岛"。为确保安全，整个一回路系统装在一个称为安全壳的密封厂房内。二回路系统主要由汽轮发电机、凝汽器、给水泵和管道组成。二回路系统与常规热电厂的汽轮发电机系统基本相同，因此也称为"常规岛"。一、二回路系统中的水是各自封闭循环，完全隔绝，以避免任何放射性物质外泄。

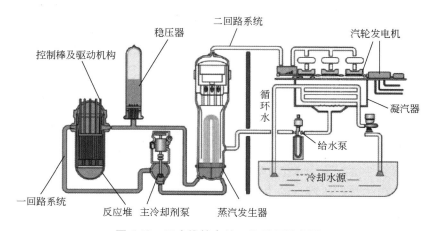

图6-23　压水堆核电站工作原理示意图

2. 核反应堆装置

这部分将介绍世界上的几种主要的核电堆型。

（1）快中子和热中子的概念

快中子：裂变过程直接产生的中子。

热中子：快中子经过慢化剂慢化后的中子。

依所采用的中子种类核反应堆可分为：快中子反应堆，热中子反应堆。

目前，世界上已达到商业运行水平的反应堆都属于热中子反应堆，包括压水堆和沸水堆。在热中子反应堆中，一般采用普通水、重水、石墨作慢化剂。

核电站依据所采用的堆型来命名，如采用压水堆的叫压水堆核电站。

反应堆依所采用的慢化剂和载热剂（冷却剂）来命名，如以轻水（普通水）作慢化剂和载热剂的反应堆叫轻水堆；以重水作慢化剂和载热剂的叫重水堆；以石墨作慢化剂和 CO_2 气体作载热剂的反应堆叫石墨气冷堆。

（2）主要堆型

1）压水堆。压水堆核电厂使用低浓铀作为核燃料，富集度为 3% ~ 4%，其慢化剂和载热剂是轻水，故属于轻水堆。为了提高其载热效率，要求在300~350℃范围内不沸腾，因此必须使水保持在150~160atm（1atm＝101325Pa）的高压下，故称为压水堆。压水堆核电厂由核反应堆、一回路系统、二回路系统和辅助系统组成。

2）沸水堆。沸水堆核电厂也使用低浓铀作核燃料，富集度同压水堆，其慢化剂和载热剂是轻水，故属于轻水堆。沸水堆中的水允许沸腾，压力大约为70atm，故称作沸水堆。沸水堆核电站由核反应堆、回路系统及辅助系统组成。

3）重水堆。重水堆核电站采用天然铀作核燃料，其慢化剂和载热剂是重水，故称为重水堆。系统与压水堆相似。

核反应堆装置由堆芯、冷却系统、中子慢化系统、中子反射层、控制与保护系统、屏蔽系统、辐射监测系统等组成。核反应堆如图6-24所示。

① 堆芯中的燃料。反应堆的燃料是可裂变或可增殖材料，自然界天然存在的易于裂变的材料只有^{235}U，它在天然铀中的含量仅有0.711%。另外，还有两种利用反应堆或加速器生产出来的裂变材料^{233}U和^{239}Pu。将这些裂变材料制成金属、合金、氧化物、碳化物以及混合燃料等形式作为反应堆的燃料。

② 燃料包壳。由于裂变材料在堆内辐照时会产生大量裂变产物，特别是裂变气体，为了防止裂变产物逸出，需要将核燃料装在一个密封的包壳中。包壳材料多采用铝、锆合金和不锈钢等。

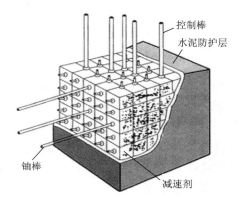

图6-24　核反应堆

③ 控制与保护系统中的控制棒和安全棒。为了控制链式反应的速率在一个预定的水平上，需用吸收中子的材料做成吸收棒，称之为控制棒和安全棒。控制棒用来补偿燃料消耗和调节反应速率；安全棒用来快速停止链式反应。吸收体材料一般是铪、硼、碳化硼、镉、银铟镉等。

④ 冷却系统。由于核裂变时产生大量的热，为了维持堆运行的安全，需要将核裂变反应时产生的热导出来，因此反应堆必须有冷却系统。常用的冷却剂有轻水、重水、氦和液态金属钠等。

⑤ 中子慢化系统。由于慢速中子更易引起^{235}U裂变，而核裂变产生的中子则是快速中子，所以有些反应堆中要放入能使中子速度减慢的材料，这种材料就叫慢化剂。常用的慢化剂有水、重水、石墨等。

⑥ 中子反射层。反射层设在活性区四周，它可以是重水、轻水、铍、石墨或其他材料。它能把活性区内逃出的中子反射回去，减少中子的泄漏量。

⑦ 屏蔽系统。屏蔽系统设备在反应堆周围，以减弱中子及γ剂量。

⑧ 辐射监测系统。该系统能监测并及早发现核反应堆放射性泄漏情况。

压水堆全称为加压轻水慢化冷却反应堆。压水堆核电厂的反应堆采用普通高纯水作慢化剂和冷却剂，低富集度的二氧化铀为燃料，为了把反应堆的出口水温提高到300℃，必须将压力提高到14~16MPa，以防止沸腾。所以称这种类型的反应堆为加压水反应堆，简称压水堆。压水堆结构图如图6-25所示。

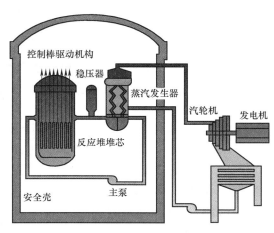

图 6-25 压水堆结构图

3. 核能发电装置

在压水堆核电厂中，反应堆的作用是进行核裂变，将核能转换成热能，水作为冷却剂流经堆芯将堆内释放的热量通过反应堆冷却剂管道传到蒸汽发生器，在那里传递给二次侧的给水（二回路工质），使其成为饱和蒸汽。冷却剂在蒸汽发生器中被冷却后由主泵打回反应堆重新加热，形成一个封闭的吸热和放热的循环流动过程，这个循环回路称为一回路，也是核蒸汽供应系统的主要部分，其功能是冷却堆芯并带走热量。由于一回路的主要设备是反应堆，所以通常将一回路及其辅助系统和厂房统称为核岛（NI）。

二回路工质（汽轮机工质）在蒸汽发生器中被加热成饱和蒸汽后进入汽轮机膨胀做功，并将热能转换为机械能，带动发电机发电，把机械能转换为电能。做完功的蒸汽被排入凝汽器，由循环冷却水进行冷却，凝结成水后由凝结水泵送入加热器预加热。再经由给水泵输入蒸汽发生器，完成了汽轮机工质的封闭循环，此回路被称为二回路。二回路系统功能与常规蒸汽动力装置基本相同，所以将它及其辅助系统和厂房统称为常规岛（CI）。

综上所述，核能发电实际是核能→热能→机械能→电能的能量转换过程。其中热能→机械能→电能的能量转换过程与常规火力发电厂的工艺过程基本相同，只是设备的技术参数略有不同。核反应堆的功能相当于常规火电厂的锅炉系统，只是由于流经堆芯的反应堆冷却剂带有放射性，不宜直接送入汽轮机，所以压水堆核电厂比常规火电厂多一套动力回路。

压水堆核电厂主要由核岛和常规岛两个系统构成。

（1）核岛系统

一回路系统通常由并联到反应堆的2~4条相同的传热环路组成。反应堆外壳是一个耐高压容器，被称为压力容器或压力壳，堆芯安装在其内部。每一条环路有一台反应堆冷却剂泵，一台蒸汽发生器和相应的反应堆冷却剂管道与反应堆构成一条封闭的回路。整个一回路的运行压力由一台与其中一条环路热端连接的稳压器来维持，并控制其可能产生的压力波动。系统作为压力边界提供了一个防止在反应堆里产生的放射性释放的屏障，并用来确保在核电厂整个寿命周期内的完整性。

此外，核岛系统还包括一些安全系统和辅助系统，按照功能大体分为四类。

1）专设安全系统。此系统在反应堆发生大量失水事故时可以自动投入，阻止事故的进一步发展扩大，保护反应堆的安全，同时防止放射性物质向大气环境扩散。专设安全系统包括安全注入系统、安全壳喷淋系统、辅助给水系统、安全壳大气监测系统和安全壳隔离系统。

2）核辅助系统。此系统保证反应堆和一回路正常启动、运行和停堆。核辅助系统主要包括化学和容积控制系统、反应堆硼和水补给系统、蒸汽发生器排污系统、核取样系统、核岛疏水排气系统、余热排出系统、反应堆换料水池和乏燃料水池冷却和处理系统、硼回收系统、设备冷却水系统、核燃料装卸、运输和储存系统等。

3）三废处理系统。此系统能回收和处理放射性废物以保护和监测环境。三废处理系统主要包括废气处理系统、废液处理系统、固体废物处理系统、核岛污水回收系统、放射性洗衣房系统等。

4）电厂辅助系统。此系统包括采暖空调系统、水处理系统、压缩空气系统等常规系统。

（2）常规岛系统

常规岛系统可划分为汽轮机回路、循环冷却水系统和电气系统三大部分。

1）汽轮机回路。汽轮机回路的主要设备有汽轮机、汽水分离再热器、凝汽器、凝结水泵、低压加热器、除氧器、主给水泵和高压加热器等。蒸汽发生器的出口饱和蒸汽进入汽轮机带动发电机发电，然后排入凝汽器，在凝汽器中由循环冷却水冷凝成凝结水，凝结水由凝结水泵经低压加热器加热后送入除氧器进行除氧，再由给水泵经高压加热器加热后输入蒸汽发生器作为给水产生蒸汽循环使用。由于蒸汽发生器传热管将一、二回路隔离开，这个汽水循环回路中的水和蒸汽是不带放射性的。高、低压加热器的加热热源分别由汽轮机的高压缸和低压缸中间级抽汽提供。

由于汽轮机的进口蒸汽为饱和蒸汽，高压缸的排汽含有较多水分，为防止或降低蒸汽对汽轮机叶片的冲蚀作用，在高压缸和低压缸之间设置了汽水分离再热器，以分离高压缸排汽中的水分，并使进入低压缸的蒸汽变为微过热蒸汽。

为了在汽轮机大负荷瞬间变化或汽轮机紧急跳闸时使反应堆能维持适当负荷，不至于停堆，另外设置了蒸汽旁路系统，主蒸汽可由主蒸汽汽联箱直接通往凝汽器和除氧器或直接排向大气。

2）循环冷却水系统。循环冷却水系统亦称三回路，其主要功能是向凝汽器供给冷却水，确保汽轮机凝汽器的有效冷却。对应滨海核电厂，该系统是个开放式回路，循环水从海中抽取，流经凝汽器管路后，循环水又流回海里。对于内陆核电厂，循环冷却水可以是封闭循环，通过冷却塔向大气排放热量。

3）电气系统。电气系统包括发电机、励磁机、主变压器、厂用变压器等。发电机出线电压经主变压器升压后与主电网相连。在正常运行时整个厂用电设备的配电由发电机的出线经过厂用变压器降压供电，当发电机停机时则由主电网经过主变压器反向供电。若此时主电网失电，则由另一外部电网经过辅助变压器向厂内供电。当上述电源均故障不可用时，则由备用的柴油发电机组向厂内应急设备供电，以保障核电厂设备的安全。

6.2.3　核电站的运行与监控

核反应堆的启动、功率调节、停堆等是依靠控制棒的运行进行控制；一回路的压力、冷却剂容量控制靠稳压器系统来完成；停堆后的热量导出由余热排除系统来实现；一回路冷却剂的水质控制由化学和容积控制系统来完成；一回路的正常泄漏补偿由化学和容积控制系统来完成；一回路的事故泄漏补偿由安注系统（高压、低压及中压安注系统）来实现。所以，压水堆核电厂将核能转换为电能分四步，在以下四个主要设备中实现：

1）反应堆：将核能转换为热能（高温高压水）。

2）蒸汽发生器：将一回路高温高压水中的热量传递给二回路的水，使其变为饱和蒸汽。在此只进行热量交换，不进行能量的转换。

3）汽轮机：将饱和蒸汽的热能转换为高速旋转的机械能。

4）发电机：将汽轮机传来的机械能转换为电能。

1. 核电站的运行

（1）反应堆标准运行方式

对于压水堆核电站，反应堆的标准运行方式包括：①冷停堆；②中间停堆；③热停堆；④热备用；⑤功率运行。

其中冷停堆可以细分为：

1）换料冷停堆：允许反应堆进行燃料更换操作的停堆方式。

2）维修冷停堆：允许反应堆对一回路部分设备进行维修的运行方式。

3）正常冷停堆：正常条件下的停堆。

中间停堆可以细分为：

1）单相中间停堆：一回路冲水排气后稳压器充满水（单相）的状态。

2）两相中间停堆：一回路冲水排气后稳压器为双相的状态。

3）正常中间停堆：在两相中间停堆的基础上，余热排出系统（RRA）完成隔离的状态。

除了中间的过渡状态，反应堆总是运行在上述的九个标准方式下，这些运行方式是按照反应堆的反应性、一回路冷却剂温度和压力的高低来划分的。总体而言，当反应堆从正常冷停堆状态逐步达到功率运行状态时，这些参数（反应堆的反应性ρ、一回路冷却剂温度和压力）是随着运行方式的变化而逐渐上升的，即反应性从负数逐步增大，压力和温度也是逐渐上升的。表6-6给出了标准运行方式的主要参数和特点。图6-26为标准运行状态图。

表 6-6　标准运行方式的主要参数和特点

序号	运行方式	次临界度/pcm	控制棒位置	一回路冷却剂平均温度/℃	一回路冷却剂压力/MPa	稳压器状态	压力控制	主泵运行数量
1	换料冷停堆	≥5000	所有棒在堆内	10≤t≤60	大气压	排空	无	0
2	维修冷停堆	≥5000	所有棒在堆内	10≤t≤70	大气压	排空	无	0
3	正常冷停堆	≥1000	S、R棒在堆外，G棒在堆内	10≤t≤90	≤2.9	单相	RCV上的调节阀	t≥70℃时至少一台

（续）

序号	运行方式	次临界度/pcm	控制棒位置	一回路冷却剂平均温度/℃	一回路冷却剂压力/MPa	稳压器状态	压力控制	主泵运行数量
4	单相中间停堆	≥1000	S、R 棒在堆外，G 棒在堆内	90≤t≤180	2.3≤ρ≤2.9	单相	RCV 上的调节阀	≥1
5	两相中间停堆	≥1000	S、R 棒在堆外，G 棒在堆内	120≤t≤180	2.3≤ρ≤2.9	汽水两相	稳压器	≥1
6	正常中间停堆	≥1000	S、R 棒在堆外，G 棒在堆内	160≤t≤291	2.3≤ρ≤15.4	汽水两相	稳压器	≥2
7	热停堆	按照相关曲线确定	S 棒在堆外，R、G 棒在堆内	291	15.4	汽水两相	稳压器	≥2
8	热备用	0	S 棒在堆外，R 棒在调节带，G 棒在整定棒位	291	15.4	汽水两相	稳压器	3
9	功率运行	0	S 棒在堆外，R 棒在调节带，G 棒在整定棒位	291	15.4	汽水两相	稳压器	3

注：RCV—化学和容积控制系统；S 棒—安全棒；R 棒—温度调节棒；G 棒—功率补偿棒。

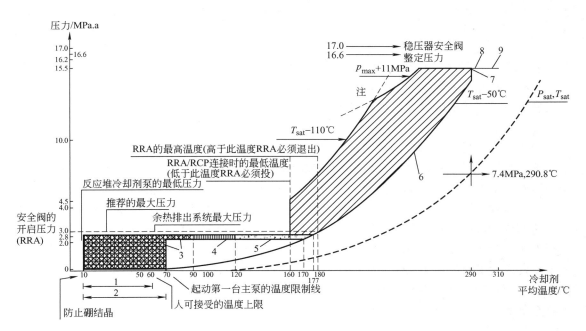

图 6-26　标准运行状态图

1—换料冷停堆　2—维修冷停堆　3—正常冷停堆　4—单相中间停堆　5—两相停堆　6—正常中间停堆
7—热停堆　8—热备用　9—功率运行　p_{max}—蒸发器二次侧压力

（2）反应堆逼近临界状态时的操作原则

在反应堆起动过程中，反应性数值是逐渐增大的——从负数值增大到零，再到正数值；逼近临界状态和达到临界状态时，为保证反应堆的安全，必须遵守以下准则：

1）温度：必须避免引起一回路冷却剂平均温度变化的任何操作。

2）反应性变化：在逼近临界状态的过程中，在任何时间内，只允许使用一种方法来控制反应性的变化，即改变硼浓度或者控制棒棒位不允许同时进行。

3）反应性控制：逼近临界状态时，中子通量倍增时间必须大于18s。

（3）反应堆起动过程

实际压水堆核电站的操作是非常严格和复杂的，这里以压水堆核电站基本操作为例，简要说明核电站的起动和停机过程。

1）一回路冲水排气。主要任务是对一回路进行冲水，排除回路中的气体，并提升压力。通过化学和容积控制系统（RCV系统）的上冲泵进行冲水。冲水结束后，调节RCV系统的调节阀，增大冲水流量，提升一回路压力到2.5MPa。随后进行排气操作：起动冷却剂泵20~30s后再停止，打开排气阀进行排气。排气后，反应堆进入正常冷停堆状态。

2）一回路升温、稳压器建立汽腔。起动三台冷却剂泵，并投入稳压器的全部电加热器对一回路的水进行加热。当一回路水平均温度大于120℃时，可以开始在稳压器内建立汽腔。主要操作是投入稳压器及电加热器并关闭喷淋阀，使稳压器内的水达到饱和状态，并且部分水蒸发形成蒸汽空间（汽腔）。汽腔建立后，一回路的压力由稳压器喷淋阀和电加热器进行控制。

3）继续升温至热停堆。一回路继续升温升压。升温过程中，温度的上升引起水的容积增大，因此要控制好稳压器的水位。手动调节稳压器压力达到15.4MPa，一回路温度达到291℃。提升控制棒到指定位置：S棒组在堆外，其余棒在第5步位置，反应堆达到热停堆状态。

4）反应堆达到临界。根据停堆时间长短和准备达到临界的时间进行反应性平衡计算，确定达临界状态的方案，即确定临界时R棒和G棒位置，确定一回路加硼或者稀释的总量以及速率。根据达到临界方案进行稀释或者硼化，然后提升G棒到临界位置。此时反应堆到达临界状态。

5）提升功率到2%核电站的额定功率。反应堆到达临界状态后，投入蒸汽发生器的供水系统和水位控制系统，调整好S棒、G棒的水位。手动提升G棒的棒位，提高功率，使核功率达到额定功率的2%左右。同时应该开启汽轮机旁路系统，维持整个系统的运转。

6）汽轮机冲转、并网。随着旁路系统的投入，从蒸汽发生器中产生的蒸汽参数逐渐提高，达到汽轮机冲转所要求的数值后（蒸汽发生器压力达到7MPa，蒸汽温度达到286℃），进行汽轮机冲转，使汽轮机转速升高，并稳定在额定转速上（1500r/min）。在汽轮机额定转速下，投入发电机的相关系统和设备，确认发电机并网条件满足，进行并网操作。

7）升负荷至100%额定功率。并网后，以规定的升速率逐步增加负荷，直到反应堆达到额定负荷或指定的负荷。

（4）核电站停堆过程

核电站的停堆过程相对简单。首先是按照一定的速率降负荷，当负荷低到一定程度时汽轮机跳闸，同时发电机解列。随后继续硼化或者插入G棒，降低功率到2%额定功率以下，使机组处于热备用状态。根据计划安排，进行下一步的工作。

2. 核电站的监控系统

核电站的监控系统主要指仪表和控制（简称 I&C）系统，它是核电厂关键的综合系统之一，是整个核电厂的"中枢神经"系统，它对确保核电厂的安全、经济运行起着至关重要的作用。

随着核电技术的研究和开发以及微电子技术的高速发展，自 20 世纪 70 年代开始，一些发达国家就相继着手开发设计用于核电厂的数字化 I&C 系统，目前，这类系统的应用已经从局部扩展到全厂范围。90 年代开始，随着对核电厂安全性和经济性要求的进一步提高，以及微电子、计算机和网络通信三大现代技术日趋成熟完善，数字化 I&C 系统已经进一步向智能化的方向发展。

新一代核电厂的数字化、智能化的 I&C 系统以全分布式计算机局域网络为特征，它在数字化的基础上，引入了面向状态的诊断、智能报警、数据库、人体工程学、先进控制、模糊控制、神经网络、现代仿真学等现代科学技术，并在设计过程中系统化地进行功能分析和分配、操纵员作业分析，实现了面向核电厂运行安全状态的操作员支持系统（包括以智能诊断与智能报警为基础的计算机化操作规程和应急响应规程等）。AP1000 的 I&C 系统采用了数字化的控制和保护系统平台，将电厂的各个系统集成在一起，为电厂的运行和保护提供了统一的接口。通过减少接口和平台的数量，集成的 I&C 系统设计具有良好的结构和性能。AP1000 的 I&C 体系如图 6-27 所示。

（1）核电厂仪表和控制系统的功能

核电厂仪表和控制系统包括核岛（NI）、常规岛（CI）及电厂辅助设施（BOP）等部分的仪表和控制系统。

核电厂仪表和控制系统构成电厂人机系统中的接口：仪表和控制系统负责对核电厂的参数、工艺系统及设备的状态监测与控制；辅助操纵员主要对工艺过程进行监督、操作和管理。仪表和控制系统是核电厂安全、可靠和经济运行的重要保证，其主要功能包括：

1）在正常运行、预计运行事件和事故工况下，监测核电厂参数和各系统的运行状态，为操纵员安全有效地操纵核电厂提供必要信息。

2）通过自动化设备的自动控制或操纵员手动控制，将工艺系统或设备的运行参数维持在运行工况规定的限值内。

3）在异常工况和事故工况下，触发保护动作，保护人员、反应堆和系统设备的安全，避免环境受到放射性污染。

4）为操纵员提供事故后实施操作的监控手段，从而能将核电厂保持在安全状态。

（2）核电厂的监测和控制方式

1）集中的监测和控制。为便于运行人员对生产过程进行监督、控制和事故处理，整个核电厂，包括核岛、常规岛和部分电厂辅助设施均采用集中的监测和控制。在核电厂设置主控制室，汇集供操纵员监控核电厂所需的各种控制和监测设备，从主控制室可实现电厂的启动、停闭、正常运行和异常工况及事故处理。当主控制室由于某种原因不可用的情况下，在主控制室外的适当地点还设有辅助控制室（应急停堆控制点），以提供必要的监控手段，从那里可实现反应堆热停堆，并在就地控制的配合下实现反应堆的冷停堆，确保核电厂安全。

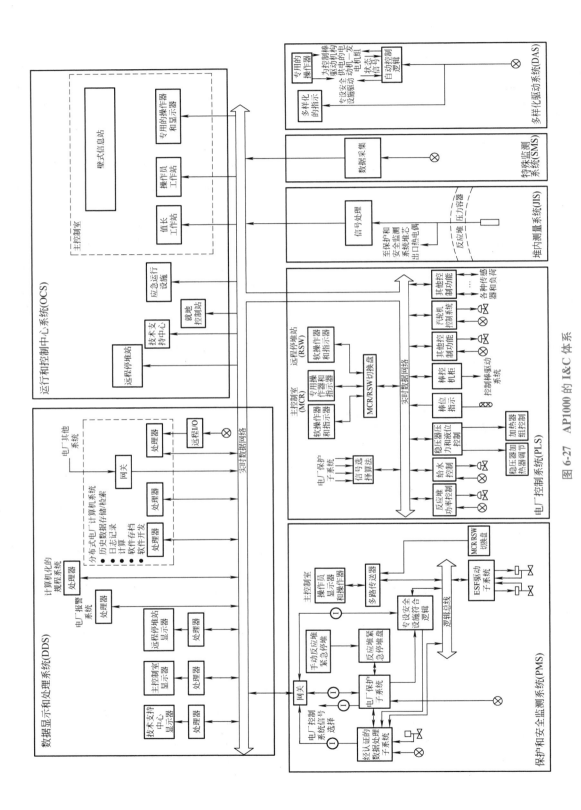

图 6-27　AP1000 的 I&C 体系

2）分散、成组的监测和控制。对于核电厂中某些与核电机组运行关系不大，但需运行人员在场监控的重要生产过程，一般在专用电气房间内设置就地控制室进行就地集中监控。在必要情况下，这些生产过程的某些信息还需送往主控制室显示或记录。核电厂中比较重要的就地控制室有：设在辅助厂房内的废物处理控制室、设在汽轮机厂房的凝结水精处理控制室以及 BOP 部分的除盐水生产控制室和淡水厂控制室等。

3）就地监测和控制。对于核电厂中某些与核电机组运行关系不大且不需运行人员经常监控的系统或设备，在核电机组停闭时使用的系统或设备以及偶尔使用的系统和设备一般采用就地监测和控制。监控设备就地设置在相关机电设备附近，从控制台或机柜直接进行监测和操作，如装卸料机、燃料转运装置、人员闸门、电厂污水系统等。

（3）核电厂控制室

在核电厂中，控制室系统是指包括人机接口、控制室工作人员、操作规程、培训大纲和相关的设施或设备的总体，它们共同维持控制室功能的正确执行。

1）主控制室。由主控制室集中控制和监测的，并由操纵员操作的设备和系统用于执行以下功能：使得机组安全运行、提高机组的可用率、保证设备安全、保障人员安全。

主控制室中与功率运行有关的监控设备的集中化，使得在这里能执行所有的操作和控制动作，但不包括那些在起动前只执行一次的操作（即只做一次性的全面调整）。

对不属于上面范围的部分，但它们的功能是完全自动的、并与电厂机组状态无关的系统和设备，只在主控制室简单地进行监测，而再就地进行控制。与电厂运行分离的所有功能，进行就地监测和控制。

由于与安全有关的控制和监测设备布置在控制台和控制盘上，所以从总体上来说，主控制室系统是与安全有关的。

此外，在控制室无法使用的情况下，可从应急停堆控制点执行安全停堆的安全操作。

主控制室的设备分成控制台和控制盘，以提供最佳的显示和操作条件。控制台包括正常、紧急或频繁使用的控制和信息装置。它是一个操作区，在这里操纵员可以了解机组状态的全貌，能够接近在正常、故障和事故工况期间要用到的主要控制器和数据。在控制盘上装有不经常使用的控制和信息装置以及电厂模拟图。

主控制室位于电气厂房。整个主控制室可以分成以下区域：

① 经常操作区，操纵员可在此进行所有负荷变化的控制（包括厂用负荷运行）。

② 一回路冷却剂系统和有关的辅助设备的操作区。

③ 二回路冷却剂系统和有关的辅助设备的操作区。

④ 与安全设施系统有关的区域。

⑤ 试验区。

在每次起动、停运或机组"正常"运行阶段，上面的分区可以减少操纵员的移动。

用于反应堆起动、停运和机组负荷改变的控制器以及那些需要频繁操作或对异常状态要立即响应的控制器放置在控制台上。用于长期操作的控制器（可以延迟几分钟或更长时间）放置在控制盘上。秦山二期、大亚湾和岭澳核电厂的主控室平面布置图如图 6-28 所示。

2）公共控制室。对于双堆机组，除每个机组设置了一个主控制室外，两台机组公用的某些功能是从公共控制室内的公共控制盘控制和监测的。公共控制室位于两个机组的主控室之间，并紧靠在一起，以便每个机组的操纵员能迅速到达该房间内操作。公共控制室的设计基准以及盘台设备等都与主控室的要求一样。

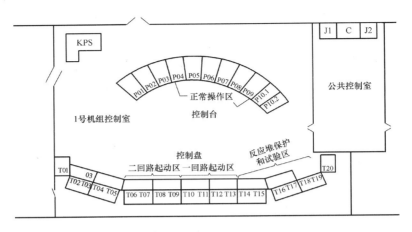

图 6-28 主控室平面布置图

P01～P03—通信及 CRT   P04、P05—给水   P06、P07—汽轮发电机组   P08、P09—反应堆   P10.1、P10.2—安全盘

T01～T03—报警及 TV   T04、T05—通信及辐射监测   T06、T07—给水   T08、T09—汽轮发电机组

T10～T19—反应堆正常运行安全设施及保护系统测试   T20—配电模拟盘   KPS—安全工程师台

J1—1 号机组火灾报警盘   J2—2 号机组火灾报警盘   C—公共控制盘

6.3 水能与水力发电技术

　　水不仅可以直接被人类利用，它还是能量的载体。自然界中的水体在流动过程中产生的能量，称为水能，包括位能、压能和动能三种形式。广义的水能包括河流水能、潮汐水能、波浪能和海洋热能；狭义的水能是指河流水能，即河流、湖泊等位于高处的水流至低处时所具有的位能。水能和风能一样是取之不尽、用之不竭的可再生清洁能源；水能资源蕴藏量大，全世界技术上可开发的水能资源约 15 万亿 kW·h，是目前能大规模开发、经济地提供电力的可再生能源，而且资源分布广泛，适宜就地开发。

　　水能资源，亦称水力资源。在一定技术、经济条件下，水能资源的一部分可以开发利用。按资源开发可能性的程度，水能资源分三级统计，即理论蕴藏量、技术可开发资源和经济可开发资源。根据当前技术、经济水平，可开发资源主要是河川水能资源，潮汐能资源占小部分，波浪能利用尚处于试验阶段。水能资源理论蕴藏量，系河流多年平均流量和全部落差逐段计算得出的水能资源理论平均出力。水能资源在世界各国的分布差别巨大，一个国家水能资源蕴藏量的大小，与其国土面积、河川径流量和地形高差有关。我国大陆河流众多，径流丰沛、落差巨大，蕴藏着非常丰富的水能资源。技术可开发的水能资源是指按当前技术水平可开发利用的水能资源，它是根据各河流的水文、地形、地质、水库淹没损失等条件，经初步规划拟定可能开发的水电站，统计已建、在建和尚未开发的水电站所定装机容量和平均年发电量得出的数据。经济可利用的水能资源，是在技术可开发水能资源的基础上，根据造价、淹没损失、输电距离等条件，挑选技术上可行、经济上合理的水电站进行统计，得出经济可利用的水能资源。我国水力资源理论蕴藏量、技术可开发量、经济可开发量及已建和在建开发量均居世界首位。我国大陆水力资源理论蕴藏量在 1 万 kW 及以上的河流共3886 条，我国水力资源丰富，居世界第一，最新查明理论蕴藏量 6.94 亿 kW、技术可开发量 5.42 亿 kW，经济可并发量 4.02 亿 kW，按技术可并发量至今仅并发利用 20%。截至2005 年底，我国发电装机达到 50841 亿 kW。其中，水电 11652 万 kW，占 22.9%。以技术可开发量 5.42 亿 kW 为基数，我国目前水电资源开发程度不足 25%。与世界水电开发先进水平相比，存在着巨大的差距。加快水电资源并发，是提高我国永能资源利用效率的迫切需要，水电开发的前景是极其广阔的。至 2018 年底，我国水电总装机容量约 3.5 亿 kW、年发电量约 1.2 万亿 kW·h，双双居世界第一位。我国大陆已建 5 万 kW 及以上大中型水电站约640 座、总装机约 2.7 亿 kW；我国企业参与的已建在建海外水电工程约 320 座、总装机8100 多万 kW。

我国水力资源的特点主要有以下几点：

1）水力资源总量较多，但开发利用率低。我国水能资源总量占全世界总量的 16.7%，居全世界之首。但目前我国水能开发利用量约占可开发量的 1/4，低于发达国家 60% 的平均水平。

2）水力资源地区分布不均，与经济发展不匹配。水力资源在地域分布上极不平衡，总体来看，西部多、东部少，水力资源相对集中在西南地区，而经济发达、能源需求量大的东部地区水力资源量极小。

3）大多数河流年内、年际径流分布不均。年内降雨主要集中在汛期，丰、枯季节流量相差较大；年际间江河水量变化大，需要建设调节性能好的水库，对径流进行调节，以缓解水电供应的丰枯矛盾，提高水电的总体供电质量。

4）水力资源主要集中于大江大河，有利于集中开发和规模外送。全国水力资源技术可开发量最丰富的三省、自治区的排序为四川、西藏、云南。全国江河水力资源技术可开发量排序前三位为长江流域、雅鲁藏布江流域、黄河流域。

6.3.1　水能与水力发电概述

水能的主要应用是水力发电。水力发电是利用河流在流经不同高度地形时产生的能量来发电。当位于高处具有位能的水流至低处冲击水轮机时，将其中所含有的位能转换成水轮机的动能，再由水轮机作为原动机推动发电机发电，因此水力发电在某种意义上讲是水的位能转换成机械能，又转换成电能的"转换过程"。

6.3.2　水力发电原理与应用

水能的大小取决于两个因素：河流中水的流量和水从多高的地方流下来（水头）。水的流量是指单位时间内水流通过河流（或水工建筑物）过水断面的体积，一般用立方米/秒（m^3/s）和升/秒（L/s）来表示。水头是用来表示发电站的发电机到水坝的水平面的高度（m）。可利用的水量和一年中不同的流量决定了水力发电站一年的发电量是不同的。水力发电机发出的电能称为发电机的出力，其计算公式为

$$P = 9.81QH\eta \tag{6-8}$$

式中，P 为发电机的输出功率（kW）；Q 为流量（m^3/s），单位时间内流过水轮机水的体

积；H 为水头（m），水轮机做功用的有效水头，为水轮机进出口断面的总水位差；η 为电厂的效率（包括水轮机和发电机的总效率）；9.81 为流速和水头转换为 kW·h 的一个常数。

对于小型水电站，水力发电机的出力近似为

$$P = (6.0 \sim 8.0)QH \tag{6-9}$$

年发电量的公式为

$$E = \overline{P}T \tag{6-10}$$

式中，E 为年发电量（kW·h）；$\overline{P}$ 为平均出力（kW）；T 为年利用小时数（h）。

水电站在较长时段工作中，供水期所能发出的相应于设计保证率的平均出力，称为该水电站的保证出力。对于水电站而言，其保证出力是一项重要的指标，在规划设计阶段是确定水电站装机的重要依据。

水电站的水轮发电机组在年内平均满负荷运行的时间称为装机年利用小时，它是衡量水电站经济效率的重要指标，对于小水电站年利用小时要求达到 3000h。

水力发电的成本低、效率高、技术先进，其运行、维护的费用是所有发电技术中最低的；可以按需供电，从小的、分散的乡村小水电到为城市和工业的大型、集中供电，水力发电都能保证供电质量和数量。水力发电除了提供廉价的电力外，还有以下的优点：在电力系统中可作为调峰、调频、调相及负荷和事故备用；控制洪水泛滥、提供灌溉用水、改善河流航道和提供旅游景点等，可以带动地方经济发展。

6.4　海洋能利用与发电

海洋是指由作为海洋主体的海水水体，生活于其中的海洋生物以及海面上空的大气和围绕海洋边缘的海岸等几部分组成的统一体。一望无际的汪洋大海，不仅为人类提供航运、水产和丰富的矿藏，而且还蕴藏着巨大的能量。

海洋能源通常指海洋中所蕴藏的可再生的自然能源，主要为潮汐能、波浪能、海流能、温差能和盐差能。更广义的海洋能源还包括海洋上空的风能、海洋表面的太阳能以及海洋生物质能等。究其成因，潮汐能和潮流能来源于太阳和月亮对地球的引力变化，其他均源于太阳辐射。海洋面积占地球总面积的 71%，太阳到达地球的能量大部分落在海洋上空和海水中，部分转化为各种形式的海洋能。海洋能源按储存形式又可分为机械能、热能和化学能。其中，潮汐能、海流能和波浪能为机械能，潮汐能是地球旋转所产生的能量通过太阳和月亮的引力作用而传递给海洋的，并由长周期波储存的能量，潮汐的能量与潮差大小和潮量成正比；潮流、海流的能量与流速二次方和通流量成正比；波浪能是一种在风的作用下产生的，并以位能和动能的形式由短周期波储存的机械能，波浪的能量与波高的二次方和波动水域面积成正比；海水温差能为热能，低纬度的海面水温较高，与深层冷水存在温度差，从而储存着温差热能，其能量与温差的大小和水量成正比；海水盐差能为化学能，河口水域的海水盐度差能是化学能，入海径流的淡水与海洋盐水间有盐度差，若隔以半透膜，淡水向海水一侧渗透可产生渗透压力，其能量与压力差和渗透流量成正比。因此，各种能量涉及的物理过程、开发技术及开发利用程度等方面存在很大的差异。在我们国家，大陆的海岸线长达 1.8

万 km，海域面积 470 多万 km²，海洋能资源是非常丰富的。

这些不同形式的海洋能量有的已被人类利用，有的已列入开发利用计划，但人们对海洋能的开发利用程度至今仍十分低。尽管这些海洋能资源之间存在着各种差异，但是也有着一些相同的特征。每种海洋能资源都具有相当大的能量通量：潮汐能和盐度梯度能大约为2TW；波浪能也在此数量级上；而海洋热能至少要比它们大两个数量级。但是这些能量分散在广阔的地理区域，实际上它们的能流密度相当低，而且这些资源中的大部分均蕴藏在远离用电中心区的海域。因此，只有很小一部分海洋能资源具有开发利用价值。

从全球来看，海洋能的可再生量很大。根据国际可再生能源署（International Renewable Energy Agency，IRENA）的统计，全球海洋能的理论资源储量介于年发电 45000～130000TW·h，大致相当于目前全球电力需求的 2 倍以上。其中温差能的开发潜力最大，超过44000TW·h；波浪能也有近 29500TW·h 的发展空间。

海洋能的强度较常规能源要低。海水温差小，海面与 500～1000m 深层水之间的较大温差仅为 20℃左右；潮汐、波浪水位差小，较大潮差仅 7～10m，较大波高仅 3m；潮流、海流速度小，较大流速仅 4～7 节。即使这样，在可再生能源中，海洋能仍具有可观的能流密度。以波浪能为例，每米海岸线平均波功率在最丰富的海域是 50kW，一般的有 5～6kW；又如潮流能，最高流速为 3m/s 的舟山群岛潮流，在一个潮流周期的平均潮流功率达 4.5kW/m²。海洋能作为自然能源是随时变化着的，但海洋是个庞大的蓄能库，将太阳能以及派生的风能等以热能、机械能等形式蓄存在海水中，不像在陆地和空中那样容易散失。海水温差、盐度差和海流都是较稳定的，24 小时不间断，昼夜波动小，只是稍有季节性变化。潮汐、潮流则做恒定的周期性变化，对大潮、小潮、涨潮、落潮、潮位、潮速、方向都可以准确预测。海浪是海洋中最不稳定的，有季节性、周期性，而且相邻周期也是变化的。但海浪是风浪和涌浪的总和，而涌浪源自辽阔海域上持续时日的风能，不像地面太阳和风那样容易骤起骤止和受局部气象的影响。

海洋能的特点有：①可再生性——由于海水潮汐、海流和波浪等运动周而复始，永不休止，所以海洋能是可再生能源；②属于一种洁净能源；③能量多变，具有不稳定性，运用起来比较困难；④总量巨大，但分布不均、分散，能流密度低，利用效率不高，经济性差。

6.4.1　海洋能的分类与应用

海洋能的表现形式多种多样，通常包括：潮汐能、海流能、波浪能、温差能和盐差能等。

1. 潮汐能

潮汐能是以位能形态出现的海洋能，是指海水潮涨和潮落形成的水的势能。海水涨落的潮汐现象是由地球和天体运动以及它们之间的相互作用而引起的。在海洋中，月球的引力使地球的向月面和背月面的水位升高。由于地球的旋转，这种水位的上升以周期为 12 小时 25分和振幅小于 1m 的深海波浪形式，由东向西传播。太阳引力的作用与此相似，但是作用力小些，其周期为 12 小时。当太阳、月球和地球在一条直线上时，就产生大潮；当它们成直角时，就产生小潮。除了半日周期潮和月周期潮的变化外，地球和月球的旋转运动还产生许多其他的周期性循环，其周期可以从几天到数年。同时地表的海水又受到地球运动离心力的作用，月球引力和离心力的合力正是引起海水涨落的引潮力。除月球、太阳外，其他天体对地球同样会产生引潮力。虽然太阳的质量比月球大得多，但太阳离地球的距离也比月球与地球之间的距离大得多，所以其引潮力还不到月球引潮力的一半。其他天体或因远离地球，或因质量太小所产生的引潮力微不足道。如果用万有引力计算，月球所产生的最大引潮力可使海水面升高 0.563m，太阳引潮力的作用为 0.246m，但实际的潮差却比上述计算值大得多。如我国杭州湾的最大潮差达 8.93m，北美加拿大芬地湾最大潮差更达 19.6m。这种实际与计算的差别目前尚无确切的解释。一般认为当海洋潮汐波冲击大陆架和海岸线时，通过上升、收聚和共振等运动，使潮差增大。潮汐能的能量与潮量和潮差成正比。或者说，与潮差的二次方和水库的面积成正比。和水力发电相比，潮汐能的能量密度很低，相当于微水头发电的水平。

潮汐是因地而异的，不同的地区常有不同的潮汐系统，它们都是从深海潮波获取能量，但具有各自独特的特征。尽管潮汐很复杂，但对任何地方的潮汐都可以进行准确预报。海洋潮汐从地球的旋转中获得能量，并在吸收能量过程中使地球旋转减慢。但是这种地球旋转的减慢在人的一生中是几乎觉察不出来的，而且也并不会由于潮汐能的开发利用而加快。这种能量通过浅海区和海岸区的摩擦，以 1.7TW 的速率消散。只有出现大潮，能量集中时，并且在地理条件适于建造潮汐电站的地方，从潮汐中提取能量才有可能。虽然这样的场所并不是到处都有，但世界各国已选定了相当数量的适宜开发潮汐能的站址。1966 年建成投产的法国朗斯潮汐电站是世界首个潮汐电站，采用灯泡贯流式水轮机组，总装机功率为 24 万 kW，至今已商业化运行超过 50 年。苏联于 1968 年建成基斯拉雅潮汐试验电站，最大装机容量为 2MW。加拿大于 1984 年建成安纳波利斯潮汐试验电站，装机功率为 2 万 kW，且使用与其他潮汐电站完全不同的全贯流式机组，提高了潮汐能资源的利用率。2010 年韩国建成迄今为止世界规模最大的潮汐电站——始华湖潮汐发电厂，该发电厂装机的并网发电总容量达 5.4 万 kW，年发电量超过 5.52 亿 kW·h，每年可减少 32 万 t 温室气体的排放。

据我国潮汐能资源普查，全国可能开发潮汐电站 191 处，可装机 21580MW，年发电量 619 亿 kW·h。但已建潮汐电站不到 10 处，其中以浙江省的江厦潮汐电站的装机规模最大，设计安装 6 台 500~700kW 机组，总装机 3900kW，单库单向发电，年发电量 1100 万 kW·h。

潮汐能主要是指海水潮涨和潮落形成的水的势能，利用的原理与水力发电的原理类似，而且潮汐能的能量与潮量和潮差成正比。世界上潮差的较大值为 13~15m，一般来讲，平均潮差在 3m 以上就有实际应用价值。

全世界潮汐能的理论蕴藏量约为 $3×10^9$ kW。我国海岸线曲折，全长约 $1.8×10^4$ km，沿海还有 6000 多个大小岛屿，组成 $1.4×10^4$ km 的海岸线，漫长的海岸蕴藏着十分丰富的潮汐能资源。我国潮汐能的理论蕴藏量达 $1.1×10^8$ kW，其中浙江、福建两省蕴藏量最大，约占全国的 80.9%。但这都是理论估算值，实际可利用的远小于上述数字。

2. 海流能

海流能是另一种以动能形态出现的海洋能。所谓海流主要是指海底水道和海峡中较为稳定的流动以及由于潮汐导致的有规律的海水流动。其中一种是海水环流，是指大量的海水从一个海域长距离地流向另一个海域。这种海水环流通常由两种因素引起：首先海面上常年吹着方向不变的风，如赤道南侧常年吹着不变的东南风，而其北侧则是不变的东北风。风吹动海水，使水表面运动起来，而水的动性又将这种运动传到海水深处，随着深度增加，海水流动速度降低。有时流动方向也会随着深度增加而逐渐改变，甚至出现下层海水流动方向与表层海水流动方向相反的情况。在太平洋和大西洋的南北两半部以及印度洋的南半部，占主导地位的风系造成了一个广阔的、也是按逆时针方向旋转的海水环流。在低纬度和中纬度海域，风是形成海流的主要动力。其次不同海域的海水其温度和含盐度常常不同，它们会影响海水的密度。海水温度越高，含盐量越低，海水密度就越小。这种两个邻近海域海水密度不同也会造成海水环流。海水流动会产生巨大能量。据估计全球海流能高达 5TW。海流能的能量与流速的二次方和流量成正比。相对波浪而言，海流能的变化要平稳且有规律得多。海流能随潮汐的涨落每天 2 次改变大小和方向。一般来说，最大流速在 2m/s 以上的水道，其海流能均有实际开发的价值。

海流能也主要用来发电，发电原理与风力发电类似。但是由于海水的密度比较大，而且海流发电装置必须置于海水中，所以海流发电还存在了以下一些关键技术：安装维护，电力输送，防腐，海洋环境中的载荷与安全性能，海流装置的固定形式和透平设计等。

全世界海流能的理论估算值约为 10^8kW 量级。利用我国沿海 130 个水道、航门的各种观测及分析资料，计算统计获得我国沿海海流能的年平均功率理论值约为 $1.4×10^7$kW。其中辽宁、山东、浙江、福建和台湾沿海的海流能较为丰富，不少水道的能量密度为 $15\sim30$kW/m^2，具有良好的开发价值。值得指出的是，我国的海流能属于世界上功率密度最大的地区之一，特别是浙江舟山群岛的金塘、龟山和西堠门水道，平均功率密度在 20kW/m^2 以上，开发环境和条件很好。

3. 波浪能

波浪能是海洋能利用研究中近期研究最多、政府投资项目最多和最重视的一种能源。有学者将波浪能技术的发展历程分成了六个阶段："史前时代"（1973 年之前）、"摩登时代"（1973—1985 年）、"低谷时代"（1985—1998 年）、"爆炸时代"（1998—2012 年）、"质疑时代"（2012—2016 年）和"重启时代"（2016 年至今）。经过近 50 年的反复探索和研究，波浪能利用技术已逐渐从最初五花八门、形式各异的设备构想聚焦向五种最典型的装置形式，如图 6-29 所示。目前，波浪能开发利用技术趋于成熟，已进入商业化发展阶段，将向大规模利用和独立稳定发电方向发展。波浪发电是波浪能利用的主要方式，可以为边远海岛和海上设施等提供清洁能源。此外，还可以利用波浪能提供的动力进行海水淡化、从深海提取低温海水进行空调制冷以及制氢等。

波浪能是指海洋表面波浪所具有的动能和势能。波浪的能量与波高的二次方、波浪的运动周期以及迎波面的宽度成正比，波浪能是海洋能源中能量最不稳定的一种能源。波浪能是由风把能量传递给海洋而产生的，它实质上是吸收了风能而形成的。能量传递速率和风速有关，也和风与水相互作用的距离（即风区）有关。水团相对于海平面发生位移时，使波浪具有势能，而水质点的运动，则使波浪具有动能。储存的能量通过摩擦和湍动而消散，其消散速度的大小取决于波浪特征和水深。深海区大浪的能量消散速度很慢，从而导致了波浪系统的复杂性，使它常常伴有局地风和几天前在远处产生的风暴的影响。波浪可以用波高、波长（相邻的两个波峰间的距离）和波周期（相邻的两个波峰间的时间）等特征来描述。

波浪能具有能量密度高、分布面广等优点，它是一种取之不竭的可再生清洁能源，尤其是在能源消耗较大的冬季，可以利用的波浪能能量也最大。小功率的波浪能发电，已在导航浮标、灯塔等获得推广应用。我国有广阔的海洋资源，波浪能的理论存储量为 7000 万 kW左右，沿海波浪能能流密度大约为 $2\sim7$kW/m。在能流密度高的地方，每 1m 海岸线外波浪

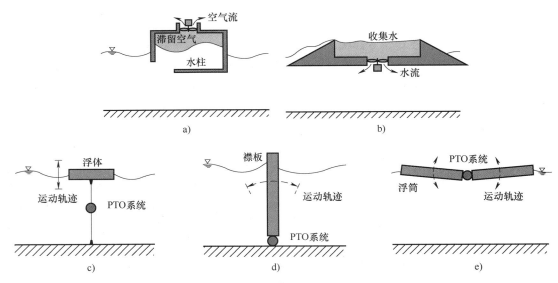

图6-29　波浪能利用装置的五种典型形式
a) 振荡水柱式　b) 越浪式　c) 点吸收式　d) 摆式　e) 筏式

的能流就足以为20个家庭提供照明。

4. 温差能

温差能是指海洋表层海水和深层海水之间水温之差的热能。海洋是地球上一个巨大的太阳能集热和蓄热器，由太阳投射到地球表面的太阳能大部分被海水吸收，使海洋表层水温升高。赤道附近太阳直射多，其海域的表层温度为25~28℃，波斯湾和红海由于被炎热的陆地包围，其海面水温可达35℃，而在海洋深500~1000m处海水温度却只有3~6℃，这个垂直的温差就是一个可供利用的巨大能源。在大部分热带和亚热带海区，表层水温和1000m深处的水温相差20℃以上，这是热能转换所需的最小温差。利用这一温差可以实现热力循环并发电。据估计，如果利用这一温差发电，其功率可达2TW。

海洋温差能转换主要有开式循环和闭式循环两种方式。开式循环系统主要包括真空泵、温水泵、冷水泵、闪蒸器、冷凝器、透平-发电机组等部分。开式循环的副产品是经冷凝器排出的淡水，这是它非常有用的方面。闭式循环系统不以海水而采用一些低沸点的物质（如丙烷、氟利昂、氨等）作为工作介质，在闭合回路内反复进行蒸发、膨胀、冷凝。因为采用了低沸点的工作介质，蒸汽压力得到提高。

世界上蕴藏海洋热能资源的海域面积达6000万 m^2，发电能力为几万亿瓦。由于海洋热能资源丰富的海区都很遥远，而且根据热动力学定律，海洋热能提取技术的效率很低，因此可利用的能源量是非常小的。但是即使这样，海洋热能的潜力仍相当可观。另外，许多具有最大温度梯度的海区都位于发展中国家的海域，可为这些国家就地提供能源。而在我国，根据海洋水温测量资料计算得到的我国海域的温差能约为 $1.5 \times 10^8 kW$，其中99%在南中国海，南海的表层水温年均在26℃以上，深层水温（800m深处）常年保持在5℃，温差为21℃，属于温差能丰富区域。

目前，为提高温差能利用的效率，国际上自2010年之后建成的温差能发电系统均采用闭式循环。2013 年日本在冲绳久米岛建成 50kW 温差能试验电站，其采用闭式朗肯循环，目前该电站还在运行中。美国洛克希德·马丁公司 2015 年在夏威夷建成全球首个真正的闭式循环温差能发电系统，装机功率达到 100kW，成为国际海洋温差能利用领域的重要里程碑。2016 年，韩国船舶与海洋工程研究院（Korean Research Institute of Ships and Ocean Engineering，KRISO）启动了"兆瓦级海洋温差能转换示范电站开发"的研究项目。2019 年，KRISO 在西太平洋现场测试了这套兆瓦级温差能示范系统，实现 370kW 的最大净功率输出（见图 6-30）。从现在工程示范的效果来看，温差能利用的循环原理和热交换技术已取得比较明显的进展，目前的循环效率已可以支撑建设兆瓦级甚至十兆瓦以上级别的大型海洋温差能利用系统，但相关的海上平台建造与海洋工程技术还有待突破，此外温差能利用系统在海上长期运行的稳定性与可靠性还有待进一步的示范来验证。

a)　　　　　　　　　　　b)　　　　　　　　　　　c)

图 6-30　日、美、韩新建的海洋能温差能示范系统
a）日本冲绳 50kW 温差能试验系统　b）美国夏威夷 100kW 闭式温差能循环系统
c）韩国 KRISO 兆瓦级温差能示范系统

5. 盐差能

盐差能是以化学能形态出现的海洋能。它是指海水和淡水之间或两种含盐浓度不同的海水之间的化学电位差能。主要存在于河海交接处。同时，淡水丰富地区的盐湖和地下盐矿也可以利用盐差能。盐差能是海洋能中能量密度最大的一种可再生能源。地球上的水分为两大类：淡水和咸水。全世界水的总储量为 $1.4 \times 10^9 km^3$，其中 97.2% 为分布在大洋和浅海中的咸水。在陆地水中，2.15% 为位于两极的冰盖和高山的冰川中的储水，余下的 0.65% 才是可供人类直接利用的淡水。海洋的咸水中含有各种矿物和大量的食盐，$1km^3$ 的海水中即含有3600 万 t 食盐。

在淡水与海水之间有着很大的渗透压力差（相当于 240m 的水头）。从理论上讲，如果这个压力差能利用起来，从河流流入海中的每立方英尺的淡水可发 $0.65kW \cdot h$ 的电。一条流量为 $1m^3/s$ 的河流的发电输出功率可达 2340kW。从原理上来说，可通过让淡水流经一个半渗透膜后再进入一个盐水水池的方法来开发这种理论上的水头。如果在这一过程中盐度不降低的话，产生的渗透压力足以将水池水面提高 240m，然后再把水池水泄放，让它流经水轮机，从而提取能量。从理论上来说，如果用很有效的装置来提取世界上所有河流的这种能量，那么可以获得约 2.6TW 的电力。更引人注目的是盐矿藏的潜力：在死海，淡水与咸水间的渗透压力相当于 5000m 的水头，而大洋海水只有 240m 的水头，盐穹中的大量干盐拥有更密集的能量。

利用大海与陆地河口交界水域的盐度差所潜藏的巨大能量一直是科学家的理想。盐差能一直以来是所有海洋可再生能源中技术成熟度最低的能源品种，全球范围内还没有十分成熟的盐差能示范装置，目前只有荷兰、挪威等北欧国家开展过盐差能利用的技术研究与试验（见图6-31）。盐差能利用主要有渗透压法和反电渗析法两种转换原理。渗透压法是利用淡水与盐水之间的渗透压力差为动力，将淡水提升后产生势能，形成水头推动水轮机发电；反电渗析法是采用离子渗透膜将浓、淡盐水隔开，利用阴阳离子的定向渗透在两侧电极上形成电位势，即可通过导线产生电流。还有一种技术可行的方法是根据淡水和咸水具有不同蒸气压力的原理研究出来的：使水蒸发并在盐水中冷凝，利用蒸气气流使涡轮机转动，这种过程会使涡轮机的工作状态类似于开式海洋热能转换电站。这种方法所需要的机械装置的成本也与开式海洋热能转换电站几乎相等。但是，这种方法在战略上不可取，因为它消耗淡水，而海洋热能转换电站却生产淡水。盐差能的研究结果表明，其他形式的海洋能比盐差能更值得研究开发。据估计世界各河口区的盐差能达30TW，可能利用的有2.6TW。我国的盐差能估计为$1.1×10^8$kW，主要集中在各大江河的出海处。同时，我国青海省等地还有不少内陆盐湖可以利用。

a) b)

图6-31 国际上已经开展的盐差能技术研究与试验

a）荷兰REDSTACK公司研制的反电渗析盐差能装置 b）挪威Starkraft公司的15kW水塔式渗透压盐差能装置

6.4.2 海洋能发电原理与应用

1. 潮汐能发电原理及应用技术

潮汐是海水受太阳、月球和地球引力的相互作用后，所发生的周期性涨落现象。潮汐要素如图6-32所示，海水上涨的过程称"涨潮"，涨到最高位置称"高潮"，在高潮平稳时的现象称为"平潮"，平潮时间各地长短不一，可从几分钟到几小时。通常取平潮中间时刻为"高潮时"，此时的高度叫"高潮高"。海水下落的过程称"落潮"，落到最低点时称"低潮"，海水不涨也不落时称为"停潮"，停潮的中间时刻为"低潮时"，此时，停潮的高度称为"低潮高"。从低潮时到高潮时的时间间隔称"涨潮时"，由"高潮时"到"低潮时"的时间间隔称"落潮时"。相邻高潮与低潮的潮位高度差称"潮差"。从高潮到相邻的低潮的潮差称"落潮差"，从低潮到相邻的高潮的潮差称"涨潮差"。

潮汐运动中蕴藏着巨大的能量，潮汐能的大小与水体大小及潮差大小有关。实验表明，潮汐能量和海面的面积及潮差高度的二次方成正比。目前，利用潮汐发电是开发利用潮汐能的主要方向。潮汐发电是利用潮差来推动水轮机转动，再由水轮机带动发电机发电。潮汐发电必须选择有利的海岸地形，修建潮汐水库，涨潮时蓄水，落潮时利用其势能发电。由于涨

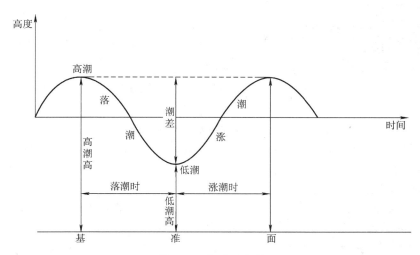

图 6-32　潮汐过程线

潮、落潮的不连续性，产生的发电也不连续。据计算，世界海洋潮汐能蕴藏量约为 27 亿 kW，若全部转换成电能，每年发电量大约为 1.2 万亿 kW·h。潮汐发电严格地讲应称为"潮汐能发电"，潮汐能发电仅是海洋能发电的一种，但是它是海洋能利用中发展最早、规模最大、技术较成熟的一种。现代海洋能源开发主要就是指利用海洋能发电。利用海洋能发电的方式很多，其中包括波力发电、潮汐发电、潮流发电、海水温差发电和海水含盐浓度差发电等。而国内外已开发利用的海洋能发电主要还是潮汐发电。由于潮汐发电的开发成本较高和技术上的原因，所以发展不快。

国外对潮汐能的利用曾是古老能源的一种。在古时候，英国、法国、西班牙沿岸就已经有了潮汐磨坊，在利用了好多世纪以后，随着廉价而方便的燃料和工业革命的出现，逐步取代了这些潮汐磨坊。到了 20 世纪 50 年代，世界各国逐步开始重视潮汐能发电技术的开发。其中投入运行最早、容量最大的潮汐电站就是法国于 1968 年建成的朗斯电站，装机容量 24 万 kW。随后，加拿大于 1984 年在安娜波利斯建成装机容量为 1.78 万 kW 的世界第二大潮汐电站。近 20 多年来，美、英、印度、韩国、俄罗斯等也相继进行了一定规模的潮汐能开发。由于潮汐能不受洪水、枯水期等水文因素影响，开发利用潮汐能的社会和经济效益已逐步显露。目前，潮汐电站的建设开发又出现了一股新的发展势头。

过去，人们曾尝试过许多种提取潮汐位能和动能的方法。这些装置包括：水轮机、提升平台、空气压缩机、水压机等。都是以古代潮汐磨坊所采用的方法为主。典型的潮汐磨坊是在高潮位时让水进入水库，过一段时间以后再让水从蓄水库通过一个水轮机流向大海，从而使磨坊工作。这是简单的工作方式，现在通常把它称为"单库单向作用"。在现代装置中，蓄水库装有可控水闸，并由低水头水轮机代替旧式水轮。工作程序分为四个步骤：①向水库注水；②等候，直至水库中的水到退潮，这样使库内外产生一定的水头；③将水库中的水通过水轮机放入大海中，直到海水涨潮，海水水头降到最低工作点为止；④第二次涨潮时重复以上工作步骤。

这种方法称为"落潮发电"。当然，也可以反过来，使海水从海里向水库注入时推动水轮机发电，这种方式称为"涨潮发电"。但是，蓄水库的坝边通常是斜坡形的，所以"落潮发电"一般更为有效。

另外还有"单库双向作用"，既利用涨潮发电又利用落潮发电。这种工作方式的步骤为：①通过水闸向库内注水；②等候，使水在库内保持一段时间；③利用落潮发电；④通过水闸将库中的水泄干；⑤等候一段时间；⑥涨潮发电。

无论是单向发电还是双向发电，出力的大小都与水库的深度、潮差以及电站的结构设计有关。

通常还利用水泵向库内抽水来提高库内水位，从而提高用于发电的水头，这样可以加大出力。水泵工作所需的能量必须由外部提供。但是由于水泵是在高潮位小水头的条件下工作，而泵入水库中的水是通过水轮机在高水头的情况下放出来的，因此，所发出来的电能要比抽水泵所消耗的电能多很多。

为了实现连续发电，曾有人提出采用串式水库和成对水库，这要建造比较复杂的电站和采用比较复杂的运行程序。串式水库法是采用两个水库，一个在高潮蓄水，另一个在低潮时放水，简单的工作方式是当需要电时，让高水位水库中的水经过水轮机流向低水位水库。串式水库可使出力比较固定，一般约为装机容量的40%。成对水库实际上就是由两个单库组成。如果一个在涨潮时工作，另一个在落潮时工作，其出力虽然还不能够做到完全连续，但也已经是近于连续了。不过，这些方法只能在合适的地理条件下才能实现。

实际上潮汐发电与水力发电的原理相似，它是利用潮水涨、落产生的水位差所具有的势能来发电的，也就是把海水涨、落潮的能量转换为机械能，再把机械能转换为电能（发电）的过程。具体地说，潮汐发电就是在海湾或有潮汐的河口建一拦水堤坝，将海湾或河口与海洋隔开构成水库，再在坝内或坝房安装水轮发电机组，然后利用潮汐涨落时海水位的升降，使海水通过轮机驱动水轮发电机组发电。但由于潮水的流动与河水的流动不同，它是不断变换方向的，潮汐电站在发电时储水库的水位和海洋的水位都是变化的（海水由储水库流出，水位下降，同时海洋水位也因潮汐的作用而变化）。因此，潮汐电站是变工况工作的，就使得潮汐发电出现了不同的形式，例如：①单库单向型——只能在落潮时发电；②单库双向型——可在涨、落潮时都能发电；③双库双向型——可以连续发电，但经济上不合算，未见实际应用。表6-7是我国现运行发电的主要潮汐电站简况。

表6-7　我国现运行发电的主要潮汐电站简况

站名	位置	形式	机组数量	装机容量		每年耗电量/万 kW·h		建站时间	投产时间
				设计/kW	实际/kW	设计	实际		
沙山	浙江温岭	单库单向	1	40×1	40	9.3	8.5	1958	1959.10
岳甫	浙江象山	单库单向	4	75×4	75×1	60	6.2	1970	1972.5
海山	浙江玉环	双库单向	2	75×2	150	31	5~7	1973	1975
江厦	浙江温岭	单库双向	6	500×6	500×1	1070	116	1972	1980
白沙口	山东乳山	单库单向	6	160×6	640	232	/	1970	1978.8
浏河	江苏太仓	双向双贯流式	2	75×2	150	25	6	1970	1978.7
筹东	福建长乐	卧轴轴伸式	1	40×1	40	/	/	1958	1959
果子山	广西龙门港	单库单向	1	40×1	40	/	/	1976	1977.2

20世纪50年代，世界很多国家逐步开始重视潮汐能发电技术的开发利用，但近代建造

的潮汐电站不多，法国的朗斯电站是最大的，具有 240MW，是单库双向电站，也是第一个商业化的电站。另外还有加拿大的安娜波利斯电站，接近 20MW，单库单向工作；苏联的基斯洛湾试验潮汐电站，装机容量 400kW，单库双向工作；我国的江厦潮汐电站，3200kW，单库双向工作，具体数据见表 6-8。

表 6-8　世界现有投入运行的潮汐电站

地点	平均潮差/m	库区面积/km²	装机容量/MW	年发电量/(GW·h)	投入运行时间/年份
朗斯（法国）	8.0	17	240.0	540	1966
基斯洛湾（苏联）	2.4	2	0.4	—	1968
江厦（中国）	7.1	2	3.2	11	1980
安娜波利斯（加拿大）	6.4	6	17.8	30	1984

单库单向与单库双向的比较：在单向方式中水头变化范围较小，平均工作水平稍高，这在一定程度上可使水轮机的数量和尺寸减小，从而减少潮汐电站的投资。单向工作水轮机的造价也比双向工作水轮机的造价稍低一些，但双向工作可以提高出力。通常需要在综合考虑潮差、海湾条件的情况下，选择单向还是双向工作方式。所以，对于在潮差小、海湾条件允许的电站，采用双向工作是比较有利的。

单库与多库方式的比较：多库方式可使电站连续发电，这是它最吸引人的优点，促使人类不断地去研究和考虑这种方案，但它的缺点是潮汐能源利用率低。所以，总体潮汐发电多采用单库方案。

（1）潮汐发电机组形式的选择

对于潮汐发电还有机组形式的选择，海洋潮汐发电机组属于低水头水电机组，除了海水，与传统的淡水江河用低水头发电机组没有根本区别。有以下四种主要形式：

1）灯泡形贯流式机组。灯泡式机组属于轴流式机组的一个分支，是一种新型机组。它比传统的轴流定桨或转桨式机组重量减轻了 20%~30%，它的轴线几乎与水流平行，而不像转桨式那样垂直（水流经过尾水管肘管要转 90°以上的拐弯，对于上、下游水位相差不大的低水头电站来说，平面尺寸和跨度间隔太大）。

2）轴伸形贯流机组。水轮机置于流道中，发电机则置于陆地上，其间用长轴传动，或通过齿轮增速器使发电机加速。当水头很低，甚至低于 5m 时，采用这种又称为竖井式的机组则可通过增速器来加大容量，而灯泡式机组只能加大泡体直径来提高功率。

3）圆环形全贯流式机组。这种机型水轮机在流道中，而发电机在水轮机外围，转子磁极直接装在水轮机转轮叶片外缘，其间采用迷宫密封来防止流道中的水漏到电机内部。这种机型的特点是直径较大，可以增加功率。

4）圆筒形正交式机组。这是最新机型，与前几种不同，它们的轴线几乎都与水流的流线平行。而这种机型却与流线垂直。水轮机转轮呈圆筒形，通常为 3~4 个叶片，叶片断面类似螺桨，两面翼型不同，叶片长度方向与轴线平行，但断面翼型沿叶片全长都一样，便于大量生产。这种机型的过水能力比轴流转桨式大（约 1.4 倍），机组重量却减少 55%，混凝土用量也减少 12%，很有发展前途。

（2）潮汐能发电的主要技术问题

对于潮汐能发电，人类已经取得了许多宝贵的经验，目前开发研究的主要技术问题如下：

1）潮汐电站开发方式的选择。采用单库还是双（多）库，这与潮型、水库容积特性、海湾特点和电力系统情况，以及水闸和机组的匹配等因素相关，需要进行电站的总体规划设计。

2）超低水头大容量水轮发电机组的开发。潮汐电站的装机容量和发电量取决于站址的平均潮差。所以对于潮差小的电站必须研究低水头、大容量的潮汐发电机组（机组投资一般会占总投资的一半），使其发电效率高、造价低、耐腐蚀。

3）薄壁沉箱式厂房、水闸等浮运钢筋混凝土结构的制造、运输和沉放的研究开发。这种技术解决得好，可以缩短电站的施工期限。

4）水下基础处理的研究开发。每一个潮汐电站都需要进行水下基础的处理，大多数大、中型潮汐电站的厂房和水闸都需要布置在海中，应尽量避开深厚淤泥基础，水下基础处理工作是决定潮汐电站经济性甚至建设成败的关键问题之一。

5）潮汐电站对于环境影响以及综合利用效益的研究开发。潮汐电站建设过程中和建成之后，都会使其所拦截海湾的纳潮量和湾内相应潮位发生变化，导致湾内生物环境的变化，影响到生物品种与数量，以及其他水质指标和泥沙冲淤情况，直至影响到水库调节能力的变化，以及水库的使用寿命。作为潮汐电站，除发电之外，视具体情况还可以有围垦、水生物养殖、抗风暴潮等综合效益。处理得好，这种综合效益的经济价值甚至可以超过发电效益。

为了摸清我国的潮汐能资源，新中国成立以来已进行过两次规模较大的普查。普查结果认为：如果按照堤线长 2km 以下，堤线处水深 10m 以下，每年平均潮差在 0.5m 以上的 500 处的潮汐能来计算，全国潮汐能理论蕴藏量大约为 0.11TW，年发电量约为 $2750 \times 10^8 kW \cdot h$；可供开发的约 $3580 \times 10^4 kW$，年发电量为 $870 \times 10^8 kW \cdot h$。如果把港湾面积和潮差更小一些的地点计算在内，其数字则会更大。我国潮汐动力资源的开发条件较好，一般潮差都在 1m 以上，平均潮差达 2m，堤长能量为 $5 \times 10^7 kW \cdot h/km$。规模在 $1 \times 10^8 kW \cdot h$ 以上的潮汐总能量为 $2.310 \times 10^{11} kW \cdot h$，占潮汐能资源总量的 80% 以上。潮差 3m 以上，堤长能量为 $1 \times 10^8 kW \cdot h/km$，规模在 $1 \times 10^8 kW \cdot h$ 以上的潮汐能资源总能量达 $1.940 \times 10^{11} kW \cdot h$，占 7%。据 1982 年 12 月水利电力部规划设计院资料，全国潮汐能资源的理论蕴藏量为 $1.9 \times 10^8 kW$，可开发利用的装机容量为 $2.157 \times 10^7 kW$，可开发的年发电量为 $6.18 \times 10^{10} kW \cdot h$，占世界潮汐能总量的 1/10。

我国的潮汐能开发技术研究已取得很大进展。小型潮汐电站开发技术已趋成熟。江厦潮汐电站已成功地使用了我国自己设计制造安装的双向贯流灯泡型机组，水轮机转轮采用 GZNOO5 "S" 形叶片的转轮，直径为 2.5m，具有正、反向发电和泄水的工况。为了保证潮汐电站的发电质量，提高经济效益，有些电站也采用了新的电子技术，实行自动运行控制。如江苏浏河潮汐电站，采用了计算机控制两台 75kW 发电机组，自动进行起动、增速、电压、频率的控制和电力并网，当水头低于设计的发电要求时，能够自动停机，避免发生意外，实现了运行控制的完全自动化。江厦潮汐电站利用计算机能正确地做潮位预报，能够保证机组的最大出力。

2. 海流能发电原理及应用技术

海洋中的海流很多，其中较大的是湾流和黑潮。湾流是海洋里的暖流，它从加勒比海、墨西哥湾开始，横跨大西洋，流向寒冷的北极。它由大西洋中的北赤道流和南赤道流中越过赤道的北分支汇合而成。墨西哥湾是个巨大的温热"蓄水库"，湾内海水从佛罗里达海峡流出，成为一支强大的暖流。海流的流量很大，相当于世界上所有淡水河川总流量的 50 多倍。而黑潮是沿太平洋西岸流动的巨大暖流，从我国东侧流入东海，沿日本列岛南面海区流向东北，然后离开日本海岸蜿蜒东去。

海流和潮汐实际上是同一潮波现象的两种不同表现形式。潮汐是潮波运动引起的海水垂直升降，潮流是潮波运动引起的海水水平流动。一般来说，开阔的外海潮差小，流速亦小，靠岸边越大，在港湾口、水道地区流速显著变化。潮流涨落方向如果呈旋转变化，则称旋转流，一般发生在较开阔的海区；潮流涨落方向如果为正反向变化，则称往复流，一般发生在较狭窄的水域。

海流能的利用方式主要是发电，其原理和风力发电相似，几乎任何一个风力发电装置都可以改造成为海流发电装置。人们已研究过许多利用强劲而稳定的海流来发电的方法。1973年，美国试验了一种名为"科里奥利斯"的巨型海流发电装置，该装置为管道式水轮发电机，机组长 110m、管道口直径 170m，安装在海面下 30m 处。在海流流速为 2.3m/s 条件下，该装置可获得 8.3 万 kW 的功率。最早系统地探讨利用海流能发电是在美国 1974 年召开的专题讨论会上。1975 年起日本就利用黑潮动能发电进行调查研究。海流发电受到其他许多国家的重视，我国的海流发电研究也已经有样机进入中间试验阶段。

20 世纪 70 年代以来，英、日、美等国究其周围的海流能利用提出了一些方案：漂浮螺旋桨式、固定螺旋桨式、漂浮苏维厄斯转子式、立式转子式、漂浮伞式等。我国 1978—1979 年在舟山地区以实型进行过海流发电的海上原理性实验，采用螺旋桨式水轮机，驱动装在船上的液压发电机组，发出了 5.7kW 电力。

目前，比较普通的海流发电装置归纳起来有两种：一种是链式发电系统，另一种是旋转式发电系统。图 6-33 是一种典型的链式海流发电装置，它主要由降落伞、环状链条、驱动轮和发电机组成。一般在环状链条上装有多个降落伞，链条在降落伞的带动下会转动，同时使驱动轮转动，驱动轮与船上发电机相连。当降落伞顺着海流方向时，由于海流的作用，降落伞张开，当降落伞转到与海流相对的方向时，伞口收拢，带有降落伞的链条的运动使驱动轮转动。挂有降落伞的链条自动地向驱动轮的下游漂移，所以降落伞和链条的方向可以始终与流速较大的海流的方向保持一致。

图 6-34 所示就是典型的旋转式海流发电装置。这种发电装置有一台带外罩的水轮机。在喉部有一台用轮缘固定方式固定的双转式水轮机。当叶轮旋转速度加快时，可变式水轮叶片呈悬链线形，这样可最大限度地利用海流。水轮机边缘有多个动力输出装置，动力输出装置带动发电机组，从而使水轮机的旋转运动转换为电能。这种装置通常采用绷紧式三点系泊装置进行固定，可以减少海面船舶活动造成的影响，发出的电能通过电缆输往岸上。

从海流中获取电力的多少与流速的二次方及水的输运量成正比。水的输运量一般以斯维尔德鲁普（sv）为单位（sv 为非标准单位，$1sv = 10^6 m^3/s$）。

如今，超导技术已得到了迅速发展，超导磁体已得到实际应用，利用人工形成强大的磁场已不再是梦想。因此，有的专家提出，只要用一个 31000Gs（$1Gs = 10^{-4}T$）的超导磁体放

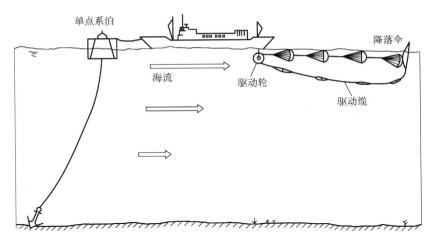

图 6-33　链式海流发电装置

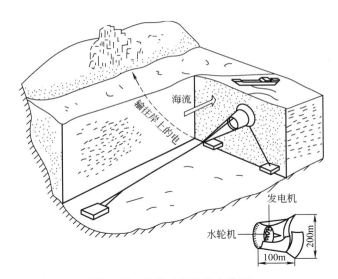

图 6-34　旋转式海流发电装置

入"黑潮海流"中，海流在通过强磁场时切割磁力线，就会发出 1500kW 的电力。此外，在海流能规模化利用方面，要实现大批量海流能机组的并网运行控制以及发电厂管理，还需要在电厂管理的控制系统和软件方面取得持续性的进展，特别是对于水下系统而言，设备的安全性问题及运行故障变得更加难以监控和预测。因此，对于大型海流能发电机组及规模化发电厂，数字孪生技术的开发及相关数字孪生系统的建设就变得尤为重要。

3. 波浪能发电原理及应用

波浪是由于风和水的重力作用形成的起伏运动，它具有一定的动能和势能。波浪能利用的关键是波浪能转换装置，通常波浪能要经过三级转换：第一级为受波体，它将大海的波浪能吸收进来；第二级为中间转换装置，它优化第一级转换，产生出足够稳定的能量；第三级为发电装置，与常规发电装置类似。

　　波浪发电是波浪能利用的主要方式。波浪能利用装置大都源于几种基本原理，主要是：利用物体在波浪作用下的振荡和摇摆运动；利用波浪压力的变化；利用波浪的沿岸爬升将波浪能转换成水的势能等。其中具有商品化价值的装置包括有：振荡水柱式装置、摆式装置和聚波水库式装置三大类。

　　波浪能的大小可以用海水起伏势能的变化来进行估算，根据波浪理论，波浪能量与波高的二次方成比例。波浪功率，即能量产生或消耗的速率，既与波浪中的能量有关，也与波浪到达某一给定位置的速度有关。按照 Kinsman（1965 年）的公式，一个严格简单正弦波单位波峰宽度的波浪功率 P_W 为

$$P_W = \frac{\rho g^2}{32\pi} H^2 T \tag{6-11}$$

式中，H 为波高；T 为波周期；ρ 为海水密度；g 为重力加速度。

　　例如，有一周期为 10s，波高为 2m 的涌浪涌向波浪发电装置，波列的 10m 波峰 L 的功率为

$$P_{WL} = \frac{(1.2\,\mathrm{g/cm^3})(980\,\mathrm{cm/s^2})^2(2\times10^2\,\mathrm{cm})^2(10\mathrm{s})(10^3\,\mathrm{cm})}{32\pi}$$

$$P_{WL} \approx 4\times10^{12}\,\mathrm{erg/s}\,(1\mathrm{erg/s}=10^{-7}\mathrm{W})$$

它表明每 10m 波峰宽度的波浪功率等效为 400kW。

　　南半球和北半球 40°~60° 纬度间的风力最强。信风区（赤道两侧 30° 之内）的低速风也会产生很有吸引力的波候，因为这里的低速风比较有规律。在盛风区和长风区的沿海，波浪能的密度一般都很高。例如，英国沿海、美国西部沿海和新西兰南部沿海等都是风区，有着特别好的波候。而我国的浙江、福建、广东和台湾沿海为波能丰富的地区。

　　由于大洋中的波浪能是难以提取的，因此可供利用的波浪能资源仅局限于靠近海岸线的地方。但即使是这样，在条件比较好的沿海区的波浪能资源储量大概也超过 2TW。据估计，全世界可开发利用的波浪能达 2.5TW。我国沿海有效波高为 2~3m、周期为 9s 的波列，波浪功率为 17~39kW/m，渤海湾更高达 42kW/m。

　　1985 年，英国在苏格兰的艾莱岛建造了一座 75kW 的振荡水柱波浪能电站，1991 年建成并投入当地电网。1995 年 8 月，英国建造了第一座商业性波浪能电站，输出功率为 2MW，可满足 2000 户家庭的用电要求。日本已有数座波浪能电站投入运行，其中兆瓦级的"海明号"波力发电船，是世界上最著名的波浪能发电装置。值得一提的是，若在海岸边排列几艘大型的波浪能发电装置，不仅可利用波浪发电，而且还可将它们当作防波堤，起消波作用。

　　要利用海浪发电，关键需要搞清楚海浪运动变化的规律，及时准确地将海浪能收集起来加以利用。针对波浪的特点，可以有不同的波浪能利用装置。在波浪运动中，一方面水体水平位置和水面倾斜度不断变化，另一方面其动能、位能和水下压力也在不断变化，通常可以利用其中一个或者几个变化来设计波浪能利用装置。

　　（1）平滑波浪的装置

　　索尔特（Solter）提出了一种叫波浪鸭的装置，如图 6-35 所示。它的形状设计成能最大限度地吸收波浪能的形状。从左边过来的波浪使波浪鸭摆动，波浪鸭右边做成柱形，使右边的海面不再有波浪，能量从摇摆轴上获得。这个装置的效率比较高，该装置需要解决两个问

题：①需要把低速的摇摆运动转换成发电机需要的高速转动；②需要把电能从一定水深中活动的装置上输送到较远的地方去。波浪鸭的效率波形如图 6-36 所示。

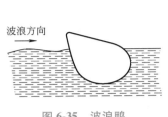

图 6-35　波浪鸭

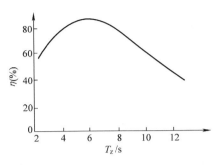

图 6-36　波浪鸭的效率

（2）利用波动水柱的装置

当波浪遇到部分浸在水中的空腔时，空腔中水柱会上下波动，从而引起上部气体或液体的压力变化。空腔可通过某种涡轮机与大气相连，并从涡轮机获得能量，如图 6-37、图 6-38 所示。这类装置的主要优点是可以把低速的波浪运动变成速度较高的气流，设备可以不浸在海水中。

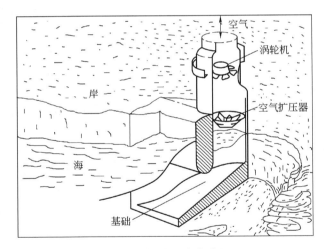

图 6-37　波浪能发电装置

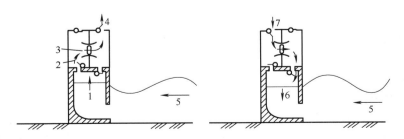

图 6-38　波浪能发电装置工作原理

1—波浪引起的水位上升　2—空气流　3—涡轮机　4—空气出口阀　5—波浪方向　6—水位下降　7—空气进口阀

（3）"坝礁"波浪能利用装置

因为波浪能十分分散，将分散的能量集中转换后可以使机组结构紧凑，图 6-39 所示为一种"坝礁"波浪能转换装置。波浪进入靠近海面的开口，流经一组导片和旋转叶片。由于波浪的折射，波浪从各个方向进入结构物的中心部分。旋转的叶片使海水在中心区呈螺旋状向下运动。这种旋转的水柱就像一个液体飞轮，似水轮机转动，从而可以推动发电机发电。图 6-40 为一组给沿海地区供电的"坝礁"发电装置。

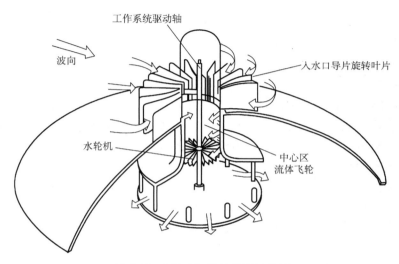

图 6-39　"坝礁"波浪能转换装置

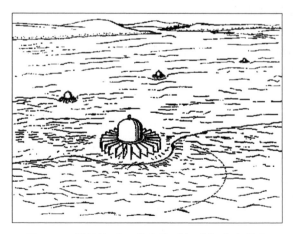

图 6-40　给沿海地区供电的"坝礁"发电装置

以上几种方案都为波浪能利用提供了较好的方法，但也存在一些问题。主要问题是由于波浪能的不稳定性造成了波浪能驱动效率比较低，输出功率比较小的状况，当然采用的通用三相交流发电机并不很适合于目前的波浪能利用装置，发电效率比较低。常用的波浪发电电气系统框图如图 6-41 所示。

一般来讲，发电机的输出电压与转速成正比。当风浪很大时，波浪发电机的转速比较

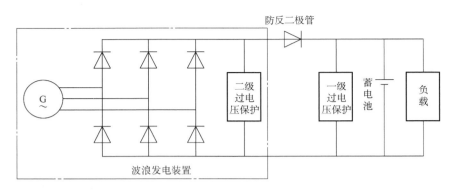

图6-41 波浪发电电气系统框图

高，输出电压也较高；相反，当风浪很小时，发电机的转速低，输出电压也比较低。从图6-41可以看出：只有当整流输出的直流电压高于蓄电池电压时才能对蓄电池进行充电，而当输出直流电压低于蓄电池电压时就不能对蓄电池进行充电了。所以，在这里把波浪发电机输出电压低于蓄电池电压的状态称为波浪发电机的低输出状态。实际上，低输出状态时，波浪发电装置仍在输出电能，只不过我们没能利用。但随着现代电力电子技术的飞速发展，利用半导体开关电源技术，把低电压进行高效升压的技术也已经成熟。采用升压电路，将波浪发电机低输出状态下的低电压进行有效的升压，可以使之达到对蓄电池进行充电的电压，实现对蓄电池的充电，大大提高能源利用率。但同时需要注意的是半导体集成升压器件有损耗，效率一般是80%~90%。为了尽量提高能源利用率，一般在波浪发电装置处于低输出状态时采用升压方法，而在波浪发电装置输出整流电压高于蓄电池电压，也即不经过升压给蓄电池充电时，断开升压电路，直接给蓄电池充电，以此来避免升压时的损耗。所以，具有比较电路，提高波浪发电装置能源利用率的电路原理如图6-42所示，可以看到比较电路输入的两个比较量分别是波浪发电机输出整流电压U_O和蓄电池电压$U_{蓄}$，当$U_O>U_{蓄}$时，断开升压电路直接向蓄电池充电；当$U_O<U_{蓄}$时，立即接通升压电路，发电机输出的低电压经过升压后向蓄电池充电。

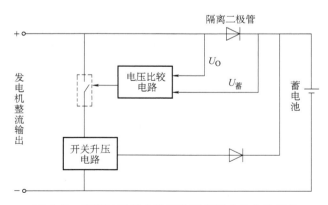

图6-42 提高波浪发电装置能源利用率的电路原理

对于可再生能源来说，高效转换技术是研究的难点，由于波浪的不稳定性导致其转换装置经常处于非设计工况，而且有限的能流密度、转换的低效率导致发电成本进一步加大。如何解决波浪能规模化利用过程中所遇到的各种挑战，是目前国际波浪能技术研究和工业界致力破解的难题。此外，成本也是限制波浪能大规模利用的一项重要考量指标，目前波浪能发电的成本为 0.1~0.4 欧元/kW·h，远远高于火电甚至海上风电的成本，通过扩大装机规模实现降本是波浪能未来发展的必然趋势。

因此提高波浪能利用率，降低波浪能发电的成本始终是波能研究的目标。波浪能利用的关键技术包括：波浪聚集与相位控制技术；波浪能装置的波浪载荷及在海洋环境中的生存技术；波浪能装置建造和施工中的海洋工程技术；不规则波浪中的波浪能装置的设计与运行优化；往复流动中的透平研究；波浪能的稳定发电技术和独立发电技术等。到目前为止，涉及相关方面的研究，特别是国内的研究仍然比较少。多元化和综合利用是波浪能发展的另一新动向。结合防波堤等海工和港工设施建造波力电站，为波浪能利用开创了新途径。由于电站的土建可以结合工程进行，波力发电的成本大为降低。电站的吸能作用，还可减轻作用在海工建筑上的波浪载荷，增加可靠性。除发电外，波浪能利用与环境和海洋资源利用的结合也很有前途。例如，波浪能与风能、太阳能和海洋热能的综合利用；波浪能提取深层海水和供氧以及改善海水牧场和养殖场的养分；利用波浪能清除海洋污染；波浪能船舶推进；波浪能海水淡化、制氢、提取海洋中的贵重元素等。我国目前正处于实现工业化和信息化的经济高速发展期，特别是沿海地区，能源需求的急剧增加已成为社会和经济发展的瓶颈。众多海岛在海洋开发和国防建设方面占有重要地位，特别是远离大陆的岛屿，依靠大陆供应能源，供应线过长，且受风浪影响。能源和淡水是海洋资源开发和海防建设活动的基本需求，能源和淡水供应的成本关系到海洋资源开发的成本，因而也就直接影响到海洋资源开发的能力。解决能源和淡水供应问题成为远海资源开发的关键，相对于其他形式的可再生能源，波浪能等形式的海洋能易于规划，具有较大优势，因此建立利用波浪能的独立发电和海水淡化系统大有发展潜力。

4. 海洋的温差能、盐差能发电原理及应用技术

（1）海洋温差能

1）海洋温差能特点。海洋热能也有人称之为"海洋里的太阳能"，就是海水吸收和储存的太阳辐射能。由于海洋覆盖了地球表面的 71% 以上，所以海水吸收和储存的太阳能十分丰富。估计海洋热能的总储蓄量不下 40 万亿 kW，为目前世界总发电功率的一万多倍，可见海洋热能的储藏潜力多么巨大。要开发利用海洋热能，就必须使海水的温度降低，将热能释放出来才能办到。怎样做到这一点呢？人们已经寻找到了很好的办法，就是海水温差发电。海洋表层温度较高，而深处则温度较低，利用热带海域表层温海水（温度约 30℃）和深层冷海水（温度 4~7℃）之间的温差（一般 20℃ 以上），实现低温差发电。

2）海洋温差能发电技术。把利用海洋表层暖水与底层冷水间温差来发电的技术称为海洋热能转换（OTEC）技术，它是海洋温差能发电利用的最主要技术，也是一种最有发展前途、经济上最可行的可再生海洋能源开发技术，图 6-43 所示为海洋热能转换过程示意图。图中还示出了海洋热能转换资源区典型的垂直温度剖面，海洋热能转换电站的工作方式一般可分为闭式循环、开式循环和混合式循环三种方式。

① 闭式循环。闭式循环是利用海洋表层的温水来蒸发氨或氟利昂之类的工作流体。蒸汽流经涡轮机后，再由从海洋深处抽上来的冷水冷凝成液体，如图 6-44 所示。

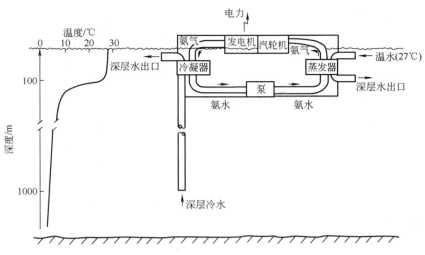

图 6-43 海洋热能转换的基本过程（工作介质是氨）

② 开式循环。在开式循环中，表层水本身就是流体。表层水在小于其蒸汽压的压力下蒸发，蒸汽流经涡轮机，然后如同氟利昂在闭式循环中那样冷却和凝聚，如图 6-45 所示。

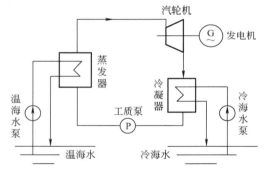

图 6-44 闭式循环系统

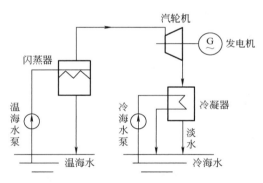

图 6-45 开式循环系统

③ 混合式循环。混合式循环就是闭式循环和开式循环的组合。混合式循环系统如图 6-46 所示，实际上，无论是闭式工作循环还是开式工作循环，都类似于常规的热电站，只是工作温度低一些，而且海洋热能电站用的是表层海水的热量，而不是燃料燃烧产生的热量。这种发电的基本原理是选取一种易挥发的介质如液态氨、丙烷等，使其被海面的高温海水汽化，气体从高温室（海面温水）向低温室（海底冷水）运动的过程中带动涡轮机转动发电，在低温室遇冷又变成液体，如此循环往复进行发电。

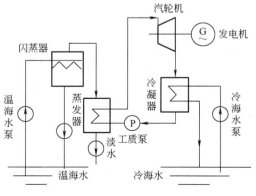

图 6-46 混合式循环系统

21 世纪，人类在利用海洋温差能方面将会有大幅度的发展，并且也向综合开发方向发展。在现有技术水平条件下，重点突破方向将是优化设计，采用开环、闭环相结合方案，以提高工作效率；另一方面，增加副产品，如淡水、化学资源等其他副产品，提高综合经济效益。随着材料科学的发展，有可能研制出一种高效介质，其汽化、液化的温度差很小，并且非常剧烈，因而可以大大提高其热转换效率。总之，随着科学技术的发展，海洋热能发电将成为人类的重要能量来源。

（2）海洋盐差能

1）盐差能特征。盐差能实际上并不是海洋自己所具有的能量，它是由江河淡水流入大海，与苦咸的海水交融在一起由渗透引起的渗透压能。把只允许溶剂通过而不允许溶质通过的薄膜，叫"半透膜"。下面来观察一下用半透膜将海水和淡水隔开时会出现什么情况。

图 6-47 所示的连通器与普通连通器的不同之处是在中间的连接通道上安装了一层半透膜，利用半透膜将连通器分成了左、右两部分。左侧装入海水，右侧装入淡水，并使两侧水位相同。注意观察很快就会发现，海水一侧的水位升高，而淡水一侧的水位下降。这说明：淡水在通过半透膜向海水中扩散。通常把这种通过半透膜的扩散叫渗透。继续观察，不用多久，海水侧的水位就会比淡水侧高出一截。如果把海水侧的水面封死，竖直地引出一根长玻璃管，就可以看到，海水在不断地沿玻璃管上升，一直上升到很高的高度才停止下来。这个情况明显地说明：当用半透膜将海水和淡水隔开时，必然是淡水对海水产生了一个虽然是看不见，然而是非常强大的压力，正是这种压力使淡水通过半透膜扩散到海水中，并迫使海水沿玻璃管上升到高空。这种压力叫渗透压。

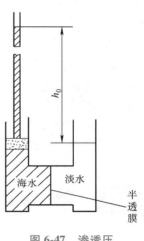

图 6-47　渗透压

半透膜和渗透压在生活中是常见的。例如，吃了咸的东西就会感到口渴，这是为什么呢？是因为细胞壁就是一种半透膜。当吃了咸的东西以后，血液中的含盐量增大，由于渗透压的缘故，细胞内的水分经细胞壁渗透到血液中来，细胞的水分不但得不到补充，反而减少了，这时就会有渴的感觉。

渗透压的大小与什么有关呢？简单地说，渗透压的大小主要取决于海水的含盐浓度和温度。含盐浓度越高，渗透压越大。海水的含盐浓度平均算来是 35‰，即 1L 海水含有 35g 氯化钠（Nacl，即食盐），这样浓度的海水，以水温 20℃计算，和江河淡水用半透膜隔开时所能形成的渗透压为 24.8 个大气压，按水头说就是 256.2m。也就是说，当把 1L（1kg）淡水混入海水中时，这 1L 淡水实际具有了 256.2kg·m 的潜在能量，也就是浓度差能。

关于半透膜，除了天然存在于动植物身体上的以外，用人工方法也能合成。目前人工合成的半透膜，都是用高分子材料制成的。经常使用的半透膜有三种：第一种是不对称纤维素膜；第二种是不对称芳香族聚酰胺脂膜；第三种是离子交换膜。

2）盐差能发电。河流的淡水与邻近的海水之间的浓度差，很显然是一种可供开发利用的可再生能源。进行盐差能量转换时，就需要利用具有不同盐度的不同海区间存在的渗透压力差。再把这种压力差转换为势能，然后用于发电。用浓度差能发电，将是 21 世纪人类的又一壮举。人们已经设计出许多方案等待去实施，图 6-48 所示就是其中的一种设想方案。

这种发电方法的技术关键是制造出有足够强度、性能优良、成本适宜的半渗透膜。同时薄膜必须能够承受风、浪、流的强大应力以及要具有抗生物污损或抗沉积物堵塞的能力，并能排除有可能穿越薄膜的水中碎屑的影响。此外，还要找到不断补充海水侧盐分的方法，确保可持续获得足够的盐差能。到那时，这种神奇的能量必将被充分利用，产生巨大的效益。值得指出的是，浓度差能多集中在江河入海口处，不同于"稀薄能源"，而是"稠密能源"，具有巨大的开采价值，值得充分重视和大力开发。

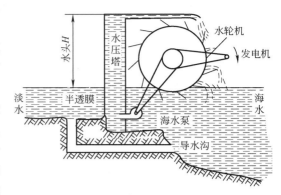

图 6-48　连续运转的浓度差发电系统

人们正在研究开发一种新型的蒸汽压式盐差能发电系统。在同样的温度下，淡水比海水蒸发得快。因此，海水一边的蒸汽压力要比淡水一侧低得多，于是在空气内，水蒸气会很快从淡水上方流向海水上方。只要装上涡轮，就可以利用盐差能进行工作。利用蒸汽压式盐差能发电不需要处理海水，也不用担心生物附着和污染。目前比较有希望的研究方向是在河口大坝或陆海交界处开展反电渗析技术的应用示范。此外在沿海城市，城市或工业污水处理后向海洋排放的过程中，也有利用盐差能技术进行余能回收的应用可能。

6.5　地热能发电与应用

地热能是来自地球深处的可再生热能。其储量比目前人们所利用的总量多很多倍，而且集中分布在构造板块边缘一带，该区域也是火山和地震多发区。如果热量提取的速度不超过补充的速度，那么地热能便是可再生的。地热起源于地球的熔融岩浆和放射性物质的衰变。地下水的深处循环和来自极深处的岩浆侵入到地壳后，把热量从地下深处带至近表层。在有些地方，热能随自然涌出的热蒸汽和水而到达地面，自史前起它们就已被用于洗浴和蒸煮。通过钻井，这些热能可以从地下的储层引入水池、房间、温室和发电站，这种热能的储量相当大。

6.5.1　地热能概述

所谓地热能（Geothermal Energy），简单地说就是来自地下的热能，即地球内部的热能。它有两种不同的来源，一种来自地球外部，一种来自地球内部。地球表层的热能主要来自太阳辐射，表层以下 15～30m 的范围内，温度随昼夜、四季气温的变化而交替发生明显的变化，这部分热能称为"外热"。从地表向内太阳辐射的影响逐渐减弱，到一定深度这种影响消失，温度终年不变，即达到所谓"常温层"。从常温层再向下，地温受地球内部热量的影响而逐渐升高，这种来自地球内部的热能称为"内热"。每深入地下 100m 或 1km 地温的增加数称为地热增温率（或称地温梯度）。

地球是一个名副其实的巨大热库，地球内部的温度这样高，它的热量是从哪里来的？地球内热的来源问题，是与地球的起源问题密切相关的。关于地球的起源问题，目前有许多不同的假说，因此，关于地热的来源问题，也有许多不同的解释。但是，这些解释都一致承认，地球物质中放射性元素衰变产生的热量是地热的主要来源。放射性元素有铀 238、铀 235、钍 232 和钾 40 等，这些放射性元素的衰变是原子核能的释放过程。放射性物质的原子核无须外力的作用，就能自发地放出电子、氦核和光子等高速粒子并形成射线。在地球内部，这些粒子和射线的动能和辐射能在同地球物质的碰撞过程中便转变成了热能。

目前一般认为，地下热水和地热蒸汽主要是由在地下不同深处被热岩体加热了的大气降水所形成的。

在地壳中，地热的分布可分为三个带，即可变温度带、常温带和增温带。可变温度带由于受太阳辐射的影响，其温度有着昼夜、年份、世纪、甚至更长的周期性变化，其厚度一般为 15～20m；常温带，其温度变化幅度几乎等于 0，深度一般为 20～30m；增温带在常温带以下，它的温度随深度增加而升高，其热量的主要来源是地球内部的热能。

地热能的由来涉及地球起源的学说，虽然目前对这种学说有不同的学术观点，但都承认岩石中放射性元素蜕变产生的热量是地球内热的主要来源。据计算，在地球历史中，地球内部中、长半衰期放射性元素蜕变产生的热量平均每年有 $20.934×10^{20}$ J。由于地壳中放射性元素含量的逐渐减少，目前产生的热量约为 30 亿年前的 40%，略少于地球每年向宇宙散失和由火山、温泉携出的热量的总和，因而地壳在最近的地质历史时期正处在极其缓慢的冷却之中。根据计算，要使地壳上部的冷却区向下移至地心，约需 100 亿年的时间。

地球是一个巨大的椭圆球体，构造很像鸡蛋，主要分为三层：外表相当于蛋壳的一个薄层叫“地壳”，厚度由 10～70km 不等；地壳下面相当蛋白的那一部分叫“地幔”，总厚度约 2900km；地球内部相当于蛋黄的那一部分叫“地核”，约 3450km。地表至 15km 深处，地热增温率平均为 2℃/100m；15～25km 深处，地热增温率降为平均 1.5℃/100m；再往下，则只有 0.8℃/100m。凡地热增温率超过某一正常值的地区，统称为地热异常区。根据地热增温率的变化计算，地壳底部温度约为 900～1000℃，至 100km 深处的地幔上部，温度可达 1300℃左右。至于地幔下部和地核的温度，根据地球物理学相关资料推断在 2000～5000℃ 之间。所以说，地球是一个巨大的热库，内部蕴藏着几乎是取之不尽的热量。如果把地球上储藏的全部煤炭释放出来的热量作为 100，那么地热能的总量约为煤炭的 1.7 亿倍，可见地热能的总量十分巨大。但根据目前的钻井技术，超深井的钻井深度也不超过 1.2 万 m，还不及地壳平均厚度的 1/3，而一般钻井深度都在 3000m 以内，因而现在人们利用的地热能仅仅是“沧海一粟”，潜力还很大。

人类很早以前就开始利用地热能，例如，利用温泉沐浴、医疗，利用地下热水取暖、建造农作物温室、水产养殖及烘干谷物等。但真正认识地热资源并进行较大规模开发利用却是始于 20 世纪中叶。现在许多国家为了提高地热利用率，采用梯级开发和综合利用的办法，如热-电联产联供，热-电-冷三联产，先供暖后养殖等。地热能的利用可分为地热发电和直接利用两大类，而对于不同温度的地热流体可利用的范围如下：

1）200～400℃，直接发电及综合利用。

2）150～200℃，可用于双循环发电、制冷、工业干燥、工业热加工等。

3）100～150℃，可用于双循环发电、供暖、制冷、工业干燥、脱水加工、回收盐类、制作罐头食品等。

4）50～100℃，可用于供暖、温室、家庭用热水、工业干燥。

5）20～50℃，可用于沐浴、水产养殖、饲养牲畜、土壤加温、脱水加工等。

地热中高压的过热水或蒸汽的用途最大，但它们主要存在于干热岩层中，可以通过钻井将它们引出。地热能在世界很多地区应用相当广泛，老的技术现在依然富有生命力，新技术业已成熟，并且在不断地完善。在能源的开发和技术转让方面，未来的发展潜力相当大。地热能是天生就储存在地下的，不受天气状况的影响，既可作为基本负荷能使用，也可根据需要提供使用。地热能的利用自古时候起人们就已将低温地热资源用于浴池和空间供热，近来还应用于温室、热力泵和某些热处理过程的供热。在商业应用方面，利用干燥的过热蒸汽和高温水发电已有几十年的历史。利用中等温度（100℃）水通过双流体循环发电设备发电，在过去的 10 年中已取得了明显的进展，该技术现在已经成熟。地热热泵技术后来也取得了明显进展。由于这些技术的进展，这些资源的开发利用得到较快的发展，也使许多国家的经济上可供利用的资源潜力明显增加。从长远观点来看，研究从干燥的岩石中和从地热增压资源及岩浆资源中提取有用能的有效方法，可进一步增加地热能的应用潜力。地热能的勘探和提取技术依赖于石油工业的经验，但为了适应地热资源的特殊性（如资源的高温环境和高盐度）要求，这些经验和技术必须进行改进。这些成熟技术通过联合国有关部门（联合国培训研究所和联合国开发计划署）的艰苦努力，已成功地推广到发展中国家。

6.5.2 地热能发电原理与应用

地热发电是利用地下热水和蒸汽为动力源的一种新型发电技术，它涉及地质学、地球物理、地球化学、钻探技术、材料科学和发电工程等多种现代科学技术。地热发电和火力发电的基本原理是一样的，都是将蒸汽的热能经过汽轮机转变为机械能，然后带动发电机发电。所不同的是，地热发电不像火力发电那样要备有庞大的锅炉，也不需要消耗燃料，它所用的能源就是地热能，地热发电的过程，就是把地下热能首先转换为机械能，然后再把机械能转换为电能的过程。

地热能发电是利用高温地热资源进行发电的方式。由于地热田的分布一般远离人口密集的城镇，要利用这些资源就存在蒸汽或热水长距离输送的困难，但电力输送受这一因素影响较少，因而有高温地热资源的国家对地热发电始终给予应有的重视。利用常规能源（煤、石油）发电，一方面对宝贵的化石燃料资源是一种很大的浪费，另一方面也对环境带来严重的污染，并给交通运输增加沉重的负担。从这一点说，地热发电更有其积极的意义。

1. 地热电站工作原理

地热电站目前有两大类型：一类是利用地热蒸汽发电；另一类是利用地下热水〔包括湿蒸汽）发电。用高温地热蒸汽发电，系统最简单，经济性也高，来自地热井的蒸汽只要经井口分离装置分离掉蒸汽中所包含的固体杂质，就可输入汽轮机发电，排汽经冷凝后放掉。但是，高温地热蒸汽因受许多条件的制约是有限的，它主要分布在几个地热带上，如美国的盖塞尔斯、意大利的拉德瑞罗、日本的松川、墨西哥的塞罗普利托等。利用地下热水发电又可分为两种基本类型：一种叫闪蒸地热发电系统（又称减压扩容法）；另一种叫双循环地热发电系统（又称中间介质法）。前者是以水作为工质来发电，后者则是通过地热水与低沸点工质的热交换，使之产生低沸点工质蒸汽去推动汽轮机发电。除上述几种地热发电系统外，目前还有正在研究的全流系统和干热岩发电系统，尽管试验机组已运行多年，但它们的商业价值和发展前景至今尚不明朗。

2. 利用地热能发电的方式

（1）蒸汽型地热发电　蒸汽型地热发电是把蒸汽田中的干蒸汽直接引入汽轮发电机组发电，但在引入发电机组前应把蒸汽中所含的岩屑和水滴分离出去。这种发电方式最为简单，但干蒸汽地热资源十分有限，且多存于较深的地层，开采难度大，故发展受到限制。主要有背压式和凝汽式两种发电系统。蒸汽型地热发电示意图如图 6-49 所示。

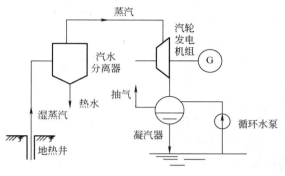

图 6-49　蒸汽型地热发电示意图

（2）热水型地热发电　热水型地热发电是地热发电的主要方式，目前热水型地热电站有以下两种循环系统：

1）闪蒸系统。当高压热水从热水井中抽至地面，由于压力降低，部分热水沸腾并"闪蒸"成蒸汽，蒸汽送至汽轮机做功；而分离后的热水可继续利用后排出，当然最好是再回注入地层。热水型闪蒸地热发电示意图如图 6-50 所示。

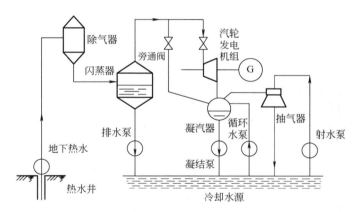

图 6-50　热水型闪蒸地热发电示意图

2）双循环系统。地热水首先流经热交换器，将地热能传给另一种低沸点的工作流体，使之沸腾而产生蒸汽。蒸汽进入汽轮机做功后进入凝汽器，再通过热交换器从而完成发电循环，地热水则从热交换器回注入地层。这种系统特别适合于含盐量大、腐蚀性强和不凝结气体含量高的地热资源。在这种发电系统中，低沸点介质常采用两种流体：一种是采用地热流体作热源；另一种是采用低沸点工质流体作为一种工作介质来完成将地下热水的热能转换为机械能。

所谓双循环地热发电系统即是由此而得名。常用的低沸点工质有氯乙烷、正丁烷、异丁烷、氟利昂-11、氟利昂-12 等。发展双循环系统的关键技术是开发高效的热交换器。

3. 地热能发电的发展及现状

1904 年意大利在拉德瑞罗地热田建立了世界上第一套地热发电机组，利用地热蒸汽发电。1913 年拉德瑞罗的 250kW 地热电站正式运行，开创了地热发电的历史。之后，又有一些国家相继投资开发地热资源，各种类型的地热电站也不断出现。但从总体上看，发展速度不快。20 世纪 70 年代初，世界性的能源短缺和燃料价格不断上涨，促使一些工业发达国家对包括地热能在内的新能源开发更加重视，地热电站的装机容量才有较大的增长。据统计，20 世纪 60 年代建成投运的地热电站总装机容量为 400MW，70 年代末为 1900MW，1980 年为 1960MW，1985 年为 2698.5MW，1990 年超过 5835.5MW，1993 年为 5915MW。其中，美国的地热发电装机容量居世界首位，菲律宾居第二位，墨西哥居第三位，下面依次是意大利、新西兰、日本、印度尼西亚。目前地热发电单机容量最大的机组为 150MW。

4. 我国的地热资源

高温地热资源主要集中在环太平洋地热带通过的台湾省，地中海—喜马拉雅地热带通过的西藏南部和云南、四川西部。温泉几乎遍及全国各地，多数属中低温地热资源，主要分布在福建、广东、湖南、湖北、山东、辽宁等省。中国 400 万 km^2 的沉积盆地的地热资源也比较丰富，但差别十分明显。除青藏高原外，总的来说盆地的地温梯度是由东向西逐渐变小。地处东部的松辽平原、华北盆地和下辽河盆地等地温梯度较高，一般为 2.5 ~ 6℃/km；位于中部的四川盆地一般为 1.7 ~ 2.5℃/km，位于西部的柴达木盆地和塔里木盆地仅为 1.5 ~ 2℃/km。目前我国已发现的水温在 25℃ 以上的热水点（包括温泉、钻孔及矿坑热水）4000余处，分布广泛。温泉出露最多的地区属西藏、云南、台湾、广东和福建，温泉数约占全国温泉总数的 1/2 以上，其次是辽宁、山东、江西、湖南、湖北和四川等省，每省温泉数都在50 处以上。

目前我国高温地热电站主要集中在西藏地区，总装机容量为 27.18MW，其中羊八井地热电站装机容量为 25.18MW，朗久地热电站装机容量为 1MW，那曲地热电站装机容量为1MW。羊八井地热电站是我国自行设计建设的第一座用于商业应用的、装机容量最大的高温地热电站，年发电量达 1 亿 kW·h，占拉萨电网总电量的 40% 以上，对缓和拉萨地区电力紧缺的状况起了重要作用。羊八井地热田位于西藏拉萨西北 90km 处，当地海拔 4300m，处在一个东北—西南向延展的狭窄山间盆地中，电站利用 145℃ 左右的地热水（汽水混合物）发电，向 92km 以外的拉萨地区供电。羊八井地热电站包括第一电站和第二电站两部分。第一电站由一台 1MW 机组（1 号机组）和三台 3MW 机组（2 号、3 号和 4 号机组）构成。1 号机组于 1977 年 10 月 10 日投入运行，2 号和 3 号机组分别于 1981 年 12 月和 1982 年11 月建成并投入发电。1985 年又扩建了 4 号机组。至此，第一电站的总装机容量达到10MW。20 世纪 80 年代中期，开始建造第二电站。站址位于羊八井地热田北部、中尼公路以北约 45km 处，距第一电站约 3km。该电站一期工程安装了一台日本生产的 3.18MW 机组，自动化程度较高，之后又安装了四台功率各为 3MW 的国产机组。目前，第二电站的总容量为 15.18MW。到 2002 年底，整个羊八井地热电站的总装机容量为 25.18MW。

中国地质调查局调查结果显示，我国 336 个主要城市浅层地热能年可采资源量折合 7 亿 t标准煤，中深层地热能年可采资源量折合 18.65 亿 t 标准煤。我国大陆埋深 3.0 ~ 10.0km 深度段内干热岩型地热能资源量折合 856 万亿 t 标准煤，其中埋深在 5500m 以内的折合 106 万亿 t 标准煤。

经过 30 多年的研究、开发与建设，我国的地热发电在技术上和产业建设上均取得了很大的进步和发展，为未来更大的发展奠定了坚实的基础。在技术上，已建立起一套比较完整的地热勘探技术方法和评价方法；地热开发利用工程的勘探、设计和施工，已有资质实体；

地热开发利用设备基本配套，可以国产化生产，并有专业生产制造工厂；地热监测仪器基本完备，并可进行国产化生产。在产业建设上，已奠定一定的基础和能力，可以独立建设 30MW 规模商业化运行的地热电站，单机容量可以达到 10MW；已具备施工 5000m 深度地热钻探工程的条件和能力；已初步建立起地热的监测体系和生产与回灌体系；已初步建立起一些必要的地热开发利用法规、标准和规范。

"十三五"期间，中国地质调查局已完成了全国地热资源的基础调查工作，基本明确了浅层地热能的分布，划定了中深层地热资源异常区。各省地质矿产主管部门也积极投入，在部分区域开展了地热资源详查，并围绕部分地热异常区开展了预可行性乃至可行性勘查工作。以雄安新区为代表的局部地区，通过物探、钻井工作量的投入，地热资源认识基本清晰，以雄县为代表的地热开发区内的资源认识达到储量级。"十四五"期间，随着地热能发展需求的增加，前期勘查划定的地热异常区将会获得更多的勘查投入，资源认识更加清晰。在地热异常区资源逐步被发现和利用的同时，伴随勘查技术、钻井技术的进步，非地热异常区地热资源勘查开发也将受到更多关注，尤其是一些大型沉积盆地和有经济基础的大型城镇区隐伏地热资源的勘查和开发，将不局限在地热异常或者埋藏较浅的区域。按地热增温率计算，在一定深度内都有可能获得所期望的地热资源，尤其是在深部具有强渗透储层分布的条件下，获得优质水热型地热资源的概率更高。更多非地热异常区优质地热资源的勘查发现，也将进一步拓展地热资源的利用思路。

本 章 小 结

　　本章介绍了生物质能、核能、水能、海洋能和地热能的形式及其转换、发电的技术，主要包括生物质直接燃烧发电利用技术；沼气的形成、沼气特性与沼气燃烧发电，沼气内燃机以及沼气燃料电池的相关知识；介绍了垃圾焚烧及其发电的方式与控制技术；介绍了生物质燃料油的性质与利用情况；介绍了核电站发电原理，核电站的运行与监控；介绍了水能及水力发电的原理及其运用；介绍了各种海洋能的存在形式和发电条件，分别讲述了利用潮汐能、海流能、波浪能、海洋温差能和海洋盐差能的发电原理和装置；最后介绍了地热能的存在形式及其发电应用。

习题与思考题

6.1　其他形式的新能源发电主要有哪些？

6.2　生物质能的形式有哪些，如何有效利用？

6.3　生物质能发电的形式有哪些？

6.4　核能有哪几种类型？

6.5　简述水能与水力发电的原理。

6.6　海洋能发电有哪几种形式？

6.7　地热能发电的方式有哪几种？

第 7 章

分布式能源与储能技术

本章介绍分布式能源及储能技术的特征及应用，微电网多单元混合组网技术，储能系统在微电网中的控制技术以及基于储能系统的分布式能源的应用评价。主要内容有分布式能源的特征及其主要应用形式，储能技术种类，重点阐述微电网中多单元混合组网技术与基于储能的微电网控制技术。

7.1 分布式能源的特征及其应用

分布式能源也叫分布式资源（Distributed Energy Resources，DER），是一种能源的分布式应用系统，实现用户端的能源综合利用。相对于传统的集中供电方式而言，它将冷-热-电系统以小规模、小容量（数千瓦至数十兆瓦）、模块化、分散式的方式布置在用户附近，可独立地输出冷（Cooling）、热（Heating）、电能（Power）的系统。国际分布式能源联盟（World Alliance for Decentralized Energy，WADE）如此定义分布式能源：由高效利用发电产生的废能而生产热和电以及现场端的可再生能源系统以及包括利用现场废气、废热及多余压差来发电的能源循环利用等发电系统组成，能够在消费地点或很近的地方发电的系统，称为分布式能源系统，而不考虑这些项目的规模、燃料或技术及该系统是否联网等条件。

分布式能源的先进技术包括太阳能利用、风能利用、燃料电池和燃气冷-热-电三联供等多种形式，主要技术包括电能有效利用（Efficient Utilization of Electrical Energy，EUEE）、智能通信技术（Information and Communications Technology，ICT）、智能模块（Smart Box）、主动网络管理（Active Network Management，ANM）并涉及微电网、智能电网（Smart Grid）以及柔性电网（Flexible Electricity Networks to Integrate the eXpected energy evolution，FENIX）技术。

分布式能源的主要应用有：燃气-蒸汽联合循环发电、整体煤气化联合循环（IGCC）、煤炭气化多联产、热-电-冷三联产、风-光-燃气互补多联产发电等领域。

我国现有的能源系统主要是以化石燃料构成的，核心是煤、石油、少量的天然气以及核能。其中煤和石油的储藏量是很有限的，尤其是石油，我国的石油资源仅能维持 20 年，而煤炭生产会产生巨大的污染，大量开采会造成严重的水土资源流失，加剧生态的恶化。同样，大规模的燃气资源极其有限，但在我国西北、西南内陆地区和沿海区域分布的小规模、低品质天然气田繁多，还没有很好地利用起来。因而基于现有能源资源，需要全力提高资源利用效率，扩大资源的综合利用范围，分布式能源无疑是解决该问题的关键技术之一，是缓解我国严重缺电局面、保证可持续发展战略实施的有效途径之一，符合能源战略安全、电力安全以及我国天然气发展战略的需要，可缓解环境、电网调峰的压力，能够提高能源利用效率。

2003 年以来，美国、加拿大、英国、澳大利亚、丹麦、瑞典、意大利等国相继发生的大停电事故，深刻说明传统能源供应形式存在着严重的技术缺陷。随着时代的发展，特别是信息技术及物联网技术的飞速发展，传统能源的供应形式已经难以继续支撑人类文明的发展进程，加快建立以信息技术及物联网技术为核心的新型能源体系已成为大势所趋，而分布式能源正是这种新能源体系的核心内容。

7.1.1　分布式能源的特征

分布式能源由一次能源和二次能源组成，一次能源以气体燃料为主，可再生能源为辅，利用一切可以利用的资源；二次能源以分布在用户端的热、电、冷、（植）联产为主，其他中央能源供应系统为辅，实现以直接满足用户多种需求的能源梯级利用，并通过中央能源供应系统提供支持和补充。在环境保护上，分布式能源将部分污染分散化、资源化，实现适度排放的目标。在管理体系上，分布式能源采用智能信息化技术，通过社会化服务体系提供设计、安装、运行、维修一体化保障，各系统在低压电网和冷、热水管道上进行就近支援，互保能源供应的可靠。分布式能源实现多系统优化，将电力、热力、制冷与蓄能技术结合，实现多系统能源容错，将单系统的冗余限制到最低，以期最大限度地提高能源利用效率。

分布式能源建立在用户端，具有高效、节能、环保的特点，既可独立运行，也可并网运行，而无论规模大小、使用什么燃料或应用的技术。目前许多发达国家已可以将分布式能源综合利用效率提高到 90% 以上，大大超过传统能源的利用效率。

分布式能源不仅包括"分布式发电"（Distributed Generation，DG），也包括"电能有效利用"（Efficient Utilization of Electricity，EUE），同时还包括"管理和利用"（Management and Utilization，MU），是"分布式资源及电能有效利用"（Distributed Energy Resources and Efficient Utilization of Electricity，DEREUE），对于电力系统而言，是一个新的机遇和挑战。

分布式能源的核心环节之一是分布式发电，即将各类一次能源转换为电能。分布式发电本身并非一种全新的发电形式，过去几十年中，在一些重要的部门或场所，用户往往自行安装一些小型发电设备作为应急备用电源，如医院、矿山等，他们把小型柴油发电机组作为紧急事故停电时的备用电源，以增加供电的可靠性和安全性，还有如我国早期用作自备电厂的燃煤小热电，这些都可认为是分布式发电的范畴，由于其技术性能差或效率低下，或对环保有影响，已被逐渐淘汰或取代。

目前所谓的分布式发电通常并非指采用柴油发电机组的应急备用电源或燃煤的自备小火力发电厂，而是指以天然气、煤层气或沼气为燃料的燃气轮机、内燃机、微型气轮机发电，太阳能光伏发电，以天然气或氢气为燃料的燃料电池发电，生物质能发电，小型风力发电等。由于分布式发电在效率、能源多样化、环保、节能等方面的优越性，再加上电力市场化的快速发展进程，使这种发电技术获得广泛的关注和实际应用，如可用于医院、疗养院、大型商厦、办公楼、宾馆、体育馆等。当其接入配电网并网运行时，在某些情况下可能对配电网产生一定的技术上的影响，因此对需要高度可靠性和高电能质量的配电网来说，分布式能源的接入是相当慎重的。

分布式能源的主要特征如下：

1）分布式能源分布安置于需求侧的能源梯级利用，是一种以可再生能源为主体的资源综合利用系统。通过在需求现场根据用户对能源的不同需求，实现温度对口供应能源，将输送环节的损耗降至最低，实现能源利用效率的最大化。

2）分布式能源是以资源、环境效益最大化确定方式和容量的系统，根据终端能源利用效率最优化确定规模。

3）分布式能源是一种采用需求应对式设计和模块化配置的新型能源系统，将用户多种能源需求以及资源配置状况进行系统整合优化。

4）分布式能源采用先进的能源转换技术，减少污染物的排放，并使排放分散化，便于周边植被的吸收。同时，分布式能源利用其排放量小、排放密度低的优势，可以将主要排放物实现资源化再利用。

5）分布式能源依赖于最先进的信息技术和物联网技术，采用智能化监控、网络化群控和远程遥控技术，实现智能"微电网"。

6）分布式能源依赖于以能源服务公司为主体的能源社会化服务体系，实现运行管理的专业化以保障各能源系统的安全可靠运行。

7）分布式能源技术具有能源利用效率高、环境负面影响小、提高能源供应可靠性和经济效益好的特点，是未来世界能源技术的重要发展方向。

8）分布式能源技术可以实现并网发电，但由于其分散性及自身的内阻比较大，容易引起"孤岛"保护现象，必须采用可靠有效的"反孤岛"保护技术。

7.1.2　分布式能源的主要应用形式

20 世纪 90 年代以来，可再生能源和新能源快速发展，分布式能源技术的发展和应用成为一支主流，其中分布式发电是一种新的重要方式，包括高效利用能源的热-电联产以及冷-热-电三联供形式，替代化石能源的各种小型可再生能源发电，如风力发电、小水电、太阳能光伏发电及地热利用、余热利用、生物质能发电等。我国可再生能源资源丰富，有 10 亿 kW 的风能资源、约 17000 亿 t 标准煤的太阳能资源、近 6 亿 t 标准煤的生物质能资源、以及约 1.2 亿 kW 的小水电资源，还有潮汐能、地热能等资源。

1. 分布式能源转换设备及装置

分布式能源的应用形式与能源转换设备密切相关，主要的转换设备及装置包括：

1）小型燃气轮机。在小型航空涡轮发动机技术的基础上，实现地面发电和供热的联产技术。

2）微型燃气轮机。基于汽车发动机涡轮增压技术，采用永磁发电和变频控制技术高效利用余热。

3）燃料电池。有质子交换膜、固体氧化物、熔融硅酸盐和氢氧重整等多种技术，应用极为广泛，污染极小，而且可以同燃气轮机技术整合，发电效率可达到 80%，是未来最具有发展价值的技术。

4）微型蒸汽轮机。利用噪声小、振动小、运行方便可靠的小型蒸汽轮机代替热交换器，将其中一部分能量转换为电能，或者利用蒸汽管网中较低品位的蒸汽为制冰机组提供低温冷能，更好地利用蒸汽中的能量。

5）微型水轮机和微型抽水蓄能电站。小型、微型水轮机组不仅可以在任何有水位落差的地方使用，而且可以广泛利用在分布式能源项目上。利用自来水管网的水能压力，或者建筑物可能产生的落差进行发电，并在用电低谷进行抽水蓄能。新型的微型水轮发电机组采用电力电子变频控制技术，调整电能品质。

6）太阳能发电系统。利用太阳能光伏发电技术，并与其他能源利用方式和载体进行整合，将太阳热发电与沼气利用整合，将光伏电池与建筑材料整合，利用光导纤维与照明技术整合等。

7）风力发电系统。风力发电是世界能源发展的一个重要方向，大型风场可形成大型风机发电以代替火力发电系统，分散的小型风力发电系统可作为分布式能源的重要形式加以利用。

8）余热制冷系统。利用动力机产生的余热供热制冷是分布式热-电-冷三联供系统的重要环节，尤其是制冷，可以采用吸收式制冷，也可以采用吸附式，以及余热-动力转换-低温制冷等技术，大大提高能源的利用率。

9）热泵系统。利用地源、水源和其他温差资源的能源利用技术，实现对热能的高效利用。

10）能量回收系统。将建筑物内电梯下行、汽车制动、自来水减压等能量进行回收，实现能量的高效利用。

2. 分布式能源中的系统优化技术

分布式能源的应用形式还与系统优化技术密切相关，主要有：

1）多种能源系统整合优化。将各种不同的能源系统进行联合优化，例如，将分布式能源与传统能源系统整合后进行联合优化，将分布式能源系统与冰蓄冷系统整合并进行联合再优化，将微型燃气轮机与热泵系统整合优化，以及太阳能与分布式系统的优化整合等，达到取长补短的目的，充分发挥各个系统的综合优势。

2）将分布式能源与交通系统整合优化。利用低谷电力为电动汽车蓄电或燃料电池汽车储氢，将燃料电池和混合动力汽车作为电源，形成随着人流移动的电源和供电系统，实现节约投资经费、降低高技术产品使用成本等目的。

3）分布式能源系统电网接入研究。解决分布式能源与现有电网设施的兼容、整合和安全运行等问题。

4）储能技术。通过蓄能技术的开发应用，解决能源的延时性调节问题，提高能源系统的容错能力，其中包括储电、储热、储冷和储能四个技术方向。储电技术包括化学储电（电池）、物理储电（飞轮、水能及气能）。储热技术包括相变储热、热水、热油和蒸汽等多种形式。储冷技术包括冰储冷和水储冷。储能技术包括机械储能、水储能以及记忆金属储能等多种方式。

5）地源储能技术。利用地下水和土壤将冬季的冷和夏季的热能储存，进行季节性调节使用，结合热泵技术进行直接利用，减少城市热岛效应。

6）网络式能源系统。互联网式的分布式能源梯级利用系统是未来能源工业的重要形态，它是由燃气管网、低压电网、冷热水网络和信息共同组成的用户就近互联系统，复合网络的智能化运行、结算、冗余调整和系统容错优化。

3. 分布式能源中的资源利用技术

分布式能源的应用形式还与资源深度利用技术密切相关，主要有：

1）天然气凝结水技术。利用天然气燃烧后的化学反应结果回收水，解决部分城市水资源紧缺问题。

2）分布式能源与大棚结合的技术。将分布式能源系统发电设备排出的余热、二氧化碳和水蒸气注入大棚，作为气体肥料和热源，解决城市绿化和蔬果供应，同时减少温室气体和其他污染物排放问题。

3）利用发电制冷的冷却水生产生活热水的技术。利用热泵技术，将低品位热源转换为较高品位的生活热水，减少能源消耗。

4）空调系统废热回收技术。发展全新风空调系统中有效利用回风中的余热和余冷，减少能耗。

5）污水水源热泵系统。利用生活污水中的热量，进行回收和再利用。

6）小型生物质沼气生产技术。利用民用设施污水、垃圾和大棚废弃生物质就地生产沼气的技术。

4. 分布式能源的主要应用形式

综合分布式能源的各种技术，分布式能源的主要应用形式有：①热-电-冷联产技术；②燃气轮机发电系统；③微燃气机发电系统；④氢燃料电池发电系统；⑤风力发电系统；⑥小水电发电系统；⑦太阳能光伏发电系统；⑧地热能综合利用热-电联产系统；⑨生物质能源发电系统。

热-电联产技术成熟、效率较高、节能效果显著，是最主要的分布式能源形式。而可再生能源在我国农村能源供应中发挥着重要作用，正在向商业化和规模化方向快速发展，也是分布式能源的重要组成形式。

7.2 储能技术种类及其应用

微网系统方便了分布式能源的接入，同时也由于其容量较小、较之常规电力系统有较高的故障可能性、一般包含有较大比重的可再生能源发电单元，使得微网系统承受扰动的能力相对较弱。储能技术以其能量可双向流动、可兼顾能量和功率需求以及优异的环保性能等特性受到了广泛的关注。储能技术在发电系统产业链中的潜在应用环节众多且可覆盖整个运行过程，其通过在合适的时间和地点提供服务，可以更好地实现微网系统的能量管理。

1. 储能作为独立单元情形

1）发电环节可平抑负荷峰值、削峰填谷，若参与电力市场，可利用差额电价获取收益；可进行频率调节；可提供黑启动功能，带动其他类型的分布式能源单元启动及与主网同步；可进行区域控制，应对微网与该微网外部系统间计划外的功率交换。

2）输配电环节可增强系统稳定性，维持系统元件同步运行，以防系统崩溃；可进行电压调节，以使输电线路末端的电压维持稳定；还可进行频率调节、相位控制等。

3）用户端辅助服务可使用户的能量需求峰值时段转移，从而利用电力市场的差额电价减少用户支出；可提高电能质量，为用户提供优质电能；为用户提供不间断电源，增强供电可靠性。

2. 储能与可再生能源发电单元相配合情形

风力发电、光伏发电等可再生能源发电的大面积推广应用面临着能源供应的间歇性和不可预测性这一基本技术难点。储能技术对于处理这一问题将发挥关键性的作用：

1）可平抑可再生能源发电单元的短期随机波动（分秒级），平滑可再生能源发电单元的功率输出曲线，稳定系统频率。

2）可平抑可再生能源发电单元的长期波动（小时级），以使可再生能源发电单元成为可调度型发电单元，增加其功率输出的稳定性。

3）可缓解可再生能源发电的预测偏差所带来的影响，根据可再生能源发电的预测情况，储能配合辅助输出，可提高单元输出的可靠度，尤其在参与电力市场的情形下更为重要。

7.2.1　储能技术分类

1. 根据功能实现分类

储能技术种类众多，可将其从功能实现和储能方式两方面加以分类。从功能实现角度来说，储能技术可分成功率型和能量型两类：

1）功率型储能技术指那些可提供大功率而容量相对较小，响应迅速，可进行频繁充放电，用于电能质量或不间断供电场合以增强可靠性的储能技术，如超级电容储能、超导储能、飞轮储能等技术。

2）能量型储能技术指用于能量管理场合的储能技术，如抽水蓄能、压缩空气储能、大规模传统蓄电池储能、新型电池储能等技术。

2. 根据能量储存方式分类

尽管电能不能直接储存，但可以将其转换为其他方式方便地进行储存，并在需要时转换回电能形式加以利用。人们已经探索和开发的电力储能技术可从能量存储方式角度进行如下分类：

1）机械储能方式主要包括利用势能的抽水蓄能、压缩空气储能和利用动能的飞轮储能等形式。

2）电磁储能方式主要包括超导储能、超级电容储能等形式。

3）电化学储能方式通过电池正负两极的氧化还原反应进行充放电，主要包括铅酸电池、镍镉电池、镍氢电池、钠硫电池、锂离子电池及全钒等液流氧化还原电池等形式。

3. 常见的储能形式

（1）飞轮储能技术

飞轮储能技术是一种机械储能方式。近年来，由于电力电子学、高强度的碳纤维材料、低损耗磁悬浮轴承三方面技术的发展，飞轮储能得以快速发展。

图 7-1 是飞轮储能的原理图，外部输入的电能通过电力电子装置驱动电动机旋转从而带动飞轮旋转将电能储存为机械能；当需要释放能量时，飞轮带动发电机旋转，将动能变换为电能，电力电子装置将对输出电能的频率和电压进行变换以满足负载的要求。飞轮储能基本

结构一般由五个部分组成：飞轮转子、轴承、电动机/发电机、电力转换器、真空室。另外，飞轮储能装置中还必须加入监测系统以监测飞轮的位置、电机参数、振动和转速、真空度等运行参数。由于飞轮储能具有寿命长、效率高、高储能量、充电快捷、充放电次数无限、建设周期短、对环境无污染等优点，故其在微网中有着广阔的应用前景。在风电中，将飞轮电池并联于风力发电系统直流侧，利用飞轮电池吸收或发出有功和无功功率，能够改善输出电能的质量。借助飞轮电池充当孤岛型风力发电系统中的电能储存器和调节器，可以有效地改善系统电能质量，解决风力发电机与负载的功率匹配问题。此外，作为一种蓄能供电系统，飞轮储能在潮汐、地热、光伏发电等方面都具有良好的应用前景。

图 7-1　飞轮储能原理图

（2）超导磁储能技术

超导磁储能系统（SMES）利用超导线圈把电网供电励磁产生的磁场能量储存起来，需要时再将储存的能量送回电网或做他用。SMES 通常包括置于真空绝热冷却容器中的超导线圈、控制用的电力电子装置以及真空泵系统。

超导磁储能与其他储能技术相比具有能量效率高，可长期无损储存能量，能量释放快，可方便调节电网电压、频率、有功和无功功率等显著优点。电力电子技术和高温超导技术的发展促进了超导磁储能装置在电力系统中的应用。SMES 灵活的四象限调节能力和快速的功率吞吐能力，使得它可以有效地跟踪电气量的波动，提高系统的阻尼。目前已有将超导磁储能单元用于稳定风力发电机组输出电压和频率的研究。针对风电场的风速扰动，提出采用电压偏差作为 SMES 有功控制器的控制信号的控制策略。各种研究表明，SMES 装置在改善风电场稳定性方面具有优良的性能。目前 SMES 在电力系统中的应用包括：电压稳定、频率调整、负荷均衡、动态稳定、暂态稳定、输电能力提高以及电能质量改善等方面。

（3）蓄电池储能技术

蓄电池储能系统（BESS）由电池、直—交逆变器、控制装置及辅助设备（安全、环境保护设备）等部分组成，目前在小型分布式发电中应用最为广泛。根据所使用化学物质的不同，蓄电池可以分为铅酸电池、镍镉电池、镍氢电池、锂离子电池等。锂离子电池以其体积小、工作电压高、储能密度高（$300 \sim 400kW \cdot h/m^3$）、循环寿命长、充放电转化率高（90%以上）、无污染等特点而受到重视和欢迎。另外，近些年研究开发的新型蓄电池如钠硫（NaS）电池、液流电池等性能更加优越，更适合于大规模储能应用。蓄电池储能在电力系统中还可用来频率控制和调峰。为了提高电网抵御停电事故的能力，美国阿拉斯加电网安装了一台可提供功率峰值达 26.7MW 的在线蓄电池储能系统，能使系统大停电的可能性减小 60%以上。

铅酸电池是技术最成熟的一种电池储能技术，主要有富液式和阀控式两类。密封阀控式铅酸蓄电池克服了富液式铅酸蓄电池容易产生"酸雾"的缺点，在整个使用寿命期间具有免维护功能，成为目前铅酸电池的主流产品。

钠硫电池与传统化学电池不同，采用熔融态电极和固体电解质，负极的活性物质是熔融态的金属钠，正极的活性物质是硫及多硫化钠，电解质是专门传导钠离子的 β-氧化铝陶瓷，其电池外壳一般采用不锈钢。

锂离子电池的两极是两种能可逆地嵌入和脱嵌锂离子的化合物。电池充电时，锂离子从正极中脱出，通过电解液和隔膜，嵌入到负极中；放电时，锂离子负极中脱嵌，通过电解液和隔膜，重新嵌入到正极中。它们已在便携式设备中得到广泛应用，但存在大容量集成的技术难度，近年来磷酸铁锂电池的研制成功推动了锂电池产业在大容量应用场合的发展。

液流电池的氧化还原反应物质是分装于两个储液罐中的电解溶液，通过利用泵把溶液从储液罐压入电池堆体内在离子交换膜两侧的电极分别发生氧化反应和还原反应，全钒电池是其典型代表。

此外，锌溴电池、多溴化物电池种类也在研发过程中。

（4）超级电容储能技术

超级电容器（Super Capacitor，SC）是根据电化学双电层理论研制而成，专门用于储能的一种特殊电容器，具有超大电容量，比传统电容器的能量密度高上百倍，放电功率比蓄电池高近十倍，适用于大功率脉冲输出。

根据不同的储能原理，超级电容器分为电化学电容器（EC）和双电层电容器（DLC）两类。与飞轮储能和超导储能相比，超级电容器在工作过程中没有运动部件，维护工作极少，可靠性非常高，使得它在小型的分布式发电装置中应用有一定优势。

（5）抽水蓄能

抽水蓄能是应用最广泛的一种大规模储能技术。在系统负荷低谷时段，利用盈余的电能从下库向上库抽水，将电能转换成水的势能存蓄起来，等到系统负荷高峰时段，上库放水经水轮发电机发电。它是一种重要的蓄能与调峰手段，同时也可参与调频、调相、调压、黑启动、提供系统备用容量等领域。

（6）压缩空气储能

压缩空气储能的原理是在非用电高峰时段，利用盈余电能将空气压缩进一个特定的存储空间，在用电高峰时段，将被压缩的高压气体释放出来以进行发电。气体存储空间一般为地下岩洞、报废矿井等，需要经过一系列严密的检测、模拟以及分析方能确定。目前，研究人员也在寻求其他类型的合适存储空间。

各种储能技术具有不同的物理配置、化学组成、能量密度、功率密度、电压电流输出特性，而同时电力系统也对储能技术的不同应用场合提出了不同的技术要求，很少能有一种储能技术可以完全胜任电力系统中的各种应用。因此，储能方式的选择必须兼顾能量和功率需求，以匹配电力应用所需。表 7-1～表 7-3 对一些储能技术的特性进行了详细的对比。

表 7-1　储能技术特性对比 I

技术成熟度	商业化应用		示范工程阶段		研发阶段	
	秒级	小时级	秒级	小时级	秒级	小时级
几百 MW		抽水蓄能	超导			
		压缩空气				
几十 MW	超导	铅酸电池		钠硫电池	超级电容	
					飞轮	

（续）

技术成熟度	商业化应用		示范工程阶段		研发阶段	
	秒级	小时级	秒级	小时级	秒级	小时级
几百 kW~几 MW	飞轮	铅酸电池	超级电容	全钒电池		飞轮
	超导			锌溴电池		锂电池
几 kW	飞轮		超级电容	飞轮		
	铅酸电池			锂电池		

表 7-2　储能技术特性对比 Ⅱ

储能类型		能量密度		功率密度	
		W·h/kg	W·h/L	W/kg	W/L
机械储能	抽水储能	0.5~1.5	0.5~1.5		
	压缩空气储能	30~60	3~6		0.5~2.0
	飞轮储能	10~30	20~80	400~1500	1000~2000
电磁储能	超导储能	0.5~10	0.2~5	500~2000	1000~4000
	超级电容储能	2.5~15		500~5000	>100000
电化学储能	铅酸电池	30~50	75~300	50~80	10~400
	钠硫电池	150~240	150~250	150~230	
	锂电池	75~200	200~500	150~315	
	全钒电池	10~30	16~33		
	锌溴电池	16~50	30~60		

表 7-3　储能技术特性对比 Ⅲ

储能类型		放电持续时间	储能持续时间	响应时间	循环效率
机械储能	抽水蓄能	几小时~几天	几小时~几月	分钟级	70%~85%
	压缩空气储能	几小时~几天	几小时~几月	1s~15min	65%~79%
	飞轮储能	几毫秒~十几分钟	几秒~几小时	毫秒级	80%~95%
电磁储能	超导储能	几毫秒~几秒	几分钟~几小时	毫秒级	92%~95%
	超级电容储能	几毫秒~几十分钟	几秒~几小时	毫秒级	85%~97%
电化学储能	铅酸电池	几秒~几小时	几分钟~几天	毫秒~几秒	75%
	钠硫电池	几秒~几小时	几分钟~几天	毫秒~几秒	75%~90%
	锂电池	几分钟~几小时	几分钟~几天	毫秒~几秒	85%~90%
	全钒电池	几秒~几小时	几小时~几月	毫秒~几秒	65%~85%
	锌溴电池	几秒~几小时	几小时~几月	毫秒~几秒	60%~75%

根据上表中的信息进行比较分析，可以发现：

1）抽水蓄能、压缩空气储能、铅酸电池、钠硫电池、液流氧化还原电池、锂电池可用于系统能量管理，进行发电调峰、平衡负载、用作系统备用电源、稳定系统等方面。

2）抽水蓄能、压缩空气储能，储能容量大，放电时间长，适合大规模容量应用场合。

3）各种二次电池储能、飞轮储能、超导储能、超级电容储能技术可用于电能质量调节、系统暂态稳定和不间断电源供电等场合，尤其是超级电容储能和飞轮储能技术因其能量密度较小、功率密度大、成本较为适中而更为适合。

4）抽水蓄能、压缩空气储能技术可实现大功率、大容量电能储存，但对应用场所的地理条件有特殊要求，不适于广泛应用；铅酸电池储能技术较之其他类型电池成本较低、制造技术成熟，但其循环寿命较短，不宜深度放电，且存在有毒物质铅，不推荐广泛应用。

由于钠硫电池、液流氧化还原电池、锂离子电池等一些新型电池储能技术可兼顾能量需求和功率需求应用场合，在微网系统中有较好的应用前景。

7.2.2　储能技术应用

当前电力行业的现状和未来发展方向为储能技术的应用带来了新的机遇，储能在电力系统中的应用重新引起了人们的兴趣，一大批对多种不同储能技术的应用研究项目正在进行之中。在这种情况下，电力系统的每一个环节都有其对储能的不同需求，这也产生了储能在电力系统中的不同应用。

1. 应用于发电环节

电价随着负荷需求的小时、周以及季节性的变化而波动。为了实现发电收益最大化，在电价最高时最大限度售电是非常重要的。通过管理储能系统，可以在电价低时将电量存储起来，然后在电价较高时售出。因此，储能系统可以作为一个调节杠杆，提高发电商的发电收益。为了能够通过储能获得更多的收益，储能系统的容量应该足够大，能够进行数十小时的充放电循环。此外，储能系统的功率也应该足够大（数百兆瓦量级）。这样的储能系统可以进行夜间充电白天放电，或者周末充电工作日放电的循环。一般情况下，定位于上述用途的较为成熟的储能技术均为大型的储能系统，如抽水蓄能电站和压缩空气储能系统。

除增大发电效益外，储能系统通过参与电网调频以提升电网电能质量，包括一次调频、二次调频和三次调频。

一次调频的目的是通过对参与调频发电机组进行直接的和自动的发电控制，以维持发电系统的实时发电—用电平衡。尤其是在互联电网中，由于发生故障而伴随着频率的变化，一次调频能够保持数秒钟的频率稳定。一次调频能够实现是由于部分参与调频的并网发电机组具有有功备用（一次备用），而这些装置平时以低功率状态运行。

二次调频是对参与调频的发电机组进行集中式自动调节，以使系统频率及与相邻电网的功率交换达到预定目标值。与一次调频相比，二次调频不是利用本地信息来实现的，而是需要将一个指令发送到发电机组。这个指令是由电网调度（TSO）的控制中心通过计算而来的。由于发电机组中有功备用（一次备用）的存在，使得二次调频的实现得到了保障。只有达到特定容量的发电机组才可以参与二次调频。

三次调频属于手动调频，主要用于：①释放一次备用和二次备用容量，并在二次调频没能实现调节目标时（可能由于二次备用容量的不足），将频率调整到预定值；②当电力供需不平衡缓慢增大时，使系统重新恢复到平衡状态。三次调频也用于解决输电网阻塞的问题，这取决于不同国家的政策。三次调频对三次有功备用容量的调度可以有不同的时间尺度。三次调频往往与电网调度的平衡机制联系在一起，类似于一种固定的投标，平衡责任方提交

"调整"方案，如发电商提供发电机组向上或向下调节的精确量，然后TSO选择适宜于系统的方案，以确保发电—用电的平衡与系统的安全。

2. 应用于输电系统

根据运行模式的不同，储能系统既可以等效为发电机组，也可以等效为电力负荷（用户）。因此，原则上储能在输电系统中可以提供类似发电机组和电力负荷的同样功能。通过控制储能系统的充电或放电可以控制输电系统的潮流，使系统潮流维持在一个最大限额之下。输电系统控制中心可以采用储能来解决网络阻塞的问题，并且可以推迟电力增容的相关投资。此外，在某些电网改建有困难的地区，储能可以作为一种解决方案。

储能系统除了可以参与频率外，在充电状态下还可以对电力系统的安全运行发挥作用，尤其表现在以下几方面：

1）减少电力负荷。当发生电力系统"频率崩溃"，而常规调节手段无法控制频率的下降趋势时，电网调度将根据频率所接近的阈值切断部分负荷。在法国，设置了四个低频切负荷阈值，即49Hz、48.5Hz、48Hz和47.5Hz。负荷削减水平（负荷切断容量）与频率所处的阈值有关。正在充电的储能可以被有计划地中断，这恰恰就起到了对负荷进行逐级切除的效果。

2）维持电压稳定。在电网发生电压崩溃时，TSO也可以通过对负荷进行控制来实现电压稳定，而储能也能够起到这种作用。

3. 应用于配电系统

储能技术在配电系统中的传统应用主要是为电网中的某些重要设施提供应急供电。由电网公司从资产优化运营管理的角度出发，认为负荷平滑是储能的一个重要功能。当预期到负荷的增加在不远的将来会导致电网中某些设备容量不足时，通常的解决方案是新建配电设施或改造现有设施。由于电力设施是按照标准化的序列设计制造的，相应的容量增加通常会在短期内远大于实际需求，这就造成了新建电力资产在很长的一段时间内"利用不足"。

在阻塞网络的下级电网使用储能系统是一种灵活的临时性解决方案。在非峰荷时段对储能系统进行充电以形成有功备用，当峰荷出现时储能就可以向电网注入能量，这样可以减少上级电网输送的最大电流。储能通过这种方式可以避免电网发生网络阻塞。通过控制有功功率，以及按照预定的运行曲线或闭环的实时测量进行本地无功补偿，可以大幅减少电流的流通。

4. 应用于电力零售

通过储能系统的运行管理能够实现负荷高峰和非高峰之间的转移。这意味着可以在用电需求最大而且往往电价也是最高时，使用先前用电低谷而且电价便宜时段存储的电能，以获取最大利润。于是，储能系统就可以成为使供电商降低运营成本的杠杆。为了胜任这个角色，并且尽可能从峰谷电价差中获利，储能系统应该能够满足几十个小时的循环需求，并且功率要足够大（数百兆瓦级）。大容量储能技术，如抽水蓄能系统和压缩空气储能是很好的技术路线。

一些特殊的用电负荷，在一定程度上也能进行电能的转移。因此，电力的市场化和供应管理都会影响运营成本，它们共同组成了一个类似于储能系统的调控杠杆，能够有效地实现电能转移，减少供应商的采购成本。利用储能形成的电力备用，能够减少对采购过程中可能遭遇的多种不利情况的发生，例如，高电价且市场调剂能力不足，发电的高边际成本，或者成本控制的安全裕度过低等。在这个意义上，储能是一种可以进行价格和容量风险管理的工具。

5. 应用于电力用户

当电网发生偶尔停电时，储能可以作为后备电源为用户持续供电，可以减少突然停电给一些特定用户造成的不利影响。对于一些供电关键负荷，可以采用具有快速响应能力的电源提供瞬时电能。这种短时供电支撑也可能需要持续数个供电周期，甚至只有当某些设备完成备份任务后才可以主动断电。对于需要持续供电的负荷，停电的持续时间对其影响很大，此时采用备用电源是非常必要的，对这种备用电源的起动响应时间没有限制，但要保证能够自动运行。

此外，在用户侧安装储能系统能够滤除来自电网的扰动，这样就可以作为一种特殊的电能质量控制装置来改善重要负荷的供电质量。如在敏感负荷的供电系统中，储能可以用于消除电压暂降等电能质量问题。

7.3 微电网与储能系统混合组网技术

微电网的概念最早由学者 Lasseter R. H. 提出，其认为微网是集合了负荷和微型电源并可工作在单一可控状态的系统，同时可以向当地提供电能和热能。微网的概念一经提出便受到各国能源专家和学者的重视，各国相继提出了微网的定义和研究侧重点。其中美国电力可靠性解决方案协会（the Consortium for Electric Reliability Technology Solutions，CERTS）给出的微网定义是：微网是一种由负荷和微源组成的系统，可以同时向负荷提供电能和热量，微网内的微源主要由电力电子装置负责能量转换，并提供必要的控制，微网相对于上层的大电网表现为单一的可控单元，并可同时满足用户对电能质量和供电安全等方面的要求。

尽管国际上对微网的定义不同，但其本质是一致的，即微网集合了各种分布式电源（微源）、负荷、储能单元以及监控、保护装置，可以在联网运行和孤岛运行两种模式之间灵活切换，并可以同时向负荷提供电能和热能。

微网通常接在低压或中压配电网中，相对于大电网，其灵活可控，方便调度微源，可以有多种能源发电形式，见表 7-4 中所列，各类微源的发电形式差别很大，它们在微网中的作用也有较大差别。因此，不同微源间的组网技术便成了微网领域的关键技术。

表 7-4　常见微源类型

技术类型	一次能源	输出形式	与交流系统接口
光伏发电	可再生能源	直流	逆变器
风力发电	可再生能源	交流	整流逆变
小型燃气轮机	化石燃料、可再生能源	交流	直接相联、交—直—交
燃料电池	化石燃料、可再生能源	直流	逆变器
蓄电池储能	电网或 DG	直流	逆变器

（续）

技术类型	一次能源	输出形式	与交流系统接口
电容器储能	电网或 DG	直流	逆变器
飞轮储能	电网或 DG	直流	逆变器

从微网的概念和结构可以看出，微网并不是传统电网的微型模式那么简单，而是有其独有的特点，具体包括：

1）微网内微源形式和储能装置的多样化。微网提供了一个有效集成应用分布式发电（DG）的方式，微网内的间歇性微源以及工作模式切换时的需要使得储能单元成为微网正常稳定运行的必不可少的一部分，常见的储能类型有飞轮、铅酸电池、锂电池、钠硫蓄电池、超导储能等。

2）微网作为一个整体的系统，通过 PCC 与大电网单点连接，相对于大电网是单一的可控单元，从而有效解决了分布式发电系统中大量能源形式单独并网对配电网带来的负面影响。按照 IEEE1547 中的要求，微网只需在 PCC 处满足并网标准即可，从而使微网内的 DG 控制和运行方式更加灵活，有利于不同微源优势的充分利用。

3）微网中的微源配置有先进的电力电子接口，使得微网可以有多种运行状态，并可以在各状态之间灵活切换。正常情况下微网联网运行，当大电网出现异常时，微网平滑转入孤岛运行，当大电网故障解除时，微网可以可靠再联网运行。

7.3.1 基于直流母线并网的微电网技术

微网是相对传统大电网的一个概念，是由多个分布式电源及负载按照特定的拓扑布局组成的网络，并经过静态开关与大电网连接。它是由分布式电源、储能设备、负荷、监控、维护设备聚集而成的小型发配电系统，是一个可以完成自我操控、维护和办理的自治体系，既可以与外部电网并网运转，也可以孤立运转。以直流形式输送电能的称为直流微网，以交流形式输送电能的称为交流微网。

直流微网作为连接分布式电源与主网的一种微网形式，能高效地发挥分布式电源的价值与效益，具备比交流微网更灵活的重构能力。但由于直流电灭弧困难，直流微网系统的设计缺乏统一的标准与规范，直流微网的大规模推广应用将是一个长期过程。

目前，微网主要是以交流微网的形式存在，其结构图如图 7-2a 所示。图 7-2b 所示为直流微网的结构图，和交流微网相比，直流微网不需要对电压的相位和频率进行跟踪，可控性和可靠性大大提高，因而更加适合分布式能源（DER）与负载的接入。理论上，直流微网仅需一级变流器便能方便地实现与 DER 和负载的连接，具有更高转化效率；同时，直流电在传输过程中不需要考虑配电线路的涡流损耗和线路吸收的无功能量，线路损耗得到降低。

下面介绍直流微网中的关键技术。

1. 直流微网的控制技术

微网的控制要点是保持供电电源端与负荷端能量的平衡；能量的平衡控制可采取本地控制或远程控制。微网能量的平衡控制要点可归结为：电压调整、电压闪变、电压跌落、持续中断和谐波含量等，亦即母线电压的调整和电能质量的管理。

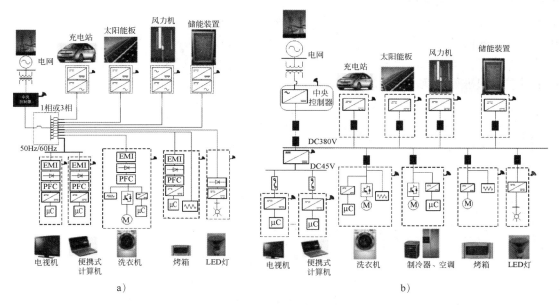

图 7-2　交流微网与直流微网的典型拓扑结构

a）交流微网　b）直流微网

（1）母线电压的调整

直流微网由 DG 单元、负载和并网接口电路等部分通过各自的变流装置与直流母线相并联。根据变流器的并联特性可知，各并联模块对外表现为电压源特性时，由于配电线缆上存在阻抗压降，各节点电压存在差异，很有可能导致各并联电压源之间产生环流。

图 7-3 所示即为各并联电压源的等效示意图。图中，U_1 和 U_2 表示并联电压源幅值，Z_1 和 Z_2 表示线路阻抗，i_1 和 i_2 分别表示流过模块一与模块二的电流，U_{dc} 表示模块连接处的母线电压。因此，为了控制母线电压的稳定和避免环流的产生，需要对并联在直流母线上的等效电压源变换电路进行均流控制。

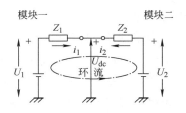

图 7-3　直流微网中的环流问题

微网中常用的均流法有主从并联方法和外特性下垂并联方法。其中，主从并联法将均流控制功能分散到各并联模块中，并联系统包括一个主模块和多个从模块。主模块采用电压控制，从模块采用电流控制。这种主从并联方式的控制性能很大程度上取决于各模块间的快速通信。外特性下垂并联法又称输出阻抗法，其实质是利用本模块电流反馈信号或者直接输出串联电阻，改变模块单元的输出电阻，使外特性的斜率趋于一致，达到均流。它充分利用了分布式系统的"分布"特征，很大程度上是依赖于本地控制，可靠性更高。所以近年来起源于电网并联的外特性下垂方法引起了众多学者的关注，并已广泛地应用于 DC—DC、AC—DC 和 DC—AC 等变流器的并联。

由于直流微网中各变流器自身的限流要求、蓄电池充放电电流的限制、DG 输出功率的随机性强和负荷需求变化大等因素的影响，各变流器对母线电压的控制需要在电压下垂控制模式和限流模式之间进行切换。如图 7-4 所示，根据母线电压的给定值、电压阈值与电流最大值信号，并网接口电路可工作于电压下垂模式或限流模式；蓄电池则根据电池监控系统和控制器给出的信号，可工作于电压下垂模式、限流模式或默认模式，默认模式下蓄电池始终处于充电状态；太阳电池板 DC—DC 变换器在最大功率跟踪（MPPT）模式、限流模式和电压下垂模式间进行切换。

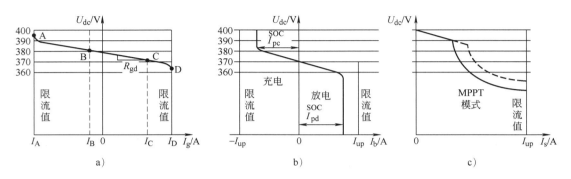

图 7-4　直流微网各源变换器静止 *U-I* 特性曲线

a）并网接口 DC—AC 变换器　b）蓄电池双向 DC—DC 变换器　c）太阳电池板 DC—DC 变换器

（2）电能质量的管理

微网系统的工作容量有限，抗扰动能力弱。直流微网工作时，可能出现 DG 输出功率的突变、大面积负荷的瞬时接入或脱落、并网切换到孤网或孤网到并网等瞬态变化过程，这些瞬态事件的发生会引起直流母线电压的瞬态上升或下降，称为电压闪变和电压跌落。

电压闪变和电压跌落的发生，不仅会给电子设备的正常运行带来不利，还很可能使控制系统发生误动作，最终导致整个直流微网系统的崩溃。为了防止这类事件的发生，常用超级电容、飞轮储能或超导储能等快速充放电的装置对系统的电能质量进行管理。

利用飞轮储能惯性小、充放电快的特性可以建立相应的补偿装置，其控制思路如图 7-5 所示。为了进一步提高系统的电能质量和保证系统的可靠性，对于扰动较为频繁的微网，还可采取冗余结构，利用几组快速储能装置进行交错管理。当直流微网处于孤网模式，且 DER 和蓄电池提供的能量已无法满足负荷的需求，即母线电压低于预先设定的阈值时，需要进行负载脱落控制，最大限度地保证重要负荷供电的连续性。负载脱落需要平滑地进行，将不重要的负载分时脱落。

2. 直流微网的保护技术

直流微网最大的安全问题包括电弧、火灾隐患和人身安全等。传统电力系统是交流电网，因而，直流微网的保护缺乏相应的标准、执行准则和实际操作的经验。在设计直流微网的保护系统时，不能照搬照抄，应分析交流微网的哪些标准可以应用于直流微网，同时还需借鉴直流牵引的保护经验。一般而言，微网保护系统的设计应遵循如下准则：

1）可靠性，包括对故障的辨别和抗扰动的能力。

2）灵敏度，包括快速清除故障和快速恢复系统正常工作的能力。

3）性能要求，即对于重要的负荷，能够最大限度地保证供电的连续性。

4）经济性，安装和维护成本，为了满足性能的要求，有时候可以牺牲一些成本。

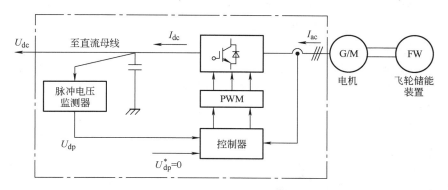

图 7-5　飞轮储能 AC—DC 双向变流器控制思路

5）简洁性，保护元件的数量和保护区域的划分等。

（1）直流微网的保护设备

1）熔断器。熔断器在高 $\mathrm{d}i/\mathrm{d}t$ 的场合，熔断较快，电弧熄灭容易。但从可靠性和简洁性的角度来看，在直流电路中使用熔断器并非上佳选择，这是因为熔断器的 *I-T* 特性或安秒特性需要考虑到直流电缆的寄生参数，熔断器应具备良好的灭弧装置以避免拉弧效应（电压击穿空气时候的放电现象）。目前，熔断器在直流系统中的应用包括机车、采矿、蓄电池的保护等。直流微网可利用熔断器作为后备式的保护设备。

2）断路器。在交流系统中，由于变压器和发电机自身具有很强的限流能力，短路故障电流得以限制。而直流系统需要大容量的电容进行平波和解耦，直流母线短路故障时，电容的瞬时放电造成的瞬态短路电流可能会导致断路器的误动作，例如，故障处的断路器和上游断路器（相对故障处而言）一起动作，上游断路器动作而故障处的断路器不动作，断路器毁坏等。一旦上述一种情况发生，将很可能导致有选择性的保护功能丧失、过多负荷的断电和保护设备相互协调能力的降低等。因此，为了避免出现过大的瞬时短路电流和减少断路器的误动作，需要采用快速的断路设备，如真空断路器、混合型断路器、缓冲型断路器和固态开关等进行灭弧。快速型断路设备的应用在一定程度上提高了系统的可靠性，但并未从根本上解决问题。为了进一步提高系统的可靠性和整体寿命，需要在保持系统原有控制品质的前提下有效减小直流母线平波电容的容量。采取小容量薄膜电容和有源补偿装置来代替传统的大容量电解电容是较为有效的方式之一。

根据直流电单向导通的特性，直流微网还可通过在负载支路串联二极管的方式来防止母线短路故障时变流器输入端电容电流的反灌，如图 7-6 所示。这种方式在降低母线短路故障级别的同时，也避免了正负极反接时的火灾隐患。

3）多功能接线板与插头。不存在自然过零点的直流电对接线板与插头的设计也提出了新的要求。常用的交流型多功能接线板与插头应用于直流电时，接合与断开

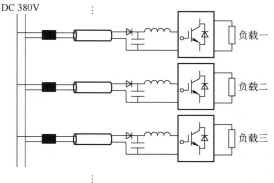

图 7-6　直流微网负载支路

的瞬间会产生较大的电弧，如图 7-7a 所示，这给人身安全带来了不利。一种常用设计方案如图 7-7b 所示，上电瞬间：主回路以不带电方式先闭合，然后驱动回路接通，开关管导通，导通期间流过开关管的电流逐渐变大，开通瞬间的冲击电流得到有效的抑制；断电瞬间：驱动回路先断电，强迫负载电流经过并联在正负母线上的二极管续流，然后接线板与插头分离，这样就消除了传统接线板与插头断开时的直流电弧。该方案适合于供电电压较高、带大功率负载的场合使用。

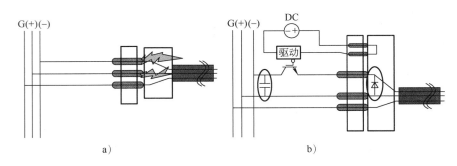

图 7-7　多功能接线板与插头

a）常用交流型多功能接线板与插头　b）直流型多功能接线板与插头

（2）直流微网的接地

微网接地方式的不同会导致系统性能与系统保护方案的不同。在现有的直流输配电系统当中，如海上风力发电、大部分的直流牵引系统、军舰直流区域配电和工业自动化系统，出于电腐蚀效应、系统安全或中性点漂移等考虑因素均将系统接成 IT（I 代表电源端不接地或经高阻抗接地；T 代表电气装置的外露可电导部分直接接地，此接地点在电气上独立于电源端的接地点）形式。IT 系统一次接地故障电流很小，接地故障的检测较为困难；用户无法用电笔测试出 IT 系统直流电的极性。

TN（T 代表电源端有一点直接接地；N 代表所有电气设备的外露可导电部分均接到保护线上，并与电源的接地点相连。）系统或 TT（第一个 T 代表电源端有一点直接接地；第二个 T 代表电气装置的外露可电导部分直接接地，此接地点在电气上独立于电源端的接地点）系统将电源的一点直接接地（可以是电源的正极或负极，也可以是电源的中性点），系统发生接地故障时，漏电流较大，接地故障的检测相对容易一些。考虑到目前家用设备接地保护线与交流零线电位差限制，未来直流微网在给住宅、学校、商业建筑和工业区域供电建议采用 TN 系统。

（3）直流微网的故障类型及保护

根据故障的类型进行划分，可将直流微网的故障分为极间故障和接地故障；根据故障的位置进行划分，直流微网的故障可分为母线故障与支路故障，其中支路故障又区分为输入端故障与输出端故障。在设计保护系统之前，应根据系统工作模式的不同对可能发生的故障进行详细的分析。

直流微网母线发生故障时，将影响到所有的 DG 与负荷，因此，母线的保护应该具备最高的级别。为了提高直流母线的可靠性，可采取设置后备式的保护、采用冗余式的母线结构或不依赖于通信进行保护等措施。直流微网支路发生故障时，处理方式则较为简单，只需将支路与微网的连接中断即可，但储能支路与并网接口电路具有双向潮流的特性，在对故障进行定位时，需要首先鉴别潮流的方向。特别地，并网接口电路由于与主网连接，需要设置后备式的保护。直流微网极间故障多为短路故障，故障的检测与定位相对容易；接地故障则依据系统的结构与接地形式的不同而不同。对于不接地的直流微网系统，尽管接地故障的检测与定位方法已有不少的文献可提供帮助，但从实际应用的角度来看，进一步的研究与创新仍有待于继续。

3. 直流微网的结网方式

直流微网的结网方式主要包括直流母线的构成形式和母线电压的等级。

（1）直流母线的构成形式

根据现有文献资料的介绍，直流微网母线的构成形式主要可分为四类：单母线结构、双层式母线结构、冗余式母线结构和双母线结构。图 7-8a 为单母线结构的直流微网系统，该系统容易与现有的交流接线板等转接设备兼容，但在给计算机等低压设备供电时，变流器的电压应力较大，每个低压电子设备均需配备一定体积的电源适配器。双层式母线结构对单母线进行了分层设计，一级母线电压为 380V，二级母线电压为 48V，它是在 380V 进入住宅后经过变换器变流为 48V，如图 7-8b 所示，这种双层式的母线结构提高了低压设备供电的安全性，减小了电源适配器的体积，但不易与现有的转接设备兼容。冗余式母线结构适合于高电能质量要求的配电区域，如商业建筑和船舶区域配电等；还有采用双母线结构的直流微网系统，其电压等级为 170V，接地方式为中间接地，它可根据负荷端对供电电压的不同需求由不同的母线进行供电，并实现交直流侧共地，如图 7-8c 所示。这种双母线结构的直流微网可与现有的转接设备兼容，但由于源侧变流器需要均衡主母线与从母线的电压，连接电网、储能装置和 DG 单元的变流器拓扑与传统拓扑结构会有所不同。

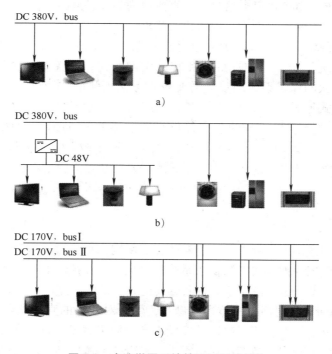

图 7-8 直流微网系统的不同母线结构

a）单母线结构　b）双层式母线结构　c）冗余式母线结构和双母线结构

（2）直流母线电压的等级

直流母线电压等级的确定应满足现有交流设备对输入电压范围的要求。我国单相电压有效值为220V，三相电压有效值为380V，因此，低压直流微网的母线电压应介于200～400V之间。日本在2009年12月提出380V的直流母线电压标准，并进行了相关的验证，这一标准日前已被美国电力研究院（Electric Power Research Institute，EPRI）所验证并接受。380V的直流标准现被广泛称为DC 380V，它是基于数据中心直流配电提出的，现已逐渐得到业界的认可，但DC 380V的标准是否适合于我国普通居民的用电需求，还有待于产学研各界进一步研究确认。

4. 直流微网的其他关键技术

（1）直流微网的通信技术

和交流微网的通信技术类似，直流微网的运行也需要在采集不同特性的DG单元信息的基础上，通过配网级、微网级和单元级各控制器间的通信来实现。以电力电子器件为接口电路的DG单元与常规同步机的特性有很大的差别，因此微网的运行控制与能量管理过程中对通信技术的可靠性和速度提出了更高的要求。在响应速度不同的设备间建立连接成为网关技术面临的挑战。对低消耗、高性能、标准型网关的需求和通信协议的标准化是能量管理系统研发中的一个重要组成部分。

（2）电力电子接口电路

直流微网电源侧的接口电路分DC—DC和AC—DC型变流器，负载侧接口电路分DC—DC和DC—AC型变流器，变流器形式多样。由于微网与主网之间的能量交换根据系统运行管理的不同，既可以是单向的也可以是双向的，因此，并网接口电路的形式会因潮流的不同而不同。与交流微网的电力电子接口电路相比，直流微网的接口电路结构更为紧凑，控制也更为简单，系统重构能力更强，更能满足模块化的要求。

通过对直流微网中关键性技术的介绍可以发现，直流微网运行时，只需调整自身的母线电压便可保证系统稳定，可控性好。和交流微网相比，有关直流微网保护的研究仍处于初级阶段，直流微网保护系统的设计需要着重考虑灭弧的快速性和母线电容值的减小。直流微网的结网方式形式多样，导致了直流微网系统的设计很难有统一的标准与规范可遵循。因此，统一的标准与规范的制定能够促进行业层面的组织协调与产业链的支持，能够促进直流微网的规模化应用。直流微网技术的发展与现代电力电子、通信和保护等相关技术的发展相辅相成，其中，现代电力电子技术的发展在很大程度上将主导直流微网技术的发展趋势。

7.3.2 基于交流与直流混合组网的微电网技术

交流微网是目前微网的主要形式。相较于交流微网，直流微网由于各DG单元与直流母线之间仅存在一个电压变换装置，降低了系统建设成本，在控制上更易实现；同时由于无须考虑各DG之间的同步问题，在环流抑制上更具优势。因此世界各国开始对直流微网进行研究。欧洲西班牙Labein微网存在一条直流母线，用于对新兴的直流微网技术进行研究。我国华南理工大学建立了一套直流微电网的实验平台，用于对直流微网进行研究。但是由于分布式能源和储能装置的特点、负荷的供电需求，结合交流微网和直流微网各自优点的交直流混合微网开始受到重视。日本sendai的智能微电网包括交流母线和直流母线，包括不同类型的分布式电源和不同类型的负荷（直流负荷和交流负荷），并且一些保证负荷侧供电质量的装置，是一个典型的交直流混合微网结构。采用交直流混合微网的结构，相对于单纯的交流和直流微网结构，具有如下特点：

1）分布式电源及电力储能装置以交流、直流形式输出电能，采用交直流混合微网，将交流电源接入交流母线，直流电源接入直流母线，可以减少 AC—DC 或 DC—AC 等变换环节，减少电力电子器件的使用。

2）某些负荷如荧光灯、风扇、冰箱、普通空调等只能用交流供电，某些新型的负荷如计算机、家用电器、变频器、开关电源、通信设备和电动汽车等或可采用直流供电，或者具备交直流转换装置，采用交直流混合的微网形式，可以减少变频装置，降低设备的成本。

因此采用交直流混合的形式，省略了许多变换环节和变换装置，使微网结构简单，控制更加灵活、损耗降低，提高整个系统的经济性和可靠性。下面介绍交直流微网中的关键技术。

1. 交直流混合微网的规划设计及系统仿真

微网系统的规划设计包括网络结构的优化设计以及 DG 单元类型、容量、位置的选择和确定。这需要根据微网系统的可利用能源、负荷种类及容量以及用户对供电要求等情况，考虑设备的响应特性、效率、安装费用以及控制方法等，从而优化确定相关 DG 单元的信息及交直流混合微网下互为补充、互为支撑的网络结构，尤其是解决交直流联系点的选择、功率最佳传输和变换路径等关键问题，并通过对微网系统的建模和仿真，预先校验整个系统的网络结构和控制策略的合理性，以确保系统实时运行时的安全性、稳定性及可靠性等。

目前，不少研究针对种类繁多、特性各异的 DG 单元、相关单元级控制器、系统级控制器及能量管理系统等进行了建模和仿真，并建立了相应的微网快速仿真软件平台。但由于交直流混合微网的特殊性，针对互联的电力系统的分析方法不完全适合交直流混合微网，因此需要在现有的微网仿真研究基础上，对交直流混合微网以下几个方面进行研究：

1）研究交直流混合微网中的并网、孤岛运行时故障机理，并对故障特征及传播特性进行仿真研究。①微网并网运行时，微网内部故障对公共电网的继电保护影响及系统保护策略；②微网并网运行时，公共电网故障对微网系统保护的影响及系统保护策略；③微网孤岛运行时，微网内部各个能源及负载单元故障的系统保护策略。

2）对交直流微网的稳定性及动态特性的仿真研究。在建立微网系统级仿真模型后，还需要进一步开发稳定性和动态性能分析工具，仿真并网运行和孤岛运行模式切换。当分布式电源和负荷异常时，分析系统稳定性和动态特性，同时分析不同频率、不同幅值的谐波电流对微网系统稳定性所产生的影响，以及各次谐波对系统稳定性的影响程度。

2. 交直流混合微电网控制和保护策略

对微网的控制策略和保护策略进行研究，除了依赖于软件仿真手段，世界各国积极搭建微网实验平台，并开发了多能源发电微网的能量管理系统。采用通信的方式，采集微电网多点信息，构建网级通信网络，为微电网的控制和保护提供信息支撑，其中控制策略需要涉及的问题包括：①微网中心控制器与配网控制器及市场控制器之间的信息交互及协调控制策略；②微网中心控制器与就地控制器之间信息交互及协调控制策略；③微网就地控制器自身的控制及调节策略。微网内的系统保护和控制策略理论上是控制保护一体化，但由于交直流混合微网处于探索阶段，微网内的能量流动路径较多，采用的保护策略也较多，交直流混合微网主要研究交流和直流网络之间在各种故障情况下，能量的传输路径。

3. 交直流微网中的关键设备

微网用设备与常规电力系统内的设备有很大的不同，西安交通大学、中国科学院电工研究所和浙江省电力试验研究院等科研单位已经建立了微网低压试验平台，部分地区在国家政策支持下建立了交流、直流微网的示范工程，以期对我国微网用的关键设备，如直流开关、控制保护设备、电能质量控制器、高压直流变换装置等进行研究。其关键设备有：

1）直流开关。直流母线由于没有电流过零点，在发生断路故障时，断路故障电流是额定电流的几倍或几十倍；再则，当大电网或微网内故障时，需要根据故障保护及控制系统要求，迅速隔离故障，以确保微网系统安全性和稳定性，因此需要研究带通信功能的快速开断的直流开关。

2）电力电子变压器。电力电子变压器具有体积小、重量轻、空载损耗小、不需要绝缘油等优点，不仅有变换电压、传递能量的作用，而且兼具限制故障电流、无功功率补偿、改善电能质量以及能量双向流动的功能，因此可将电力电子变压器作为微网系统与大电网接入设备，使微网与大电网的连接和控制更加容易，但是电力电子变压器采用电力电子元器件较多，需要对其拓扑结构、损耗、可靠性进行分析和设计，并需研究其本体控制器及与主控制器的协调控制功能，以充分发挥电力电子变压器在微网能量管理、无功补偿、并网和离网运行时的独特优势。

3）控制和保护装置。交直流混合微网内能量流动路径较单一交流或直流微网能量流动路径要多，采用微网中心控制器和本地控制器对系统进行分布式和集中式相结合之间的自组织和自协调控制，使微网系统内发电、用电功率平衡，同时在故障时，对系统及单个分布式电源进行保护。因此需要研究适合交直流混合微网用的控制保护设备：①中心控制器；②分布式能源、负荷等的本地控制器；③就地控制器的通信接口和接口标准，为了满足微网内的设备即插即用，国内专家已研究出一种分布式电源和微网互联的通用接口单元；④微网就地和系统保护设备。

4. 交直流混合微网的设计实例

图 7-9 是一个科技产业园区的交直流混合微网的设计实例。外部 10kV 交流配电网通过两条线路，分别经过 AC—DC 变换接入高压直流母线。同时高压直流母线通过 DC—AC 变换，与 380V 交流母线连接，通过高压 DC—DC 变换器与 600V 低压直流母线相连接。380V 交流母线与 600V 低压直流母线通过 DC—AC 变换器相连接。两段高压直流母线通过高压混合直流开关连接。直流输出连接直流的分布式电源、储能装置以及直流负荷，交流输出连接交流的分布式电源、交流负荷。

由于该科技产业园区对电能质量要求较高，选用目前技术最成熟，同时也是使用最为广泛的多代理分层控制模式，能量管理和控制系统首先对 DG 的发电功率和负荷需求进行预测，然后制定相应的运行计划，并根据采集的电压、电流、功率状态信息，对运行计划进行实时调整，控制各 DG、负荷和储能装置的起停，保证微网电压和频率的稳定，并为系统提供相关的保护功能。当大电网故障时，微网由并网运行转换成孤岛运行，交直流混合微网系统内 DG 和储能装置能保证重要负荷的供电需求。

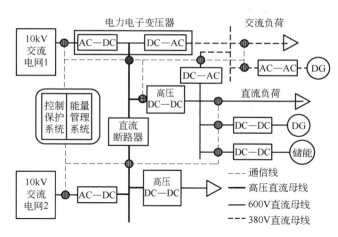

图 7-9　交直流混合微网的系统结构

7.3.3　微网电能质量控制

微网接入会对配电主网产生电能质量问题，配电主网的电能质量问题也会影响微网的供电质量，因为微网与主网连接不仅仅是物理上的相连，而是存在功率、电压和频率的交互影响。例如，由于连接配电网和微网的静态开关仅在主网电压失衡严重时才会断开，若主网电压失衡程度没有严重到引发静态开关动作，微网就必须承受主网的影响，在公共连接点（PCC）处维持不平衡电压。如果微网内部没有足够的功率补偿装置，无法维持电压和频率的恒定，其中的敏感负荷就可能不正常运行或断开，从而使电网的电能质量问题扩散到微网中。治理微网电能质量主要可以从三方面着手：①功率因数；②谐波含量；③三相电压平衡度。

1. 功率因数校正

传统的 AC—DC 变换由交流电网经整流电路采用电容滤波获得直流电压，这种变换电路的主要缺点有：①输入交流电压是正弦波，但输入的交流电流是脉冲电流，波形严重畸变，干扰电网线电压，产生向四周辐射和沿导线传播的电磁干扰；②为了得到可调的直流电压，采用晶闸管可控整流电路，但脉动很大，需要很大的滤波器才能得到平稳的直流电压。此外，交流电流中含有大量谐波电流，使电网中电流波形严重畸变，电源的输入功率因数低，利用效率下降。

近几年来，为了符合国际电工委员会的谐波准则，高功率因数 AC—DC 变换电路正越来越引起人们的注意。功率因数校正（PFC）技术从早期的无源电路发展到现在的有源电路，从传统的线性控制方式到非线性控制方式，新的电路拓扑和控制技术不断发展。

（1）功率因数的定义及校正原理

功率因数（PF）是指交流输入有功功率（P）与输入视在功率（S）的比值。即

$$PF = \frac{P}{S} = \frac{U_1 I_1 \cos\varphi}{U_1 I_{rms}} = \frac{I_1}{I_{rms}}\cos\varphi = \gamma\cos\varphi \tag{7-1}$$

式中，I_1 表示输入基波电流有效值；I_{rms} 表示输入电流有效值；$\cos\varphi$ 表示基波电压与基波电流之间的相移因数；γ 表示输入电流失真系数，$\gamma = I_1/I_{rms}$。

　　所以功率因数可以定义为输入电流失真系数 γ 与相移因数 $\cos\varphi$ 的乘积。可见功率因数 PF 由电流失真系数 γ 和基波电压、基波电流相移因数 $\cos\varphi$ 决定。$\cos\varphi$ 低，则表示用电设备的无功功率大，设备利用率低，导线、变压器绕组损耗大；同时，γ 值低，则表示输入电流谐波分量大。

　　PF 与总谐波含量（The Total Harmonic Distortion，THD）的关系

由

$$PF = \frac{U_1 I_1 \cos\varphi}{U_1 I_{rms}} = \frac{I_1}{I_{rms}}\cos\varphi = \frac{I_1 \cos\varphi}{\sqrt{\sum_{n=1}^{\infty} I_n^2}} \tag{7-2}$$

及

$$THD = \frac{\sqrt{\sum_{n=2}^{\infty} I_n^2}}{I_1} \tag{7-3}$$

有

$$\frac{I_1 \cos\varphi}{\sqrt{\sum_{n=1}^{\infty} I_n^2}} = \frac{1}{\sqrt{1 + (THD)^2}} \tag{7-4}$$

即

$$PF = \frac{1}{\sqrt{1 + (THD)^2}}\cos\varphi \tag{7-5}$$

　　由功率因数 $PF = \gamma\cos\varphi$ 可知，要提高功率因数，有两个途径：

　　1）使输入电压、输入电流同相位，此时 $\cos\varphi = 1$，所以 $PF = \gamma$。

　　2）使输入电流正弦化，即 $I_1 = I_{rms}$（谐波为零），即 $PF = \gamma\cos\varphi = 1$。

　　利用功率因数校正技术可以使交流输入电流波形完全跟踪交流输入电压波形，使输入电流波形呈纯正弦波，并且和输入电压同相位，此时整流器的负载可等效为纯电阻。

　　（2）功率因数校正方法

　　1）附加无源滤波器。在整流器和滤波电容之间接入一个滤波电感 L_Z，增加输入端交流电流的导电宽度，减缓电流冲击，减小波形畸变，从而减小电流的谐波成分。还可在交流侧并联接入 LC 谐振滤波器，使交流端输入电流中的谐波电流经 LC 谐振滤波器形成回路而不进入交流电源，如图 7-10 所示。

　　无源 LC 滤波器的优点是：电路简单、成本低、可靠性高、电磁干扰（EMI）小。缺点是体积大，很难做到高功率因数，一般只能达到 0.9 左右；工作性能与频率、负载变化和输入电压的变化有很大关系；LC 回路有大的充放电流，还可能引发谐振。

　　2）采用 PWM 高频整流。PWM 控制技术首先是在直流斩波电路和逆变电路中发展起来的。目前 SPWM 控制技术已在交流调速用变频器和不间断电源中获得广泛应用。把逆变电路中的 SPWM 控制技术用于整流电路，就形成了 PWM 整流电路。通过对 PWM 整流电路的适当控制，可以使交流输入端的交流电流非常接近正弦波，且和输入电压同相位，功率因数近似为 1。这种整流器称为单位功率因数变流器或高功率因数整流器。这种整流电路的主要

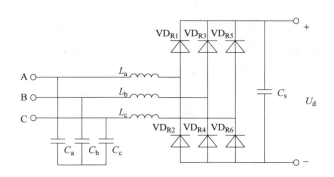

图 7-10　交流侧并联接入 *LC* 谐振滤波器整流电路

缺点是输出直流电压是升压而不能降压，输出直流电压可以从交流电源电压峰值向高调节，如果向低调节就会使电路性能恶化，甚至不能工作。

3）附加有源功率因数校正器（Active Power Factor Correction，APFC）。在二极管整流电路和负载之间接入一个 DC—DC 变换电路，采用电流和电压反馈技术，输入端交流电流跟踪交流正弦波电压，使交流输入电流接近正弦波，并和交流输入电压同相，从而使输入端总谐波含量 THD<5%，功率因数可提高到接近 1。有源校正电路工作于高频开关状态，体积小、重量轻，比无源校正电路效率高。

2. 谐波治理与补偿技术

（1）谐波的危害

谐波电流对电网的危害表现在如下方面：

1）谐波电流流过线路阻抗，造成谐波电压降，使电网的正弦波电压产生畸变。

2）谐波电流会使线路和配电变压器过热，严重时损坏电器设备。

3）谐波电流会引起电网 *LC* 谐振。

4）高次谐波电流流过电网的高压电容，使之过电流、过热，甚至发生爆炸。

5）在三相四线制中，中性线流过三相高次谐波电流（三倍的 3 次谐波电流），使中性线过电流。

6）谐波电流使交流输入端功率因数下降，结果是发电、配电及变电设备的功耗加大，效率降低。

为了减小 AC—DC 变换电路输入端谐波电流的后果，以保证电网的供电质量，提高电网的可靠性，提高功率因数，必须限制 AC—DC 变换电路输入端的谐波电流。国际标准的谐波电流限制值为：2 次谐波≤2%，3 次谐波≤30%，5 次谐波≤10%，7 次谐波≤7%，……。

（2）谐波的治理技术

为了提高电网供电的电能质量，减少谐波污染，人们早期利用结构简单、成本低的无源电力滤波器来抑制谐波，但是它的缺点也相当明显，如滤波性能受电网阻抗和频率影响严重、与电网阻抗易发生串/并联谐波。

20 世纪 70 年代，有源电力滤波器的概念、基本原理、拓扑结构和控制方法被提出来，标志着谐波治理技术进入新的发展阶段。1983 年，日本长冈科技大学的 Akagi H 等人提出了基于 pq 分解理论的三相电路瞬时无功功率理论，为解决三相电力系统畸变电流的瞬时检测提供了理论依据，促进了有源电力滤波器的工业应用。

我国在 20 世纪 80 年代末开始研究谐波治理技术，进展较快，目前在理论、技术与工程应用方面取得了丰富的研究成果与现场应用经验。谐波治理技术分为主动谐波治理技术和被动谐波治理技术，前者从谐波源本身出发抑制谐波的产生；后者通过配置额外谐波治理装置来实现谐波治理。

1) 主动谐波治理技术。主动谐波治理是从谐波源本身出发，使谐波源不产生谐波或降低谐波源产生的谐波。主动治理谐波的措施主要有：

① 采用脉冲宽度调制（Pulse Width Modulation，PWM）技术。PWM 技术使得整流器产生的谐波大大降低，输入波形接近正弦波。PWM 整流电路模型如图 7-11 所示，PWM 整流器具有降低整流负载注入电网谐波和提高网侧功率因数等优点。

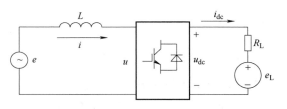

图 7-11　PWM 整流电路模型

② 增加变流装置的相数或脉冲数。改造变流装置或利用相互间有一定移相角的换流变压器，可有效减小谐波含量，其中包括多脉整流和准多脉整流技术。十二脉波整流电路模型如图 7-12 所示。

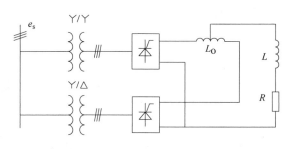

图 7-12　十二脉波整流电路模型

③ 高功率因数变流器。如采用矩阵式变频器、四象限变流器等，使变流器产生的谐波减少。矩阵变换器的结构图如图 7-13 所示。

2) 被动谐波治理技术。主动治理通过改进电力电子装置的控制方式，减少其谐波的产生，而被动治理则是通过安装电能质量治理装置来抑制谐波对电网的危害。目前常用的电能质量装置有：

① 无源电力滤波器（Passive Power Filter，PPF）。PPF 可以吸收谐波电流，同时还可以进行无功功率补偿。PPF 又称 LC 滤波器，是传统的谐波补偿装置，它是由谐波电容器和电抗器组合而成的滤波装置，与谐波源并联。通常在谐波源附近或公用电网节点装设单调

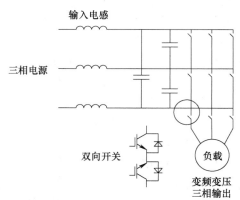

图 7-13　矩阵变换器结构图

谐及高通滤波器，这样不仅可以吸收谐波电流，同时还可以进行无功功率补偿，运行维护也简单，因而 PPF 得到广泛的应用。

② 有源电力滤波器（Active Power Filter，APF）。APF 可以有效地起到补偿或隔离谐波的作用，并联型 APF 还可以进行无功功率补偿，其结构如图 7-14 所示。与 PPF 相比，APF 具有以下一些优点：滤波性能不受系统阻抗的影响；不会与系统阻抗发生串联或并联谐振，系统结构的变化不会影响治理效果；原理上更优越，用一台装置就能完成各次谐波的治理；实现了动态治理，能够迅速响应谐波的频率和大小发生的变化；具备多种补偿功能，可以对无功功率和负序进行补偿。

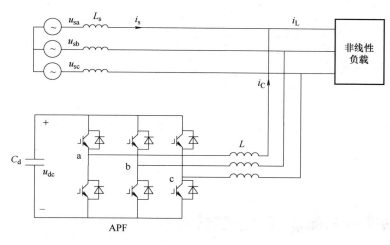

图 7-14　并联型 APF 结构图

③ 混合型有源电力滤波器（Hybrid Active PowerFilter，HAPF）。HAPF 兼具 PPF 成本低廉和 APF 性能优越的优点，很适合工程应用。注入式 HAPF 由于注入支路的存在大大降低了有源部分的容量，使其能适用于高压配电网，并能同时实现无功补偿和谐波治理。注入式混合型有源电力滤波器的拓扑结构如图 7-15 所示。

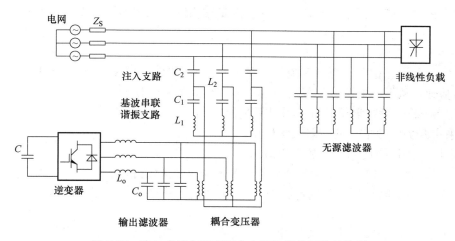

图 7-15　注入式混合型有源电力滤波器的拓扑结构图

④ 统一电能质量调节器（Unified Power Quality Conditioner，UPQC）。UPQC 由串联型 APF 和并联型 APF 组合而成，两个 APF 共用直流侧电容，如图 7-16 所示。串联型 APF 经串联变压器输出补偿电压，向电网注入交流功率，同时并联型 APF 也可以输出谐波补偿谐波电压。当并联型 APF 的变流器工作在整流状态对蓄电池进行充电时，也可以同时向电网输出滞后的或超前的无功功率，还可以输出谐波补偿电流。

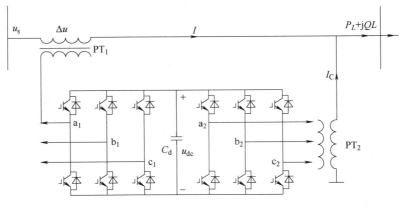

图 7-16　统一电能质量调节器图

7.4 ▸ 微网中的储能系统控制技术

7.4.1　储能 PCS 控制技术

孤岛运行与并网运行是电池储能应用于电力系统的基本运行模式，孤岛运行模式下储能 PCS（Power Conversion System）的功能类似于组网主电源，同时其还实时检测电网电压的状态，当条件具备时随时准备切换到并网运行模式。在孤岛运行模式下，储能 PCS 的控制目标是输出三相对称的正弦波电压，其研究重点是输出的电压波形控制以及多单元的并联控制技术。

1. PCS 数学模型

PCS 一般采用三相电压源型变流器（VSC），VSC 的数学模型是分析和设计储能并网接入系统的基础。从不同的角度出发可以建立不同形式的数学模型，对应的控制方法也往往不同。三相 VSC 的一般数学模型可采用以下两种形式：

1）采用开关函数描述的一般数学模型。

2）采用占空比描述的一般数学模型。

采用开关函数描述的一般数学模型是对 VSC 开关过程的精确描述，较适用于 VSC 的波形仿真。然而，由于该开关函数模型中包括了开关过程中的高频分量，因而很难用于控制器的设计。

当 VSC 开关频率远高于交流输出基波频率时，为简化 VSC 的一般数学模型，可忽略 VSC 开关函数模型中的高频分量，即只考虑其中的低频分量，从而获得采用占空比描述的低频数学模型。这种采用占空比描述的 VSC 低频数学模型非常适合于控制系统分析，并可直接用于控制器设计。但是，由于这种模型略去了开关过程中的高频分量，因而不能进行精确的动态波形仿真。

总之，采用开关函数描述的以及采用占空比描述的 VSC 一般数学模型，在 VSC 控制系统设计和系统仿真中各自起着重要作用。常用后者对 VSC 控制系统进行设计，然后再用前者对 VSC 控制系统进行仿真，从而校验控制系统设计的性能指标。

2. 恒压恒频控制

储能 PCS 的恒压恒频（V/f）控制，其目的是提供稳定的电压和频率支撑，可作为离网运行系统的平衡节点。通过设定电压与频率的参考值，实时检测 PCS 输出端口电压与频率作为反馈，在同步坐标系 dq0 下通过 PI 调节器的作用实现无差跟踪。设定 d 轴电压 $u_d = U_m$，q 轴电压 $u_q = 0$，在三相对称情况下，$u_0 = 0$。控制器包括输出电压外环及滤波电感电流内环的双闭环结构，如图 7-17 所示。其中，电压外环是为实现输出电压跟踪给定值，电流内环则是为提高控制系统带宽及动态特性。图中，v_{dref}、v_{qref} 为 dq 轴电压给定值，v_d、v_q 为 dq 轴输出电压实际值，i_{ld}、i_{lq} 为 dq 轴电感电流实际值。V/f 控制下的 PCS 可视为理想电压源与输出阻抗串联模型。

图 7-17　V/f 控制策略框图

3. 恒功率控制

储能 PCS 的恒功率（PQ）控制，其目的是提供给定的有功功率 P_{ref} 和无功功率 Q_{ref}，可作为系统中的 PQ 节点。其实现思路是将功率给定值 P_{ref}、Q_{ref} 转化为有功电流给定值与无功电流给定值 i_{dref}、i_{qref}，控制框图如图 7-18 所示。

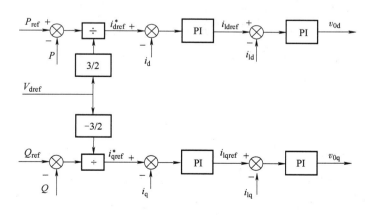

图 7-18　PQ 控制框图

图中，P 和 Q 分别为 PCS 输出的有功功率和无功功率值，i_d 和 i_q 分别为输出电流 dq

轴分量，i_{ld} 和 i_{lq} 分别为滤波电感电流 dq 轴分量。PQ 控制下 PCS 可等效为理想电流源与输出并联阻抗的形式，如图 7-19 所示。图中，$G(s)$ 为电流增益，$Z_0(s)$ 为等效输出阻抗，i_{ref} 为电流给定值，u_0 与 i_0 分别为 PCS 的输出端的电压、电流实际值，$G(s)i_{ref}$ 为等效受控电压源。

4. 下垂控制

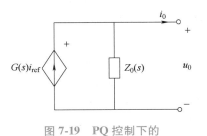

下垂控制通过模拟传统同步发电机组的静态功频特性，使 PCS 在外端口上具备类似同步发电机组的下垂特性。在这种控制下，PCS 具备类似于常规同步发电机组的一次调频能力，既可单独为系统提供电压和频率支撑，也可以通过多个单元并联运行共同提供电压和频率支撑。传统的下垂思路是假设连接线路呈感性，即 $X \gg R$，此时 $\theta = 90°$，PCS 的功率传输表达式为

图 7-19　PQ 控制下的
PCS 诺顿等效模型

$$P = \frac{EV}{X}\sin\phi \tag{7-6}$$

$$Q = \frac{EV\cos\phi - V^2}{X} \tag{7-7}$$

实际中 ϕ 很小，所以近似认为 $\sin\phi \approx \phi$，$\cos\phi \approx 1$，可见有功功率 P 主要取决于电压相角 ϕ，而无功功率 Q 主要取决于电压幅值 E。由于相角 ϕ 是角频率 ω 的积分（$\omega = d\phi/dt$），故可以通过调节 ω 来动态调节 ϕ。因此确定下垂特性如图 7-20 所示，其关系式为

$$\omega = \omega^* + m(P_0 - P) \tag{7-8}$$

$$E = E^* + n(Q_0 - Q) \tag{7-9}$$

式中，ω^* 和 E^* 为 PCS 空载输出电压的角频率与幅值，m 和 n 为相应的下垂系数。在 $X \gg R$ 的情况下，应用 P-ω/Q-v 下垂法能够较好地实现负荷电流在并联单元间的平均分配。

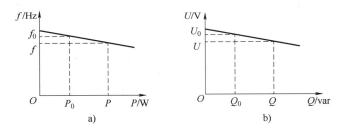

图 7-20　P-ω/Q-v 下垂曲线

a) 有功功率/频率下垂特性　b) 无功功率/电压下垂特性

然而，在低压电网中，线路呈阻性。如果仍采用式（7-8）和式（7-9）的下垂关系，则会导致并联 PCS 间产生无功环流，严重时甚至会发生某些单元倒吸无功功率的情况。在 $R \gg X$ 的情况下，PCS 输出的功率为

$$P = \frac{E(E\cos\phi - V)}{R} \tag{7-10}$$

$$Q = \frac{EV}{R}\sin\phi \tag{7-11}$$

可以看出，有功功率 P 主要取决于电压幅值 E，而无功功率 Q 主要取决于电压相角 ϕ。因此适合的下垂特性如图 7-21 所示，其关系式应为

$$\omega = \omega^* + m(Q_0 - Q) \tag{7-12}$$

$$E = E^* + n(P_0 - P) \tag{7-13}$$

从理论上讲，上述 $P\text{-}v/Q\text{-}\omega$ 下垂能较合理地实现低压电网中并联 PCS 间的均衡，但在实际应用中仍然存在许多问题。首先，低压线路中，虽然阻抗往往大于感抗，但一般难以达到 $R \gg X$ 状态，使得采用 $P\text{-}v/Q\text{-}\omega$ 下垂的均流效果较差；其次，电网中的有功载荷往往远高于无功载荷，因此更希望通过全局量 ω 来精确分配电源间有功出力 P。而 E 作为局部量，受线路差异影响较大，难以用来精确调节 P，会造成有功环流，这要远比无功环流更严重；再者，由于 $P\text{-}v/Q\text{-}\omega$ 下垂与同步发电机组的特性相反，使得 PCS 与同步发电机组并联运行存在控制上的困难。

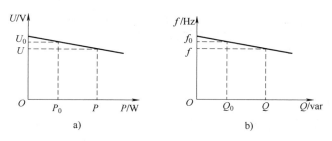

图 7-21　$P\text{-}v/Q\text{-}\omega$ 下垂特性

a）有功功率/电压下垂特性　b）无功功率/频率下垂特性

综上所述，不论 $P\text{-}\omega/Q\text{-}v$ 下垂还是 $P\text{-}v/Q\text{-}\omega$ 下垂，在中低压电网中的应用都存在一定局限性问题，其根本原因是由于线路阻抗特性（见表 7-5）发生变化，导致功率传输特性与大电网中有所不同。

表 7-5　不同电压等级下的典型线路参数表

类型	电阻 $r/(\Omega/\mathrm{km})$	电阻 $X/(\Omega/\mathrm{km})$	阻抗比 r/X
低压线路	0.642	0.101	6.35
中压线路	0.161	0.190	0.85
高压线路	0.060	0.191	0.31

7.4.2　基于储能的微电网并/离网控制

一般地，微电网需要具有离网运行和并网运行两种模式，为了保证微电网内重要负荷的供电可靠性，微电网还应具备并网/离网模式间的平滑切换能力，这也是微电网发展的重要支撑性技术。对于以储能作为组网电源的微电网，储能系统需要根据实际情况在离网运行和并网运行两种模式之间切换，在控制方式上主要体现为 PCS 从并网运行时的 PQ 控制方式转至离网运行时的 V/f 控制方式，以及从离网运行时的 V/f 控制方式转至并网运行时的 PQ 控制方式，使微电网内其他分布式电源和负荷持续运行，如图 7-22 所示。

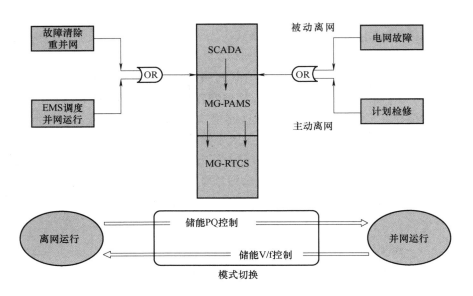

图 7-22 基于储能的微电网组网运行控制过程

1. 并网运行控制

当储能作为微电网组网电源时，储能 PCS 的控制非常关键，是微电网并网/离网运行模式切换的控制主体。PCS 一般采用电压源型变流器（VSC）以及 *LCL* 滤波电路，因而可以采用三个控制环进行控制，包括并网电感电流环、滤波电容电压环、滤波电感电流环。

如图 7-23 所示，并网运行时，控制器逻辑开关置于"并网运行"模式。并网电感电流环实现 PCS 对外功率交换的调节，可以接受微电网 EMS 的调度；滤波电感电流环有利于提高 PCS 的动态性能，并可以实现对主电路的过电流保护。

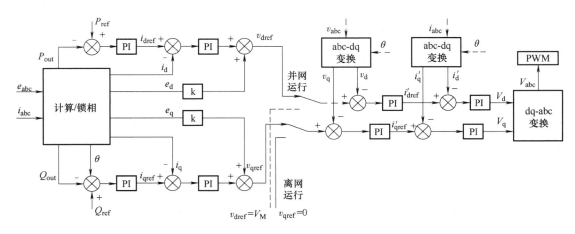

图 7-23 储能 PCS 并网运行控制框图

储能 PCS 一般运行于 PQ 模式，接收微电网 EMS 发出的功率 P_c、Q_c 调度指令，利用式（7-14）可求解 i_{dref}、i_{qref}，进一步得到滤波电容电压参考值 v_{dref} 和 v_{qref}，以及滤波电感电流参考值，产生控制 PCS 的 PWM 信号。此外，为了提高 PCS 控制器对电网电压变化的抗扰动能力，可以引入电网电压前馈环节。

$$\begin{cases} P_c = 1.5(e_d i_{dref} + e_q i_{qref}) \\ Q_c = 1.5(e_q i_{dref} - e_d i_{qref}) \end{cases} \tag{7-14}$$

式中，e_d、e_q 分别为电网电压 e_{abc} 的 dq 轴分量；i_{dref}、i_{qref} 分别为 i_{abc} 参考值的 dq 轴分量。

在该运行模式下，储能 PCS 可以根据自身需求（或接收电网调度指令）从公共电网吸收或向其输出一定的有功/无功功率，以实现微电网与公共电网 PCC 在一定时间内的潮流稳定，使微电网相对于公共电网成为一个"可控单元"。

图 7-24 所示为 PCS 并网系统的单相等效电路和矢量图，图中 $\dot{V}$ 为经过滤波后的滤波电容电压，其波形近似正弦波，$\dot{E}$ 为理想的电网电压，$\dot{V}_L$ 为并网电感两端电压，$\dot{I}_g$ 为并网电流。

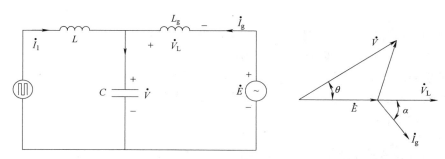

图 7-24　PCS 并网系统的单相等效电路和矢量图

通过调节滤波电容电压 $\dot{V}$ 的幅值和超前于电网电压 $\dot{E}$ 的相角 θ，即可改变并网电感两端的电压 $\dot{V}_L$，根据基尔霍夫电压定律，得到

$$\dot{V}_L = \dot{V} - \dot{E} = j\omega L_g \Delta \dot{I}_g \tag{7-15}$$

式中，ω 为电网角频率，并网电流为

$$\dot{I}_g = \frac{\dot{V} - \dot{E}}{j\omega L_g} \tag{7-16}$$

假定电网电压的相位为 0，幅值为 E，则 $\dot{E} = E \angle 0$，相应的滤波电容电压为 $\dot{V} = V \angle \theta$，所以式（7-16）可以写为

$$\dot{I}_g = \frac{V \angle \theta - E \angle 0}{j\omega L_g} \tag{7-17}$$

可以看出，通过调节滤波电容的电压幅值和相角，就可以调节并网电流的大小和相角，进而调节注入电网的有功功率和无功功率。此调节控制过程简单，储能 PCS 按照特定的规则，如微电网经济运行、负荷峰谷调节、参与电网需求响应、平滑可再生能源波动、负荷跟踪等需求，通过调节有功和无功功率输出，实现并网运行时的特定功能。

2. 离网运行控制

当微电网离网运行时，作为组网电源的储能 PCS 一般采用 V/f 控制方式，建立并维持微电网离网运行的电压与频率。图 7-23 中的逻辑开关置于"离网运行"模式。v_{dref} 和 v_{qref} 取自系统预设值，经滤波电容电压环、滤波电感电流环后产生控制 PCS 的 PWM 驱动信号，如图 7-25 所示。

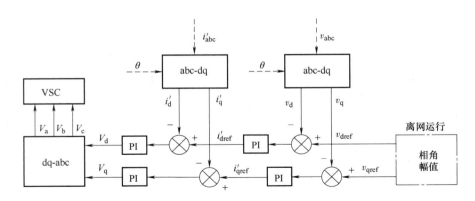

图 7-25　储能 PCS 的离网运行控制框图

微电网中往往含有非线性负载，如变频驱动类设备或晶闸管整流型直流设备、计算机、UPS 等。对于这一类负载，即使供电电压为标准正弦波，负载电流也是严重畸变的，其中包含大量的低次谐波。由于 PCS 及线路存在阻抗，这些谐波电流将在 PCS 的输出端产生谐波压降，导致输出电压畸变。因而，PCS 在控制上需要附加瞬时波形校正，以维持输出波形为标准正弦波。否则，所产生的谐波电压会在微电网内各设备间产生谐波环流，影响系统的正常运行。

同时，微电网中存在单相负载，低压微电网多采用三相四线制结构。相间负载不均衡将导致微电网出现零序和负序电流分量，进而导致微电网三相电压不平衡。因此，在微电网离网运行过程中，作为组网电源的储能 PCS，需要解决微电网内非线性负载与三相不平衡负载带来的电流谐波和三相不平衡问题，以确保微电网在没有公共电网做支撑时，其电压质量符合规定的要求，这也是 PCS 离网运行时的控制重点。

（1）不平衡非线性控制策略

由于三相不平衡分量可以分解为正序、负序和零序三组对称分量，因此，可以将三相不平衡问题转化为对负序分量的补偿控制问题。

采用旋转坐标系下的负序补偿控制策略，控制结构如图 7-26 所示。将采样的三相电压值分别通过正序和负序 Park 变换，得到的负序分量与标准正弦波在负序下的分量进行比较，以消除负序影响；将得到的正序电压 dq 分量与标准正弦波在正序下的给定值进行比较，产生的偏差量通过 PI 调节器后作为电感电流内环控制量。

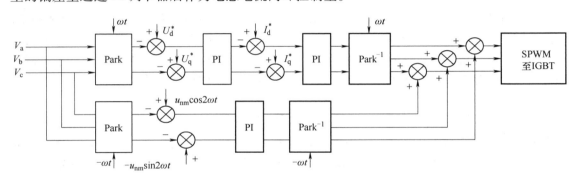

图 7-26　采用旋转坐标系下的负序补偿控制策略

　　电感电流控制环可以提高系统动态性能和稳态性能，并便于对 PCS 进行过电流保护。一般地，PCS 需要同时处理不平衡和非线性负载下的电压控制问题，可以在正序控制的基础上增加 5、7 次等主要谐波补偿控制环，以及不平衡负载的负序控制环，控制策略如图 7-27 所示。

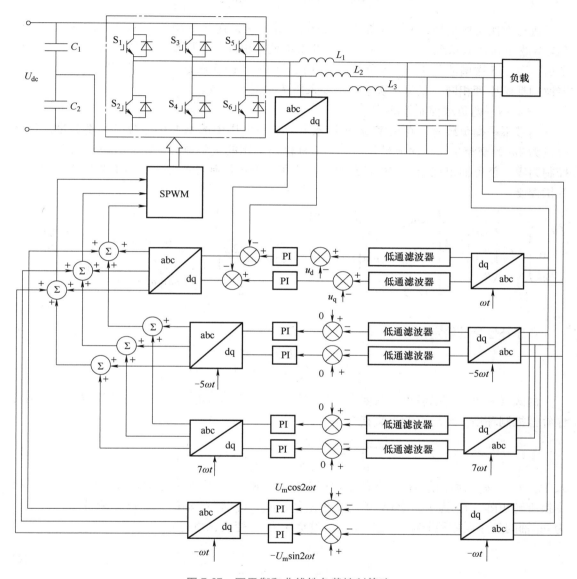

图 7-27　不平衡和非线性负载控制策略

（2）非线性负载控制策略

　　对于大部分整流型供电设备，如变频类家电、节能灯、开关电源等，其谐波含量以 5、7 次为主。可以将 5、7 次谐波经过相应的旋转坐标变换为 dq 分量，5 次谐波经过 $-5\omega t$ 的负序变换后为直流量，经过低通滤波后，通过 PI 控制使其趋于 0，达到抑制 5 次谐波的目的。同样，7 次谐波或其他次谐波较为突出的非线性负载，其控制原理类同。5 次谐波电压为

$$\begin{cases} u_{a5} = U_5 \sin 5\omega t \\ u_{b5} = U_5 \sin\left(5\omega t - 5 \times \dfrac{2\pi}{3}\right) = U_5 \sin\left(5\omega t + \dfrac{2\pi}{3}\right) \\ u_{c5} = U_5 \sin\left(5\omega t + 5 \times \dfrac{2\pi}{3}\right) = U_5 \sin\left(5\omega t - \dfrac{2\pi}{3}\right) \end{cases} \tag{7-18}$$

进行 5 次负序变换，d 轴以角速度 5ω 顺时针旋转，在"等幅值"变换条件下，变换出 5 次谐波在 dq0 坐标系下的值。由于希望 5 次谐波被消除掉，因此可以给定 $U_5^* = 0$，系统稳定后，可使 5 次谐波趋于 0。当负载不含 5 次谐波时，即 5 次谐波电压环不起作用。对 7 次谐波的抑制原理相同，只是 7 次谐波需要采用 7 次正序变换。

（3）不平衡负载控制策略

当带不平衡负载时，在正序 dq 坐标系下，负载电压中的基波正序分量为直流量，负序分量为 2ω 的交流量。负序分量是产生不对称输出电压的主要原因，因此，只要将负序分量控制为零，就可输出三相对称的负载电压。为了与谐波控制方法统一，不平衡负载采用负序补偿控制。

$$\begin{pmatrix} u_{d1N} \\ u_{q1N} \\ u_{01N} \end{pmatrix} = T_{N1} \begin{pmatrix} u_{a1} \\ u_{b1} \\ u_{c1} \end{pmatrix} = \frac{2}{3} \begin{pmatrix} -\sin\omega t & -\sin\left(\omega t + \dfrac{2\pi}{3}\right) & -\sin\left(\omega t - \dfrac{2\pi}{3}\right) \\ \cos\omega t & \cos\left(\omega t + \dfrac{2\pi}{3}\right) & \cos\left(\omega t - \dfrac{2\pi}{3}\right) \\ 1/\sqrt{2} & 1/\sqrt{2} & 1/\sqrt{2} \end{pmatrix} \begin{pmatrix} U_1 \sin\omega t \\ U_1 \sin\left(\omega t - \dfrac{2\pi}{3}\right) \\ U_1 \sin\left(\omega t + \dfrac{2\pi}{3}\right) \end{pmatrix} = \begin{pmatrix} U_1 \cos 2\omega t \\ -U_1 \sin 2\omega t \\ 0 \end{pmatrix} \tag{7-19}$$

负序补偿量的给定值为

$$\begin{pmatrix} u_{dN}^* \\ u_{qN}^* \end{pmatrix} = \begin{pmatrix} U_1 \cos 2\omega t \\ -U_1 \sin 2\omega t \end{pmatrix} \tag{7-20}$$

由式（7-20）可以看出，只要考虑给定幅值和频率，就能对系统进行补偿控制。增加负序补偿控制环后，系统控制电流指令为

$$\begin{pmatrix} i_{xcmd} \\ i_{ycmd} \end{pmatrix} = K_P \begin{pmatrix} u_{xerr} \\ u_{yerr} \end{pmatrix} + T_{P1} \begin{pmatrix} u_{di} \\ u_{qi} \end{pmatrix} + T_{N1} \begin{pmatrix} u_{ri} \\ u_{qi} \end{pmatrix} \tag{7-21}$$

式中，u_{xerr}、u_{yerr} 为静止坐标系下的电压误差分量；K_P 为电压误差比例系数；T_{P1} 为正序 Park 变换旋转矩阵；T_{N1} 为负序 Park 变换旋转矩阵；u_{di}、u_{qi} 为 dq 轴的正序误差积分项；u_{ri}、u_{qi} 为 dq 轴的负序误差积分项。u_{xerr}、u_{yerr} 经过负序 Park 变换，可得

$$\begin{pmatrix} u_{rerr} \\ u_{serr} \end{pmatrix} = T_{N1}^T \begin{pmatrix} u_{xerr} \\ u_{yerr} \end{pmatrix} \tag{7-22}$$

式中，u_{rerr}、u_{serr} 为电压误差负序分量。经过 PI 调节器，对其积分运算，可得

$$\frac{1}{2\pi} \int_0^{2\pi} \begin{pmatrix} \cos\omega t & -\sin\omega t \\ -\sin\omega t & -\cos\omega t \end{pmatrix} \begin{pmatrix} U_{xerr}\cos(\omega t + \theta_x) \\ U_{yerr}\sin(\omega t + \theta_y) \end{pmatrix} d\theta = \frac{1}{2} \begin{pmatrix} U_{xerr}\cos\theta_x - U_{yerr}\cos\theta_y \\ U_{xerr}\sin\theta_x - U_{yerr}\sin\theta_y \end{pmatrix} \tag{7-23}$$

u_{xerr}、u_{yerr} 用两个任意幅值（U_{xerr}，U_{yerr}）和相位（θ_x，θ_y）的正弦函数表示。因为积分运算可以看成对输入求平均，在平衡负载时，$U_{xerr} = U_{yerr}$、$\theta_x = \theta_y$，式（7-23）结果为零。因此可以得到，在平衡负载时，电压误差负序分量的积分项对指令电流没有影响，即采用此算

法也可以进行平衡负载的控制。同理可以推导出在平衡负载时，电压误差正序分量的积分项和常规控制时相同。

由于引起微电网离网运行时电压波形畸变的扰动，如非线性负载的各次谐波、变流器控制死区等，均具有周期重复的特点，因此可以引入重复控制算法对这些扰动进行抑制。

同时，负序基波对应的 2ω 次谐波虽然是交变的，但它们在每一个基波周期内都以完全相同的波形重复出现。重复控制可以弥补 PI 控制无法消除交变动态误差的问题，实现无差调节。对三相不平衡负载等引起的 PCS 输出电压不对称也具有良好的抑制能力。双闭环控制结构中电流环采用 PI 调节器，电压环采用 PI 调节器与重复控制器并联的方式，兼顾系统的动态性能和稳态性能，如图 7-28 所示。

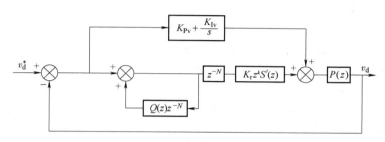

图 7-28　PI 控制和重复控制组合控制系统框图

3. 并/离网切换控制

微电网并网/离网运行的平滑切换，是保证重要负载供电可靠性的关键，包括微电网从并网运行模式向离网运行模式的切换，以及从离网运行模式向并网运行模式的切换。由于从离网状态向并网切换，微电网往往有充分的时间进行同期调节和模式切换，因而控制难度较小。反之，微电网从并网状态切换至离网状态，存在计划性和非计划性两种场景，尤其是在非计划性场景下，储能等组网电源的状态翻转往往很大，控制模式切换要求快，因而在控制上难度较大，甚至存在切换失败的风险。储能 PCS 控制结构如图 7-29 所示。

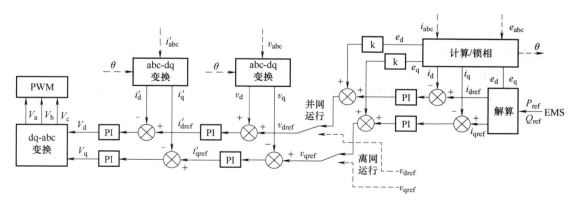

图 7-29　储能 PCS 控制结构图

（1）并网至离网运行模式切换

当公共电网出现故障时，微电网需要快速识别并迅速切换到离网运行模式，此为非计划性离网。在此过程中，作为组网电源的储能 PCS 切换过程需要足够快，以最大程度地减小电网故障对微电网内负荷和分布式电源的影响。当外部电网进行计划检修而需要停电时，微电网 EMS 接收到停电通知后，能够主动地转至离网运行模式，以确保微电网内负荷的供电连续性，并维持分布式电源的正常运行。

当储能作为微电网的组网电源时，储能 PCS 在微电网并网运行时往往采用三环控制的间接电流控制方式，在离网瞬间，当确认并网点开关已经断开时，PCS 切换至双环工作方式。保持滤波电容电压环和滤波电感电流环在离网瞬间两种运行模式下基本不变，因而能够确保储能系统在模式转换过程中的平滑和快速。

需要注意的是，微电网通过 PCC 与公共电网连接，并通过控制并网点开关实现并网和离网运行。为了提高微电网从并网至离网的切换成功率，储能 PCS 模式的切换要与并网点开关在逻辑上配合，保证 PCS 运行于 V/f 模式时并网点开关已可靠断开。

常用的并网点开关可以为机械式接触器或固态开关，由于固态开关的动作时间比接触器短，因而被更多地选用。固态开关一般是由两个晶闸管反向并联组成的交流开关，其闭合和断开由逻辑控制器实现。由于晶闸管实现自由关断的前提条件是阳极电压小于阴极电压，因而理论上晶闸管的最长关断时间为半个周波，对于 50Hz 系统即为 10ms。

为了缩短固态开关的关断时间，可以采用晶闸管的强制关断策略，其基本思想是通过改变 PCS 滤波电容电压的幅值，使之高于或低于电网电压，进而在并网电感两端形成反压，该反压迫使并网电流迅速下降，当下降到晶闸管的维持电流以下时，晶闸管由通态变为阻断，从而断开与电网的连接。

（2）离网至并网运行模式切换

微电网处于离网运行模式时，实时检测公共电网的状态，当判断出公共电网恢复供电且微电网得到并网许可时，微电网能够逐渐调整 PCC 处的电压状态（频率、幅值和相位），在达到与公共电网同期状态瞬间，闭合并网点开关，微电网并入公共电网。

作为组网电源的储能 PCS，将实时检测的公共电网的电压幅值与相位信息作为参考控制量，以此调整微电网 PCC 处的电压幅值和相位，当符合同期并网条件且确认并网点开关闭合后，储能 PCS 从滤波电容电压环和滤波电感电流内环的双环工作基础上增加并网电感电流外环，切换为间接电流控制模式。快速精确的电网状态检测与锁相控制可以减少并网冲击，实现平稳的模式切换。

设置严格的并网同步条件，可以减小微电网并网瞬间的冲击电流，有利于微电网和大电网的稳定运行，但会导致并网时间相应延长。鉴于微电网从离网运行模式切换至并网运行模式时，一般没有严格时间要求，并出于微电网今后的规模化发展考虑，微电网的并网条件可以设置严格一些，可以参照或高于 IEEE1547—2018 对分布式电源并网的条件标准。

7.4.3　基于储能的微电网对等控制

各类电池储能系统具备作为微电网组网电源的良好特性，然而，由于微电网规模和结构的复杂性与不确定性，往往需要多个储能单元并联运行，同时承担着组网电源的任务。

多储能单元的并联协调运行，一是要实现载荷在各并联单元间均分，以分担负荷应力；二是保证微电网系统的电压与频率维持在规定范围内。按照并联单元间是否有通信线互联，并联方案可分为有互联线方案与无互联线方案两种。有互联线方案中，PCS 与上位机或者其他单元通信，获取电流、电压、频率等信息或上位机的调度指令。无互联线方案则以下垂控制为代表，其思想来源于传统电力系统中同步发电机组的静态功频特性。各 PCS 单元仅依靠本地频率及电压偏差信息调节自身输出电压的幅值和相位，实现各单元间出力自适应协调，而不需要与外界通信。无互联线方案是一种对等控制思想，各 PCS 地位等同，系统不会因某一台 PCS 故障而崩溃。

1. 对等控制

对等控制的优点在于不依赖通信线，每台储能 PCS 都作为一个独立单元，易于扩容，各单元可以灵活分布于微网的不同节点，为局部电压控制带来便利。在控制上将储能 PCS 控制为等效电压源，并具备类似同步发电机组的下垂特性实现各单元的协调。

对等控制下的储能单元可等效为电压源与其输出阻抗串联的结构。为简化分析，以两台储能单元并联系统为例进行分析，如图 7-30 所示。图中，$U_1 \angle \varphi_1$、$U_2 \angle \varphi_2$ 为各储能单元的等效输出电压，R_1、R_2 为各储能单元输出阻抗与线路阻抗之和，X_1、X_2 为各储能单元输出感抗与线路感抗之和，Z_0 为负荷阻抗。

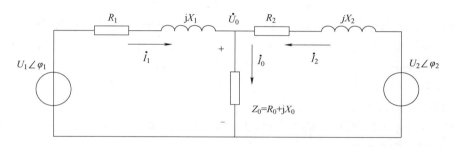

图 7-30　对等控制系统等效示意图

可得

$$\dot{U}_0 = \frac{\dfrac{\dot{U}_1}{Z_1} + \dfrac{\dot{U}_2}{Z_2}}{\dfrac{1}{Z_0} + \dfrac{1}{Z_1} + \dfrac{1}{Z_2}} \tag{7-24}$$

式中，$Z_1 = R_1 + jX_1$，$Z_2 = R_2 + jX_2$，故两支路电流为

$$\dot{I}_1 = \frac{\dot{U}_1 - \dot{U}_0}{Z_1} = \frac{(Z_2 + Z_0)\dot{U}_1 - Z_0\dot{U}_2}{Z_1 Z_2 + Z_0 Z_2 + Z_1 Z_0}$$

$$\dot{I}_2 = \frac{\dot{U}_2 - \dot{U}_0}{Z_2} = \frac{(Z_1 + Z_0)\dot{U}_2 - Z_0\dot{U}_1}{Z_1 Z_2 + Z_0 Z_2 + Z_1 Z_0} \tag{7-25}$$

两个储能单元的视在功率分别为

$$\dot{S}_1 = \dot{U}_1 \dot{I}_1^* = \dot{U}_1 \frac{(Z_2^* + Z_0^*)\dot{U}_1^* - Z_0^* \dot{U}_2^*}{Z_1^* Z_2^* + Z_0^* Z_2^* + Z_1^* Z_0^*}$$

$$\dot{S}_2 = \dot{U}_2 \dot{I}_2^* = \dot{U}_2 \frac{(Z_1^* + Z_0^*)\dot{U}_2^* - Z_0^* \dot{U}_1^*}{Z_1^* Z_2^* + Z_0^* Z_2^* + Z_1^* Z_0^*} \tag{7-26}$$

可以看出，两个储能单元的电流 $\dot{I}_1$、$\dot{I}_2$ 以及视在功率 $\dot{S}_1$、$\dot{S}_2$ 都同时受到 $\dot{U}_1$、$\dot{U}_2$ 以及线

路参数 Z_0、Z_1、Z_2 的影响。在线路参数一定时，如果实现均流控制，即 $\dot{I}_1 = \dot{I}_2$，则需同时调节 $\dot{U}_1$、$\dot{U}_2$。令 $\dot{I}_1 = \dot{I}_2$，则：

$$\frac{(Z_2 + Z_0)\dot{U}_1 - Z_0\dot{U}_2}{Z_1 Z_2 + Z_0 Z_2 + Z_1 Z_0} = \frac{(Z_1 + Z_0)\dot{U}_2 - Z_0\dot{U}_1}{Z_1 Z_2 + Z_0 Z_2 + Z_1 Z_0} \tag{7-27}$$

左右两边同时乘以 $\dot{U}_2^*$ 并整理，得到

$$\angle(\varphi_2 - \varphi_1) = \frac{U_2}{U_1}\frac{2Z_0 + Z_1}{2Z_0 + Z_2} \tag{7-28}$$

式中，φ_1、φ_2 分别为 $\dot{U}_1$、$\dot{U}_2$ 的相角；U_1、U_2 分别为 $\dot{U}_1$、$\dot{U}_2$ 的幅值。将式中复数分量展开，使对应左右两边实、虚部分别相等，可得

$$\cos(\varphi_1 - \varphi_2) = \frac{U_2}{U_1}\frac{(2R_0 + R_1)(2R_0 + R_2) + (2X_0 + X_1)(2X_0 + X_2)}{(2R_0 + R_2)^2 + (2X_0 + X_2)^2}$$

$$\sin(\varphi_1 - \varphi_2) = \frac{U_2}{U_1}\frac{(2X_0 + X_1)(2R_0 + R_2) - (2R_0 + R_1)(2X_0 + X_2)}{(2R_0 + R_2)^2 + (2X_0 + X_2)^2} \tag{7-29}$$

这说明，必须通过调节 U_1、U_2、φ_1、φ_2 四个量使上述两式成立，才能使得 $\dot{I}_1 = \dot{I}_2$，任何一个量存在偏差都会导致环流出现。可见，在结构复杂的微电网中，尤其当各储能 PCS 间输出阻抗及线路参数存在差异时，很难准确地控制出力分配，易出现环流现象，导致个别 PCS 单元的电、热应力增大。

2. 下垂控制环流分析

下垂控制的前提是 PCS 与接入点间的线路呈感性，即感抗远大于阻抗，$X \gg R$，此时 PCS 的功率传输表达式为

$$P = \frac{EV}{X}\sin\varphi \approx \frac{EV}{X}\varphi$$

$$Q = \frac{EV\cos\varphi - V^2}{X} \approx \frac{V}{X}(E - V) \tag{7-30}$$

可知，有功/无功可以通过频率/电压解耦控制，从而确定下垂关系为

$$\omega = \omega^* + m(P_0 - P)$$

$$E = E^* + n(Q_0 - Q) \tag{7-31}$$

下垂控制下的 PCS 具备了"自同步"能力，即使各 PCS 初始幅值、相位并不相同，通过动态调节也能够达到一致，有效抑制并联环流。

然而，在低压微电网中，线路的阻性明显增强，往往 R 与 X 都不能忽略，此时传输的功率表达式变为

$$P = \left(\frac{EV}{Z}\cos\varphi - \frac{V^2}{Z}\right)\cos\theta + \frac{EV}{Z}\sin\varphi\sin\theta$$

$$Q = \left(\frac{EV}{Z}\cos\varphi - \frac{V^2}{Z}\right)\sin\theta - \frac{EV}{Z}\sin\varphi\cos\theta \tag{7-32}$$

由于有功/无功控制无法解耦，如果仍采用 $P\text{-}f/Q\text{-}V$ 下垂，则会导致无功环流出现，严重时甚至导致 PCS 运行状态翻转。当 $X \gg R$ 时，i_1 与 i_2 基本重合，环流 i_h 很小，系统工作在合理范围内。随着线路中电阻 R 的增大，i_1 与 i_2 的差异逐渐增大。当 $X \ll R$ 时，环流非常严

重，增大了 PCS 的电应力和热应力，影响其使用寿命及安全性。

3. 虚拟电感原理及环流抑制

通过调整控制策略，对低压线路的阻抗特性进行校正，使其重新呈感性，从而抑制并联环流。图 7-31 所示为单相 PCS 主电路，其中 L 与 r_L 分别为滤波电感与寄生电阻，C 为滤波电容，u_0 与 i_0 分别为输出电压与电流，U_{dc} 为直流母线电压。

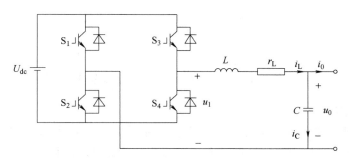

图 7-31　带 LC 滤波的 PCS 单相主电路拓扑

在图 7-32 所示的电压电流双闭环控制下，PCS 可等效为图 7-33 所示的电压源串联输出阻抗的形式，其数学表达式为

$$u_0 = G(s)u_{ref} - Z_0(s)i_0 \tag{7-33}$$

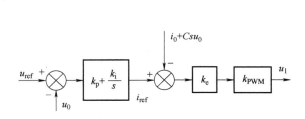

图 7-32　电压电流双闭环控制框图

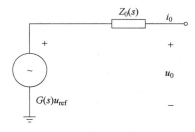

图 7-33　电压电流双闭环控制下的
PCS 等效电路模型

图 7-34 所示为虚拟电感的引入方式，引入虚拟电感后，PCS 与母线之间的阻抗由三部分组成：PCS 输出阻抗 $Z_0(s)$、虚拟感抗 $Z_D(s)$ 和实际线路阻抗 $Z_L(s)$。其总等效阻抗 $Z(s)$ 表现为三者串联相加的形式，如图 7-35 所示。

$$Z(s) = Z_0(s) + Z_D(s) + Z_L(s) \tag{7-34}$$

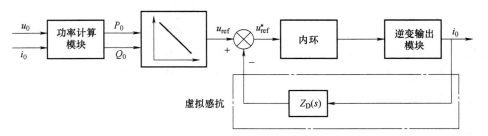

图 7-34　引入虚拟电感后 PCS 控制原理图

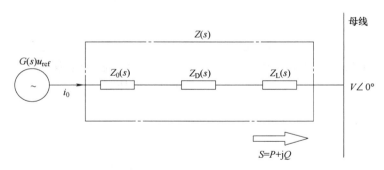

图 7-35　引入虚拟电感后 PCS 并入母线的等效模型

4. 主从下垂控制

本节提出了基于电压源/电流源主从下垂控制模式，通过上节的电压/频率下垂控制（Voltage and Frequency Droop Control，VFDC）将部分储能单元控制为电压型电源，作为主组网电源；通过有功/无功下垂控制（PQ Droop Control，PQDC）将另一部分储能单元控制为电流型电源，作为辅助组网电源。利用电流型电源对潮流的控制能力，降低因输出阻抗及线路阻抗差异而带来的控制难度，并屏蔽环流问题。

主从下垂控制的多储能并联系统等效为电压源/电流源并联系统。图 7-36 描述了由一个电压源和一个电流源组成的主从并联系统等效图。

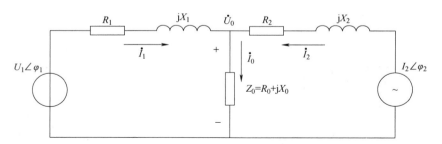

图 7-36　主从控制系统等效示意图

根据电路理论，得到

$$\dot{I}_1 = \frac{\dot{U}_1 - \dot{I}_2 Z_0}{Z_0 + Z_1} \tag{7-35}$$

故电压源输出视在功率为

$$\dot{S}_1 = \dot{U}_1 \dot{I}_1^* = \dot{U}_1 \left(\frac{\dot{U}_1 - \dot{I}_2 Z_0}{Z_0 + Z_1} \right)^* = \frac{U_1^2 - \dot{U}_1 \dot{I}_2^* Z_0^*}{Z_0^* + Z_1^*} \tag{7-36}$$

可见，$\dot{S}_1$ 与 Z_2 无关，假设 $\dot{U}_1$ 与线路参数给定，则 $\dot{S}_1$ 仅由 $\dot{I}_2$ 决定，故调节 $\dot{I}_2$ 可以有效地控制 $\dot{S}_1$。这也屏蔽了电压源并联系统中由于 $Z_1 \neq Z_2$ 而给潮流控制带来的困难。

负荷端电压 $\dot{U}_0$ 为

$$\dot{U}_0 = \dot{U}_1 - \dot{I}_1 Z_1 = \frac{\dot{U}_1 Z_0 - \dot{I}_2 Z_0 Z_1}{Z_0 + Z_1} \tag{7-37}$$

该式表明，负荷端电压 $\dot{U}_0$ 也与 Z_2 无关，可以通过调节 $\dot{I}_2$ 来控制 $\dot{U}_0$。

从线路损耗上来说，

$$总损耗 = |\dot{I}_1|^2 Z_1 + |\dot{I}_2|^2 Z_2 = \left| \frac{\dot{U}_1 - \dot{I}_2 Z_0}{Z_0 + Z_1} \right|^2 Z_1 + |\dot{I}_2|^2 Z_2 \tag{7-38}$$

该式表明，系统网损同样受控。上述分析说明，主从下垂控制系统中，由于电流源对功率的控制能力强，使得系统潮流易于控制，并可以间接地影响电压源出力，由于屏蔽了电流源支路阻抗对控制的影响，给控制带来了便利。

5. VFDC 策略

VFDC 策略如图 7-37 所示。

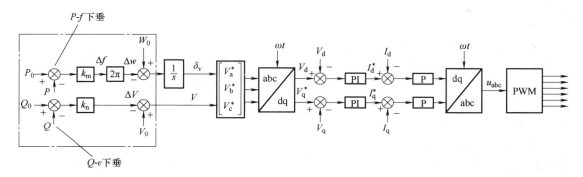

图 7-37　VFDC 策略框图

VFDC 是种含下垂特性的电压型控制方案，根据检测的 PCS 端口输出的有功/无功功率，由式（7-39）、式（7-40）计算出频率参考值 f_{ref} 与电压参考值 U_{ref}，并通过电压/电流双闭环控制 PCS 输出，作为组网电源建立微电网的频率与电压。

$$f_{ref} = f_0 - k_m(P - P_0) \tag{7-39}$$
$$U_{ref} = U_0 - k_n(Q - Q_0) \tag{7-40}$$

式中，k_m 为 $P\text{-}f$ 下垂系数，k_n 为 $Q\text{-}V$ 下垂系数，P_0、Q_0、f_0、U_0 分别为设定的有功、无功、频率、电压基点。根据微电网容量与频率、电压偏差要求，合理设定下垂系数与基点，可以将微电网运行时的频率与电压偏差控制在合理范围之内。

7.5　分布式能源及储能技术的综合利用

分布式能源及储能技术是未来世界能源技术的重要发展方向，它具有提高能源利用效率，解决我国能源短缺的关键作用，是我国能源可持续发展的必然选择。我国人口众多，自身资源有限，按照目前的能源利用方式，传统化石能源不能长期满足我国的能源消费，导致我国存在潜在的能源安全问题。我国必须立足于现有能源资源，全力提高资源利用效率，扩大资源的综合利用范围，而分布式能源及储能技术无疑是当前解决我国能源问题的关键技术。

7.5.1 分布式能源的综合利用

分布式能源目前已经覆盖了光伏、天然气、风能、生物质能等多种能源形式，但发展前景较好的主要是分布式光伏、天然气分布式利用等。从 2020 年底开始我国多次在国际上公布气候相关的发展目标来看，2021 年起我国支持分布式能源发展的政策正在不断增加，2021 年 4 月 22 日发布的《2021 年能源工作指导意见》中提出，2021 年我国风电、光伏发电量占全社会用电量的比重达到 11%。并要求推动分布式能源、微电网、多能互补等智慧能源与智慧城市、园区协同发展。2021 年 7 月 1 日，国家发改委印发《"十四五"循环经济发展规划》的通知，规划中的重点工程之一是园区循环化发展工程，积极利用余热余压资源，推行热-电联产、分布式能源及光伏储能一体化系统应用，推动能源梯级利用。

分布式光伏是指利用太阳能电池直接将光能转换成电能，与电网相连并向电网输送电力的光伏发电系统，属于国家鼓励的绿色能源项目。根据国家电站分类，6MW 以下的光伏电站为分布式电站。与集中式光伏相比，发展分布式光伏可以发用并举，有利于就地消纳。可减少储能、输配电投资成本，且没有消纳问题。另一方面，分布式光伏可以与建筑节能相结合，安装分布式光伏的建筑可以有效地提升保温隔热能力，可以进一步降低建筑能源的消耗。可以有效地提升屋顶利用率，降低分布式光伏的非技术成本。根据国家能源局数据，2021 年 6 月，国内户用光伏装机 1.73GW，环比增加 121.58%；2021 年前 6 月国内户用光伏总计装机 85.86GW，同比增加 187.42%。户用光伏正在显示出强劲的增长力量。

基于天然气的分布式能源主要使用天然气为燃料，冷-热-电联产、实现能源梯级利用，有助于构建清洁、高效、灵活的能源供应系统。将新能源技术与天然气分布式利用相结合，为分布式能源发展带来了更多的机遇，而多能互补的分布式能源在能源系统中的比例提升，将会给能源工业带来革命性的变化，成为未来能源工业发展的主力军之一。

分布式综合能源服务是一种为满足终端客户多元化能源生产与消费的服务方式。它不单销售能源商品，还销售能源服务，由传统的单一售电模式转为电、气、冷、热等的多元化能源供应和多样化增值服务模式。目前的智慧能源、多能互补、能源微电网等项目就是能源企业布局综合能源服务的抓手。综合能源系统利用先进的物理信息技术和创新管理模式，整合区域内天然气、电能、热能等多种能源，实现多种能源子系统之间的协调规划和互补互济。在满足系统内多元化用能需求的同时，要有效地提升能源利用效率。

7.5.2 储能技术的综合利用

未来以新能源为主题的分布式能源并网容量增加，电力系统将由原来的需求侧单侧随机性波动系统发展为"需求侧-电源侧"双侧随机性波动系统。电力峰谷差日益加大，按照高峰负荷需求扩建增容将影响电力资产利用率。日间电力负荷峰谷差持续拉大，尖峰负荷增长显著，谷电期负荷水平不及峰值的一半；年峰值负荷持续时间仅数日到数小时不等，为满足短时间高峰负荷需求，需扩大电厂规模、提高输配电能力，投资大且利用率低。

多种能量间的耦合关系和相互制约，影响多能系统的灵活性和可靠性。以常见的热-电联供系统为例，当系统中没有储能设施时，热-电联供系统将按照以热定电、以电定热或混合运行三种模式工作，灵活性较差。随着电力系统中能量单元种类增加，多种能源之间的强相关和紧密耦合关系将更突出，多能系统的灵活性和可靠性亟待提升。储能技术是将随机波动能源变为友好能源的关键技术之一。应用储能技术，可打破原有电力系统发输变配用必须实时平衡的瓶颈。在电源侧，储能技术可联合火电机组调峰调频、平抑新能源出力波动；在电网侧，储能技术可支撑电网调峰调频，在系统发生故障或异常情况下保障电网运行安全；在用户侧，储能技术可在实现用户冷热电气综合供应的同时，充分调动负荷侧资源弹性，支撑电网需求侧响应。储能技术是多能融合、跨能源网络协同优化的重要媒介，可实现电能向多种能源的转化。同时其作为能源转化、存储的关键连接点，可实现电力系统与其他能源系统的连接，是多网融合的纽带，将在能源互联网各环节发挥重要作用，具有广阔的发展前景。

7.5.3　分布式能源的应用评价

分布式能源尤其是分布式发电对电力系统和电力用户来说是多用途的，可以作为备用发电容量、调峰容量，也可承担系统的基本负荷，还可实现热-电联产，同时为用户提供电能和热能。对于电力系统的运行，分布式发电还可起到电压自动调节、电压稳定、系统稳定、电气设备的热起动和旋转动能储备等作用。而分布式能源技术的应用对环境污染减少也起着重要的作用。在新一轮电力结构的重组中，中枢电力设施承受着非常繁重的费用负担，而采用分布式能源发电技术可避免这些费用。在旋转动能储备容量较小、工业和商业用户的用电和输配电受到潮流限制的地区，可优先发展分布式能源发电。表7-6为分布式能源的实用化发电技术，其中包括内燃机发电、微型涡轮发电、光伏阵列发电以及燃料电池发电。

表 7-6　分布式能源实用化发电技术

技术参数		内燃机发电	微型涡轮发电	光伏阵列发电	燃料电池发电
功率调度能力		有	有	无	有
容量		50kW～5MW	25kW～25MW	1kW～1MW	200kW～2MW
效率（%）		35	29～42	6～19	40～57
安装费用/(元/kW)		1200～2050	2700～6000	39600	21000～30000
运行维护费用/[元/(kW·h)]		0.08	0.03～0.038	0.006～0.024	0.012
NO_x/(kg/kJ)	天然气	0.3	0.1	—	0.003～0.02
	油	3.7	0.17	—	—
技术状态		商业化	大容量商业化	商业化	商业化

分布式能源发电系统产生的热能如果可就地利用，将减少电能生产相关的燃料费用三分之二左右；而分布式能源发电技术具有潜在的环境方面优势，是其进入电力市场的关键因素。传统的电力工业是空气污染的主要根源，占67%发电量的化石燃料电厂释放的气体中，直接对人类健康有害的成分有二氧化硫、氧化氮、灰尘、挥发性的有机成分、一氧化碳以及包括铅和水银的各种重金属等。表7-7列出了不同发电技术的空气污染排放具体数据。

表 7-7　不同发电技术的空气污染排放具体数据

采用的技术		污染物			
		$NO_x/[g/(kW \cdot h)]$	$CO_2/[g/(kW \cdot h)]$	$CO/[g/(kW \cdot h)]$	$SO_2/[g/(kW \cdot h)]$
常规发电	煤	0.1~2	55.9		0.07~2.55
	天然气	0.005~1	31.7		0.3
	残余燃料油	0.05~1	46.8		
分布式能源发电	微型涡轮发电机	0.4	119	0.11	0.0006
	内燃发电机（汽油）	3.1	119	0.79	0.0015
	内燃发电机（柴油）	2.8	150	1.5	0.3
	氢燃料电池	0.003			0.0204

分布式能源发电技术有关的气体、液体和固体物质的排放中，空气排放质量是影响项目实施的重要因素。不同分布式能源发电技术的空气污染排放相差很大，其中氢燃料电池是最清洁的，然后是微型涡轮发电机组和内燃发电机组。与常规的发电技术相比，分布式能源发电设备的空气污染排放量要小得多。

燃气机组的经济性分析如前述章节中提到的，天然气发电和综合利用具有广阔的发展前景，并且随着我国"西气东输"工程与液化天然气（LNG）项目工程的实施，天然气燃机联合循环发电将会走上新的台阶。增加天然气这一优质、高效、洁净能源在我国能源消费中的比例，是我国优化能源结构、保障能源安全、保护生态环境、提高能源效益的重要战略选择。

但是，以往关于我国天然气的利用有两种截然相反的观点：一种观点认为天然气应当主要用于发电；另一种认为天然气应当主要用于非电力行业，尽量少用于单纯发电。天然气用于纯发电的数量成为天然气合理利用的关键问题。中国是发展中大国，能源资源以煤炭为主，天然气基础设施相对薄弱、天然气成本和定价难以与煤炭竞争，以天然气发电带动天然气市场的发展，受到天然气地质储量分布和经济发展不均衡的种种限制。往往是气源储量丰富的地区人口密度低、经济欠发达，缺少用气大项目，在这些地区发展天然气发电，以便带动天然气市场的发展成为不得已而为之的举措。

从我国利用天然气的现实情况出发，创造一条高效利用天然气的独特道路——不建过渡性的大型燃气电厂，走直接置换小煤热电，小油电，燃煤锅炉、燃煤窑炉和民用燃气的道路。但由此可能产生其他的矛盾：①如果不建设大型燃气蒸汽联合循环电厂，将使电网缺乏调峰容量；②如果利用大型电厂调峰，只能采用单循环机组，其能源利用率只有 36%~40%，造成极大浪费；③用于变电站、输电线路和供热管网、换热站的投资巨大，整个系统造价成本明显高于用户分布式热-电-冷设施；④大型电站远离终端用户，需要远距离高压输电和就地降压配电，中间环节损失巨大，管理层面的增加，中间环节增值税等因素，使大型能源设施的供能成本显著高于小型、微型、高效的燃气机组分布式能源供给设施。而分布式热-电联产和冷-热-电联产发电站是按"以电定热"方式来运行，供热的同时又能为电网调峰。因此，作为分布式能源的重要供给方案，微型燃气机组发电系统必将得到发展和推广；微型燃气机组发电不一定非要使用优质、清洁的天然气作为燃料，而可以大力发展生物质沼气、气化煤等新能源。

以英国宝曼微型燃气机 Bowman TG80 CHP 为例，通过表 7-8 探讨微型燃气机组发电的经济性比较分析情况，宝曼微型燃气机回热循环发电效率为 25%~28%。

表 7-8 宝曼微型燃气机 Bowman TG80 CHP 经济性比较分析

设备	单位	TG80 回热循环	前置循环	燃气锅炉（比较）
系统供热出力	kW（th）	150	420	420
小时标准供暖量	W/（m² · h）	50	50	50
设备供暖面积	m²	3000	8400	8400
年采暖周期	d	131	131	131
	h	3144	3144	3144
热价	kW（th）	0.178	0.178	0.178
设备小时热收入	元/a	26.72	74.81	74.81
折算热水价格	元/t	16.84	16.96	16.96
设备利用小时	h	6500	6500	6500
年热收入	元	173664	486260	486260
燃机发电效率（%）		26	14	0
发电净出力（含压损）	kW（e）	76.2	72.9	0
电价	元/（kW · h）	0.395	0.395	0
年电收入	元/a	195644	187171	—
总毛收入	元/a	369308	673430	486260
燃料消耗量	MJ/h	1109	2058	1680
天然气耗量	m³/h	31.8	59	48.17
燃料价格	元/m³	1.4	1.4	1.4
小时燃料费	元/h	44.52	82.60	67.44
年燃料费	元/a	289380	536900	438382
千瓦运行费	元/（kW · h）	0.05	0.05	0
运行维护费	元/a	24765.00	23692.50	—
收益	元	55162.62	112837.79	47877.90
总造价	元/装置	413008	557760	250000
设备投资回收周期	a	7.49	4.94	10.93

从经济性角度出发，观察表 7-8 可以发现，宝曼微型燃气机回热循环发电的电价仅为 0.395 元/（kW · h），相比于现有的电价便宜不少，尤其是显著低于柴油机的发电价格；燃料可以是生物质沼气和煤制气，每立方米的燃料仅为 1.4 元，是一个比较低的消耗价格；燃机发电的运行费用包括生物质原料费用、维修费用、设备折旧和人员费用；此外，从设备投资的回收周期可以发现，在回热循环、前置循环与燃气锅炉的比较中，它们的回收周期分别是 7.49 年、4.94 年、10.93 年，相对于传统的发电设备投资回收，其投资回收周期明显减小了。但其中的发电效率确实不是很高，回热循环与前置循环的效率分别为 26% 与 14%。

微型燃气发电机组投资回收的情况分析见表 7-9 所示的宝曼微型燃气机投资比较。表中列举了一些不同用户的电价、热价、供热量、燃气价和投资回收年限，从表中不难看出微型燃气机发电机组的优越性。

表 7-9 宝曼微型燃气机投资回收比较

用户	居民大楼	商业建筑	宾馆饭店	LPG 用户
电价/[元/(kW·h)]	0.395	0.52	0.64	0.52
热价/[元/(m²·a)]	28	35	35	28
供热量/(W/m²)	50	50	58	50
燃气价/（元/m²）	1.4	1.7	1.8	2.2
投资回收年限/a	4.94	9.78	7.38	5.25

微型燃气发电机组是新一代分布式电源的代表，它具有如下一系列先进技术特征：运动部件少、结构简单紧凑、重量轻（是传统燃机的 1/4）；可用多种燃料、燃料消耗率低、排放低，尤其是使用天然气；振动低、噪声低、寿命长、运行成本低；设计简单、备用件少、生产成本低；通过调节转速，即使不是满负荷运转，效率也非常高；可远程监控和故障诊断；既可独立又可多台分布集成扩容等。

即便对于发达国家而言，限于气体内燃发电机组的转换效率和技术难度，也会使目前微型燃气机组的发电效率很难达到 30%，这是目前制约燃气发电技术利用和推广的首要原因。对照表 7-8、表 7-9 的电价分析可知，天然气价格是电价的主要部分，如果不能降低燃气消耗量，提高燃机发电效率，就很难大规模降低设备投资和使用成本。就长远来说，提高系统的总效率是大规模应用燃气发电技术的前提。

7.5.4 储能技术的应用评价

本节主要针对当前具有较为广泛发展前景的电化学储能系统的经济性进行分析。评价电化学储能技术的经济性需要参考电池的电极材料成本、循环寿命和充放电效率等性能参数，电极材料成本直接决定单一电池单元的制造成本，而循环寿命和充放电效率则直接决定电池组的使用、维护成本。由于不同的储能技术有各自适用的应用场景，且不同的应用场景对储能的成本影响很大，因此，评估一个储能项目的成本和经济性，不仅要考虑其生产成本，还应结合储能系统的运行工况，对储能系统的投资、运维、收益、折旧等做出全面评估。根据中关村储能产业技术联盟对各主流电化学储能技术的长期跟踪，综合国内厂商和技术专家的意见，主要电化学储能技术市场成本状况见表 7-10。

表 7-10 主要电化学储能技术的市场成本状况

储能技术	功率成本［元/(kW·h)］	能量成本［元/(kW·h)］	运维成本［元/(kW·h)］
传统铅酸电池	500~1000	500~1000	15~50
铅炭电池	6400~10400	800~1300	192~520

（续）

储能技术	功率成本 ［元/(kW·h)］	能量成本 ［元/(kW·h)］	运维成本 ［元/(kW·h)］
磷酸铁锂电池	3200~5000	1600~2500	96~290
钛酸锂电池	9000	4500	270~450
镍钴锰酸锂电池	4000~5800	2000~2900	120~250
全钒液流电池	17500~19500	3500~3900	175~585
锌溴液流电池	12500~15000	2500~3000	375~750
钠硫电池	13200~13800	2200~2300	390~690

结合目前电化学储能技术在国内市场的应用现状，主要以锂离子电池、铅酸电池和全钒液流电池的应用为主，通过对国内这三类电化学储能技术厂商的成本数据进行跟踪与调研，目前国内市场上所能提供的储能技术（除铅酸电池外）成本与商业化应用的目标成本还存在一定差距，仍需要不断探索、研究降低成本的途径。

锂离子电池的寿命取决于电池的设计和运行条件，锂离子电池的寿命一般介于 500~20000 个充放电周期。锂离子电池成本近年来呈下降趋势，锂离子电池各组成部分的成本差异较大，其中电极材料（阳极、阴极和电解质）占总成本的一半，占比最大的是阴极材料，占电池总成本的 31%~39%。在未来发展中，随着能源密度的提高，降低材料成本是大幅降低锂离子电池成本的重要手段。

锂离子电池成本在整个电化学储能系统成本中的比例受储能系统规模的影响，随着系统规模的增加，电池组件成本的占比降低。不同应用场景下，锂离子电池成本占大规模大型储能系统中总成本的 35%，而在用户侧系统中则提高到 46%。降低锂离子电池储能系统成本的主要措施是改进系统性能，并降低安装成本。在电池组件方面，通过提高充放电效率、电池稳定性和充放电深度，有助于提高整个锂离子电池系统性能。

大规模锂离子电池储能系统安装成本预计将于 2030 年下降到 460~3450 元/kW·h，预计锂离子电池初投资将于 2030 年下降到 870~3450 元/kW·h。到 2030 年，磷酸 LFP、NCA 和 NMC/LM0 成本预计将介于 480~2040 元/kW·h 之间；LTO 电池成本仍高于其他技术路线，预计到 2030 年可降至 2880 元/kW·h，同时 LTO 电池性能优势仍高于其他锂离子电池。综上，预计到 2030 年，锂离子电池成本将降低 55%~60%。到 2030 年，锂离子固定系统的能量密度预计在 200~735Wh/L，循环效率将增加至 94%~98%。影响整个系统效率和经济性的另一个因素是自放电率，预计未来十几年，锂离子电池自放电率仍维持在 0.05%~0.20%，不会有大的改进。

固定式铅酸电池凭借较低的价格适用于规模化电储能系统建设。通过优化工艺设计、开发高效添加剂可进一步提高电池性能和寿命，降低生产成本。但随着储能技术的不断发展，固定式铅酸电池面临激烈的竞争，尤其是锂离子电池，由于其寿命更长、效率更高、能量密度更大，在许多应用中取代了传统铅酸电池，市场份额稳步上升。固定式铅酸电池近些年发展速度明显滞后锂离子电池和固体氧化物电池，未来不是投资热点。铅酸电池储能系统具有相对较低的自放电率，范围为每天 0.09%~0.4%，略高于锂离子电池，能量密度在 50~100Wh/L 之间，预计铅酸电池自放电率及能量密度到 2030 年不会有明显改进。目前铅酸电池储能系统寿命在 3~15 年之间，而循环次数介于 250~2500 个充放电周期。到 2030 年，预计循环次数将发展至 540~5400 个充放电周期。同时，生产加工工艺的不断优化促使该技术在未来一段时间内，保持较大的竞争优势。预计到 2030 年，铅酸电池储能系统的初投资将从 2016 年的 630~2850 元/kW·h 下降至 300~1440 元/W·h。

液流电池具有可扩展性并且适用于大规模应用，在过去十年中一直是研究热点。2019 年液流电池初投资成本在 1890~10000 元/kW·h 之间，预计到 2030 年，初投资将降至 660~3450 元/kW·h 之间，减少约三分之二。液流电池技术的当前能量密度范围为 15~70Wh/L，预计到 2030 年系统设计能量密度不会有大的变化。通过对电极材料、电解液流动和关键膜材料的开发，全钒液流电池（VRFB）和锌溴液流电池（ZBFB）的转换效率将从 2019 年的 60%~85% 提高到 67%~95%。预计到 2030 年，VRFB 成本可控制在 1200 元/kW·h。

对于电化学电池储能技术，传统铅酸电池和镍氢电池很难满足以可再生能源发电为代表的规模化储能应用的需求。钠硫电池、钠/氯化镍电池、锂硫电池和锂空气电池的储能关键技术及商业运营模式应用前景还不明确。而先进铅炭电池、锂离子电池和全钒液流电池等电化学储能技术在未来的 10~20 年间将逐步满足电力系统的要求，并进入广泛的工程示范应用阶段。

本 章 小 结

分布式能源也叫分布式资源，是一种能源的分布式应用系统，包括太阳能利用、风能利用、燃料电池和燃气冷-热-电三联供等多种形式。分布式能源是一种采用需求应对式设计和模块化配置的新型能源系统，依赖最先进的控制技术、信息技术和物联网技术，安置于需求侧，在实现能源的梯级利用的同时提高能源利用效率。微网系统方便了分布式能源的接入，同时却也由于其容量较小、较之常规电力系统有较高的故障可能性、一般包含有较大比重的可再生能源发电单元，使得微网系统承受扰动的能力相对较弱。储能是基于分布式能源微网系统中的另一项关键技术，目前常用的储能技术主要分为机械储能、电磁储能、电化学储能、抽水蓄能等多种形式。在电网中储能可以应用在发电、输电、配电、用户及电力零售等领域。储能技术以其能量可双向流动、可兼顾能量和功率需求以及优异的环保性能等特性受到了广泛的关注。储能技术在发电系统产业链中的潜在应用环节众多且可覆盖整个运行过程，其通过在合适的时间和地点提供服务，可以更好地实现微网系统的能量管理。

我国人口众多，传统化石能源不能长期满足国民的能源消费需求，导致我国存在潜在的能源安全问题。分布式能源及储能技术由于其可再生性及高能源利用率，是世界未来能源技术发展的重要方向，对解决我国能源短缺问题有关键的作用。因此，大力发展分布式能源及储能技术，全力提高资源利用效率，扩大资源的综合利用范围，既是当前解决我国能源问题的有效途径，也是我国能源可持续发展的必然选择。

习题与思考题

7.1 请根据分布式能源相关的知识回答以下问题：

（1）什么是分布式能源以及为什么要发展分布式能源技术？

（2）分布式能源具有哪些特征？

（3）列举出分布式能源的一个应用方向，并做出简要分析。

7.2　电能的存储方式有哪些？飞轮储能技术属于哪种存储方式？请画出飞轮储能的原理图并做简要分析。

7.3　请从技术成熟度、能量密度以及储能持续时间角度比较抽水蓄能、超级电容储能以及锂电池蓄能三者的优缺点。

7.4　什么是微电网？微电网与传统电网相比有哪些优势？

7.5　请根据微网相关的知识回答以下问题：

（1）直流微网与交流微网相比具有哪些优点？

（2）直流微网为什么会产生环流问题？请简要分析解决环流问题的方法。

（3）电压闪变或电压跌落可能会使整个直流微网系统崩溃，请问采取什么措施可以防止电压闪变或电压跌落？

7.6　直流微网容易产生电弧、火灾隐患等安全问题，请根据直流微网保护相关的知识回答以下问题：

（1）直流微网保护系统的设计应遵循哪些原则？

（2）在直流微网中，熔断器、断路器以及多功能接线板与插头的应用场合分别是哪些？

（3）直流微网的母线故障与支路故障两者的优先级谁高？两者分别需要采取什么保护措施？

7.7　请根据功率因数的相关知识回答以下问题：

（1）什么是功率因数？功率因数与哪些变量有关？

（2）试推导功率因数与总谐波含量之间的关系。

（3）请列举出功率因数校正的方法。

7.8　PCS 的数学模型分为哪几种？分别适用于什么场景？

7.9　微电网的运行模式有哪两种？如何实现两者之间的平滑切换？

7.10　请从功率调度能力、容量、效率等技术参数以及空气污染排放量的角度分析各个分布式能源实用化发电技术的优缺点。

第 **8** 章

新能源应用技术

能源是国家发展的物质基础，为国民经济的发展提供动力支持。随着我国经济持续高速增长，能源问题已成为制约中国经济社会可持续发展的瓶颈，而且其影响已经受到全世界各国前所未有的密切关注。新能源开发离不开技术支持，包括技术创新应用，在新能源技术发展过程中，基于不同方面的技术应用取得了一定积极效果，但从解决能源短缺问题角度看，这种应用程度显然无法保证我们可以获得更长久的发展。新能源技术将成为一种影响世界格局与人类社会发展的新基础，努力研制新能源应用技术及丰富其表现形式，对我国实现民族复兴也具有重要意义。本章主要介绍新能源在汽车、飞机、铁路和船舶方面的应用，以及新能源技术助力碳中和实现。

8.1　电动汽车技术

8.1.1　电动汽车的特点

为迎接可持续交通的挑战及解决能源和环保问题，目前，各大研究机构和汽车制造商针对电动汽车的研发和推广，主要集中发展三类电动汽车，分别是蓄电池纯电动汽车、混合动力电动汽车和燃料电池电动汽车。

蓄电池纯电动汽车使用电动机作为动力，以蓄电池作为能源存储单元，用电力作为能源。纯电池电动汽车结构上主要由电力驱动子系统、能源子系统和辅助子系统三个子系统构成。电力驱动子系统包括电子控制器、功率转换器、电动机、机械传动装置；能源子系统包括能量源（电源）、能量单元以及能量控制单元；辅助子系统包括助力转向单元、温控单元和辅助动力供给单元等。

驾驶者通过加速或制动踏板发出信号，电子控制器发出相应的控制信号，以控制功率转换器的开关。功率转换器的作用是调节电动机和能量源之间的能量流动。能量的回馈是因为电动汽车制动能量的再生，通过功率转换器由能量源吸收。多数的电动汽车电池、超级电容和飞轮都能够吸收再生制动能量。能量控制单元与电子控制器一起控制可再生制动的能量，实现系统能量流的优化。能量控制单元与能量单元一起控制并监控能源的使用情况。辅助动力供给系统向电动汽车的所有辅助装置提供所需的不同电压等级的电源。

蓄电池纯电动汽车的特点是无排放、不依赖汽油，但是由于蓄电池的能量密度和功率密度比汽油或柴油低很多，因此纯电池电动汽车的连续行驶里程有限。虽然近年来高性能动力电池（如锂离子动力电池）取得很大进展，但初期投入成本较高，因此纯电池电动汽车主要应用于小型车、短途的社区交通。

混合动力电动汽车采用内燃机和电动机作为动力，燃油和蓄电池作为能源，蓄电池可由汽车中内燃机驱动发电机充电，现在市场上的混合动力电动汽车一般采用这种方式。因为同时有多个能量源，混合动力电动汽车设计中的主要问题在于根据行驶的循环工况进行多个能量源之间的优化控制。混合动力电动汽车传统上分为串联式和并联式两类。但近年来出现了一些新的形式，包括兼具串联式和并联式特征的混联式，以及不能归纳到以上三类之中的第四类：综合式，这些类型的混合动力电动汽车可以提供更多的工作模式。串联式是混合动力电动汽车中最简单的一种，它的主要特征是内燃机/发电机提供的电能和蓄电池提供的电能以电能形式一起叠加，供给电动机进而驱动车轮运转，以满足车辆的动力需要。发动机输出的机械能首先通过发电机转换成电能，转换后的电能一部分用来给蓄电池充电，另一部分由电动机和传动装置驱动车轮。由于三种能量源是以电能形式叠加的，因此只要用电缆连接即可，容易实现，器件布置也比较灵活。但是它需要三个驱动装置：发动机、发电机和电动机。因而，该类电动汽车的效率通常较低。

而并联式的主要特征是内燃机输出能量和电动机输出能量以机械能的方式一起提供，满足车辆的动力需要。并联式电动汽车采用了发动机和电动机两套独立的驱动系统，通常采用不同的离合器来驱动车轮，可以采用发动机单独驱动、电动机单独驱动或者发动机和电动机混合驱动三种工作模式。同串联式相比，它只需要两个驱动装置，不需要单独的发电机。并且因为发动机和电动机能够同时驱动车辆，如果要得到相同的性能，并联式的发动机和电动机的尺寸要比串联式小，但由于并联式电动汽车的两种能量源是以机械能的形式叠加的，因此需要有相应的机械传动装置，故实现形式不如串联式简单，器件布置也有一定的局限性。目前市面上大多数混合动力车型都为该结构。

综合式电动汽车的结构更复杂，无法归结到上面三种形式之中，它包含了更多的能量控制单元，能够提供更多的工作模式，其结构和混联式相似，它们都有起电动和发电作用的电机。两者的主要区别在于综合式中的电机允许功率流双向流动，而混联式中的电动机只允许功率流单向流动。双向流动的功率流可以允许综合式电动汽车有更多的工作模式。虽然这样的配置会给电动汽车带来结构复杂、成本高的缺点，但是现在有些新型混合动力电动汽车也采用了这种双轴驱动的复合式系统。

根据电动汽车的运行特征和功率水平，混合动力电动汽车又可以分成轻度混合型、中度混合型和重度混合型。轻度混合动力电动汽车中，传统的发电机被输送带驱动的起动发电机所代替。其起动发电机功率一般为 $3\sim5kW$。起动发电机不直接推动车轮，但会提供两个重要的混合特性：一方面是，当电动汽车处于怠速状态时，关闭发动机，节省能源，从而为在城市中行驶提高燃油经济性；另一方面是，当电动汽车下坡或者制动时，对电池充电，从而提供大量的再生制动能量，电池电压一般为 $12V$。雪铁龙 C3 就是一款轻度混合动力电动汽车，该类型电动汽车虽然只能节能 $5\%\sim8\%$，但其成本只是增加几个百分点，较易为市场所接受。中度混合动力电动汽车的起动发电机一般放置于发动机与变速器之间，其功率为

7~12kW。由于发动机和起动发电机共用一个轴承，在单独使用电能情况下，将不能提供加速，也就是不能单独利用电能起动。但是它可以提供其他的混合型特性，包括怠速停机以及再生制动。由于起动发电机可以帮助驱动电动汽车，它在性能上类似一个小型发动机，因此可以降低引擎的额定功率要求。电池电压一般为36~144V。本田公司的 Civic 和 Accord，通用公司的 Silverado 和 Sierra 为该类型电动汽车。中度混合动力电动汽车可节能 20%~30%，但成本却增加了 20%~30%。重度混合（也称强混合）动力电动汽车可以提供全面的混合性能，包括纯电能起动、怠速停机和再生制动等。相应的电动机功率为 30~50kW，电池电压为200~500V。丰田公司的 Prius 及福特公司的 Escape 属于该类型电动汽车。电动机作为小型化发动机，可以提供额外的转矩，从而在提速性能上远远好于配置相同发动机的传统汽车。重度混合动力电动汽车又分为节能型和动力型，节能型追求节能和减少排放；而动力型则追求更强劲的动力，具有很好的加速性能，但成本更高。重度混合动力电动汽车的功率为 30~50kW，可节能 30%~50%，但成本也增加了 30%~40%。插电式混合动力电动汽车不仅包括以内燃机与蓄电池为能量源的类型，还有以压缩天然气发动机与蓄电池为能量源，甚至同时以多个驱动装置为能量源的混合动力电动汽车。但无论如何配置，这些混合动力电动汽车都有类似的连接类型和特点。混合动力电动汽车的特点是低排放，连续行驶里程长，但因为有多个驱动源导致其结构复杂，并依赖原油。目前，混合动力电动汽车是电动汽车市场中的主流，它不仅具有广泛的应用范围，而且也逐渐为市场所接受。

　　燃料电池电动汽车采用电动机作为动力，用燃料电池作为能源转换装置，其能源主要来自氢气。由于燃料电池电动汽车正处于研究的初期阶段，所以也存在不同的结构。但主要是指燃料电池与蓄电池混合类型的电动汽车，因为蓄电池能够实现制动能量的回收，可以相对降低燃料电池的功率要求，同时也降低了成本。虽然结构上燃料电池电动汽车同蓄电池电动汽车非常相似，但是单独的燃料电池是不能够直接发电来驱动汽车的，它需要和燃料供给与循环单元、氧化剂供给单元、水热管理单元以及一个协调上述各个单元的控制单元共同工作才能组成燃料电池的发电系统。由于燃料电池的能量密度可与汽油相比，所以燃料电池电动汽车的连续行驶里程也和汽油汽车不相上下，但燃料电池的功率密度较汽油的功率密度低很多，因此还需要用少量的电池或超级电容以提高汽车的加速性能。虽然燃料电池电动汽车有良好的前景，但是目前尚未产业化，成本仍然较高，而且燃料电池的可靠性和寿命有待改进，加灌氢气的基础设施有待建立并系统化，氢气的来源和供应链问题也有待于解决。

8.1.2　系统组成及结构

1. 纯电动汽车

　　之前的电动汽车主要是将现有内燃机车辆的发动机和油箱替换为电动机驱动系统和电池组，同时保留所有其他部件。这类电动汽车由于重量大、灵活性差、性能一般等缺点，导致其逐渐淡出试驾应用。而现代纯电动汽车是从初始的车身和车架开始加以定制，这满足了电动汽车独特的结构设计要求，同时也利用了电驱动的巨大灵活性。

　　现代电驱动的概念图如图 8-1 所示。驱动系统由三个主要的子系统组成，即电动机驱动子系统、能源子系统和辅助子系统。电动机驱动子系统包括整车控制器、电力电子功率变换器、电动机、机械传动装置和驱动轮。能源子系统包括能量源、能量管理单元和能量补充单元。辅助子系统由助力转向单元、车内空调温控单元和辅助功率单元组成。

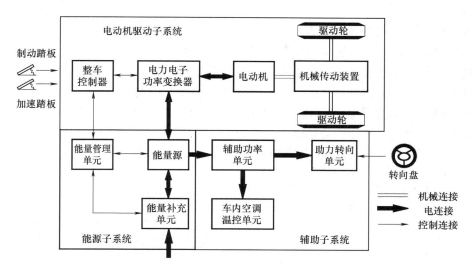

图 8-1　纯电动汽车结构的概念图

　　基于加速踏板和制动踏板的控制输入，整车控制器向电力电子功率变换器提供适当的控制信号，用来调节电动机和能量源之间的功率流。电动汽车再生制动时会产生逆向的功率流，这部分能量可以回馈到能量源中，待需要时再次被利用。大多数电动汽车中的蓄电池、超级电容器和飞轮都具备储存再生能量的能力。能量管理单元与整车控制器配合，控制再生制动进而能量回收过程，能量管理单元还监控能量源的可用性。辅助电源为所有车载辅助设备（特别是车内空调温控和助力转向装置）提供不同电压等级的必要功率。

　　2. 混合动力汽车

　　混合动力电动汽车的结构可大致定义为能量通路与控制端口间的连接关系。传统意义上的混合动力电动汽车被分类为两种基本形式，即串联式和并联式的混合动力电动汽车。而自2000 年开始，一些推广应用的混合动力电动汽车难以归入这样的分类中。因此，混合动力电动汽车现分类为四种，即串联式、并联式、混联式和复合式混合动力电动汽车，具体分类如图 8-2 所示。上述分类在科学意义上并非十分清晰，且可能引起混淆。实际上，混合动力电动汽车在驱动系内存在两类能量流，一类是机械能量流，另一类是电能量流。在功率交汇点处，始终以同一类功率形式，即电气的或机械的功率形式，而不是电气的和机械的功率形式呈现，即两个功率相加或将一个功率分解。这样或许可以采用功率耦合或解耦特性来更精确地定义混合动力电动汽车电驱动的结构。例如，电耦合驱动系、机械耦合驱动系以及机械-电气耦合驱动系。

　　图 8-2a 所示为传统意义上的串联式混合动力电驱动系的结构。这一结构的关键特征是在功率变换器中将来自发电机和电池的两个电功率加在一起。该功率变换器起到电功率耦合器的作用，控制从蓄电池组和发电机到电动机的功率流或反向控制从电动机到蓄电池组的功率流。燃油箱、内燃机和发电机组成主能源，而蓄电池组则起能量调节器的作用。

　　图 8-2b 所示为传统意义上的并联式混合动力电驱动系结构。这一结构的关键特征是在机械耦合器中将分别来自内燃机和电动机的两个机械功率加在一起。内燃机是主能源设备，而蓄电池和电动机驱动装置则组成能量调节器。此时，功率流由动力装置，即发动机和电动

机所共同控制。

图 8-2c 所示为传统意义上的混联式混合动力电驱动系结构。这一结构的明显特征是使用了两个功率耦合器，既有机械耦合器也有电功率耦合器。实际上，这一结构是串联式和并联式结构的组合，其具有两者的主要特性，并且相比于串联式或并联式的单一结构，拥有更多运行模式。从另一方面来说，它的结构相对更为复杂且多半成本较高。

图 8-2d 所示为通常所说的复合式混合动力电驱动系结构。它具有与混联式相似的结构，唯一的差异在于混联式结构中的电耦合器是功率变换器，而复合式结构中择优蓄电池充当电耦合器。复合式结构在电动机/发电机和蓄电池组之间又增加了一个功率变换器。

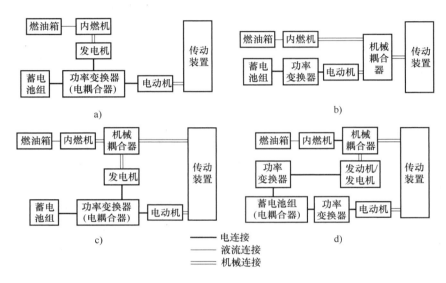

图 8-2　混合动力电动汽车的分类
a）串联式（电耦合）　b）并联式（机械耦合）
c）混联式（机械耦合和电耦合）　d）复合式（机械耦合和电耦合）

8.1.3　电机及驱动技术

电驱动系统是电动汽车（EV）和混合动力电动汽车（HEV）的心脏。该系统由电动机、功率变换器和电子控制器构成。电动机将电能转换成机械能推动车辆，或反之将机械能转换为电能进行再生制动和（或）对车载储能装置充电。功率变换器为电动机提供特定的电压和电流。电子控制器根据驾驶要求，通过为功率变换器提供控制信号来对其进行控制，进而调整电动机的运行，以产生特定的转矩和转速。电子控制器可进一步分为三个功能单元，即检测器、接口电路和处理器。检测器通过接口电路将所测量的物理量，如电流、电压、温度、速度、转矩和磁通转换为电信号，这些信号被处理成相应的电平后输入处理器。处理器的输出信号通过放大，经由接口电路驱动功率变换器的功率半导体器件。电驱动系统的功能模块如图 8-3 所示。

电动汽车的电驱动系统主要根据以下因素来选择，即驾驶人对行驶性能的期望、车辆规定的性能参数以及车载能源的性能。驾驶人的期望值由包括加速性能、最高车速、爬坡能力、制动性能和行驶里程在内的行驶循环来定义。含体积和重量在内的车辆性能约束取决于

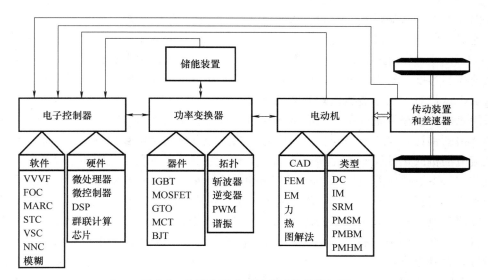

图 8-3　典型电驱动系统的功能模块框图

车型、车重和载重量。能源系统则与蓄电池、燃料电池、超级电容器、飞轮及各种混合型能源相关联。因此，电驱动系统的优选特性和组件选择过程必须在系统层面上实施，同时必须研究各子系统间的相互作用以及系统权衡中可能的影响。

　　与电动机的工业应用不同，用于电动汽车的电动机通常要求频繁地起动和停车、高变化率的加速度/减速度、高转矩且低速爬坡、低转矩且高速行驶以及非常大的运行速度范围。应用于电动汽车的驱动电动机可分为两大类，即有换向器电动机和无换向器电动机，如图 8-4 所示。有换向器电动机主要指传统的直流电动机。直流电动机需要换向器和电刷来给电枢供电，因而使该类电动机的可靠性降低，不适合免维护运行和高速运行。此外，绕线转子励磁的直流电动机功率密度较低。然而，由于技术成熟和控制简单，直流电动机驱动一直在电驱系统中有着突出的地位。

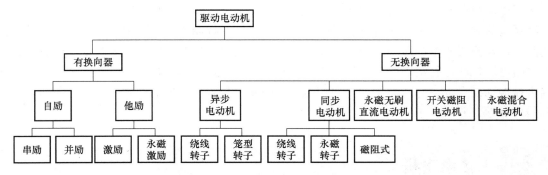

图 8-4　应用于电动汽车的驱动电动机的分类

　　最近，技术的发展已经将无换向器电动机推进到一个应用的新阶段。与有刷直流电动机相比，无换向器电动机的优点包括高效率、高功率密度、低运行成本、高可靠性以及免维护。因此，当今无换向器电动机更受人们青睐。

　　作为一种确定电动汽车的无换向器电动机，异步电动机得到了广泛应用。这是因为异步电动机的成本低、可靠性高且能够免维护运行。但是，异步电动机的传统控制，如变频变压，不能提供所期望的性能。随着电力电子和计算机时代的到来，异步电动机的磁场定向控制（Field-Oriented Control，FOC）原理，即矢量控制原理已被用来克服由于异步电动机非线性带来的控制难度。然而，这些采用矢量控制的电动汽车用异步电动机在轻载和限定恒功率工作区域内运行时，仍会遭遇低效率的问题。

采用永磁体代替传统同步电机的励磁绕组，永磁同步电机可排除传统的电刷、集电环以及励磁绕组的铜耗。这些永磁同步电机因其正弦交变电流的供电和无刷结构，也被称作永磁无刷交流电动机或正弦波永磁无刷电动机。由于这类电动机本质上是同步电动机，所以它们可在正弦交流电源或脉宽调制（Pulse Width Modulation，PWM）电源下运行，而无须电子换向。当永磁体安置在转子表面时，因永磁材料的磁导率与空气磁导相似，故这种电动机特性如同隐极同步电动机。通过把永磁体嵌入转子的磁路中，此凸极会导致一个附加磁阻转矩，从而使电动机在恒功率运行时具有较大的转速范围。另一方面，当需要利用转子的凸极性时，通过舍去励磁绕组或永磁体，就可制成同步磁阻电动机。这种电动机通常结构简单、成本低廉，但输出功率相对较低。与异步电动机类似，对高性能要求应用场合，这种永磁同步电动机通常也使用矢量控制。因为其固有的高功率密度和高效率，在电动汽车领域，永磁同步电机已被认为具有与异步电动机竞争的巨大潜力。

实际上，通过转换永磁直流电动机（有刷电动机）定子和转子的位置，就可以得到永磁无刷直流电动机（Brushless DC，BLDC）。应该注意，"直流"这一术语可能会引起误解，因为它并不涉及直流电动机。这种电动机由矩形波交变电流供电，因此也称为矩形波永磁无刷电动机。这类电动机最明显的优点是排除了电刷，其另一优点是因电流与磁通间的正交相互作用，能产生大转矩。此外，这种无刷结构使得电枢绕组可以有更大的横截面。由于整个结构的热传导有了改善，故电负荷的增加导致了更高的功率密度。与永磁同步电动机不同，这种永磁无刷直流电动机通常在运行时配有转轴位置检测器。

开关磁阻电动机（Switched Reluctance Motor，SRM）已被公认为在电动汽车应用中具有很大潜力。基本上，开关磁阻电动机是由单组定子可变磁阻步进电动机直接衍生而来的。开关磁阻电动机用于电动汽车的明显优点是其结构简单、制造成本低廉、转矩-转速特性好。尽管结构简单，但并不意味着开关磁阻电动机的设计和控制也简单。由于其极突出的高度磁饱和，以及磁极和槽的边缘效应，开关磁阻电动机的设计和控制既困难又精细。传统上，开关磁阻电动机的运行借助于转轴位置检测器检测转子与定子相对位置。这些检测器通常容易因机械振动而受损，并对温度和尘埃较敏感。因此，位置检测器的存在降低了开关磁阻电动机的可靠性，并限制了一些应用。

8.2　多电飞机

8.2.1　多电飞机的基本原理

二次能源的形式多样化给飞机设计、维护及可靠性带来诸多负面影响。例如，遍布机身的液压管路严重制约飞机气动布局设计，液压油存在泄漏起火风险，使地面支援设备复杂化等。电能具有无污染、易传送、低损耗等独特优势，是理想的二次能源，由此在 20 世纪 70 年代诞生了全电飞机（All Electric Aircraft，AEA）的设计蓝图，然而技术进步并非一蹴而就，AEA 的实现也绝非简单的系统替换，航空领域对可靠性的苛刻要求在无形中限制了新技术的应用，因此几十年里只是逐步增加电气系统所占的比重，多电飞机（More Electric Aircraft，MEA）的设计理念应运而生。

若以 AEA 为最终发展目标，MEA 则不过是阶段性技术改良的产物，然而就其现实意义而言，已堪称航空领域的重大变革。功率电传不仅使得机身的液压/气体管路大为缩减，还使航空发动机的结构得到简化，从而减小迎风面积，降低飞行阻力以节省能源。此外，MEA 还可减少地面/舰面支援设备，进一步降低运行成本，改善飞机的技术和战术性能。

MEA 相关技术已成为航空领域的主流技术，其二次能源电力化水平也成为评价飞机先进程度的重要标准。21 世纪诞生的几种飞机在不同程度上实现了将二次能源统一为电能的目的，如 Lockheed Martin 公司研制的第四代多用途战术攻击机 F-35 实现电气负载的自动管理和故障隔离，极大地提高战斗生存率，Boeing 公司研制的宽体客机 787Dreamliner 率先应用电动环境控制系统，减少燃油消耗及废气排放的同时也降低了运营成本，Airbus 公司研制的双层四发动机巨型客机 A380 采用电动静液作动器（Electro-Hydrostatic Actuator，EHA）及区域电子液压发生系统（Local Electro-Hydraulic Generation System，LEHGS）等新技术，将液压能与电力能高效结合，实现高冗余度的 2H/2E 双体系飞控系统，充分体现出电动伺服系统取代传统液压伺服系统的趋势，开创技术先河。

8.2.2 电气系统结构

飞机电气系统主要由电源、功率转换设备和用电器组成。针对 MEA 的负载数量多和功率需求大的特点，多电飞机搭载的电源容量大且种类多。常用的供电设备包括发电机、锂离子电池以及燃料电池和超级电容器等。功率转换器可以将电源输出的电功率转换为符合负载额定工作需求的电功率，是保证电网稳定工作的重要部件。飞机中常用的功率转换器包括逆变器、稳压器和变压器等。为了完成液压和气压等传统次级功率系统的功能，电动机是在多电飞机中显著增加的一类负载，主要包括交流电动机和直流电动机等。

在传统研究中，一般将电源研究与负载的动态性能隔离开；将电机研究与电源动态性能隔离开；在电气系统布局研究时忽略功率转换器。这类研究方法通过消除级联设备之间的动态响应，在一定程度上简化了研究对象，提高了计算效率，但容易造成超量电源设计和多余的结构重量。如果能在系统模型的复杂度和系统设计的优化程度之间进行权衡，将有助于进行全机能量优化设计。

飞机电气系统可以分为发电设备、配电设备和用电设备。以一架现有的双发多电飞机的电气系统为例，其电气系统结构示意如图 8-5 所示。涡轮发动机不仅是飞机的动力源，也通过传动机匣为发电机提供原动力。所产生的电能经过能量管理和分配系统驱动各个子系统。该多电飞机使用 270V 直流电压配电，对于功率较小的负载使用 28V 低压直流。飞机中包含的主要电气负载系统为：航空电子设备、飞行控制系统、起落架系统、燃油管理系统、环境控制系统（Environment Control System，ECS）和电力作动系统。此外还有一些其他负载，如照明、加热器等。为了增加系统稳定性，每台主发电机只能对应一个总线通道，且两个发电机不能并联。如果出现紧急情况导致其中一台发电机失效，那么辅助动力装置（Auxiliary Power Unit，APU）将替代失效发电机管理其负责的通道；当两台发电机都失效时，APU 接管两个通道。

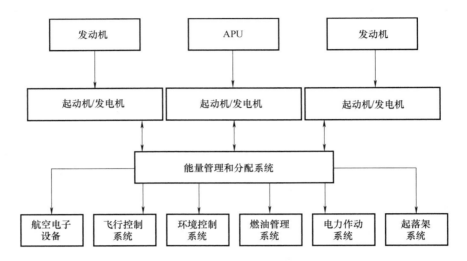

图 8-5　一架现有双发多电飞机的电气系统结构图

电机的大量使用是 MEA 与传统飞机最大的不同。表 8-1 中展示了该多电飞机中所需的电动机的用途和数量。该机共包含 86 个电动机，其中 28 个安装在飞行控制系统、10 个安装在 ECS、2 个用于电动气压系统、20 个用于起落架系统、6 个用于发动机起动系统。安装在飞行控制系统和起落架系统的电动机主要驱动作动器进行舵面偏转、起落架收放等动作；在 ECS 和燃油管理等系统中的电动机则用来压缩空气、泵送燃油。

表 8-1　一架现有双发飞机中所需的电动机的用途和数量

系统名称	最大持续总功率/kW	电动机数量	功率/kW
飞行控制系统	80	28	50
环境控制系统	40	10	10
燃油管理系统	35	10	9
电动气压系统	30	2	15
起落架系统	30	20	5
其他	20	10	1
发动机起动系统	125/通道	6	125
合计	—	86	—

8.2.3　电力传动装置

1. 同步发电机

发电机是将机械能转换为电能的动力转换装置，其原动机通常由发动机充当。开关磁阻电机（Switched Reluctance Machine，SRM）和同步发电机是比较理想的机载发电。它们的控制方法成熟、机器本身成本低、可靠性高且能在高速下稳定工作。此类发电机的缺点是其重量和尺寸随着输出功率的增加而指数增加，增加了飞机结构重量。为了解决这个问题，功率密度和可靠性都更高的永磁同步电机是未来机载发电设备的一个主要选项。发电机由发电机控制单元（Generator Control Unit，GCU）控制。GCU 主要由补偿器、调节器、激励器和稳定器组成。发电机端电压传感器的输出和发电机输出轴的旋转速度是 GCU 的输入，GCU 输出励磁电压从而控制发电机端电压，该值的极限与原动机的转速有关。

2. 功率转换器

功率转换器可以将电能从一种形式转换为另一种形式，主要包括三种：DC—DC 斩波器，AC—DC 整流器和 DC—AC 逆变器。

DC—DC 斩波器可以降低或升高直流电压的电平。AC—DC 整流器是一种可以从交流电压获得连续直流电压的电气设备。在航空工业中，变压器整流器单元（Transformer Rectifier Unit，TRU）广泛用于调节三相总线的 28V 直流电压。一般六脉冲 AC—DC 整流器有 13 个工况。在每个工况下，整流器会根据其输入端交流电流的状态自动获得各二极管的端电压和各电感的电流降。DC—AC 逆变器可以将直流电压转换为三相交流电压，通常用于电机控制。它一般包含六个晶体管，这些晶体管通常由 PWM 控制，并且需要能够承载电动机的峰值相电流。DC—AC 逆变器的工况与 AC—DC 整流器类似。在一个有 DC—AC 逆变器参与的闭环电机控制回路中，根据电机的反馈信号可以调整 PWM 的输出，以确定逆变器中每个开关的关断时间，最终控制电动机的转速或转矩。

3. 伺服电动机

伺服电动机可以将控制面移动到一定角度并保持在该位置直到下一次移动。无人机上使用的许多伺服电动机由电动机、逆变器、位置控制器和摇臂组成。由于控制算法简单和成本低，伺服电动机系统中一般使用直流电机。大型飞机中使用的伺服电动机则包含永磁同步电机和更复杂可靠的驱动器，如 EHA 和 EMA 等。

8.3　新能源空铁技术

新能源空铁是指以锂电池动力包为动力源的空中悬挂式轨道列车系统。这是我国拥有完全自主知识产权的新型轨道交通系统。该系统采用新能源、新材料、新设计，集成了多种相关成熟技术。该系统具有稳定性、舒适性、安全性高、节能环保、低噪声、低能耗、适应性强、工期短、难度低、自然美观、前瞻性等优点。这是一个连接和整合中心城市交通枢纽，覆盖热门旅游景点的现代化新型交通系统。

8.3.1　新能源空铁概述

2016 年 12 月 8 日，一台新能源空铁在中车资阳机车有限公司竣工下线，这是我国西部地区诞生的首台新能源空铁列车，这意味着一个全新的产业将诞生。空铁是一种轻型、中速、中低运量的新型制式城市轨道交通方式，是城市立体公交的新装备，也是公交错位发展的新选择。首台空铁列车，每列定员 144 人，时速最高可达 65km/h。在动力方面，列车采用了"大容量动力蓄电池充放电控制技术"，通过实现高倍率放电，提高列车起动加速性能及对极限环境的适应性，同时能将 400kW 的电制动功率全部用于动力电池快速充电，实现制动能量回收再利用，延长蓄电池续航里程达 120km。新能源空铁列车具有绿色环保、噪声低、安全性能高、占地少、环境协调性好等诸多优势，适应国家节能减排、绿色发展要求，能有效缓解城市交通难题，而且造价相对较低，大约为地铁的 1/8～1/5，跨座式单轨的 1/3～1/2，有非常广阔的市场推广前景。同年 4 月，中车资阳机车有限公司与西南交通大学、四川中唐空铁科技有限公司组成联合体开发空铁项目，首次提出"新能源空铁"概念，并承担空铁列车研制工作。新能源空铁已列入四川省重点实施项目。在城镇化加速的今天，中小城市正逐渐面临交通拥堵的局面，但这些地方建地铁的成本太高。对中小城市而言，发展空铁是一个不错的选择。空铁市场潜力巨大，但目前市场还处在培育期，它的出现必然催生一个全新的产业和全新的交通方式。新能源空铁如图 8-6 所示。

图 8-6　新能源空铁

8.3.2　新能源空铁优势

新能源空铁主要具有以下优势：第一，高架拥有独立路权。空铁系统可沿道路绿化带高架敷设，空铁列车悬挂于导轨梁下方，不受地面道路交通状况、火灾、洪水等自然灾害的影响，紧急情况下起到运输救灾物资及人员的作用。第二，产品应用场景广泛。空铁系统运量适中，既可满足特大、超大城市轨道交通支线、市郊线、连接线等多制式协同发展补网需求，又可满足中小城市城市轨道骨干网络运量需求。同时，该车型乘坐体验感强、视野开阔，亦可作为旅游城市、旅游景区快速交通接驳和旅游观光工具，场景适应能力极强。第三，环境友好度强。空铁爬坡能力是地铁的三倍，最小转弯半径是地铁的十分之一，选线灵活，适应性强，可有效减少征拆和对沿线地块影响。空铁的复合型（梁桥上方可作人行慢道）应用提升城市道路利用率。随着双碳目标及燃料电池示范城市群的推进，氢燃料轨道交通已成为绿色、节能、低碳技术的发展方向和研究重点。记者注意到，该氢燃料电池空铁是空铁技术团队联合国内氢能与燃料电池行业龙头企业深圳氢蓝时代共同研发。与传统接触轨、锂离子动力电池方案相比，氢燃料电池供电克服了锂离子动力电池供电的痛点和缺点，更具有显著应用优势。低温环境适应性更优，氢燃料电池空铁在 -30℃ 的环境条件下仍然可以正常起动且无衰减情况；续航里程更长，氢燃料空铁续航里程可以达到 420km；运营效率更高，氢燃料电池空铁每次加注氢气的时间约 15min，其续航里程即可达到 420km，可满足全天的运行需求。同时，氢燃料电池供电比传统接触轨供电具有更好的经济性。经测算，在生命周期内，氢燃料电池方案成本比接触轨方案降低了约 20%；此外，由于取消了沿线接触轨，减少了综合维修及人工投入。

8.3.3　新能源空铁原理

新能源空铁系统，可以利用太阳能、风能等新能源自主发电作为驱动电能的补充，有效节约了运行过程中的电能消耗，具有绿色环保的优点；同时具有能量反馈回收系统，通过回收制动能量作为驱动电能的补充，扩充了单次运行的有效距离，节约能量消耗，降低了能源消耗。新能源空铁系统示意图如图 8-7~图 8-9 所示，一种新能源空铁系统，包括车厢组件，其顶部设置有转向架，设置在悬挂的轨道中。转向架包括有驱动轮，其在轨道上并通过转向架悬挂承载车厢组件。

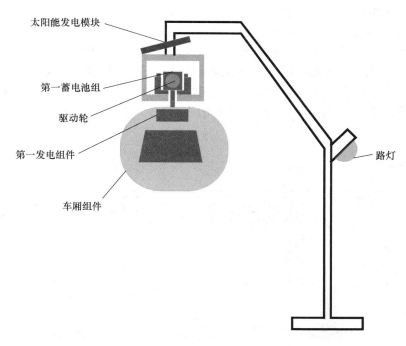

图 8-7　新能源空铁侧面图

　　转向架或车厢组件内设置有第一蓄电池组，转向架的驱动轮连接有驱动制动装置，其电连接第一蓄电池组。第一蓄电池组用于向驱动制动装置提供电力，使驱动制动装置驱动驱动轮旋转，并使转向架带动车厢组件沿着轨道的延伸方向运动。

　　驱动制动装置具体为步进电机或直流无刷电机中的一种。车厢组件还包括两个首尾对称设置的头车和设置在两节头车之间的若干车厢，驱动制动装置通过程序控制电机正转或反转，驱动电机正转时与驱动电机反转时，转向架的运行方向相反。转向架上还设置有能量反馈模块，其电连接驱动制动模块，用于将驱动制动模块的负转矩转化为电能。此外，能量反馈模块连接有第一蓄能模块，其用于接收电能并储存。能量反馈模块利用驱动制动模块运行状态下负转矩做功产生电能进行能量反馈回收，因此，无论驱动制动模块反转或正转运行时，能量反馈模块均可以将负转矩下的制动转化为电能。转向架的四周还设置有水平安装的导向轮，导向轮与轨道的内壁保持接触，在转向架驱动过程中，导向轮在摩擦力的作用下绕转轴旋转，转轴连接有发电机的输入端，发电机的输出端电连接能量反馈模块。发电机用于将导向轮在运行过程中旋转时的动能转换为电能并送至能量反馈模块，其通过第一蓄能模块存储。

　　第一蓄能模块具体为超级电容或蓄电池中的任一种，第一蓄能模块包括储能检测传感器, 其用于每隔一定频率检测第一蓄能模块中的电量, 储能检测传感器电连接供电组件, 供电组件控制第一蓄能模块和第一蓄电池组之间电路的通断, 并用于限制电流由第一蓄能模块向第一蓄电池组的单向流动。储能检测传感器用于检测第一蓄能模块中的电能, 并与额定容量比较, 当检测的电能达到额定容量, 供电组件接通第一蓄能模块和第一蓄电池组之间的电路, 第一蓄能模块向第一蓄电池组进行充电, 完成一次能量回收。

图 8-8 的车厢组件中设置有第一发电组件, 其也可以设置在转向架上, 至少包括氢能源发电模块或铝空气电池发电模块中的一种, 第一蓄电池组至少对应有一个氢能源发电模块或一个铝空气电池发电模块, 通过氢能源发电模块或铝空气电池发电模块对第一蓄电池进行充电, 有效提高了空铁系统的运行距离, 氢能源发电模块还可以根据不同运行距离的需要调整氢气储量, 使其符合不同轨道的运行需求, 当氢能源发电模块的氢气消耗完可以通过更换氢气储瓶再次使用, 具有补充快捷、方便周期短的优点, 同时还具有发电效率高, 能源清洁的优点。

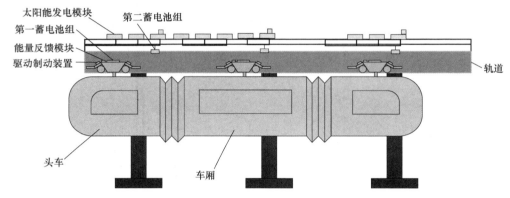

图 8-8 新能源空铁车厢结构图

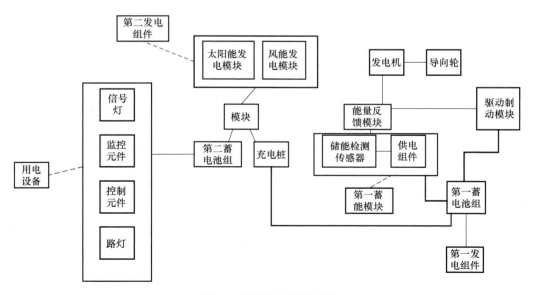

图 8-9 新能源空铁原理图

铝空气电池发电模块以高纯度铝（Al）为负极、氧为正极，以氢氧化钾或氢氧化钠水溶液为电解质。负极铝摄取空气中的氧，在电池放电时产生化学反应，当铝完全氧化转化为氧化铝后，可以通过更换负极材料实现铝空气电池发电模块的再次利用，每次更换周期短。铝空气电池发电模块的理论比能量高，在总能量一定的前提下，铝空气电池发电模块的重量低，通过铝空气电池发电模块向第一蓄电池组多次充电补充电能，不仅可以减小第一蓄电池的体积和重量，实现轻量化，而且可以在一定负载前提下通过总能量的有效增加，延长空铁系统的运行距离。铝空气电池发电模块和氢燃料发电模块可以设置在车厢组件的顶部，通过电连接第一蓄电池组进行续航电能补充，还可以在第一充电组件上设置用于控制其充电电路通断的控制开关，达到控制其充电过程的目的。

轨道上设置有第二发电组件，其电连接若干个第二蓄电池组，第二蓄电池组分布在轨道上。第二蓄电池组连接若干相同或不同种类的用电设备，用电设备包括设置在轨道上的路灯、信号灯、监控元件、控制元件的一种或多种。路灯可以结合本系统悬挂式的轨道进行安装节省路面路灯立柱的造价，并通过第二蓄电池组存储的电能维持夜间照明，信号灯可以用于调节轨道交通系统的运行或调节与其他交通系统之间的运行秩序，监控元件和控制元件用于监控或控制本系统的运行稳定性。第二蓄电池组可以就近、分段对其两侧一定距离内的用电设备进行供电，无须架设额外的市电网路，具有节能环保、造价低的优点。

第二发电组件为若干太阳能发电模块和/或若干风能发电模块，太阳能发电模块包括若干设置在轨道外表面的太阳能电池组，风能发电模块为设置在轨道上表面的风能发电机组。第二蓄电池组包括若干个第二蓄电池，每一第二蓄电池至少对应有一个太阳能电池组或一个风能发电机组，从而保证第二蓄电池组能够维持日常充足的电量需求，进而保证其连接的用电设备的稳定运转。轨道外侧可以设置若干太阳能发电模块，或设置若干风能发电模块，也可以组合太阳能发电模块和风能发电模块提高新能源利用效率，增加单位时间下第二发电组件的发电量。第二发电组件还可以通过线路连接至充电桩，充电桩优选设置在车站或维修站中，第二发电组件可以通过能源分配系统分别连接充电桩和第一蓄电池组，从而实现有效的发电电能分配与管理，将第一蓄电池组无法容纳存储的多余电能分配至充电桩中，用于车厢组件停靠在车站或维修站时，通过充电桩对第一蓄电池组进行充电。

8.4 新能源船舶技术

8.4.1 新能源船舶概述

随着新能源不断的开发和应用技术的推广完善，将其应用于船舶成为一种发展趋势，并且有着较为广阔的前景。新能源应用于船舶有着诸多的优势，这主要体现为以下几个方面。

1）新能源应用与船舶能够有效地实现成本的降低。新能源及其复合型新能源的推广应用，能够实现造船成本的降低。在船舶的设计和建造中，新能源的应用能够将相关电器设备的电力来源由新能源或者是复合型的新能源来代替，实现船舶照明和应急系统供电形式的转变，从而实现船舶能耗的降低。以新能源来代替传统船舶供电设备，能够有效地降低船舶的自身重量等，实现生产成本的总体降低。

2）新能源的应用能够保证船舶供电的安全性，降低对于人力的需求并且能够实现环保的目的。新能源的优势之一在于无污染，清洁性，将新能源应用于船舶供电时，能够避免船舶供电所产生的大气污染等。而这种新能源供电系统的建设和应用，有效地减少了传统供电模式下对于人工的需求，降低了人工成本。利用新能源实现船舶供电，能够减小传统供电形式下所带来的噪声污染和对工作人员身体健康的不良影响，实现供电的安全。

3）新能源的来源丰富，供应充足。当前开发利用的风能和太阳能等资源具有取之不尽用之不竭的特点，在船舶供电中，对于该种新能源的充分开发和利用能够有效地保证供电机组的持续运作，以蓄电池的形式来实现对电能的存储，保证供电的持续性和对新能源的有效利用。

4）新能源广阔的应用范围为其在船舶供电系统中的应用提供了条件。将新能源应用于船舶中，可以不受环境等影响，实现船舶供电的持续性。在船舶供电系统的设计时，根据船舶条件及其供电方式的设计，选择应用风能或者太阳能或者将两者综合应用，对供电能蓄积方式进行科学的设计，保证任何环境下都能够实现电能的持续供应，保证供电的充足。

8.4.2　太阳能动力船舶

早在1985年，美国德克萨斯州的Sum Smith就推出了太阳能充电装置，可供车辆和船舶蓄电池充电。之后多个国家都研制出了小型太阳能电池充电的样船，这些可以看作是太阳能在船舶领域的首次应用。2000年澳大利亚造出了太阳能风能混合动力的双体客船，这标志着可再生能源在船舶动力领域的一次大的飞跃。2007年5月8日，瑞士的"太阳21号"全太阳能动力船经过5个多月的航行，完成了横渡大西洋之旅。2008年，日本的邮船公司与日本石油公司合作，尝试利用太阳能为汽车滚装船的推进系统提供部分电力。此前航运界还没有利用太阳能为大型船舶提供动力的先例，此次利用太阳能的汽滚船长200m，可装载6000辆汽车。该船安装328块太阳光板，太阳能总发电量达到40kW·h，为全船总用量的0.2%。2012年世界上最大的太阳能船图拉诺号成功完成了为期18个月的环球航行，这艘造价2600万美元的双体太阳能船长30.7m，宽15m，最多可搭乘50名乘客。而驱动它航行的则是船身上覆盖的537m² 的太阳能电池板。太阳能动力船如图8-10所示。

图8-10　太阳能动力船

目前，太阳能在船舶动力领域的应用主要有以下几个方面。

1）将太阳能转化为电力作为船舶的主动力源，即船舶主机的能量基本都来自于太阳能所产生的电能，如图拉诺号就是这样的一种应用。这样的太阳能船必须根据船舶的大小、航速、任务需求等，将主机动力配置调整到合适的大小，这对设计是个不小的挑战。

2）将太阳能作为船舶的辅助机械动力能源，大型船舶的辅助机械有很多，为了方便控制，往往都有独立的发电系统或者船舶电站进行控制，这时候，就可以用太阳能所产生的电能作为这些设备的动力能源，起到节能减排的作用，而且大型船舶的甲板有足够的地方放置太阳能电池板。

3）将太阳能作为船舶制冷空调设备和生活照明系统能源，远洋船舶一般航期相对较长，空调制冷系统和生活照明系统等生活中的能源需求如果全都依靠柴油机发电来提供电力的话，那么这里所产生的燃油费用是一笔不小的开支，而且对环境也有污染。然而太阳能在这些方面应用就能完美解决这些问题，如太阳能热水器。

4）将太阳能作为大型油船卸货和加热系统的能源，大型油船一般航行时间长，防火要求高，冬季原油卸货困难，而这些刚好给了太阳能在船舶上的应用很好的发挥空间，可以在油船上装足够的太阳能电池板和蓄电池，可以积蓄很多的太阳能，可通过太阳能热水器对油料进行保温，卸货的时候又可以作为驳货设备的能源。船舶上应用太阳能主要都是使用光伏技术产生电能，并与船舶上原有的内燃机为原动机的电站并网使用，然后供推进、控制及日常用电，并设有蓄电装置。太阳能船舶的关键技术会涉及船舶设计、光伏、储能、主推进、电池管理（BMS）、电站管理（PMS）等多个子系统及其技术的集成。

太阳能动力船主要有太阳能帆板、船舶平台、储能系统、主推进系统、电站管理等关键技术。

1. 太阳能帆板所受辐射能量

太阳辐射到地面的强度为

$$I_{DN} = I_{on} P \frac{1}{\sin\alpha} \tag{8-1}$$

式（8-1）中，I_{on} 为大气层上界的辐射通量，可通过式（8-2）求解：

$$I_{on} = I_o \left[1+0.033\cos\left(\frac{360°n}{365°}\right) \right] \tag{8-2}$$

式（8-1）中，太阳高度角可以通过式（8-3）获得：

$$\sin\alpha = \sin\phi\sin\delta + \cos\phi\cos\delta\cos\omega \tag{8-3}$$

而投入到斜面上的太阳辐射通量为

$$I = I_{on} P_1^m \cos i \tag{8-4}$$

其中，大气质量可以通过下式获得：

$$m = \frac{1}{\cos(90°-\theta) + 0.50572(6.07995+\theta)^{-1.6364}} \tag{8-5}$$

δ 为赤纬角，计算公式为

$$\delta = 23.45\sin\left[\frac{360°}{365°}(284°+d)\right] \tag{8-6}$$

式（8-3）~式（8-6）中，ϕ 为纬度；ω 为太阳时角；d 为计时天数。由式（8-1）~式（8-6），

可求得太阳能帆板获得的太阳辐射能量。

2. 船舶平台

在船舶上应用太阳能技术，首先需要将太阳能电池的布置要求融入船舶设计。电池板需要布置在易于接收阳光的开敞甲板空间，所需布置面积要尽可能大一些；而船舶设计时需要考虑水动力学性能、稳性以及装载空间要求。因此船舶的总体布置及涉水部分结构设计应优先考虑满足船舶技术要求，在此基础上采取技术手段增加电池板安装面积，如采用多体船型增加平面甲板面积，还可将电池板的安装面延伸出正常的甲板边，目前大部分太阳能游览船也是沿着这个思路设计。由于船型的限制，一般大型运输船舶都是单体船，甲板面大部分都设有装载处所或布设有机电设备，因此上层建筑采用连续设计，并延伸至两舷的滚装船等较为适宜安装大面积电池板，如上面所述的太阳能滚装船。当然，也可将电池板安装在一些伸出主船体部分的延伸结构上，如"尚德国盛号"的"太阳帆"同时结合了风帆助航技术。"NYK超级生态船2030"同样采用了包括风帆助航和太阳能在内的综合节能技术，进一步可以将其风帆升级为类似"尚德国盛号"的太阳能风帆，这其中涉及船舶性能及太阳能、控制工程等较为复杂的技术融合。

3. 储能系统

要实现太阳能船舶全天候使用太阳能，还需要高效储能装置，利用储能装置将光照较强时段多余的光伏电能进行储存。目前储能装置主要有铅酸蓄电池、高性能储电装置（锂电池、超级电容）以及燃料电池等。常规铅酸蓄电池能量密度低，充放电循环寿命短，对安放空间限制较大的船舶来说并不适合。

高性能储电装置主要包括超级电容、锂电池和燃料电池。超级电容是一种拥有高能量密度的电化学电容器，可以经受很高的电流迅速充放电，循环次数可达数十万次，但是能量密度仅为锂电池的1/10，价格却为其数十倍。超级电容最适用于站点密集、充电间隔短的情况，如公交车辆，并不适合规模化用于船舶。锂电池能量密度高，循环性能优良，输出功率大，主流种类有磷酸铁锂电池和三元材料电池。磷酸铁锂电池安全、热稳定性好、价格较低，但能量密度较低，理论密度仅为160Wh/kg，现阶段电池包的能量密度为90~120Wh/kg，是目前动力锂电的主流。三元材料电池主要是镍钴铝酸锂和镍钴锰酸锂电池，具有稳定、容量高的优点，但安全性较差且成本高，目前能量密度普遍在150~180Wh/kg，最高可达200Wh/kg，大量单体电池组成电池包的连接、散热和管理系统（BMS）开发是其应用的难点，但仍是船用值得考虑的方向。燃料电池已有用作汽车、船舶等的动力能源，但将燃料电池与太阳能光伏技术结合用于太阳能船舶的研究还很少。其中主流的氢燃料电池用作船舶储能装置需解决制氢与储氢核心技术问题，其中采用太阳能发电分解水制氢技术较为适宜，能较好克服太阳能能量密度低及光照时间有限制的缺点。中科院大连化学物理研究所李灿团队提出了聚合物太阳能电池和 H_2-O_2 燃料电池耦合的叠层电池概念，在光催化辅助燃料电池研究方面获得新进展。

4. 主推进系统

目前太阳能船舶的主推进方式主要有纯电推进和混合动力推进模式两大类。纯电推进模式的太阳能船舶以推进电机作为主动力装置，完全由太阳能电池组及配套储能电池组供电，目前在小型船舶上应用较多，如"Sun 21"和"Planet Solar"。混合动力推进模式的太阳能船舶通常由两种以上动力装置组成联合动力系统，较多采用传统内燃动力与电推构成"内燃机—电联合"方式,具体模式为"内燃机—电(内燃机发电+光伏)""纯电(内燃机发电+光伏)""纯内燃机"。

5. 电站管理系统(PMS)

电站管理系统(PMS)是电力推进船舶的能源管理中枢,主要完成供电源控制和能量管理等功能,保障供电系统为推进系统及其他用电设备提供可靠、稳定的电力供应,太阳能船舶的 PMS 系统设计需要充分考虑太阳能电源的特性,并对蓄电装置 BMS 进行统一控制管理。

8.4.3　风能动力船舶

日本在 20 世纪 80 年代建造出世界上第一艘现代化风帆助推船新爱德丸号。该船使用钢骨架和聚酯纤维制成的硬质风帆,并通过"帆-机结合"使其无须人力就可以根据风速和风向等参数自动调节风帆。法国在 1985 年研制出一种可以自适应风向的抽气式涡轮帆,并装配于翠鸟号,升力系数达到 6.0。不仅大幅度提升了船速,节能效果也有所改善。德国在 2007 年制造出全球第一艘用巨型风筝拉动的货轮白鲸天帆号。该船利用冲压式伞翼的原理,把悬在货轮上方的巨型风筝作为船舶的辅助动力,风筝与船舶的连接处安装电子控制器和机械驱动元件,用于检测和控制风筝的飞行轨迹。

瑞士维京邮轮在 2018 年 4 月公布旗下的 Viking Grace 号客运船使用转筒风帆作为动力,成为全球第一艘采用此技术的客船。8 月,丹麦马士基集团宣布在其 LR2 型油轮上安装两个高 30m、直径 5m 的转筒风帆,此为迄今为止最大的转筒风帆。我国的风帆助推技术起步于 20 世纪 80 年代。1985 年,武汉水运工程学院(现为武汉理工大学)和南京航运公司联合研发出一种小型风帆助推货船,其节能效果达到 50% 以上。

1996 年,中国船舶及海洋工程设计研究院(MARIC)和 711 研究所联合宁波海运公司研发了基于风帆助推的多功能集装箱船,风帆为钢制圆弧形帆翼,采用计算机-液压控制系统,全折至全张时间仅需 1~2min,设计航速可达 11.5kn,能够运输 146 个标准集装箱。2008 年,上海海事大学实现远洋船风帆助推技术的重大突破,取得百叶风帆等新型风帆的专利授权,并研发出基于百叶帆型的现代大型远洋帆船动力助推系统。

2018 年 11 月 13 日,由大连船舶重工集团有限公司(以下称大船集团)为招商轮船建造的全球首艘安装风帆装置的 30.8 万 t 级超大型原油船(VLCC)New Vitality(凯力)号交付。该船的成功交付标志着由大船集团牵头的国内研发团队成功掌握了翼型风帆研发、设计、制造与应用关键技术,高质量完成了风帆在 VLCC 上的工程化应用。该船由一对翼型风帆作为推进动力,单个风帆由回转机构、桅杆和帆翼等部分组成,高 39.68m、宽 14.8m、回转底座最大外径 5.3m、底座中间圆筒直径 4.5m。相关海试数据分析结果显示,凯力号搭载的翼型风帆符合设计预期,节能效果显著。风能动力船如图 8-11 所示。

图 8-11　风能动力船

8.4.4　核能动力船舶

1942 年 12 月，美国芝加哥大学建成了世界上第一座反应堆，证明了实现可控链式裂变反应的科学可行性，标志着核能利用新时代的开始。在第二次世界大战期间及以后的一段时间内，世界各国先后建成了一批生产核武器用钚的生产堆和核潜艇用动力堆。自 20 世纪 50 年代初以来，人们利用已有的军用核技术建造了以发电为目的的核电厂，核能利用从军用转向了民用。经过 60 多年的发展，核能已经成长为能源和动力领域的强大支柱。自从 1955 年 4 月世界上第一艘压水堆核动力潜艇——"鹦鹉螺"号问世以来，不同类型的可移动核动力得到了快速的发展。可移动核动力为核潜艇、核动力航空母舰、核动力破冰船、核动力深海潜水器、核动力航天器、航天核火箭、航天核电源等提供所需的推进动力，在诸多领域或发挥着巨大作用，或展现了诱人的应用前景。船用核动力装置根据其应用领域不同，船舶核动力装置一般分为两类：一类为民用船舶动力装置，如核动力破冰船、核动力客商船和海洋科学考察船等；另一类为军用舰艇动力装置，如核动力航空母舰、核动力潜艇和核动力巡洋舰等。尽管民用与军用舰船核动力装置的应用领域存在明显不同，但其结构组成及运用原理总体相似。

核反应堆中原子核裂变所产生的热能通过一回路中的冷却剂带走，在蒸汽发生器中将该热能传递给二回路中的水，所产生的高温、高压蒸汽用来驱动汽轮机，经减速后带动螺旋桨航行。舰船核动力装置的核心部件是核反应堆。用于舰船核动力的堆型有多种类型，但采用最多的是压水堆。压水堆舰船核动力装置系统一般由反应堆、一回路系统、二回路系统、电力系统、推进轴系几大部分组成。与核电厂主要的差别在于系统组成中存在的推进轴系。舰船核动力装置与核动力电厂相比较，虽然其工作原理基本相同或相似，但工作环境和运行条件，以及运行管理和监督措施的要求却存在较大区别。

舰船核动力装置的工作环境和运行条件如下：①船舶受海洋条件的影响，易产生摇摆和倾斜；②易产生海洋事故，包括碰撞、触礁和火灾；③船舶速度（负荷）变化急剧，且幅度大，有时必须倒航；④航行远离基地、码头，给维修、补给造成困难；⑤船内空间有限，所有设备必须质量轻体积小；⑥船上及港口人员密集，所以放射性防护极为重要；⑦海洋气候潮湿，且含有盐分。舰船核动力装置由于受舰船工作环境和运行条件的影响和限制，其技术经济指标与核电厂也不尽相同。相同的经济技术指标涉及装置的功率、装置的安全性、装置的经济性、装置工作的可靠性等；不同的指标有装置的质量、尺寸等机动特性、装置工作的适航性等。核动力潜艇又称核潜艇，具有良好的隐蔽性、较强的自给力和续航力以及较强的前线突击能力，可用于袭击海岸设施和陆上重要目标，攻击大中型水面舰艇和潜艇，以及布雷、侦察和输送人员等。按战斗力一般可分为核动力弹道导弹潜艇、攻击型潜艇和巡航导弹潜艇。

8.5　新能源助力电力行业碳中和实现

2020 年，我国在第 75 届联合国大会上提出二氧化碳排放力争于 2030 年前达到峰值，努力争取 2060 年前实现碳中和。这对国内加速绿色低碳转型和长期低碳发展战略的实施，以及推进全球气候治理进程都将发挥重要指引作用。当前电力行业二氧化碳排放约占中国能源活动二氧化碳排放的 40%，推进电力部门脱碳、加速终端能源的电气化是推动能源系统低碳转型和长期温室气体减排的主要手段。能源互联网是以电为核心，利用可再生能源发电技术、信息技术，融合电力网络、天然气网络、供热/冷网络等多能源网以及电气交通网形成的异质能源互联共享网络，是促进可再生能源消纳、提高能源使用效率、实现我国"双碳"目标的重要途径。

我国能源行业碳排放占全社会碳排放总量的 80% 左右，要实现"碳达峰、碳中和"目标，核心是推动能源低碳转型。我国的能源转型仍处于关键发力期，在能源供应方面，高比例风电、光伏的接入给电力系统的安全、稳定、经济运行带来挑战；在能源消费方面，数据中心、电动汽车等新形态负荷逐年增加，可挖掘的灵活性资源潜力巨大。处于演进过程的综合能源系统，持续推动了传统能源利用模式的变革；多种能源系统的协调规划和灵活调度，可有效提升能源利用效率，促进对可再生能源发电的消纳，降低用户用能成本，助力实现"碳达峰、碳中和"目标。"双碳行动"是应对气候变暖的国际行动的一部分。

图 8-12 是一些国家 1930—2017 年人均碳排放量的变化情况。由图 8-12 可知，美国自 1930 年以来，一直是人均碳排放量最高的国家。20 世纪 70 年代，美国人均碳排放量达到了最高峰，之后开始下降，英国和法国大概也是在 70~80 年代达到最高峰。由此可见，欧洲国家和美国从碳达峰到碳中和有 70~80 年的时间。

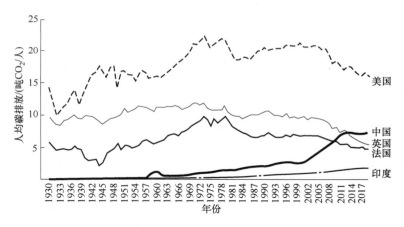

图 8-12 一些国家碳排放变化情况

从人均角度来分析的话，美国、英国、法国的碳排放已经处于下降阶段，正在走向碳中和。印度的人均排放量增长刚刚"启动"，大概相当于我国 20 世纪 60 年代的人均排放水平，尚未真正到达快速增长时期。我国基本上从 2012—2013 年开始就进入了碳排放的"平台期"。世界上还有许多农业国家尚未启动工业化，所以还没有"启动"碳排放。

图 8-13 显示的是主要国家人均碳排放的对比。我国的生产端人均二氧化碳排放量是 7.28 吨 CO_2/人，高于全球平均水平，不过比美国要低很多；从消费端来看，我国的人均排放量比英国、法国、美国都低；最核心的是图 8-13c 中展示的人均累计碳排放，一个国家的发展，尤其是基础设施建设，是逐年累积的，这张从 1900 年算起的人均累计排放对比图显示，全球平均水平是 209 吨 CO_2/人，我国才 157 吨 CO_2/人，美国是 1218 吨 CO_2/人，欧洲

的法国、英国这些国家都比我国多很多。所以计算人均累计碳排放，我国远远低于全球平均，我国现在的碳排放总量比较高，这和我国经济发展比较快有关。从这个角度看，我国的碳中和应该会比其他国家要困难。

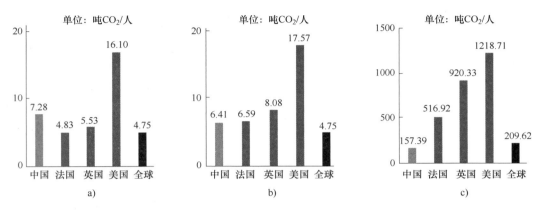

图 8-13　主要国家人均碳排放的对比

a）生产端人均碳排放（2019）　b）消费端人均碳排放（2019）　c）人均累计碳排放（1900~2019）

碳中和的概念，就是人为排放的二氧化碳（化石燃料利用和土地利用），被人为努力（木材蓄积量、土壤有机碳、工程封存等）和自然过程（海洋吸收、侵蚀-沉积过程的碳埋藏、碱性土壤的固碳等）所吸收。目前全球每年排放的二氧化碳大约是 400 亿 t，其中 14% 来自土地利用，86% 来自化石燃料利用。排放出来的这些二氧化碳，大约 46% 留在大气，23% 被海洋吸收，31% 被陆地吸收。这个数据可能不是特别准，但一百年以来碳循环基本上就是这么一个规律。新能源是助力碳中和的主要途径之一。

1. 新能源燃料助力碳中和——可再生合成燃料

可再生合成燃料是以可再生能源发电作为能量供给，通过热催化、电催化等路径还原 CO_2，合成碳氢或醇醚燃料。可再生合成燃料作为一种先进的储能方式，可实现碳元素有效循环，相比于物理储能和电化学储能方式，具有能量密度高、易储运以及长时储能特点，有望使交通和工业燃料独立于化石能源，实现燃料净零碳排放，可为能源转型与碳中和目标实现提供全新的解决方案，如图 8-14 所示。

具有商业化前景的可再生合成燃料制备主要有热催化和电催化两条技术路线。这两种技术路线有三个共同点：第一，由于二氧化碳分子热力学稳定，如从二氧化碳到一氧化碳的标准摩尔生成焓，焓差为 283kJ/mol，故制备过程需要可再生能源产

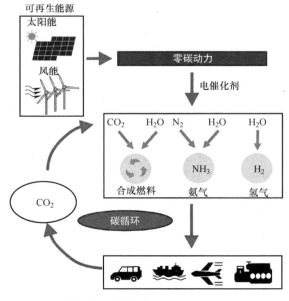

图 8-14　基于零碳能源的可再生合成燃料路线图

生的零碳电力等能量驱动。第二，由于反应过程存在较高能垒，二氧化碳分子需要活化，研发高效催化剂，降低反应能垒，是可再生合成燃料制备过程的关键。第三，典型的可再生合成燃料含有碳、氢、氧三种元素，因此，二氧化碳的催化还原过程中需要从外界引入氢源，典型的如热催化过程需要氢气、电催化过程需要水作为质子来源。

热催化路径是利用零碳电力电解水制氢，然后通过二氧化碳加氢催化生成甲醇、甲烷、短链烯烃、芳烃、异构烷烃等产物。其中，甲醇、二甲醚等醇醚燃料是 CO_2 催化加氢的重要产物，具有较高应用价值，如图 8-15 所示。现阶段，二氧化碳加氢制甲醇存在以下两个瓶颈：第一，电解水制氢的转化效率需提高；第二，亟待开发低成本，高选择性，高稳定性的催化剂并设计新型催化装置。未来若考虑碳排放成本，二氧化碳加氢制甲醇相比煤制甲醇具有经济性优势。

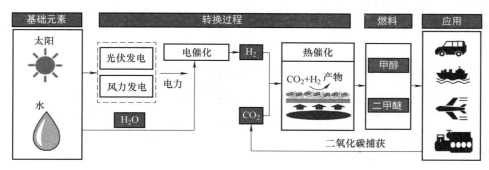

图 8-15　热催化制备可再生合成燃料技术路线图

电催化路径是利用可再生能源产生的电能，直接催化还原 CO_2，生成可再生合成燃料的技术，可分为低温电催化和高温电催化两种途径，如图 8-16 所示。低温电催化还原 CO_2 发生在常温常压条件下，通过一系列复杂的多电子和质子转移过程，CO_2 分子可以被还原为一氧化碳、甲酸、甲醇、乙醇、乙烯等产物。但是现阶段，低温电催化仍存在电流密度低、产物选择性差、能量效率低、CO_2 转化率低等瓶颈。为了满足工业级应用的需求，必须对电催化体系进行合理的设计和优化，其中包括高选择性催化剂开发、高稳定性高传质速率电极设计、电解质溶液微环境优化、低能耗高可靠性电解装置研制等关键技术，使其具有更好的产业化应用前景。

高温 CO_2 电催化指利用高温固体氧化物电解池（SOEC）技术电解二氧化碳，典型工作温度在 600~850℃。高温 CO_2 电催化可以分为直接电解 CO_2 制 CO 和共电解 H_2O/CO_2 制备 CO/H_2 合成气两类。其中，H_2O/CO_2 共电解过程可以生成比例可控的合成气，通过耦联合成化工工艺，可实现长碳链烃类燃料和醇醚燃料的规模化制备。高温电催化具有以下优点：从热力学角度可降低电能需求，从动力学角度可加速反应速率，提高能量效率并且降低成本。为了做到电极催化、传热、传质以及电荷传递过程的高效协同，需要对电堆界面电子收集、涂层、连接、密封和装配等关键技术进行深入研究，从而实现高电流、长寿命、低衰减电堆系统制备。在优化 CO_2、电力和电解池装置成本的情况下，高温电催化制备 CO 价格低于现有的石油化工手段制备的产品。

电催化制备可再生合成燃料具有巨大的市场潜力。如图 8-17 所示，在未来新能源为主体的新型电力系统背景下，通过零碳电力驱动分布式电化学转化装置，可以实现由阳光、

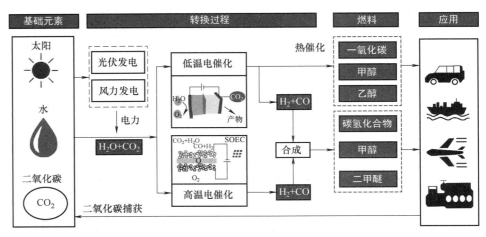

图 8-16　电催化制备可再生合成燃料技术路线图

水、二氧化碳制备可再生合成燃料，燃料终端排放的 CO_2 通过 CCS（二氧化碳捕获和封存的技术）或直接空气捕集途径回收，可形成有效的碳循环。基于上述愿景，未来的能源供给可不再依赖于化石燃料，这将是一场伟大的能源变革。过去的世界，我们是依赖于上亿年前的阳光照耀的产物——化石燃料，今后的世界，每天的阳光将为我们提供取之不尽、用之不竭的热、电，还有可再生燃料！

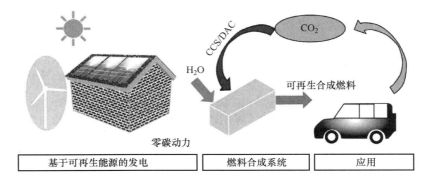

图 8-17　未来能源愿景：阳光、水、二氧化碳制备可再生合成燃料

2. 光伏发展助力碳中和实现

过去 10 年内，由于改良西门子法不断进步、大尺寸硅片发展、电池技术更新、切割工艺进步，光伏产品生产成本不断下降、光电转换效率大幅提升，光伏是度电成本（LCOE）下降最快的能源品种。根据国际可再生能源署（IRENA）数据（见图 8-18），2010—2020 年全球光伏加权平均度电成本由 0.381 美元/kW·h 下降至 0.057 美元/kW·h，降幅高达 85%，年均降幅 17%。在全球范围内看，光伏相比其他主流能源已经具备了足够竞争力。光伏具有能量密度大、安全系数高、生态友好等特点，在综合考虑成本、安全性、生态影响、发电效率等因素后，相较于水电、核电等非化石能源，光伏优势比较明显，经济性将继续驱动光伏内生性快速增长。

2021 年起，国家对新备案集中式光伏电站、工商业分布式光伏项目和新核准陆上风

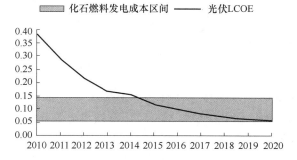

图 8-18 2010—2020 年全球光伏加权平均度电成本变化趋势（单位：美元/kW·h）

电项目不再补贴，平价上网时代正式到来。受益于光伏发电成本下降，我国光伏发电量增长迅速。据国家能源局统计数据显示（见图 8-19），2013 年以来，我国光伏发电累计装机量从 2013 年的 19.42GW 增长至 2021 年的 306GW，全国光伏发电累计装机量已超过 15 倍增长。根据《中国光伏产业发展路线图 2021》，预计在"十四五"期间，全球每年新增光伏装机规模将超过 220GW，我国每年新增光伏装机规模将超过 75GW，因此我国光伏发电累计装机量或将进一步扩大，乐观情况下，2025 年有望达到 700GW，光伏行业景气度将持续。

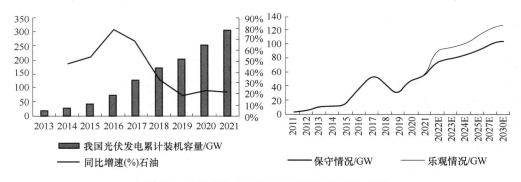

图 8-19 我国光伏发电累计装机量与新增装机量

根据中国光伏行业协会预测，到 2025 年可再生能源在新增发电装机中占比将达到 95%，其中光伏发电在可再生能源新增装机中占比达到 60%。根据 IEA 的《全球能源行业 2050 净零排放路线图》：2050 年全球近 90% 的发电将来自于可再生能源，其中太阳能和风能合计占比近 70%。随着光伏发电技术的继续进步，以中国为代表的全球光伏发电产业的产业链更加完善，产业更具规模化，将带动光伏发电成本的进一步下降。在政策推动、技术进步、产业链完善和规模化推动下，全球光伏发电行业正在进入快速发展的时代，光伏需求预计持续高增长，行业潜力巨大。

3. 新能源材料助力碳中和的实现

新能源材料是新能源产业发展的基础，当前我国新能源发展面临基础原材料供应紧张、进口材料封锁断供、关键材料国产化率低等问题，快速突破新能源材料关键技术是当务之急；建筑业在与能源相关二氧化碳总排放量中的占比超过三分之一，建筑领域是实现整体碳达峰的关键一环；在低能耗和低碳排放的约束条件下，"双碳"战略为化工新材料产业带来技术驱动力，压缩落后产能，鼓励新型工艺，倒逼环保和低排放新材料取代高排放、高能耗旧材料，扩大了现有化工新材料应用需求。

全球碳中和大背景下，能源格局从化石能源绝对主导朝着低碳多能融合发生转变。随着我国承诺"双碳"目标，我国对可再生能源发电和储能技术开发日益重视，先后出台了一系列政策，启动重大研发项目开展技术研究，并部署了一大批可再生能源发电、分布式能源、储能等类型的示范工程。新能源材料根据应用领域可分为储能材料、光伏材料、风电材料、电池材料、新能源汽车材料等。

新能源汽车是低碳经济中最基本的消费品，同时也很有潜力在"能源互联网"时代成为基本的能源传输单位。近年来，我国新能源汽车得到了快速发展，2020 年我国新能源汽车销量达到 136.7 万辆，全年汽车销量占比达到 5.4% 的新高。新能源汽车推动了整个汽车行业使用轻合金替代传统钢材实现轻量化，汽车使用 1kg 铝替代钢铁可带来 2.25kg 车重降低和 20kg 全生命周期尾气排放。相比传统交通工具，新能源汽车使用的铜线组超过传统汽车 4 倍以上，达 90kg/车，铜线组在光伏、海上风电等新能源基础设施中的用量也十分可观；受限于产能、成本和技术条件，2020 年我国单车用镁不到 2kg，距离我国轻量化发展目标的 15kg 还有很大的差距。拥有高于钐钴永磁材料的磁性能和低于稀土永磁材料的价格，钕铁硼永磁材料被应用于更轻、更小、更高效的新能源汽车永磁同步电机和其他零件中，单车消耗量达到 2.5kg 以上，2020 年全国新能源汽车累计消耗钕铁硼超过 3400t，钕铁硼永磁材料在节能电梯、风力发电等能源领域也有应用。

当前我国风电机组中，叶片芯材、电力电子器件（IGBT）、主轴承等部分零件主要依赖国外进口。2020 年我国新增风电装机容量达到创纪录的 52GW，我国每年新增装机规模巨大。由于巴沙轻木和 PVC 等常用芯材供应紧张，PET 作为其替代材料从 2017 年开始已实现国产化并进入产能扩张期，2020 年我国 PET 产能达到 1196 万 t，但国内 PET 供应仍无法满足快速增长的风电装机需求。国内轴承产能主要为 3MW 以下风电设备配套轴承，匹配 6MW 以上如海上风电主轴轴承和增速器轴承严重依赖进口，进口产能难以满足需求，且国内尚无替代选项。IGBT 模块是风力发电，同时也是光伏发电、新能源汽车、变频空调等新能源产品的核心器件，一个 1.5MW 风电设备变流器中 IGBT 用量约 21 个，2020 年国内风机 IGBT 市场超过 200 亿元，"十四五"期间预计年复合增长率超过 15%。

4. 新能源为主体的新型电力系统

构建以新能源为主体的新型电力系统是实现碳达峰碳中和的基础，而新型电力系统是清洁低碳安全高效能源体系的重要组成部分，在新型电力系统中，要逐步实现可再生能源对化石能源的替代，而且要以化石能源效能为目标控制能源总量，以电力体制改革为动力，推动新型电力系统构建。能源转型涉及整个经济与社会系统的全面转型，生产方式和生活方式必须发生重大转变。在"十四五"规划期间，构建新型电力系统需要保障电力安全；大力支持新能源发展；持续完善智能电网建设，更加重视智能配电网建设；明确煤电定位，严格限制煤电建设；在保障安全的前提下启动核电建设，在维护生态的前提下启动大型水电建设；推动储能商业化发展。

根据国家统计局数据，2020 年我国能源消费总量为 49.8 亿 t 标准煤，比上年增长 2.2%；煤炭消费量增长 0.6%，煤炭消费量占能源消费总量的 56.8%，比上年下降 0.9%；

原油消费量增长 3.3%；天然气消费量增长 7.2%；电力消费量增长 3.1%；天然气、水电、核电、风电等清洁能源消费量占能源消费总量的 24.3%，上升 1.0%。图 8-20 是 1978 年以来我国能源消费总量与结构的变化情况。

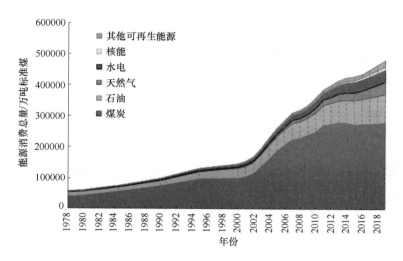

图 8-20　1978—2018 年我国能源消费总量与结构变化情况

根据以上数据和图 8-20 可知：

1）中国能源消费总量在改革开放以后持续增长，尤其是 21 世纪以来总量增加很快。

2）能源结构以煤为主，但煤炭消费总量在 2013 年达到高值之后基本持平；煤炭消费所占比重逐步下降，但仍然占绝对主导地位。

3）石油消费总量持续增长，但增长速度低于天然气。

4）非化石能源消费持续增长，能源消费增量部分主要由清洁能源填补。总体来看，中国能源消费仍然以化石能源尤其是煤炭为主，正在向清洁能源消费转变。

1985 年以来，我国电煤消费原煤占煤炭消费量的比重、电力消费能源在一次能源中的比重、电能在终端能源消费中的比重如图 8-21 所示。图 8-22 为 2006—2020 年太阳能发电量、风力发电量及占总发电量的比重。图 8-23 为 2000—2020 年不同电源发电量及总发电量增速。

根据以上数据可得出四点结论。

1）电煤消费原煤在煤炭消费中的比重、电力消费能源在一次能源中的比重、电能在终端能源消费中的比重三个重要正向指标都是持续增长的。

2）全国发电量快速增长，但增速在波动中逐步下降。不论装机容量还是发电量，我国已连续多年稳居世界第一，其中发电装机已经连续 9 年居世界第一位。

3）非化石能源发电量所占比重不断增加，煤电占比不断下降。与 2010 年相比，2020年我国煤电装机容量和发电量所占比重分别下降 18% 和 15%。2020 年，煤电装机占比首次下降到 50% 以下，但是发电量所占比重仍为 60.8%；以 2005 年为基准，非化石能源发电量所占比重逐年提高，2020 年非化石能源（含生物质发电）装机 9.8 亿 kW，占 45%，发电量7.6 万亿 kW·h，占 34%，分别提升了 21% 和 16%。

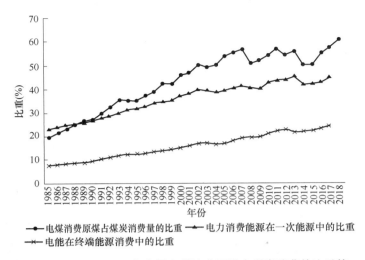

图 8-21　1985—2018 年我国电煤消费原煤占煤炭消费的比重等

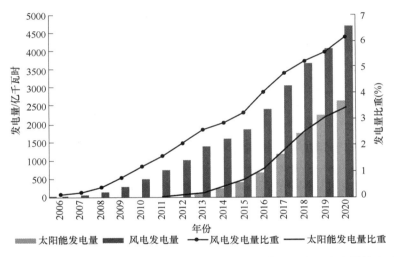

图 8-22　2006—2020 年我国太阳能发电量、风力发电量及占总发电量的比重

4）与风电相比，太阳能发电大规模投入应用的起步时间晚了 5 年左右，目前风力和太阳能发电量都有大幅度增长，虽然发电量占总发电量的比重约 10%，但是将会逐步成为主力电力、主力电量和主力能源。

以上四个方面简要分析了我国能源电力的发展过程、当前状态和主要特点，这是分析我国在碳达峰碳中和目标下构建新型电力系统的基础，不了解我国能源电力的基本情况就不能做到有的放矢。总体来讲，经过 40 多年改革开放快速发展，我国能源结构不断改善，环境保护成效显著，不论发电产业还是电网，我国都已经达到世界先进水平，部分已达到世界领先水平；我国电力供需矛盾由长期的严重短缺进入总体供需平衡、局部地区短缺或有富余的阶段，破解了资金、技术、人才制约电力工业发展的基础性矛盾。

但是，能源转型不是某一品种的能源在经济上可以替代另一品种的能源时就能够实现

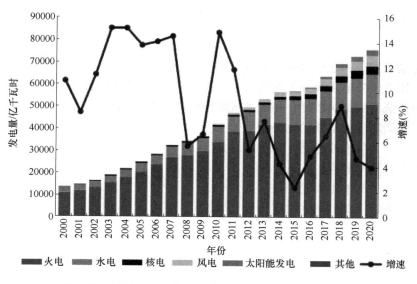

图 8-23　2000—2020 年不同电源发电量及总发电量增速

的，而是涉及整个经济与社会系统的全面转型，生产方式和生活方式必须发生重大转变。我国经济社会发展还属于爬坡时期，不平衡不充分的问题仍然存在，高碳能源特性十分显著，国际环境存在不确定性。面对碳达峰碳中和目标，尤其是要在 30 年之内完成发达国家大约 60 年才完成的任务，必将是一场世纪大考。

本章小结

　　本章介绍了新能源新型应用技术，主要包括电动汽车技术、多电飞机技术、新能源空铁技术和新能源船舶技术。介绍了电动汽车的特点、电动汽车系统组成及结构以及电动汽车电机及驱动技术；介绍了多电飞机的基本原理、多电飞机的电气系统结构以及多电飞机的电力传动装置；介绍了新能源空铁系统基本概念，基本原理和主要优势；空铁爬坡能力是地铁的三倍，最小转弯半径是地铁的十分之一，选线灵活，适应性强，可有效减少征拆和对沿线地块影响；介绍了太阳能动力船舶、风能动力船舶和核能动力船舶的基本原理基本概念。新能源应用之"油改电"在船舶中的应用具有如下优势：控制方便，自动化程度高，启动加速快，提高船舶机动性、可操控性、安全稳定性。

　　本章还介绍了新能源如何助力电力行业碳中和实现；"碳中和"过程既是挑战又是机遇，其过程将会是经济社会的大转型，将会是一场涉及广泛领域的大变革。"技术为王"将在此进程中得到充分体现，即谁在技术上走在前面，谁将在未来国际竞争中取得优势。国家需要积极研究与谋划，谋定而动，系统布局，组织力量，特殊支持，力争以技术上的先进性获得产业上的主导权，使之成为民族复兴的重要推动力，我们必须要积极地看待这个问题。完成这个大转型，需要在能源结构、能源消费、人为固碳"三端发力"，必须坚持市场导向，鼓励竞争，稳步推进。

习题与思考题

8.1　纯电动汽车和混合动力汽车各有何优缺点？

8.2　相比于感应电机和开关磁阻电机，为何永磁同步电机应用更为广泛？

8.3　与传统飞机结构相比，多电飞机结构有何特点与不同？

8.4　试说明新能源空铁的优势？

8.5　氢能动力船的原理是什么？

8.6　什么是温室效应？

8.7　实现碳中和的主要途径是什么？

8.8　试分析新能源如何助力碳中和实现？

习题与思考题参考答案

第1章

1.1

答：我国的能源结构仍是以煤为主，煤多油、气少是我国能源储存结构的基本特点，煤炭仍将是当前和今后我国能源供给及消费的最重要组成部分。以煤炭为主要能源且直接进行燃烧，因燃烧不充分、燃烧工艺落后，造成环境污染严重、效率低下、浪费惊人。

随着非化石能源在一次能源消费占比的增加，我国的能源结构在不断优化，可再生能源发电装机比重不断增长，连续稳居全球前列。

1.2

答：我国能源的可持续发展战略是以开源、节流、减排为重点，大力发展风能、太阳能、生物质能、海洋能、地热能等，不断提高非化石能源消费比重，调整优化能源结构，着力提高能源效率，推进能源绿色发展。

"双碳目标"即国家实现"二氧化碳排放力争于2030年前达到峰值，努力争取2060年前实现碳中和"，面对气候变化问题要实现的目标。

1.3

答：能源的基本特征是重要性及多样性，无论是一次能源还是二次能源，能源是国民经济、工业生产及社会生活的基础。

新能源的主要特征是可持续发展的能源体系。包括①新能源体系，包括可再生能源（风能、太阳能、生物质能、水能、海洋能）和地热能、氢能、核能；②新能源利用技术，包括高效利用能源、资源综合利用、替代能源、节能等新技术。

1.4

答：分布式能源的主要特征有：高效性、环保性、能源利用的多样性、调峰作用、安全性和可靠性、减少国家输配电投资、解决边远地区供电。

1.5

答：储能技术主要是指能量的储存技术，特别是电能的储存。

储能技术可分为物理储能、电化学储能、电磁储能和混合储能。物理储能包括抽水蓄能、飞轮储能和压缩空气储能。电化学储能包括各类电池储能。电磁储能包括超级电容器储能和超导储能。混合储能有氢热储能、水蓄热储能、熔融盐储能、相变储能、电转气地质储能等。按应用场景可分为电源侧储能、电网侧储能和用户侧储能。

1.6

答：在新能源发电的电能变换中常用控制方法有：比例（PI）控制、比例谐振（PR）控制、重复控制、无差拍控制、滑模变结构控制、神经网络控制、模糊控制等。

1.7

答：分布式能源控制策略有：恒压频（VF）控制策略、恒功率（PQ）控制策略、下垂（Droop）控制策略、虚拟同步发电（VSG）控制策略等。

第 2 章

2.1

答：电力电子器件的驱动电路是电力电子主电路与控制电路之间的接口，是电力电子装置的重要环节，对整个装置的性能有很大的影响。采用性能良好的驱动电路可使电力电子器件工作在比较理想的开关状态，可缩短开关时间，减少开关损耗，对装置的运行效率、可靠性和安全性都有着重要意义。另外，对电力电子器件或整个装置的一些保护措施也通过驱动电路来实现，这使得驱动电路的设计尤为重要。

2.2

答：过电压保护主要方法有避雷器过电压抑制、各种 RC 过电压抑制、非线性元件过电压抑制等方法；过电流保护主要方法有电路过电流保护、快速熔断器过电流保护、快速断路器过电流保护和过电流继电器过流保护等方法。

2.3

答：换流方式有四种：

器件换流，利用全控器件的自关断能力进行换流。全控型器件采用此换流方式。

电网换流，由电网提供换流电压，只要把负的电网电压加到欲关断的器件上即可。

负载换流，由负载提供换流电压，当负载为电容性负载即负载电流超前于负载电压时，可实现负载换流。

强迫换流，设置附加换流电路，给欲关断的晶闸管施加反向电压换流，通常是利用附加电容上的能量实现的，也称电容换流。

2.4

答：逆变运行时，一旦发生换流失败，外接的直流电源就会通过晶闸管电路形成短路，或者使变流器的输出平均电压和直流电动势变为顺向串联，由于逆变电路内阻很小，形成很大的短路电流，称为逆变失败或逆变颠覆。

防止逆变失败的方法有：采用精确可靠的触发电路；使用性能良好的晶闸管；保证交流电源的质量；留出充足的换向裕量角 β 等。

2.5

答：静态均压措施：①选用参数和特性尽量一致的器件；②R_P 的阻值应比器件阻断时的正、反向电阻小得多。

动态均压措施包括：①选择动态参数和特性尽量一致的器件；②用 R_D、C_D 并联支路用作动态均压；③采用门极强脉冲触发可以显著减小器件开通时间的差异。

2.6

答：交流变直流（整流），交流变交流（变频），直流变交流（逆变），直流变直流（斩波）。

2.7

答：3/2 坐标变换分为恒功率变换和恒幅值变换，功率相等是恒功率变换的必要条件。

2.8

答：1）通过将电流分解为平行于电压的有功分量和垂直于电压的无功分量的方法，使得该理论可应用于有零序电流和电压分量存在的系统。

2）该理论可推广到任意相系统。瞬时无功功率理论（pq 理论）中瞬时无功功率的概念局限于三相系统，而此理论中瞬时无功电流的概念不但包含单相系统，也可推广到任意相系统。

3）该理论基于电流分解而不需要定义瞬时有功功率和无功功率，也可得到和 pq 理论一样的结果，即在无零序电流和电压分量的三相系统中，该理论保持了与 pq 理论的一致性。

2.9

答：重复控制由于利用扰动的重复性来逐周期地修正输出波形，使系统既无须进行多个变量的采样，也不用很高的控制速度和很复杂的算法，就可达到很高的稳态指标。其优势在于软硬件成本低廉，易于实施。重复控制的不足表现在动态响应超过一个基波周期。

2.10

答：无差拍控制突出的优点是响应速度快，其缺点也十分明显：无差拍控制效果取决于模型估计的准确程度，实际上无法对电路模型做出非常精确的估计，而且系统模型随负载不同而变化，系统鲁棒性不强；其次，无差拍控制极快的动态响应既是其优势，又导致了其不足，为了在一个采样周期内消除误差，控制器瞬态调节量较大，一旦系统模型不准，很容易使系统输出振荡，不利于安全稳定运行。

2.11

答：控制方式就是对逆变电路开关器件的通断进行控制，使输出端得到一系列幅值相等的脉冲，用这些脉冲来代替正弦波或所需要的波形。也就是在输出波形的半个周期中产生多个脉冲，使各脉冲的等值电压为正弦波形，所获得的输出平滑且低次谐波少。按一定的规则对各脉冲的宽度进行调制，既可改变逆变电路输出电压的大小，也可改变输出频率。

第 3 章

3.1

答：风力发电机组的原理是将风中的动能转换成机械能，再将机械能转换成电能，以固定的电能频率输送到电网中。

3.2

答：功率调节是风力发电机组的关键技术之一。一般情况下，风力发电机组速度在超过 $12\sim16\mathrm{m/s}$ 以后，由于机械强度与发电机、电力电子容量等物理器件性能的限制，必须降低风轮的能量捕获，使功率输出仍然保持在额定值附近。这样也同时限制了叶片承受的负荷和整个风力发电机受到的冲击，从而保证风力发电机安全。

3.3

答：当风力发电机工作时，风力发电机组的输出功率可以表示为

$$P_{\mathrm{a}} = \frac{1}{2} C_{\mathrm{P}} A \rho v^3$$

在实际工作过程中，系数 C_{P} 与风速、风力机的转速以及风力机叶片参数有关，一般情况下，$C_{\mathrm{P}} = C_{\mathrm{P}}(\beta, \lambda)$。其中 λ 为叶尖速比，即风轮的叶尖速度与风速之比，β 为桨距角。

故风力发电机组的输出功率主要受三个因素的影响，即

（1）风速：v

（2）桨距角：β

（3）叶尖速比：λ

3.4

答：变速恒频风电机组叶轮转速被允许根据风速情况在相当宽的范围内变化，从而使机组获得最佳的功率输出变现和控制特性。但定桨距失速控制系统中，风力发电机组的桨叶与轮毂是固定的，当风速变化时，桨叶的迎风角度不能变化，风力机的功率调节完全依靠叶片的气动特性。

3.5

答：风力发电机组并网方法有两种，一是自动准同步并网，二是自同步并网。自动准同步并网方式优点是在并网的瞬间不会产生冲击电流，电网电压不会下降，也不会对定子绕组和其他机械部件产生冲击，缺点是实际工作场景下，控制与操作复杂、费时。自同步并网方式优点是在发电机并网时不需要对发电机的电压和相角进行调节和校准，控制简单，并且从原理上消除了不同步合闸的可能，缺点是合闸后有电流冲击和电网电压的短时下降现象。

3.6

答：风力发电机组的设计寿命通常是 20 年，但我国风力发电机组一般需要稳定运行 8 年以上才能回收成本。对机组增加监控与运维系统有助于评估设计的优劣和监控机组的状态，实现故障预警，提高运维效率。

第 4 章

4.1

答：1）太阳辐射量。在太阳电池组件的转换效率一定的情况下，光伏系统的发电量是由太阳的辐射强度决定的，太阳辐射量与发电量呈正相关关系。太阳的辐射强度、光谱特性是随着气象条件而改变的。

2）组件的倾斜角度。同一地区不同安装角度的倾斜面辐射量不一样，倾斜面辐射量可通过调整电池板倾角（支架采用固定可调式）或加装跟踪设备（支架采用跟踪式）来增加。

3）组件的效率。太阳能光伏电池主流的材料是硅，硅材料转化率的经典理论极限是 29%，而在实验室创造的纪录是 25%。

4）逆变器容量配比。逆变器容量配比指逆变器的额定功率与所带光伏组件容量的比例。由于光伏组件的发电量传送到逆变器，中间会有很多环节造成折减，且逆变器、箱变等设备大部分时间是没有办法达到满负荷运转的，因此，光伏组件容量应略大于逆变器额定容量。

5）组合损失。组件串联会由于组件的电流差异造成电流损失，组件并联会由于组件的电压差异造成电压损失。为了减少组合损失，可以在电站安装前严格挑选电流一致的组件串联。组件的衰减特性尽可能一致。

6）组件遮挡。组件遮挡包括灰尘、积雪、杂草、树木、电池板及其他建筑物等遮挡，遮挡会降低组件接收到的辐射量，影响组件散热，从而引起组件输出功率下降，还有可能导致热斑。

7）组件功率衰减。组件功率的衰减是指随着光照时间的增长，组件输出功率逐渐下降的现象。组件衰减与组件本身的特性有关。其衰减现象可大致分为三类：破坏性因素导致的组件功率骤然衰减；组件初始的光致衰减和组件的老化衰减。

8）线缆的电阻。光伏电站的线缆有严格的选型要求，与环境、走线、长度都有很密切的关系。

9）光伏连接器。很多光伏电站出现问题都是光伏连接器的问题，应选用电阻小、精密度高的产品，并且安装的时候要用专用的工具。

10）设备运行稳定性。光伏发电系统中设备故障停机直接影响电站的发电量，如逆变器以上的交流设备发生故障停机造成的损失电量将是巨大的。另外，设备虽然在运行但是不在最佳性能状态运行，也会造成电量损失。

4.2

答：让太阳光尽量垂直照射太阳能电池，提高光照的利用率。

4.3

答：太阳能电池等效电路、模拟电池及其负载系统的等效电路，以描述太阳能电池的工作状态。在恒定光照下，处于工作状态的太阳能电池的光电流不随工作状态而变化，在等效电路中可看作恒流源，把光照下的 PN 结看作一个理想二极管和恒流源并联，恒流源的电流即为光生电流，光电流一部分流经外负载，在负载两端建立起端电压，反过来它又正向偏置于 PN 结二极管，引起一股与光电流方向相反的暗电流。

4.4

答：由于太阳能电池收到发光强度以及环境等外界因素的影响，其输出功率是变化的，发光强度发出的电就多，带 MPPT 最大功率跟踪的逆变器就是为了充分的利用太阳能电池，使之运行在最大功率点。也就是说在太阳辐射不变的情况下，有 MPPT 后的输出功率会比有 MPPT 前的要高，这就是 MPPT 的作用所在。

4.5

答：1）将光伏组串的 1000V 或 1500V 电压调整为（交流）电网电压：中国（大陆）、欧洲低压电网以标准 220V（单相电网）或 400V（三相电网）运行，美国、日本和其他一些国家是 110V。

2）根据太阳能发电系统的大小，逆变器可以中压（1～40kV）直接并网。电网电压越高，调节逆变器交流电压的变压器就要越大。一些大型光伏地面电站使用大型逆变器和变电站以高压（超过 110kV）供电。

3）将交流电频率调整为电网频率（同步）：中国（大陆）、欧洲标准为 50Hz，美国和日本为 60Hz。

4）通过最大功率点跟踪（MPPT），优化光伏组件串的发产量。这涉及始终将太阳能电压的 IV 曲线和太阳能电池板中的电流保持在最大功率，从而保持发电量最大化。每一个组串可对应逆变器单独的 MPP 跟踪器。

5）在电网不稳定的情况下控制光伏发电阵列：光伏发电可以帮助稳定不稳定的电网。如果电网中的电力过多（会提高电压和频率），则光伏装置将被从电网脱开。如果电压或频率太弱，光伏发电设施将满负荷供电。如果与大型蓄电池结合使用，就可以更大程度地利用这种效果让电网稳定。

6）如果电网遭受短期或长期故障，逆变器还承担切换任务。结合储能设施，光伏发电可用作不间断电源，这对于工商业应用以及经常受到风暴、洪水或其他自然灾害影响的地区非常重要。

7）与储能一起，逆变器可以优化太阳能的自耗，从而仅将多余的电力反馈到电网中，或者控制一个完全独立于公共电网、自给自足的微型电网。

8）此外，智能逆变器允许直接使用来自太阳能发电的直流电，为储能或电动汽车充电。

4.6

答：5000。

4.7

答：1500A·h。

4.8

答：串联后并联。

4.9

答：（1）24 块；串联；略。

（2）略。

4.10

答：5m。

4.11

答：2m。

第 5 章

5.1

答：氢能属于不依赖化石燃料的储量丰富的新的含能体能源，相比于其他类型的清洁能源具有燃烧性能好、发热值高、耗损少、无污染、利用率高的优势。

5.2

答：燃料电池的种类很多，分类方式也不同，常用的分类方式是按电解质性质不同来区分，有碱性燃料电池、质子交换膜燃料电池、磷酸燃料电池、熔融碳酸盐燃料电池、固态氧化物燃料电池五种不同电解质的燃料电池。

5.3

答：氢燃料电池发电系统主要由燃料供给及循环系统、空气供给及循环系统、水/热管理系统、控制系统组成。燃料供给及其循环系统和空气供给及其循环系统主要是向燃料电池提供燃料和空气；水/热管理系统主要用来保证电池内部的水平衡和热平衡；控制系统则根据负载对电池功率的要求或随电池工作条件（压力、温度、电压等）的变化对反应气体的流量、压力、水/热循环系统的水流速等进行控制，保证电池正常有效地运行。

5.4

答：本题以江苏无锡为例。无锡年用电量约为 750 亿 kW·h，需要 937.5 万 t 标准煤。氢气的热值为 $1.43 \times 10^5 kJ/kg$，煤的热值为 20908kJ/kg。若全用氢能提供，需要 137.1 万 t 氢气。

第 6 章

6.1

答：就本书而言，所述的其他形式新能源发电有以下方式：生物质能发电、水力发电、海洋能发电、地热能发电、核能发电等。

6.2

答：生物质能是可再生能源，其原料通常包括六个方面：①木材及森林工业废弃物；②农作物及其废弃物；③水生植物；④油料植物；⑤城市和工业有机废弃物；⑥动物粪便。生物质能的形式主要有：①森林能源及其废弃物；②农作物及其副产物；③禽畜粪便；④生活垃圾。有效利用生物质能，即生物质能的转化技术，可采用直接燃烧方式、物化转换方式、生化转化方式和植物油利用方式四大类。

6.3

答：生物质发电的形式主要有：直接燃烧发电技术、生物质气化发电技术。

6.4

答：核能主要有两种，即核裂变能和核聚变能。

6.5

答：自然界中的水体在流动过程中产生的能量称为水能，包括位能、压能和动能三种形式。

水力发电机发出的电能计算公式为

$$P = 9.81QH\eta$$

式中，P 为发电机的输出功率（kW）；Q 为流量（m^3/s），单位时间内流过水轮机水的体积；H 为水头（m），水轮机做功用的有效水头，为水轮机进出口断面的总水位差；η 为电厂的效率（包括水轮机和发电机的总效率）；9.81 为流速和水头转换为 kW·h 的一个常数。

6.6

答：海洋能源通常指海洋中所蕴藏的可再生自然能源，主要为潮汐能、海流能、波浪能、海洋温差能和海洋盐差能等。更广义的海洋能源还包括海洋上空的风能、海洋表面的太阳能以及海洋生物质能等。

6.7

答：地热能是来自地球深处的可再生热能。地热能发电有蒸汽型地热发电、热水型地热发电两种类型。

第 7 章

7.1

答：（1）分布式能源也叫分布式资源，是一种能源的分布式应用系统，实现用户端的能源综合利用，相对于传统的集中供电方式而言，它将冷—热—电系统以小规模、小容量（数 kW 至数十 MW）、模块化、分散式的方式布置在用户附近，可独立地输出冷、热、电能的系统。分布式能源无疑是解决我国资源有限问题的关键技术之一，是缓解我国严重缺电局面、保证可持续发展战略实施的有效途径之一，符合能源战略安全、电力安全以及我国天然气发展战略的需要，可缓解环境、电网调峰的压力，能够提高能源利用效率。

（2）分布式能源的特征：分布式能源分布安置于需求侧的能源梯级利用，是一种以可再生能源为主体的资源综合利用系统；分布式能源是以资源、环境效益最大化确定方式和容量的系统，根据终端能源利用效率最优化确定规模；分布式能源是一种采用需求应对式设计和模块化配置的新型能源系统，将用户多种能源需求以及资源配置状况进行系统整合优化等。

（3）分布式能源的其中一个应用方向为分布式能源转换设备及装置，其中以太阳能发电系统为代表，它是用太阳能光伏发电技术，并与其他能源利用方式和载体进行整合，将太阳热发电与沼气利用整合，将光伏电池与建筑材料整合，利用光导纤维与照明技术整合等。

7.2

答：电力储能技术从能量存储方式角度可分为机械储能方式、电磁储能方式、电化学储能方式。飞轮储能技术是一种机械储能方式，飞轮储能的原理图如下所示，外部输入的电能通过电力电子装置驱动电动机旋转从而带动飞轮旋转将电能储存为机械能；当需要释放能量时，飞轮带动发电机旋转，将动能转换为电能，电力电子装置将对输出电能的频率和电压进行变换以满足负载的要求。

7.3

答：从技术成熟度上看，抽水蓄能技术已经能在小时级实现几百 MW 的储能，而超级电容储能和锂电池蓄能则停留在示范工程阶段，且功率等级远远低于抽水蓄能。从能量密度来看，抽水蓄能和超级电容储能比较接近，而锂电池蓄能远大于前两者，因此锂电池蓄能可以节省大量土地空间。从储能持续时间来看，超级电容储能持续时间较短，锂电池蓄能持续时间一般，而抽水蓄能最长可以达到几个月，储能持续时间优势最明显。

7.4

答：微网是一种由负荷和微源组成的系统，可以同时向负荷提供电能和热量，微网内的微源主要由电力电子装置负责能量转换，并提供必要的控制，微网相对于上层的大电网表现为单一的可控单元，并可同时满足用户对电能质量和供电安全等方面的要求。微电网与传统电网相比具有的优势：微网内微源形式和储能装置的多样化；微网作为一个整体的系统，通过 PCC 与大电网单点连接，相对于大电网是单一的可控单元，从而有效解决了分布式发电系统中大量能源形式单独并网对配电网带来的负面影响；微网中的微源配置有先进的电力电子接口，使得微网可以有多种运行状态，并可以在各状态之间灵活切换。

7.5

答：（1）和交流微网相比，直流微网不需要对电压的相位和频率进行跟踪，可控性和可靠性大大提高，因而更加适合 DER 与负载的接入。理论上，直流微网仅需一级变流器便能方便地实现与 DER 和负载的连接，具有更高转化效率；同时，直流电在传输过程中不需要考虑配电线路的涡流损耗和线路吸收的无功能量，线路损耗得到降低。

（2）根据变流器的并联特性可知，各并联模块对外表现为电压源特性时，由于配电线缆上存在阻抗压降，各节点电压存在差异，很有可能导致各并联电压源之间产生环流。为了控制母线电压的稳定和避免环流的产生，需要对并联在直流母线上的等效电压源变换电路进行均流控制。微网中常用的均流法有主从并联方法和外特性下垂并联方法。

（3）为了防止电压闪变或电压跌落，常用超级电容、飞轮储能或超导储能等快速充、放电的装置对系统的电能质量进行管理。

7.6

答：（1）微网保护系统的设计应遵循的原则：可靠性、灵敏度、性能要求、经济性、简洁性。

（2）熔断器在直流系统中的应用包括机车、采矿、蓄电池的保护等。直流微网可利用熔断器作为后备式的保护设备。为了避免交流系统中出现过大的瞬时短路电流和减少断路器的误动作，需要采用快速的断路设备，如真空断路器、混合型断路器、缓冲型断路器和固态开关等进行灭弧。多功能接线板与插头适合于供电电压较高、带大功率负载的场合使用。

（3）略。

7.7

答：（1）功率因数是指交流输入有功功率与输入视在功率的比值。功率因数 PF 由电流失真系数 γ 和基波电压、基波电流相移因数 cos**Φ** 决定。

（2）略。

（3）附加无源滤波器；采用 PWM 高频整流；附加有源功率因数校正器 APFC。

7.8

答：三相 VSC 的一般数学模型可采用以下两种形式：采用开关函数描述的一般数学模型；采用占空比描述的一般数学模型。采用开关函数描述的一般数学模型是对 VSC 开关过程的精确描述，较适用于 VSC 的波形仿真。采用占空比描述的 VSC 低频数学模型非常适合于控制系统分析，并可直接用于控制器设计。

7.9

答：微电网具有离网运行和并网运行两种模式，对于以储能作为组网电源的微电网，储能系统需要根据实际情况在离网运行和并网运行两种模式之间切换，在控制方式上主要体现为 PCS 从并网运行时的 PQ 控制方式转至离网运行时的 V/f 控制方式，以及从离网运行时的 V/f 控制方式转至并网运行时的 PQ 控制方式，使微电网内其他分布式电源和负荷持续运行。

7.10

答：从功率调度能力上看，光伏阵列发电是四者中唯一没有功率调度能力的，因此其能量利用效率最低；从容量上看，光伏阵列发电最低，内燃机发电和微型涡轮发电较高，可见现有的发电主要还是依靠内燃机发电和微型涡轮发电；从效率上看，燃料电池发电最高，光伏阵列发电最低，因此光伏发电技术的发电量很低，只能作为辅助发电技术；从空气污染排放量的角度来看，内燃机发电、微型涡轮发电、燃料电池发电都会消耗一定的不可再生资源，产生一定的空气污染，而光伏阵列发电产生的污染为零，因此光伏阵列发电将有助于减少碳排放，缓解夏季高峰时刻用电的紧张局面。

第 8 章

8.1

答：纯电动汽车的特点是无排放、不依赖汽油，但是由于蓄电池的能量密度和功率密度比汽油或柴油低很多，因此纯电池电动汽车的连续行驶里程有限。虽然近年来高性能动力电池取得很大进展，但初期投入成本较高，因此纯电池电动汽车主要应用于小型车、短途的社区交通。混合动力电动汽车采用内燃机和电动机作为动力，燃油和蓄电池作为能源，蓄电池可由汽车中内燃机驱动发电机充电，现在市场上的混合动力电动汽车一般采用这种方式。

8.2

答：对高性能要求应用场合，永磁同步电动机通常使用矢量控制，因为其固有的高功率密度和高效率，在电动汽车领域，永磁同步电机已被认为具有与异步电动机竞争的巨大潜力。

8.3

答：多电飞机的标准体系虽然是在原飞机标准体系的基础上发展起来，但与传统的标准体系相比，有质的飞跃。多电飞机标准体系的特点突出表现在：将传统的功能系统统一在综合机电系统下，实现电气系统、机械系统、液压系统的统一管理。针对负载数量多和功率需求大的特点，多电飞机搭载的电源容量大且种类多，常用的供电设备包括发电机、锂离子电池以及燃料电池和超级电容器等。

8.4

答：第一，高架拥有独立路权。空铁系统可沿道路绿化带高架敷设，空铁列车悬挂于导轨梁下方，不受地面道路交通状况、火灾、洪水等自然灾害的影响，紧急情况下起到运输救灾物资及人员的作用。第二，产品应用场景广泛。空铁系统运量适中，既可满足特大、超大城市轨道交通支线、市郊线、连接线等多制式协同发展补网需求，又可满足中小城市城市轨道骨干网络运量需求。同时，该车型乘坐体验感强、视野开阔，亦可作为旅游城市、旅游景区快速交通接驳和旅游观光工具，场景适应能力极强。第三，环境友好度强。空铁爬坡能力是地铁的三倍，最小转弯半径是地铁的十分之一，选线灵活，适应性强，可有效减少征拆和对沿线地块影响。

8.5

答：氢能动力船利用氢燃料电池技术将氢气转换为电能，通过电动推进系统推动船只前进。在氢燃料电池中，氢气通过正极的催化剂（通常是铂）分解成电子和氢离子（质子）。质子穿过质子交换膜到达负极，与氧气反应生成水和热量。同时，电子从正极通过外部电路流向负极，产生电能。

8.6

答：温室效应，又称"花房效应"，是大气效应的俗称。大气能使太阳短波辐射到达地面，但地表受热后向外放出的大量长波热辐射线却被大气吸收，这样就使地表与低层大气温度增高，因其作用类似于栽培农作物的温室，故名温室效应。

8.7

答：碳中和是指国家、企业、产品、活动或个人在一定时间内直接或间接产生的二氧化碳或温室气体排放总量，通过植树造林、节能减排等形式，以抵消自身产生的二氧化碳或温室气体排放量，实现正负抵消，达到相对"零排放"。

8.8

答：光伏发展助力碳中和实现，新能源材料助力碳中和的实现，新能源为主体的新型电力系统助力碳中和实现。

参 考 文 献

[1] 惠晶，颜文旭. 新能源发电与控制技术 [M]. 3版. 北京：机械工业出版社，2018.

[2] 张明锐，王佳莹，宋柏慧，等. 微网系统稳定运行及模式平滑切换研究 [J]. 电力系统保护与控制，2019，47（20）：7-15.

[3] 刘振亚. 全球能源互联网 [M]. 北京：中国电力出版社，2015.

[4] 王波. 我国水电装机和发电量均居世界第一 [J]. 能源研究与信息，2016（1）：10-11.

[5] 田书欣，程浩忠，曾平良，等. 大型集群风电接入输电系统规划研究综述 [J]. 中国电机工程学报，2014，34（10）：1566-1572.

[6] 刘芳. 基于虚拟同步机的微网逆变器控制策略研究 [D]. 哈尔滨：哈尔滨理工大学，2015：30-33.

[7] 杨新法，苏剑，吕志鹏，等. 微电网技术综述 [J]. 中国电机工程学报，2014，34（1）：57-70.

[8] 王佩月. 并网逆变器的虚拟同步发电机控制关键技术研究 [D]. 徐州：中国矿业大学，2020

[9] 张中锋. 微网逆变器的下垂控制策略研究 [D]. 南京：南京航空航天大学，2013：2-4.

[10] 汪小平，李阳. 微电网运行控制与仿真 [J]. 中国电力，2011，44（12）：73-77.

[11] 王宝成，秘晓梦，孙孝峰. 基于虚拟单位线路阻感比的改进解耦下垂控制策略研究 [J]. 太阳能学报，2016，37（12）：3045-3052.

[12] 王成山，李琰，彭克. 分布式电源并网逆变器典型控制方法综述 [J]. 电力系统及其自动化学报，2012，24（2）：12-20.

[13] BECK HP, HESSE R. Virtual Synchronous Machine [C]. International Conference on Electrical Power Quality and Utilization, Barcelona, Spain, 2007：1-6.

[14] EDRIS A, ADAPA R, BAKER M, et al. Proposed terms and definitions for flexible AC transmission system (FACTS) [J]. IEEE Transactions on Power Delivery, 1997, 12 (4): 1848-1853.

[15] KOURO S, LEON J I, VINNIKOV D, et al. Grid-connected photovoltaic systems：An overview of recent research and emerging PV converter technology [J]. IEEE Industrial Electronics Magazine, 2015, 9 (1): 47-61.

[16] 曾正，赵荣祥，汤胜清，等. 可再生能源分散接入用先进并网逆变器研究综述 [J]. 中国电机工程学报，2013，33（24）：1-12

[17] 姚玮，陈敏，牟善科，等. 基于反馈线性化的高性能逆变器数字控制方法 [J]. 中国电机工程学报，2010，30（12）：14-19.

[18] 王晶鑫，姜建国. 基于预测算法和变结构的矩阵变换器驱动感应电机无差拍直接转矩控制 [J]. 中国电机工程学报，2010，30（33）：65-70.

[19] 王久和，慕小斌. 基于无源性的光伏并网逆变器电流控制 [J]. 电工技术学报，2012，27（11）：176-182.

[20] 许飞，马皓，何湘宁. 电流源逆变器的新型离散无源性滑模变结构控制方法 [J]. 中国电机工程学报，2009，29（27）：9-14.

[21] 魏刚，范雪峰，张中丹，等. 风电和光伏发展对甘肃电网规划协调性的影响及对策建议 [J]. 电力系统保护与控制，2015，（24）：135-141.

[22] 赵书强，王明雨，胡永强，等. 基于不确定理论的光伏出力预测研究 [J]. 电工技术学报，2015，30（16）：213-220.

[23] 陈麒龙. 纯电动汽车无刷直流电机转矩控制技术的研究 [D]. 哈尔滨：哈尔滨理工大学，2020.

[24] 沈锦飞. 电源变换应用技术 [M]. 北京：机械工业出版社，2007.

［25］陈坚. 电力电子学——电力电子变换技术和控制技术［M］. 北京：高等教育出版社，2002.

［26］杨元侃，惠晶. 无刷双馈风力发电机的控制策略与实现［J］. 电机与控制学报，2007，11（4）：
　　　364-368.

［27］惠晶，顾鑫，杨元侃. 兆瓦级风力发电机组电动变桨距系统［J］. 电机与控制应用，2007，34（11）：
　　　51-54.

［28］顾鑫，惠晶. 风力发电机组电气控制系统的研究分析［J］. 华东电力，2007，35（2）：64-68.

［29］惠晶，顾鑫. 变速恒频无刷双馈风力发电机的功率控制系统［J］. 电机与控制应用，2008，35（7）：
　　　27-30，58.

［30］阮毅，杨影，陈伯时. 电力拖动自动控制系统［M］. 5版. 北京：机械工业出版社，2019.

［31］张驰，齐蓉. 离网型直驱式风力发电模拟系统设计与实现［J］. 电力电子技术，2011，45（1）：23-25.

［32］王新新，惠晶. 基于模糊神经网络直接转矩控制的风力机特性模拟［J］. 电力电子技术，2011，45
　　　（9）：49-51.

［33］张兴，曹仁贤. 太阳能光伏并网发电及其逆变控制［M］. 2版. 北京：机械工业出版社，2018.

［34］沈文忠. 太阳能光伏技术与应用［M］. 上海：上海交通大学出版社，2013.

［35］马铭遥，徐君，张志祥. 光伏发电系统智能化故障诊断技术［M］. 北京：机械工业出版社，2022.

［36］谢军. 太阳能光伏发电技术［M］. 北京：机械工业出版社，2018.

［37］王君，余本东，王矗垚，等. 太阳能光伏光热建筑一体化（BIPV/T）研究新进展［J］. 太阳能学报，
　　　2022，43（6）：72-78.

［38］尉佺，段立强，朱自强，等. 太阳能驱动的固体氧化物电解池制氢系统性能研究［J］. 太阳能学报，
　　　2022，43（6）：536-545.

［39］曹邵文，周国庆，蔡琦琳，等. 太阳能电池综述：材料、政策驱动机制及应用前景［J］. 复合材料学
　　　报，2022，39（5）：1847-1858.

［40］李强，邓贵波，张家瑞. 太阳能热发电参与调节的多源联合发电系统两阶段调度策略［J］. 太阳能学
　　　报，2021，42（12）：86-92.

［41］张金珠，王钦，王振华，等. 基于太阳能光伏光热技术的灌溉水增温系统试验［J］. 农业工程学报，
　　　2021，37（16）：72-79.

［42］王海新，沈建新，徐建国. 基于新型智能算法对太阳能无人机光伏组件电压预测控制研究［J］. 太阳
　　　能学报，2021，42（4）：175-180.

［43］朱涛，李强，宣益民，等. 太阳能光伏/光热化学利用系统［J］. 工程热物理学报，2021，42（4）：
　　　999-1003.

［44］李洪，孙跃，付新书. 新型太阳能光伏-环路热管/热泵热水系统［J］. 太阳能学报，2020，41（4）：
　　　59-66.

［45］张泠，王喜良，刘忠兵，等. 太阳能光伏新风系统性能研究［J］. 华中科技大学学报（自然科学版），
　　　2018，46（2）：13-16.

［46］杨铭. 光伏逆变器端口阻抗特性自测试方法研究与应用［D］. 成都：电子科技大学，2022.

［47］黄杨涛. 五电平有源钳位型光伏逆变器电压应力抑制方法研究［D］. 杭州：浙江大学，2021.

［48］徐迟. 一种单相非隔离光伏逆变器的设计开发［D］. 成都：电子科技大学，2021.

［49］郁蕾. 多电平电流源型光伏逆变器及其低压穿越技术研究［D］. 合肥：合肥工业大学，2021.

［50］徐瑞. 光伏逆变器模型预测控制策略研究［D］. 上海：上海电机学院，2021.

［51］SALMAN. 考虑太阳能光伏和储能影响的微电网优化运行研究［D］. 北京：华北电力大学，2020.

［52］朱凯. 弱电网下光伏逆变器的虚拟同步机控制策略研究［D］. 哈尔滨：哈尔滨工业大学，2019.

［53］严成. 集中式光伏逆变器调制与控制方法的研究［D］. 杭州：浙江大学，2019.

［54］马兰. 单相非隔离型光伏逆变器及 SiC 器件应用研究［D］. 成都：电子科技大学，2018.

［55］凌毓畅. 基于自抗扰的虚拟谐波电阻型光伏逆变器研究［D］. 广州：华南理工大学，2018.

［56］郑照红. 多功能光伏逆变器关键控制技术研究［D］. 广州：华南理工大学，2018.

［57］严庆增. 三相非隔离型光伏逆变器的控制技术及 SiC 器件应用研究［D］. 徐州：中国矿业大学，2016.

［58］ZHU X，WANG H，DENG X，et al. Coupled Three-Phase Converter Concept and an Example：A Coupled Ten-Switch Three-Phase Three-Level Inverter［J］. IEEE Transactions on Power Electronics，2021，36（6）：6457-6468.

［59］VARZANEH M G，RAJAEI A，JOLFAEI A，et al. A High Step-Up Dual-Source Three-Phase Inverter Topology With Decoupled and Reliable Control Algorithm［J］. IEEE Transactions on Industry Applications，2020，56（4）：4501-4509.

［60］HINTZ A，PRASANNA U R，RAJASHEKARA K. Comparative Study of the Three-Phase Grid-Connected Inverter Sharing Unbalanced Three-Phase and/or Single-Phase systems［J］. IEEE Transactions on Industry Applications，2016，52（6）：5156-5164.

［61］HOTA A，AGARWAL V. Novel Three-Phase H10 Inverter Topology With Zero or Constant Common-Mode Voltage for Three-Phase Induction Motor Drive Applications［J］. IEEE Transactions on Industrial Electronics，2022，69（7）：7522-7525.

［62］ABDELHAKIM A，BLAABJERG F，MATTAVELLI P. Modulation Schemes of the Three-Phase Impedance Source Inverters—Part Ⅱ：Comparative Assessment［J］. IEEE Transactions on Industrial Electronics，2018，65（8）：6321-6332.

［63］ABDELHAKIM A，BLAABJERG F，MATTAVELLI P. Modulation Schemes of the Three-Phase Impedance Source Inverters—Part Ⅰ：Classification and Review［J］. IEEE Transactions on Industrial Electronics，2018，65（8）：6309-6320.

［64］VIJEH M，REZANEJAD M，SAMADAEI E，et al. A General Review of Multilevel Inverters Based on Main Submodules：Structural Point of View［J］. IEEE Transactions on Power Electronics，2019，34（10）：9479-9502.

［65］BARZEGARKHOO R，FOROUZESH M，LEE S S，et al. Switched-Capacitor Multilevel Inverters：A Comprehensive Review［J］. IEEE Transactions on Power Electronics，2022，37（9）：11209-11243.

［66］LIU Q，CALDOGNETTO T，BUSO S. Review and Comparison of Grid-Tied Inverter Controllers in Microgrids［J］. IEEE Transactions on Power Electronics，2020，35（7）：7624-7639.

［67］POORFAKHRAEI A，NARIMANI M，EMADI A. A Review of Multilevel Inverter Topologies in Electric Vehicles：Current Status and Future Trends［J］. IEEE Open Journal of Power Electronics，2021，2：155-170.

［68］杜尔顺，张宁，康重庆，等. 太阳能光热发电并网运行及优化规划研究综述与展望［J］. 中国电机工程学报，2016，36（21）：5765-5775.

［69］王金龙. 基于 EMD 和 SVM 的光伏孤岛识别研究［D］. 哈尔滨：哈尔滨理工大学，2016.

［70］陈凯. 分布式光伏并网发电系统控制技术研究［D］. 成都：电子科技大学，2015.

［71］桂永光，刘桂英，粟时平，等. 适用于光伏微网并网和孤岛运行的控制策略［J］. 电源技术，2016，40（5）：1074-1077.

［72］许正梅. 分布式光伏电源接入配电网对电能质量的影响及对策［D］. 北京：华北电力大学，2012.

［73］本特·索伦森. 氢与燃料电池：新兴的技术及其应用［M］. 隋升，郭雪岩，李平，译. 北京：机械工业出版社，2016.

［74］GABRIELE ZINI，PAOLO TARTARINI. 太阳能制氢的能量转换、储存及利用系统：氢经济时代的科学和技术［M］. 李朝升，译. 北京：机械工业出版社，2016.

［75］王志成，钱斌，张惠国，等. 燃料电池与燃料电池汽车［M］. 北京：科学出版社，2016.

［76］鲁菲菲. 固体氧化物燃料电池 PrBa0.94Co2O5+δ 阴极的电化学改性研究［D］. 哈尔滨：黑龙江大

学，2019.

[77] 张剑光. 氢能产业发展展望——氢燃料电池系统与氢燃料电池汽车和发电 [J]. 化工设计，2020，30（1）：3-6+12+1.

[78] 张先珍，戴德彦，王立鹏，等. 熔融碳酸盐燃料电池/燃气轮机混合装置发展现状 [J]. 东北电力大学学报，2011，31（2）：67-71.

[79] 周嵩林，魏先全，姜宁宁，等. 燃料电池应用及前景 [J]. 泸天化科技，2009（4）：409-412.

[80] 张海林. 质子交换膜燃料电池复合膜及膜电极的研究 [D]. 北京：北京化工大学，2004.

[81] 吴字强. 燃料电池发电系统控制优化与设计 [D]. 武汉：武汉理工大学，2018.

[82] 张浩. 核能发电经济性分析的探索与实践 [J]. 工业设计，2015（12）：186-187.

[83] 邓隐北，熊雯. 海洋能的开发与利用 [J]. 可再生能源，2004（3）：70-72.

[84] 褚同金. 海洋能资源开发利用 [M]. 北京：化学工业出版社，2005.

[85]《"十三五"及2030年能源经济展望》报告 [R]. 北京理工大学能源与环境政策研究中心，2016.

[86] 2016—2021年中国生活垃圾处理行业市场需求与投资咨询报告 [R]. 北京智博睿投资咨询有限公司，2016.

[87] 吴创之，阴秀丽，刘华财，等. 生物质能分布式利用发展趋势分析 [J]. 中国科学院院刊，2016（2）：191-198.

[88] 张迪茜. 生物质能源研究进展及应用前景 [D]. 北京：北京理工大学，2015.

[89] 吴祖林，刘静. 生物质燃料电池的研究进展 [J]. 电源技术，2005（5）：333-340.

[90] 黄艳琴，阴秀丽，吴创之. 生物质气化高温燃料电池一体化发电技术研究 [J]. 可再生能源，2006，（6）：43-47.

[91] 沈国桥，徐德鸿，朱选才，等. 燃料电池发电系统结构与逆变控制研究 [J]. 电力电子技术，2006（5）：23-28.

[92] 袁善美，朱昱，倪红军，等. 直接乙醇燃料电池研究进展 [J]. 化工新型材料，2011（1）：15-18.

[93] 殷晓刚，戴冬云，韩云，等. 交直流混合微网关键技术研究 [J]. 高压电器，2012，48（9）：43-46.

[94] 吴卫民，何远彬，耿攀，等. 直流微网研究中的关键技术 [J]. 电工技术学报，2012，27（1）：98-106.

[95] 冯光. 储能技术在微网中的应用研究 [D]. 武汉：华中科技大学，2009.

[96] 黄汉奇，毛承雄，王丹，等. 可再生能源分布式发电系统建模综述 [J]. 电力系统及其自动化学报，2010，22（5）：1-18.

[97] 张颖媛. 微网系统的运行优化与能量管理研究 [D]. 合肥：合肥工业大学，2011.

[98] 罗安，吴传平，彭双剑. 谐波治理技术现状及其发展 [J]. 大功率变流技术，2011（6）：1-5.

[99] 王贵玲，张发旺，刘志明. 国内外地热能开发利用现状及前景分析 [J]. 地球学报，2000，21（2）：134-139.

[100] MEHRDAD EHSANI，YIMIN GAO，ALI EMADI. 现代电动汽车、混合动力电动汽车和燃料电池车：基本原理、理论和设计 [M]. 北京：机械工业出版社，2010.

[101] 陈清泉，孙逢春，祝嘉光. 现代电动汽车技术 [M]. 北京：北京理工大学出版社，2002.

[102] 邹国棠，程明. 电动汽车的新型驱动技术 [M]. 2版. 北京：机械工业出版社，2015.

[103] 徐衍亮. 电动汽车用永磁同步电动机及其驱动系统研究 [D]. 沈阳：沈阳工业大学，2001.

[104] 刘震. 智能BIT诊断方法研究及其在多电飞机电源系统中的应用 [D]. 西安：西北工业大学，2007.

[105] 葛玉雪. 多电飞机的容错分层负载管理与能量优化设计方法 [D]. 西安：西北工业大学，2019.

[106] 陈晓雷. 多电飞机机电作动伺服系统控制策略研究 [D]. 西安：西北工业大学，2016.